U0263415

西南地区典型矿床成矿规律与找矿预测丛书

矿田地质力学理论与方法

孙家骢　韩润生　著

科学出版社
北京

内 容 简 介

本书系统介绍了孙家骢教授创立的矿田地质力学理论与方法，由理论篇和方法应用篇组成。其中，理论篇是在遵循孙教授所著的《矿田地质力学导论》（油印本）的基础上编写完成，其主要内容包括矿田地质力学的力学基础、结构面及其控制特征、构造序次及其控矿特征、构造体系及其控矿作用、构造体系复合及其控矿特征，不仅体现了孙家骢教授一生在矿田地质力学的研究成果，而且增添了近些年来矿田地质力学理论的发展成就；方法应用篇是在整理孙家骢教授部分学术论文和充实后在大量成功实例的基础上编辑完成，主要涉及云南区域构造特征及其找矿前景分析，以及不同时代赋矿地层中铜、铅、锌、金、锡、铁多金属矿床构造控矿作用及找矿预测等内容。因此，本书使读者对矿田地质力学理论的精髓有深入系统的理解和方法的具体运用，不断深化和拓展矿田地质力学的研究成果。

本书可作为构造地质学、矿物学岩石学矿床学二级理学专业研究生、地质学专业本科生的教材，也可供矿产普查与勘探、地球探测与信息技术、地质工程二级工学专业研究生和资源勘查工程的本科生，以及从事矿田构造学、找矿预测与矿产勘查的工程技术人员在科研、教学、生产、培训中参考使用。

图书在版编目（CIP）数据

矿田地质力学理论与方法/孙家骢，韩润生著.—北京：科学出版社，2016
（西南地区典型矿床成矿规律与找矿预测丛书）

ISBN 978-7-03-048801-5

Ⅰ.①矿… Ⅱ.①孙…②韩… Ⅲ.①矿床-地质力学-研究 Ⅳ.①P61

中国版本图书馆 CIP 数据核字（2016）第 132921 号

责任编辑：王 运 韩 鹏 陈姣姣 / 责任校对：何艳萍
责任印制：肖 兴 / 封面设计：耕者设计工作室

科学出版社 出版
北京东黄城根北街 16 号
邮政编码：100717
http://www.sciencep.com

中国科学院印刷厂 印刷

科学出版社发行 各地新华书店经销

*

2016 年 6 月第 一 版 开本：787×1092 1/16
2016 年 6 月第一次印刷 印张：23
字数：550 000

定价：238.00 元

（如有印装质量问题，我社负责调换）

序

孙家骢教授是云南省和中国有色金属矿产勘查领域著名的地质学家、教育学家，矿田地质力学分支学科的创始人。他精心治学、勇于探索，将地质力学引入矿田构造研究中，于1978年提出了一套独具特色的矿田地质力学理论和方法，绘制出第一幅云南省主要构造体系图，编写完成了《矿田地质力学导论》（油印本教材），从此标志矿田地质力学分支学科的创立。此后，他将该理论和方法应用于云南省个旧、易门等多个大型资源危机矿山的找矿预测中，取得了显著的经济和社会效益，为我国有色金属地质事业做出了重要贡献。同时，孙家骢教授培养了一批优秀的人才。

韩润生教授为“新世纪百千万人才工程”国家级人选、教育部新世纪优秀人才、云南省中青年学术与技术带头人、云岭学者、黄汲清青年地质科技奖获得者等，享受国务院特殊津贴；在《Ore Geology Reviews》、《Journal of Geochemical Exploration》等国际高水平刊物发表了一批优秀论文，出版专著4部，先后获云南省、中国有色工业科技进步一等奖4项，中国版协西部优秀科技图书一等奖等。韩润生教授继承和发展了孙家骢教授的学术思想，在该部著作中增补了他近些年来在矿田地质力学研究领域的新成果和成功实例，使著作的理论性更强、应用性更广、找矿效果更明显。尤其是，应用矿田地质力学理论与方法，提出了构造成矿动力学的新方向，系统总结了以冲断褶皱构造控矿论、混合流体“贯入”成矿论为代表的会泽型铅锌矿床成矿理论与深部找矿预测理论方法，在云南会泽、毛坪铅锌矿深部及外围应用，实现了重大找矿突破。

该专著是一部全面反映矿田地质力学理论和方法及其应用的力作，是著名的地质学家李四光先生创立的“地质力学”理论和方法的拓展和新方向，是继承老一辈地质学家学术思想进一步创新的重要成果。其主要特色是，既有反映以成矿结构面、构造序次、构造体系、构造体系复合及其控矿作用为基础的矿田地质力学理论与方法，又包括我国西部重要成矿区带不同时代赋矿围岩中的多金属矿集区（床）构造控矿作用及其应用的研究成果。因此，该著作反映了矿田构造学的研究新进展，体现了矿田构造学及其找矿预测学的研究方向，为地质力学研究与实践增添了新内容，对隐伏矿定位预测和评价有重要的实用价值，将会给深地矿产资源预测和勘查研究带来新希望。

该著作是两代地质学家研究成果的结晶，体现出深厚的师生情谊和学术继承性。我谨对《矿田地质力学理论与方法》专著的公开出版和著者取得的成果致以衷心祝贺，并期望本书的出版能进一步推动地质力学、构造地质学的发展和地质找矿工作的进展。

郑华

2016年5月30日

前　　言

孙家骢（1934.6～1997.11），教授，博士研究生导师，中国工程院院士候选人，云南省著名的地质学家、教育学家，中国有色金属矿产地质勘查领域杰出的地质学家，矿田地质力学分支学科的创始人，云南省高校优秀教师，历任昆明理工大学（原昆明工学院）地质系主任、矿产地质研究所所长，兼任中国地质学会地质力学专业委员会副主任、矿床专业委员会委员，中国矿物岩石地球化学学会元素地球化学及区域地球化学专业委员会委员，中国有色金属学会地质学术委员会委员，云南省地质学会副理事长，云南省地球物理学会常务理事等职。孙教授潜心治学，毕生致力于矿田地质力学、找矿预测学、地层学的教学和科研工作以及人才培养工作。他始终坚持教学与科研紧密结合，先后组织和领导了滇中富铁矿、滇西锡矿、个旧锡矿、易门铜矿、滇中东部昆阳群及云南省大型水电站区域危险性预测等国家、地方重点项目的研究，勇于探索，将地质力学引入矿田构造的研究中，将力学分析与历史分析相结合，成矿建造与控矿改造相结合，地球化学场与构造应力场相结合，于1978年系统提出一套独具特色的矿田地质力学理论和方法，做出了第一幅云南省主要构造体系图。在20世纪80年代末，编写完成《矿田地质力学导论》（油印本），作为研究生教材使用，从此标志着矿田地质力学分支学科的创立，将隐伏矿床预测由定性提高到了定位的新水平，其理论和方法应用于云南省个旧、易门等多个大中型资源危机矿山的预测，取得了巨大的经济效益和显著的社会效益，为我国有色金属地质事业做出了杰出贡献。

《矿田地质力学导论》（油印本），通过20余年的使用，学生普遍反映其理论性强、技术性实用、应用性广，取得了很好的应用效果。为了更好地推广矿田地质力学理论与方法，作为孙教授的学生，本人在遵循孙教授学术思想的前提下，增添了近些年来矿田地质力学所取得的主要成就，将其编为理论篇，其内容主要包括矿田地质力学有关的力学基础、结构面及其控矿特征、构造序次及其控矿特征、构造体系及其控矿作用、构造体系复合及其控矿特征；在整理、综合孙教授学术成果的基础上，增加了笔者带领的团队在国家、省部级科研项目研究中的主要成功实例，将其编为方法应用篇，主要包括云南区域构造特征及其找矿前景分析，滇中元古宇变质岩系中的铜铁矿床构造控矿作用及找矿预测，古生界碳酸盐岩中的铅锌多金属矿床构造控矿作用及找矿预测，中生界碎屑岩—碳酸盐岩中的锡、铜、金多金属矿床构造控矿作用及找矿预测内容。

参与本专著撰写的主要成员：理论篇第一至六章，孙家骢；应用篇第七章，孙家骢；第八章，孙家骢、韩润生；第九章，韩润生；第十章，韩润生、孙家骢。王学焜、王雷、吴海枝、刘飞等同志参与编撰了有关章节，韩爱宁、邱文龙等同志绘制了有关图件。

需要指出的是，为了保持资料的连续性，对于地层划分，二叠系仍沿用二分，石炭系仍沿用三分，在此敬请谅解。

本专著在编撰过程中，得到翟裕生院士、叶天竺教授、邓军教授、方维萱研究员、陈正乐研究员等专家的关心和指导，还得到了全国危机矿山矿床成矿规律研究专项“西南层控型多金属矿床成矿规律总结研究”、中国地质调查局“滇西北北衙北段金多金属矿区控矿构造解析与找矿预测”、国家自然科学基金重点项目“滇东北矿集区富锗铅锌矿床成矿机理及靶区优选”和“云岭学者”等项目的资助，在此，对以上专家和未提到的专家学者表示衷心的感谢！

我相信，本专著的出版发行，不仅有利于推进地质力学、构造地质学学科的发展，而且更有利于提高矿产地质学科人才培养的质量，对找矿预测和矿床勘查大有裨益。

于孙家骢教授诞辰80周年之际完成本专著，以此献礼！

韩润生

2014年12月于昆明

目　　录

第二篇　方法应用篇

第一篇 理 论 篇

矿田构造是指在矿田（勘查区）内控制矿床形成和分布的地质构造要素的总和。矿田地质力学是运用地质力学的理论和方法研究矿田构造。研究矿田构造有助于深入认识成岩成矿作用、矿床成因和矿床分布的规律，因此在找矿勘查、评价和采矿工作中都有着广泛的实用意义。随着地质研究程度的提高，隐伏矿床的寻找已经提高到重要的地位，矿田构造的研究也越来越受到重视。

本篇的主要内容包括矿田地质力学的力学基础、结构面及其控矿特征、构造序次及其控矿特征、构造体系及其控矿作用、构造体系复合及其控矿特征。

第一章　绪　　论

第一节　构造与成矿的关系

矿床的形成需要多方面的地质和物理化学因素的结合，构造是其中的重要因素，在只有足够的成矿物质和含矿流体的前提下，构造对成矿经常起到主导作用。

仅就矿田、矿床构造与成矿的关系而言，从成矿作用的全过程来看，构造对成矿的控制作用表现在以下十个方面（孙家骢，1988；翟裕生、林新多，1993；韩润生等，2003a）。

（1）构造作为矿床形成的地质构造环境。例如，各种类型的构造盆地常是堆积沉积矿床（包括火山、沉积矿床）的有利构造环境，而构造-岩浆-热液活动常是多种内生矿床的产出地带，二者的结合又是层控矿床发育的有利场所。

（2）构造运动为成矿作用提供能源，还可以作为含矿流体运移和聚集的重要驱动力。动力作用是一个重要的成矿作用，许多事实证明，它在成矿过程中的作用可以与沉积作用、岩浆作用和变质作用一样重要，含矿流体在地壳中的运动，在很大程度上受到构造因素的控制。一般来说，这些流体总是由应力的集中区向释放区运移，而且运移到一定的拉张区内堆积成矿。

（3）构造往往成为含矿流体运移的主要通道，这类构造一般被称为导矿构造或运矿构造，而各种构造型式的开放空间，可以作为矿床（体）就位的场所，在一定程度上决定矿体的形态、产状和空间位置，这类构造一般被称为容矿构造或储矿构造。

（4）在不同类型的构造中，可以发生不同的成矿方式，形成不同的矿床（体）类型。成矿流体在断裂或裂隙中充填可形成脉状矿体或矿床，顺岩层的层间构造充填和交代形成似层状矿体，在密集的网脉裂隙带中形成细脉浸染型矿体等。

（5）构造作用的多期次、多阶段活动是成矿的多阶段性和脉动性的基本原因，是区分成矿期和成矿阶段的重要依据，这一点在气液矿床中尤为明显。

（6）构造是形成各种规模的矿化分带、矿床（体）分带和矿化等间距分布的重要控制因素。大量研究资料表明，在成矿预测工作中有重要意义的矿化垂向分带特征，在很大程度上受到构造垂直分带性的制约，特别在陡立的脉状矿床中表现得尤为明显。

（7）在改造型矿床的形成过程中，构造具有双重控制作用：一方面，作为古构造条件控制了矿源层的形成；另一方面，后期的构造作用改造矿源层（岩），使成矿物质活化转移、富集成矿。

（8）矿床形成后的构造改造也具有双重性，它既可以破坏已成矿体的连续性、稳定性和坚固性，造成找矿、勘探和采矿中的许多困难，也可以使某些类型的矿体（如沉积变质铁矿）褶皱加厚，增加单位体积内的矿石储量，从而有利于开发。许多金属矿床氧化带的发育程度，往往与构造的性质和强烈程度有关。

（9）成矿流体的状态及物理化学条件常因构造状态的改变而发生变化。

（10）有些金属矿床的形成就是构造动力作用的结果。例如，法国阿尔卑斯石英–重晶石硫化物矿床。

综上所述，构造对各种类型矿床的形成都有一定的控制作用，它在矿床形成和演化的每个阶段都起作用。因此，构造是控制矿床形成和分布的一个基本因素，研究矿田构造不仅有利于找矿勘探、矿山开采，同时对深入全面地研究矿床成因起着重要的作用。

第二节　矿田构造研究简史

矿田构造的研究是随着采矿事业的发展和地质科学的进步而发展起来的，它大体上经历了四个发展阶段。

一、第一阶段（20世纪前半期）

矿田构造的研究着重在单个构造要素对成矿的控制，如褶皱控矿、断裂控矿、节理裂隙控矿、侵入体接触带控矿等，着重研究构造对矿体形态、产状和空间分布的影响。在这一阶段，已经提出了成矿前、成矿期和成矿后构造的概念，并且研究了它们对成矿的影响。此阶段为矿田构造的奠基时期，苏联的学者为这个方向的研究工作奠定了一定基础。

二、第二阶段（20世纪约50年代起）

矿田构造的研究工作广泛深入地开展起来。这个阶段的主要特点是：在研究单个构造要素控矿的基础上，注意研究构造体系或构造组合的控岩控矿作用。在这方面，李四光教授创立的地质力学中关于构造体系控岩控矿的研究，曾起到明显的作用，并在进行煤、石油和某些金属矿产的预测中，取得了较好的效果。

在这个阶段中，对控矿构造的理解也较广泛，除了变形构造外，还注意到岩浆成因构造和变质成因构造对成矿的控制作用。矿田构造的概念也扩大了，开始被理解为决定矿床空间分布、矿床形态和影响矿化聚集的地质构造因素的总和，因此一般也称为矿田地质构造。

三、第三阶段（20世纪70年代至20世纪末）

在寻找隐伏矿床的实践中，人们开始认识到，不是构造体系的一切部位都有利于成矿，也不是所有的构造体系复合部位都有利于成矿。真正的含矿构造，只占全部构造形迹的很小一部分。因此，在研究工作中要把成矿的物质条件和构造条件结合起来，把构造应力场和地球化学场的研究结合起来，把成岩成矿过程中的物质迁移、聚集和构造应力场的形成演化历史的研究结合起来，以便深入探索构造活动与成矿作用之间的内在联系，深入认识矿床的形成环境和形成机理，“三个结合”的研究是当前矿田地质构造研究中的突出特点，构造地球化学、构造作用成岩成矿、构造–成矿模式的兴起正是这一阶段的标志。矿田构造学正在成为矿床学、构造地质学和地球化学之间的一门边缘学科。

四、第四阶段（21世纪初以来）

在理论上，通过矿田（床）构造的几何学、运动学、力学、物质学、年代学、动力学及拓扑学的研究，不仅拓展出构造成矿动力学、构造物理化学、构造-矿物-地球化学、构造-流体-成矿耦合及活动断层构造地球化学研究的新方向，使构造研究的深度和广度不断深入，而且改造成矿作用理论逐步深化，构造控矿/成矿规律在重要成矿区（带）多金属矿床研究中的优势逐渐凸现，如主要的构造控矿/成矿规律有：构造-岩性（岩相）界面复合控矿、构造分带性和对称性及等距性控矿、构造分区性与复合性控矿、构造分级控矿、冲断褶皱构造控矿、层间断裂控矿等，其中层间断裂控矿特征表现出“层间断裂-蚀变岩-矿体”典型的矿化结构，并提出新的构造控矿型式：会泽铅锌矿区“阶梯状”控矿构造（韩润生等，2007）、易门矿田“镜面对称”构造（韩润生等，2000b）及铜厂多金属矿田“巨型压力影”构造等（Han et al.，2010b）；深化了成矿结构面的含义，成矿结构面不仅包括构造结构面，还包括岩性/岩相界面、物理化学界面等（叶天竺，2010）；开展了断裂构造中常量元素-微量元素-稀土元素及其分异耗散顺序、矿物脉体-次生包裹体-同变形期流体及其微观动力学分析、应力强度-温热梯度-流体浓度及其耦合相关体系等研究；在技术上，形成了隐伏矿定位预测的构造地球化学精细勘查技术与构造应力场靶区筛选技术（韩润生等，2003b），并开展了构造-蚀变岩相填图、构造应力场-流变物理场-地球化学场及其参量数字模拟等，如THMC（T：thermal；H：hydraulic；M：mechanical；C：chemical）构造成岩成矿实验模拟；在实践应用上，矿田地质力学、矿田构造、构造地球化学在矿床深部及外围找矿预测与快速评价中广泛应用，特别在危机矿山深部和外围找矿勘查中发挥了重要作用。

第三节 矿田地质力学的性质及任务

矿田地质力学是地质力学的一个分支学科，是地质力学和矿床学之间联系的桥梁，它是运用地质力学的理论和方法去研究矿田地质构造，并且以李四光教授提出的“确定矿点的分布和构造体系组合型式的关系，特别注意矿床富集地点或地带内构造体系中占有的地位”为研究的主要内容。因此，它使矿田地质构造的研究有了构造体系这样一个核心，加上重点是研究构造体系与矿产分布的规律。所以，它能在成矿预测方面发挥特有的作用，使矿产普查与勘探工作减少盲目性，增强预见性，加快找矿工作的步伐。

众所周知，内生矿床的形成与一定的岩浆活动有关，就是说它是一定的构造-岩浆活动的产物，也就是说它是一次地壳运动的结果，伴随着地壳运动必然有力的作用，地壳在力的作用下必然产生永久变形而形成许许多多的构造形迹。在某一种方式力的作用下，所形成的构造形迹必然遵循一定的力学规律呈一定的组合关系分布，从而产生一定型式的构造体系。因此，伴随着地壳运动所形成的内生矿床，它的分布必然与构造体系之间有着内在的联系。

李四光（1979a，1979b）认为，矿床的赋存是受双重条件控制的，其一是成矿条件；其二是矿产分布的规律。成矿条件主要决定于岩性及有关岩体和岩层成生时的环境以及它们之间的相互关系；矿产的分布规律，一部分和成生条件有关，但主要受构造体系的控制，可以说，构造体系有时影响成矿条件。从李四光教授的这种观点出发，认为矿床的形成是控矿改造和成矿建造这两个方面对立统一的结果，二者统一于构造体系。就此而言，构造体系可以理解为在一定方式的构造运动下形成的，具有成生联系的构造形迹和构造形体所组成的统一体，后者是指任何构造运动过程中形成的地质体，包括岩体和矿体等。因此，构造体系的发生、发展的过程和复合、转变的特点，必然在时间和空间两个方面控制内生矿床的形成和分布。搞清构造体系的规律，就能掌握矿产在地壳中的分布规律。

鉴于以上认识，矿田地质力学的任务在于：研究矿田构造体系发生、发展的过程和复合、转变的特点，以及这种过程和特点控制矿床形成和分布的规律，并运用这种规律去进行找矿预测，以达到更多、更快地进行矿床（特别是深部隐伏矿床）或矿体普查和勘探的目的。

第四节　矿田地质力学的研究内容

从矿田地质力学的任务出发，它的研究内容应该包括以下三个主要方面。

（1）划分矿田构造体系的类型，分析各种类型构造体系发生、发展的过程，以及它们之间复合、转变的特点。

在矿田范围内，一次构造运动形成一种型式的构造体系，多次构造运动则先后形成几种不同型式构造体系的穿插、干扰和归并、重叠，或者先形成的某一种构造型式的复活再生。一个矿田在漫长的地质构造发展过程中，必然经历多期构造运动的影响，形成复杂的构造形变图像。可见，正确划分矿田构造体系的类型，查明各种类型构造体系在时间上发生、发展的过程，以及在空间上复合、转变的特点，是掌握矿田构造控矿规律的关键，也是掌握矿田构造体系控矿规律的基础。

（2）研究矿床的形成条件，分析这些条件与矿田构造体系发生、发展、复合、转变的内在联系。

内生矿床的形成与一定的构造-岩浆活动有关，这是在某一次构造运动中控矿改造和成矿建造对立统一的结果。因此，它的形成不是与所有的构造型式有关，而是与矿田构造体系发生、发展过程中某一特定阶段的某一种构造型式有关，它的分布也不是与这种构造型式的所有组成成分有关，而是与这种构造型式的特定构造部位有关，如构造体系的复合部位和其他的应力集中部位。也就是说，在矿田范围内，要查明成矿前、成矿期和成矿后的构造体系，抓住成矿构造体系与成矿的内在联系，这是掌握构造体系控矿规律的前提。

（3）研究构造体系在时、空两个方面控制矿床形成和分布的规律，并根据这种规律开展找矿预测，圈定出普查和勘探的靶区（或有利地段）。

如上所述，内生矿床的形成在时间上与矿田构造体系发生、发展的一定阶段有关，在空间上受到构造体系中特定构造部位的控制，而且矿床形成后又往往受到成矿后构造的破坏或者局部地段改造富集，情况是十分复杂的。因此，在分析成矿和构造体系内在联系的基础上，必须由已知到未知，由特殊到一般，由点到面，在构造体系控矿的普遍规律指导下，总结出该矿田内构造体系控矿的具体规律，用以指导找矿预测，在其他技术手段的配合下，正确圈定预测靶区或预测地段，并在实践中加以验证，寻找隐伏矿体或新的矿床，以提高找矿勘探的效果。

第五节 矿田地质力学的研究方法与步骤

从矿田地质力学研究的任务和内容出发，以地质力学确立的工作方法和逻辑步骤为基础，将矿田地质力学的方法步骤分为四个阶段：①矿田构造体系分析；②控矿构造型式研究及成矿条件分析；③矿田成矿预测；④矿田预测靶区的验证及总结。此四个阶段又可概括为面上展开、点上解剖、面中求点、点指导面。

一、矿田构造体系分析

矿田构造体系分析是矿田地质力学的核心，是掌握矿田构造控矿规律的关键。它不仅要求从空间上掌握构造体系分布的规律，还必须从时间上掌握构造体系发生、发展的过程。

在这一阶段的研究中，从工作部署上，必须在面上展开，扩大眼界，把工作重点放在矿田范围内，在遥感地质的配合下，开展1：10000～1：50000的区域地质调查。从工作方法上，必须严格按照地质力学野外工作的五个步骤来收集资料，进行分析。

（一）划分矿田构造体系

1. 鉴定结构面的力学性质

结构面力学性质的鉴定是矿田地质力学的先行步骤，是划分矿田构造体系的基础。结构面力学性质鉴定得是否正确，是能否正确划分矿田构造体系的前提。

宏观方面：是基础性的研究，主要包括以下几个方面。

（1）褶皱的研究：①细致划分地层，确定标志层，圈定褶皱构造。②测定褶皱轴迹的走向、轴面及两翼地层的产状，恢复褶皱形态特征。③系统统计层面擦痕及层间劈理、拖曳褶皱等。④分析褶皱群在平面展布上的组合特征。

（2）断裂的研究：①确定断裂的上、下边界，划分出裂面、裂带及旁侧三个部分。②顺序观察裂面形态特征、面上构造特征、裂带内构造岩特征、旁侧构造特征、充填的岩（矿）脉形态特征等，根据其综合特征决定断裂的力学性质。③描绘素描图和系统测量断裂的产状（包括裂面、擦痕、部分构造岩及旁侧构造等）。

微观方面：是辅助性的研究，包括以下几个方面。

（1）采集构造岩定向标本，切制定向薄片。

（2）显微镜下构造岩研究，包括应力矿物的研究及岩组分析。

（3）在显微镜下系统测量不同性质显微构造的走向，分析局部受力方式。

2. 划分构造型式

划分构造型式是矿田地质力学研究的重点，是用以解决生产实际问题的关键。

（1）抓主干构造。所谓主干构造是指那些以压（扭）性为主、展布规模比较大的构造。

（2）分析构造的序次关系和配套关系，进行构造配套，划分构造型式。

（3）分析组成不同构造型式的构造带在空间上的展布特点，划分构造等级。

（二）分析构造型式的复合关系

构造型式复合关系的分析是建立矿田构造体系发生、发展先后顺序，以及掌握矿田构造体系复合、转变特点的重要环节，它是对构造体系进行历史的分析。对构造型式复合关系的分析，可从两个方面进行研究：①抓主干构造间的相互关系，确定它们的复合类型（包括归并、包容、交接、重叠、限制等）。②复合结构面的研究。不同时期不同方式的构造运动，必然在结构面内留下痕迹，形成复合结构面。根据大量的野外观察，复合结构面大致有两种类型：其一，两种不同性质的结构面完全重叠在一起，仅能依据各种力学性质特征的变化加以区别，这种结构面称为复合转变结构面；其二，一种性质的结构面叠加在另一种性质的结构面之上，可以直观地区别，这种结构面称为复合叠加结构面。这类结构面又有对称的和不对称的区别。通过复合结构面的研究，可以了解矿田构造运动方式的变化及不同方式构造运动的先后顺序，从而使构造体系复合关系的研究从现象深入到本质。

1. 复合转变结构面的鉴定

这类结构面主要是断裂，可以从宏观和微观两个方面鉴定。

（1）宏观方面：主要观察裂面形态的变化、面上构造特征的变化、构造岩的变化（其中较容易观察的是构造透镜体的组成成分及排列形式的变化）、旁侧构造的变化、岩（矿）脉充填前后断裂性质的变化等。对这些方面都应注意产状的变化，并且要有精细的素描图加以说明。

（2）微观方面：在同一块定向薄片中，出现不同性质的构造岩、同方向但不同性质的显微构造、不同性质显微构造的交切、反映不同性质的应力矿物、不同的岩组对称类型等，都表明断裂的性质发生转变。

2. 复合叠加结构面的鉴定

（1）复合叠加断裂的鉴定要注意区别不同力学性质断裂的界面、鉴定不同力学性质的断裂、区别不同力学性质断裂的先后顺序。

（2）复合叠加褶皱的鉴定要注意褶皱轴迹和轴面产状的变化、褶皱倾伏方向的变化、横跨褶皱及两翼花边褶皱的出现、多期层面擦痕及层劈理的统计研究等。

（3）通过主干构造相互关系的分析及复合结构面的鉴定，进一步分析矿田内不同方式构造运动发生的程序，从而可以确定由不同方式构造运动所形成的构造型式发生、发展的相对顺序。

（4）分析复合构造型式。早先形成的构造型式或其组成成分，在构造复合的过程中，由于受到不同方式构造运动的影响，于是在复合部位及其相邻地区改变它原有的性质和组合特征，而转变成另一种特殊的构造型式。对这种特殊构造型式的研究，可以了解复合构造体系在空间上的展布特点。这一步和上一步的研究结合起来，就能够从时、空两个方面较全面地掌握矿田构造体系的规律性，也为下阶段开展控矿构造型式的研究打下基础。

3. 矿田构造型式发生、发展时期的分析

通过构造型式复合关系的分析，仅能得到矿田构造型式发生、发展的相对顺序，并没有赋予时代的概念。因此，还必须进行以下几个方面的分析：①分析不同构造型式对不同时期沉积建造的控制作用；②分析不同构造型式对不同时期岩浆建造的控制作用。

以上两个方面的研究，是从建造反映改造的角度来进行分析的。通过这种分析，可以初步确定不同构造型式开始发生的时期，以及它们活动的阶段。

运用构造层内构造形迹筛分的方法，分析不同构造层内所包含的构造型式，以及组成这些构造型式的结构面的复合特点，特别要注意发现构造不整合面，从而初步确定各种构造型式结束的时期。

通过以上一系列矿田构造体系的分析研究，才能较全面地总结出矿田构造体系发生、发展的过程及复合、转变的特点，最后建立矿田构造演化史。

在这个阶段的工作中，要在地质力学理论的指导下，充分结合遥感地质的方法，因为它可以帮助我们：①正确地进行构造的联结；②正确判断构造的序次关系及主干构造间的穿切关系；③结合地面检查，正确划分构造型式和构造等级；④发现一些在地面工作中容易被忽视的构造型式。这样就能使矿田构造体系的研究加快速度，提高质量。

二、控矿构造型式研究及成矿条件分析

成矿建造（岩浆或矿液）在地壳中的运移、聚集和转移、富集是受地壳运动控制的。因此，它在时间上必然伴随着构造体系的发展过程而形成，而在空间上又必然服从于构造体系的展布规律而分布。研究控矿构造型式和分析成矿条件的目的，就是为了了解控矿改造和成矿建造之间的内在联系，掌握构造体系控制矿产形成和分布的规律，这是进行成矿预测的先决条件。

在这一阶段的研究中，从工作部署上，必须进入矿区或矿田内已经详细勘探的地区，选择1～2个典型矿床，进行点上解剖，开展1∶2000～1∶5000矿区地质调查。从工作方法上，必须在地质力学理论和方法的指导下，对前人进行勘探或开采的地质资料加以整理，通过实地检查，对地表和深部进行全面的分析。

（一）控矿构造型式研究

控矿构造型式是指那些具有成生联系，而又有一定空间组合型式的含矿构造，它是控矿改造和成矿建造的统一体。它可以是一个单一构造体系的组成成分，但往往是两个或两个以上复合构造体系的组成成分，即复合构造型式。因此，对控矿构造型式进行具体的研究，是掌握构造体系控制矿产形成和分布规律的一个重要环节。

要确定控矿构造型式，必须通过以下步骤：

（1）严格区别含矿构造和破矿构造，划分成矿前、成矿期及成矿后的构造，对这些构造要分别进行研究，才能确定这些构造的体系归属。

（2）鉴定不同方向含矿构造的力学性质，并区别这些含矿构造是单一的结构面还是复合的结构面。对含矿构造力学性质的鉴定要注意以下四方面的特征：①含矿构造边界的形态

特征及旁侧构造特征；②矿体在平面上和剖面上的形态产状特征；③矿石的结构构造特征；④围岩蚀变的特征。

（3）对不同方向、不同性质含矿构造的空间组合特点进行分析。这种组合特点往往由矿体的空间展布型式表现出来。

（4）对控矿构造进行力学分析，研究它们的空间展布型式是否具有力学的统一性，即是否在统一的构造应力场内形成。

（5）根据上述构造应力场所给定的边界条件，通过模拟实验，看是否能形成相似的组合形态。

实践证明，在相同构造体系复合的情况下，在同一矿田内形成的复合型式大体是相似的，所以控矿构造也相似。但是，在不同矿田内，由于形成的复合构造型式可以不同，所以控矿构造型式也可以截然不同。因此，对控矿构造型式的研究，必须从矿田的实际情况出发，具体问题具体分析。在同一矿田内进行研究时，要注意控矿构造型式的普遍性，以便进行成矿预测；而在不同的矿田内进行研究时，要注意它们各自的特殊性，以便明确找矿的方向。

（二）成矿条件分析

成矿条件既包括构造物质条件，也包括构造条件，这两个条件彼此之间是有内在联系的。因此，必须把成矿的物质条件和控矿构造型式结合起来进行分析，注意控矿构造型式的不同部位及不同力学性质的含矿构造中以下几方面的变化规律：

（1）矿体形态和产状的变化特征。

（2）矿石类型及其品位和伴生组分的变化规律。

（3）蚀变岩石的类型及其分布的变化规律。包括：①确定蚀变、蚀变岩石类型，圈定其范围和形态；②绘制大比例尺剖面图和素描图，在图上标识不同蚀变的发育情况，详细观察和记录蚀变带的宽度，分析其空间分布特征，并系统采集样品；③详细观察和记录蚀变带内矿物变化情况，特别是注意矿物间的交代关系及蚀变带中的特征矿物的变化特征；④注意蚀变带中各矿物在每个带内的含量、类型及其组合在各蚀变岩内的区别，特别注意蚀变岩带中新矿物相及其组合特征；⑤划分蚀变分带，研究蚀变随深度的叠加作用；⑥注意蚀变岩内沿裂隙交代形成的细脉、种类及矿物，观察细脉组成与蚀变岩是否一致，注意细脉组成在深度上的变化特征；⑦注意地表蚀变特征、颜色的变化；⑧注意区分反映成矿作用的一般性蚀变标志和特征性蚀变标志；⑨注意蚀变岩和矿体的空间关系，进一步分析蚀变岩石发生的原因。

（4）岩浆岩类型及其分布的变化。

（5）以上各方面的变化与不同构造部位围岩性质的关系等。

通过以上各方面的分析，可以了解成矿的物质因素在控矿构造型式不同部位的变化规律，找出成矿物质运移和聚集与控矿构造型式之间的关系，同时将构造形迹和构造形体都作为构造体系的组成部分，这样就能把握住成矿建造与控矿改造之间的内在联系，就能从错综复杂的地质现象中，总结出构造体系控制矿产形成和分布的规律。

三、矿田成矿预测

矿田地质力学研究的最终目的，在于总结和运用已知矿床的构造体系控制的规律，指导面上的预测，既面中求点，寻找新的矿床或矿体，特别是寻找隐伏矿床或矿体，又运用构造控矿规律指导成矿预测，可以克服盲目性，增强预见性，加速矿产普查和勘探的步伐。

根据构造体系的展布规律，开展矿田成矿预测的理论依据是：属于同一类型构造体系的相同部位的地区，虽然在构造条件上有所不同，但往往具有很大的一致性。若在其中某一构造中找到了矿，就有可能在其他的伴侣构造中找到矿。

这一阶段的工作，主要是进行综合研究，其步骤包括以下四个方面。

（1）综合分析控矿构造型式在时间和空间两个方面与矿田构造体系发生、发展、复合、转变的内在联系，总结构造体系不同级序控矿的规律和构造体系复合控矿的规律，明确战役普查和战术勘探的方向。

找矿勘探的实践证明，构成若干种构造型式的高级初次构造，往往对某些矿种的矿田分布起着控制作用；而那些低级再次构造，又是控制矿田中矿床分布规律的重要条件。生产实践还证明，在构造体系复合控矿的情况下，其中必有一种构造型式起着主导的作用，组成这种构造型式的高级初次构造带和其他构造型式的高级初次构造带复合，控制了矿田的分布；而它的低级再次构造和其他构造型式的低级再次构造的复合，控制了矿床和矿体。

（2）根据以上的具体规律，从矿田构造体系的展布特征出发，分析哪些高级初次的构造带对矿产的形成起主导作用，哪些地区（包括覆盖区）可能具有和已知矿床相似的控矿构造型式存在。

（3）对矿田内的矿点及物化探的资料进行分析，综合研究矿点和物化探异常的分布与矿田构造体系组合型式的关系，以及它们在矿田构造体系中所处的位置。

（4）在上面各方面研究的基础上，找出矿田内成矿的有利地段，圈定出战役普查和战术勘探的预测区，编绘矿田成矿预测图。

当前，寻找隐伏矿产已成为一个迫切的问题，但它又是一个复杂的问题。所以，矿田地质力学的研究，必须在地质力学理论的指导下，在总结构造体系控矿规律的基础上，运用一切可能的先进技术和手段，以提高预测的精度和加快工作的步伐。

四、矿田预测靶区的验证及总结

预测仅是认识上的推断，是否符合客观实际，还必须经过生产实践的检验。因此，在预测区中，应选择生产上最急需、成矿条件最好的地段，进行钻探工程验证。通过验证，我们对构造体系控矿规律的认识发生第二次飞跃，更好地指导面上的找矿工作，即点指导面。

在这一阶段的研究中，工作的重点又应移到点上，在物化探工作的配合下，开展1∶2000～1∶5000的地质调查。其工作顺序如下：

（1）在选定的预测区内，全面地、深入地调查成矿条件、矿化标志及物化探异常的情况，特别要注意对构造型式的研究。如果在预测区被覆盖的情况下，则应对其周围地区进行详细的调查，以推测覆盖区的构造情况。

（2）在确定预测区具有和已知矿床相似的成矿条件，特别是具有相似的控矿构造型式存在的前提下，还要大致推断可能的隐伏矿的规模及埋深，并进行侦察设计，开展钻探验证。侦察钻的布置要大间距控制，先打最有利的部位，然后逐步扩展。在钻进过程中，要认真观察岩心，了解深部的地质特征及其变化。

（3）认真总结验证的结果。若有效果，要总结隐伏矿与已知矿床的相似点和不同点；若未见矿，要找出原因，不要轻易得出否定的结论。通过总结，丰富和修改对构造体系控矿规律的认识，以指导面上的找矿工作。

（4）按照由近及远、由浅入深的原则，在条件允许的情况下，由已知矿区或矿床向外扩展，逐步对各个预测区进行侦察，但是地质研究都应走在钻探侦察的前面，以提出充分的依据。

以上就是在一个矿田内进行矿田地质力学研究的方法和步骤。在总结已知研究过的矿田构造体系控制矿床形成和分布的规律之后，还要放眼整个成矿带，找出和已知矿田成矿条件相似的新区，再对新区开展矿田地质力学的研究，不断扩大找矿远景，以满足新世纪对矿产资源的迫切要求。

第二章　矿田地质力学有关的力学基础

地质力学是用力学的观点研究地壳运动问题的一门学科。为了掌握地质力学的理论和方法，就必须对最基本的、有关的一些力学概念有所了解。另外，广大地质工作者在实践应用中，存在两个最基本的问题，一是对结构面的力学性质规定不严格，二是对构造形迹用力学的观点进行分析不严格，因此有必要强调一些最基本的力学原理。

第一节　应力的概念

一、外力和内力

物体所受的力可分为外力和内力两大类。

1. 外力

外力指其他的物体作用在所研究的物体上的力，外力可以是作用在物体表面上的表面力（如潮汐作用对地壳产生的摩擦力，岩块相互碰撞时产生的挤压力等）；也可以是作用在物体内部每个质点上的体积力（如作用于地壳的重力，地球自转速度变化时对地壳产生的惯性力等）。

地质力学认为，产生地壳运动的主要外动力是地球自转角速度变化时，地壳的惯性离心力的经向分力和纬向惯性力（图 2-1）。

惯性离心力的经向分力是平行于经线方向的，具有如下特点：

（1）当地球自转角速度加快时，即 $\Delta\omega$ 为正，该力由两极指向赤道；而当地球自转角速度减慢时，即 $\Delta\omega$ 为负，该力由赤道指向两极。

（2）该力在两极和赤道处为零，而在中纬度最大，大致相当于我国的秦岭–昆仑纬向构造体系展布的位置。

纬向惯性力是平行于纬线方向的，具有如下两个主要的特点：

（1）当地球自转角速度加快时，即 $\Delta\omega$ 为正，该力由东指向西；反之，则由西指向东。

（2）应力在两极为零，向赤道逐渐增大，到赤道处最大。

2. 内力

内力指物体内部各部分间相互作用的力。一是指物体内部粒子间相互作用的引力和斥力，称分子结合力；二是在外力作用下迫使粒子间改变原有相对位置而产生的抗力，也就是由于外力作用而产生的内力的变化值，称为附加内力，地质力学主要研究附加内力。

物体内部的粒子之间同时存在着吸引力和排斥力，这两种力的大小与分子间的距离有

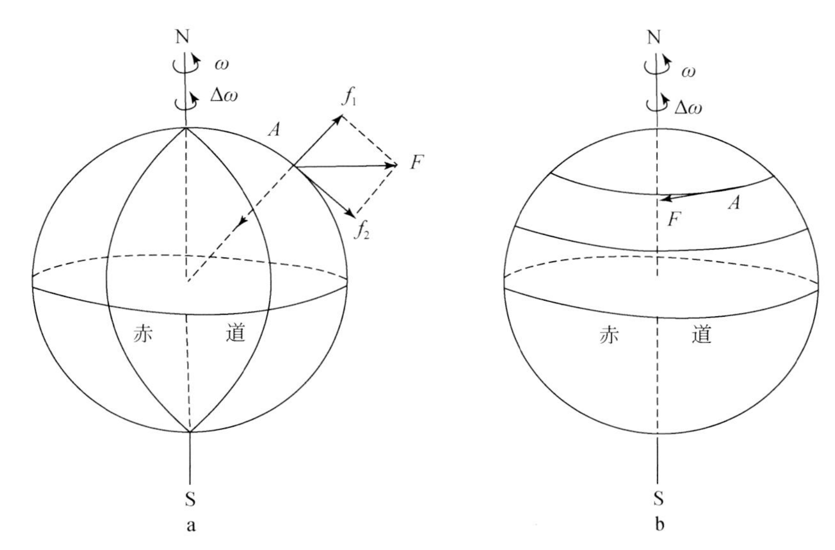

图 2-1　地壳运动外动力图示

a. 离心惯性力的经向分力；b. 纬向惯性力

关，当分子间吸引到一定的距离后，斥力逐渐增大，而和引力达到相对的平衡，保持分子间相对位置不变，保持固体一定的形状（图 2-2a）。

如果物体受到外部压力的作用，就等于增加分子间在压力方向的引力，使它超过原来平衡状态下的斥力。由于引力的作用，分子之间的距离缩短，随着分子的不断接近，斥力增加得比引力快，直到新的引力与斥力之间达到一个新的平衡位置，这样从整体来看表现为物体的压缩（图 2-2b）。

如果物体受到外部拉力的作用，就相当于增加分子间在拉力方向的斥力，使它超过原来平衡状态下的引力。由于斥力的作用，分子之间的距离拉长，随着分子的不断离开，斥力增加得比引力快，直到新的斥力与引力之间达到新的平衡位置，这样从整体来看表现为物体的伸长（图 2-2c）。

以上分析就是物体在外力作用下变形的原理，同时也说明了由于外力的作用产生的附加内力和物体内部分子结合力之间的内在联系，说明了附加内力的实质。

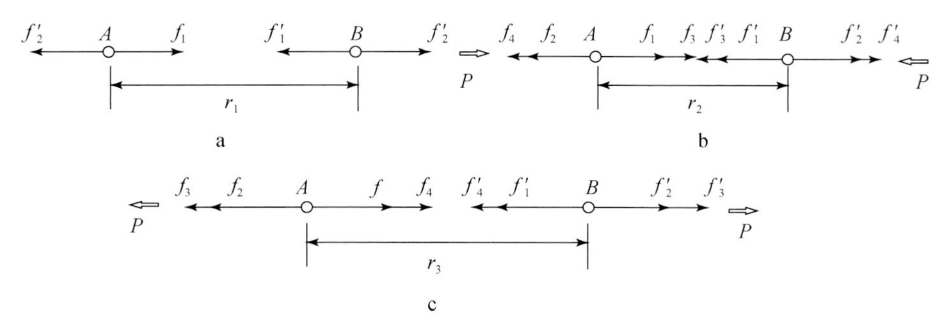

图 2-2　外力、分子结合力和附加内力之间关系图示

二、应　　力

一般力学研究的内力是指由于外力的作用在物体内部所产生的附加内力。但是，附加内力仅有大小的概念，而无强度的概念，为了表示附加内力的强度而引进了应力的概念。

要了解物体内部的应力，一般采用截面法（图2-3），即把物体分成A、B两部分，如果物体在外力的作用下处于平衡的状态，则两部分相互作用的附加内力必然是大小相等、方向相反。这样，我们只要考虑A、B中的任何一个部分，根据力的平衡条件，就可以把截面上的附加内力P_A或P_B求出来。

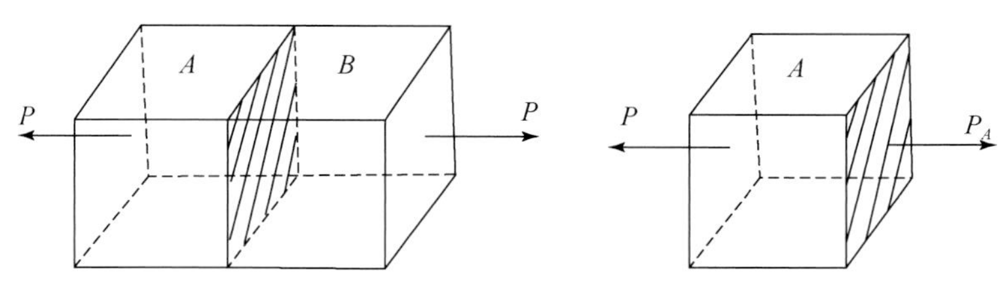

图2-3　截面法求附加内力示意图

设外力为P，从平衡条件知道在截面上也应该有一个合力P_A，它的方向与外力P相反，这就是由外力作用所产生的附加内力，设附加内力是均匀地作用在整个截面上，可以在截面上M点处取一小块面积ΔA，在ΔA上相应地会作用一个小的附加内力ΔP，则在ΔA上单位面积内的附加内力，称为在截面M点上的应力S（图2-4）。

$$S = \Delta P/\Delta A \tag{2-1}$$

应用平行四边形法则，ΔP可以分解为垂直于截面的分力ΔN（法向分力）和平行于截面的分力ΔT（切向分力），将ΔN及ΔT对ΔA取平均值则得

$$\sigma = \Delta N/\Delta A \qquad \tau = \Delta T/\Delta A$$

$$\sigma = S\cos\alpha \qquad \tau = S\sin\alpha$$

σ称为M点的正应力，τ称为M点的扭应力。

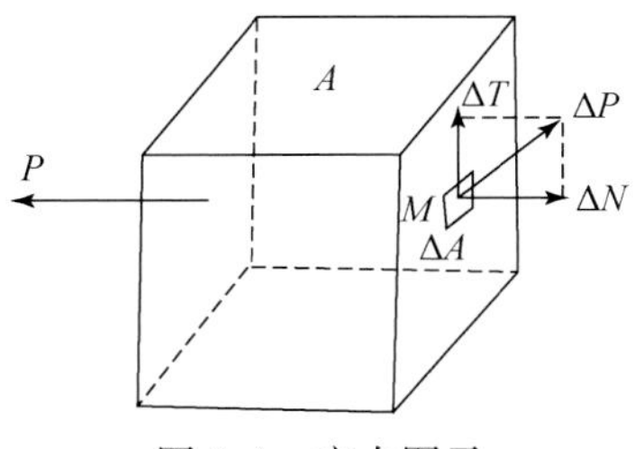

图2-4　应力图示

由上述分析可以看出，所谓应力是指单位面积上的附加内力，即附加内力在截面上的分布强度。而且，当谈到物体内部的应力时，总是与具体的点及具体某一个截面相联系的。

应力的单位以N/cm^2或N/m^2表示，它的符号规定：压应力为正，张应力为负。

下面再介绍几个有关应力的概念。

（一）应力按性质的分类

应力按其性质可以分为以下两类：

1. 正应力

（1）压应力：使物体内部分子间距离缩短，产生压缩变形的应力。

（2）张应力：使物体内部分子间距离拉长，产生拉伸变形的应力。

2. 扭应力

扭应力是使物体内部分子间发生剪切滑动，产生扭动变形的应力。

（二）地应力（构造应力）

在引起地壳运动的外力作用下，组成地壳的岩块和地块内必然产生一种与外力相抗衡的附加内力，作用于岩块和地块单位面积上的这种内力，称为地应力，或称构造应力。地应力在地壳中长期存在，而且现在还在活动，由于它的存在和活动，推动地壳运动的发展，使岩块和地块发生变形，产生各种构造形迹，并使岩石的物理、化学性质发生变化，产生各种构造岩及变质岩石。

地应力分为压应力、张应力和扭应力，由于它们的作用，在地壳中产生各种不同的力学性质的构造形迹。

（三）地应力场（构造应力场）

不同性质、不同方向、不同大小的地应力，在地壳中是按一定规律分布的，地应力的这种有规律的分布状态就称为地应力场（或构造应力场）。地应力场是通过地块内产生的一定型式的构造体系反映出来的，我们可以通过对一定型式构造体系的分析，恢复某地史时期该地区地应力场的情况。

第二节　应变的概念

一、位　　移

在讲述内力一节中，可知物体在外力的作用下，在其内部会产生附加内力，这种内力会破坏物体内部分子间原有的平衡状态，改变分子间的距离，达到新的平衡，从而使物体内部各点、线、面发生空间位置的改变，这种改变就称为位移。

物体在某一点改变位置后，移到另一个新的位置，两点所连直线称为线位移（图 2-5）。物体内的某一线段或平面，改变位置后所旋转的角度，称为角位移（图 2-6）。

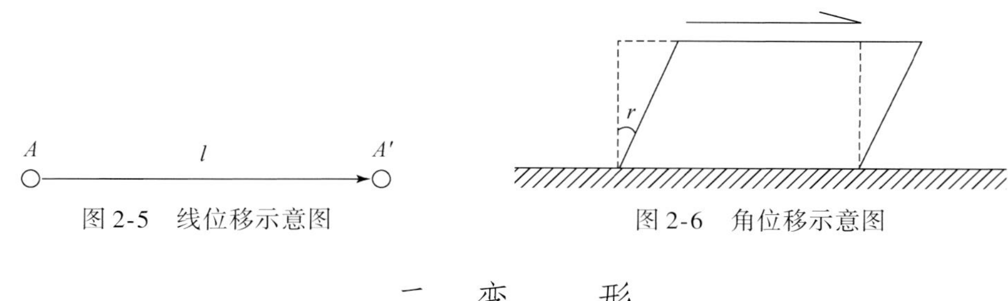

图 2-5　线位移示意图　　图 2-6　角位移示意图

二、变　　形

物体内部各分子的位置发生位移后，导致物体的形状和体积发生变化，称为变形（或形变)。

由于外力的作用方式不同，物体内部各部分的线位移和角位移不尽相同，因而产生各种不同类型的变形，归纳起来有五种基本类型。

(1) 拉伸变形：由张力引起的，表现为物体的伸长（图2-7a）。

(2) 压缩变形：由压力引起的，表现为物体的缩短（图2-7b）。

以上两种变形主要是由线位移产生的。

(3) 剪切变形：由力偶的作用产生的，主要表现为角度的变化，故以角位移为主（图2-7c）。

(4) 扭转变形：实际上也是一种剪切变形，但是力偶的作用使物体转动而产生变形，以角位移为主（图2-7d、e）。

(5) 弯曲变形：物体一端或两端固定，受力后发生弯曲的变形。这时，凸的方面物体伸长，凹的方面物体缩短，二者之间有一中和面，既不伸长也不缩短。因此，物体的弯曲变形可以归结为不同部位的拉伸和压缩变形，并伴有角位移（图2-7f）。

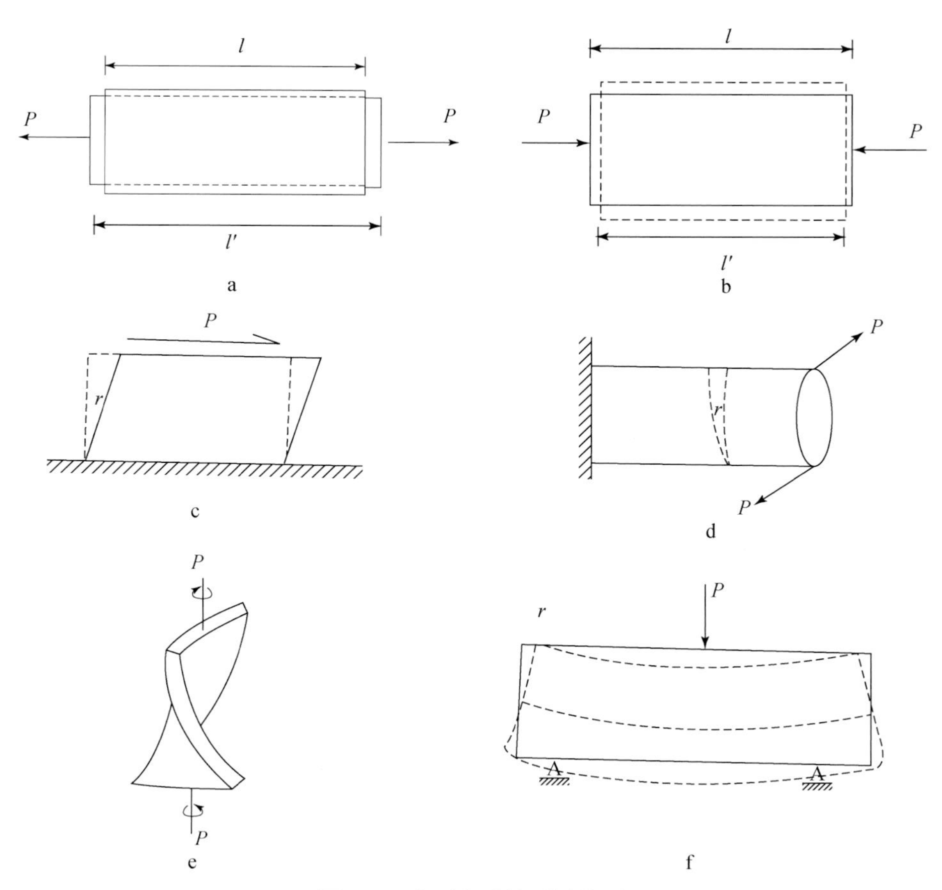

图2-7　岩石变形的不同类型

a. 拉伸变形；b. 压缩变形；c. 剪切变形；d. 扭转变形；e. 旋转变形；f. 弯曲变形

自然界中的各种构造现象，都是岩块和地块在外力作用下发生变形的结果。构造变形的基本型式也离不开以上五种基本类型。由于外力的作用方式不同，因而产生不同的变形，从而形成了不同型式的构造体系。

三、应　　变

变形只表示物体形状和体积的变化，而不说明变形的剧烈程度，为了表示变形的剧烈程度，还需要有应变的概念。

若一矩形岩块，在拉力或压力的作用下，伸长或缩短了$\pm\Delta l$，这种长度的变化称线变形，变形后长度的差和原长度的比值，称为该方向上的线应变，线应变的符号为ε：

$$\varepsilon = \frac{原长度 - 变形后长度}{原长度} = \pm \frac{\Delta l}{l} \tag{2-2}$$

另外，由角位移产生角变形，角变形的程度称角应变，用γ表示。

从以上的分析可以看出，应变是变形程度的量度，线应变是单位长度内的长度变形，角应变是90°内的角度变形。

若物体被拉长，称为拉应变；若物体被缩短，称为压应变。在地质计算中规定：压应变为正，拉应变为负。

四、横向应变与纵向应变的关系——泊松比

岩块在轴向力P的作用下，不仅有轴向（纵向）变形，还有横向变形（图2-8a）。

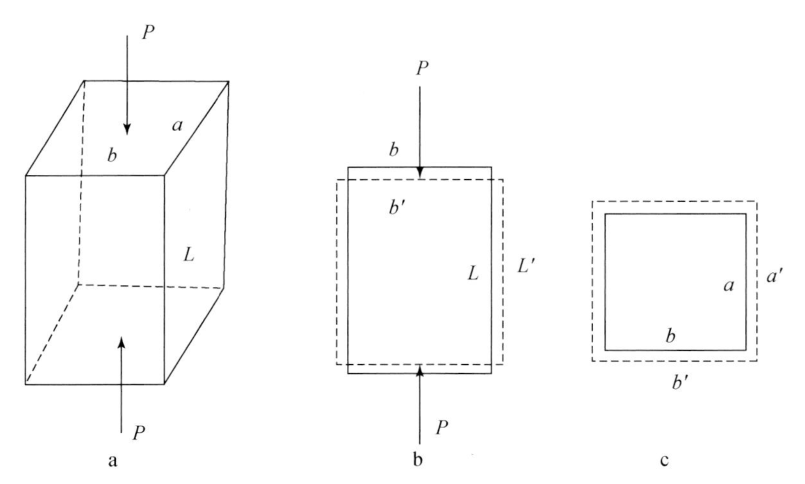

图2-8　纵向应变和横向应变图示

图c为图a的俯视图，图b为图a的主视图

纵向应变：

$$\varepsilon = \Delta l / l \tag{2-3}$$

横向应变：

$$\varepsilon' = \Delta a / a \text{ 或 } \Delta b / b \tag{2-4}$$

ε 及 ε' 的方向相反，二者绝对值之比称泊松比，用 ν 表示：

$$\nu = |\varepsilon'/\varepsilon| \quad \varepsilon' = -\nu\varepsilon \tag{2-5}$$

根据式（2-5），当已知纵向应变时，就可以求出横向应变。

从泊松比所包含的原理可以看出，如果从一定的方向对物体施加压力，则该方向垂直的其他方向上虽然没有应力，却仍有应变，而且应变的符号相反。因此，如有压性结构面存在，则在与它直交的方向上应为张性结构面的方向，二者可以同时发展成为配套的关系。例如，与东西向压性结构面同时出现的张性结构面，必然是南北向的。

第三节　应力应变的关系——胡克定律

物体是通过变形来抵抗由于外力作用而产生的附加内力的，因此应力和应变之间是有联系的，它们之间的联系通过胡克定律来表示。

假设有一截面积为 A 的长形岩块，受到压力的作用，于是内部各粒子之间的相对位置发生变化，将力的作用方向缩短了，从原来的 l 缩短至 l'，从而产生了一个反抗外力作用的附加内力，这个内力使岩块内产生压力，应用截面法可求出压应力 σ（图 2-9）。

$$\sigma = P/A \tag{2-6}$$

岩块在压应力作用下，产生变形，其相应的压应变为

$$\varepsilon = (l - l')/l = \Delta l/k \tag{2-7}$$

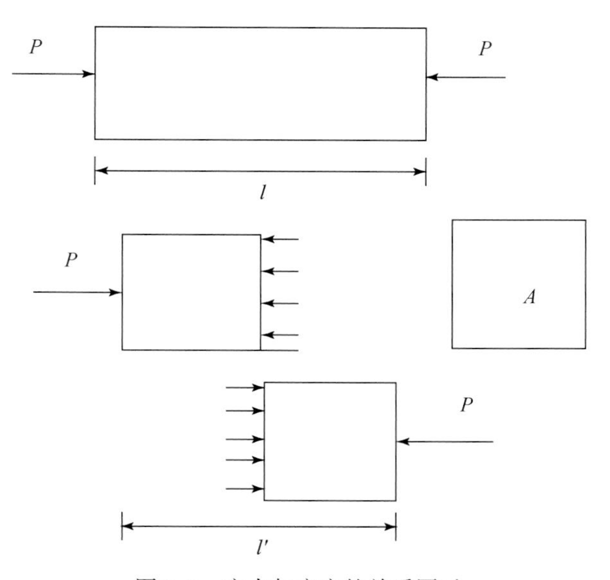

图 2-9　应力与应变的关系图示

通过实验证明，物体在一定的极限范围内，其伸长和缩短的长度 Δl（线变形）与物体的长度（l）成正比，而与物体的截面积（A）成反比，并与材料的性质有关。材料性质的影响，通过实验可得到比例系数为 $1/E$，于是可以得到下式：

$$\Delta l = 1/E \cdot l \cdot P/A \tag{2-8}$$

将式（2-6）和式（2-7）代入式（2-8）则得

$$\sigma = E\varepsilon \tag{2-9}$$

式中，E 为弹性模量，kg/cm^2。

式（2-9）即为胡克定律，它说明：当应力不超过某一极限值时，应力与应变成正比，这一极限称为比例极限，而弹性变形与塑性变形之间的极限点，如超过这一极限时，上述关系就不存在。

第四节　平面应力分析

地质力学的基本观点之一，是强调地壳运动的方式以水平运动为主，垂直运动是由水平运动派生的。因此，地质力学在构造应力场的分析中，以平面应力分析为主。

一、一点的应力状态

一般的力学研究都是由个别到一般，由点到面，通过对一点的应力状态的研究，来了解物体内部应力场的特点。因此，地质力学的平面应力分析，也是从对岩块和地块内一点的应力状态开始的。

物体受外力作用后，在其内部应产生附加内力，作用在单位面积上的附加内力就是应力，通过物体内部一点各个截面上的应力情况，就称为一点的应力状态，研究某一点的应力状态，一般是在该点取出一个各边长趋近于 0 的微小正六面体代表该点，这个六面体称元素体或单元体。这样，这个元素体在直角空间坐标中各个面上的应力情况，就代表该点的应力状态。

取元素体三个棱的方向为直角坐标 X、Y、Z，三个段的交点为坐标的原点 O（图 2-10），如有一任意方向的应力 σ_P 作用在元素体上，因此应力在元素体各个面上的分量，即往 X、Y、Z 三 个方向上的投影，就代表一点的应力状态。

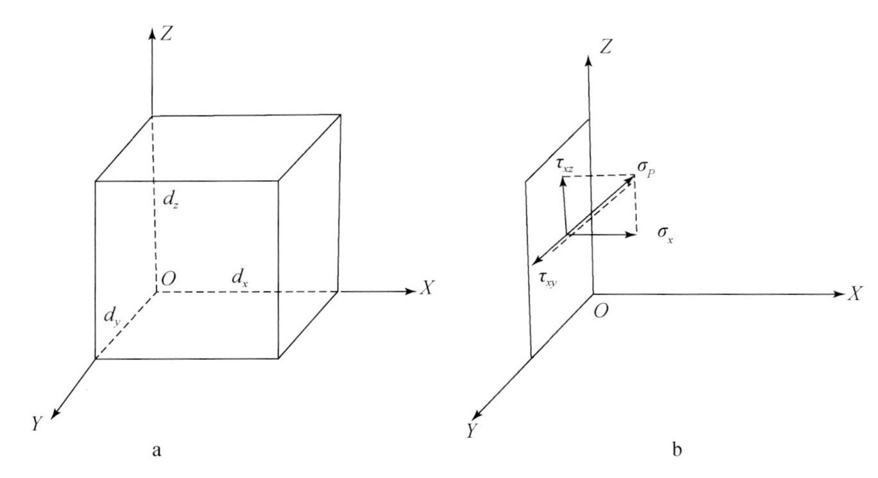

图 2-10　点的应力状态分析图

根据平行四边形法则，应力 σ_P 在法线为 X 轴方向的 $d_y \cdot d_z$ 平面内，可分解为正应力 σ_x

及扭应力 τ_{xy} 和 τ_{xz}(σ_x 为作用面法线方向为 X 方向的正应力；τ_{xy} 为作用面法线为 X 方向的平面内，沿 Y 方向的扭应力；τ_{xz} 为作用面法线为 X 方向的平面内，沿 Z 方向的扭应力)。

同理，在 d_x、d_y 面内，可得正应力 σ_z，扭应力 τ_{zx} 和 τ_{zy}，在 d_x、d_z 面内，可得正应力为 σ_y，扭应力 τ_{yx} 和 τ_{yz}。

其中，σ_x、σ_y、σ_z 分别为平行于作用面法线方向的正应力，τ_{xy}、τ_{xz}、τ_{yz}、τ_{yx}、τ_{zy} 代表扭应力，前一个字母代表作用面的法线方向，后一个字母代表扭应力的方向。

元素体有六个面，每个面上有一个正应力，两个扭应力，于是共有 18 个应力分量代表一点的应力状态（图 2-11）。

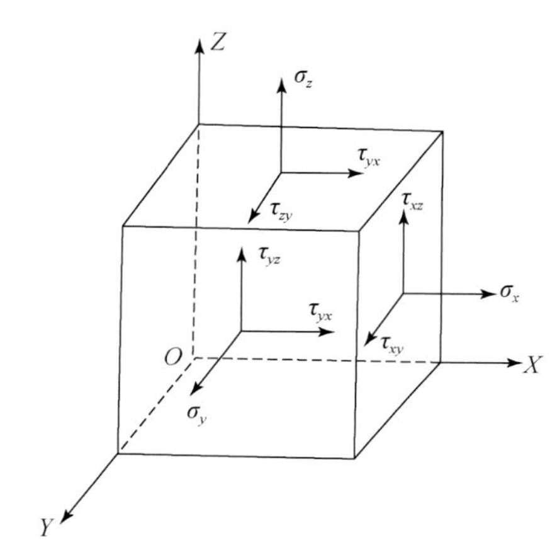

图 2-11　元素体中分应力及其作用方向图

如果此六面体处于平衡状态，必须具备两个条件：

（1）在 X、Y、Z 三个方向的合力为 0，即

$$\sum F_x = 0 \qquad \therefore \sigma_x = \sigma_x$$

$$\sum F_y = 0 \qquad \therefore \sigma_y = \sigma_y$$

$$\sum F_z = 0 \qquad \therefore \sigma_z = \sigma_z$$

（2）扭应力对 X、Y、Z 三个轴的力偶矩之和为 0，即

$$\sum M_x = 0 \quad (\tau_{yz} \cdot d_x \cdot d_z)d_y - (\tau_{zy} \cdot d_x \cdot d_y)d_z = 0$$

$$\tau_{yz} - \tau_{zy} = 0 \qquad \therefore \tau_{yz} = \tau_{zy}$$

$$\sum M_y = 0 \quad (\tau_{zx} \cdot d_x \cdot d_y)d_z - (\tau_{xy} \cdot d_y \cdot d_z)d_x = 0$$

$$\tau_{yx} - \tau_{xz} = 0 \qquad \therefore \tau_{yz} = \tau_{xz}$$

$$\sum M_z = 0 \quad (\tau_{xy} \cdot d_y \cdot d_z)d_x - (\tau_{yx} \cdot d_x \cdot d_z)d_y = 0$$

$$\tau_{xy} - \tau_{yx} = 0 \qquad \therefore \tau_{xy} = \tau_{yx}$$

因此，在应力元素体上仅有六个独立的应力分量：σ_x、σ_y、σ_z、τ_{xy}、τ_{yz}、τ_{zx}，这六个应力分量就可以代表一点的应力状态，如果这六个应力分量已知时，则该点的应力状态就可以确定了。

元素体的方位不同，应力状态也在改变，其中总有一个方位，使元素体的六个面上只有

正应力，而没有扭应力，即 $\tau_{xy}=\tau_{yz}=\tau_{zx}=0$，则这样的正应力称为主应力，主应力作用面称为主平面，主平面法线的方向称为主方向，一般三个主应力各不相等，往往采用 σ_1、σ_2、σ_3 表示，并使 $\sigma_1>\sigma_2>\sigma_3$，$\sigma_1$ 称最大主应力，σ_3 称最小主应力（图 2-12）。

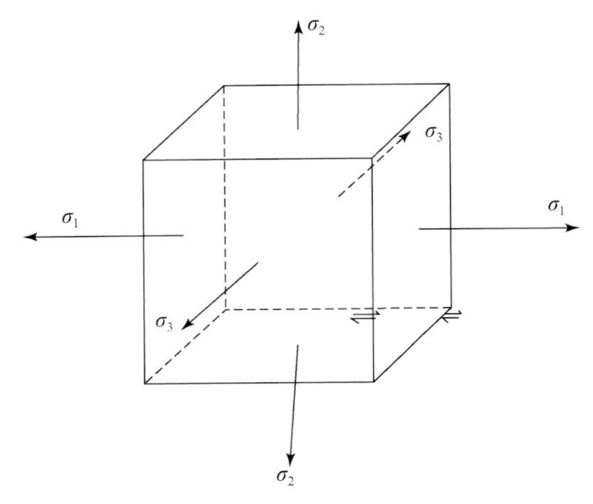

图 2-12　元素体中主应力状态分布图（$\sigma_1>\sigma_2>\sigma_3$）（李四光，1979a，1979b）

根据主应力的情况，可将应力状态分为三种基本的类型：

（1）有两个主应力为 0，仅有一个主应力作用，称线应力状态或单向应力状态。

（2）有一个主应力为 0，有两个主应力作用的，称平面应力状态或两向应力状态。

（3）三个主应力都存在的，称体应力状态或三向应力状态。

以下着重分析第二种类型，即平面应力状态。

二、平面应力分析

为了分析在平面应力状态下，构造应力场中应力的分布规律，得有两个假设条件：第一，自然界的岩石对地应力的作用，必须具有均一连续介质的特点，严格来说，岩块和地块是不均一的，也是不连续的。但是，它们的不均匀性经常达到十分复杂的程度，以致我们把它们当成一个总体看待，反而呈现出一定的相对均一性。另外，除在大的构造带和岩性极不相同的接触带以外，一般也显示了一定程度的连续性。第二，在构造应力场中，应力的分化具有连续性，即是渐变的不是突变的，这一假设，除了由于运动发展到形成巨大断裂的地带以外，在一般的地区也是可以成立的。

在上述两个假设条件下，对岩块或地块的平面应力状态进行分析。

（一）单向应力状态

首先研究只有一个主应力作用的条件下，任意截面上的应力状态。

如图 2-13 所示，对柱体作斜截面 MN，斜截面的法线 n 与柱体的轴线成 θ 角（规定 θ 角由轴线量起，以逆时针为正）。该柱体的宽度为 b，高度为 h，正截面 MN' 的面积 $A'=b\cdot h$，那么斜截面 MN 的面积则为 $A=b\cdot(h/\cos\theta)=A'/\cos\theta$，根据平衡条件得知，用在 MN 截面上的

附加内力的是 P，那么作用在 MN 截面上的应力应该为

$$S_n = P/A'/\cos\theta = \sigma_1 \cos\theta \tag{2-10}$$

$$\because P/A' = \sigma_1$$

式（2-10）说明，斜截面 MN 上的应力 S_n 与主应力 σ_1 之间的关系，从此式可以看出，随着斜截面 θ 角的增大，应力 S_n 便减小，如 θ 增大到90°时，即截面与 X 轴平行，则应力 S_n 减至0，说明与外力 P 平行的截面上无应力。

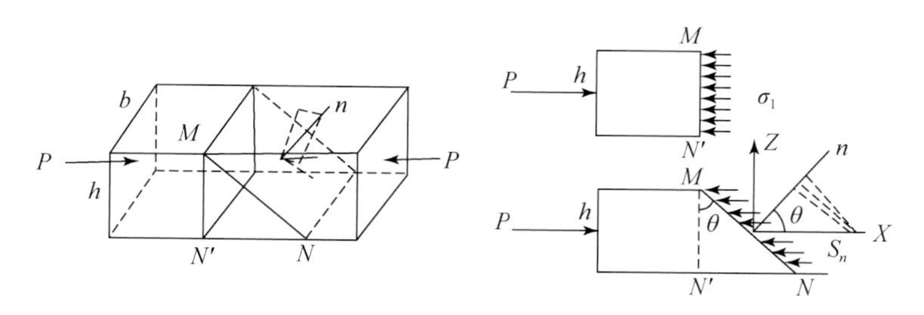

图2-13　单向应力状态分析图

为了便于对问题进行力学分析，还可以把斜截面上的应力 S_n 分解为垂直于截面的应力分量及平行于截面的应力分量，即正应力及扭应力：

$$\sigma_n = S_n \cdot \cos\theta = \sigma_1 \cos^2\theta$$

$$\tau_n = S_n \cdot \sin\theta = \sigma_1 \cos\theta \cdot \sin\theta$$

利用三角函数公式，$\cos2\theta=2\cos^2\theta-1$；$\sin2\theta=2\sin\theta\cdot\cos\theta$，则得

$$\begin{cases} \sigma_n = \dfrac{\sigma_1}{2} + \dfrac{\sigma_1}{2}\cos2\theta \\ \tau_n = \dfrac{\sigma_1}{2}\sin2\theta \end{cases} \tag{2-11}$$

根据式（2-11），可以求出法线 n 与 X 轴成任意夹角 θ 截面上的应力状态。

（二）双向应力状态

即求出柱体同时受到 σ_1 及 σ_3 两向主应力作用时，截面 MN 上的应力状态。

如图2-14所示，先求主压应力 σ_1 在斜截面上的应力，再求主应力 σ_3 在斜截面上的应力，将两种应力分量相加，即得两向应力状态下任意截面上的应力状态。

σ_1 在截面 MN 上的应力分量由式（2-11）可以求出：

$$\begin{cases} \sigma_n = \dfrac{\sigma_1}{2} + \dfrac{\sigma_1}{2}\cos2\theta \\ \tau_n = \dfrac{\sigma_1}{2}\sin2\theta \end{cases}$$

σ_3 在截面 MN 上的应力分量可以这样求出：$\theta' = 90° - \theta$，规定角度反时针为负，将 θ' 角代入式（2-11）则得

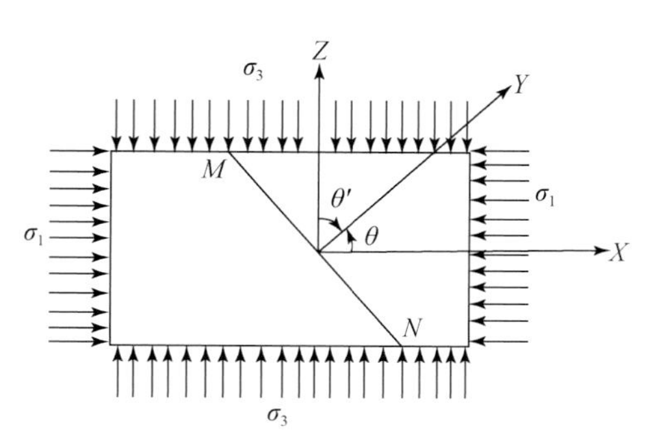

图2-14　双向应力状态分析图

$$\begin{cases}\sigma'_n = \dfrac{\sigma_3}{2} - \dfrac{\sigma_3}{2}\cos(180° - 2\theta) \\ \tau'_n = \dfrac{\sigma_3}{2}\sin(180° - 2\theta)\end{cases}$$

$$\because \cos(180° - 2\theta) = \cos 2\theta,\ \sin(180° - 2\theta) = \sin 2\theta$$

$$\therefore \begin{cases}\sigma'_n = \dfrac{\sigma_3}{2} - \dfrac{\sigma_3}{2}\cos 2\theta \\ \tau'_n = -\dfrac{\sigma_3}{2}\sin 2\theta\end{cases}$$

将两个应力分量相加，则得在主压应力 σ_1、σ_3 作用下，截面 MN 上的平面应力状态：

$$\begin{cases}\sigma = \sigma_n + \sigma'_n = \dfrac{\sigma_1 + \sigma_3}{2} + \dfrac{\sigma_1 - \sigma_3}{2}\cos 2\theta \\ \tau = \tau_n + \tau'_n = \dfrac{\sigma_1 - \sigma_3}{2}\sin 2\theta\end{cases} \tag{2-12}$$

从式（2-12），可以知道在两向受力时，通过一面的斜截面上的应力分量。也就是说，可以知道在两向主应力作用下，任意截面上的应力状况。

下面再讨论几种有意义的情况：

1. 两个互相垂直的截面

两个互相垂直的截面上，正应力和扭动力的关系如图 2-15 所示。

法线 n 与 X 轴交角为 θ 的截面上，应力分量可据式（2-12）求出：

$$\begin{cases}\sigma = \dfrac{\sigma_1 + \sigma_3}{2} + \dfrac{\sigma_1 - \sigma_3}{2}\cos 2\theta \\ \tau = \dfrac{\sigma_1 - \sigma_3}{2}\sin 2\theta\end{cases}$$

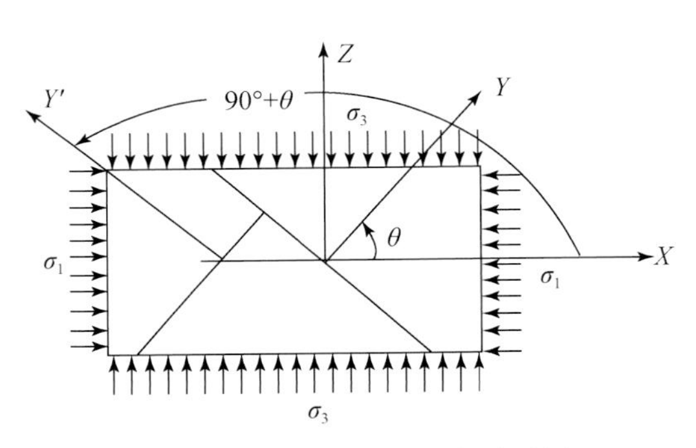

图 2-15　正应力与扭应力关系图

法线 μ' 与 X 轴交角为 $\theta + 90°$ 的截面上，其中应力分量为

$$\begin{cases}\sigma' = \dfrac{\sigma_1 + \sigma_3}{2} + \dfrac{\sigma_1 - \sigma_3}{2}\cos(180° + 2\theta) \\ \tau' = \dfrac{\sigma_1 - \sigma_3}{2}\sin(180° + 2\theta)\end{cases}$$

$$\because \cos(180° + 2\theta) = -\cos 2\theta,\ \sin(180° + 2\theta) = -\sin 2\theta$$

$$\therefore \begin{cases}\sigma' = \dfrac{\sigma_1 + \sigma_3}{2} - \dfrac{\sigma_1 - \sigma_3}{2}\cos 2\theta \\ \tau' = -\dfrac{\sigma_1 - \sigma_3}{2}\sin 2\theta\end{cases}$$

将两个截面上的应力分量相加得

$$\sigma + \sigma' = \sigma_1 + \sigma_3$$

$$\tau + \tau' = 0 \qquad \tau = -\tau'$$

由此可见，在两向主应力的作用下，两个互相垂直的截面上，应力分量的关系为：正应力之和为一常数，即当一个截面上的正应力为极大值时，另一个截面上的正应力则为极小值。

扭应力大小相等，而扭动的方向相反，这就是扭应力互等定律。

2. 最大正应力作用面和最大扭应力作用面

从式（2-12）可以看出，最大正应力作用面必然是使 $\cos 2\theta = 1$ 的截面，即 $\theta = 0°$ 的截面。

$$\sigma_{\max} = \frac{\sigma_1 + \sigma_3}{2} + \frac{\sigma_1 - \sigma_3}{2} = \sigma_1$$

$$\tau = 0$$

因此，在 $\theta = 0°$ 的截面上，即法线 n 与 X 轴平行的截面上，正应力最大，而扭应力为0，此时的正应力即为主应力 σ_1，截面 MN 即是主平面。

从式（2-12）可以看出，最大扭应力作用面必然是使 $\sin 2\theta = 1$ 的截面，即 $\theta = \pm 45°$ 的截面，就是说，与主平面成±45°角的截面上，扭应力最大。

3. 纯剪状态

什么是纯剪状态呢？即在互相垂直的两个截面上，只有扭应力的作用，而无正应力的作用，这种应力状态称为纯剪状态，什么样的截面上具有纯剪状态呢？

前面已经讨论过，具有最大剪应力的截面是 $\theta = \pm 45°$ 的截面，将 θ 值代入式（2-12）则得

$$\begin{cases} \sigma = \dfrac{\sigma_1 + \sigma_3}{2} \\ \tau = \dfrac{\sigma_1 - \sigma_3}{2} \end{cases}$$

如果这样的截面要成为纯剪状态，就必须使 σ 为0，即 $\dfrac{\sigma_1 + \sigma_3}{2} = 0 \quad \sigma_1 = -\sigma_3$。

也就是说，在互相垂直的两个主平面上，一个面上作用着主压应力 σ_1，另一个面上作用着主张应力 σ_3，而且 $\sigma_1 = \sigma_3$，那么，在与主平面成45°和135°的截面上，只有扭应力而无正应力，成为纯剪状态（图2-16）。

图2-16是一种特殊的应力元素体，它可以近似地代表在压力作用下，岩块和地块内部一点的应力状态，近似地代表纬向构造体系和经向构造体系的应力模型。纯剪面就是两组扭裂面，垂直于主压应力方向形成压性结构面，垂直于主张应力方向形成张性结构面。

以上的纯剪状态，还可以有另一种表示方式，即反过来说，在纯剪状态下，则在与纯剪面成±45°方向的截面上，必然有等量的主压应力和主张应力的作用（图2-17）。

图2-17是另一种特殊的应力元素体，它可以近似地代表在力偶作用下，岩块和地块内部一点的应力状态，近似地代表扭动构造体系的应力模型，在力偶的作用下，则在与力偶作用面成45°的截面上，一个方向出现压性结构面，而另一垂直的方向上出现张性结构面。

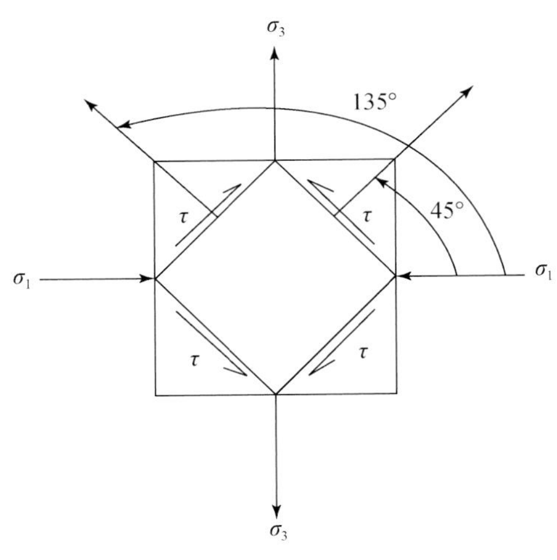

图 2-16　纯剪应力分析图

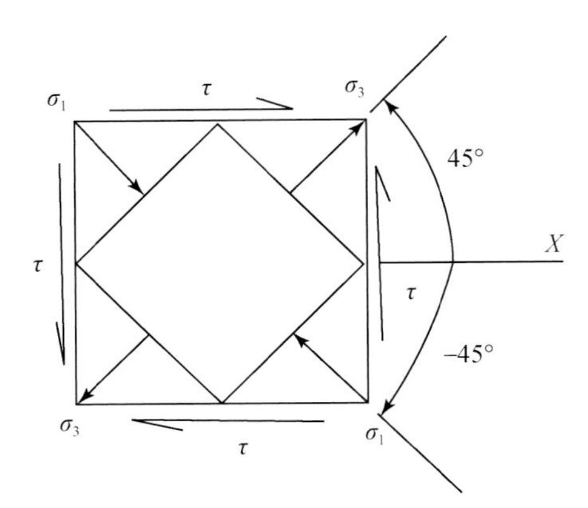

图 2-17　主压应力与张应力分析图

三、应力圆（应力摩尔圆）

上面已经讨论了在平面应力状态下，一点的应力状态，并从纯剪状态中引出了两个基本的应力元素体，作为进行地质力学分析的基础。

下面将介绍如何从几何的角度来研究一点的应力状态，还是由简到繁进行分析。

（一）单向应力状态

在单向应力状态下，过一点任意截面上的正应力和扭应力可以从式（2-11）求出：

$$\begin{cases} \sigma = \dfrac{\sigma_1}{2} + \dfrac{\sigma_1}{2}\cos 2\theta \\ \tau = \dfrac{\sigma_1}{2}\sin 2\theta \end{cases}$$

将该式改变写法：

$$\begin{cases} \sigma - \dfrac{\sigma_1}{2} = \dfrac{\sigma_1}{2}\cos 2\theta \\ \tau = \dfrac{\sigma_1}{2}\sin 2\theta \end{cases}$$

将上式两边平方后相加得

$$\left(\sigma - \frac{\sigma_1}{2}\right)^2 + \tau^2 = \left(\frac{\sigma_1}{2}\right)^2 (\cos^2 2\theta + \sin^2 2\theta)$$

$$\because \cos^2 2\theta + \sin^2 2\theta = 1$$

$$\therefore \left(\sigma - \frac{\sigma_1}{2}\right)^2 + \tau^2 = \left(\frac{\sigma_1}{2}\right)^2 \tag{2-13}$$

将式（2-13）与直角坐标中圆的方程式进行比较：

$$(x - a)^2 + y^2 = r^2$$

可见，如果以 σ 为横坐标，τ 为纵坐标，而式（2-13）为圆心$\left(\dfrac{\sigma_1}{2}，0\right)$、半径 $\dfrac{\sigma_1}{2}$ 的圆（图2-18），这个圆就称为应力圆或应力摩尔圆，它代表了一点的应力状态，圆周上每一点的坐标，对应于相应截面上的正应力和扭应力。

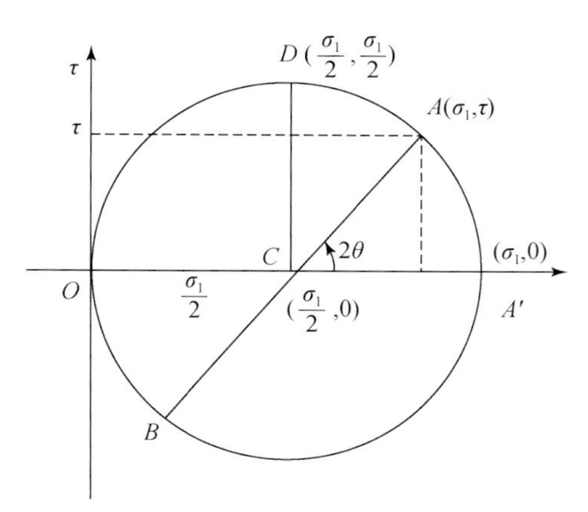

图2-18　单向应力状态应力圆分析图

从图2-18可以看出，在圆周上任意取一点 A，其与圆心的连线与 σ 轴的交角为 2θ，则可求得 A 点的 σ 及 τ 值：

$$\begin{cases}\sigma=\dfrac{\sigma_1}{2}+\dfrac{\sigma_1}{2}\cos2\theta\\[2ex]\tau=\dfrac{\sigma_1}{2}\sin2\theta\end{cases}$$

该方程与前面推导出的式（2-11）完全相同，证明圆周上任何一点的坐标值，对应于法线与 X 轴交角为 θ 的截面上的正应力和扭应力。

应力圆有如下的一些特点：

（1）应力圆代表物体内一点的应力状态，经过这点的任意一个斜截面上的应力分量 σ 及 τ，由应力圆上一个对应点为代表，该截面的方位角由 θ 角代表，在应力圆上的坐标逆时针旋转 2θ 角则得该点。

（2）两个相互垂直的截面上的应力分量对应于应力圆直径的两个端点，如图2-18的 A 及 B 点。

（3）最大扭应力作用面相应于 D 点，其值为半径 $\dfrac{\sigma_1}{2}$，$2\theta=90°$，$\theta=45°$。

（4）最大正应力作用面为 A' 点，最小正应力作用面为 O 点，它们的正应力值分别为 σ_1 及0，即为主应力。

（二）平面应力状态

在这种情况下，通过一点任意截面上的应力状态可以通过式（2-12）求出：

$$\begin{cases}\sigma = \dfrac{\sigma_1 + \sigma_3}{2} + \dfrac{\sigma_1 - \sigma_3}{2}\cos 2\theta \\ \tau = \dfrac{\sigma_1 + \sigma_3}{2}\sin 2\theta\end{cases}$$

上式移项后可写成：

$$\begin{cases}\sigma - \dfrac{\sigma_1 + \sigma_3}{2} = \dfrac{\sigma_1 - \sigma_3}{2}\cos\theta \\ \tau = \dfrac{\sigma_1 - \sigma_3}{2}\sin 2\theta\end{cases}$$

将上式两边平行后相加得

$$\left(\sigma - \frac{\sigma_1 + \sigma_3}{2}\right)^2 + \tau^2 = \left(\frac{\sigma_1 + \sigma_3}{2}\right)^2(\cos^2 2\theta + \sin^2 2\theta)$$

$$\left(\sigma - \frac{\sigma_1 + \sigma_3}{2}\right)^2 + \tau^2 = \left(\frac{\sigma_1 + \sigma_3}{2}\right)^2 \tag{2-14}$$

式（2-14）为圆心坐标$\left(\dfrac{\sigma_1 + \sigma_3}{2}, 0\right)$及半径$\dfrac{\sigma_1 - \sigma_3}{2}$的圆方程，如图 2-19 所示。

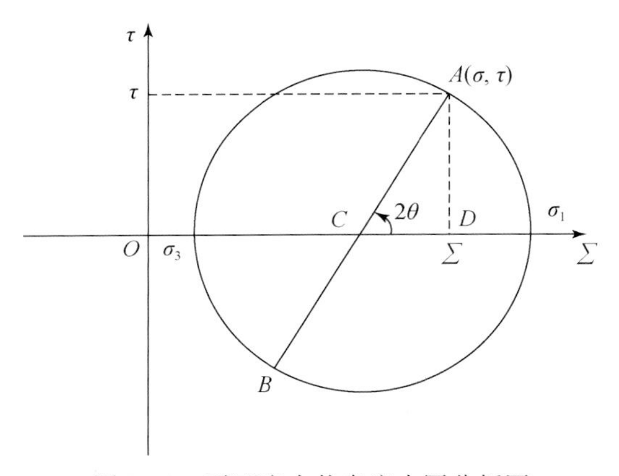

图 2-19　平面应力状态应力圆分析图

由图 2-19 看出，圆上一点 A 的坐标为 σ 及 τ，求解得

$$\begin{cases}\sigma = OC + CD = OC + AC \cdot \cos 2\theta = \dfrac{\sigma_1 + \sigma_3}{2} + \dfrac{\sigma_1 - \sigma_3}{2}\cos 2\theta \\ \tau = AC \cdot \sin 2\theta = \dfrac{\sigma_1 - \sigma_3}{2}\sin 2\theta\end{cases}$$

故圆上任意一点的应力分量与公式求解完全一致；证明该应力圆代表在 σ_1 及 σ_3 作用下，物体内部一点的应力状态，点 A 则代表方位为 θ 角的截面上的应力分量。

（三）纯剪状态

在纯剪状态下，必须满足以下的要求：

$$\begin{cases}\sigma_1 = -\sigma_3 \\ \tau_{max} = \dfrac{\sigma_1 - \sigma_3}{2}\end{cases}$$

故应力圆如图 2-20 所示，从图可见，$\sigma_1 = -\sigma_3$，纯剪面为与主方向成±45°的截面。

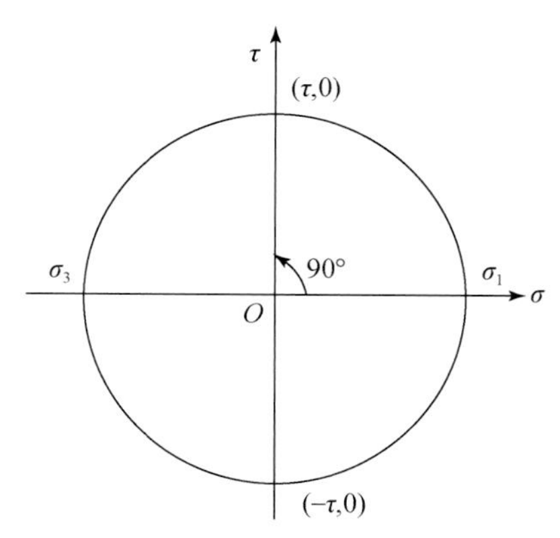

图 2-20 纯剪状态应力圆分析图

四、剪裂角的分析

（一）剪破裂准则

岩石的断裂变形有两种型式，一是拉破裂，当拉应力达到岩石的抗拉裂度时，在垂直于拉应力的方向发生拉破裂；二是剪破裂，当两个垂直方向上的主应力差达到一个定数值后，沿某平面两侧的岩石将发生相互错动的剪破裂。

剪破裂的发生决定于两种力的作用，一是岩石在外力的作用下，内部各点产生的扭应力的大小，经过一点的各个不同截面上的扭应力随截面的方向而异，其中以与主应力成±45°的截面上扭应力最大，但是岩石往往并不沿此方向的截面发生剪破裂，这是因为还有另一种力的作用，那就是岩石在不同的截面上抵抗剪破裂的能力，即抗剪强度。通过岩石的力学实验发现，岩石抵抗剪破裂的能力可表示为

$$[\tau] = \tau_0 + \mu\sigma_n \tag{2-15}$$

式中，τ_0 为一个常量，是当 $\sigma_n = 0$ 时的抗剪强度，在岩石力学中又称为黏聚力；σ_n 为作用在剪切面上的正应力；μ 为内摩擦系数；$\mu\sigma_n$ 为平行于剪切面的抗抵力。

式（2-15）是一个直线方程，如图 2-21 所示，称为剪破裂线，μ 就是它的斜率等于 $\tan\varphi$，φ 称为内摩擦角，当应力状态达到这些直线上时，岩石将发生剪破裂，式（2-15）称为库仑剪破裂准则。

现将外力引起的一点的应力状态用应力圆也画在 σ、τ 坐标中（图 2-21）。为简单起见，先看 $\sigma_3 = 0$ 的情况，随着外力的增加，应力圆逐渐增大，逐渐和剪破裂线接近，直到应力圆和剪破裂线相切，这时的切点为 D 和 E，标志着这两点所代表的截面将产生剪破裂。

从图 2-21 可以看出，这时的剪破裂面并不对应于最大扭应力作用面，在这个截面上，扭

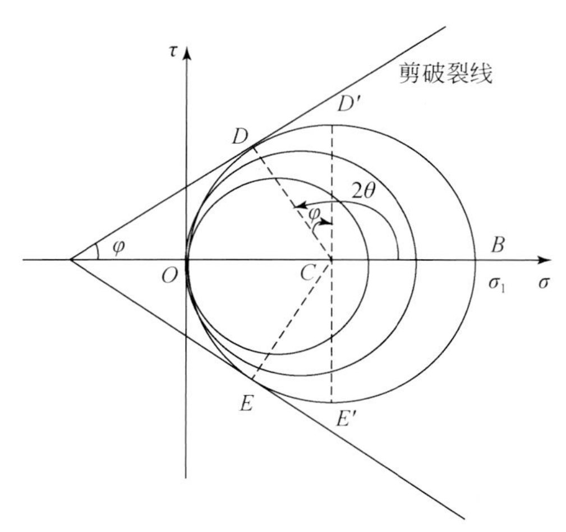

图 2-21　共轭剪切面应力圆分析示意图

应力比最大扭应力减少得不多，可是压应力要比最大扭应力作用面上小得多，从式（2-15）可以看出，在剪破裂面上抗剪强度比最大扭应力作用面小，故沿此截面产生剪破裂。

（二）x 轴面的锐角指向最大压应力

现在分析剪破裂面与主压力的夹角关系。从图 2-21 看出，$\angle BCD = 90° + \varphi = 2\theta$。因此，与 D 点相对应的剪破裂面的法线是从最大主应力 σ_1 顺时针转动 $\frac{1}{2}(90° + \varphi)$（图 2-22）。主压应力与剪破裂面的夹角是这个角的余角，即

$$\theta = 90° = \frac{90° + \varphi}{2} = 45° - \frac{\varphi}{2}$$

故主压应力与剪裂面的交角小于 45°，两个剪裂面的交角小于 90°，为一个锐角，因此，最大主应力指向剪裂面相交的锐角方向（图 2-22），根据岩石力学试验的结果，剪裂面所交的锐角一般为 40°～60°。

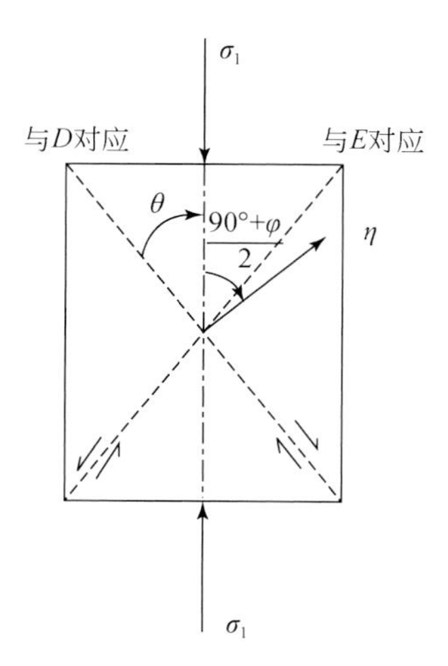

图 2-22　最大主应力指向共轭剪切面的锐角方向示意图

这种情况是在脆性破裂时形成的，如果在围压较大时，或者破裂后又经过塑性变形，则该角度接近于90°或大于90°（即为钝角方向）。

根据扭裂面的滑动方向，还可以定出主压应力的方向。从图2-21看出，与D点相对应的扭裂面上的扭应力为正值，力学上规定为顺时针转动，即为右行扭动；而与E点相对应的扭裂面上的扭应力为负值，力学上规定为逆时针转动，即为左行扭动。因此，根据扭裂面的扭动方向，可以定出主压应力的方向（图2-22）。

五、断裂性质的分析

断裂即岩块或地块产生断裂变形的产物，严格来说，断裂也只有张断裂和扭断裂的区别，对应于拉破裂和剪破裂。

如果一个地区受到平面附加应力场的作用，假设垂直于地面的主应力保持不变，则可能产生三种情况（图2-23），如下所示。

（1）两个水平主压应力增加，这时垂直的主应力最小为σ_3；水平主应力中，一个为最大主压应力σ_1，另一个为中间主压应力σ_2，根据最大主压应力指向扭裂面的锐角方向，这时断裂的倾角很缓，为20°～30°，为压性断裂，几何上多为逆断层（图2-23a）。

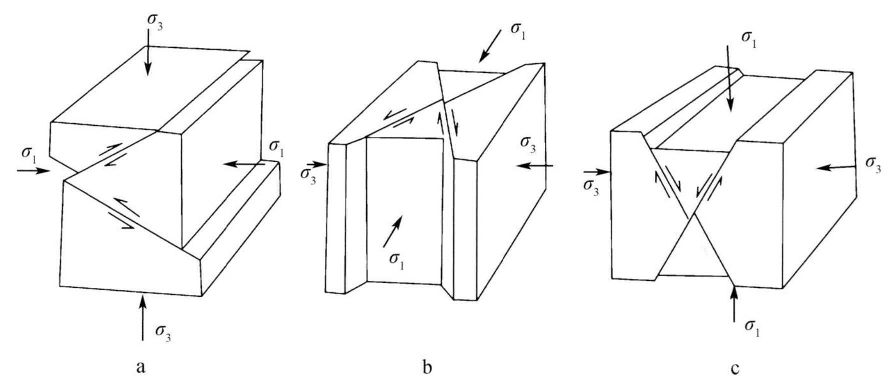

图2-23　不同性质断裂应力分析图

a. 压性断裂；b. 扭性断裂；c. 张性断裂

（2）两个水平主压应力，一个增加，一个减小。这时，垂直的主应力为中间主应力σ_2，而最大主应力σ_1和最小主应力σ_2都是水平的，剪破裂面与σ_2平行而垂直于地面，形成扭性断裂，几何上多数为平移断层（图2-23b）。

（3）两个水平主压应力都减小，这时垂直的主应力为最大主压应力σ_1，而水平主压应力中一个为σ_2，另一个为σ_3。这时形成的断裂倾角多在60°以上，为张性断裂，几何上多数为正断层（图2-23c）。

第三章　结构面及其控矿特征

结构面力学性质的鉴定是矿田地质力学研究的先行步骤，是划分矿田构造体系的基础，结构面的力学性质鉴定的正确与否，是能否正确划分矿田构造体系的前提。

另外，不同力学性质的结构面具有不同的形态特征，构成不同形状的构造空间，因而对矿体的产状、形状、延长和延深等空间分布，以及对矿石的结构、构造等均有不同程度的控制作用。而且，对成矿过程中岩浆、矿液和成矿元素的迁移、富集，以及对成矿的物理化学条件等都有重要的影响。因此，研究不同性质的结构面及其控矿特征，是掌握构造控矿规律和进行成矿预测的基础。

第一节　结构面的概念

地壳在其漫长的发展历程中，在地壳运动的支配下，经历了岩层和岩体的不断形成，又不断地遭到改造这样一个错综复杂的历史。经过反复的形成和改造的岩层和岩体，虽然它们在结合上显示了极端的复杂性，但是也还显示出一定的条理性，它们可以通过一些最基本的因素结合在一起。这种表征地壳上岩层和岩体间结构关系的基本要素，称为结构要素。这里所指的结构关系，包括空间关系、时间关系和力学关系。例如，岩层与岩层之间通过层面、不整合面相结合，而岩体与围岩则有一个接触面使它们结合在一起，从而使它们有明确的上下、左右的空间关系和先后的时间关系。在应力作用后形成的褶皱都具有轴面，而断裂两盘总是由断裂面分开的，通过这些面说明这些形变的力学关系。上述的层面、不整合面、侵入接触面、褶皱轴面及断裂面等，都属于结构要素。

结构要素从发生的观点来看，可分为原生的和次生的两类：原生结构要素是指在成岩和成矿过程中形成的结合面和线条，它们反映了岩层、岩体和矿体在形成过程中的物质组成和相互关系，表明形成过程中物质运动的特征。如地层岩性/岩相界面、硅钙面、地下水锋面、物理化学界面（pH-Eh 界面）、侵入接触面（带）等。次生结构要素是指在构造运动过程中，岩层、岩体和矿体发生形变而产生的结合面和线条，这类结构要素地质力学称为构造形迹。即在地应力作用下，在岩层、岩体和矿体中形成的永久形变的形象和相对位移的踪迹。地质力学虽然也重视对原生结构要素的研究，但更重视对次生结构要素的研究，把它作为最基本的研究对象。

次生结构要素又包括线状要素和面状要素两类，次生的线状结构要素又称为线条，如擦痕、晶体光轴定向等；次生的面状结构要素即结构面，如断裂面、褶皱轴面等，结构面是现在地质力学研究最多的结构要素。结构面是构造形迹的面状要素，用来表示岩层、岩体和矿体结构形态的平面或曲面，按其表面型式可分为两类。

（1）分划性结构面：岩块遭受破裂或由于组分上不连续而形成的不连续界面。通常此类结构面是破裂面或容易裂开的潜在破裂面，所以一般可以直接观察和测量，如断裂面、节理面、劈理面、片理面等。

（2）标志性结构面：岩块连续变形的定位面。这类结构面实际上并不存在，只有几何的和定位的意义，所以一般不能直接观察和测量，只能从几何的观点，根据岩层或岩体各部分的排列方式或对称性来确定，如褶皱轴面、串连面、雁列状构造中点的连线称为串连面，代表力偶的作用面或纯剪面（图3-1）。

结构面与地平面的交线称为构造线，在地质图上表示的就是各种类型结构面的构造线。

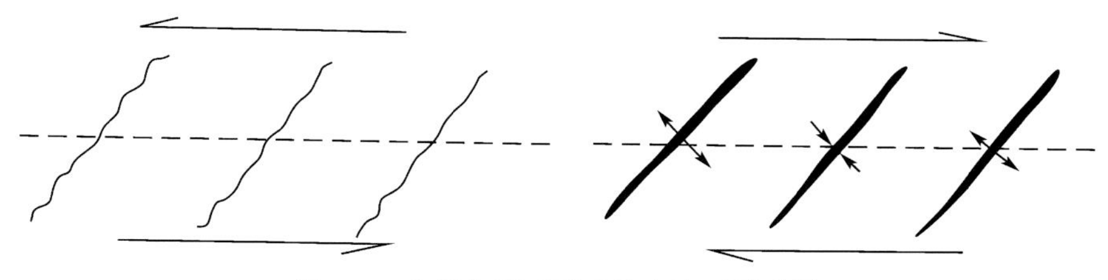

图3-1　力偶作用下形成的串连面示意图

第二节　结构面的力学性质分类

构造地质学对结构面的几何形态划分上，建立了许多重要的基本概念，制订了一整套地质学上公认的地质构造名词，这些名词至今仍在使用，地质力学在构造地质学所建立的构造形迹的基础上，对结构面进行力学性质的分类及确定，这是研究构造形迹的重要发展，使之进入了力学研究的领域，从而能揭示构造形迹的力学本质。

从力学的角度，应力可以分为压应力、张应力和扭应力，由于不同应力的作用，因而形成不同力学性质的结构面。另外，在多期构造运动的影响下，同一结构面也可以遭受到先后不同应力的作用，从而使它的力学性质出现复杂的情况。因此，结构面的力学性质可作如下分类：

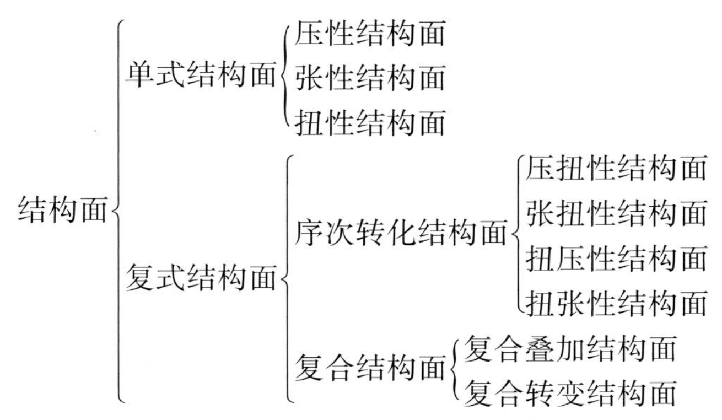

在本节中介绍单式结构面，而复式结构面在有关章节中再作论述。

一、压性结构面

压性结构面（简称挤压面）是在压应力作用下形成的结构面，反映岩层、岩体的压缩变形。在空间分布上，压性结构面的走向与压应力作用方向垂直，而与张应力作用方向平行。这类结构面包括：大部分褶皱轴面、逆断层或逆掩断层面、片理面、流劈理面、一部分节理面及构造透镜体的轴面。

构造透镜体是在主压应力作用下形成的透镜状岩块，主要是指比较硬脆的岩石组成的透镜体，周围由比较柔性的岩石或构造岩所包围。构造透镜体的规模大小不等，形成的方式也不尽相同。常见的情况是，均质的坚硬的岩石在主压应力作用下，先产生两组扭裂面，将岩石分割成菱形块体（图 3-2a），锐角指向主压应力方向；随后，在持续的主压应力作用下，岩块被压扁，两组扭裂面的锐角指向主压应力方向（图 3-2b），最后，主压应力再持续作用，由于沿扭裂面强烈错动，菱形岩块周围动力变质形成片状新矿物，产生叶理包围分割菱形岩块（图 3-2c），从而形成构造透镜体。

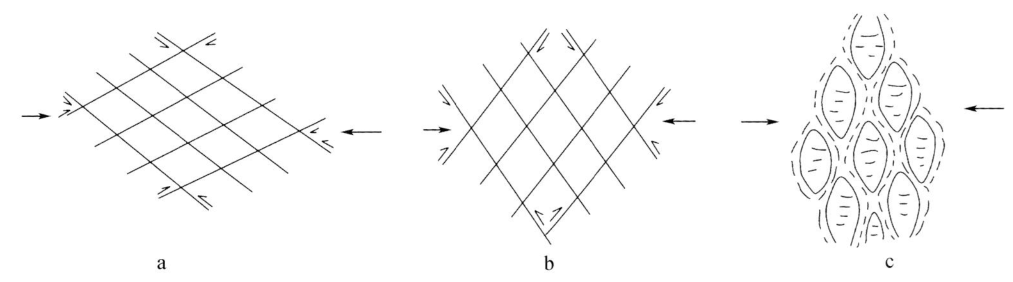

图 3-2 构造透镜体形成示意图

二、张性结构面

张性结构面（简称张裂面）都是破裂面。它是张应力作用下形成的反映岩层、岩体的拉伸变形，空间展布上，张性结构面的走向与主张应力作用方向垂直，而与主压应力方向平行。属于这类结构面的主要是断裂或裂隙，如一部分正断层的张节理面及追踪断裂等。追踪断裂是这样形成的：岩块受主压应力作用下，先产生两组共轭的交叉扭裂，扭裂所夹的锐角指向主压应力的作用方向，在该主压应力持续作用下，产生了张断裂，该断裂利用两组交叉扭裂曲折延伸，从而形成了锯齿状展布的追踪张断裂（图 3-3）。

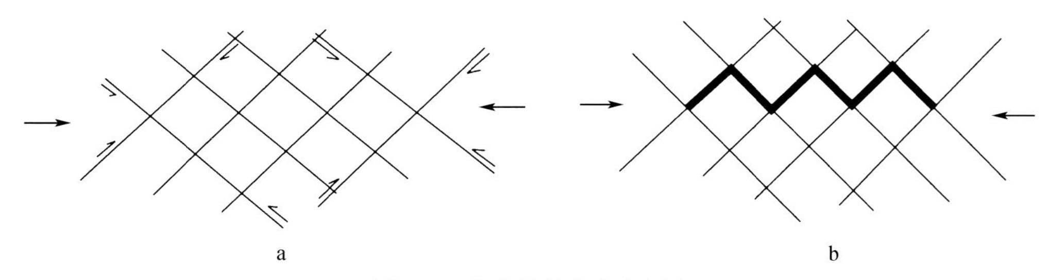

图 3-3 追踪断裂形成示意图

三、扭性结构面

扭性结构面（简称扭裂面）是剪切破裂面。在空间展布上，它的走向与主压应力和主张应力斜交，而与扭应力作用面平行。扭裂面往往成对出现，交叉为网格状，有时仅有一组比较发育，如一部分平移断层、扭节理和破劈理，雁列构造的串连面也属于扭性结构面，但是应是标志性的扭性结构面。

第三节　结构面力学性质的宏观鉴定

本节主要介绍破裂面力学性质的鉴定，至于褶皱轴面力学性质的鉴定，将在序次转化结构面一节中再论述。

以往对断裂的描述只根据它们两盘相对运动的特征，分为正断层、逆断层、平移断层等，或者根据其规模大小分为深断裂、大断裂及一般断裂等，这种描述并未涉及断裂的力学性质。现在，还出现了另一种倾向，即凭断层两盘的相对运动来判断断裂的力学性质，进行简单的类比，即逆断层=压性；正断层=张性；平移断层=扭性。理论与实践证明，这种简单的类比是不全面的，因为断层两盘的相对运动方向与断层面的产状有很大的关系，同一条性质相同的断层，在不同的深度或沿走向方向，它的倾向都可以发生反向，这样就出现了断层两盘相对运动不一致的情况，在某一深度或段落是正断层，而在另一深度或段落则成为逆断层（图3-4、图3-5）。因此，在自然界，有一部分正断层可能是压性破裂面，有一部分逆断层则可能是张性结构面，平移断层还有扭性和压扭性、张扭性的区别。所以，对破裂性结构面力学性质的鉴定，必须在野外调查中认真地、反复地观察结构面的特征，有时还要配合显微构造的研究，才能鉴定它的力学性质。

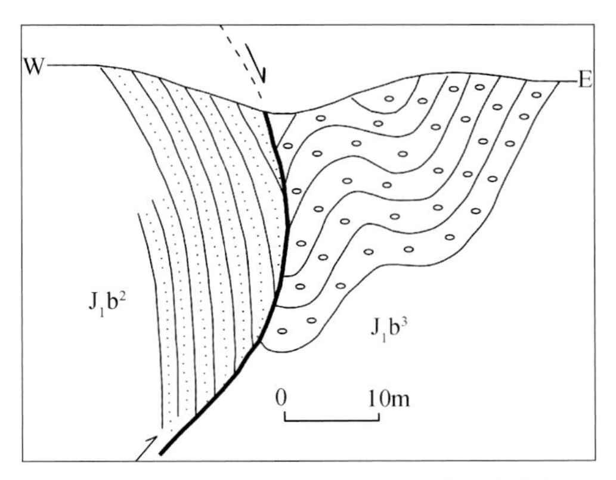

图3-4　傍水崖断层（据长春地质学院资料）

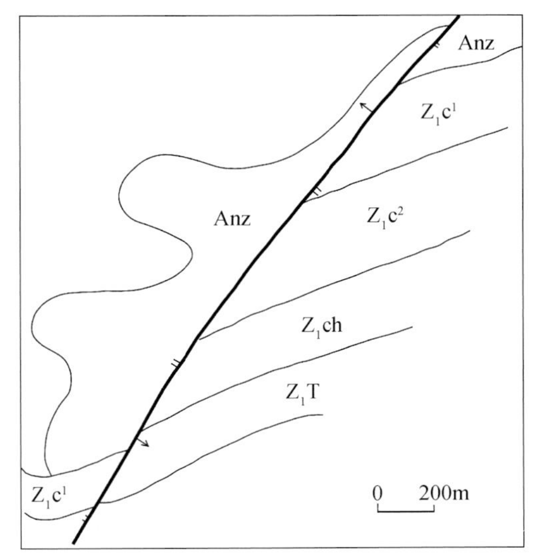

图3-5　南砬子断裂平面图（据长春地质学院资料）

一、结构面力学性质判别顺序

根据长期的实践经验，在野外观察破裂面的力学性质时，一般按以下顺序进行。

（1）定断裂的上、下边界，划分出断裂面、断裂带及旁侧三部分（图 3-6）。

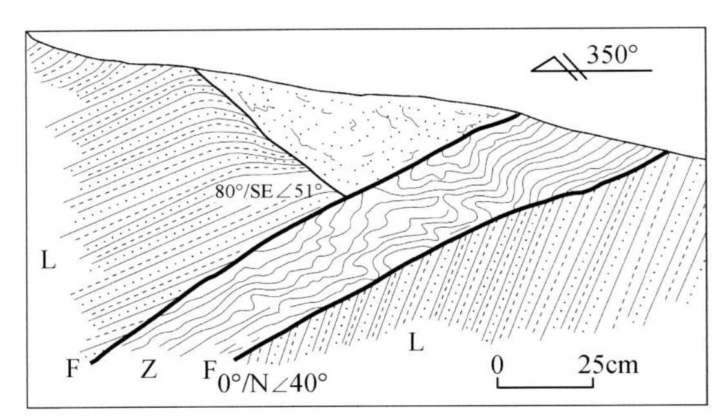

图 3-6　云南安宁八街大叫山东西向断裂素描图

F. 断裂面；Z. 断裂带；L. 旁侧

一条断裂总是由上、下两个断裂面所限；两个裂面之间是由破碎的构造岩所构成的断裂带；裂带的外侧为较完整的两盘围岩，称为旁侧，在野外观察时，首先应找出裂面，将断裂划分为以上三个部分。

（2）由里向外，顺序观察以下特征：①裂面形态特征；②面上构造特征；③裂带内构造岩特征；④旁侧构造特征；⑤组合特征。

根据以上特征的观察，确定破裂面的力学性质。

（3）画素描图（拍照片），并系统测量断裂的产状（包括裂面、擦迹、部分构造岩、旁侧构造及旁侧地层等的产状）

（4）作详细而系统的记录。

（5）采集构造岩定向标本。

二、压性破裂面的主要特征

（1）裂面形态往往呈舒缓波状，无论沿走向或者沿倾向均有此特征，一般沿走向更为明显，它是与张性和扭性破裂面的显著区别。

舒缓波状是指裂面波动的幅度小，其偏转的角度一般小于 10°（图 3-7），压性断裂舒缓波状面的成因，一般是由于平面上和剖面上两组共轭扭裂发展的结果（图 3-7），在压力作用下，开始共轭扭裂面的锐角对着主压应力方向；随着压力的持续作用和岩块的塑性变形，共轭扭裂面的方位逐渐偏转，主压应力方向呈钝角；力不断地作用，在两组扭裂面上伴随着挤压、位移而产生塑性变形和研磨作用。逐渐使棱角折线变为圆滑曲线，最后形成断面的舒缓波状。

（2）压性破裂面上常发育有逆冲擦痕或阶步并常有由动力变质矿物形成的应力薄膜，如滑石、叶蜡石、绢云母、绿泥石、绿帘石、硅质、铁质、锰质及碳酸盐等，视围岩的性质

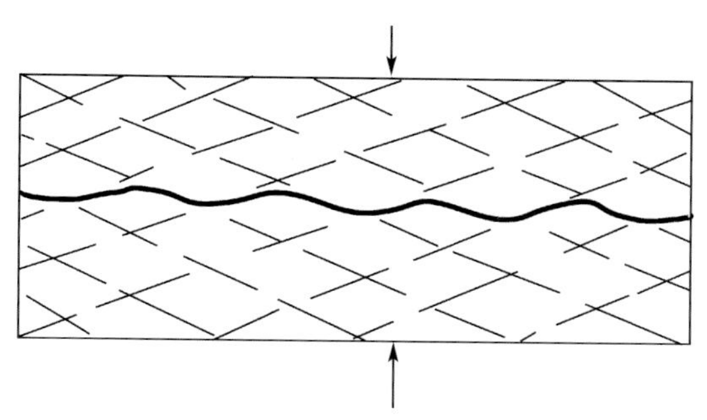

图 3-7　舒缓波状面形成示意图

而定，其中特别是硅质薄膜、铁质薄膜及碳酸盐薄膜最为常见。

在断裂面上常常出现一些“凸包”，如果断裂受到强烈的挤压剪切作用，也可以使断面呈光滑的镜面。

（3）在压性断裂的裂带内，挤压破碎形成的构造岩极为发育，脆性岩石在压应力作用下，一般形成破裂岩、碎斑岩、碎粒岩及糜棱岩等构造透镜体，也常发育；塑性岩石在压应力作用下，使片状、板状、柱状、针状等矿物沿挤压面定向排列，常形成片理、叶理等。

总观压性构造岩块具有以下宏观特征：①在空间上，破碎的岩块位移的距离不大，基本上是原地挤压破碎的；②有较明显的分带性，不仅两盘的岩石很少混杂，而且构造岩的破碎程度和构造岩的类型有分带性（图 3-8）；③有较明显的定向性，在平面上，片理、叶理及结构透镜体的长轴均平行于挤压面分布，而在剖面上，与裂面斜交；④组成构造岩的岩块或岩屑成分较简单，有时有一定的磨圆度，胶结较紧密，胶结物中外来的物质较少，主要是两盘岩石的摩擦物质，构造岩中压溶现象经常可见。

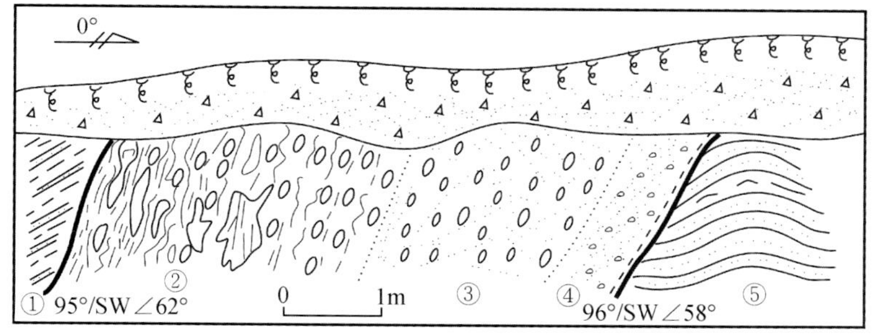

图 3-8　云南安宁八街矿区西部东西向断裂素描

①砂板岩互层；②压扁岩带；③碎斑岩带；④糜棱岩带；⑤薄层砂岩夹板岩。

产状：走向/倾向/倾角

（4）压性断裂的一侧或两侧，旁侧的派生构造比较发育。往往出现直立岩层带（图 3-9），局部强烈褶皱或倒转；剖面上常见羽状节理或入字型分支断裂（图 3-10），甚至出现旋轴近水平的旋扭构造（图 3-11），旁侧往往出现形状不规则的石英、方解石团块或脉，沿断裂走向呈硅化带或碳酸盐化带分布，远离断裂便逐渐消失。

压性断裂旁侧的分支构造中，偏压性的结构面，在走向上往往与主断裂平行，而在倾向上与主断裂相交，并受到主断裂的限制（图 3-10）。这是压性断裂的旁侧构造与扭性断裂的

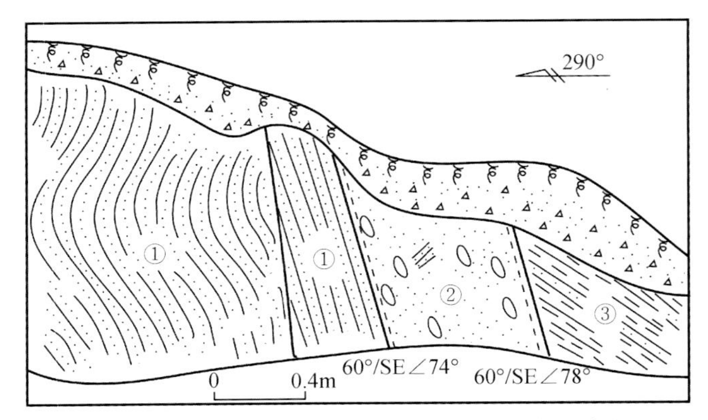

图 3-9　云南安宁八街铁矿区西部南北向断裂素描

①由中厚层石英砂岩形成的直立岩层带；②南北向压性断裂，具构造透镜体；③板岩夹砂岩

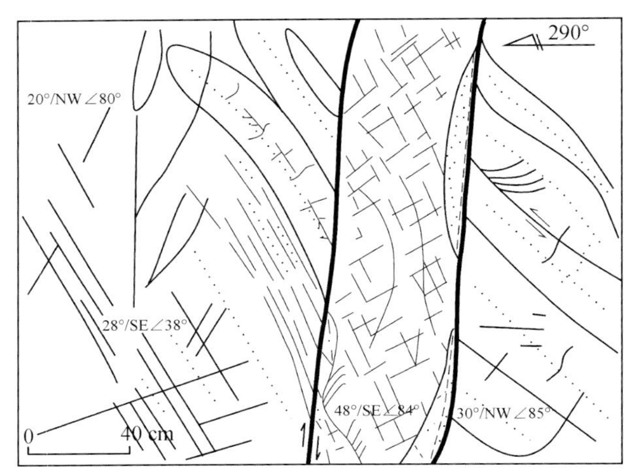

图 3-10　云南罗茨大东山断裂素描图

示断裂在剖面上的分支断裂及裂隙，受主断裂的限制，并与主断裂相交，指示上盘逆冲

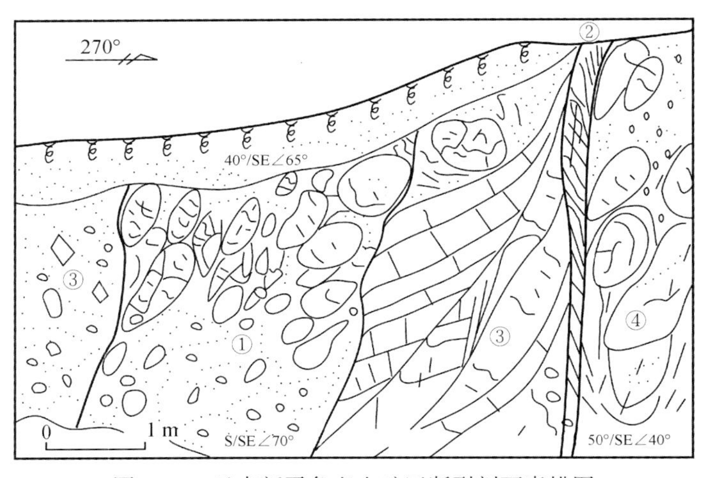

图 3-11　云南新平鲁奎山矿区断裂剖面素描图

①复合叠加的断裂；②主断裂带；③主断裂上盘的帚状构造，旋轴近水平；④构造透镜体带

旁侧构造的最主要区别。

（5）压性破裂面往往成群成带出现，构成挤压破碎带。挤压破碎带是一个复杂的构造带，带内或两旁的地层常陡立，强烈褶皱，甚至倒转，冲断裂及叠瓦状构造经常发生，表现出该构造带具有强烈挤压的性质。

三、张性破裂面的主要特征

（1）张性裂面的形状一般是不规则的，往往具锯齿状或肘状曲折（图3-12、图3-13），它常利用岩石中薄弱面，如追踪早期形成的裂隙，绕过岩石中的砾石、结核、化石及鲕状等；对追踪两组扭裂面，呈追踪张裂，曲折延伸；在剖面上，常形成楔形张裂口，延伸不深即尖灭（图3-14）。

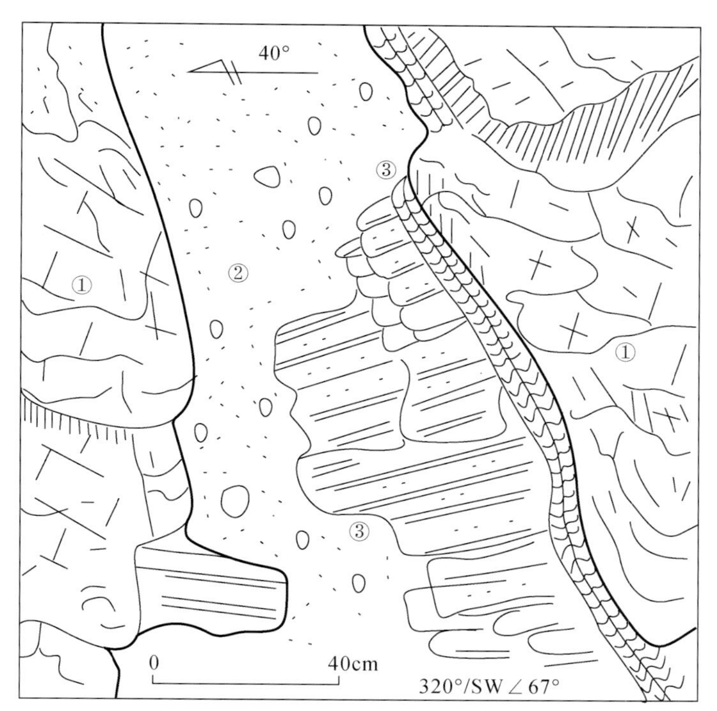

图3-12　新平鲁奎山南北向张性断裂剖面素描图
①张性断裂上下盘碎裂围岩；②构造角砾岩；③断裂面呈锯齿状曲折

（2）裂面上粗糙不平，单纯的张裂面上很少有擦痕，倾斜的张性断裂面上有时也发育擦痕，显示上盘下落。

（3）张裂带内发育构造角砾岩，这种构造岩的宏观特征与压性构造岩截然不同：①裂带内破碎的岩块有明显的位移，显示两盘围岩塌落的特点；②无分带性及定向性，两盘的岩石混杂堆积；③组成构造岩岩屑或岩块的成分较复杂，角砾棱角明显，大小不一，常被钙质、硅质或其他物质胶结，且胶结疏松（图3-14、图3-15）。这种岩石称为构造角砾岩，专门用来表示张性构造岩的特征，而与压性构造岩相区别。

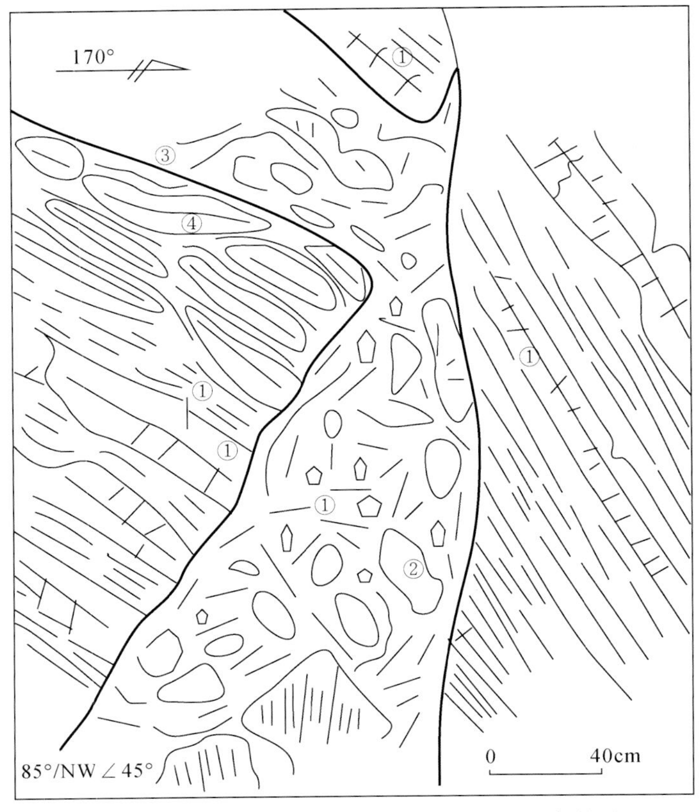

图 3-13　云南罗茨地区东西向张性断裂剖面素描图

①张性断裂上下盘碎裂岩；②构造角砾岩；③裂面呈肘状曲折；④上盘的构造透镜体

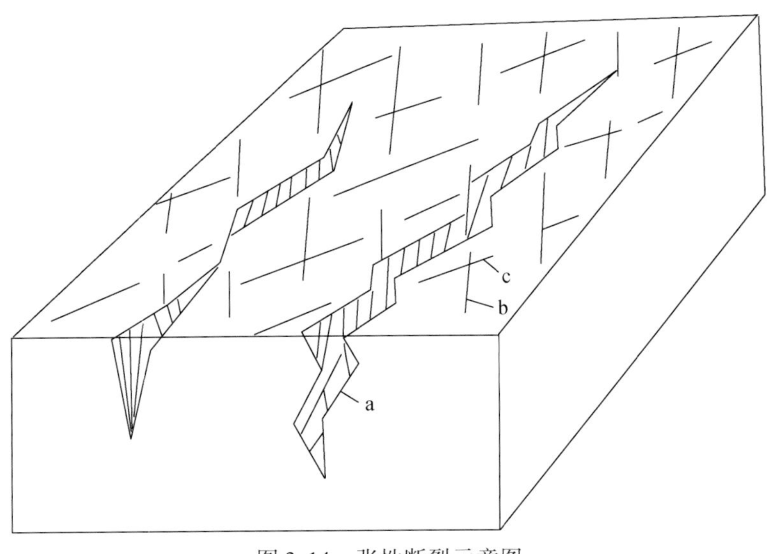

图 3-14　张性断裂示意图

a 为张性断裂；b、c 为扭性构造

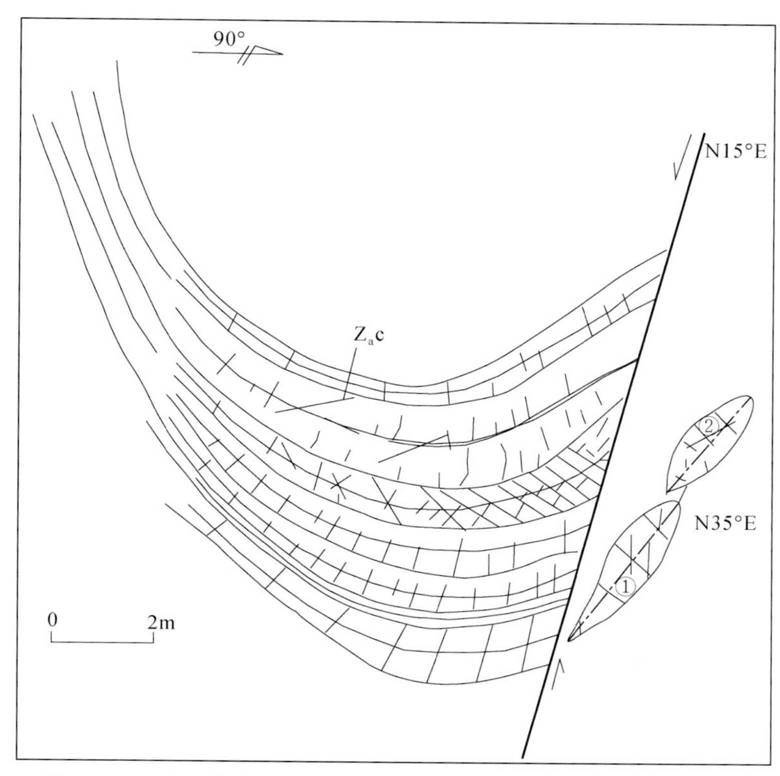

图3-15　云南罗茨鸡街北东向断裂对澄江组砂岩（Z_ac）牵引素描图

①构造透镜体；②构造透镜体轴面走向（N35°E）

（4）张性断裂旁侧的派生构造一般是不发育的，有时出现羽状张裂隙及拖褶皱，指示上盘下落。

（5）组合上往往形成张裂带或构造角砾岩带。张裂带的规模大小不一，规模巨大的如东非大裂谷，长达4600km，深切达地幔之上，目前世界上1/2的铬铁矿就产在这个张裂带内。

四、扭性破裂面的主要特征

（1）扭裂面的形态一般比较平直光滑，如刀切一般，故又可称“刀切面”，产状沿走向或倾向均较稳定，延伸较远，不受早期生成的裂隙、砾石等限制，往往将它们错开。

（2）扭裂面呈光滑的镜面，面上发育大量的水平擦痕和阶步，裂面上常有应力薄膜，如滑石、绿泥石、硅质、铁质等薄膜。

（3）扭性裂带内构造岩的宏观特征极似压性构造岩，但有两点可以区别：①构造岩的粒度一般较细，往往出现糜棱岩及断层泥等；构造岩中破裂圆化现象明显，常常出现构造砾岩，或称为磨砾岩；②片理、叶理、构造透镜体长轴等与扭裂面斜交，交角多近于直立。

（4）扭性断裂的旁侧构造发育，派生的羽状节理，入字型分支断裂、拖拉褶皱及旋轴直立的旋扭构造均有出现。这些旁侧构造出现在平面上，而且走向与断裂斜交（图3-15），成为与压性断裂的主要区别。

（5）扭性断裂经常成群出现，彼此平行，间距稳定，在近水平的岩层内，往往成对出现，将岩块切成菱形或方形，称为共轭扭裂面、X节理、棋盘格构造等。

第四节　结构面力学性质的微观鉴定

在野外对结构面力学性质特征宏观观察的基础上，采集构造岩的定向标本，切制定向薄片，在显微镜下进行应力矿物研究和岩组分析，这就是对结构面力学性质的微观鉴定。

矿物在地应力的作用下，与岩石变形和构造岩的出现一样，都要留下一些应力作用的痕迹和形成组构上的变化，只不过这些痕迹和变化是更微观的表现而已。显微构造形迹与宏观的构造形迹的力学本质相同，两者间具有成生联系，它们是同一构造应力场作用下不同的表现形式。因此，李四光教授生前曾多次强调要把应力矿物的研究和岩组分析与结构面力学性质的鉴定工作紧密联系起来。实践证明，将结构面力学性质的宏观鉴定与微观鉴定结合起来可以互为补充，相互启发，使我们对结构面力学性质的认识更为深刻，如果能系统地进行显微构造的研究，对恢复古构造应力场还有很大的裨益，对认识多期构造运动的影响将更为深刻。

一、应力矿物

在地应力作用下，不仅岩石发生形变和破裂，而且组成岩石的矿物也要产生外部形状、内部构造、物理性质及化学成分的变化，这种由于地应力而产生的外部形状、内部构造、光率体变形的矿物，以及成分变化和新生的矿物，统称为应力矿物。

根据王嘉荫（1976）的研究，矿物和应力作用的关系有三种情况：运动前的矿物现象、运动中的矿物现象和运动后的矿物现象。

（一）运动前的矿物现象

主要表现为变形和物理性质的变化，既有塑性变形，也有脆性破裂。

（1）压力影：这是在压性或扭性的应力作用下，较基质较硬的矿物晶体抗住负荷压力，使两端发生张性孔隙，压应力作用下压溶转移的物质，在孔隙中沉积而成压力影，通常构成眼状。

压应力下形成的压力影和片理方向一致，呈斜方对称（图3-16），多出现在压性断裂中，扭应力形成的压力影，由于矿物晶体或颗粒发生扭动或旋转，故呈单斜或三斜对称（图3-17），这种压力影多出现在压扭性的断裂内。

另外一种比较特殊的压力影，是在扭应力作用下，形成石英晶粒的次生长，构成不对称的次生长边缘，形成次生压力影（图3-18）。

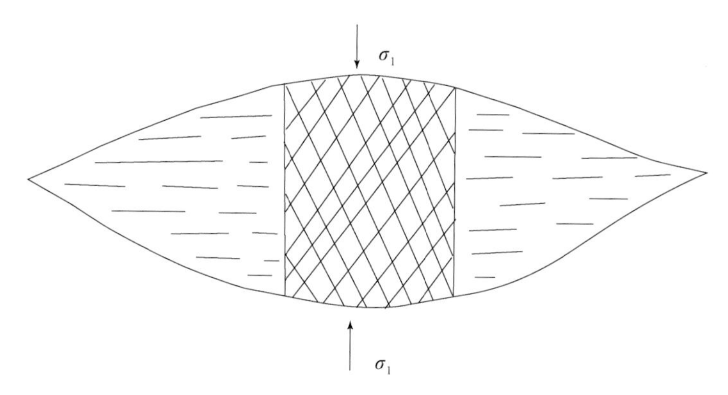

图 3-16　压力影构造示意图（斜方对称）

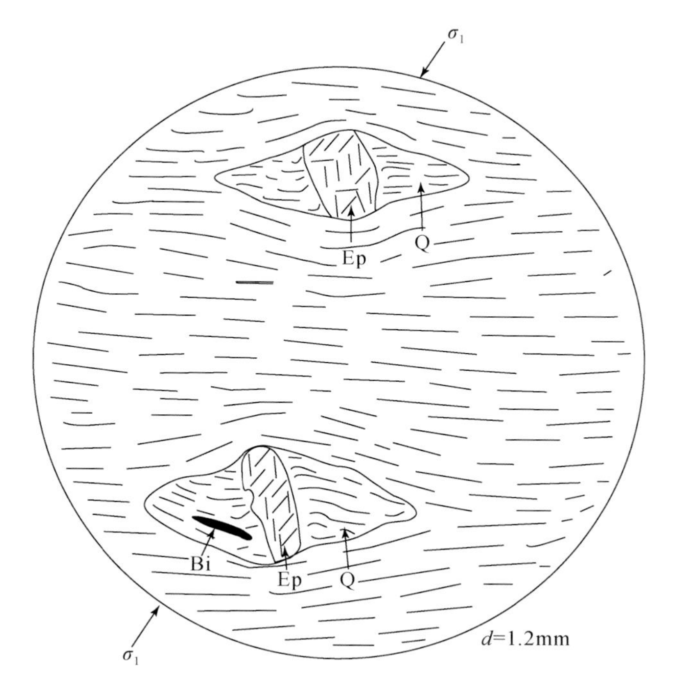

图 3-17　云南安宁八街小营绿泥石化板岩中的压力影（单斜对称）

Ep. 绿泥石；Q. 石英；Bi. 黑云母

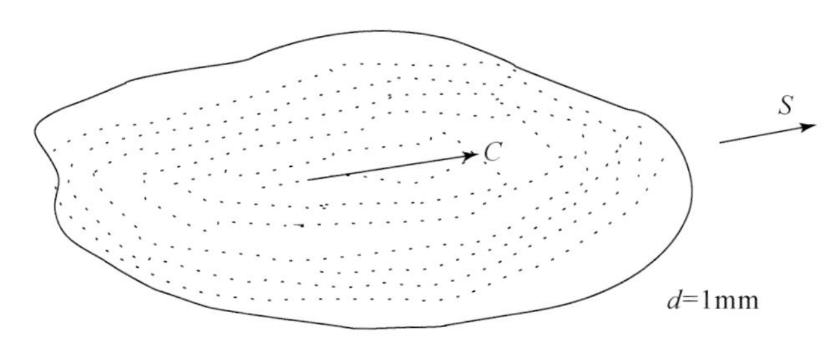

图 3-18　石英晶粒上的压力影（据王嘉荫，1976）

石英轴与滑动面方向 S 一致。中心部分老的石英粒表面呈土状，边缘次生加大部分无色透明

（2）旋扭晶粒：在扭应力作用下，应力超过晶粒间的胶结力时，晶粒与晶粒发生相互错动，构成旋扭运动，出现旋转晶粒。

产生在压性或压扭性断裂内的旋转晶粒，既受压力，同时还有扭动，晶粒棱角处妨碍旋转，常被破碎，而与主体脱离，其间为磨棱物质充填，并见有旋扭的痕迹（图 3-19）。有时，破离的碎块与主体接触。在强烈旋扭的情况下，碎粒中的石英可以变成球形，由于受压扭应力影响，出现偏心球形消光（图 3-20），在正交偏光下，消光带呈同心环状。

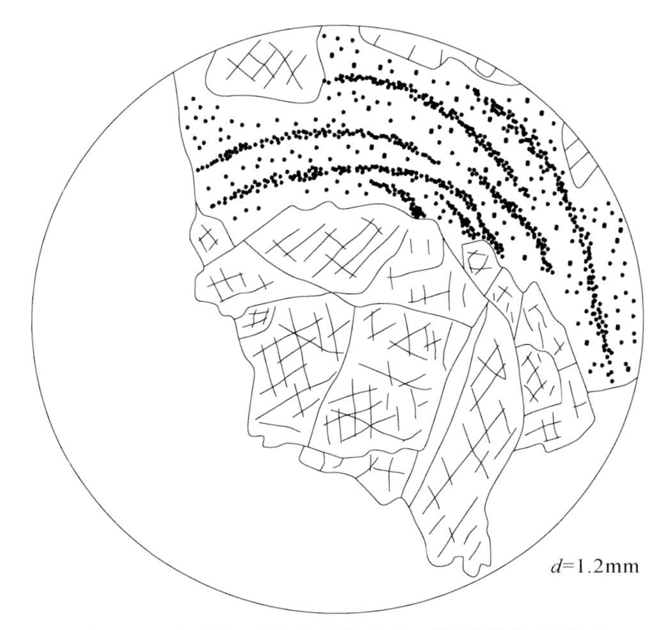

图 3-19 安宁红石岩碎裂灰岩中压旋转晶粒素描图

图 3-20 旋转的石英小球中偏心球形消光素描图（据王嘉荫，1976）

产生在张扭性断裂中的旋转晶粒，碎块分离较散，杂乱无章，可与压扭性相区别。

（3）吕对尔线：在应力作用下，矿物晶体内部产生两组微细的共轭扭裂纹，并沿此扭裂纹发生滑动留下的踪迹，由于这种作用主要是在固态下发生的，在作用过程中排出的气液物质不易逸散，往往充填在扭裂纹中，构成规则的平行线纹，这是与 X 裂纹的主要区别。

一般在压应力作用下形成的吕对尔线，两组扭裂纹的钝角等分线与石英 C 轴的投影方向一致；在扭应力作用下形成的吕对尔线，则锐角等分线与 C 轴的投影方向一致。图 3-21 即为压应力作用形成的吕对尔线。

（4）沙钟构造：在压性和压扭性的断裂中，石英的碎裂另有一种特殊的表现，在应力作用下，石英的抗扭强度较抗压强度小，故在发生脆性变形时，首先出现一对 X 扭裂纹（吕对尔线），进而发生滑动而形成特殊的沙钟状碎粒，构成沙钟状构

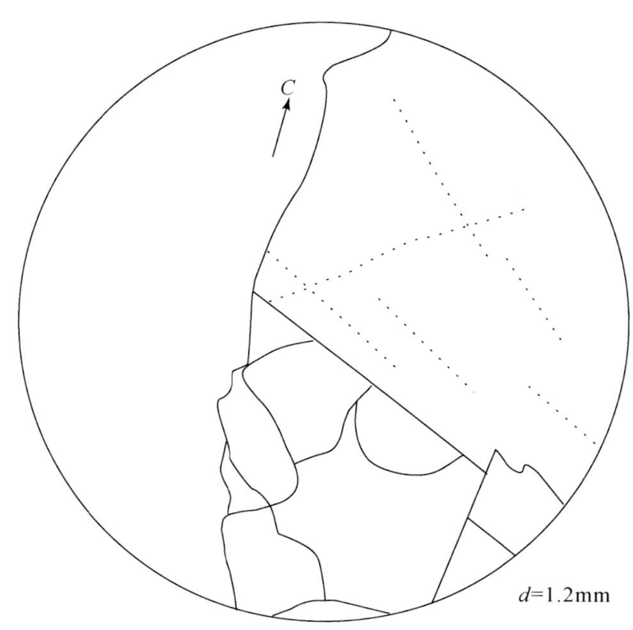

图 3-21　安宁九道湾花岗岩中石英内的吕对尔线
石英 C 轴投影方向与钝角等分线一致

造（图 3-22）。九道湾花岗岩基出现的石英沙钟构造很有趣，在沙钟的下半部具多期的吕对尔线，其中一组的钝角等分线方向为石英 C 轴的投影方向，并控制了沙钟收缩部位的两组扭裂；上部发育一带状变形纹，大致与石英 C 轴平行，收敛端与一组扭裂的右行扭动相应，从而形成了十分协调的应变图像，反映了统一的应力作用方式，边缘有次生加大，重结晶的附加石英仍受沙钟形象控制，成沙钟形，这种重结晶似乎不受晶格方位的影响，应是应力作用的结果。

在压扭性断裂中，长石晶粒也常形成沙钟构造。不论斜长石还是微斜长石，只要处于压扭性条件下，均会出现沙钟构造（图 3-23、图 3-24）。

（5）扭折：在应力作用下，矿物晶体既不能发生滑动，又不能形成双晶时，往往沿最大扭应力的方向滑动而形成扭折现象。这是在高压下，矿物适应于应力场发生扭滑移的结果。扭折是在晶体内部发生的方位不同的条带的现象，使具解理的晶体上的标志线被扭弯，但互相间并没有失去结合力（图 3-25）。

力学试验证明，拉张和挤压都可以构成扭折，但都和主应力斜交，在扭应力最强的地带发生。在自然界中，扭折现象见于各种矿物中，但在解理发育的矿物中最发育，常常沿解理发生滑动或使解理纹扭弯而产生扭折。因此，扭折在压扭性断裂中易于形成。

以上介绍的只是矿物外部形态的变形，这种变形实际上也是矿物内部晶格改变的结果。另外，在应力作用下，矿物晶体内部构造也会产生显著的变形，如原子（分子）重新排列、晶格滑动构成双晶、光率体变形等，具体的变形有以下几个方面。

图 3-22　云南安宁九道湾花岗岩内压碎伟晶岩中石英沙钟构造素描图

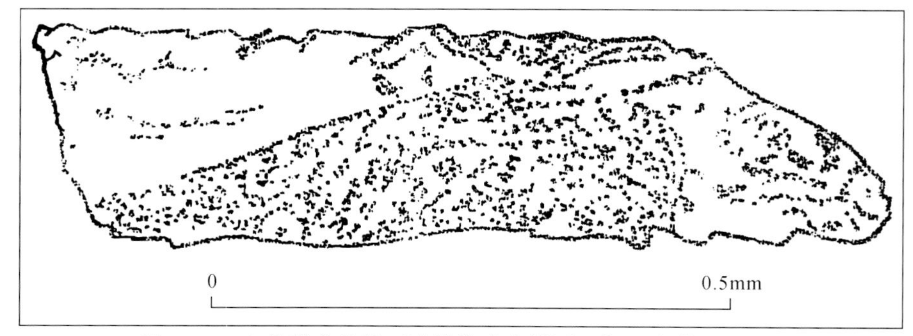

图 3-23　交代形成的长石沙钟构造素描图（据王嘉荫，1976）

土状处（暗色）为钾长石所形成的条纹长石，明亮处为更长石

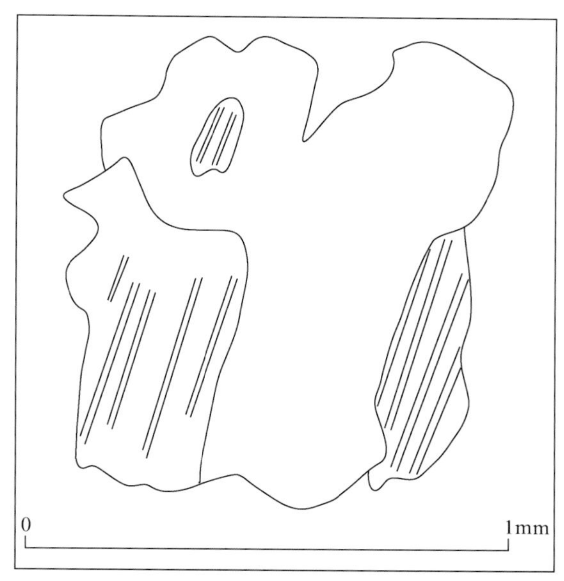

图 3-24　斜长石沙钟构造沙钟主体不显双晶示意（据王嘉荫，1976）

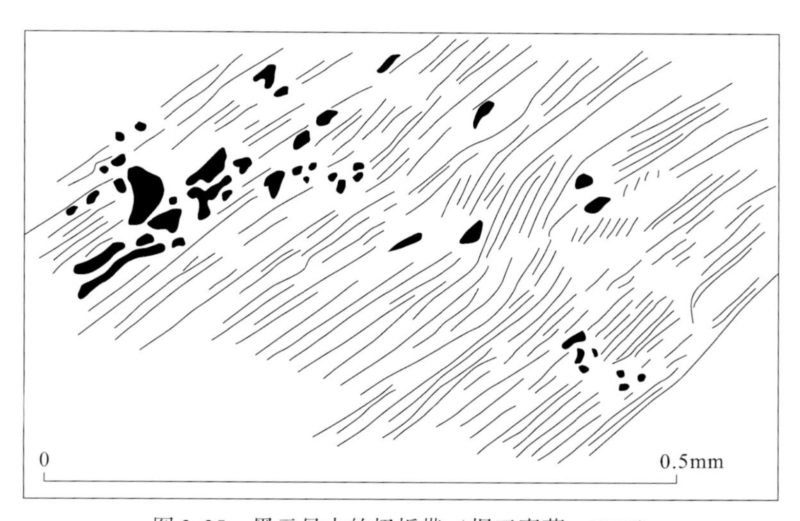

图 3-25　黑云母中的扭折带（据王嘉荫，1976）

（1）波状消光：这是在应力作用下常见的光性异常现象。在正交偏光镜下转动矿物晶粒，可见一部分一部分地依次消光。当变形强烈时可出现互相平行的消光带，消光带常与晶体 C 轴近于平行（图 3-26）。这种现象的产生，一般认为是由于矿物受压应力作用后，晶格发生弯曲滑动的结果。

（2）变形纹：这是矿物内部的纹理消光现象，通常认为是矿物受强烈挤压后，晶体内部大致平行于底面或菱面发生弯曲滑动的结果。变形纹主要见于石英晶粒内，其内部常常沿滑动面充填一些细小的气液包裹体，当石英重结晶时，变形纹消失，但都保留着包裹体的条带状痕迹，统称为毕姆纹。在石英晶体中看到的就是这类变形纹，其样子颇似斜长石双晶，

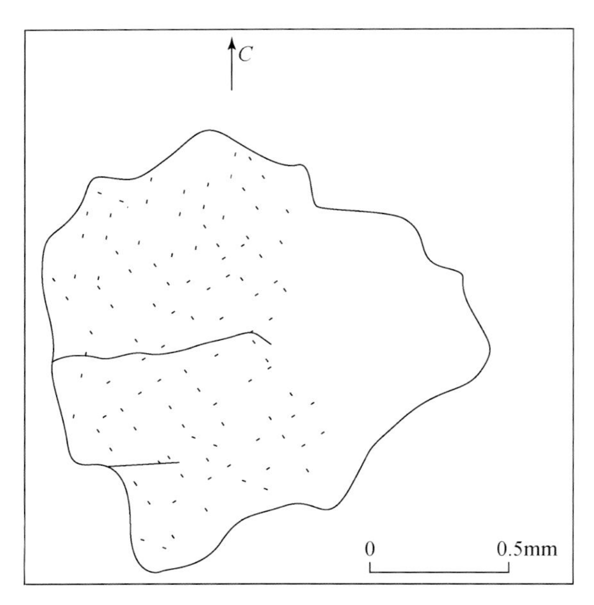

图 3-26　哀牢山斜长角闪花岗岩中石英的带状消光示意图

但出现在石英中，方向也不太固定（图3-27），有时也出现与石英 C 轴平行的变形纹（图3-28、图3-22）。一般情况下，变形纹出现在压性、压扭性的断裂内。

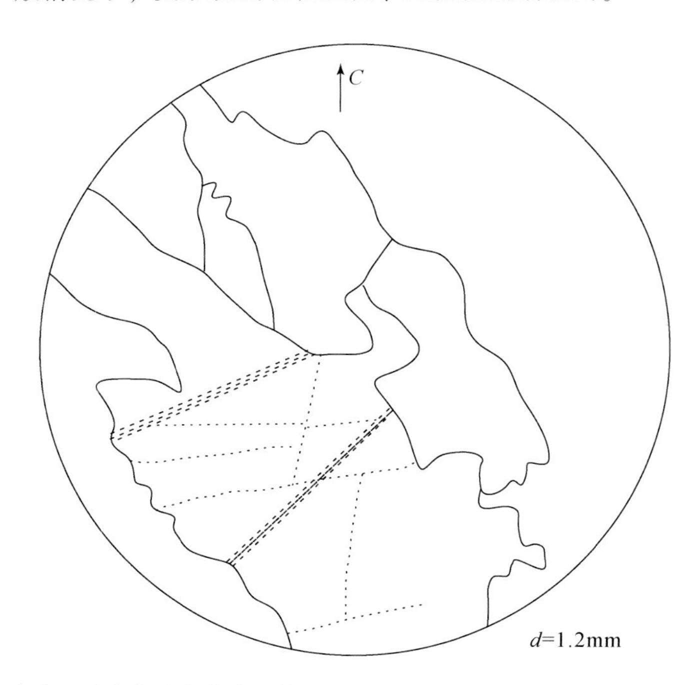

图 3-27　哀牢山片麻状花岗岩中石英的变形纹（与石英 C 轴近垂直，晚于吕对称线）

宽点线为变形纹，细点线为吕对称线，箭头方向为石英 C 轴投影

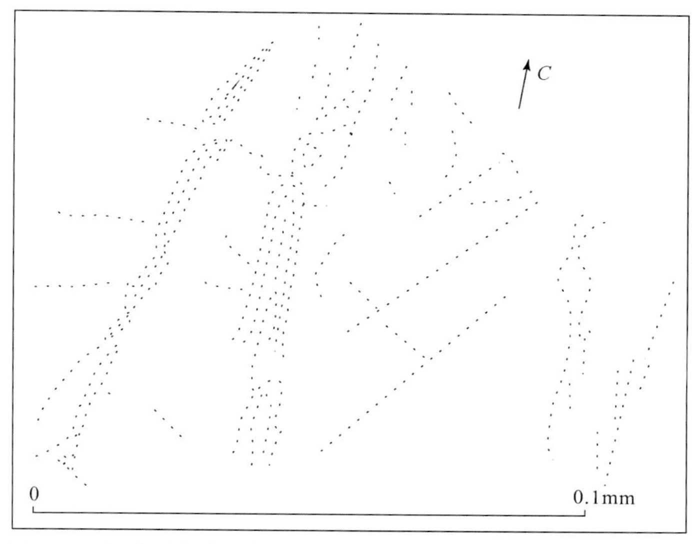

图 3-28 河北遵化茅山断裂带中石英的变形纹（据王嘉荫，1976）
宽点线为变形纹，细点线为吕对称线，箭头方向为石英 C 轴投影

（3）变形双晶：这是矿物在压应力作用下，晶格沿固定的方位，产生滑动造成的机械双晶，这种双晶在方解石、白云石等矿物中表现最明显，次为斜长石，斜长石双晶律以钠长石和肖钠长石为主。与这类双晶有关的是“棋盘状钠长石”，主要是钠长石具有这种双晶，却不贯穿晶体，而呈相互交错状，在正交偏光镜下，可见如同方格状的双晶，所以称作棋盘状。变形双晶主要形成于压性和压扭性断裂中。

（4）光率体的变形：在压应力或扭应力作用下，矿物的重折射率发生了变化，重折射率的变化相伴随的是光率体的变形。导致一些均质体的矿物可以变为一轴晶的矿物，某些一轴晶的矿物也可以变化二轴晶的矿物（如方解石、磷灰石）；光轴角 $2v$ 的大小也可以发生改变（黑云母由 0°～20°增至 35°左右）；有的矿物光性的正负也发生变化（微斜长石由负光性变为正光性）。根据光弹性的研究，应力主轴和光率体的主轴一致，而且应力和光率体间的关系与应力和应变间的关系也是非常近似的。

（二）运动中的矿物现象

这种现象包括两部分的内容：其一，运动前的矿物发生成分上的变更，生成新矿物，这些矿物和原来的矿物有密切的联系；其二，运动中新生成的矿物，它显然改造了原来岩石的成分，但和原来的矿物没有直接的联系，可能有外来成分参与。这些都反映了压应力和扭应力的作用。但是，在压应力作用下，一般趋向于体积缩小，和区域变质有些类似，而在扭应力作用下，更容易形成新矿物，体积并未显著缩小。

1. 矿物成分的变更

（1）混浊：在地应力作用下，矿物结晶格子上原子的疏密程度发生变更，从而成为不稳定的状态，必须吸收外来的元素原子降低其自由能，于是外来物质通过扩散进入晶体内部，结果使原来透明的晶体变成混浊状态，表面犹如风化的土状。例如，崩裂带内铁质比较富集，除构成单独的含铁矿物外，还可以向石英内扩散，形成细小的包裹体，使透明的石英产生混浊，外表和风化了的长石极相似。

混浊现象和断裂带中矿物形成的年代有关，构造前的矿物都有不同程度的混浊，越老的晶体混浊越突出，构造运动后重结晶的矿物一般都是完全透明的，不显混浊，因此，混浊成为区分构造前和构造后矿物的标志。

（2）环带石英：在封闭条件下，当水和石英接触，水向石英晶体内浸润扩散，结果石英晶粒边缘突起较低，中心部分突起较高，形成一个环带，当提升显微镜的镜筒时，可见到贝克线向中心移动。图 3-29 是云南安宁九道湾花岗岩破碎带中的环带石英，形成环带石英有两个条件：压性封闭条件、具一定的水压力。因此，环带石英在压性和压扭性的断裂中常见。

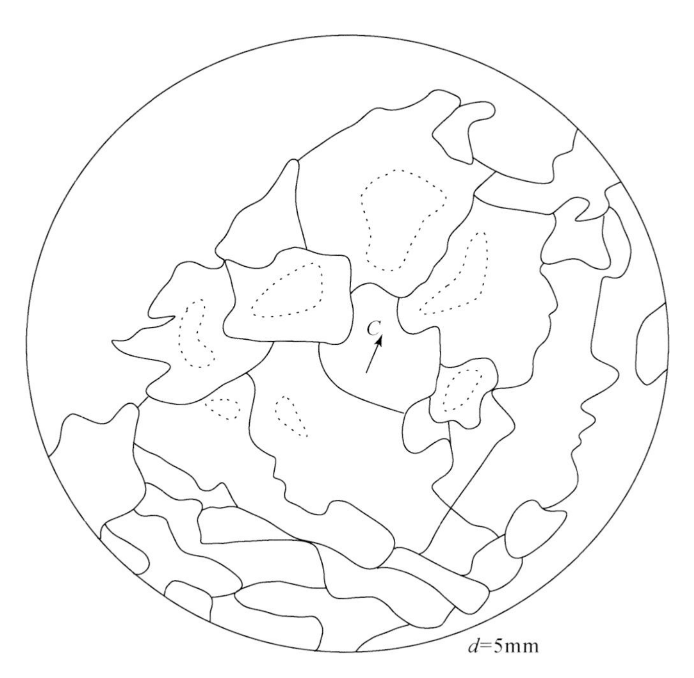

图 3-29　云南安宁九道湾花岗岩破裂带中的环带石英
（C 为石英光轴 C 投影方向）

（3）蠕状石英：在扭应力作用下，斜长石分子排列和架状发生变形，原来以杂质或固溶体状态的石英分离出来，构成蠕状石英（图 3-30）。因此，蠕状石英的形成有两个条件：一是在斜长石中，在许多的断裂带中，常见到蠕状石英在扭裂面两旁分布；二是在斜长石中，虽然蠕状石英延长的方向不太固定，但距扭张稍远的斜长石中就见不到这种构造，故认为蠕状石英的形成与扭裂有关。

（4）条纹长石：在压性和压扭性的断裂带中，钠长石交代钾长石而形成条纹长石。其中，部分钠长石是压溶所形成，以极细的丝条状为主，条纹常定向排列，并和片理或压扭性裂面平行。

图 3-30　云南安宁九道湾花岗岩中钠长石中的蠕状石英（正上方及右下侧之乳滴状者）

2. 新矿物

在应力作用下矿物发生相变，不仅可以使原来的成分变更，也可以由于外来成分的加入或直接从基质中产生新矿物，这种新矿物就是狭义的应力矿物。应力状态不同，产生的新矿物也不相同。一种是应力作用没有引起褶皱和破裂，长时间处于这种状态下，形成的矿物以压性为主，这种相变与区域变质混淆在一起，不容易区别；另一种是应力的作用超过岩石的剪性破裂强度，在压扭应力状态下，形成新矿物，这种矿物只限于断裂带中，各有特征矿物代表。

（1）金红石：在断裂带内，含铁矿物在应力的作用下，常分解出金红石。例如，断裂带中的黑云母不稳定，常常分解出金红石。在区域变质的浅带中，也常有细小金红石的针状晶体出现，表明金红石在以压应力为主的条件下容易形成。

（2）硬绿泥石：在压应力不太大的情况下产生，通常成带状分布，压应力达到岩石破裂程度时，硬绿泥石即行分解。因此，一方面硬绿泥石对应力性质的转变，反应灵敏；另一方面反映出硬绿泥石的分布极不规律，有其内在的原因。

（3）旋转石榴子石：也称雪球构造，形成机制类似滚雪球，一边滚动，一边生长。从包裹体的形状上，可以看出旋转的样子。有两种旋转的机制：一是桶状旋转；二是滚珠旋转。不论哪种旋转，都反映了上下层间发生相互扭动，是扭应力作用的结果，宏观上，形成帚状构造（图 3-31）。

（4）多硅白云母：这是扭性和压扭性断裂带中常见的矿物，与普通的白云母不同，是一轴晶干涉图，无色或浅黄色，含硅高。

在扭应力作用下，云母常沿底面扭动（图 3-32），从而构成一轴晶光性，这种矿物常分布在细小的扭裂面上，成联晶片状，片理和扭裂面方向一致，见于世界上各大扭裂带中，常与蓝闪石共生，是蓝片岩的主要矿物。

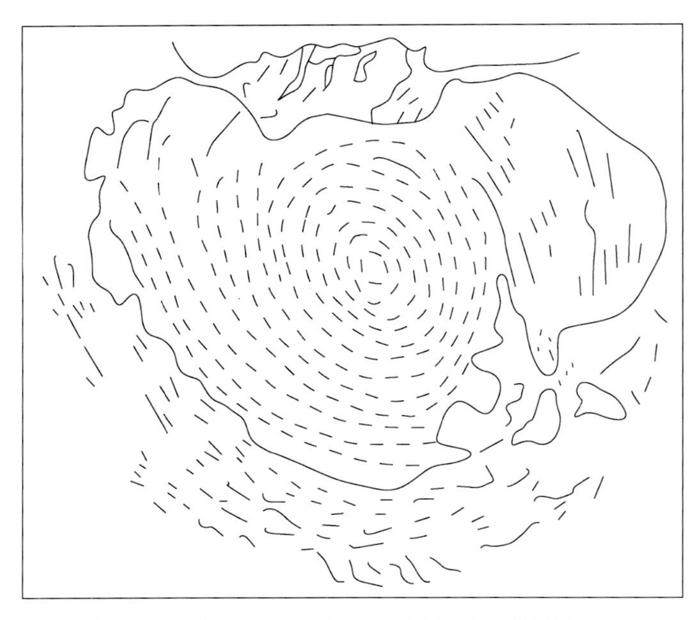

图 3-31　雪球状石榴子石（据武汉地质学院资料）

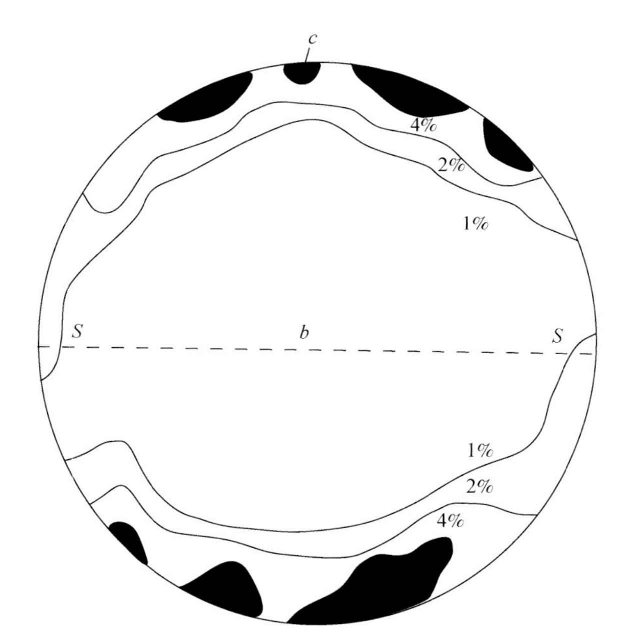

图 3-32　扭性裂隙中的黑云母解理极点图（据 Sander）

140 个解理极点，1%→2%→4%，SS 擦面

（5）绿泥石：多由黑云母、角闪石等铁镁硅酸盐矿物变化而来，是在挤压破碎带中经常出现的新矿物，在压性的和扭性的断裂中都可见到。

（6）蓝闪石：是一种具有特征蓝色的碱性闪石。世界上各压扭性大断裂或造山带中，都有这种矿物出现。属低温高压相，板块构造学者认为它是毕乌夫带上的产物，引起了研究者们的极大关注。但是，在细小的压扭带断裂带中也能见到蓝闪石，如湖南衡山的花岗闪长岩体中的断裂带中均有（王嘉荫，1976），这是在压扭性应力作用下形成的。因此，世界范围内的绿片岩带，都是与压扭性断裂带紧密相关。

除上述列举的矿物外，还有不少应力作用下产生的新生矿物，如软玉、硬玉、绿辉石等都是压扭性应力下形成的；在这种应力作用下，榍石常变为钛铁矿、斜长石可变为绿帘石等，在此不一一列举了。

（三）运动后的矿物现象

矿物受应力作用后，内部储存一定的能量，变为活性体，极易发生重结晶或变为新矿物；特别是碎粉物质，自由能量较高，本身并不稳定，自然趋势是重结晶释放出部分能量。大体说来，运动后的矿物现象可以有四种情况：①模拟晶体；②晶体增大和重结晶；③形成新矿物；④后期填充。

二、岩组分析

岩组分析是研究岩石的定向组构和共生矿物定向排列的特点，从而探讨形成定向组构成因，在构造力的作用下，构造岩的某些矿物发生晶格定向排列所产生的定向组构，这是判断结构面力学性质的主要依据。

构造岩的定向组构可以分为两类：一是颗粒形态方位；二是晶体内部结构方位。颗粒形态方位是通过一向和二向延长的矿物的定向排列表现出来的，是应力作用的结果，是晶体通过整体转动而实现的。但是，由于许多晶体具有固定的滑移面，因此在应力作用下晶体转动到一定方位时，如果使晶体继续转动的力大于沿滑移面滑动所需的力，那么晶粒就停止转动，而是沿滑移面滑动，从而产生晶体内部结构的方位，以代替颗粒形态的方位。

（一）方　法

研究晶体内部结构方位，需要将定向薄片置于费氏旋转台上进行，或在衍射仪上作X光岩组分析，在旋转台上，将某种矿物（石英、云母、方解石等）的内部结构方位进行系统的统计，并将结果在吴氏网上整理成岩组方位图，最后，根据岩组图的对称性、极密的位置、类型等特点，分析判断产生岩石形变的运动图案，从而判断结构面的力学性质。

岩组图中采用直角坐标系统，用 a、b、c 三个互相垂直的轴来表示。a 轴是物质的运动方向或物体的最大伸长方向；b 轴是物质统称滑移形成旋转的轴，或者两组滑动面的交线；c 轴与 a、b 轴相交；a、b 面是最显著的滑动面，一般 ab 面等于 S 面；ac 面是变形面。例如，区域变质岩的片理面为 ab 面，c 与之垂直，若片理面上有一组线理（一般多平行于褶皱轴线，当作 b 的方向，垂直 b 方向则为 a）。

根据岩组的对称性判断岩组轴的原则体现在以下几个方面。

（1）斜方对称岩组有三个对称面，分别为 ab、bc、ac 面。若将最显著的片理面或其他结构面重合的对称面定为 ab 面，则 ab 面与另一对称面的交线，特别是有线理平行于交线时，定为 b 方向，c 垂直 ab 面（图3-33）。

（2）单斜对称岩组有一个对称面，一个二次对称轴，垂直于对称面是 b 轴，ab 面是垂直于该对称面的片理或壁理（图3-34）。

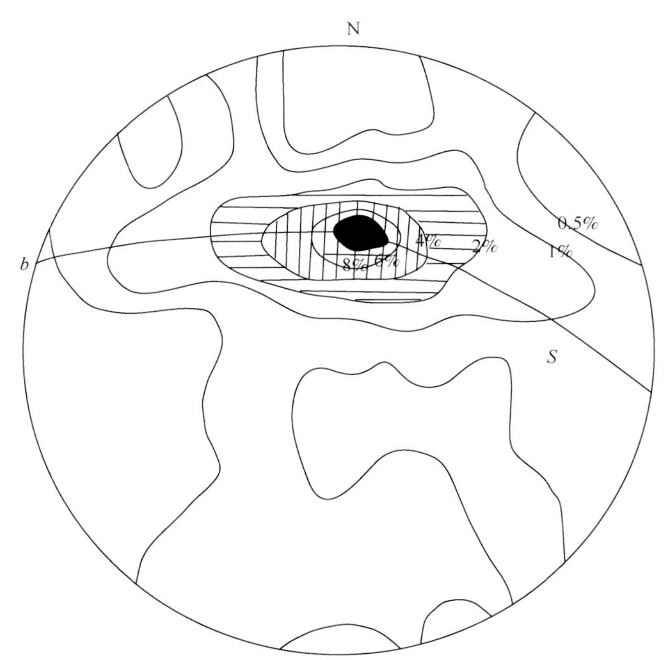

图 3-33　压性成矿裂隙围岩石英光柱图（据曾庆丰，1986）
水平切片测定 150 次，0.5%→1%→2%→4%→6%→8%

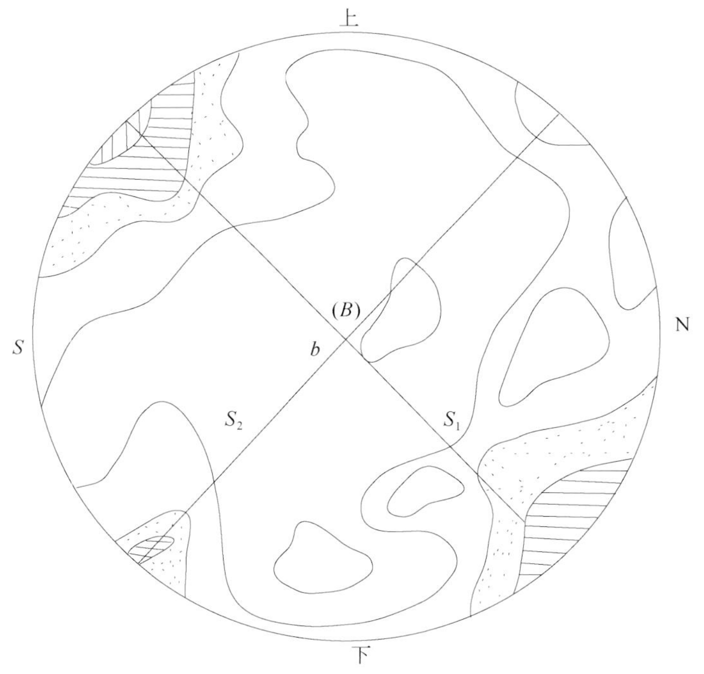

图 3-34　压性成矿裂隙围岩石英光轴图（据曾庆丰，1986）
垂直裂隙走向切片，测定 150 次，1%→2%→3%→4%

（3）三斜岩组没有对称面，任何片理或 S 面可选择为 ab 面，在 ab 面内的任何线理为 b 。

（二）构造岩的岩组类型

构造岩的岩组类型分为 S-构造岩和 B-构造岩两大类，其间还有过渡类型。

（1）S-构造岩：是沿一组 S 面发生差异滑动而形成的，不存在由转动引起的线理，而明显受一组 S 面所支配（图 3-33）。因此，S-构造岩的岩组图的主要特征是存在一个明显的极密，其对称型为单斜对称或轴对称，如镜面糜棱岩及受挤压的岩石的岩组图。

（2）B-构造岩：岩石变形伴随有矿物的旋转，旋转轴为 b(＝B 轴)。岩组图的特点是具有 B 环带(或 ac 环带)(图 3-34)；如果产生岩石变形的几组面交于一组线，则交线方向为 b(＝B 轴)，也称 B-构造岩，其岩组图的特点是一般发育两对或几对明显极密，并可能伴随不完整的 B 环带，凡 B 轴为明显的旋转轴时，也可称 R-构造岩，R 仅代表旋转之意。

（三）不同力学性质结构面的岩组图

1. 压性结构面的岩组图

一般来说，压性结构面内构造岩的岩组图呈现斜方对称型，它是与压扁作用有关的，这时石英光轴的排列方位，主要相当于压扁的应变椭球中与 a 轴和 c 轴斜交的两组 S 面（最大扭应力作用面）一致。图 3-33 和图 3-34 是某压性成矿裂隙水平方向和垂直方向切片的石英光轴图，沿水平方向的切片中，石英光轴有一个明显的极密部，它落在含矿裂隙的 S 面(ab 面）上，而且居于中央，说明与破裂面的倾向一致，反映光轴定向与运动方向 a 平行，属 S-构造岩，表明成矿裂隙属于延断层的压性结构面，在垂直方向的切片中，石英光轴在大圆上形成不同的环带，并对两对对称的极密部，其方向分别与剖面上的共轭剪切裂隙的倾向一致。可见，压性断裂成生时，在剖面上产生两组破裂面，作用在两组裂面上的扭应力，足以使围岩中的石英光轴沿这两组裂面定向排列，两组裂面的交线即岩组轴 b，出现具有两对极密部的 ac 环带，可归入 B-构造岩。

此外，岩石遭受挤压，产生平面上的一对扭裂面，ab 面为挤压面，这种情况下的石英光轴的岩组图与图 3-34 相似，白云母的解理极点图如图 3-35 所示。

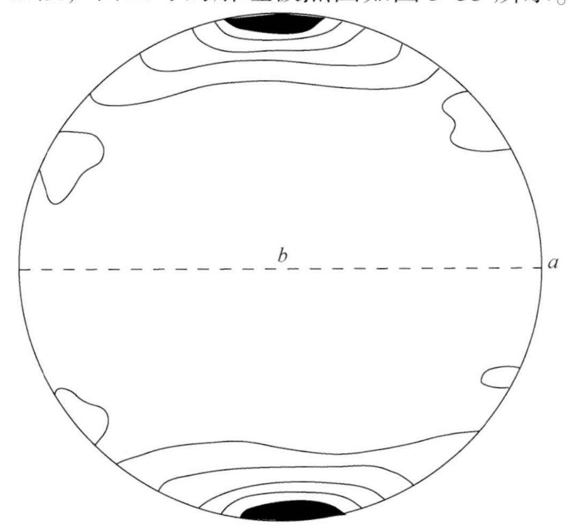

图 3-35　压性断裂中的白云母解理极点图（据武汉地质学院资料）
测定 250 次，1%→5%→10%→15%→20%

2. 张性结构面的岩组图

张性破裂面内的构造岩，无论形态方位和矿物内部的结构方位均不是定向排列，岩组图等密值较小，没有规律性、无密集中心（图3-36）。

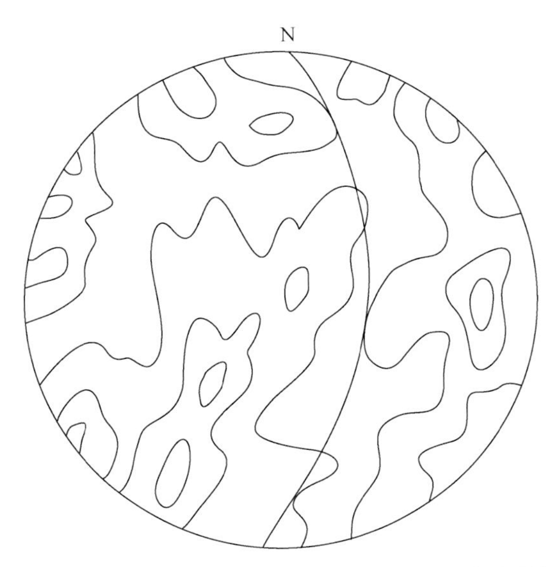

图3-36　张性断裂中的石英光轴图（据武汉地质学院资料）
水平切片，测定200次，0.5%→1%→2%

3. 扭性结构面岩组图

由于扭性结构面的扭动是由于断裂两盘沿水平方向作相对错移，因而矿物的光轴呈水平的、平行于 *a*（扭动线理）的定向排列。由于扭动力偶的作用，有时矿物也出现旋转或滚动。扭性结构面的岩组图一般具单斜对称。

图3-37为两组共轭扭性裂隙的岩组图。北西向一组裂隙发育较好，在该裂隙内构造岩的水平切片上，所测定的石英光轴投影图内（图3-37a）。在大圆上沿裂隙走向出现两个对称的极密部，为 *S*-构造岩组构，极密部与破裂面 *S*(*ab*) 面的走向吻合，即石英光轴的定向方位与错动的方向（*a* 轴）一致，它是由水平的扭应力引起的。北东向一组裂隙发育较差，在该裂隙内构造岩的水平切片上，所测定的石英光轴投影图内（图3-37b），在大圆的边缘上出现两对对称的极密部，并且形成 *ac* 环带的趋势，最密的一对所示方向与北东向裂隙走向相同，次密部则与北西向裂隙走向一致，表明石英光轴是沿两个扭裂面的方向作定向排列的，但以一个方向为主。图中两个扭裂面的交线为岩组轴 *b*，可视为 *B*-构造岩。

在扭性断裂中所测定的黑云母解理极点图（图3-32）表明，黑云母解理大致平行于 *S*(*ab*) 面排列，*ab* 面为扭性结构面，可以根据极密部和环带对 *bc* 面的不对称分布特点判断扭动的方向。

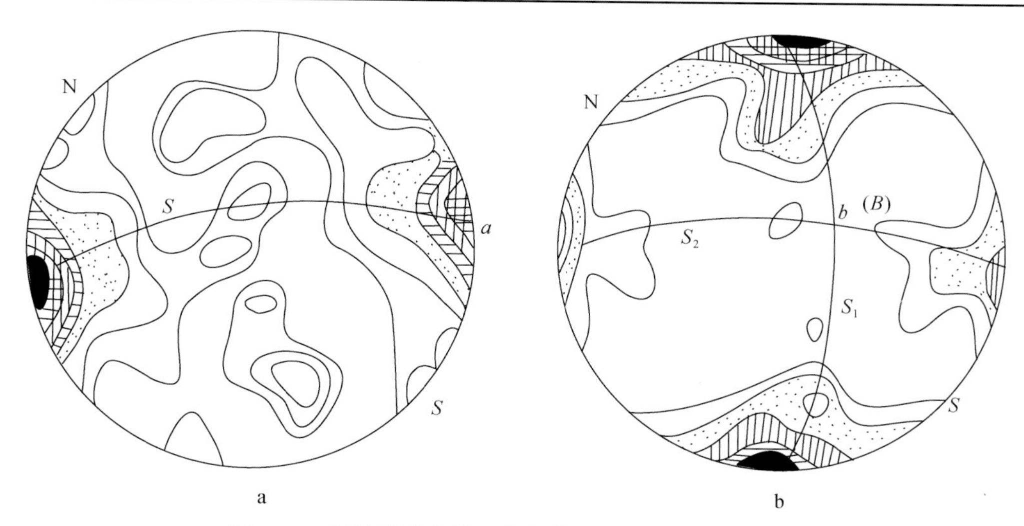

a　　　　　　　　　　b

图 3-37　扭性裂隙中的石英光轴图（据曾庆丰，1986）

a. 北西向裂隙岩组图，水平切片，测定 150 次，0.5%→1%→2%→4%→6%→8%→10%；
b. 北东向裂隙岩组图，水平切片，测定 150 次，1%→2%→3%→4%→6%→8%

第五节　不同力学性质结构面的控矿特征

众所周知，断裂不仅是岩浆或矿液上升和运移的通道，也是它们注入和充填形成岩脉或矿脉的空间。断裂和岩（矿）脉的关系有两个方面：一方面是断裂的力学性质和岩（矿）脉的关系；另一方面是断裂的活动和岩（矿）脉充填之间时间上的关系。第一方面的影响主要受断裂结构特征的控制，不同性质和不同规模的断裂的开放性不同，结构形态也不同，从而决定了岩浆或矿液注入的条件，以及岩（矿）脉的形态和产状特征。第二方面的影响主要受断裂活动性的控制，即岩浆或矿液注入时断裂是否在活动。如果断裂已停止了活动，那么岩浆或矿液中的矿物结晶不受应力的影响，如果断裂在活动，那么矿物结晶时必然要受到应力的影响，如此断裂的力学性质对矿物晶体生长的方向及结晶的情况必然有影响；如果组成岩（矿）脉的矿物已全部结晶，而断裂还继续活动，那么脉中的矿物必然要受到影响发生形态、物理性质和化学成分的变化，这就涉及构造岩和应力矿物的问题了。

因此，研究不同力学性质结构面的控岩、控矿特征，了解岩（矿）脉在不同力学性质结构面中的充填特点，这不仅是矿田地质力学研究的基础，而且也是鉴定被岩（矿）脉充填的结构面的力学性质的一个重要方面。

一、压性断裂的控矿特征

由于压性断裂面呈舒缓波状，故在平面上矿脉形态往往胀缩相间，呈尖灭再现的透镜体成串珠状（图 3-38）。当成带出现时，则分支再合，交织成网，岩块和夹石呈扁平透镜状平行排列（图 3-39）。剖面上，常呈斜列状分布，羽毛状分支小脉发育，显示上盘逆冲

（图 3-40）；有时出现陡窄缓宽的现象，矿体在缓倾处膨大（图 3-41）。脉壁裂面光滑，但不平直，常有凹凸面出现。

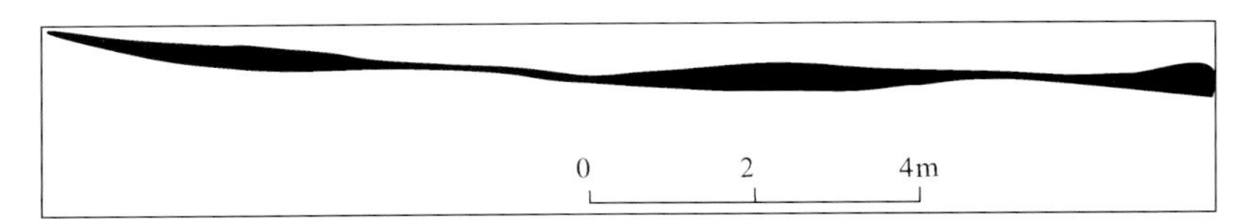

图 3-38　江西干南某钨矿脉的尖灭再现现象（据江西 908 队资料）

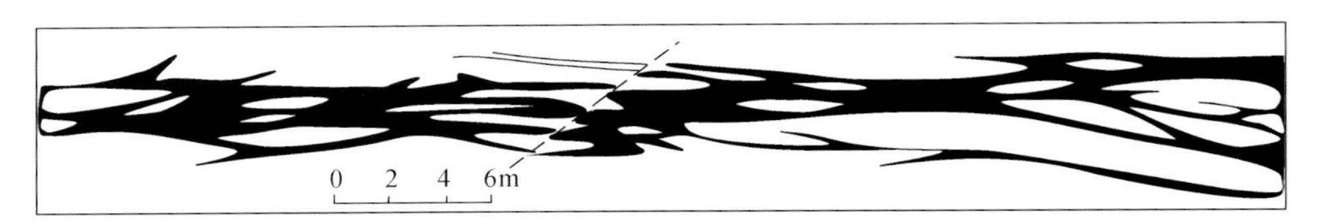

图 3-39　压性成矿裂隙控制的黑钨矿石英脉交织成网状构造（据江西 908 队资料）

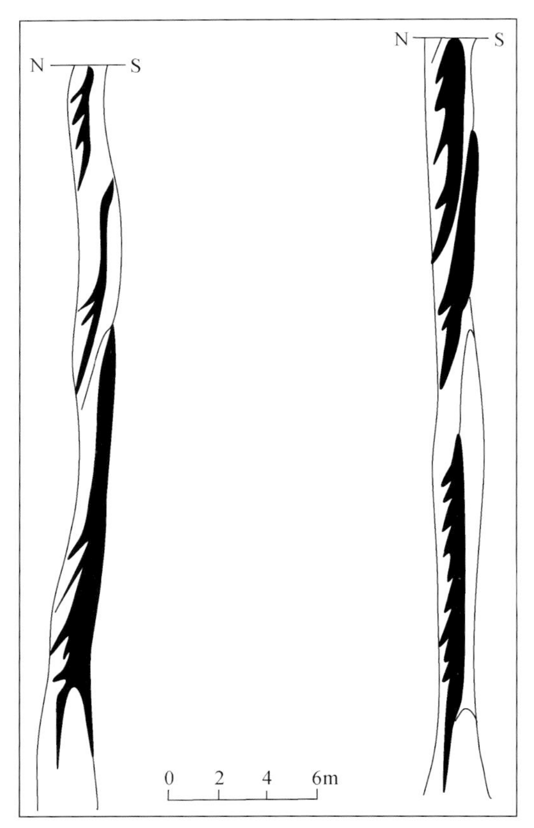

图 3-40　压性成矿裂隙中的黑钨矿石英脉剖面斜列形态（据江西 908 队资料）

压性断裂中，矿脉的围岩蚀变带比较宽，其相当于幅宽的 1/2，变化不大，分带性较好。

如果矿物结晶时应力仍起作用，则在压应力作用下板条状、柱状矿物由平行脉壁生长（图 3-42a）。

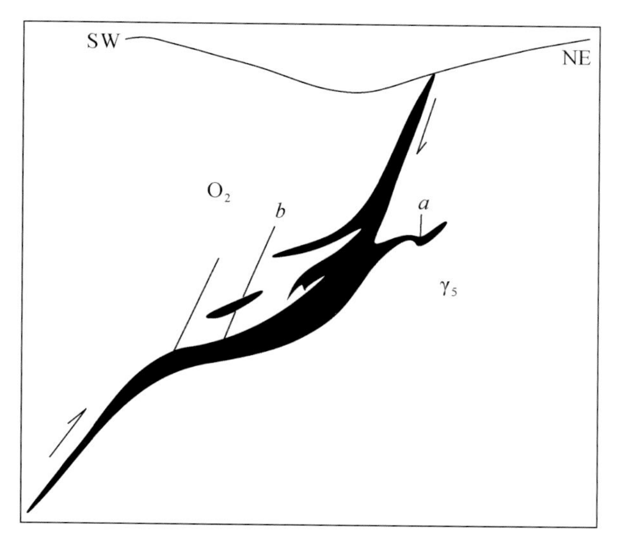

图 3-41　压性成矿断裂剖面上矿体的缓宽陡窄现象（据长春地质学院资料）

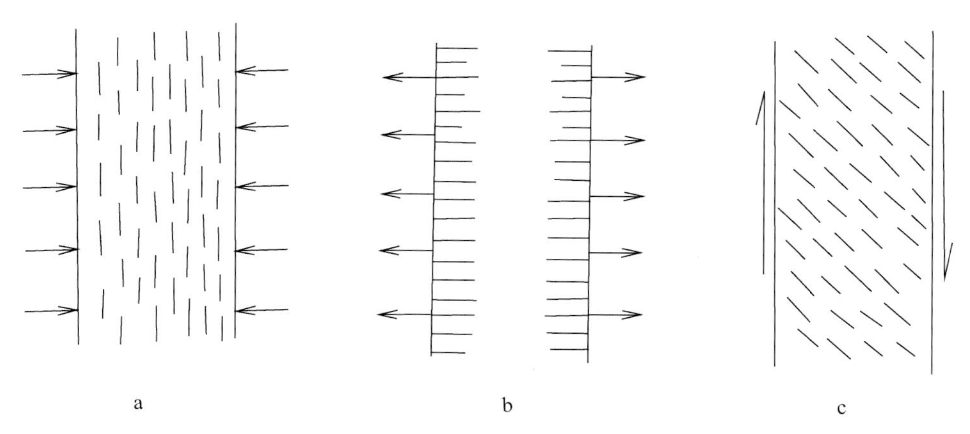

图 3-42　不同应力作用下矿物晶粒生长方向示意图

a. 压应力作用下；b. 张应力作用下；c. 扭应力作用下

压性断裂控制的矿体，一般延深和延长大致相等，或者延深大于延长，有时形成深度较大的矿柱。

二、张性断裂的控矿特征

张性断裂中充填的矿脉单体短小，成组成带出现，分布较乱，形态不规则，有时呈树枝状（图 3-43）；有时突然尖灭，大角度转弯或分支；有时辗转延伸呈追踪脉系（图 3-44），剖面上，呈楔状迅速尖灭（图 3-45），或者出现缓窄陡宽的现象（图 3-46），与压性断裂内矿体陡窄缓宽正好相反。

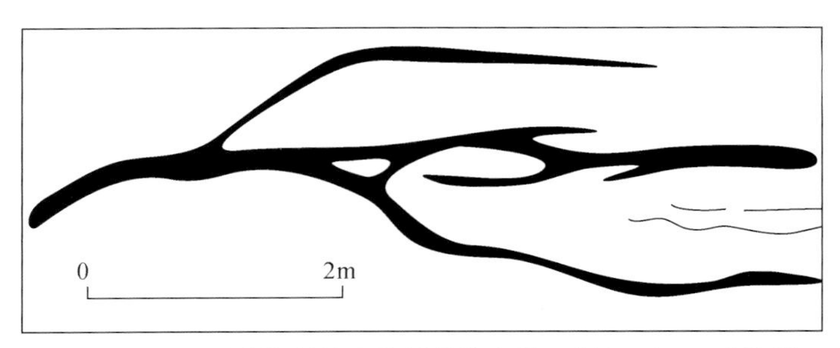

图 3-43　张性裂隙控制的矿脉树枝状素描（据江西 908 队资料）

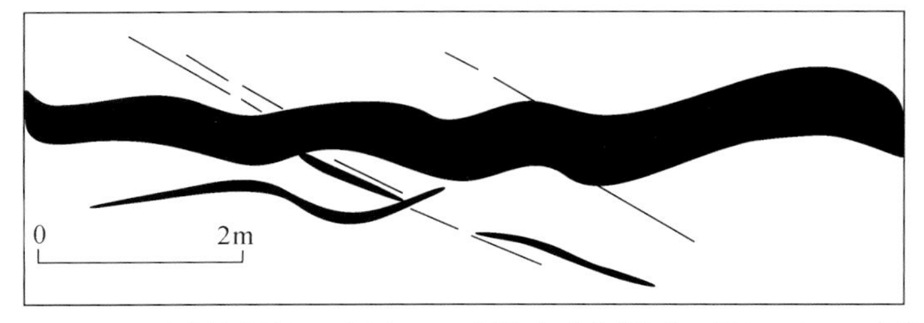

图 3-44　张性裂隙控制的“小尾巴”矿脉追踪素描图（据江西 908 队资料）

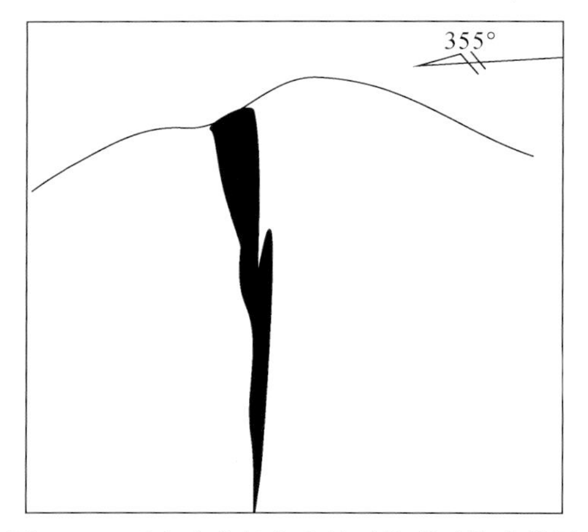

图 3-45　云南安宁杨梅山铁矿楔形矿体素描图

图 3-46　云南安宁杨梅山铁矿“缓窄陡宽”矿体素描图

张性断裂脉壁粗糙，参差不齐，常出现带棱角的断层角砾，构成角砾状矿石或棱角状夹石。

围岩蚀变带时宽时窄，变化较大，分带性亦不好。

张性断裂内的矿物如果在张应力作用下结晶，矿物垂直脉壁呈梳状生长（图3-42b）。

张性断裂内充填的矿体延深不大，其延深大致为延长的一半。

三、扭性断裂的控矿特征

充填在扭性断裂中的矿脉形态简单，产状稳定，连续性好，单脉延伸较长，脉体两侧羽状分支小脉发育（图3-47）；常呈雁行斜列状分布，具尖灭侧现特点（图3-48），有时雁行扭裂按X形排列（图3-49）；透镜状夹石的长轴多与矿脉呈小角度斜交排列；成组出现时，或平行排列或交织成网，在交叉处矿脉显著膨大。在剖面上，矿脉往往陡倾斜，而且平行排列。

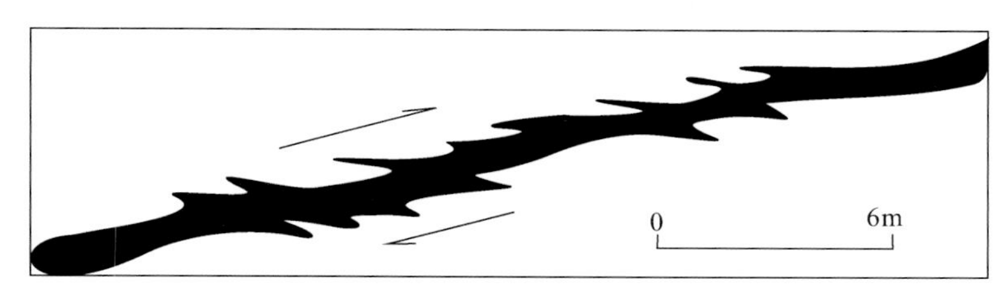

图3-47　扭性成矿裂隙控制的矿脉形态素描图（据江西908队资料）

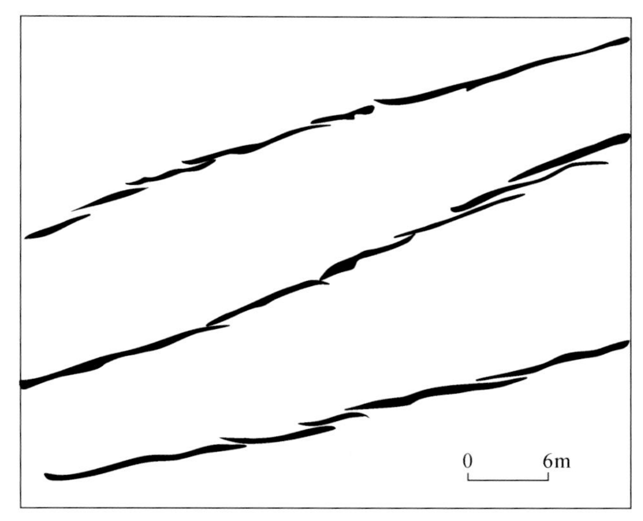

图3-48　扭性成矿裂隙控制的矿脉尖灭侧现素描图（据江西908队资料）

围岩蚀变带较窄，变化不大，延伸稳定，分带性亦好。

扭性断裂内的矿物结晶时，若扭应力继续作用，则晶体斜交脉壁生长（图3-42c）。

扭性断裂内充填的矿体，其延深和延长之比，大致介于压性断裂和张性断裂之间，即约为1：1。

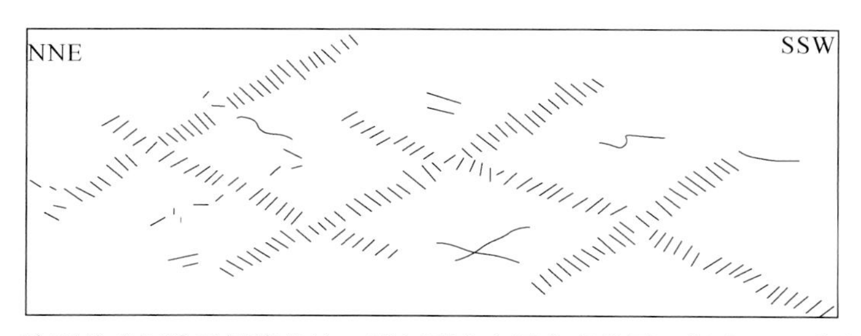

图 3-49 陕西某矿细脉呈侧幕状按 X 形扭裂方向展布素描图（据武汉地质学院资料）

第四章　构造序次及其控矿特征

第一节　构造序次的概念

在同一方式和同一方向力的作用下，在一定的岩块中各点的应力作用方式不是一成不变的，而是随着岩块的边界条件的变化而变化。因此，在同一变形过程中，可以形成许多不同性质和不同方向的构造形迹，这些构造形迹彼此不是孤立的，而是有联系的。为了查明变形的过程，了解构造形迹间的内在联系，引入了构造序次的概念。

为了明确序次的概念，首先分析一下岩块在两种不同方式外力作用下的变形过程。

一、水平侧压力作用下岩层的变形过程

（一）变形初期

由水平岩层组成的矩形岩块，在重力及侧向水平压力作用下，其应力分布如图4-1a所示。在这种应力作用下，可能产生两组垂直于层面的共轭剪节理，还可能产生一组横张节理，有时后者追踪前者形成追踪张裂隙。

随着侧向压力的加大，应力情况改变如图4-1b所示，最大主应力方向不变，中间主应力与最小主应力的位置对换。在这种区域应力状态下，岩层发生纵弯型褶曲，同时还可能产生两组剖面上的X节理。

（二）变形中期

在区域水平压力的持续作用下，主褶曲的幅度不断加大，褶曲内部不同部位的局部应力场发生变化（图4-1c），从而产生一些新的构造形迹：①由于岩层弯曲，在转折端产生局部拉张作用，形成和褶曲轴平行的纵向张断裂；②与背斜顶部的拉张相对立，下部可以有局部的挤压作用，形成核部的小褶曲；③由于岩层之间变形不均匀而产生相对扭动，诱导出翼部的剪切应力场，从而产生出各种层间滑动构造，如拖曳褶皱、层间劈理、层间剪切节理及层间擦痕等。

（三）变形后期

在同方向的区域侧压力持续作用下，随着主背斜的进一步隆起，顶部的某些纵张断裂不断扩大、加深，在背斜顶部张力及岩层所受重力的共同作用下，背斜顶部的岩层沿纵张断裂下陷，从而形成地堑（图4-1d），地堑内的楔形断盘在下降的过程中，可能受到两侧岩层的约束，从而诱导出局部的侧压力，于是产生与地堑走向一致的附加小褶皱。另外，沿地堑边

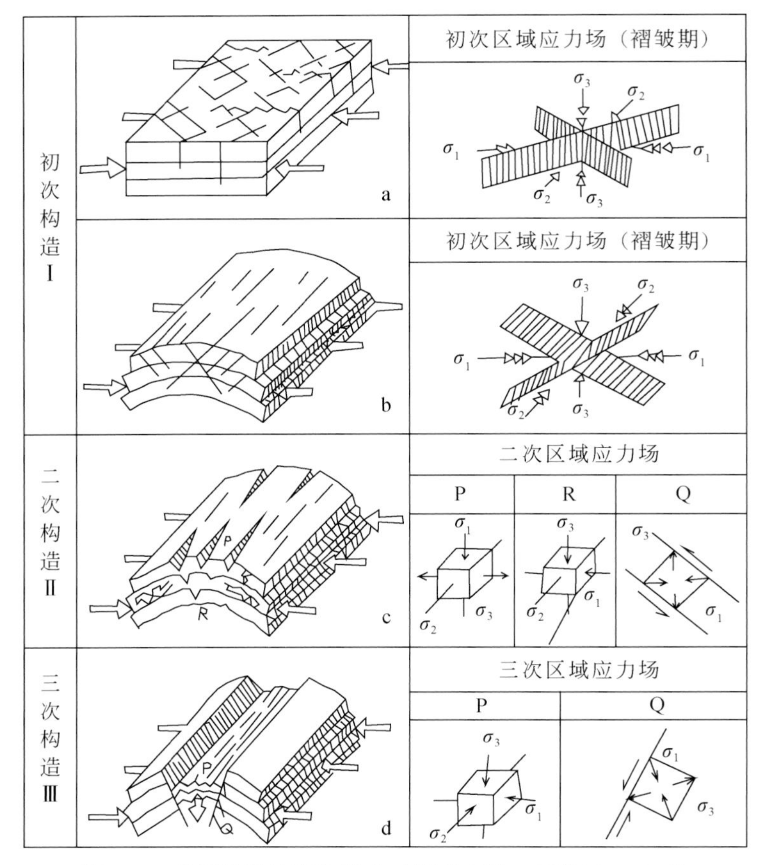

图 4-1　背斜地堑的序次模式（据李东旭、周济元，1986）

缘正断层两盘的相对滑动，在断裂面上也会诱导扭应力的作用，从而在旁侧的岩层中派生出局部的拖褶皱和羽状裂隙。

二、力偶作用下岩层的变形过程

一个矩形岩块，在南北向水平压力作用下，产生走向东西的压性构造形迹，走向南北的张性构造形迹，以及走向 N30°E 和 N30°W 两组共轭的扭性断裂（图 4-2）。两组扭性断裂的交线直立，锐角平分线与区域水平压力方向一致，由于扭性断裂的出现，破坏了地块的连续完整性，改变了边界条件。在扭性断裂扭力的作用下，在其旁侧可以派生出又一套共轭的扭性裂隙。扭性裂隙的出现再次破坏岩块的完整性，出现新的边界条件，于是在扭性裂隙的旁侧又派生出更次级的扭性节理。

从以上变形过程的实例可以看出，在一定方式力的作用下，岩块和地块内部的变形是有阶段性的，在每一变形阶段中都出现一套新的结构面，所以，结构面的出现是一连串的现象，每一个变形的阶段称为序幕；序幕出现的先后顺序称为序次，确切地说，在一场构造运动中，在同一方式和同一方向的构造力作用下，随着构造变形的发生和发展，岩块、地块的

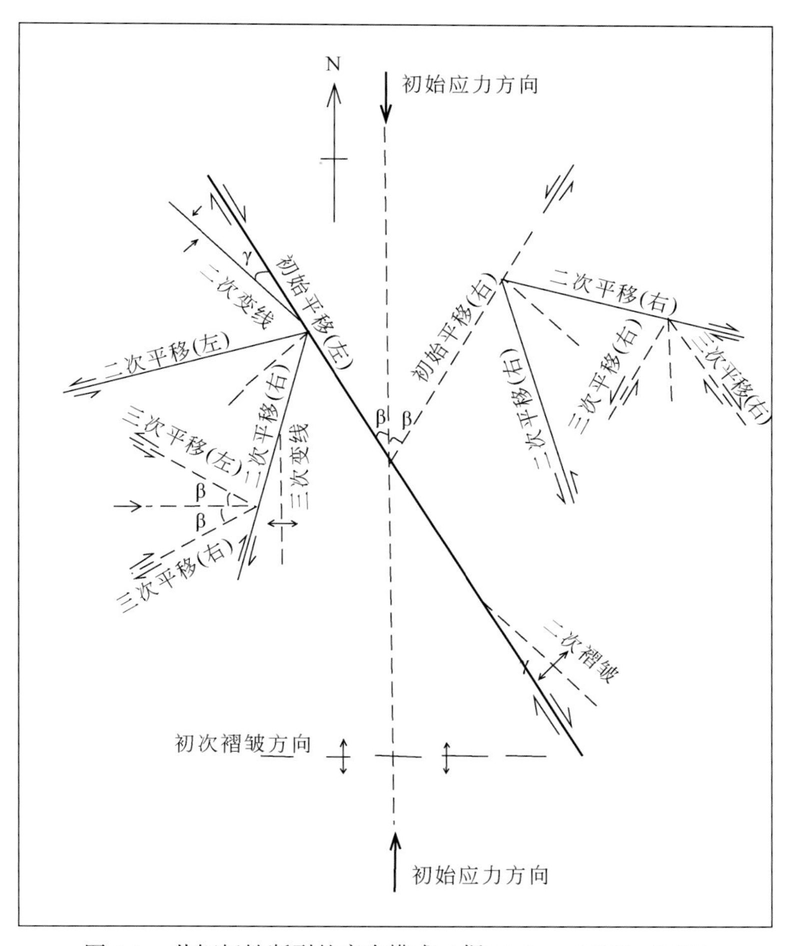

图 4-2　共轭扭性断裂的序次模式（据 Mady and Hill，1956）

边界条件会发生变化，从而依次派生一连串不同性质、不同方向的新的构造形迹，或者使已经形成的构造形迹的力学性质发生转化，这类现象称为构造形迹的序次。

为什么会出现序次的现象呢？因为，岩块、地块内每一点的变形和它的边界条件有着密切的关系。变形的边界条件为边界的几何特征及作用在边界上的力的作用方式，在初始应力场的应力作用下，地块、岩块因变形而导致边界条件发生整体或局部的变化，从而导致应力分布的改变，而由应力作用方式所决定的结构面的力学性质和排列方位也必然有所不同，派生出新的构造形迹，或者转化原有构造形迹的力学性质。派生构造的出现，使局部的边界条件发生改变，应力分布发生改变，产生更新的构造形迹。直到构造应力场逐步释放、减弱至不能引起岩石变形为止。因此，同一岩块中，在同一方式构造力的作用下，所产生的构造形迹是一连串的现象，其间有着先后的控制作用，显现出阶段性，每个阶段所产生的构造形迹都是局部应力作用的结果。

在一个地区内，相互关联的各项构造形迹，应该按照它们发展的顺序，进行序次的划分，在一次构造运动中，当岩块、地块变形时，最初产生的各项构造形迹称为初次构造；由于初次构造的出现，改变了边界条件，派生出的新的构造形迹，称二次、三次……构造，统称为再次构造。有时也把初次构造称为高序次构造，再把派生构造称为低序次构造。另外，在一定研究范围内，规模较大的起主导作用的初次构造称为主干构造；同主干构造一起由初始应力场产生的其他初次构造称为伴生构造，由主干构造直接派生的再次构造称为派生构造。序次的划分有一定的相对性，在一定范围内的初次构造，若扩大范围，也有可能被划入再次构造。

根据以往的经验，可以把判断和划分序次的原则概括如下：

1. 时间关系

有序次关系的各项构造形迹的发生时期是接近的，大都是同一构造幕内形成的。但是，有些主干构造曾多次活动过，每次活动都可能产生一些派生构造，因此要注意区别两种情况，有些构造形迹是在主干构造形成或第一次活动时派生的，可称为同期派生或同源派生；有些构造形迹是由于主干构造被卷入后期应力场中重新活动所派生的，可称为后期派生或复合派生。

2. 空间关系

低序次构造与派生它的高序次构造在空间分布上有一定的依存关系，前者常赋存于后者的旁侧或包含在后者之中，总不会相距太远。对断裂派生的构造来说，低序次断裂不能切割派生它的高序次断裂，高序次断裂常限制低序次断裂的延长和发展。

3. 力学关系

高序次构造的出现，为它所派生的低序次构造提供了直接的控制边界，它们在方位和位移方向上都有直接的控制和被控制的关系。从高序次构造的性质、方位和位移情况可以推导出各种性质派生构造应有的方位和位移方向。反之，根据低序次构造的性质、方位和位移情况，还可以反推派生它的高序次构造的性质、方位和位移情况（后面章节将详细介绍）。

根据以上三条原则进行仔细的观察和综合分析，一般就可以准确地判断构造形迹间的序次关系。

第二节　构造序次转化结构面的概念及其鉴定

低序次的构造形迹可以是新产生出来的，也可以是由旧的高序次构造形迹发生力学性质的转化而成的，这种转化是在同一构造力作用期间的序次转化，故称为序次转化结构面。

序次转化结构面形成的主要原因，是在外力持续作用下，使岩块逐渐歪曲并产生大变形，致使已经形成的结构面不同程度地偏离了其初始方位，也偏离了其相应的应力迹线，从而使其力学性质发生了改变，由单式结构面转化为复式结构面，同时具有压扭、张扭、扭压、扭张等性质。

例如，有一正方形岩块，东西两侧边界段南北向左行力偶 QQ' 的作用，岩块处于纯剪应力状态（图 4-3a），产生一套结构面（图 4-3b），其中有挤压面 C、张裂面 t 和其共轭扭裂面 S_1 及 S_2 。在力偶 QQ' 的持续作用下，假定方形岩块的南北向的中面固定不动，这样岩块东西两侧的边界方位不变，南北两侧边界则反时针转动了一个角度，使正方形岩块变成平行四边形，这时，在初始应力状态下产生的各种结构面也相应地发生不同程度的转动（图4-3c）。由于岩块的受力边界和力偶的方向未变，因此应力单元体仍保持纯剪应力状态（图4-3d），可是经转动后的各种结构面与各种应力的关系就不同于初始状态了。其中，挤压面 c 经转动后与 QQ' 的锐夹角 α 小于45°，其法线在应力圆（图4-3e）上的位置，由 A 点移至 A' 点，偏离了主压应力 σ_1，因而转化为压扭面；张裂面 t 经转动后与 QQ' 的锐夹角 θ 大于45°，其法线在应力圆上的位置由 B 点移至 B' 点，偏离了主张应力 σ_3，转化为张扭面；S_1 面转动至 S_1' 面，其法线在应力圆上由 E 点移至 E' 点，作用在其上的扭应力减小，张应力增大，转化为扭张性面；与 S_1 共轭的 S_2 面转动至 S_2'，其法线在应力图上由 D 点移至 D' 点，该面原为纯剪面，转化为扭性压面。因此，伴随初始结构面的转动，它们的力学性质均发生转化，由单式的压、张、扭结构面，转化为压扭、张扭、扭张、扭压等复式结构面，从而形成了序次转化结构面，这类结构面在自然界是更常见的。

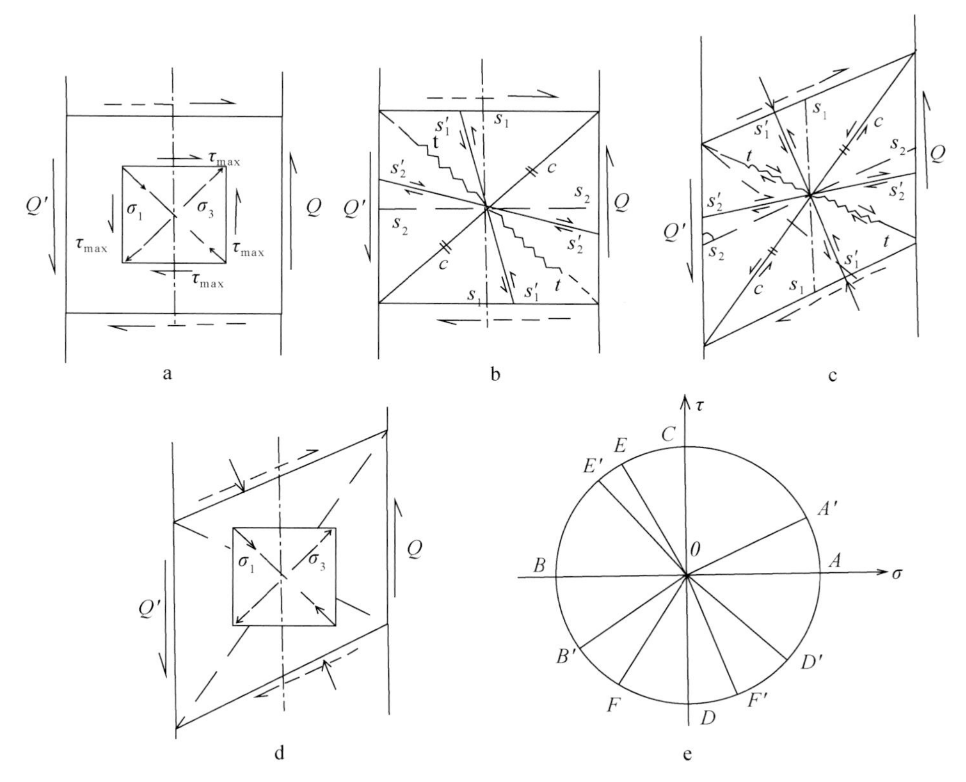

图4-3　在扭力作用下结构面力学性质的转化（据李东旭、周济元，1986）

序次转化结构面同时具有两种力学性质，因此它们兼具压性和扭性、张性和扭性等结构面的特征。

一、压扭性和张扭性破裂面的鉴定特征

共性：由于它们的形成经常与扭动作用有关，因此有着共同的组合特征。一般结构面常

组合成雁行状或多字型构造、弧形或带状，或者派生于主干断裂的一侧或两旁，形成入字型分支断裂。

个性：由于二者的力学性质不同，故仍有明显的区别。

（1）形态特征；张扭性破裂面多短而宽，压扭性破裂面则扁而平（图4-4）。

（2）组合特征：张扭性破裂单体尾部往往向串连面靠拢（图4-4a、b）；压扭性破裂单体尾部往往偏离串连面，呈S型或反S型（图4-4c、d），而张扭性破裂其单体方向与串连面向的夹角较扭张性破裂的夹角偏大（图4-4a），压扭性破裂其单体方向与串连面间的夹角较扭压性破裂面的夹角偏小（图4-4c）。

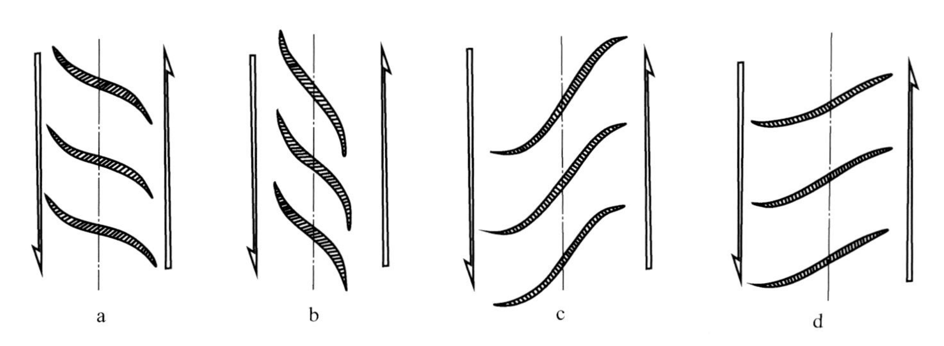

图4-4　序次转化断裂的排列及其特征

a. 张扭性；b. 扭张性；c. 压扭性；d. 扭压性。

前者两者尾部向串连线靠拢；后二者尾部则偏离串连线

（3）充填脉的组合特征：序次转化的破裂面常呈雁列组合。其中，压扭性者单体长轴与串连线交角较小，而且在平面、剖面上均如此。若是压扭性者则在平面上交角较小，甚至趋于零，而在剖面上交角较大（图4-5a），若是扭压性者则在平面、剖面上交角均较大（图4-5b）。

张扭性者单体长轴与串连线交角较大，在平面、剖面上均如此。若是张扭性者在平面上交角较大，而剖面上交角较小（图4-6b）；若是扭张性者在平面上交角较小，而剖面上交角较大（图4-6a）。

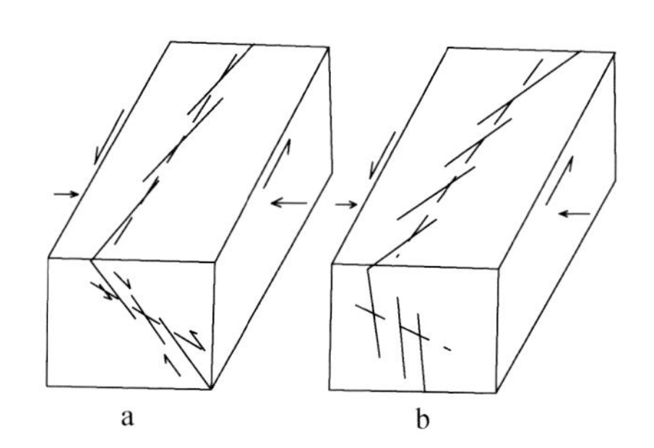

图4-5　压扭性和扭压性断裂的空间展布示意图（据李东旭、周济元、1986）

a. 压扭性；b. 扭压性

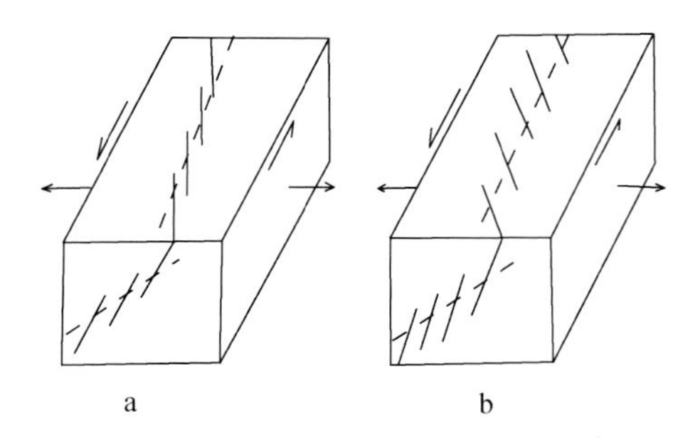

图4-6　扭张性和张扭性断裂的空间展布示意图（据李东旭、周济元，1986）

a. 扭张性；b. 张扭性

二、压性褶皱和压扭性褶皱的鉴定特征

褶皱的形成，除挤压外，还可能在直扭、旋扭、上转、刺穿等作用下形成，因此可以形成各种力学性质的褶皱，现仅将压扭性褶皱和压性褶皱的鉴定特征分述如下。

1. 褶曲的平面形态

压性：其轴线往往呈平行直线状，枢纽水平或近水平；轴面较平整或呈缓波状。

压扭性：其轴线大多呈S型、反S型或弧形，轴面随之弯曲，枢纽波状起伏。

2. 褶曲的排列组合形式

压性：其枢纽水平或波状起伏，高点呈串珠状直线排列，基本上平行延展的。

压扭性：其枢纽向收敛端倾斜或呈波状，高点呈雁行排列，斜横相接，背斜、向斜相间，呈雁行或弧形排列（图4-7）。

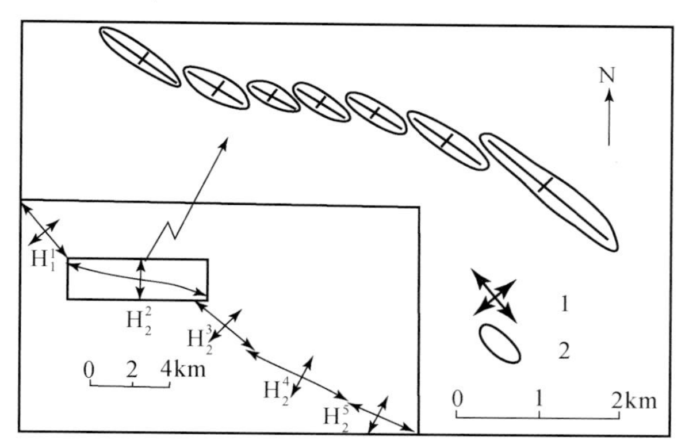

图4-7　柴达木红三军一号背斜二号高点的斜列图（据孙殿卿等，1956）

1. 背斜轴；2. 岩层圈闭线

3. 褶曲的派生构造

褶曲的派生构造包括层间劈理、拖线褶皱及层面擦痕等，它们的层面相交的滑移交线和滑移轴线代表 b 轴方向，层面擦痕示 a 轴方向。

压性：派生构造指示上覆岩层向上、下伏岩层向下滑动（图4-8a）。

压扭性：派生构造指示上覆岩层向斜上方、下伏岩层向斜下方滑动（图4-8b）。

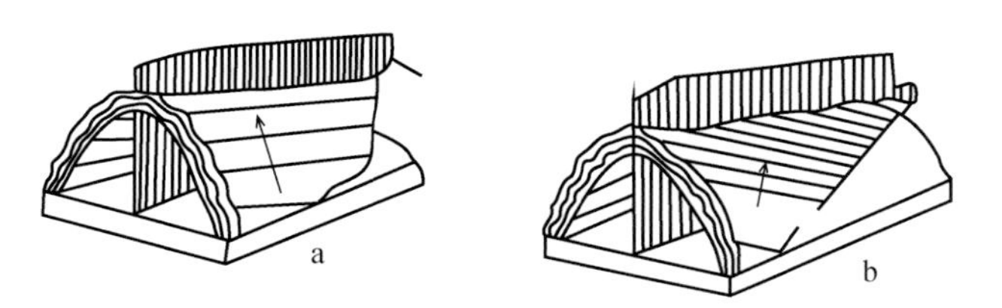

图4-8　大褶曲上派生的拖曳褶皱示意（据李东旭、周济元，1986）

箭头示上盘滑动方向。a. 压性褶曲；b. 压扭性褶曲

4. 褶曲的伴生断裂

压性：有呈斜方对称的走向冲断裂、纵张断裂、横张断裂及斜交的扭断裂伴生。

压扭性：根据破碎面力学性质转化特征，走向断裂为压扭性、横断裂为张扭性，以及斜交断裂一组为扭压性、另一组为扭张性，它们呈单斜对称分布。

三、序次弧形构造

这是在同一方式力的作用下，由于变形不同阶段边界条件的变化，由次结构面转化而形成的弧形构造，按其形成的方式不同，初步可分出两种类型。

（1）以滇东南的平远街弧为例（图 4-9），在南北向的压力作用下，首先形成了东西向的主压面（褶皱及冲断裂），同时产生北西向的配套右行扭性断裂（文麻断裂的雏形）。在南北向压力的持续作用下，文麻断裂由于序次转化而成为右行压扭性断裂，并牵引先成的东西向主压面，使之形成向北突出的弧形构造。这种类型的序次弧往往发生在较大的破裂的旁侧，在怒江断裂带的南段也有表现。

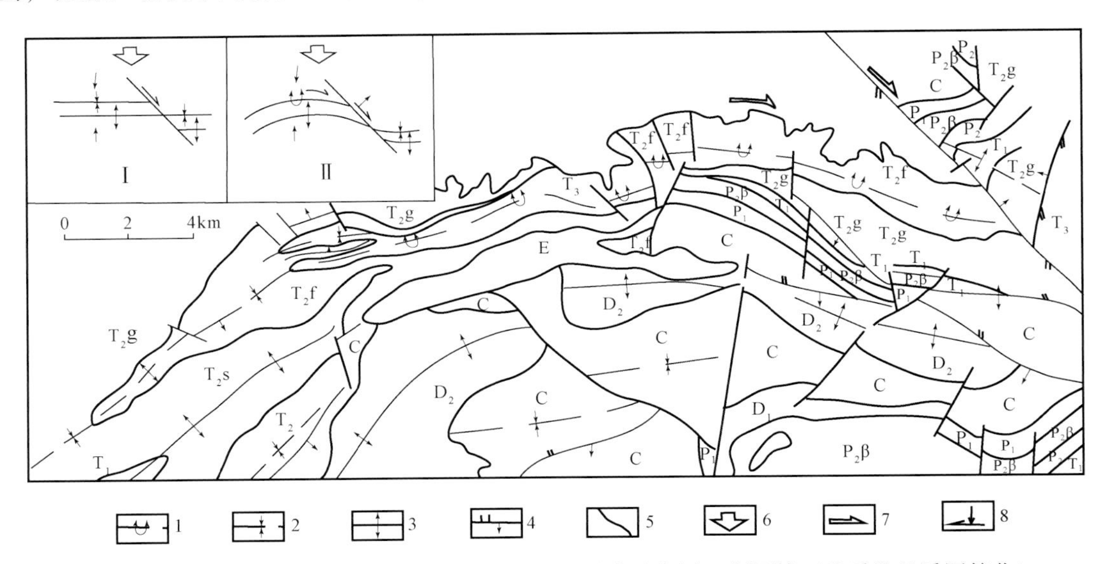

图 4-9　滇东南个旧地区平远街序次弧形构造及形成示意图（据原第五地质队地质图简化）

1. 倒转向斜轴；2. 向斜轴；3. 背斜轴；4. 压扭性断裂；5. 扭性及张性断裂；6. 外力作用方向；7. 派生扭力方向；8. 主压应力及扭应力作用方向。左上角为两个变形阶段的示意图

（2）围绕透镜状岩块出现的弧形构造，如金沙江弧形构造（图 4-10），它是在东西向的扭压应力作用下，由两组共轭扭裂经过序次转化而成，包围着北向的石鼓透镜状岩块形成弧形构造，与其相对应的还有向西凸出的弧形构造。它们和透镜状岩块一起，均反映出东西向的强烈挤压，其形成机理与构造透镜体相同，可视为巨型构造透镜体，这种序次弧在强烈挤压的地区是较为常见的，在滇西地区的保山、昌宁、思茅等透镜状岩块周围的弧形断裂都是这种型式（图 4-10）。

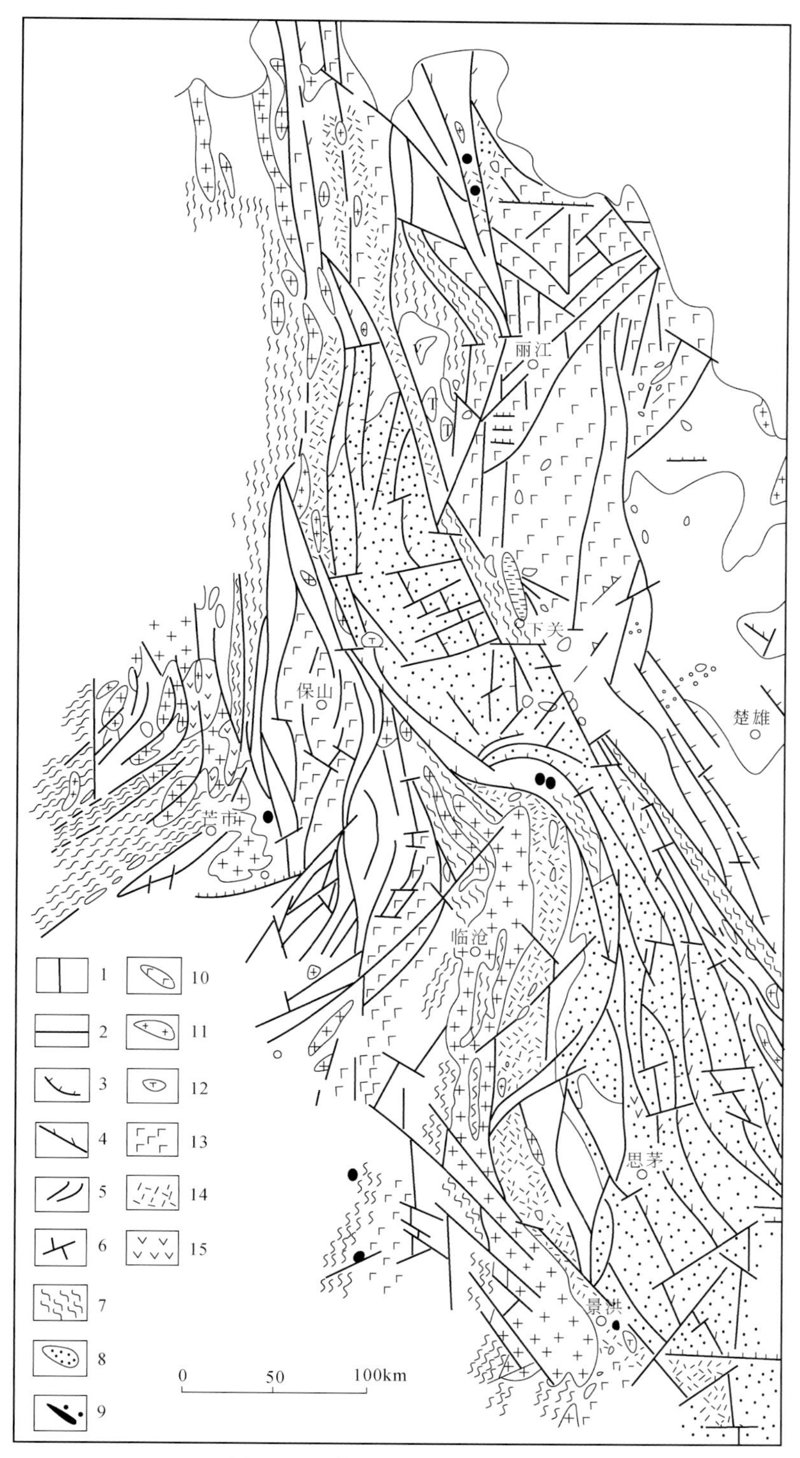

图4-10　滇西地区构造体系略图

1. 经向构造体系；2. 纬向构造体系；3. 山字型构造体系；4. 歹字型构造体系；5. 旋扭构造；6. 扭性及张性断裂；7. 片理及片麻理走向；8. 白垩纪及古近纪构造盆地；9. 超基性岩体；10. 基性岩体；11. 中酸性岩体；12. 碱岩斑岩体；13. 石炭-二叠纪火山岩；14. 三叠纪火山岩；15. 新生代火山岩

第三节　构造等级的概念

在一个地区中，出现的各项构造形迹，可以按其相对大小和规模，划分成不同的等级。一般来说，在一个构造体系中，占主导地位的构造形迹，在该体系中列为一级构造；规模较小的列为二级构造；规模更小的列为三级构造，依此类推。一级构造连同二级构造称为高级构造，规模小于二级构造的统称为低级构造。

但须注意，等级是个相对的概念，是随研究范围的大小而变化的。例如，在矿田范围内划分的一级构造，但扩大到矿带范围内可能只是二级或更小的构造了。

构造等级和构造序次是两个不同的概念，序次是按生成序次关系划分的，是辈分的关系，是时间上的概念；而等级是按规模大小划分的，是大小的关系，是空间上的概念。因此，两者并无必然的对应关系。一般来说，在所研究的构造体系及有关范围内，一级构造大都是初次构造，但初次构造并不限于一级构造；低级构造大都是再次构造，但也不限于再次构造，必须具体问题具体分析。例如，在滇中罗茨地区，罗茨–易门断裂带延伸数十千米，为一级构造，也是初级构造；由罗茨–易门断裂带扭动派生的北北东向鹅头厂断裂带，延伸十余千米，为二级构造，也是再次构造，这是互相对应的情况。但是，与罗茨–易门断裂带伴生的南北向压性断裂或挤压带，虽然它们也是初次构造，但规模却远较鹅头厂断裂带小，它们已经是三、四级构造了，这又是不对应的情况。

第四节　根据序次关系判断断裂两盘相对运动的方向

在实际工作中往往发现，一些主干断裂常常是被掩盖的，或者已发展为河流。在这种情况下，断裂两盘相对运动的直接标志不清，那么就可以根据派生构造的性质和方向来判断主干断裂的错动方式和方向。另外，在地质勘探或矿山开采中，如果一条断裂错断了矿体，那么正确判断断裂错动的方式和方向，就将成为找到错失矿体的关键。在这种情况下，根据派生构造判断主干断裂的错动方式和方向，其实际意义就显而易见了。

根据序次的概念，一条断裂产生时，只要断裂的两盘发生相对的变位，两侧的岩层或岩石就会受到对盘施加的力，因而在断裂附近就会诱导出新的局部应力场，从而产生派生构造。例如，主干断裂 F 受到扭力 QQ 的作用，其旁侧一点的应力状态用应力单元体表示。在纯剪状态下，产生的派出构造有：压性的分支构造 c；张性的分支构造 t；扭性的分支构造 S_1 及 S_2（图 4-11a）。若 QQ 持续作用，主干断裂产生序次转化，则分支构造发生旋转，力学性质发生转化，c 为压扭性，t 为张扭性；S_1 为扭张性；S_2 为扭压性（图 4-11b）。从图 4-11 可以看出：

（1）分支构造为压性或压扭性的情况下，分支构造 c 与主干断裂 F 的锐交角 γ，其角顶指向对盘的位移方向。

（2）分支构造为张性或张扭性的情况下，分支构造 t 与主干断裂 F 的锐交角 θ，其角顶指向分支构造所在盘（本盘）的位移方向。

（3）分支构造为扭压性和扭张性的情况下，则以上两条原则仍然运用，即扭压性分支构造与主干断裂锐交角顶指向对盘的位移方向，扭张性分支构造与主干断裂锐角交角顶指向本盘的位移方向（图4-11b）。但是，如果分支构造为共轭的扭节理的情况下（图4-11a），则两组节理的锐交角顶均指向本盘的位移方向。这种情况下，则不能简单地应用以上的原则来判断主干断裂的位移方向，而必须根据扭节理配套的原则，先确定主体应力的方向，然后再判断主干断裂的位移方向。

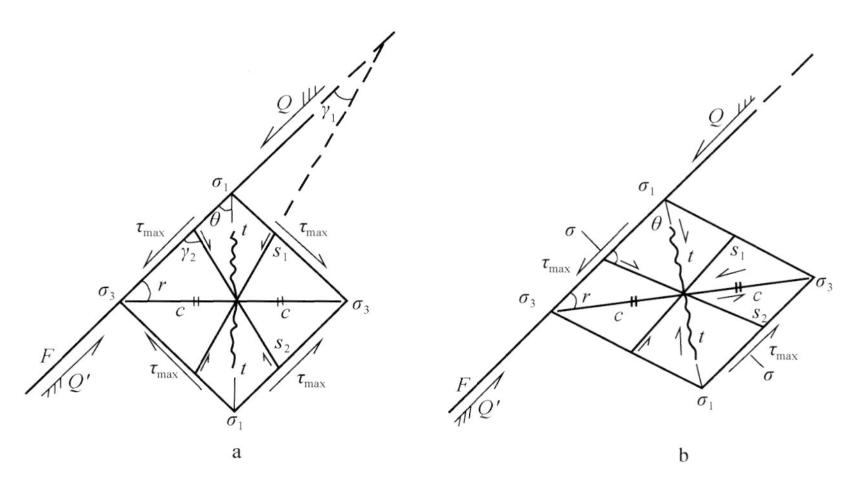

图4-11　主干断裂与分支断裂力学分析示意图（据李东旭、周济元，1986）

运用以上的两条原则来判断主干断裂的错动方式和方向，对平面上或剖面上的分析都是适用的。但是，必须注意：首先，要正确地鉴定派生的分支构造的力学性质，这是前提，如果分支构造的力学性质鉴定错了，则将得出错误的结论；其次，必须搞清分支构造的产状，这样才能正确反映分支构造与主干构造的组合关系，也才能正确判断锐交角的指向。因此，必须认真观察、分析，勤量产状。

第五节　构造形迹的分级和挨次控矿作用

在研究构造形迹的控矿特征时，可以发现，不仅不同力学性质的构造形迹的控矿作用是不相同的，而且不同等级、不同序次的构造形迹的控矿作用也是各不相同的，前者决定了矿体的发育程度、规模、形态和产状，后者则决定了矿带、矿田、矿床及矿体的形成和分布规律。因此，研究不同等级、不同序次的构造形迹的控矿规律是更为重要的，对指导找矿勘探及成矿预测有重要实际意义。

一、构造形迹的分级控矿作用

不同等级的构造形迹，由于其发展规模不等，影响地壳的深度不同，发展历程的长短也有差异。因此，对岩浆活动及沉积、变质的控制作用必然有所不同，从而对成矿的控制也一定有所差异。

一级构造往往按一定的方向成群成带出现，组成相当规模的构造带，延伸上百千米甚至上千千米。由于一级构造的规模大，影响地壳深，活动强度大，发育历史长，因此多期多类型的岩浆活动、沉积作用及变质作用受其控制，从而控制了某些类型内生矿产的分布，形成大的成矿带或成矿区。

二级构造是从一级构造中划分出来的，往往延伸几十千米到上百千米。它们与一级构造带的走向相近，力学性质类同，并伴有不同方向和不同力学性质的断裂，组成次级的构造带，这与构造带往往控制了某些岩体和矿区的分布，形成一定类型的构造-岩浆-矿化带，控制了矿田中矿床组成的矿带和矿田的分布。

三级构造的规模在几千米至几十千米的范围内，它们控制了矿田范围内的分布，并确定了矿床或矿体的形态产状，是重要的矿田构造，对找矿勘探来说，它们是最主要的控矿构造，是矿床构造的主要研究对象。

四级构造主要是由一些单个的构造形态组成，往往延伸几百米至十几千米，它们在矿区范围内控制矿体或矿脉的分布，并决定矿体矿脉的产状和形态。在矿山开采中，这类构造是主要的研究对象。

二、构造形迹的挨次控矿作用

不同序次的构造形迹，其控矿的意义也是不同的，从而产生了构造形迹的挨次控矿规律，一般来说，初次构造的等级较高，规模较大，影响地壳较深，发展历史较长，控制了岩矿带的展布，因此形成了一定规模的成矿带和矿田，再次构造等级较低，规模较小，往往是容矿或成矿溶液储存的空间，从而控制了矿床中矿体的分布，并决定矿床或矿体的形态及产状，特别值得指出的是，初次构造上盘的再次构造对容矿更为有利，是找矿勘探的主要研究对象。

三、导矿构造、配矿构造和容矿构造的概念

在内生矿田构造的研究中，为了剖析矿液运移的原始通路，一般根据构造在矿液流动和堆积中所起的作用，将构造要素划分为导矿构造、配矿构造和容矿构造（图 4-12）。这种划分正好反映了构造形迹多级控矿和挨次控矿的特征。

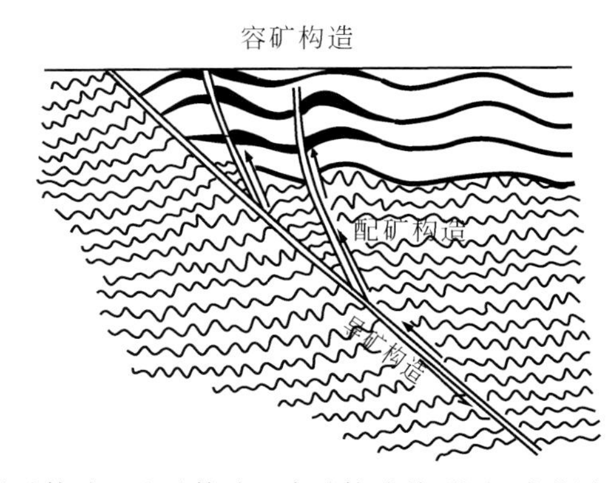

图 4-12　导矿构造、配矿构造、容矿构造关系图（据斯米诺夫，1976）

导矿构造：对内生金属矿床来说，一般含矿物质来自地壳的较深部位，因此，需要有规模较大、切割地壳较深的构造，才能将含矿溶浆或热液输导和搬运到地壳较浅的部位，堆积成矿。导矿构造是指含矿溶浆或热液自深部地段（上地幔、地壳深部）进入矿田范围内的通道。各种类型的深断裂是常见的导矿构造，沿着导矿构造有岩浆岩带出现，断续地分布有矿田和矿床，导矿构造一般应是高级的初次构造，往往是主干断裂，在多数情况下，导矿构造本身不产工业矿体，只有某些矿化痕迹，如热液蚀变带和浸染矿化，但是，它却控制了矿带的展布，并且在它的两侧，特别是它的上盘的一定范围内，则有矿床的产出。因此，用它在毗邻地段追踪矿床，部署找矿的方向是有重要意义的。

配矿构造：是指矿液从导矿构造向成矿地段运移的通道，又称为布矿构造或散矿构造。矿田及矿床沿导矿构造分布的不均匀性主要取决于配矿构造的分布，对矿液上升最有利的配矿构造，是在导矿构造的上盘向上分叉的次级断裂，或者称为入字型分支断裂。

由于作为矿液流动的构造常常是多级别的、复合的、互相交错的，因此在实际工作中往往不易区分导矿构造和配矿构造。在这种情况下，可把二者统称为运矿构造，也可统称为导矿构造。

容矿构造：又称为储矿构造，是指包含矿体，并决定矿体的形态、产状和大小，以及在某些情况下决定矿体内部结构特点的构造。研究容矿构造是控矿构造型式研究的主要内容（详后）。一般来说，容矿构造是低级再次构造，它往往分布在导矿构造上盘的一定范围内，它控制矿带和矿田范围内矿床和矿体的分布，是进行战术勘察的主要研究对象。

导矿构造、配矿构造和容矿构造都应归属于同一成矿构造体系，它们中所包含的矿化和矿体应有相似的矿物组合特征，而所含的主要元素和微量元素方面往往也具有一致性。

导矿构造、配矿构造和容矿构造的划分，是构造形迹分级控矿和挨次控矿规律的具体表现。在这种规律的指导下，对普查来说，应注意对高级初次构造的导矿构造的研究，这类构造具有指示找矿方向的意义；对勘探来说，应重视对低级再次构造的容矿构造的研究，这类构造是战术勘探的主要对象。

四、构造形迹分级控矿的挨次控矿的应用实例

在滇西锡矿成矿带中，云龙锡矿带是断裂构造分级控矿和挨次控矿的最典型实例。该带内的锡矿床由锡石-石英-电气石脉及锡石-石英-硫化物脉组成，以后者为主。其成因属岩浆期后热液矿床，热液与燕山晚期花岗岩的侵位有关，在矿带内断裂构造十分发育，这些断裂是多级别和多序次的，它们对矿床、矿体和矿脉的分布有着明显的控制作用，而且不同级、序的断裂对成矿具有不同的控制意义。

（1）温泉断裂在矿带内延伸30余千米，属于一级断裂。它被夹持于规模更大的怒江断裂带和澜沧江断裂带之间，为两断裂带右行扭动派生的再次压扭性断裂，但是，如果局限在矿带范围之内，则可将其视为一级初次断裂。矿带内已知的花岗岩带，铁厂锡矿床（大型）和石缸河锡矿床（中型）及锡矿点、锡重砂异常、锡化探异常等，正好都分布在温泉断裂的北东侧（上盘），而且是温泉断裂与澜沧江断裂带呈锐角相交的夹持部位，构成一个北西向的锡元素异常带（图4-13）。温泉断裂与云龙锡矿带空间展布的一致性，正好说明一级初

次的温泉断裂为导岩、导矿构造，控制了锡矿带的展布，形成了一个北西向的构造-岩浆-矿化带。

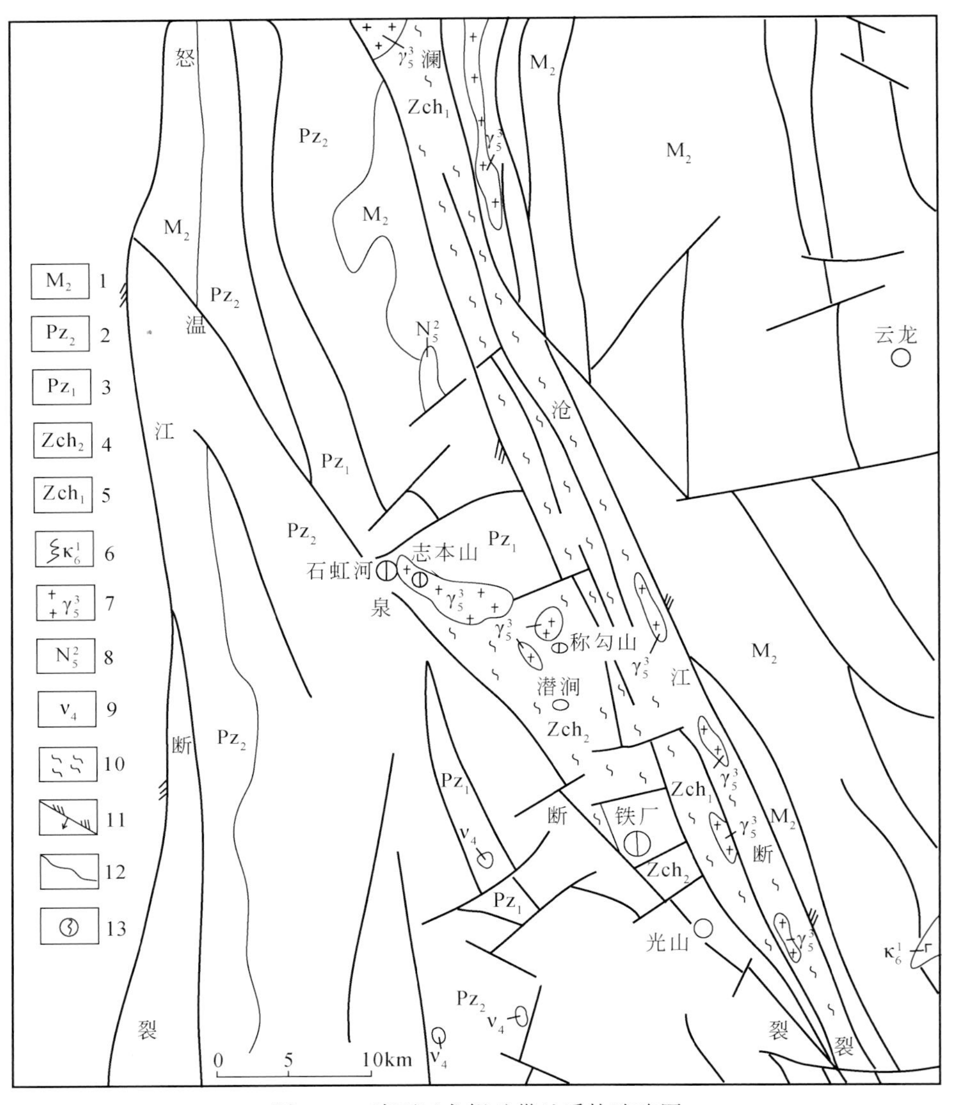

图 4-13　滇西云龙锡矿带地质构造略图

1. 中生界；2. 上古生界；3. 下古生界；4. 绿山群上段；5. 绿山群下段；6. 古近纪正长斑岩；7. 白垩纪花岗岩；8. 白垩纪基性岩；9. 晚古生代辉长岩；10. 片理、片麻理走向；11. 断裂；12. 地质界线；13. 锡矿床（点）

在温泉断裂内并不存在矿体，但以它的构造岩的化学成分看出：锡含量为 40ppm①，个别高达 120～360ppm，同时伴有钨、钼、铌、锆等微量元素和挥发分硼，不仅表明它有矿化的特点，而且还有花岗岩后期热液活动的痕迹，充分反映它的导岩、导矿性质。

① $1ppm=10^{-6}$。

（2）北北西向断裂为矿带内的二级构造。例如，绿阴塘断裂长约6km，总体向南西倾，在南东受到北西向温泉断裂的限制，为温泉断裂扭动派生的二次断裂，该断裂在平面、剖面上均呈波状弯曲，沿断裂有宽达百米的糜棱岩及碎裂岩，表现为压扭性断裂，但有过张性转变。沿绿阴塘断裂形成一组北北西向的锡石重砂异常带，几乎所有的锡矿体都产在绿阴塘断裂的两侧（上盘），平距100～200m之内，夹持于温泉断裂与绿阴塘断裂之间（图4-14）。该断裂在地表为铁厂花岗岩与崇山群变质岩的分界线，在该断裂内，发育大量的电气石脉及

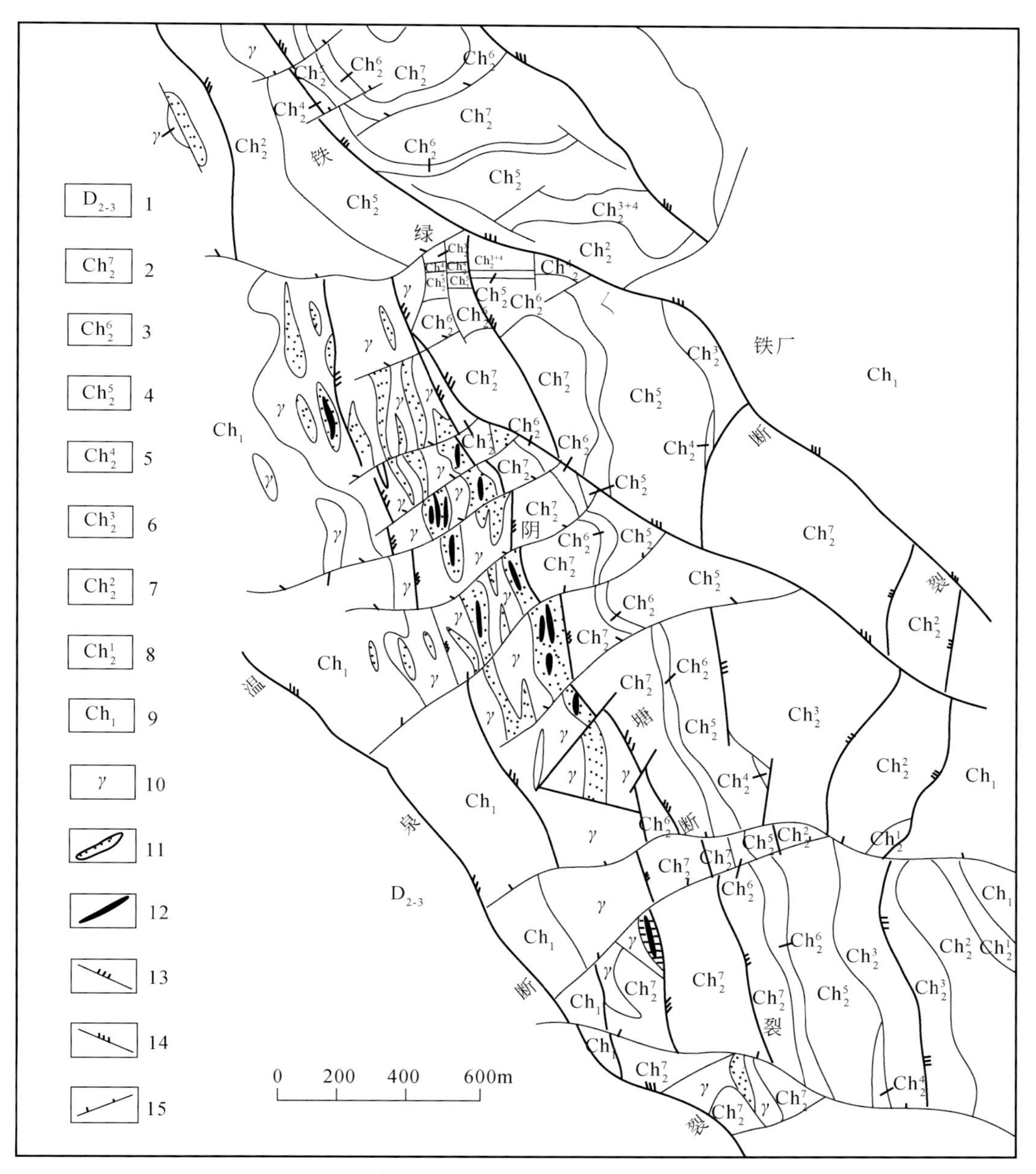

图4-14　滇西云龙锡矿带铁厂矿区地质构造略图

1. 中-上泥盆统；2～8. 崇山群上段1～7层；9. 崇山群下段；10. 花岗岩；11. 蚀变构造岩；12. 锡矿体；13. 压性断裂；14. 压扭性断裂；15. 伴生张性或张扭性断裂

毒砂-黄铁矿脉，局部还出现含锡量大于0.1%的矿化角岩。在北部石缸河一带，锡矿床或矿体也都分布在北北西向断裂西侧，夹持于温泉断裂和北北西向断裂之间，沿断裂有热液石英脉的充填。

因此，北北西向的二级二次断裂为配矿构造，从温泉断裂内输导来的深部的含矿热液通过它进入成矿地段，从而控制了矿田和矿床的空间展布，将云龙锡矿带划分为南部的铁厂矿田及北部的石缸河矿田。两个矿田都毫无例外地出现在北北西向断裂与温泉断裂相交的锐角区域内，而在钝角的区域矿化显著减弱。锐角区域为花岗岩侵位、热液-矿化活动的中心，为成矿最有利的部位。

（3）南北向的低级序断裂为容矿构造，控制了矿体的产出、形态及产状，这些断裂均分布在绿阴塘断裂的两侧，成群雁列展布，规模较小，一般延长数百米至千米，远离绿阴塘断裂，即不发育或消失（图8-14）。它们是绿阴塘断裂扭动派生出来的更低序次的分支裂隙，这些断裂在平面上呈追踪状，剖面上陡倾斜，其中为矿体充填，围岩蚀变带较宽，形成较宽构造岩带，显示这些含矿断裂具有张扭性质，但有过压扭性的转变，成矿的多期性明显受到这种构造多次活动的控制，随着南北向裂隙由张扭性转变为压扭性，则矿化由第一期的纯锡石-石英-电气石型转变为第二期的锡石-硫化物型，这种统一性充分证明这类构造的容矿性质。

综上所述，在云龙锡矿带内，在断裂的扭动下，北西向的温泉断裂扭动派生出北北西向的绿阴塘等断裂，北北西向的断裂扭动派生出南北向的裂隙群，形成了序次和级别相对应的各级序断裂，这些构造分别控制了岩浆岩带和矿带、矿田和矿床、矿体，而且与导矿构造、配矿构造和容矿构造相对应。因此，云龙锡矿带是构造形迹分级控矿和挨次控矿的最好实例。这一构造控矿的规律，对指导该矿带内的找矿勘探工作是有重要实际意义的。应该在温泉断裂北东侧，沿北西方向部署战略找矿，在北北西向断裂与温泉断裂的夹持部位进行战役普查，在南北向具有蚀变的裂隙内开展战术勘探。

第六节　区域性断裂的主要类型及其特征

在第五节中，论述了一级构造规模大，影响地壳深，活动强度大，发育历史长，因此控制了多期多类型的岩浆活动、沉积作用及变质作用，也控制了某些类型内生矿产的分布，形成区域性的成矿区带。为了深刻领会该类构造的控矿作用，故在本节简述伸展构造、重力滑动构造、逆冲推覆构造、走向滑动断层及韧性剪切带。本节主要内容引用了周瑞华、刘传正（2013）的研究。

一、伸展构造

以张性断层为主构成的组合类型：

（1）地堑和地垒（图4-15）。

（2）阶梯状断层：由一系列正断层或张性断层构成，其中可分为两者倾向一致的同向断层组和反向断层组。

（3）箕状断层：地堑中一侧的断层发育，形成一侧由主干正断层控制的不对称构造，

图 4-15　地堑和地垒构造

a. 地堑；b. 地垒

叫箕状构造，或叫半地堑（图 4-16）。

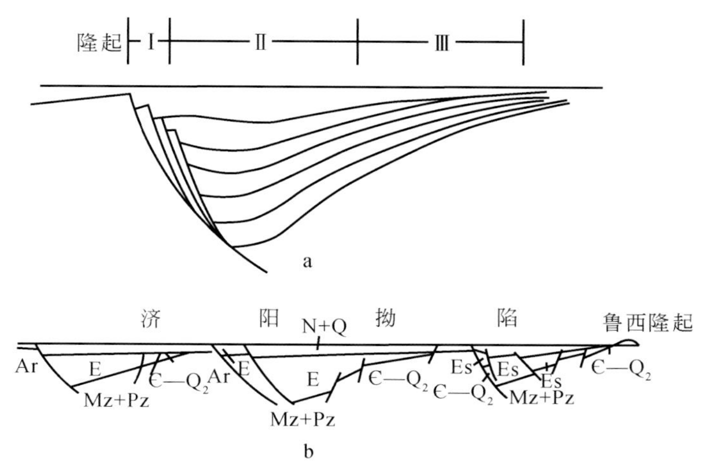

图 4-16　山东济阳断坳中的箕状构造（据石油工业部资料）

a. 箕状断陷构造结构示意图；b. 山东济阳断坳中的箕状断陷构造。Ⅰ. 断阶带；Ⅱ. 深凹带；Ⅲ. 斜坡带

（4）盆岭构造：在伸展区，斜掀构造、阶梯状断层、地堑、地垒等共同产出，形成不对称的纵列单面山、山岭及其间宽广盆地组合而成的构造地貌单元。

（5）断陷盆地：以边界断层控制的区域性沉陷单元，如华北盆地、松辽盆地等。

（6）裂谷：区域性伸展隆起背景上形成的巨大窄长断陷，常具地堑形式，可分为大洋裂谷、大陆裂谷和陆间裂谷。

（7）剥离层：发育于区域性隆起的背景上，由一系列的大型铲状正断层组成，在上部为脆性断层，向深部变为韧性剪切带（图 4-17）。

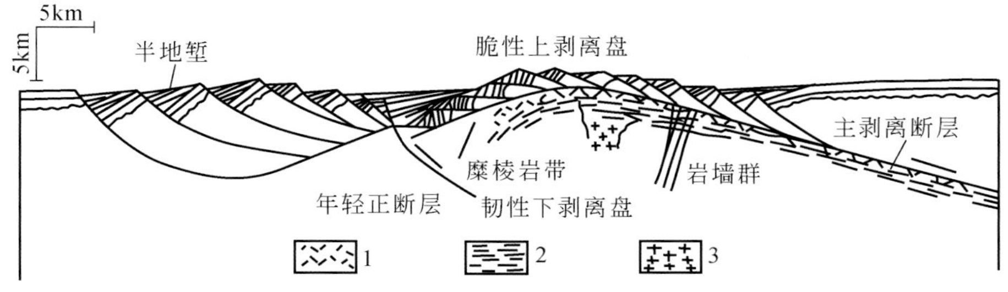

图 4-17　剥离断层和变质核杂岩（体）结构示意图（转引自周瑞华、刘传正，2013）

1. 糜棱岩；2. 沉积层；3. 中酸性侵入体

二、重力滑动构造

在重力作用下，向下坡滑动形成的构造变动。重力滑动构造必须有较坚实的下伏岩层，与滑动系统之间要有润滑层和滑面。重力滑动构造可分成三个带。

(1) 后缘拉伸带：以强烈的拉伸为特色，可形成倾向与滑动方向一致的正断层、地堑、地垒、大片张节理和角砾岩等构造。

(2) 中部滑动带：在滑动系统中产生褶皱和伴生逆断层倾向都指向滑动构造带后缘。

(3) 外缘推挤带：在滑动系统的外缘形成的挤压带，以复杂的紧闭倒转至平卧褶皱以及叠瓦式逆冲断层为特色。

重力滑动构造有三种型式：滑片式（图4-18）、滑褶式（图4-19）和滑块式（图4-20）。

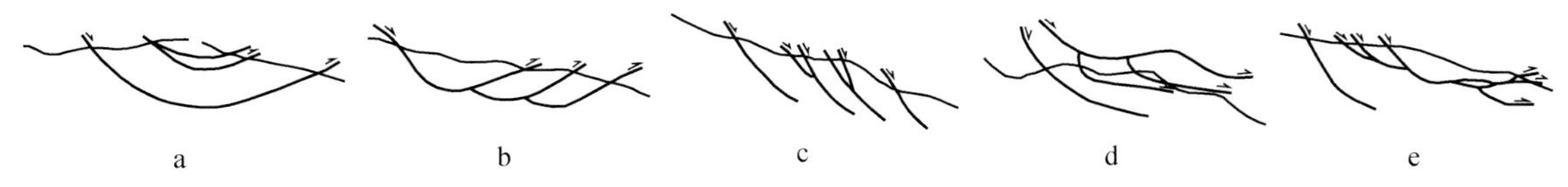

图4-18　滑动构造中的滑片式构造（据马杏垣、索书田，1984）

a. 断裂为弧形曲面，互相大体平行延伸或重叠，最高的滑面形成最晚；b. 次级断裂多呈弧形曲面，与主滑面呈入字型关系，靠近根带的断裂最晚形成；c. 由一系列正断层组成的旋滑叠片型，新滑片位于老滑片前面，解体和位移次序指向滑动系统前缘；d. 新的断裂切割老的滑片上端，新的滑片叠置于老的滑片之上或前面；e. 倒系堆积

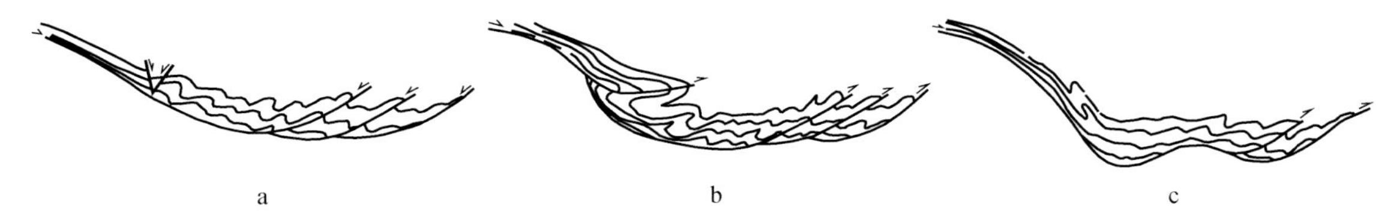

图4-19　滑动构造中的滑褶式构造（据马杏垣、索书田，1984）

a. 向一个方向倒转、连续褶皱，后根部构造简单，褶皱开阔发育正断层，后缘褶皱紧闭，发育逆断层系；b. 后根部发育褶皱和叠褶，中部褶皱较开阔，前缘褶皱紧闭，伴有逆冲断层；c. 后根部发育下滑反褶构造

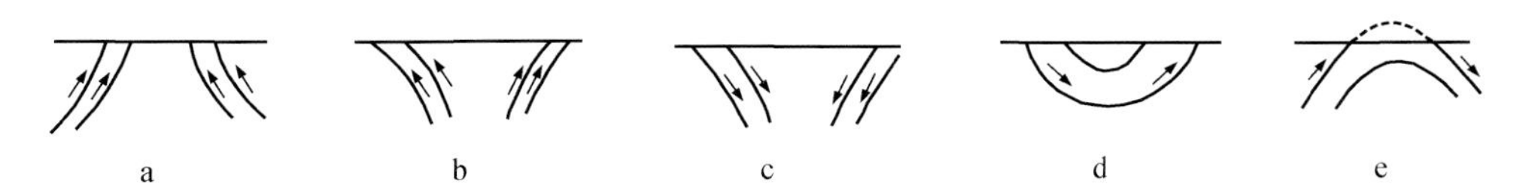

图4-20　滑动构造中的滑块式构造

a. 对冲；b. 背冲；c. 地堑；d. 层间滑动（向形）；e. 层间滑动（背形）

三、逆冲推覆构造

因挤压引起岩层褶皱（直立—斜歪—倒转—平卧），在倒转平卧褶皱的倒转翼因挤压拉伸撕开，顺断层面运移，这类称褶皱推覆体；因挤压未发生褶皱（或未发生强烈褶皱），只有顺剪裂面发生位移，称冲断推覆体。在挤压作用下引起的推覆叫逆冲推覆，简称推覆。以

重力作用和拉伸作用引起的岩块大规模的位移称为滑覆。

逆冲断层形成样式可分为四种类型：

（1）单冲型：一套产状相近并向一个方向逆冲的若干条逆冲断层，一般为叠瓦式（图4-21a）。

（2）背冲型：在一个构造单元的两侧分别向外缘逆冲的两套叠瓦式逆冲断层，是在同一个应力场，与所在构造同时形成（图4-21b）。

（3）对冲型：两套叠瓦式逆冲断层，对着一个中心相对逆冲。这类断层常与盆地相伴出现。

（4）楔冲型：产状相近的一套逆冲断层和一套正断层共同构成上宽下窄楔状冲断体。这种类型的冲断层一般产于盆地之中或两个盆地之间（图4-22）。

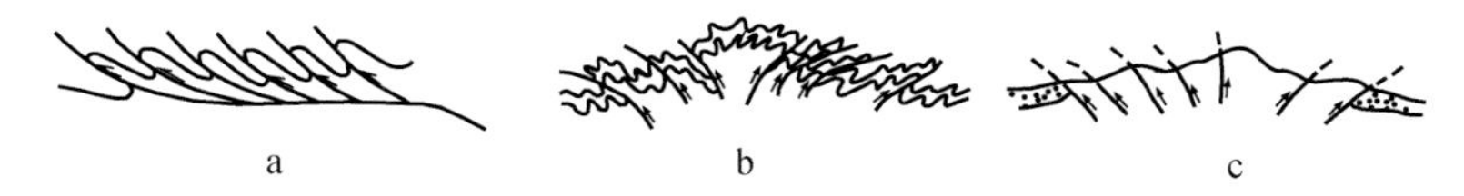

图4-21　单冲型叠瓦式逆冲断层系（扇）、背冲式逆冲断层示意图

a. 单冲型叠瓦式逆冲断层系（扇）；b. 褶皱造山带背冲型扇状逆冲断层；c. 天山扇状逆冲带层带

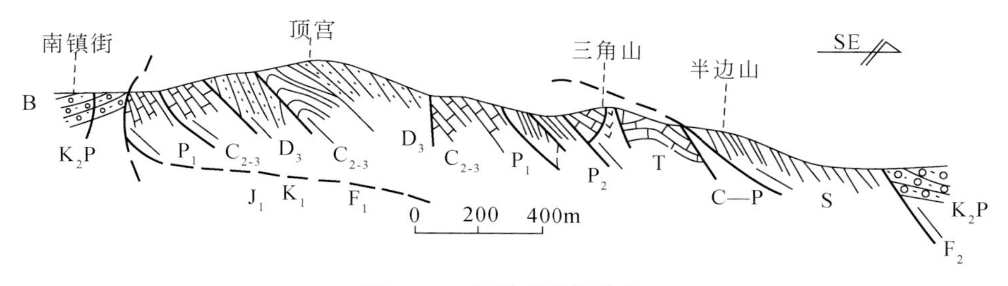

图4-22　楔状冲断体构造

B. 茅山北段顶宫剖面；S. 志留系；D. 泥盆系；C. 石炭系；P. 二叠系；T. 三叠系；J. 侏罗系；K. 白垩系；F. 断层

四、走向滑动断层

走滑断裂带常包括一系列与主断裂带相平行或微小角度相交的次级断层，单条断层一般延伸不远，各级断层分叉交织常构成发辫式。走滑断层常伴生有雁行式褶皱、断裂、断块隆起和断陷盆地等构造，此类断层一般倾角较陡或近直立，所以断层常呈直线延伸。

1. 走滑断层产出样式

平面上可形成单条式、平行线式、雁行式和菱格式；剖面上可形成正花状构造（图4-23a）、负花状构造（图4-23b）。

2. 走滑断层伴生的褶皱

走滑断层伴生的褶皱包括雁列式褶皱、牵引弯曲。

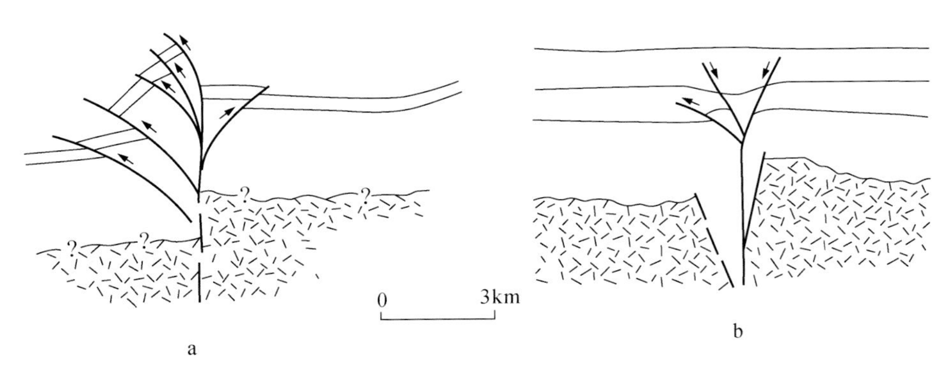

图 4-23　花状构造示意图

a. 正花状构造；b. 负花状构造

3. 拉分盆地

拉分盆地是走滑断层系中拉伸形成的断陷盆地，盆地似菱形，也称菱形断陷，盆地两侧长边为走滑断层，两短边为正断层。

五、韧性剪切带

韧性剪切带也称韧性变形带，是地壳中深层次主要构造类型之一，其特点是在露头上一般见不到不连续面，两盘的位移完全由岩石塑性流动而形成，似断非破，错而似连。剪切带中的矿物组分、粒度和标志层等都发生了一定程度的变化。

一条断层在地壳上部浅层次中是脆性变形，而到下部深层则转换为塑性变形，故称为断层的双层结构，其深层的塑性变形称为韧性断层或韧性剪切带。

（一）韧性剪切带分类

（1）R. H. Rcimsay 将剪切带分为脆性剪切带、脆韧性剪切带、韧性剪切带。

（2）M. Mattauer 将韧性剪切带区分为韧性逆冲推覆剪切带、韧性平移剪切带、垂直片理带。

（3）按区域构造应力场性质，可将韧性剪切带分为挤压型、伸展型、平移型。

（二）韧性剪切带的特点

（1）为一高应变带，无明显断面，但却使两侧岩石（地层）发生不同量级的位移错动变形。

（2）岩石发生强烈塑性变形，形成强烈的塑性流动构造，并沿着线形狭窄地带中延伸分布，如新生面理、线理、鞘褶皱、不对称旋转构造，特别表现为糜棱岩带、片理化带、揉搓褶曲带。

（3）韧性剪切带内发育各种塑性流动显微构造。

（4）韧性剪切带呈带状，其规模不一，长度为数米、数百米乃至百余千米，其中有的可成为构造单元的分界线。

（5）韧性带内和旁侧的岩体、岩脉及其他标志物发生塑性牵引构造。

（6）韧性带横断面上，岩石变形强度、矿物粒度与组成成分以及化学成分都呈有规律的递进变化，从韧性带边缘到中心递进增强。

（7）大型韧性带常常是多期活动的长寿断裂的叠加复合。

（8）韧性带是造山带、前寒武纪古老构造带的主要构造型式。

（三）韧性带的空间分布组合型式

（1）呈平行带状展布，尽管其内部可以有多条韧性带形成复杂组合和复合，但总体往往成狭窄条集中于一带，空间上呈线性分布出露。

（2）共轭组合，形成共轭韧性剪切带（图4-24）。由于一个方向缩短，一个方向拉伸，最大压缩方向对应于共轭的钝角，导致区域整体变形，共轭剪切作用产生的褶皱及类石香肠状构造等。

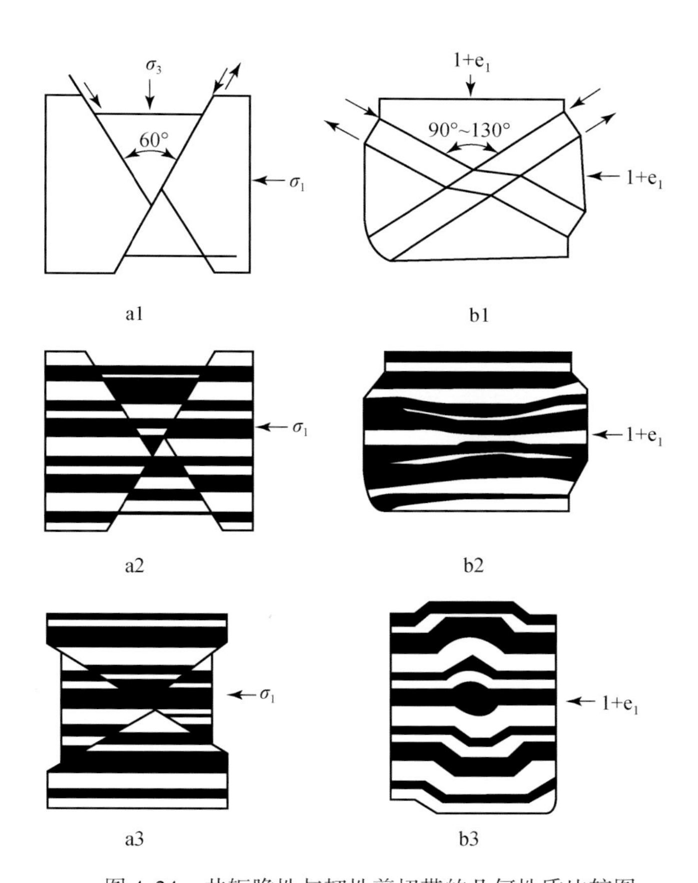

图4-24　共轭脆性与韧性剪切带的几何性质比较图

a1. 安德森的脆性断层；a2. 正断层；a3. 冲断层；b1. 韧性剪切带；b2. 类石香肠；b3. 共轭褶皱

（四）糜棱岩研究

糜棱岩是韧性剪切带的直接产物，是识别判定韧性剪切带的主要标志之一。简单剪切变形是一种旋转变形，在连续递进变形过程中，岩石矿物发生有规律的旋转变形，形成特有的不对称岩石结构，指示着韧性剪切带的剪切运动方向，因此研究带内具有指示运动方向的小构造与显微组构，具有重要的实际意义。

韧性剪切带的运动学标志的宏观研究，需借助于垂直于 Y 轴的 XZ 面。

（1）韧性带内 Ss-Sc 面理表现为受应变椭球主轴控制的连续 S 型面理，而 Sc 面理则是平行于剪切面或者说剪切带边界的剪切应变面理，两者常有一定夹角，可用来判定剪切指向。但两者夹角将随着应变的增强而变小，一直到趋向于 0，两者成平行分布，如韧性带中心部位，Ss 近于平行剪切带边界和 C 面理。

云母鱼属于 Ss-Sc 面理组构，有人称为Ⅱ型 Ss-Sc 面理。它是云母颗粒变形中香肠化，沿微裂隙滑动错移所形成鱼形，称“云母鱼”。云母鱼延长方向为 Ss 面理方向，而结晶尾则为 Sc 面理方向，两者夹角指示剪切运动方向。故用云母鱼的不对称性和 Ss-Sc 夹角关系来判断剪切方向。

（2）拉伸线理：是剪切作用过程中所形成的矿物生长线理、矿物拉伸线理、拉伸砾石等平行于主应变拉伸轴 X，平行于剪切运动方向，但不具指向性。

（3）鞘褶皱：由递进剪切作用而形成的一种貌似剑鞘的褶皱构造，是韧性剪切带中特有的构造，也是韧性剪切带的最可靠标志之一。

（4）旋转变形中的各类不对称构造，如糜棱岩中的旋转碎斑系、不对称压力影、旋转香肠构造、旋转变形砾石等都可以用来判定剪切指向，进行运动学分析（图 4-25、图 4-26）。

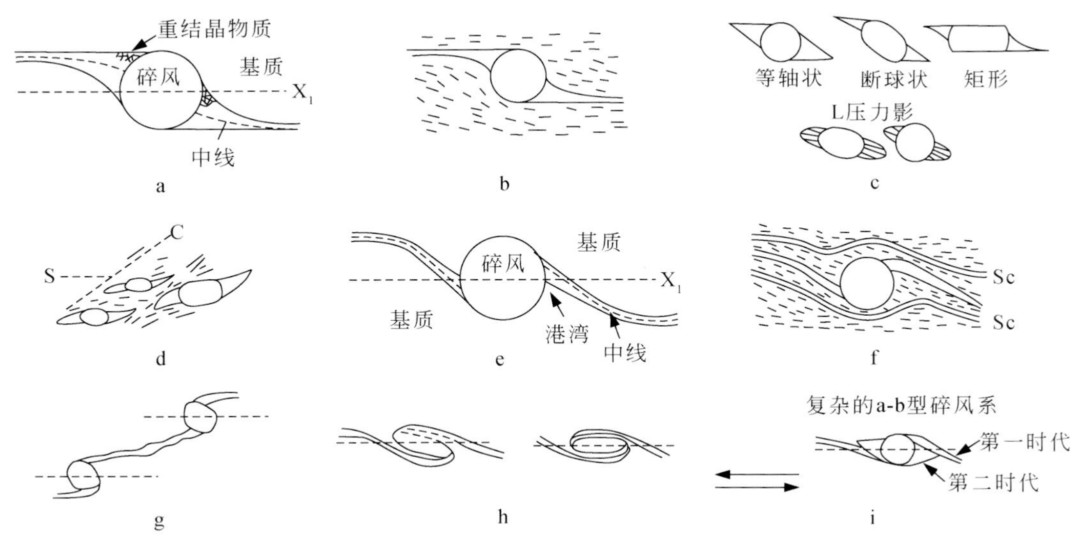

图 4-25　左旋剪切指向碎斑系类型图

a～i. 指示左旋剪切运动方向的各种状态

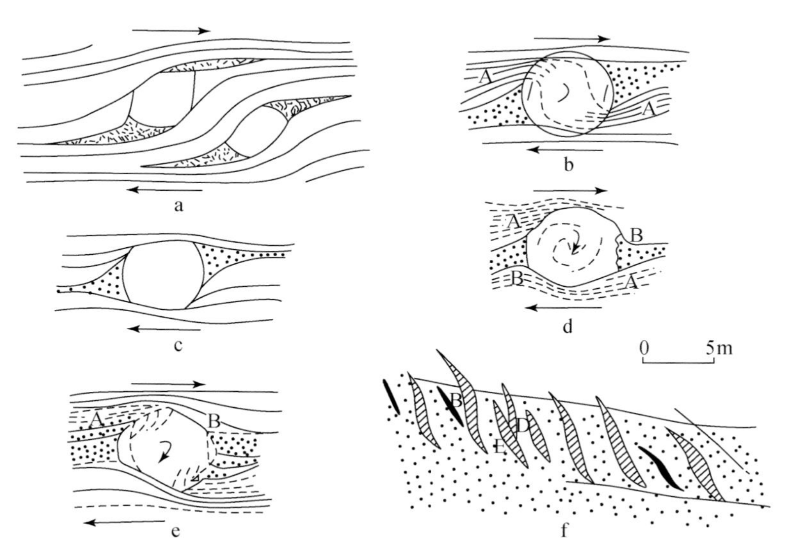

图 4-26　韧性剪切带侧边的岩脉和岩体的变形（Ramsay and Graham，1970）

a ~ f. 韧性剪切带侧边的岩脉和岩体的几种变形样式

第五章　构造体系及其控矿作用

第一节　构造体系的概念

构造体系的概念是地质力学的理论核心。恩格斯在《自然辩证法》中指出：“我们所面对着的整个自然界形成一个体系，即各种物体相互联系的总体。”地质构造现象也不例外，在地壳中产生的各种构造形迹都不是孤立存在的，每项构造形迹都有和它相伴生的一群构造形迹，它们相互间是有联系的，分布是有规律可循的。众所周知，现今地壳上的一切地质构造现象都是地质历史中地壳运动的遗迹，而地壳运动之所以发生，必然有力的作用。因此，可以说所有的地质构造现象归根结底都是一定方式力作用的结果。

例如，在南北向简单的挤压力作用下，产生与主压应力 σ_1 垂直的压性结构面，与主张应力 σ_3 垂直的张性结构面，并沿最大扭应力 τ_{max} 的方向产生两组共轭的扭性结构面（图 5-1）。又如，在一对南北向左行力偶的作用下，产生与力偶作用方向大致成 45°方向的压性结构面，与压性结构面直交的张性结构面，和与压性结构面斜交的两组共轭的扭性结构面（图 5-2）。虽然这些都是理论上的推理，实际情况是更为复杂的，但可以看出，地壳上的构造形迹，尽管它们形态各异，大小悬殊，性质不同，方向有别，但却不是孤立出现的，每一项构造形迹都必然会有一些构造形迹与其相伴而生，共同组成一个统一的构造整体，即构造体系。由此看出，同一构造体系的构造成分，虽然它们在构造方位、应力状态、形变式样、变形强度等方面可以有所不同，但它们必须是在某一地质时期的某场构造运动中，通过一定方式的构造应力场所形成的一个形变场的整体。构造应力场的统一性和全球运动的统一性是划分构造体系的根本准则。

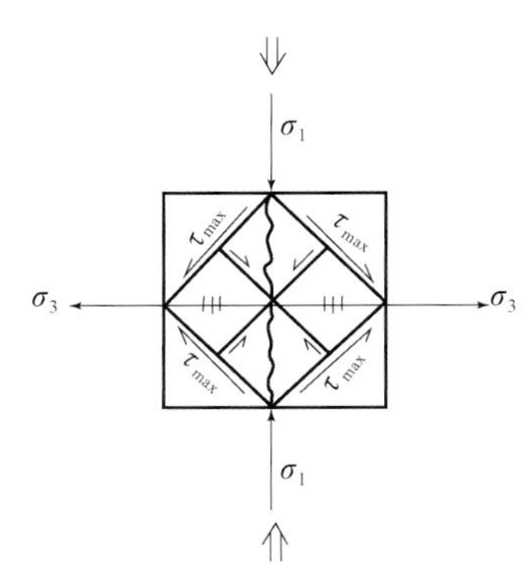

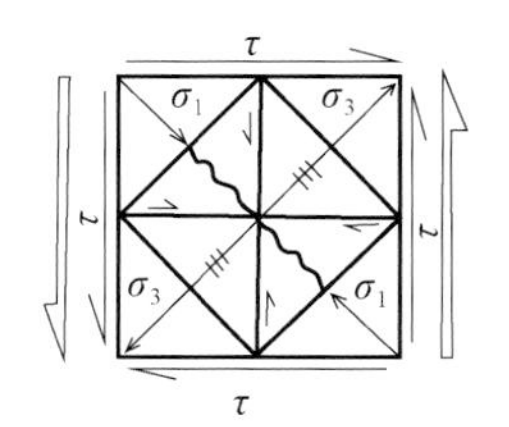

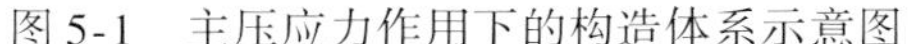
图 5-1　主压应力作用下的构造体系示意图　　图 5-2　力偶作用下的构造体系示意图

李四光教授曾对构造体系给予严谨的定义：“构造体系是许多不同形态、不同性质、不同级别和不同序次，但具有成生联系的各项结构要素所组成的构造带以及它们之间所夹的岩块或地块组合而成的总体”。从这个严格的定义出发，必须强调以下几点：

1. 组成构造体系的构造形迹必须具有成生联系

所谓成生联系是指在统一的构造应力场中所形成的构造形迹在发生、发展过程中的力学联系。也就是说，组成构造体系的一切构造形迹是同一方式区域构造运动作用的综合结果，因此它们仍产生必属于同一地质时期。但是，同一时期在同一地区所产生的一切构造形迹不一定都属于同一构造体系。因为一个构造体系的成立必须决定于它们的构造形迹的联系性，这种联系性固然要受到它们的同时性的制约，但还要决定于它们是否同源，即它们是否同一方式构造运动的产物。因此，构造形迹的成生联系是它们形成的同时性和同源性的综合结果。

2. 构造体系是由构造带和地块（岩块）共同组成的

构造带是构造体系中变形相对较强烈、构造形迹相对密集的地带。它是由具有成生联系的构造形迹聚集成带组成的，它的方向与组成它的主干构造形迹的走向基本一致。如果构造带是由线性褶皱组成的，称为褶皱带，简称褶带；如果是由展布方位相同的褶皱和断裂组成的，则称为断褶带。

地块或岩块是相对于同一构造体系的构造带而划分出的变形比较微弱、比较稳定的部分。一般认为岩块的规模较小，岩性比较单一，而地块的规模相对较大，岩性组成较复杂。它们在构造体系的成生发展过程中，一般表现为隆起或拗陷，隆起者一般不接受沉积，基岩裸露地表，称为正性地块；拗陷者接受较稳定的沉积岩相，称为负性地块。

总之，构造体系是根据成生联系的观点，将结构要素-地块-构造带构造体系这三重最基本的地质构造概念有机地融合在一起，构成一个不可分割的整体。从改造支配建造的角度来看，从构造控岩、控矿的观点出发，作为构造体系的组成部分，这应该包括岩浆岩带、沉积物堆积区及成矿带等，这些都可以称为构造形体，这是相对于组成构造带的构造形迹而言的，因此，从矿田地质力学的观点出发，构造体系可理解为具有成生联系的构造形迹和构造形体所组成的统一体。

第二节　构造型式的概念

组成构造体系的构造带及其间所夹的地块的组合形态规律并不总是相同的，因为构造体系中各种构造成分的组合形态规律是由构造运动的方式决定的，不同方式的构造运动形成不同组合形态的构造体系。但是，也不是所有的构造体系形态组合规律各不相同，由同一方式构造运动所形成的构造体系，它们的形态特征彼此近似，大致符合于一种标准型式，这种标准型式就称为构造型式。就是说，具有一定形态组合规律的构造体系类型，称为构造型式。例如，排列组合的总体形态像个“山”字的，称为山字型构造体系；像个“多”字的，称为多字型构造体系；陕西铜厂金多金属矿田的“巨型压力影”构造（Han et al.，2010b）。

构造体系和构造型式这两个观念，既有联系又有区别，它们之间的关系是普遍性和特殊性、共性和个性，共性即存在于个性之中，构造体系是在总结了各种构造型式，特别是总结了各种扭动构造型式规律性的基础上产生的，它是一个抽象的泛指的概念，只有这一种或那一种具有独特形态的构造型式才是具体的，如这是山字型构造，那是多字型构造。

每一种构造型式都具有一种特殊的应变图像，它们是一定的构造应力场的反映，要确定一个构造型式，主要根据以下三条原则。

（1）任何一种构造型式都会在地壳的不同区域中多次出现、普遍存在。

（2）任何一种构造型式都可根据力学原理得到统一解释，即它们都是在一定方式的外力作用下形成的，是统一于一定型式的构造应力场的。

（3）任何一种构造型式能够在室内用各种不同的方法再现出来，并能够多次重现。

综上所述，存在的普遍性、力学的统一性及实验的相似性，是确定构造型式的三条基本原则。在这三条原则中，第一条是最基本的，就是说，各种构造型式的确定，最主要的是要根据各项构造形迹在地壳上的排列、展布规律，以及它们的成生时期。后两条原则只是通过理论分析和实验工作来证明它们的客观存在，使我们对它们的认识更加深化。因此，必须把野外的地质调查作为基础性的工作，扎扎实实地做好结构面力学性质的鉴定工作。只有这样，才能搞清结构面的成生联系，把不同源的结构面分开，把具有成生联系的结构面进行配套，确定构造型式。

第三节　构造体系类型的划分

每一个构造体系都具有一定特征的应变图像，总结长期实践的经验，根据构造体系所反映的外力作用的方式、方向，以及在研究地壳运动中作用的不同，可把地球表面的构造体系分为三大类，即纬向构造体系、经向构造体系及扭动构造体系。又根据外力作用方式及构造应力场特征的差异，可以把扭动构造体系分为若干构造型式，现在已确定的有如下几种：

（1）直扭构造体系：包括多字型构造、入字型构造和棋盘格式构造。

（2）旋扭构造体系：包括帚状构造、S 型或反 S 型构造、歹字型构造、环状（莲花状）构造、滑轮状（辐射状）构造、连环式旋扭构造。

（3）复杂扭动构造体系：山字型构造。

- 构造体系类型
  - 南北向挤压——纬向构造体系
  - 东西向挤压或引张——经向构造体系
  - 力偶扭动——扭动构造体系
    - 直扭构造体系
      - 多字型构造
      - 入字型构造
      - 棋盘格式构造
    - 旋扭构造体系
      - 帚状构造
      - S 型或反 S 型构造
      - 歹字型构造
      - 环状（莲花状）构造
      - 滑轮状（辐射状）构造
      - 连环式旋扭构造
    - 复杂扭动构造体系——山字型构造

} 构造型式

第四节　各类构造体系的组成特点及控矿作用

一、纬向构造体系

纬向构造体系是一种全球性的构造体系，由于纬向构造带平行于地理坐标的纬度线方向而得名，它可以分为两类：巨型纬向构造带及区域性东西构造带。

（一）组成特点

作为巨型纬向构造带具有以下几个方面的特点：

（1）定向性：每一巨型纬向构造带都是严格地沿着一定纬度发育的，它们环绕地球，横切深壳与陆剖断续出现。

（2）定位性：每两条巨型纬向构造带之间，大体都保持在纬度8°左右的间距，如我国的三条东西构造带之间就如此，阴山带为北纬41°~43°、秦岭带为北纬32°~36°、南岭带为北纬23°~26°。

（3）内部结构的复杂性：巨型纬向构造带内部结构较复杂，它们的共同特点是其主干构造的走向为近东西向；其力学性质以压性或压扭性为主；而且沿构造带的一侧往往发育平移断层，其错动方向是赤道方面相对向西移动。

（4）发展的长期性：巨型纬向构造带多具有长期发展、多期活动的历史。每期构造运动都留下相应的构造变形和地质建造，这些构造和建造复合叠加在一起，形成复杂的构造带。多数巨型纬向构造带现今仍在持续活动，对现今的地震有明显的控制作用。

（5）由于巨型纬向构造带规模大、发展历史悠久、活动强烈，所以它们影响的地壳深度也较大，在其成生发展的过程中，对于沉积作用、岩浆活动及变质作用等都有明显的控制作用，甚至对于古生物的分区、气候的分带也都有一定的影响。

（二）控矿作用

从区域成矿规律及区域地球化学角度看，巨型纬向构造带不仅具有全球意义的聚矿带，而且具有全球意义的地球化学异常带。李四光教授曾对我国的天山-阴山、昆仑-秦岭、南岭三个巨型纬向构造带做过分析，认为“这三个东西复杂构造带中，矿产的分布有若干共同之处：首先，它们往往含有这种或那种贵重的稀有元素和分散元素矿物；其次，它们都含有夕卡岩型的及其他类型的内生铁矿；再次，多金属矿点和中小型矿区在这三个带中，特别是南岭带中，比较集中”。并指出，这类构造带对某些矿产的分布来说，具有“第一级控制作用”，“对于找矿工作部署具有战略意义”。通过长期的找矿勘探实践已经证明，我国的三个巨型纬向构造带，确实是我国内、外生矿床的三个巨型成矿带，蕴藏有丰富的矿产资源，它们的成生发展对矿床的形成和分布起着明显的多级控制作用。

二、经向构造体系

（一）组成特点

由于经向构造带平行于地理坐标的经度线或子午线方向而得名。经向构造带与纬向构造带不同，按其力学性质可以分为压性与张性两类。

1. 压性经向构造带

压性经向构造带主要由走向南北的强烈的挤压带组成，包括强烈的褶皱及压性或压扭性的断裂；并且伴有扭性断裂与其呈斜交和张性断裂与其呈正交；有时还出现与其平行的动力变质带及岩浆岩带。这类经向构造带大都经历了长期的发展历史和多次强烈的构造运动。

2. 张性经向构造带

张性经向构造主要由张性正断层组成的地堑、地垒、掀斜断块、裂谷等构成。

张性经向构造多为裂谷带。一般认为，裂谷是垂直其走向的拉张应力作用所致。它的规模巨大，切割地壳深度很大，并伴有火山活动和地震活动，因而不同于一般的地堑构造，大型裂谷大都是在区域隆起的基础上，沿着隆起轴部的纵张裂面形成断陷谷。近年来，人们趋向于把这类隆起看作是地幔隆起。

规模较小的张性经向构造多呈地堑、地垒、半地堑或掀斜断块。它们往往形成长条形的凹陷，充填有中新生代的沉积物，有时伴有火山活动和地震活动。

在我国境内的经向构造带大都是挤压性质的，当然在其长期的发展历史中，有些经向构造带经历了张性裂谷阶段也是可能的。我国经向构造带的分布有如下特点：

（1）不均衡性：以秦岭纬向构造带为界，形成南北的差异，在秦岭以北不甚明显，而以南地区非常显著。

（2）分带性及定位性：在秦岭以南可分六个带，由西至东是三江带、川滇带、川黔带、湘桂带、闽干带及台湾带，大体有4°～5°经度间隔等间距出现的特点。

（3）递变性：以上六个带不是同等发育的，变形的强度有西强东弱的特点，而且是逐渐变化的。

这些特点表明，中国大陆沿秦岭纬向构造带有右行平移的特点，即北方大陆向东、南方大陆向西滑移；南方大陆向西滑移，受到印度地块的阻挡，故形成较强大的经向构造带。

（二）控矿作用

以云南的三江带及川滇带为例。由于这些经向带是组成云南地质构造的骨架构造，经历了多期活动，伴随经向构造带的成生发展，产生了丰富多彩的岩浆活动，这就给内生矿床的形成和富集提供了有利的条件；另外，这些经向构造带具有长期持续发展的历史，在其发展的阶段中，曾经形成了许多隆起和拗陷相间排列的古地理形势，对外生矿床的形成也极为有利。因此，在云南境内，内生和外生矿床的分布明显受到经向构造带的控制（图5-3）。

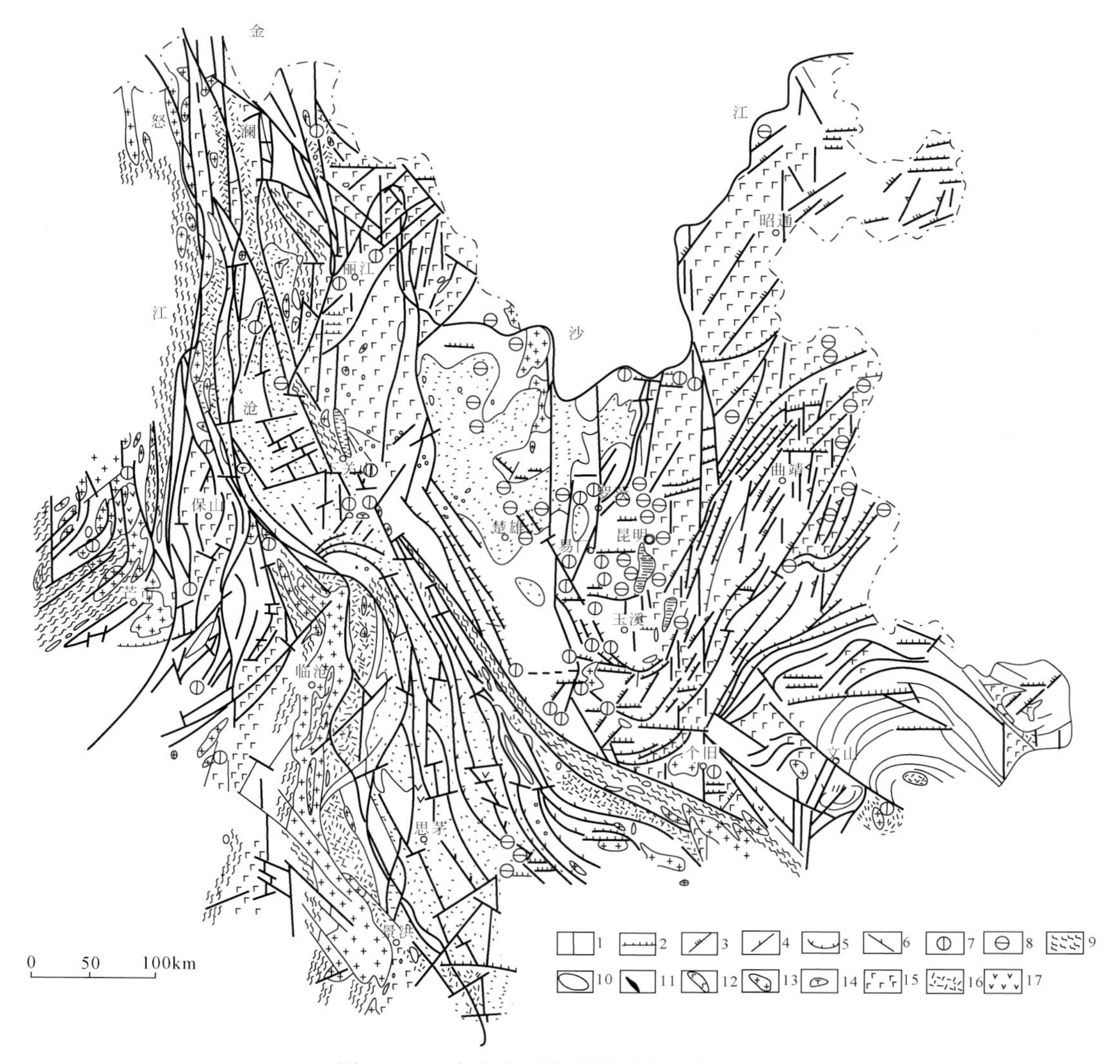

图5-3　云南省主要构造体系及矿产分布图

1. 经向构造体系；2. 纬向构造体系；3. 华夏系构造体系；4. 新华夏系构造体系；5. 山字型构造体系；6. 歹字型构造体系；7. 内生矿床；8. 外生矿床；9. 片理及片麻理走向；10. 白垩纪—古近纪构造盆地；11. 超基性岩体；12. 基性岩体；13. 中酸性岩体；14. 碱性斑岩体；15. 石炭–二叠纪火山岩；16. 三叠纪火山岩；17. 新生代火山岩

1. 对内生矿床的控制作用

可以明显地分为几个南北向的成矿带及亚带：

（1）三江多金属成矿带。受三江经向构造带的控制，可以进一步划分为三个亚带：①怒江锡多金属矿亚带；②澜沧江锡多金属矿亚带；③金沙江铜矿亚带。

（2）滇中铁、铜成矿带。受川滇经向构造带的控制，以绿汁江、罗茨–易门、普渡河及小江等南北断裂带为界，又可进一步划分出四个亚带：①绿汁江西铜、铁矿亚带：产大红山式铜铁矿床及攀枝花式钒钛磁铁矿床。②绿汁江东铜矿亚带：产东川式铜矿，分布于罗茨、易门、元江等矿区。③滇中铁矿亚带：产鹅头厂式磁铁矿床及鲁奎山式菱铁矿床。④东川铜矿亚带：以产东川式铜矿著称。

2. 对外生矿产的控制作用

（1）以绿汁江断裂带为界，可分为东西两个成矿带，两个带内的矿产类型及成矿期均有明显的差异，受古径向构造带的控制。西部矿带以中生代成矿为主，产砂岩铜矿及盐类矿产；东部成矿带以前寒武纪及古生代成矿为主，以金属矿及煤矿为主。

（2）两个大的成矿带中，还可以进一步划分为若干亚带：①西部成矿带：可分为滇中亚带（产砂岩铜矿著称，另产一平浪煤矿及盐类）；兰坪–永平亚带（产盐类及砂岩铜矿）；思茅亚带（产盐类，特别以产钾盐著称，亦有砂岩铜矿），它们均受到南北向中生代拗陷的控制。②东部成矿带：滇中东部亚带（产昆阳磷矿著称，还产泥盆纪宁乡式铁矿及二叠纪铝土矿）；滇东亚带（主要产晚二叠世的宣威煤系），它们主要受到南北向古生代拗陷的制约。

三、多字型构造

（一）组成特点

多字型构造是一种是最常见的扭动构造型式。一个典型的多字型构造是由一系列大致互相平行斜列的压性或压扭性的构造形迹和与其直交的张性或张压扭性的断裂组成，总体形态很像汉字的“多”字或反“多”字，故而得名（图5-4）。

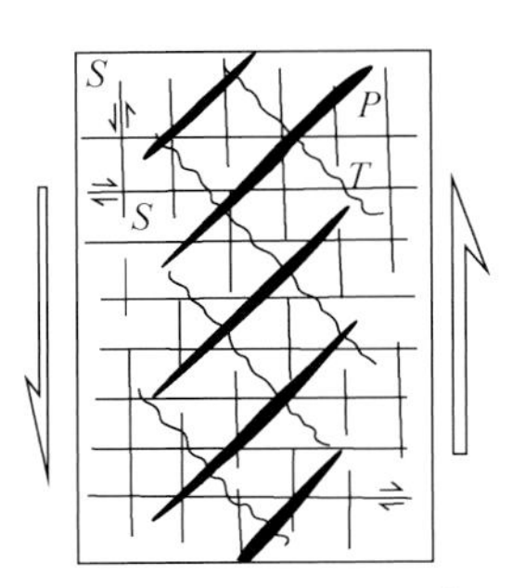

图5-4　多字型构造平面组合示意图

P. 压性结构面；*T.* 张性结构面；*S.* 扭性结构面

有时，与多字型构造两组主要的构造相伴生的，还有两组共轭的扭性断裂，一组和扭力角距较小的为扭张性；另一组和扭力角距较大的为扭压性。

但是，在组成多字型构造的两组主要的构造线中，往往只有一组相对发育，并呈雁行状斜向排列，故构造地质文献中经常把它称为雁行列状构造，呈雁行状排列的压性构造形迹，可由不同形态、不同规模的单式或复式的褶皱组成，包括长形盆地或槽地，乃至巨型隆起带和巨型沉降带。但普遍发育的是由张性断裂或裂隙组成的雁列状多字型构造，大理石的磨光面上经常可以见到。

多字型构造不仅在平面上有，在剖面上也可见到，除在剖面上常见的雁列裂隙外，一些大型的叠瓦状构造和阶梯状构造，实际上也是剖面上的多字型构造。

（二）类　　型

我国及其邻域内，大型多字型构造体系主要有两个系列，一套为华夏构造系列；另一套为西域构造系列。

1. 华夏构造系列

华夏构造系列出现在亚洲大陆东缘濒太平洋地区，是古生代到中生代成生的。它主要由构造线走向呈北东到北北东的巨型压扭性多字型构造体系组成。其中包括华夏构造体系、早期新华夏构造体系和晚期新华夏构造体系。

1）华夏构造体系

华夏构造体系的主体构造方向为北东–南西向，主要由一系列褶皱带、断裂破碎带、变质带和火成岩带组成，它是古生代成生起来的。由于其形成时间较早，又受其他构造体系干扰，它表现为时断时续、互不连贯或发生S状弯曲的特征。

2）早期新华夏构造体系

新华夏构造体系是东亚濒太平洋地区规模最宏大、形象最突出的一个巨型多字型构造体系，它有如下的组成特点：

（1）其主体是由走向北北东（N18°～25°E）成对共生和雁行排列的大型隆起褶皱带和沉降带所组成（图5-5）。由东到西包括：

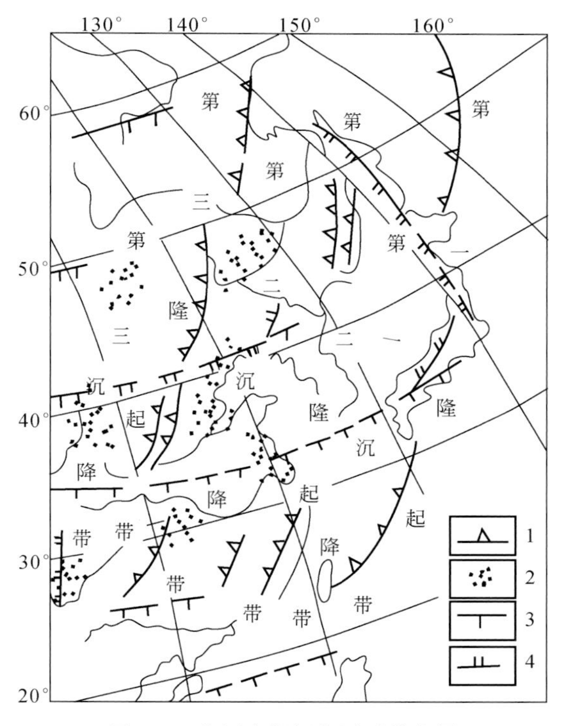

图5-5　我国东部新华夏系分布图

1. 新华夏系隆起带；2. 新华夏系沉降带；3. 纬向构造带；4. 经向构造带

堪察加半岛—千岛群岛—日本群岛—琉球群岛—台湾岛—吕宋岛，由一系列岛弧构成第一隆起带。

鄂霍茨克海—日本海—东海—南海等边缘海构成第一沉降带。

朱格宋尔山—锡霍特山—长白山及横贯朝鲜半岛诸山脉—胶辽山地—武夷山及代云山等山脉组成第二隆起带。

布列亚盆地—松辽平原—华北平原—江汉平原—北部湾组成第二沉降带。

大兴安岭—太行山—雪峯山及武陵山等组成第三隆起带。

内蒙古呼伦贝尔—巴音和硕盆地—陕甘宁盆地—四川盆地等组成第三沉降带。

（2）隆起带和沉积带具有明显的不对称性，在正常情况下，隆起带西缓东陡，沉降带西陡东缓，把它们当作巨型褶皱的话，轴面都向东倒，冲断裂面向西倾，从而构成剖面上的巨型多字型构造，这些隆起带和沉降带的幅度越向东越大，反映中国大陆北部有由西向东滑移的趋势。

（3）这些隆起带和沉降带并非同期产物，由西向东其形成时代有越来越新的特点，第一沉积带开始形成于晚三叠世；第二沉降带开始于晚侏罗世，第三沉降带开始于晚白垩世—古近纪。

（4）在一级隆起环中，与走向北北东的褶带和冲断带相伴出现的，与它斜交的两组扭裂广泛发育，常组成棋盘格式构造；其中，北北西组兼具张性，往往被岩、矿脉所充填，称为大义山式构造；北北东组兼具压性，表现为片理化带，称泰山式构造。它们对矿床的控制十分明显，并且控制了我国海岸线的基本轮廓。

（5）各级构造体系具有显著的挨次控制作用。组成新华夏构造体系的一级隆起带和沉降带都具有扭动的特点，因此形成雁列的特点，而且使得其中的低级构造或再次构造都有雁列的特点，并有局部旋扭构造发生，这些低级构造或再次构造与矿床的分布具有密切的关系。

（6）上述的隆起带和沉降带都不是连在一起的，而是被纬向构造体系所分割，特别是被阴山构造带和秦岭构造带的分割最明显，因此，在北北东构造带与纬向构造带的交接部位略显弯曲，形成许多弧形构造带和大型构造盆地，具有北东成带、东西成行的特点（图5-5）。

3）晚期新华夏构造体系

晚期新华夏构造体系主要活动于白垩纪至古近纪时期，其构造变形以断裂为主，有时有一些宽缓的褶皱，断裂主要表现为压扭性，并切穿早期构造，一般不发生迁就利用，始终保持自身的稳定走向和展布特点。断裂带走向更为偏北，一般在 N10°E 左右。

2. 西域构造系列

在我国西部，特别是西北地区，北西向构造异常发育，与华夏构造系列遥相呼应。这些北西向的多字型构造体系，统称为西域构造总列。

1）西域系

西域系是由一系列走向 N55°～60°W 的相互平行斜列的隆起褶带所组成，开始于加里东期，海西–印支期定型，西域系对不同时期的沉积建造均有重要的控制作用，并控制了复杂的岩浆岩带和火山喷发岩带。

2）河西系

河西系主体构造线是北北西向，主要由压性、压扭性断裂组成，并有张性和扭张性配套构造伴生。与我国东部新华夏构造体系相对称，但规模远小于新华夏构造体系，扭动方向为右行，它控制中生代以来的沉积作用和岩浆活动。其主要活动时期从白垩纪末到古近纪。

（三）控矿特征

多字型构造对矿产的分布具有多级的控制作用，这主要由于多字型构造本身具有多级别、多序次的特征。这种多级控矿的特征尤以新华夏构造体系特别显著，新华夏构造体系的一级隆起带控制着大量的内生金属矿床的分布，素有太平洋成矿带之称，而一级沉降带控制着聚油带及其他沉积矿产的分布，它的低级别、低序次的构造成分往往控制矿田、矿床乃至矿体、矿脉的展布和赋存状态。

例如，受新华夏构造体系控制的山东某金刚石矿就是多级控矿的极好实例，在该区内，含矿的金伯利岩主要沿北北东向压扭性断裂继续分布，形成北北东向矿带（图5-6）。在矿区内，单个矿体的形态和方向则受不同方向断裂的控制，其中，北北东向矿体见于北北东及北北东扭压性断裂的交会部位，北北西向矿体分布于北北西向扭压性断裂中，规模大，是主要矿体；北北东向矿体赋存于北北东向扭压性断裂破碎带中；北北西向矿体分布于北西西向张扭性破碎带中（图5-7）。总体来看，控矿断裂组成统一的新华夏构造体系，矿体严格受

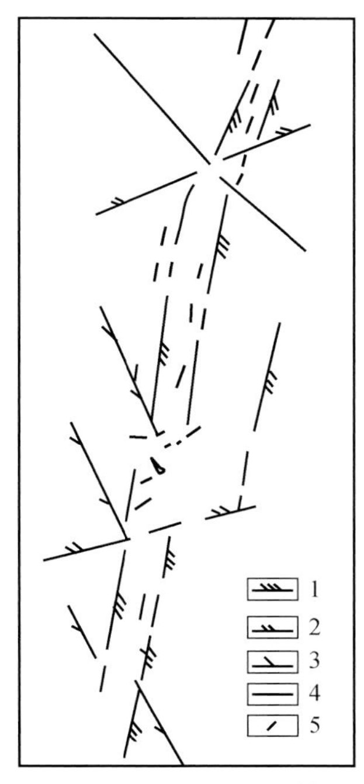

图5-6　山东某金刚石矿区域构造略图
1. 压扭性断裂；2. 扭压性断裂；3. 扭张性断裂；4. 张扭性断裂；5. 金刚石岩体

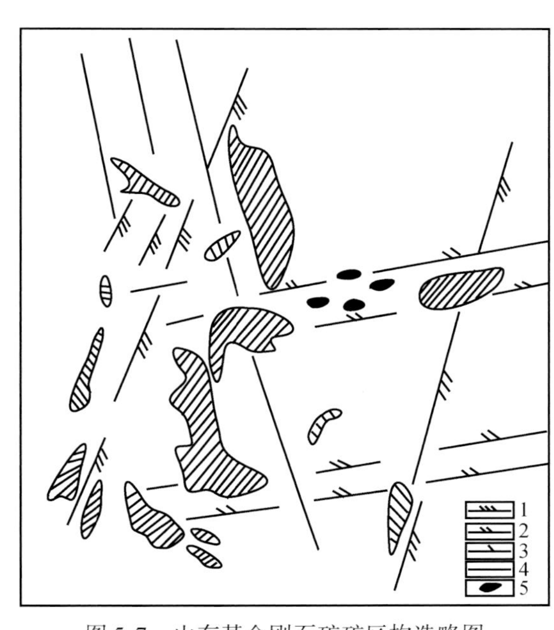

图5-7　山东某金刚石矿矿区构造略图
1. 压扭性断裂；2. 扭压性断裂；3. 扭张性断裂；4. 张扭性断裂；5. 金刚石岩体

这些断裂的控制，北北东向的主干断裂为导矿构造，控制了矿带的展布，配套的断裂特别是两组共轭扭裂则是容矿构造，控制了矿体的产出及形态、产状，特别是交叉部位，控制了富厚的矿柱，根据这种控制的规律，在一些多年工作的老矿区的外围，配合物探工作，找到了规模较大的矿体，打开了找矿的前景。

李四光教授在地质力学理论中提出，新华夏系一级沉降带控制油气田的分布，这一理论使我国东部找油获得突破，通过长期的实践已证明，我国东部中、新生代含油盆地的分布是受着新华夏系各级多字型构造控制的；一级构造沉降带控制着油区的分布；而油区中的各个油田和储油构造等则是受二级、三级乃至更低级的再次构造所控制。

多字型构造相同级序的成分之间具有大致等间距的规律，这一规律常可用来指导预测找矿，江西千南西华山钨矿就有这种成功的例子。西华山钨矿受新华夏系北北东向构造控制（图 5-8）。在该矿形带中，几个矿床的斜列间距大致相等，唯独大龙山矿床与苗坪矿床之间距离较大，约相当于其他矿床之间距离的两倍。因此，初步推断两矿床之间的木梓园可能存在一个隐伏矿床。另外，通过详细的研究发现，大龙山与荡坪之间的位置，正好是新华夏系冲断带与东西构造带的交接部位，两种构造成分之间相互切割，多期活动，形成了有利成矿的构造条件。再者，在木梓园地区详查后发现，矿化标志带——云母线、石英线是新华夏系与东西构造复合形成的裂隙控制。同时，根据岩体热蚀变带的划分和岩脉发育程度与岩体之间的密切关系研究，推测应有隐伏岩体存在。通过勘探证实，木梓园确实是一个隐伏的大型钨钼矿床。

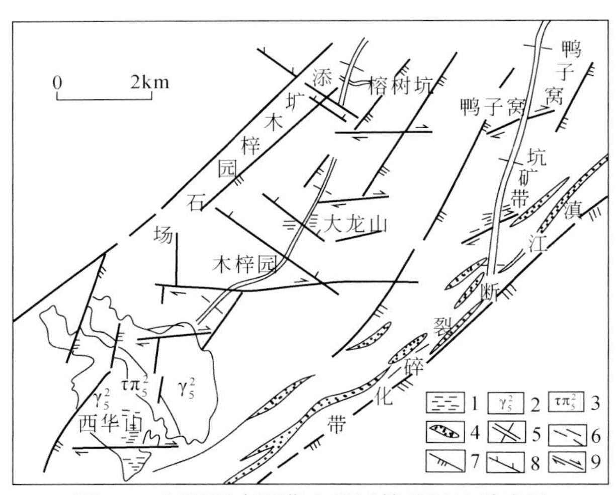

图 5-8　江西千南西华山地区钨矿田地质略图

1. 钨矿田；2. 花岗岩；3. 花岗斑岩；4. 硅化带；5. 复向斜轴；6. 断层及推测断层；7. 压性断层；8. 张性断层；9. 扭性断层

四、棋盘格式构造

（一）组成特点

棋盘格式构造又称网状构造，构造地质文献中多用 X 型交叉断裂或共轭节理表达，这类构造型式由两组共轭的扭性断裂或节理组成，这两组断裂或节理的特点包括以下几个方面。

（1）每组断裂大体互相平行，多呈等距分布。

（2）其断面倾角比较陡直或近于直立并以水平位移为主。

（3）两组断裂夹角在90°左右，将岩块切成方块状，或者一对为钝角，一对为锐角，把岩块切成菱形。

（二）类　　型

根据组成棋盘格式构造的两组扭裂的力学性质，可将棋盘格式构造分为三种类型。

1. 纯剪切型

组成这类棋盘格式构造的两组共轭剪切裂面都属纯扭性，二者发育程度均等，共轭剪切角为锐角，多属脆性、半脆性破裂（图5-9a）。

2. 压剪型或流变型

这类棋盘格式构造的两组共轭剪切裂面的力学性质都呈压扭性，共轭剪切角大于90°，最大可达120°（图5-9b），往往构成菱形岩块或地块，因这种类型的断裂过程多伴有塑性变形或黏性流动，因此常具韧性剪切性质。

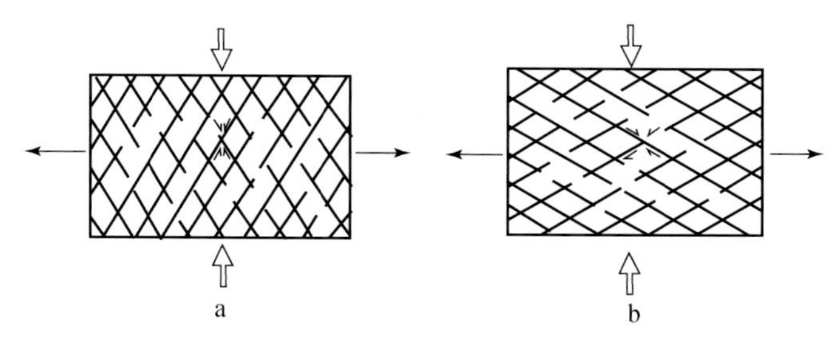

图5-9　单向挤压作用下产生的棋盘格式构造

a. 纯剪切型；b. 压剪型

3. 简单剪切型

组成这类棋盘格式构造的两组共轭裂面的力学性质不一，一组为扭压性，另一组为扭张性。二者发育程度也不相等，往往一组较强，一组较弱，将岩块切成矩形（图5-10）。

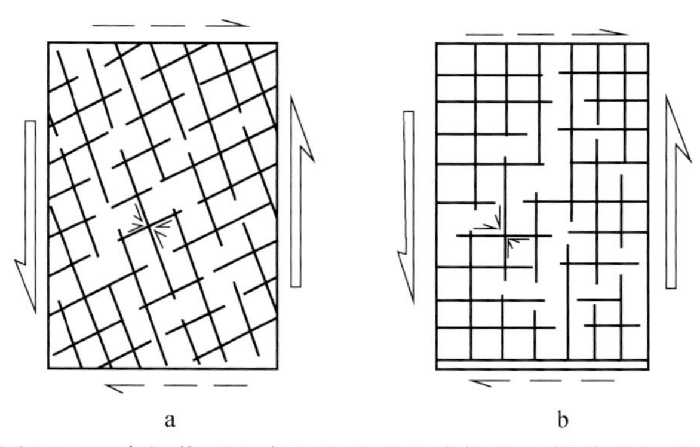

图5-10　直扭作用下产生的棋盘格式构造（简单剪切型）

（三）控矿特征

棋盘格式构造不仅影响其发育地区的水系特征、地貌区别、地下热流、岩浆活动及地震活动，而且对于矿床的分布也有重要的控制作用。在一般情况下，中小型的棋盘格式构造带具体控制一些岩体和矿体的赋存与分布。尤其在两组扭裂面的交叉部位，有时岩体和矿体显著膨大，容易形成显著的矿柱或串状矿体，所以更是岩体和矿体赋存的有利场所。

如江西某地，棋盘格式构造的两组扭性断裂及与其有关的新华夏系主干断裂的交叉部位，就赋存了大大小小的许多含矿岩瘤（图5-11）。

另外，矿液沿棋盘格式构造的两组破裂面充填，构成网状矿脉，也是常见的棋盘格式构造控矿的一种型式。网状矿脉的形态决定于棋盘格式构造的类型（图5-12、图5-13）。

在个旧锡多金属矿区马拉格矿床中，22号矿群是棋盘格式构造最好的实例，在矿体和矿群产出的部位，发育两组密集的节理裂隙，一组走向北北西，另一组走向北北东，矿体主要充填在北北西组裂隙中，而在两组裂隙的交叉部位常膨大成管状矿体（图5-14）。经在坑道中详细观察，两组控矿的节理裂隙中，北东东向组为右行扭压性，其中矿化较差；北北西向组为扭张性，其中普遍矿化。按它们的力学性质及组合关系，恰好组成新华夏系的配套棋盘格式构造。

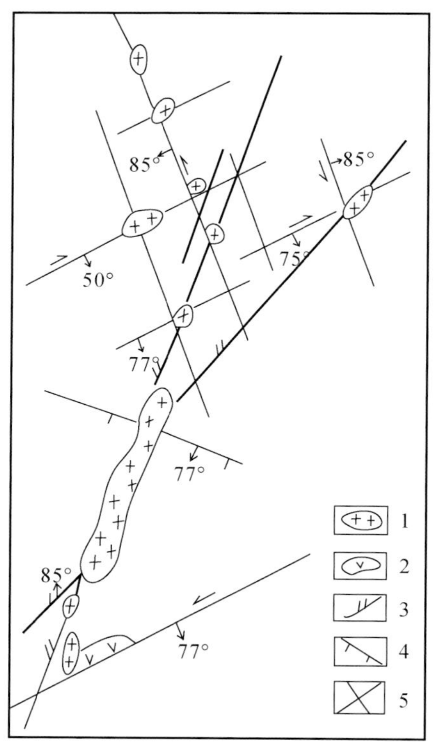

图5-11　江西某地断裂系统和岩体分布示意图（据999队资料）

1. 花岗岩；2. 花岗斑岩；3. 压扭性断裂；4. 张扭性断裂；5. 棋盘格式断裂

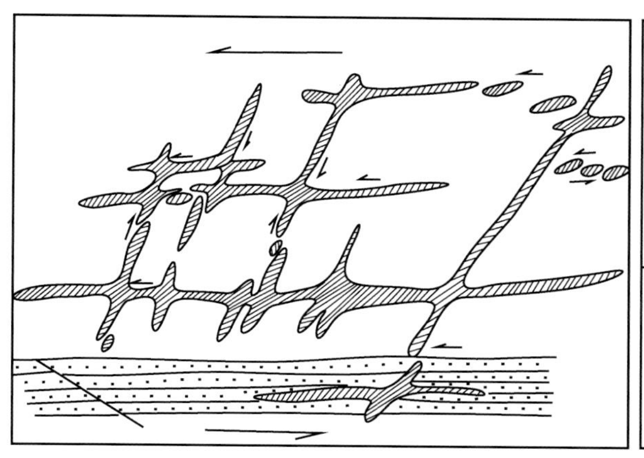

图 5-12　与层间滑动有关的网状矿脉
（据陈世瑜资料）

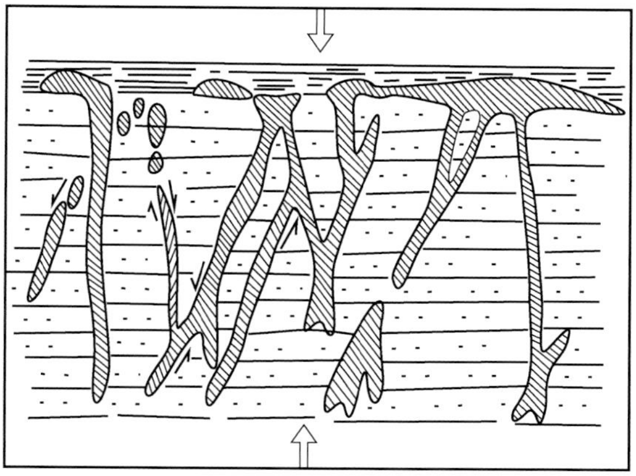

图 5-13　与挤压作用有关的网状矿脉
（据陈世瑜资料）

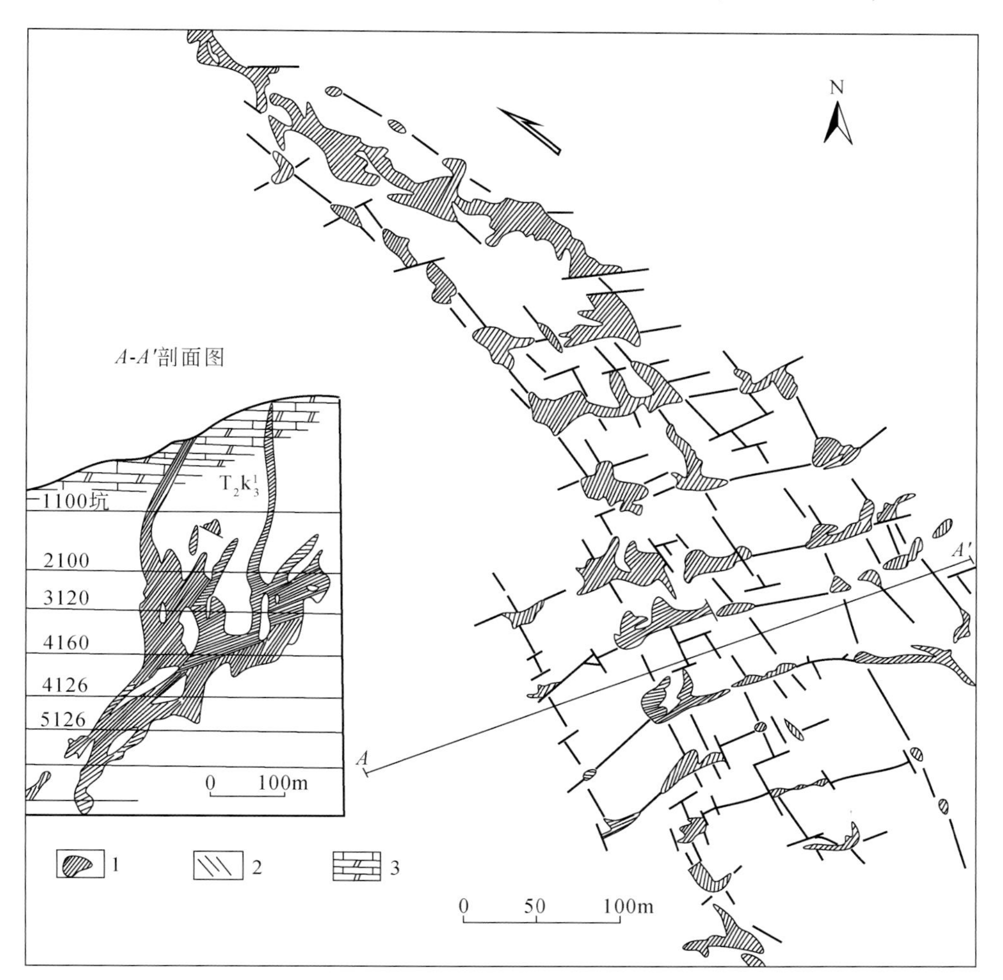

图 5-14　个旧矿区马拉格矿床 22 号矿群水平投影图
1. 层间氧化矿体；2. 共轭节理；3. 个旧组灰岩、白云岩

五、入字型构造

（一）组成特点

入字型构造由两部分组成，一是主干构造，二是出现在主干构造一侧或两侧的分支构造，二者呈锐角相交，形似“入”字，故称入字型构造，有时也称为网状构造。

（1）主干构造：或为直线形，或为弧形，其性质主要具扭性，有时也可具张扭性或压扭性特征。

（2）分支构造：可以是断裂，也可以是拖曳褶皱，它们发育在主干断裂的一侧或两侧，但绝不越过主干断裂，它们是主干断裂派生的低序次构造形迹。它们的变形强度远较主干断裂弱，并随着远离主干断裂逐渐减弱，往往延伸不远即行消失。

入字型构造不仅平面上有，在剖面也有，有些亚断层、逆冲断层及推覆构造等均有出现这种型式，但分支构造往往在断层的上盘最发育。

（二）类　　型

根据分支构造的力学性质，可以将入字型构造分为三种基本类型（详见第四章）。

1. 张性（或张扭性）入字型构造

这类入字型的分支构造多为张节理、正断层或斜落断层等。其分支构造与主干断裂所夹锐角相对较大，一般在45°左右，该锐角尖指向分支构造所在盘的运动方向。

2. 压性（或压扭性）入字型构造

这类入字型构造的分支构造多为劈理、叶理、片理、透镜状构造、冲及斜冲断层、褶皱等。这些分支构造与主干断裂所夹锐角较小，一般在30°左右。该锐角尖指向分支构造所在盘的对盘的运动方向。

3. 扭性入字型构造

这类入字型构造的分支构造多为扭节理或平移断层。扭性分支断裂有共轭的两组，一组与主干断裂所夹锐角极小，锐角尖指向分支构造所在盘运动的方向，另一组与主干断裂所夹锐角较大，有时呈近直交状态，其锐角尖指向对盘运动的方向。但是，在持续的扭动下，由于序次转化，故共轭扭裂一组兼具张性，一组兼压性，从而转变为前两种类型的入字型构造。

（三）控矿特征

在第四章中作了专门的讨论，说明入字型构造的多级、挨次控矿的特征十分显著，由于主干构造规模较大，延伸较长，切割地壳相对较深，所以它往往是岩浆和矿液的通道，成为导岩、导矿构造，控制岩浆岩带和含矿带的展布，而分支构造则常常是容矿构造，控制矿体和矿体的赋存及分布，特别在二者的交会部位或导矿断裂的上盘，岩石剧烈破碎，开放性好，是岩浆和矿液聚集的有利部位，往往赋存岩体或矿体，这已经成为普遍的规律，可以借以进行成功的成矿预测。

在个旧矿区马拉格矿田内的尹家硐矿床，是入字型控矿的极好实例（图5-15）。矿床内的含矿断裂具有不同的力学性质：87#断裂贯穿整个矿床，走向近东西，波状弯曲，为右行压扭性；70#和89#断裂，走向北西西，为右行张扭带，与87#相交，但绝不切过主断裂；50#、54#和93#断裂，走向北东，为右行压扭性，与87#相交，受到主断裂的限制。根据三组断裂的力学性质及组合关系分析，它们显然是以87#为主干断裂组成的入字型构造，当87#断裂右行扭动时，派生出北西西向的张扭性分支断裂，以及北东向的压扭性分支断裂，矿床内的矿体呈脉状产出于入字型构造的断裂破碎带中，组成典型的入字型控矿构造型式。沿主干断裂充填的矿体，其品位变化也呈入字型分布（图5-16）。由于断裂的力学性质的不同，因此受它们控制的矿体也必然有差异，87#断裂是主干断裂，其破碎带在水平方向和垂直方向上延伸较多稳定，因此矿化的延续性较好，形成的矿体规模较大，为矿床内的主矿体；70#断裂是张扭性的分支构造，容矿空间较好，形成富厚的矿体，但离开主干构造矿化迅速减弱，因此矿体在水平方向上的延展性较差；54#和94#断裂为压扭性的分支构造，容矿空间有限，故矿体薄，规模小，只在近主干断裂交会部位厚度有所增加。

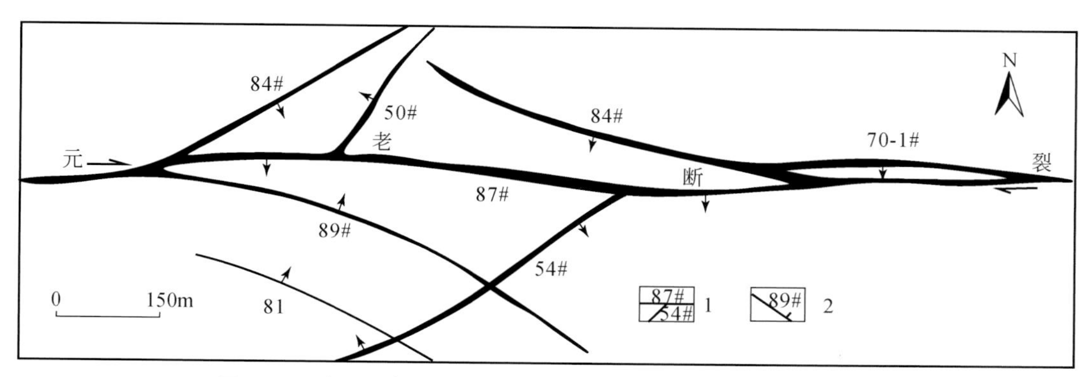

图5-15 个旧马拉格矿田尹家硐矿床含矿（矿化）断裂平面图

1. 含矿断裂及编号；2. 矿化断裂及编号

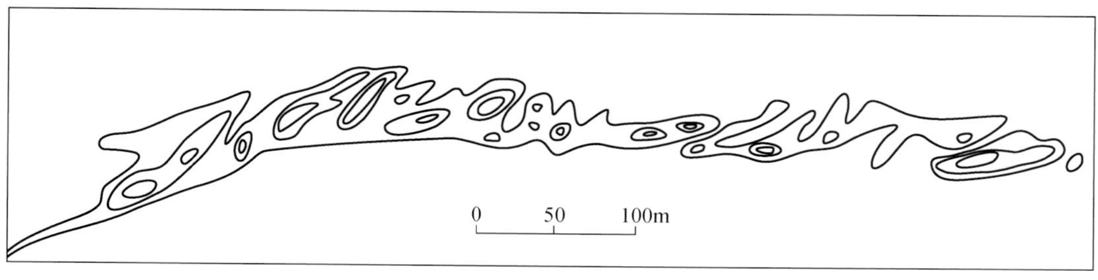

图5-16 个旧马拉格矿田尹家硐矿床矿体品位等值线图

在我国的西北某地，一个中型入字型构造对超基性岩体和铬铁矿体的分布与赋存有明显的控制作用。区内的超基性岩体主要沿北东向的主干断裂呈带状分布，说明主干断裂是岩浆岩活动的通道，控制了含矿岩体的总体展布方向，属导岩、导矿构造；具体的含矿岩体则主要处于主干断裂西北侧的分支断裂发育部位，赋存状态受分支断裂的控制，属储矿构造（图 5-17）。

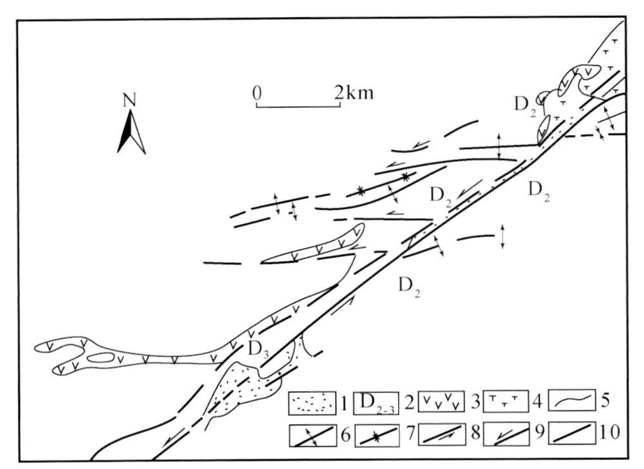

图 5-17　西北某地入字型构造与超基性岩体分布关系图

1. 第四系；2. 中上泥盆统；3. 基性、超基性岩体；4. 火山岩；5. 地质界线；6. 背斜轴；7. 向斜轴；8. 主干断裂；9. 分支断裂；10. 一般断裂

在滇中地区，鹅头厂层控铁矿的控矿构造型式也是一个入字型构造，其中高级初次构造——易门-罗茨断裂为主干断裂，控制了矿田（矿带）的分布，而在主干断裂上盘的入字型分支构造——鹅头厂背斜则为容矿构造，控制了矿体及矿体的赋存和形态产状，成为典型的多级、挨次构造控矿的实例。而且构造对层控矿床的形成起着双重的控制作用，不仅控制了矿源层的改造和富集，而且还控制了矿源层的形成和分布，前者是低级再次构造控制，后者是高级初次构造控制，成为构造体系成生发展控制层控矿床形成和分布的极好实例（详见下节）。

六、旋 扭 构 造

（一）组 成 特 点

旋扭构造有多种型式，尽管它们的总体形态和组成要素不同，其规模大小也有很大的差异，但它们的基本型式却是共同的，都是由两个主要的部分组成，即中心部位的砥柱或旋涡，以及外围部分的旋回面和旋回层（图 5-18）。

1. 砥柱或旋涡

各种型式的旋扭构造的中心部位，都存在一个变形相对微弱的或不变形的核心部分，其形态常呈圆形或椭圆形，称为旋扭中心。它可以是岩块或地块构成的正向构造，称为砥柱；也可以是构造盆地、短轴向斜等负向构造组成，称为旋涡。

砥柱或旋涡中心轴线稳定扭轴，简称旋轴，旋轴的产状可以是水平、直立或倾斜的。一般来说，大型旋扭构造的旋轴是直立的或近于直立的，它是水平旋扭的结果。但是，小型旋

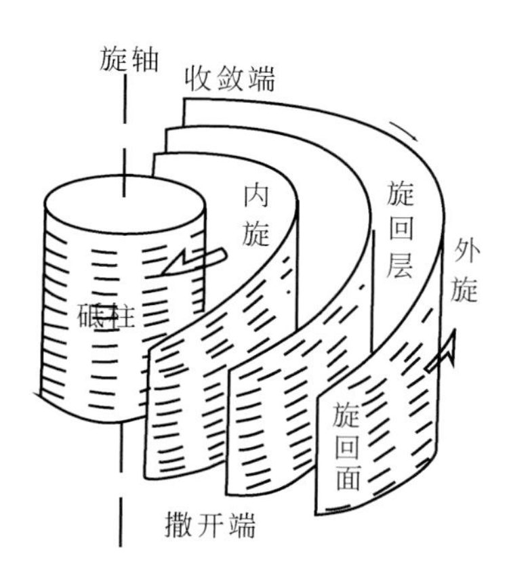

图 5-18　旋扭构造组成示意图

扭构造的旋轴可以和水平面呈任何角度，它们常出现在断裂的旁侧或褶皱的翼部，是局部构造应力场的产物。

2. 旋回面和旋回层

围绕着旋扭构造的砥柱或旋涡常有一系列弧形构造形迹，如断裂、劈理、褶皱等，叫旋回面，也可称为旋卷面。两个旋回面之间所夹的弧形岩片或岩块，称为旋回层。旋形旋回面凹侧的岩片称内旋层，凸侧的岩片称外旋层，也可称为内旋和外旋，旋回面两侧的旋回层发生相对扭动，通常把旋回面凸侧的相对旋扭方向叫外旋方向，凹侧的相对旋扭方向叫内旋方向。外旋方向为顺时针时称顺扭，逆时针时称反扭，或称为顺钟向或反钟向扭动。

旋回面的力学性质，主要有压扭性和张扭性两种，从而可将旋扭构造分成压扭性旋扭构造和张扭性旋扭构造两种。前者的旋回面常由不对称褶皱、压扭性断裂或劈理等组成；后者为旋回面，主要由张扭性断裂、节理或裂隙组成。

无论哪种类型的旋扭构造，其旋回面的空间排列总是向一端收敛，而向另一端撇开。不同力学性质的旋回面群的收敛和撇开方向与旋扭方向有一定的规律性。一般来说，张扭性旋扭构造的外旋层向收敛方向运动，而内旋层向撇开方向运动；压扭性旋扭构造恰好相反，即外旋层向撇开方向、内旋层向收敛方向运动。

旋扭构造可以单独发生，也可以为其他构造体系所派生，对断裂旁侧的旋扭构造的研究，可以帮助鉴定断裂的相对错动方向。

（二）类　　型

1. 帚状构造

帚状构造是旋扭构造中最常见的一种型式。上述典型结构就是帚状构造的解剖，根据旋回面的力学性质，可把帚状构造分为压扭性和张扭性两类（图 5-19）。

2. S 型或反 S 型构造

扭动成因的 S 型构造，按其形态特征及力学上的成因机制可分为四类：

（1）双向（或反向）雁列状 S 型或反 S 型构造：这类构造型式一般是由一系列呈雁列的短轴褶皱或断裂组成，其中连线呈 S 型或反 S 型弯曲。组成这种型式的中间一般的雁列方式与两端弯头部位的雁列型式相反，若中间为右型雁列，则两头为左型雁列（图 5-20）。这一特点明显地反映两头弯转部分与中间主体部分的扭动方向相反。

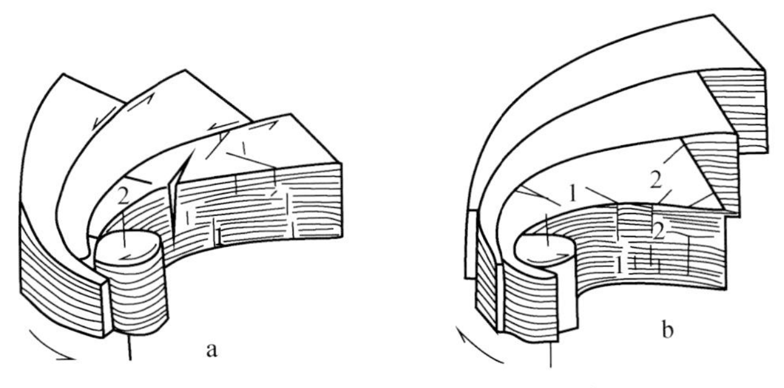

图 5-19　帚状构造力学性质分类

a. 压扭性帚状构造；b. 张扭性帚状构造。1. 张性、张扭性低序次构造；2. 压性、压扭性低序次构造

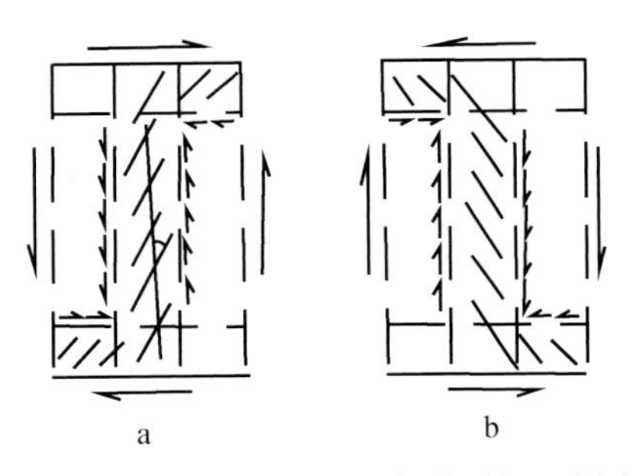

图 5-20　双向雁列状 S 型及反 S 型构造形成的力学图解（据李东旭、周济元，1986）

（2）单向（或顺向）雁列状 S 型或反 S 型构造：这类构造型式是由一系列呈雁列的短轴褶皱或断裂组成，其串连线呈 S 型或反 S 型。但和双向雁列状 S 型或反 S 型构造的主要区别是，组成这种构造的中间一段的雁列型式和两弯头的雁列型式一致（图 5-21）。这种特征表明，在 S 型或反 S 型曲线的凹侧，存在着两个局部的旋扭中心，它们向同一方向扭动时，则出现这类构造型式。从一块石榴子石片岩的薄片中，可看到由于石榴子石向同一方向转动，其间的云母片呈 S 型排列，从而证明这种力学机制（图 5-22）。

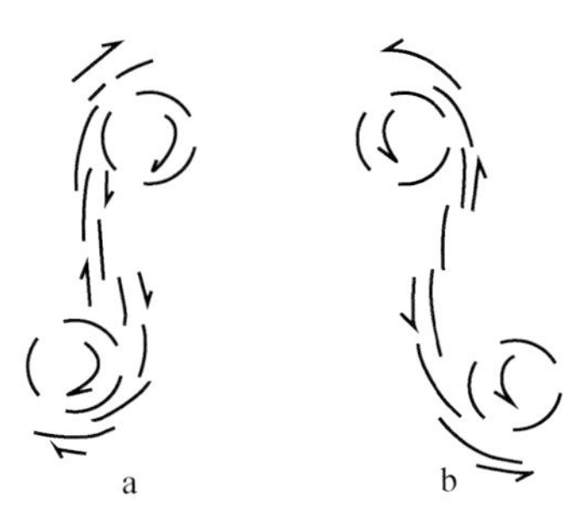

图 5-21　单向雁列状 S 型及反 S 型构造形成的力学图解（据李东旭、周济元，1986）

图 5-22　两个旋转石榴子石之间形成的 S 型构造

（3）麻花状 S 型或反 S 型构造：这种构造型式是一种三维空间上的麻花状扭曲面（图 5-23）。它与地表的交线呈 S 型或反 S 型，构成这些扭曲面的可以是褶皱轴面（如滇中鹅头厂背斜的轴面），也可以是断裂面，或二者兼有。在 S 型或反 S 型的中段，扭曲面近直立；往两头延伸则分别向相反的方向弯转。由此可见，这种构造型式是一种旋轴近水平的旋扭构造的平面表象，其变形方式相当于材料力学中的扭转变形，即沿着圆柱轴两头的对扭。

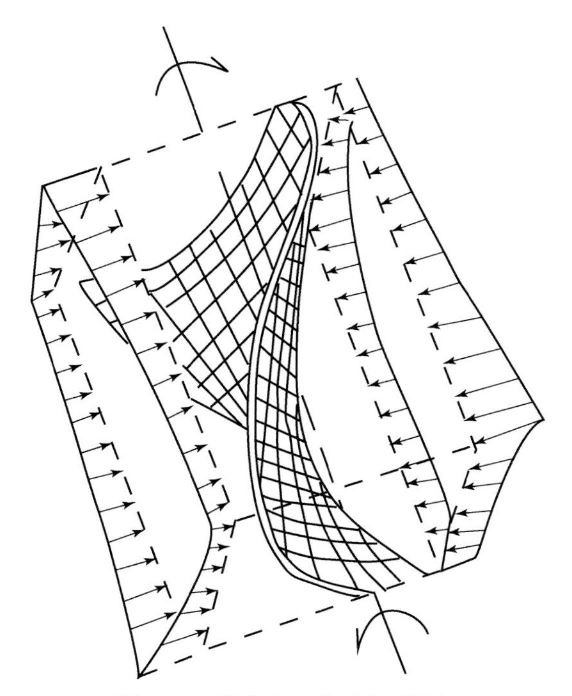

图 5-23　麻花状 S 型扭曲面图解

（4）对帚状 S 型或反 S 型构造：这类构造型式由两个收敛端对顶相近或相同的帚状构造组成（图 5-24）。组成帚状构造的构造形迹可以是褶皱，也可以是不同力学性质的断裂。但两个帚状构造的总体扭动方向是一致的，是统一的旋扭构造应力场的产物。泥巴模拟实验证明，它是单向挤压条件下，发生旋扭作用的结果。

3. 歹字型构造

歹字型构造的组合特征及力学成因和S型构造大体相似，但有所差异，它的规模一般较大，且有明显的定向性，由北而南大致可分头部、中部、尾部三部分（图5-25）。

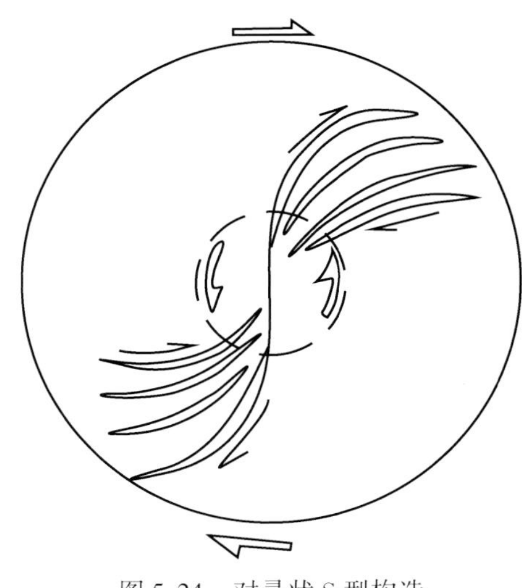

图5-24　对帚状S型构造

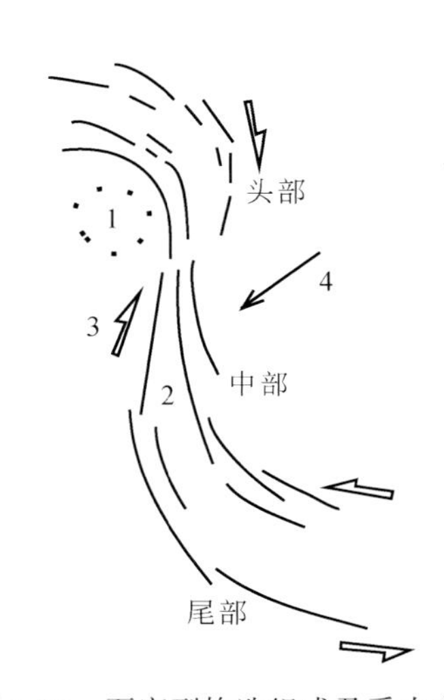

图5-25　歹字型构造组成及受力方式

1. 地块；2. 褶皱带与横冲断层；3. 扭动方向；4. 受力方式

头部：由发育密集、曲度较大的半环状或钩状的弧形褶带及大规模横冲和逆掩断层组成，它围绕着由于水平扭动而隆起或沉降的地块，显示强烈的旋扭特征。

中部：呈近南北走向，由若干强烈的平行褶带和巨型横冲及逆掩断层组成，常和经向构造带复合，其中常夹有变形微弱的地块。

尾部：由中部经过较长距离的延伸，逐渐向与头部相反的方向转弯，构成曲度不大、拖得较远、散得较开的弧形构造带，由平行褶带和逆掩断层组成，但强度不如头部强烈。

4. 环状构造

环状构造又称为莲花状构造。这种构造型式的旋回面群围绕砥柱或旋涡展布，大致成同心环状或半环状。砥柱不在旋回面群的正中，而是偏向于旋回面群的某一侧。旋回面可由张扭性断裂或压扭性结构面组成，常把所在地块切成环形或呈新月形。在环形结构面的开口一侧，使砥柱和外界地块相连，称为埂子（图5-26）。

5. 涡轮状构造

涡轮状构造又叫辐射状构造。它是由一系列弧形褶皱或断裂等构成，以砥柱或旋涡为中心，向四周撒开，大致呈涡轮状或放射状展布，它们总具有规律地向同一侧弯曲（图5-27）。其结构面的力学性质可以为压扭性，也可以为张扭性。因此，可以分为压扭性和张扭性两类。

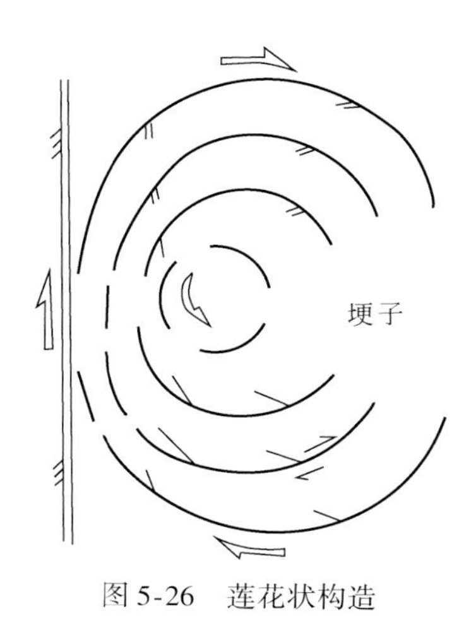

图 5-26　莲花状构造

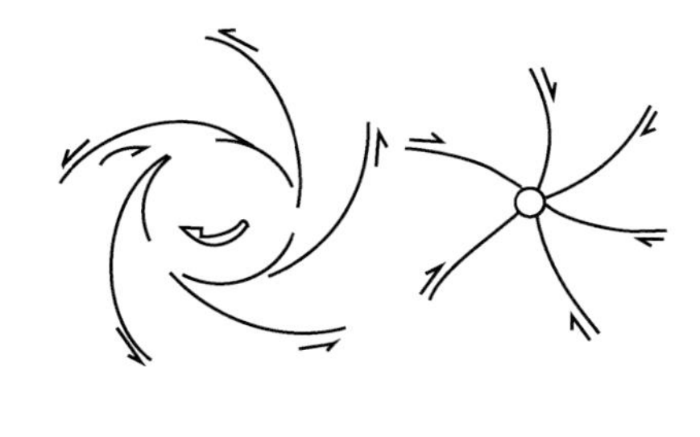

图 5-27　涡轮状及辐射状构造

6. 连环状旋扭构造

在一个地区，有时可连续出现两个或两个以上的旋扭构造，它们之间具有一定的成生联系，这种组合型式称为连环式旋扭构造。连环式旋扭构造可分为并列式、同心式和伞轮式三种类型。

（1）并列式连环旋扭构造：这是指具有成生联系的两个或两个以上旋扭构造呈毗邻关系。根据它们彼此相对旋扭方向，又分为反向和同向两类并列式连环旋扭构造。反向者好像一个主动齿轮牵动一个从动齿轮的转动；两者转动方向相反；同向者好像一根齿条，同时带动几个齿轮转动一样，旋扭构造转动的方向相同。

（2）同心式连环旋扭构造：这是指大体围绕一个旋扭中心出现两个或两个以上的旋扭构造，它们一个包着一个；共同组成同心式连环旋扭构造。它们的变形特点和组合型式可以不同，旋扭方位和力学性质也可以不一致，但它们是同一旋扭作用的产物。这种组合型式可能是由于岩石力学性质或某些边界条件不同所致 。

（3）伞轮式连环旋扭构造：在旋轴近直立的旋扭构造中，有时发现一些旋轴近水平的小型旋扭构造环绕着旋轴近直立的旋扭中心发育，其轴线略向外倾斜，这两种旋扭构造的关系，很像一个轴近直立的大型主动伞形齿轮带动几个轮近水平的从动齿轮（图 5-28）。显然，旋轴近水平的小型旋扭构造是旋轴近直立的旋扭构造派生的序次构造。具有这种成生联系的旋扭构造称为伞轮式连环扭动构造，这类旋轴近水平的旋扭构造规模较小，且多在剖面上见到，在地质图上难以表示。这类现象从理论上是不难理解的。当一个地块发生水平旋扭运动时，由于岩层力学性质的差异及岩块内部的不连续性（先存的层面、断层等）的影响，在它的垂直方向会发生差异性运动，从而不同深度上就有可能发

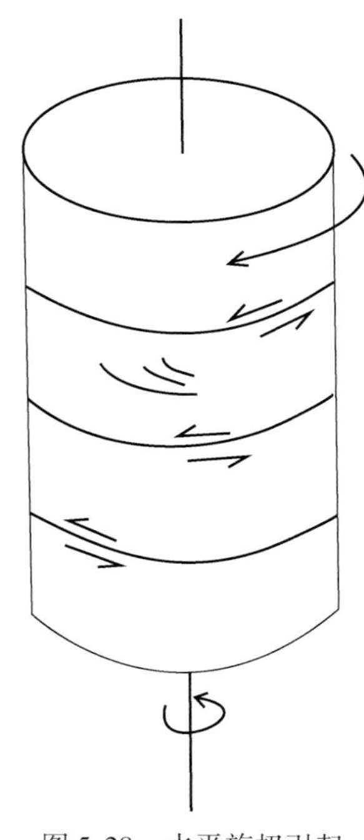

图 5-28　水平旋扭引起局部旋扭示意图

生垂直剖面上的旋扭作用，形成旋扭轴近水平的小型旋扭构造（图5-28）。

（三）控矿特征

旋扭构造不仅对地壳构造的认识有重大的理论意义，而且在解决找矿勘探等实际问题中也有重要的实际意义。旋扭构造对内生矿床及外生矿床的形成及分布均有显著的控制作用。对内生金属矿床来说，旋扭构造不仅控制了不同类型矿床的空间分布，而且对成矿物质的运移与聚集有一定的控制作用，至今得到以下几点规律：

1. 不同级别的旋扭构造的控矿意义不同

一般规模较大的旋扭构造，其弧形构造带常控制成矿带或成矿区；规模较小的旋扭构造，则多控制矿田、矿床和矿点。

例如，青藏川滇缅印尼歹字型构造的规模巨大，影响深度大，发育历史长，而且其展布的范围内岩浆岩丰富而多样，故金属矿产资源十分丰富，形成世界上闻名的巨型成矿带之一。仅以其中部云南段为例，以兰坪-思茅中生代拗陷为界分为东、西两支（图5-3）。东支为金沙江-江河旋扭断褶带呈北西-南东走向，沿红河入越南进太平洋；西支为澜沧江及怒江旋回断褶带，与经向构造带广泛复合，向南经缅甸、泰国直抵马来西亚到印度尼西亚。西支控制了印支期、燕山期至喜马拉雅期的花岗岩带，成为世界闻名的泰马、滇西锡矿巨型成矿带；东支控制了海西期—印支期的基性-超基性岩带及喜马拉雅期的斑岩带，故以铬、镍、铂、金等贵重金属及斑岩铜、钼矿带为主，一直延至川西及西藏地区。因此，这一弧形褶带是世界著名的成矿带之一。

又如，安徽洪镇帚状构造所在地区，有许多内生铜、铁、黄铁矿和多金属矿床的矿点或矿化点，它们受带状构造控制成带分布（图5-29）。它的第一旋回带位于北东向构造复合的部位，以铁、铜为主；第二旋回带控制铜矿；第三旋回带以铁、铜、钼为主；第四旋回带以铁和含金黄铁矿为主。其中各个具体的矿床、矿点的分布与赋存情况主要与帚状构造不同等级、不同序次的结构面密切相关。

2. 旋扭构造控矿的分带性

旋扭构造的不同部位，由于应力、温度等条件不同，因此形成的矿种也常有一定差异。一般来说，在砥柱和砥柱的收敛端，往往分布着高中温热液矿床、矿点或矿化点，而在远离砥柱和撒开端往往分布着中低温热液矿床，矿点和矿化点，这是因为许多旋扭构造的砥柱部位，也常是成矿母岩的部位，矿液从应力高的砥柱部位逐渐向应力低的外围运动；在运移过程中，随着应力和温度的降低，高、中、低温矿产依次晶出的结果。

例如，甘肃Lc地区的旋扭构造中，钨钼、铜、铅锌、金、汞的矿化依上述规律分布（图5-30），又如，陕西木龙沟帚状构造控制了夕卡岩矿产的分布。该区铁、钼、锌、铜四元素相对富集部位，同样显示一定的规律性、铁富集在砥柱东侧帚状构造收敛段——较强的应力部位，锌与铜依次出现在帚状构造旋回面中段（图5-31）。

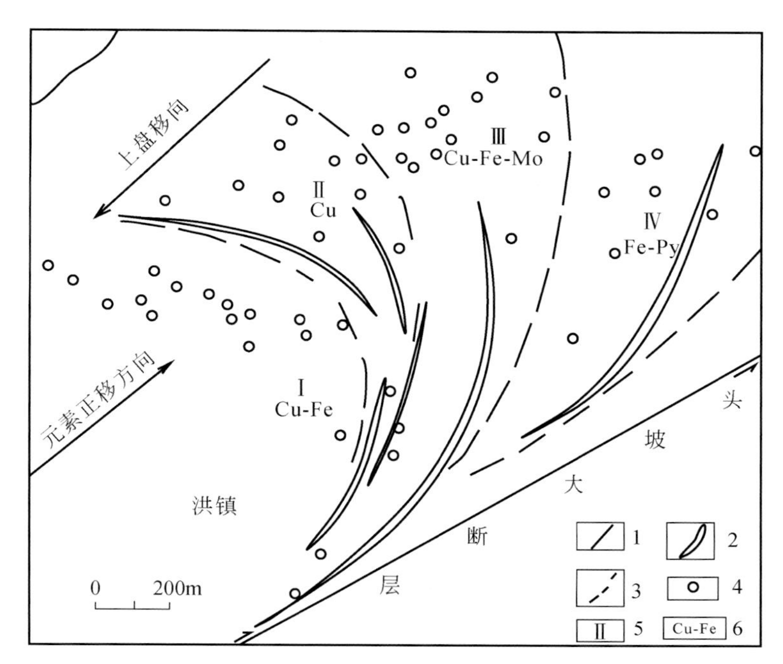

图5-29　安徽洪镇帚状构造区内生金属矿产分布规律图（据安徽326地质队资料）

1. 断裂；2. 褶皱；3. 矿带界线；4. 矿点；5. 矿带编号；6. 矿带名称

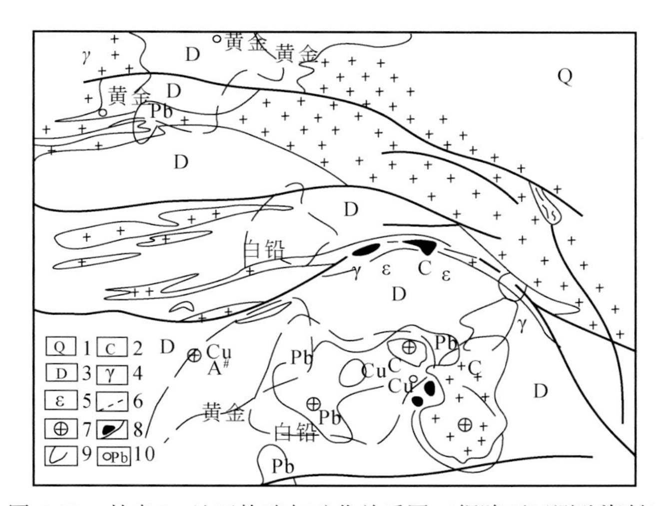

图5-30　甘肃Lc地区构造与矿化关系图（据陕西区测队资料）

1. 第四系；2. 石炭系；3. 泥盆系；4. 花岗岩；5. 超基性岩；6. 断裂；7. 各类矿点（代号为矿化类型）；8. 次生金属量异常区（代号为异常元素）；9. 重矿物异常区（注记为异常矿物名称）；10. 金属量成重砂异常增高点及异常元素或重砂矿物

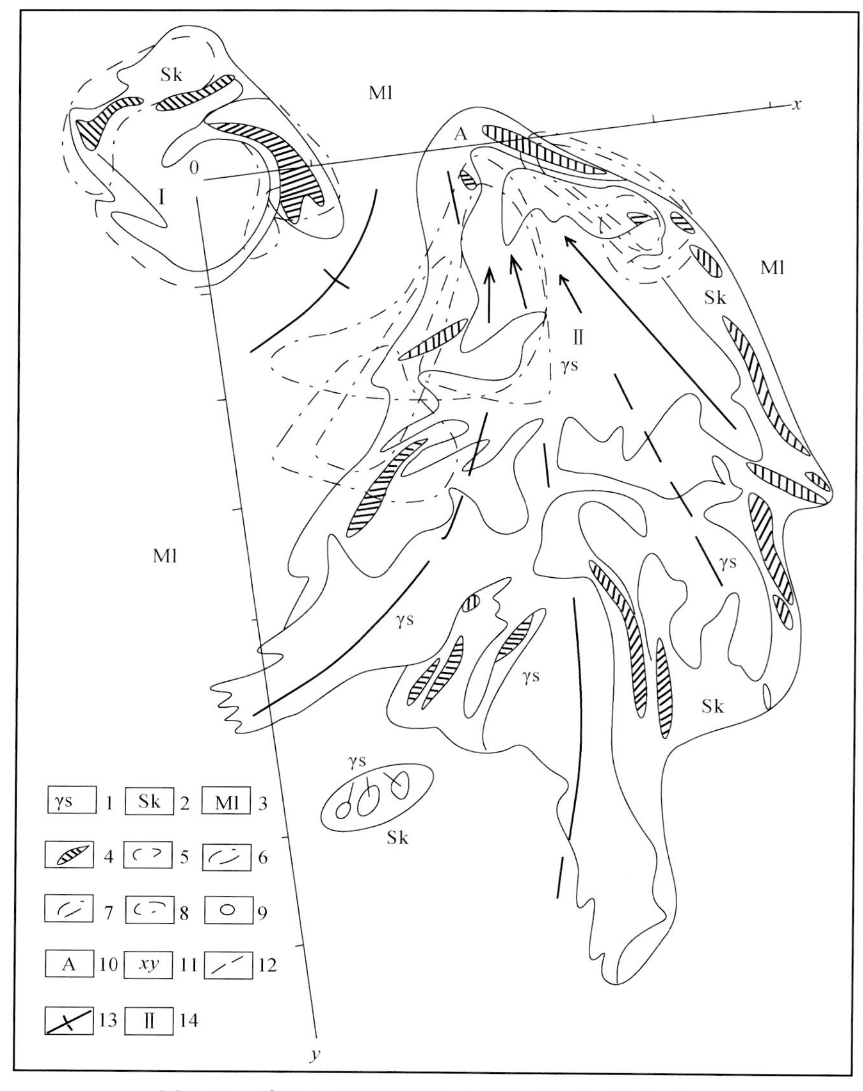

图 5-31　陕西木龙沟构造图（据陕西省地质局资料）

1. 花岗闪长斑岩；2. 夕卡岩；3. 白云质大理岩；4. 地表铁矿露头；5. 铁矿密集部位；6. 钼矿密集部位；7. 锌矿密集部位；8. 铜矿密集部位；9. 旋扭中心；10. 旋回带收敛点；11. 旋扭构造参改坐标；12. 理怒旋回带走向线；13. 向轴斜；14. 主要岩体及编号

3. 旋扭构造的成矿有利部位

在旋扭构造的收敛部位、分支断裂及主要旋回面的交叉部位、距收敛端 1/3 ~ 1/2 的部位、弧形断裂显著扭弯的部位都是矿液充填的有利场所。在靠近旋扭构造的收敛部位及分支断裂与主要旋回面交叉部位，由于岩石强烈破碎，容易给含矿物质的上升和沉淀提供有利空间，收敛部位往往是派生它的高一级断裂附近，高一级断裂又往往为导矿构造，那么收敛端就容易较早地接受含矿物质。在距收敛端 1/3 ~ 1/2 的部位或弧形断裂显著拐弯的部位，由于曲率半径小，结构面弯曲度大，在断层两盘相对扭动时，容易形成滑脱空隙，这样的空隙是最有利于矿液充填的。

例1：辽宁绥中燕山期花岗岩中的脉状铜矿，该矿的成生明显地受压扭性帚状构造的弧形断裂面控制，特别是在距收敛端1/3～2/3的地段，矿脉多、厚度大、质量好；而远距收敛端部位矿化减弱（图5-32）。

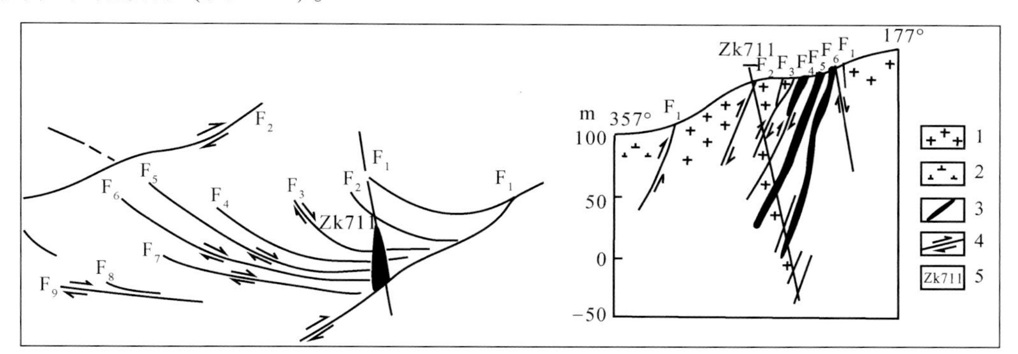

图5-32　辽宁绥中新合子铜矿构造图（据赵寅震资料）

1. 红色花岗岩；2. 闪长斑岩；3. 矿体；4. 压扭性断裂；5. 钻孔号

例2：江西某伟晶岩型稀有金属矿田内，燕山期花岗岩体的西南面，前泥盆系变质岩中，散布着一个由伟晶岩脉组成的帚状构造（图5-33）。该区50km^{2}范围内，分布着2000

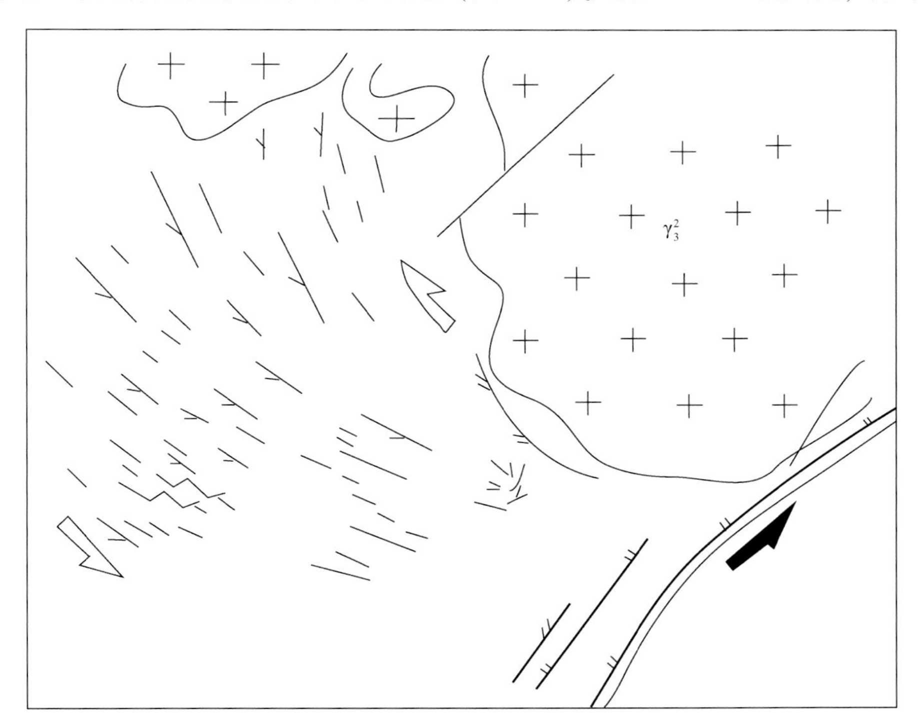

图5-33　江西某矿区伟晶岩脉分布图

1. 花岗岩；2. 伟晶岩脉；3. 新华夏系主干压扭性断裂；4. 压扭性断裂；
5. 旋扭断裂；6. 旋扭应力方向；7. 新华夏系断裂扭动方向

多条伟晶岩脉，成群出现，形成弧形带状分布，带状结构由弧形伟晶岩组成，向南突出，向东及东北方向收敛，向西北方向撒开，伟晶岩脉充填的裂隙属张扭性，故扭动方向是外旋反钟向旋扭，因此，该帚状构造为张扭性，帚状构造对矿化有明显的控制作用，常有金属矿体主要分布在帚状构造的外部弧形扭裂面的伟晶岩中，大体上集中在从收敛端到撒开端的1/3～2/3的地区。

再如，在浙江夏色岭地区，有一个被锡矿脉充填的完美的一对帚状反S型构造（图5-34）。反S型构造是由次级呈雁行状排列的张扭性裂隙群组成。根据裂隙的特征和它们的组合型式，均反映这个地区曾遭受顺时针方向的旋扭运动。经勘探工程揭露，在两个帚状构造的联结部位，有一个较大的圆形隐伏花岗岩体，其距地表最浅的地方恰在反S型构造的中间枢纽部位，锡矿富集于张扭性裂隙中，和花岗岩侵入体有密切的关系。本区两侧有一条北北东向的压扭性断裂，它控制着花岗岩的分布。由此看来，帚状反S型构造和锡矿脉的形成与走向北北东的压扭断裂的活动有密切关系。

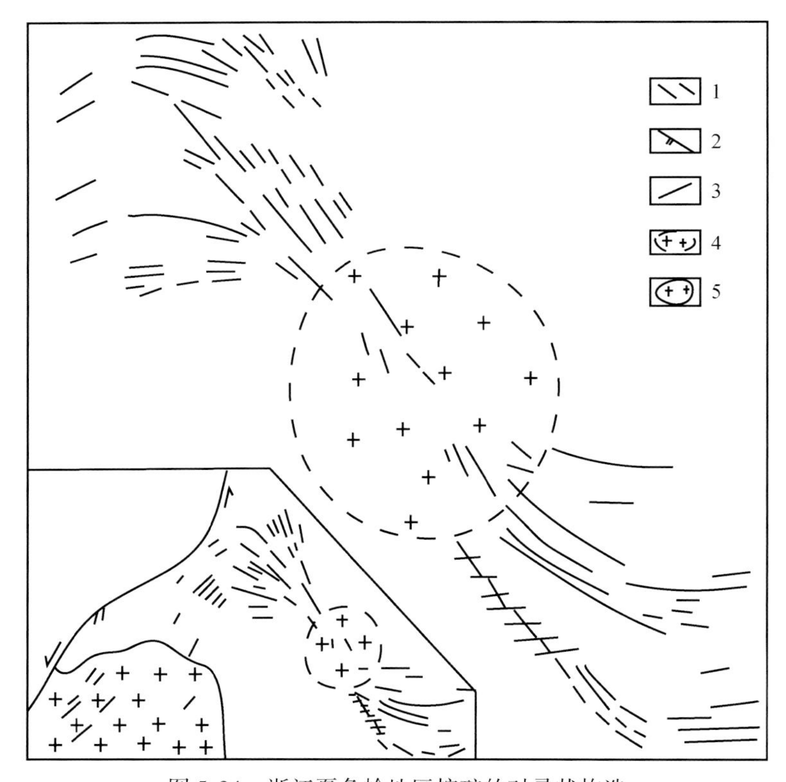

图5-34　浙江夏色岭地区控矿的对帚状构造

1. 含钨石英脉；2. 压扭性断裂；3. 张扭性断裂；4. 花岗岩；5. 隐状花岗岩

麻花状S型或反S型构造控矿也不乏其例。滇中鹅头厂铁矿的矿床构造即一麻花状反S型构造（图3-35）。该区的控矿构造为一倒转背斜，核部由因民组矿源层组成，两翼为落雪组及鹅头厂组。其轴迹走向在南北两端为N35°E，而在中部转为近南北向，形成一S型。在剖面上，其轴面在中部近直立，向北渐向西侧，向南渐向东侧，形成剖面上的麻花状反S型构造，在此背斜内，层间剥离构造和层间断裂十分发育。无论从空间分布及形态看，还是从矿化程度看，鹅头厂铁矿床除与一定的层位有关外，还明显地受构造的控制，分布在鹅头厂背斜中，沿脱顶空间和层间剥离带呈似层状及透镜状产出。根据所处的构造部位及层位的差异，可分出三个矿体群（见应用篇图8-14）：Ⅰ号矿群为落雪组与因民组过渡带构成的背斜转部的矿群，呈对称的新月形产出，是矿床中规模最大、质量最佳的矿群；Ⅱ号矿群为因民组构成的背斜部的矿群，由多条规模较小的矿体组成；Ⅲ号矿群为落雪组层间剥离带内的矿群，由多条似层状矿体组成。中部矿体呈直立状、规模最大；两端矿体都分布在褶皱的正常翼，北端向西倾，南端向东倾。因此，矿床的形态与背斜形态完全吻合，亦呈剖面上的扭曲状态，它们都反映了水平方向旋扭力的作用。

图5-35 河北邯郸地区矿山村矿田构造草图（据天津地质研究所资料）

1. 二叠系；2. 石炭系；3. 中奥陶统；4. 闪长岩-二长岩类；5. 铁矿体；6. 背斜；7. 向斜；8. 压扭性断裂；9. 性质不明断裂；10. 岩体流线

4. 旋扭构造应力场的控矿作用

从元素的富集和分布规律看，有些矿区岩浆、矿浆的运移和分异与旋扭构造应力场有紧密的联系。众所周知，许多内生金属矿产的形成和分布，在很大程度上取决于岩浆岩的分布，而岩浆的上升运移，有些可能是受到旋扭构造应力场的控制，也可能是导致旋扭构造应力场发生的因素。例如，在河北邯郸地区矿山村的旋扭构造就是一个典型实例（图 5-35），围绕矿山村岩体，有一个涡轮状旋扭构造，它的旋回面群围绕着马家寨，由一系列弧形褶皱组成，岩浆中的流线也围绕着马家寨构成一个涡轮状构造，并与由褶皱构成的涡轮状构造一致，其外旋为逆时针扭动。这种扭动方式与该地的新华夏系的运动方向是一致的。值得注意的是，其主要矿体都位于构成旋扭构造的背斜右翼及其转折端。这种现象说明矿液的运移和富集受涡轮状旋扭构造的控制。这个旋扭构造还明显地控制了磁铁矿中 TiO_2 含量的变化。图 5-36 是根据 100 多件样品分析结果得出的矿液运移形式。它与旋扭构造高度一致，这说明以褶皱为主的旋扭构造，岩浆上升和矿液运移是在同一旋扭构造应力场作用下的统一体。

类似的情况，在个旧矿区的马拉格矿床中亦有发现。

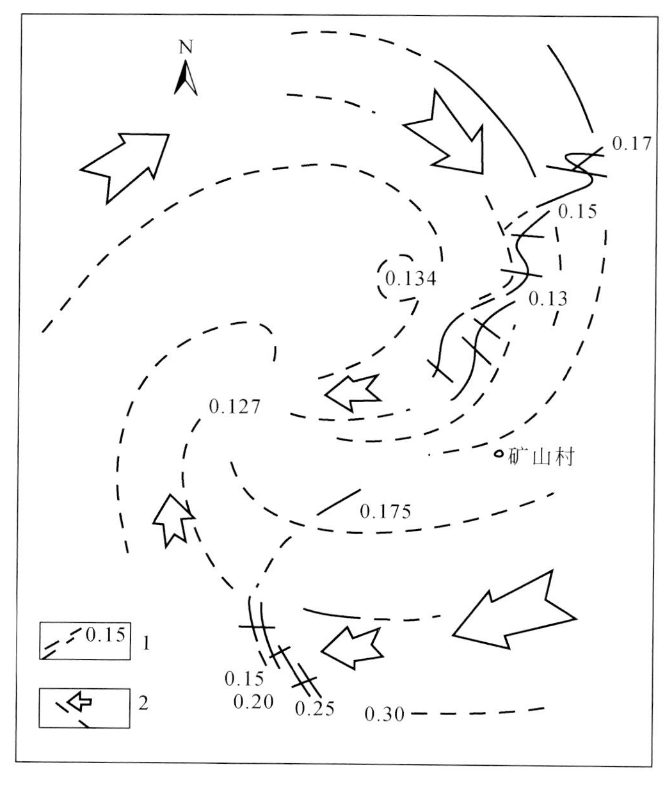

图 5-36　矿山村矿田矿液运移理想平面图（据天津地质研究所资料）

1. 磁铁矿中 TiO_2 百分含量及等值线；2. 理想的矿液流线及流向

七、山字型构造

（一）组成特点

山字型构造是一种特殊而且复杂的扭动构造型式。它是最早由李四光教授提出的一种标准的构造型式，至今在我国境内已经详细鉴定的大小山字型构造有30多个。

山字型构造主要由前弧、脊柱、反射弧、反射弧脊柱或砥柱、马蹄形盾地组成（图5-37）。其中，前弧和脊柱是决定山字型构造存在的两个最基本的组成部分。

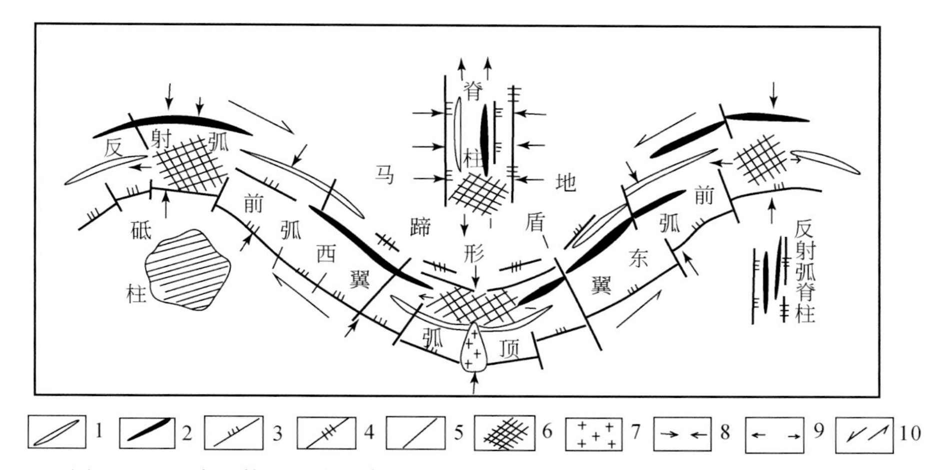

图5-37　山字型构造组成要素及力学分析示意图（据李东旭、周济元，1986）

1. 背斜轴；2. 向斜轴；3. 逆冲断裂；4. 挤压破碎带；5. 横张断裂；6. 共轭扭断裂；7. 小型张性侵入体；8. 主压应力方向；9. 主张应力方向；10. 旋扭应力方向

1. 前弧

前弧又称前面弧，它经常是由一些相互平行的压性或压扭性构造形迹组成的弧形构造带。前弧可分为弧顶和两翼。该弧形构造的中部或前方最大的弯曲部分称为弧顶；由弧顶的两侧伸展的部分叫做两翼，当弧顶向南时，则西部称西翼，东部称东翼，弧顶和两翼之间并没有明显的界限。

在弧形挤压带的各部分，普遍发育与其成直交的张性断裂；有时也有与其呈斜交的扭性断裂。若规模大、切割深时，弧顶部位或某一部分可沿张性断裂陷落成为地堑，并常被新沉积物所覆盖，有时也有小型岩浆岩体侵入。其两翼部分的褶皱或槽地，有时大致彼此相互平行，有时呈雁列式排列。

2. 反射弧

反射弧是指由前弧两翼分别向两侧延伸出现反向弯曲的部分。反射弧的构造形迹一般较前弧的规模小，变形强度较弱，但有时也不亚于前弧，构造变形也可以很强烈。应注意的是，弧顶、两翼、反射弧之间并不存在截然的分界，总体是连续的，呈类似正弦曲线构造带。从弧顶分别向两翼看，一边为S型，另一边为反S型。

3. 脊柱

脊柱分布于前弧凹侧的中间部位，由一系列与弧顶垂直并互相平行的褶皱、逆断层、片理、挤压破碎带等压扭性构造形迹组成。一般正对着弧顶点的中间一线挤压最强，向两侧逐渐变弱，靠近弧顶脊柱也逐渐减弱，未达弧顶即行消失，脊柱成分决不与前弧成分发生交接。远离弧顶的另一端也不会超出反射弧外缘线以外太远。

脊柱有时也可以表现为其他型式。诸如，可能呈微弱的隆起及拗陷，也可以突出地发育一对共轭扭裂，或一组与挤压带直交的横张断裂。

4. 反对弧脊柱或砥柱

在反射弧的内侧，有时会出现明显或不明显的反射弧脊柱。它和脊柱一样，由挤压构造带组成。有时，在反射弧内侧出现的不是脊柱，而是比较稳定的地块。它们可以是显露的，也可以是隐伏的，统称砥柱。反射弧的砥柱是形成山字型构造的重要边界条件之一。有些砥柱的形态或构造特征，也反映了脊柱的一些特点，对于山字型构造来说，它既是前弧的砥柱，又是反射弧的脊柱，具有双重意义。

5. 马蹄形盾地

马蹄形盾地是指位于脊柱和前弧之间形似马蹄形的地带，在这个范围内，构造形变相对微弱，是个相对稳定的地块。它可以隆起成为台地，有时结晶基底直接露于地表，也可以下陷形成盆地，并接受新的沉积物。

需要指出的是，作为一个山字型构造来说，它存在的重要前提是有无前弧和脊柱，其他部分的发育程度并不影响一个山字型构造的确定。若不发育脊柱时，一般称为弧形构造。

（二）控矿特征

山字型构造是由具有成生联系的不同方位的构造带组合而成。这种组合规律对于认识与之有关的某种矿产的分布规律，进行成矿预测及指导地质找矿等具有重要意义。

一般在规模较小的山字型构造中，若在其前弧的构造带中发现了某种内生矿床，那么在脊柱和反射弧部位，如果成矿地质条件相同的话，也可能有类似的矿床赋存。如广西山字型构造，在它的前弧、西翼和脊柱部位分布着燕山期的中酸性岩体及其有关的多金属矿床（图5-38）。

山字型构造的前弧、反射弧和脊柱部位，常呈内生金属矿床的有利富集部位。尤其在前弧弧顶及反对弧弧顶附近曲率最大的部位，由于放射状张裂及张扭性断裂发育，开放性好，适合于岩浆活动和矿液赋存，是大型矿产的有利产出部位。如淮阳山字型前弧弧顶及东翼，发育一系列花岗岩及花岗闪长岩，与其有关的铁、铜等多金属矿床，伴随山字型呈现有规律的分布（图5-39）。

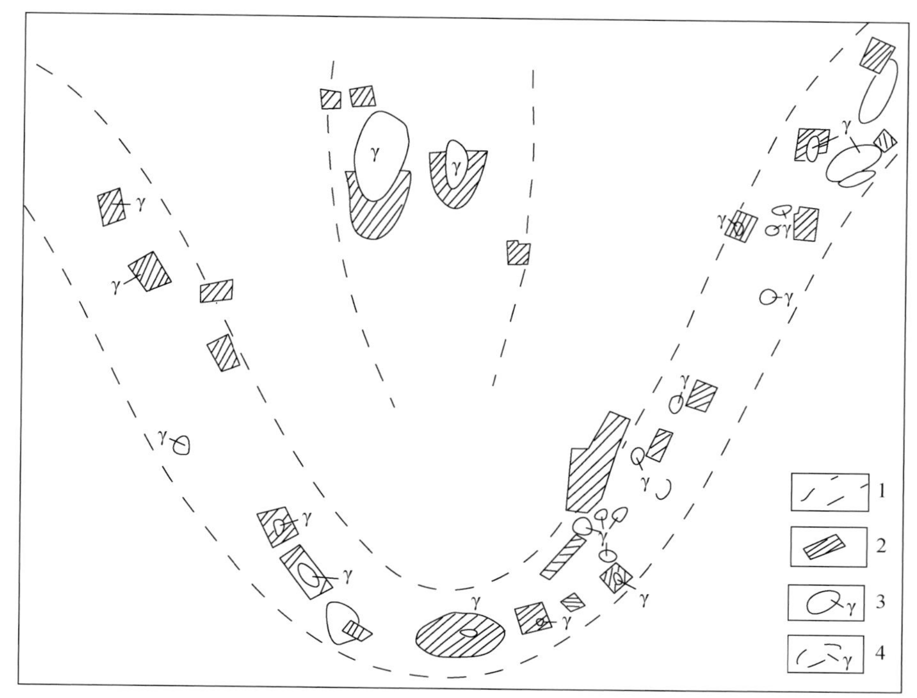

图 5-38　广西山字型岩体和多金属矿床分布示意图

1. 山字型展布轮廓；2. 多金属矿床；3. 燕山期中、酸性岩体；4. 推测隐伏岩体

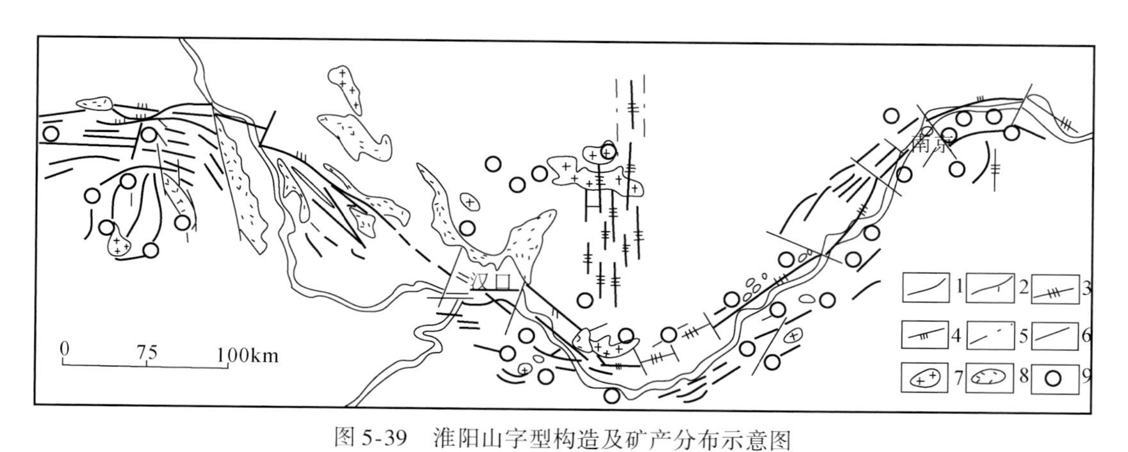

图 5-39　淮阳山字型构造及矿产分布示意图

1. 向斜轴；2. 背斜轴；3. 挤压破碎带；4. 压性断裂；5. 隐伏断裂；6. 横张断裂；7. 花岗岩；8. 中生代构造盆地；9. 矿床（点）

当山字型构造的马蹄形盾地、反射弧和前弧两翼为负向构造时，常有利于某些矿产的生成和保存。如淮阳山字型西翼反凹侧，黄陵背斜东西两侧的马蹄形盾地，呈对称状态出现，西为秭归盆地，东为当阳地，盆地中构造缓和，均发育晚三叠世—侏罗纪的煤系地层——香溪群，产出煤矿资源（图 5-39）。

第六章　构造体系复合及其控矿特征

构造体系复合的分析是地质力学的重要工作方法之一。第五章已指出，构造体系是具有成生联系的构造形迹所组成的构造带及其间所夹之地块所组成的统一体。由于地壳是不断运动、变化、发展的，一个地区往往经历了多次的构造运动，每次构造运动的方式和方向不一定相同。因此，一个地区就不会孤立地存在一种类型的构造体系或构造型式，而往往是几种构造型式交织、叠置、穿插、干扰，甚至同一时期两种不同方式的构造运动产生的应力场联合起来发生作用，这样就形成了一幅十分复杂的应变图像。研究各种型式构造体系间的这种复杂的相互关系，就是分析构造体系复合的主要内容。

第一节　构造体系复合的概念

一、实　　例

在云南东部的曲靖地区，分布有各个不同方向的压性及压扭性的断裂，有南北向、东西向、北东向及北北东向等（图6-1），经过详细研究，存在纬向构造、经向构造、山字型构造、华夏系及新华夏系等构造体系，它们相互切割、包含、重叠在一起，形成复杂的应变图像，这种构造体系组成间的关系是到处可见的。

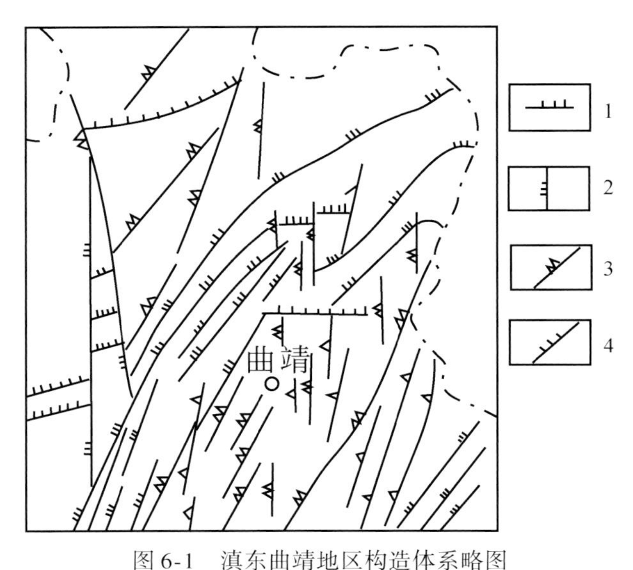

图6-1　滇东曲靖地区构造体系略图

1. 纬向构造；2. 经向构造；3. 山字型构造；4. 华夏系构造

二、概　　念

从以上的实例可以看出，所谓构造体复合，一般是指形成时间先后不同的构造在共同展布的范围内，彼此的主干构造相合或干扰的关系。同时发展交替活动的构造体系之间也可以出现这类现象。因此，构造复合包括两个方面的含义。

其一，不同时期、同一地区，先后产出一种或两种以上不同方式的构造运动叠加形成构造体系间的复合，或者先后产出同式的构造运动叠加在一起，形成同一体系成分间的复合。

其二，同一时期，产生两种不同方式的运动，它们并不联合起来作用，而是变动，于是在相邻地区也可以产生构造体系部分复合。

总之，构造体系在空间上的重叠发生，总体组合形态上保持原体系的固有特点，这是构造体系复合现象的两个主要标志。

三、类　　型

李四光教授将构造体系间的复合现象分为四种基本类型，即归并、交接、包容和重叠。

（一）归　　并

所谓归并，是指那些较新的构造体系或成分迁就，利用较老的构造体系或成分，使较先或较早出现的构造体系或成分略加改造后，归入较新的构造体系或成分的现象。所谓改造，是指被归并的构造成分的正常形态、方位和力学性质发生了变化。在大多数场合，被归并的成分属于较老的体系，或者是同一体系中较早出现的成分。

在曲靖地区的新华夏系北北东向的断裂，归并经向构造体系的南北向断裂，使南北向断裂的走向略有偏转，而且性质由压性转变为压扭性，就是归并的最好例证。归并是最常见的现象，是断裂力学性质的转变，对此深入研究，对阐明构造体系的成生发展有重要意义（详见下节）。

（二）交　　接

两个构造体系的成分出现于同一地区时，有时互相穿插，但又各自保持其原来的面貌，很少发生改变。它们彼此既不加强，也不削弱，这种复合现象称为交接复合。根据两个构造体系主干构造间的相互关系，可以把交接复合关系概括为以下五类。

1. 重接

所谓重接，是指两种构造体系的复合成分完全一致地重合在一起，二者不发生任何改变走向的影响。

重接复合的最好实例，是山字型构造的南北向脊柱与经向构造体系的成分重合在一起，在这种情况下，由于二者的走向及力学性质基本相同，要将它们区别开，必须经过长距离及大面积的追索，才能从各自不同的空间展布范围将它们区别开。

重接复合现象与归并复合现象有时很难加以区别。但从构造应力场来说，在重接复合地带，先后两个构造应力场的基本特征是一致的，而归并复合则表示构造应力场的特征有明显的区别。

2. 斜接

所谓斜接，是指两个构造体系的复合成分的走向稍有不同，它们之间切割的角度较小，只有经过长距离的追索，才能把它们分开。

在曲靖地区，山字型构造的东翼、华夏系及新华夏系等成分之间的关系，就是斜接复合的最好实例，经过追索后，发现山字型构造东翼的断裂带向东偏移，华夏系断裂向北东延伸，新华夏系的断裂左列式向北北东向延展，不同构造体系成分间的分歧是明显的。

3. 反接

所谓反接，是指两个构造体系的复合成分显著地交叉，交角一般大于45°，甚至互相垂直，这种复合关系有两种表现形式。

（1）如果较新的成分是断裂的话，可以明显地见它切割或隔断较老构造体系的成分。在曲靖地区，东西向断裂与经向构造成分或新华夏系构造成分之间的关系就是最好的实例。

（2）组成两个构造体系的褶皱之间反接复合称为横跨。当新老两组褶皱的强度相当时才会出现明显的交叉，其特征是一组背斜群沿着它们延伸的方向以同一步调有节奏地一起一伏，它们俯伏的一线与被横跨的向斜轴相当；它们齐头昂起的一线与被横跨的背斜轴一致，新老两组褶皱以行列式的弯状或者短轴褶皱出现（图6-2）。

图6-2　湘西邵阳连源北东向褶皱与东西向褶皱的横跨图

1. 第四系；2. 下三叠统；3. 二叠系；4. 中下石炭统；5. 石炭系；6. 上泥盆统；7. 中泥盆统；8. 下寒武统；9. 震旦系；10. 元古宇；11. 花岗岩体；12. 逆断层；13. 性质不明断层

4. 截接

所谓截接，是指两个构造体系的复合成分互相切断，并在一定程度上互相干扰，使各自的正常形态和排列方位发生一些变化。这种复合现象反映了大致同时形成的两个构造体系，在其成生过程中，构造应力场的交替变化，或先后有过多次活动。截接复合是斜接或反接复合的进一步复杂化的表现，多数具多次交接复合的结果。

在曲靖地区，经向构造体系的成分与华夏系和山字型构造的成分表现为互相切割的关系，表明东西挤压和南北对扭这两种应力场交替作用的结果，这就是截接复合的典型实例。

5. 限制

限制复合是指形成较晚的构造形迹终止形成较早而方向不同的构造形迹，而且不同早期的构造，这种复合关系表现出后期变形程度一般比前期构造变形程度微弱。

限制复合现象与其他交接复合相比具有特定的表现形式和特定的意义。在时间上，被限制的构造与形迹出现较晚，在空间分布上，被限制的构造形迹常在限制构造的一侧发育，若两者都发育时其数量和变形程度并不对应；在变质程度上，被限制构造明显弱于限制构造；在力学上，显示后期构造应力场的强度较前期要弱。

（三）包　容

所谓包容，是指在一个一定类型的结构体系中，包含着另一个较完整的体系或其片段的现象。包容和被包容的构造体系形态显著不同，而明显可把它们分开。

必须注意，包容和被包容的构造体系之间必须没有成生联系，是不同时期构造运动的产物，一般来说，被包容的是构造体系的片段，无疑是包容现象。例如，在曲靖地区，华夏系的构造片段被包含在山字型东翼的成分中即是包容关系；在滇中地区，有众多的纬向构造体系的片段被包含在山字型东翼的成分中即具包容关系；在滇中地区，有众多的纬向构造体系的片段被包含在经向构造带之间，也是典型的包容现象。但是，如果被包容的是完整的构造体系的话，则可能是包容关系，也可能是序次关系，必须具体问题具体分析。

（四）重　叠

所谓重叠，是指原来已经存在的构造体系或其一部分，由于另一构造体系的大规模升降的影响，显得加强或削弱。但是，这种加强或削弱并不是原来的构造体系所固有的，而是新的构造体系叠加的结果。例如，云南山字型构造的两翼显得极不对称，东强西弱，这是由于中生代以来，经向构造带中的隆起和坳陷发生大规模的升降，东部隆起，西部坳陷，产生重叠复合的结果。经物探资料证实，在西部滇中盆地的中生代覆盖层之下，北西向的构造形迹仍然存在。

四、复合结构面的类型及鉴定

复合结构面是一种小型的归并现象。它是一种复式结构面，是指同一方向的结构面在不同时期不同方向和不同方式力的作用下，所产生的不同力学性质的叠加或转变的现象。在确定区域形变的研究中，不仅要注意主干构造间相互关系的分析，确定它们之间的复合型式，更要重视的是复合结构面的鉴定，因为前者只是从形态方面分析复合关系，后者才触及复合关系的实质，通过复合结构面的鉴定，才能更深刻地理解构造体系间的复合关系。

（一）复合结构面的类型

复合结构面的鉴定是恢复形变史的先行步骤，总结长期的实践经验，在野外复合结构面有两种表现形式。

1. 复合叠加结构面

所谓复合叠加结构面是指不同时期、不同力学性质的结构面叠加在一起，它们的走向是相同或相近的，但二者明显的界线（裂面）可以区别出来（图6-3），结构面有不对称和对称（图6-4）两种。

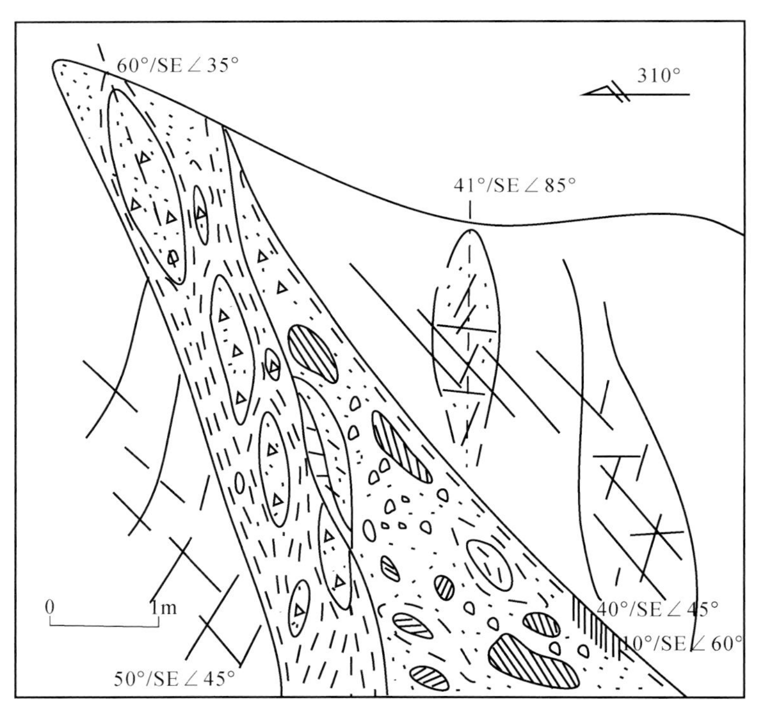

图6-3　滇中鹅头厂东冶德阱水库南部断裂素描（示先张后压的南北向断裂及叠加的压扭性北东断裂）

2. 复合转变结构面

所谓复合转变结构面是指同一条断裂在不同时期、不同方向和不同应力的作用下，不同力学性质断裂的归并，它们没有明显的界线（裂面）加以区别，而是通过力学性质特征的转变表现出来。例如，图6-4中先张后压的南北向断裂，是通过不同力学性质特征的构造岩

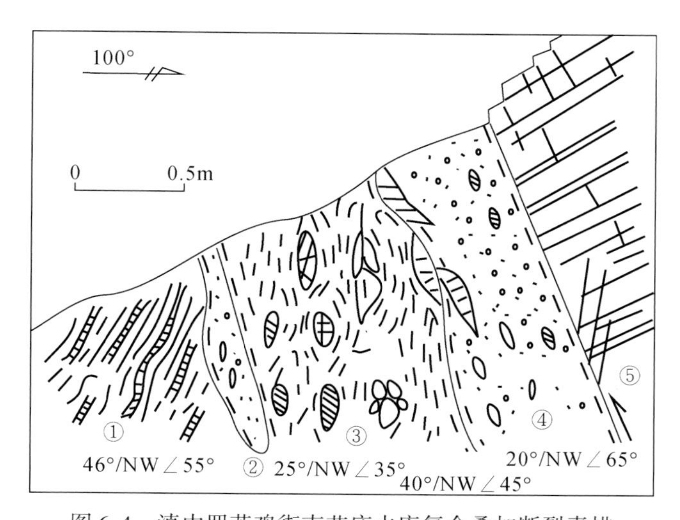

图6-4　滇中罗茨鸡街南花庙水库复合叠加断裂素描
（示北北东向压扭性断裂叠加在北东向压扭性断裂上）
①片理化带；②北北东向压扭性断裂带；③早期断裂叠加了晚期断裂的复合断裂带；
④晚期北北东向压扭性断裂带；⑤断裂上盘岩层

表现出来的。又如，滇中新平鲁奎山铁矿区中先压后张的南北向断裂（图6-5），是通过断裂力学性质的综合特征表现出来的。

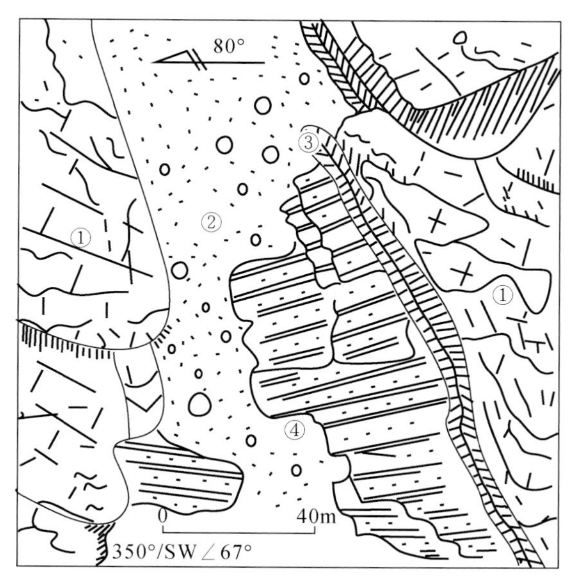

图6-5　滇中新平鲁奎山铁矿区南北向断裂素描
①挤压破碎的灰岩，走向南北；②构造角砾岩；③梳状生长的方解石脉；④古岩溶沉积

（二）复合结构面的鉴定

该类结构面鉴定是一个复杂的难题，必须认真观察，仔细鉴定，辅以显微构造和岩组的

研究，才能正确判断复合结构面力学性质的复杂情况，以下仅就长期实践经验，介绍其野外宏观鉴定方法。

1. 复合叠加断裂的鉴定

在复合叠加断裂的裂带内，往往存在两条以上的断裂面（图6-3、图6-4），由这些断裂面将不同力学性质的断裂分割开，因此对这些断裂的鉴定应注意：首先，要仔细观察裂面的数目，并区别出不同力学性质断裂的界面；其次，分别鉴定不同断裂的力学性质，方法同于单式结构面及序次转化结构面的鉴定；最后，要注意区别不同力学性质断裂的先后顺序，注意研究裂面的切割关系、构造岩的组成成分等。

2. 复合叠加褶皱的鉴定

叠加褶皱的研究方法在《构造地质学》中已有详细的介绍，在这里只重点介绍使用层间和层面构造研究复合叠加褶皱的方法。

在个旧矿区马拉格矿田内，东西轴向的马松背斜是矿田内的一级构造。但是，在背斜的北翼后期叠加了由层间挠曲构造组成的表层褶皱带，表层褶皱表现为一系列北北东向的小型背、向斜相间排列，上部层位内挠曲的弧度较大，向深部弧度减小直至消失。在挠曲背斜的剥离空间或裂隙发育部位，常赋存有主要的工业矿体。

经过坑道中研究查明，在它们形成的过程中，由于层间滑动的影响，有滑动面上常发育大量擦痕，普遍具有两组不同方向的擦痕：早期一组为逆冲擦痕，阶步指示上盘地层逆冲滑动；晚期一组为斜冲擦痕，阶步指示上盘地层右行斜冲滑动，后者常切过前者（图6-6）。靠近层间破碎带的上下围岩中常发育低序次的层间劈理，也具有两组相同的产状，同样反映了这两期层间滑动的方向（图6-7、图6-8）。由此证明，马松背斜为压性构造形成较早，为东西构造带的成分，表层稍微压扭性褶皱，形成较晚，为新华夏系构造带成分。

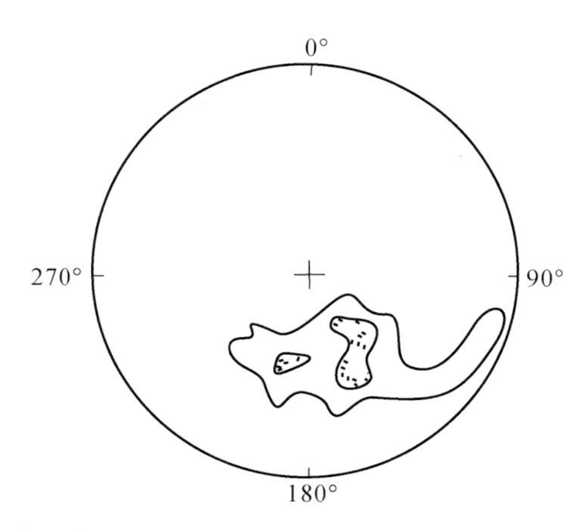

图6-6　个旧白泥沟地层滑动界面擦痕素描图（27次测量，等值线1–3）

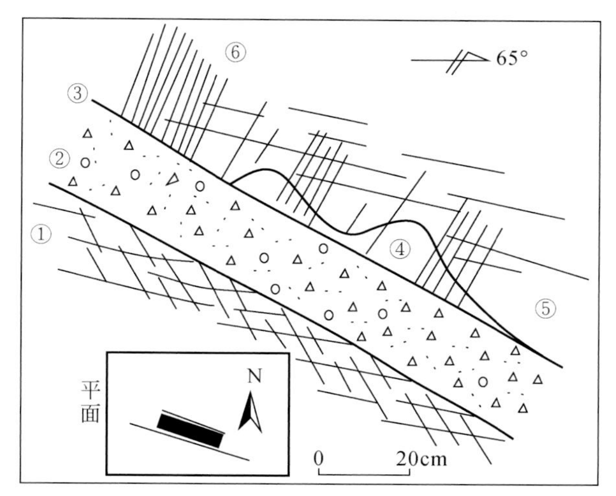

图 6-7　个旧白泥硐矿床 1970 中段东一支 9 北 K24/K23 界面及旁侧劈理素描图

①矿化碎裂岩；②矿化碎斑岩；③地层界面，产状 N73°W∠42°NE；④方解石脉；⑤碎裂白云岩；⑥劈理、产状 N68°W∠73°SW

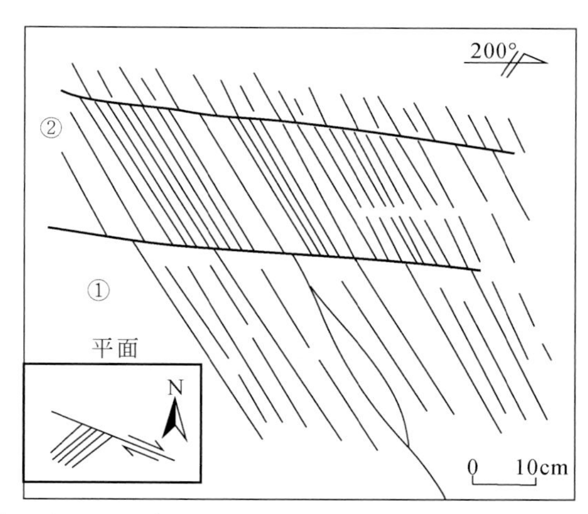

图 6-8　个旧白泥硐矿床 2030 中段南苍 K21/K22 界面及旁侧劈理素描图

①地层界面，产状 N88°W∠40°NE；②劈理，产状 N40°E∠80°NW

3. 复合转变结构面的鉴定

复合转变结构面均为破裂面。由于该结构面只有两条裂面，外观上与单式结构面和有转化结构面极相似，只是由于力学性质的不同表现出来，因此，必须通过以下五个方面的变化来加以鉴定。

（1）裂面形态的变化：裂面的形态是鉴定结构面力学性质的其中之一，不同性质的结构均有特定的裂面形态。因此，如果裂面的形态偏离了正常的形式，而具有特别性质的话，则可能为复合结构面。例如，滇中鹅头厂铁矿区内的北西向断裂（图 6-9），下裂面呈锯齿状，但齿尖被磨钝，而且裂面附近存在磨砾岩，结合裂带内构造角砾岩的存在，证明该断裂为先张后扭的断裂；又如，从新平至墨江公路上所见的哀牢山大断裂，裂面呈大波形，波面上被擦光，并具大量的逆冲擦痕，也表明该断裂有过张性到压性的转变。

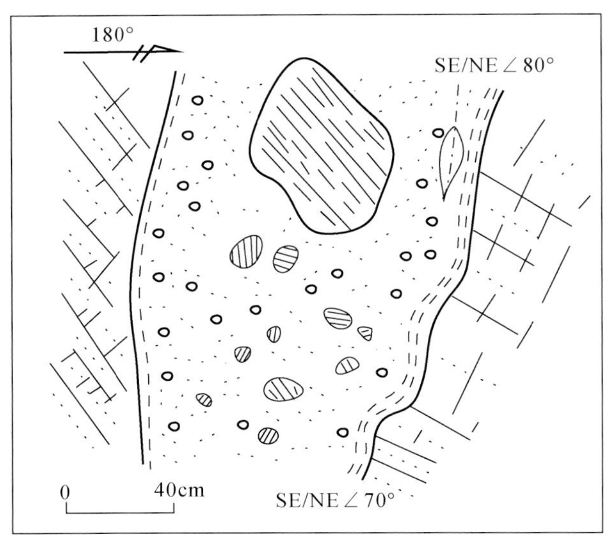

图 6-9　滇中罗茨鹅头厂铁矿区内北西向断裂素描图

（2）裂面上构造的变化：裂面上的构造主要指擦痕、阶步、应力薄膜等。如果在裂面上发育两组擦痕或阶步，而且一组系统地切断另一组，则结合其他特征可以判断此断裂为复合断裂，而且还可以根据擦痕或阶步判断断裂先后的相对位移方向。

（3）裂带内构造岩的变化：构造岩的性质是鉴定结构面力学性质的主要依据，因此同一条断裂的裂带内存在不同性质的构造岩，则可以确定复合转变断裂的存在及其力学性质。这里介绍一种宏观的、简便的方法，即根据构造透镜体的成分及完整程度鉴定复合转变断裂的方法。在野外，构造透镜体是常见的，也是容易辨认的，因此是容易鉴定的，总结长期的实践经验，构造透镜体的成分及完整程度存在三种情况：①构造透镜体外形完整，其组成岩石是单一完整的岩块，这是一次构造运动的产物，不反映复合结构面的特征。②构造透镜体外形完整，但其组成岩石是先期的构造岩，这是两次构造运动的产物，反映出复合结构面的存在。因此，南北向断裂内的构造透镜体外形完整，但敲开后内部由构造角砾组成，表示具有先张后压的特点（图 6-3）。由此例也可看出，根据先期构造岩的性质，判断早期断裂的力学性质。③构造透镜体被破碎，但破碎的岩块还大致保持构造透镜体的轮廓，如图 6-10 所示。如果被破碎的岩块是单一岩石的话，则表示两次构造运动的产物；如果破碎的岩块是先期构造岩的话，则表示三次构造运动的产物。

将以上的情况推广到一般的构造岩也是适用的，可根据构造岩碎块的岩石成分来判断该断裂是否为复合断裂，例如，在个旧矿区的马拉格矿田内，在北西向断裂中，普遍发育张性的构造角砾岩，但角砾不是由单一的岩石组成的，是由糜棱岩和碎粒岩组成的，表明北西向断裂经历了先扭后张的转变，根据构造岩块的岩石成分判断复合断裂，在野外也是常用的方法。

（4）旁侧构造的变化：旁侧构造有平面上的，也有剖面上的，按照构造序次的原理，

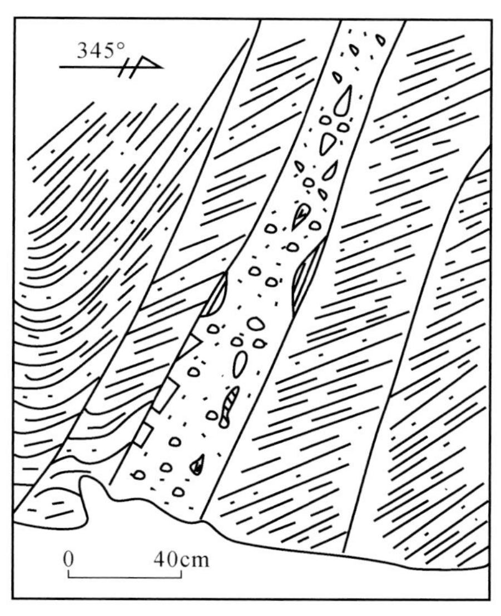

图 6-10 云南安宁八街铁矿区东西断裂素描图

可以根据旁侧构造来判断断裂的相对位移方向，如果某一断裂存在多种旁侧构造，这些旁侧构造标志着该断裂有不同方向的位移，那么结合其他的特征，可以判断该断裂为复合断裂。例如，在个旧矿区马拉格矿田内，有一条多期活动的东西向元（宝山）–老（阴山）断裂，北侧劈理指示该断裂右行扭动，西南侧的复式构造透镜体又指示该断裂为左行扭动（图6-11），结合结构岩等特征分析，该断裂是一条复合断裂。

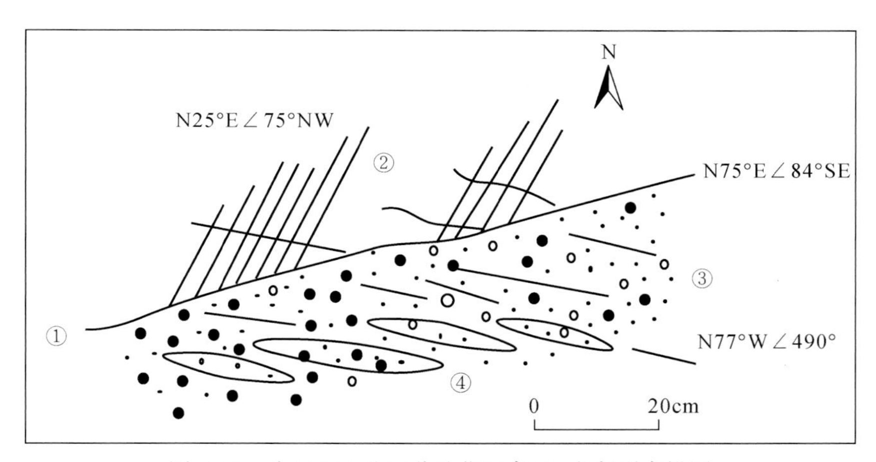

图 6-11 个旧 308 队三分队住地旁元–老断裂素描图

①扭性复合裂面；②第二期右行扭动形成的旁侧劈理；③第二期矿化碎斑岩；④第三期左行扭动形成的构造透镜体

（5）岩（矿）脉充填前后构造的变化：例如，滇中新平大红山铁矿区内，有一条由辉绿岩充填的南北向张性断裂，但是辉绿岩脉又受到挤压，产生构造透镜体及片理化现象，显示该断裂为先张后压的复合断裂（图6-12）。又如，滇中安宁八街矿区内，有一条充填在东西向追踪张裂隙内的含铁石英脉，岩脉内又发育了四组节理裂隙，南北向张节理、东西向压裂隙、北东向及北西向两组破劈理，按它们的配套关系，充分显示它们是在南北向的挤压力作用下形成的（图6-13）。因此，追踪张裂隙是在东西向挤压力下形成的，后期又受到南北向挤压力的作用，故该裂隙是先张后压的复合裂隙。

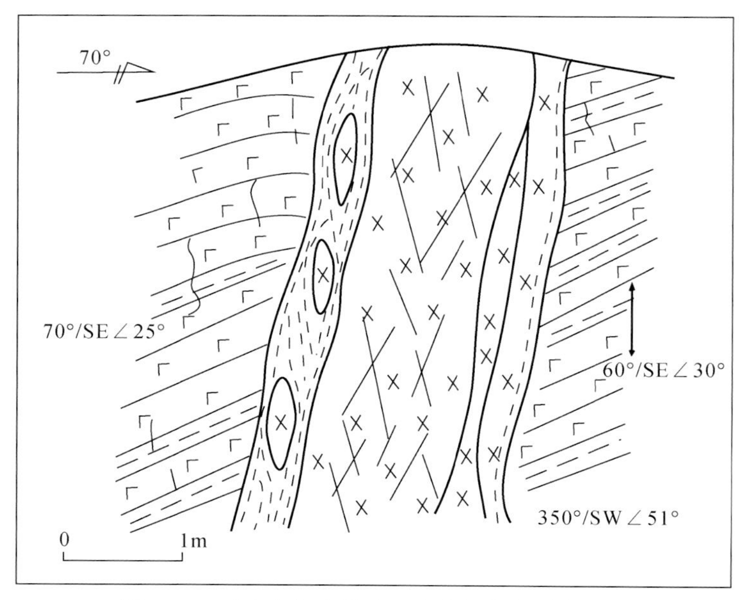

图6-12　云南大红山铁矿区内南北向断裂素描图

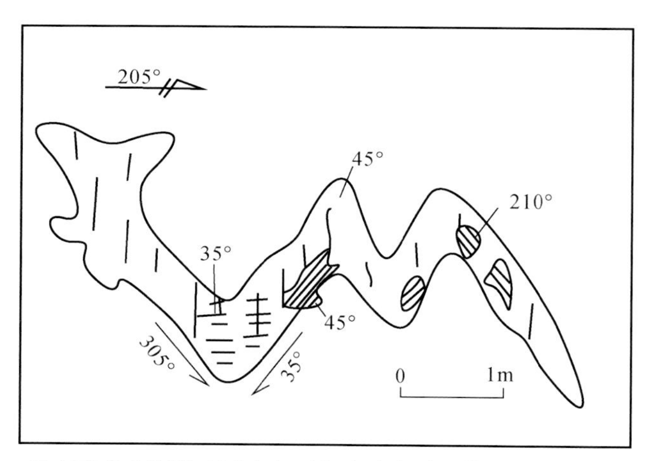

图6-13　云南安宁八街铁矿区内东西向追踪张裂石英脉内的裂隙系统素描图

五、复合弧形构造

复合弧是一种复合构造型式，它是在两种不同方向力的先后作用下，先成构造体系的成分被后成构造体系的成分归并改造所形成的弧形构造，这种弧形构造在反接复合的情况下最易形成，分布普遍。规模较大的以滇中元谋–易门–元江复合弧为代表（图6-14）。从元谋经

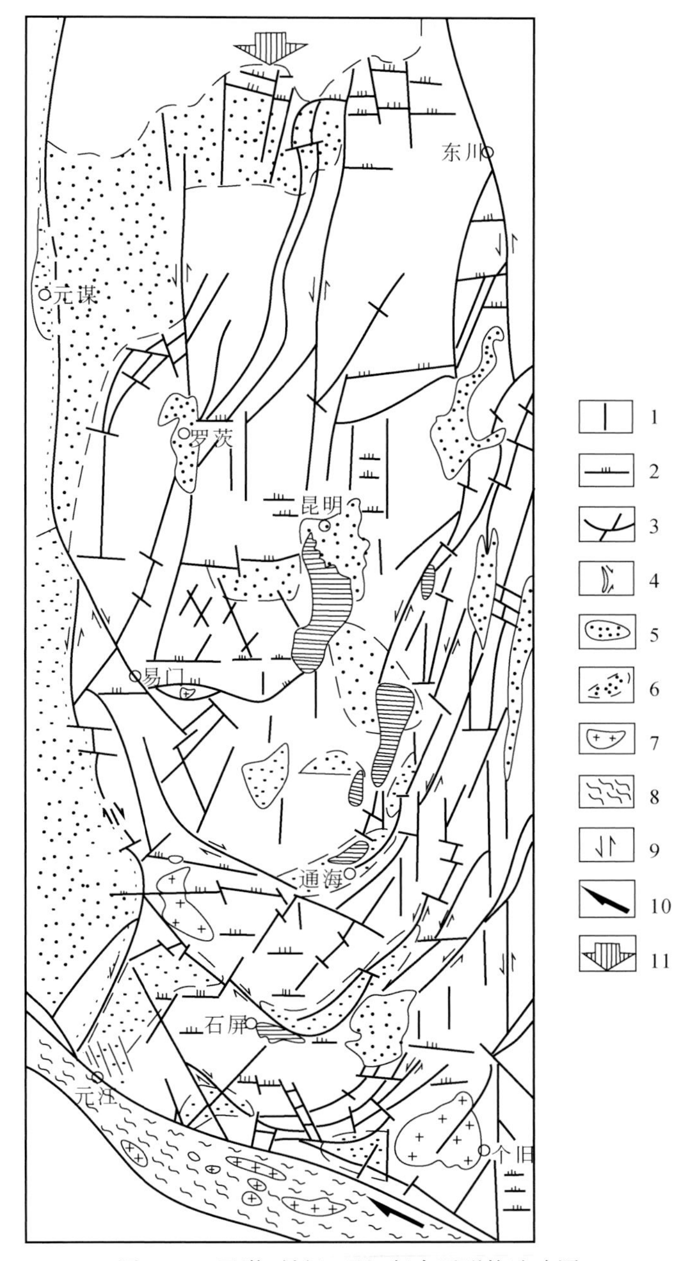

图 6-14　元谋–易门–元江复合弧形构造略图

1. 经向构造体系；2. 纬向构造体系；3. 扭动构造体系；4. 复合弧形构造；5. 新生代盆地；6. 中生代断陷盆地；7. 花岗岩；8. 片理定向；9. 局部扭动方向；10. 派生扭力；11. 外力方向

易门到元江，绿汁江断裂常不是稳定的南北走向，而是呈一弧形断裂，成为滇中地区一个引人注目的构造现象，经过详细的研究后表明，该弧形断裂带具有如下特征：

（1）根据结构面的力学性质及次级构造的组合型式分析，该弧形断裂带的北东走向段具有左行扭动的特点，而北西走向段有右行扭动的特点，即弧形构造外侧的岩块有着向弧顶方向扭动的趋势，这一特征和山字型构造前弧的扭动方向恰好相反。

（2）该弧形断裂带控制了晚三叠世及侏罗纪的张性断陷盆地的分布，并结合结构面有张性改造的特征分析，表明弧形断裂形成时具有张性或张扭性的特征，其性质也和山字型构造的前弧迥然不同。

经过简单的力学分析表明，这一弧形构造是一个复合构造，它是经向构造体系的组成成分——绿汁江断裂，在南北向的挤压力作用下，发生弯曲而形成的复合弧形构造。经该断裂受压弯曲时，由于周围为岩块阶段，因此两盘的岩块发生相对的扭动，就如岩层褶皱发生弯曲时产生层间滑动，层面上部的地层向褶皱顶部扭动，并形成张性的剥离空间，这种弧形构造形成的力学机制恰好与山字型构造相反，因而容易与山字型构造的前弧相区别。

从滇中地区晚三叠世瑞蒂克期张性断陷盆地的分布看，它们明显地受到山字型构造前弧及复合弧形构造的控制。因此，这一复合弧形构造大致和云南山字型构造同期形成，最晚发生在印支期。

第二节　构造体系联合的概念

一、概　　念

在同一地区或毗邻地区，同时产生两种或两种以上不同方向或不同方式的力的作用，它们会联合起来，共同决定该区的构造应力场和形成联合构造体系，这种现象称为构造联合。

构造联合可以是全面的联合，也可以是部分的联合。在全面联合的情况下，联合构造应力场占有同一空间，从而形成统一的折衷形式的构造体系，即联合构造体系。在部分联合的情况下，联合构造应力场只部分地占有同一空间，因此不仅形成独立的联合构造体系，旁边不联合的部分则形成单纯的非联合构造体系，即构造体系的联合关系。因此，联合构造体系和构造体系联合都有各自明确的含义。

力的联合作用和力的合成是两个不同的概念。对于研究岩块、地块的变形来说，力是不能沿作用线任意移动的，联合作用的诸外力通常有不同的作用面或作用点，不能按照刚体力学的法则随意加以合成。根据弹性力学的叠加原理或力的独立作用原理，地块在联合受力情况下的应力场等于每一种力单独作用时所产生的应力场的叠加。这种叠加应力场即联合应力场，联合应力场内任一点的主应力为联合主应力。联合构造应力的主应力迹线及相应的构造线往往具有中间方位，或者同时迁就两种简单受力时的主应力迹线或构造方位，成为自然弯曲的过渡形式。

二、构造联合和构造复合的主要区别

构造联合和构造复合的区别有以下几个主要的方面：

（1）构造力作用的时空关系方面。构造复合是两种或两种以上的构造力在同一地区先后独立作用的结果；构造联合则是两种或两种以上的构造力在同地同时联合作用的结果。

（2）构造应力场的叠加方面。构造复合所代表的构造应力场是先后发生的，故一般不存在应力叠加问题，并不形成统一的联合构造应力场，构造联合则必然会有两种或两种以上

构造应力场的叠加，形成统一的联合构造应力场。

（3）变形和位移的叠加方面。构造复合和构造联合都可以表现为两种或两种以上的变形和位移的叠加，构造复合表现为先后发生的变形和位移的叠加，因此它是两阶段或多阶段的先后叠加，构造联合所表现的变形或位移的叠加是同时的，一开始就以综合的、折衷的形式出现。

（4）地质构造方面。相复合的两个或两个以上的构造体系虽然互相干扰，发生构造形迹的交切、穿插等现象，但并不改变各个构造体系在总体上的独立性；构造联合的结果，必然会协同造成一种统一的、折衷的联合构造体系。即使在部分联合的情况下，也会在联合区形成统一的、折衷的联合构造。

三、联合弧形构造

联合弧是联合构造体系的一种构造型式。它是在两种构造力同时作用于同地，联合起来形成统一的构造应力场中形成的，它是一种常见的构造现象，最显著的例子就是出现在滇西的芒市联合弧（图6-15）。该弧形构造由一系列从南北转向北东的褶断带、花岗岩带及变质带表现出来，弧顶向南东。其中，断裂带在其南北段具有左行压扭性，而北东—北东东段则具有右行压扭性的特点，这种扭动的特点与山字型构造的前弧相仿，反映该区曾遭受过由北西向南东滑移的作用。在这种力的作用下，由于受南北向怒江断裂带和东西向畹干河断裂带

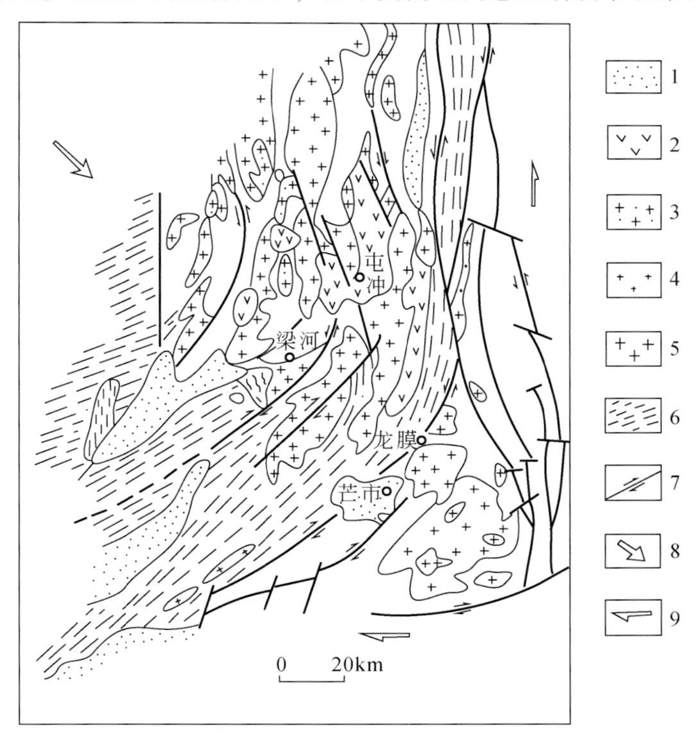

图6-15　滇西芒市联合弧及其形成示意图

1. 新生代盆地；2. 新生代火山岩；3. 喜马拉雅期花岗斑岩；4. 燕山期花岗岩；5. 海西期花岗岩；6. 片理及片理走向；7. 压扭性断裂；8. 外力作用方向；9. 派生扭力作用方向

的限制，从而形成了向南东突出的弧形构造。这种力对怒江断裂带及晒干河的断裂带也有影响，使前者受到左行扭动，后者受到右行转动的改造，这样就使弧形构造得到加强。这一弧形构造是在两种方向的力联合作用下产生的，一是由北向南滑动产生的力；二是由东向西滑动受到印度地块阻挡产生的反作用力，这两种力形成联合叠加的构造应力场，从而产出这一经向构造和纬向构造的联合弧形构造。

该弧形构造可以分为外弧（龙陵弧）及内弧（梁河弧）。外弧大致在加里东晚期—海西早期形成，内弧大致在燕山期形成，在弧顶部位控制了这些时期的花岗岩分布，而且弧形构造又由南东向北西迁移，从而导致了花岗岩有北西向成带的特点，以及由南东向北西时代变新的趋势，该弧形构造是滇西锡矿带内重要的控矿构造，控制了与花岗岩有关的锡矿的形成及分布。

第三节　矿田构造体系发展史的研究

所谓构造体系发展史就是指构造体系发生、发展、成熟，以致演化的整个过程，李四光教授指出："分析一个构造体系，必须确定它发生的时期，明确它发展的阶段，然后在这个基础上了解它在哪个阶段形成了怎样的组合形态，即从时空关系上去分析研究它发生、发展及其组合规律的演化历史"。

为了掌握矿田构造体系的发生、发展，复合转变控制矿床形成和分布的规律，指导成矿预测，就必须研究矿田构造体系的发展史，以往分析构造发展史有两条途径：一是建造分析法，二是构造体系复合分析法。但是，在实际应用中两者都不够全面。

用建造分析法来确定构造体系的成生发展，有两点不足：①地层剖面的不完整性和侵入岩体暴露的不完全性，这些都影响到建造分析的不全面性；②由于扭动构造的发生和断裂的错位，改变了建造形成时的位置，即产生了建造的变位。因此，不考虑建造的变位，用单纯的建造分析，往往得出错误的结论。

用构造体系复合关系的分析来确定构造体系的成生发展，也有两点不足：①复合关系的分析只能确定型式成生发展的相对顺序，而缺乏地质时代的概念；②常用的构造体系复合关系的分析，只是根据主干构造间的相互关系来确定其先后顺序的。但是，在多期构造运动影响的地区，各种构造型式的组成成分经历了生成、加强和改造的复杂过程，往往形成各种构造成分间的互相影响、互相切割的情况，在这种情况下，用简单的方法来确定它们的成生顺序是十分困难的。

为了更好地重建矿田构造体系发展史，应将两方面的分析结合起来，取长补短。根据地质力学的原理，把改造的分析和建造的分析结合起来，形成改造分析和建造分析相结合的历史分析法。这种方法的基本内容是：首先，从改造的分析入手，确定矿田构造型式的形变史；然后，用建造和改造相结合的分析法，重建矿田构造型式的发生发展史。

一、形变史的分析

（一）基本方法

在形变史的分析中，不仅要注意主干构造之间相互关系的分析，即确定它们的复合结构类型；更重要的是要加强对复合结构面的鉴定及复合构造型式的研究。因为，前者只是从形态方面分析复合关系，后者才触及到复合关系的实质。

复合构造型式是指不同构造型式的组成成分，经过构造复合而转变成的一种新的构造型式。更具体地说，是新产生的构造形迹和被它归并改造的老的构造形迹所组成的一种构造型式。这种构造型式必须反映新的构造形迹形成时统一的构造应力场的特点，或者说是反映形成新的构造型式的特定方式外力作用的结果，显然，复合构造型式的研究必须以复合结构面的鉴定为基础，复合结构面的鉴定又必须以复合构造型式的分析为目的，二者是不可分割的。

通过以上的分析，就能够比较全面地确定矿田构造型式发生发展的相对先后顺序，即恢复矿田构造体系的变形史，作为确定矿田构造体系发展史的基础。

（二）变形史分析的实例

现以滇中地区为例。滇中地区经历了多期构造运动的影响，形成了东西构造带、南北构造带、滇中多字型构造、山字型构造、华夏系构造、新华夏系构造及歹字型构造等多种构造型式，组成一幅十分复杂的形变图像。

1. 东西构造带

具有多期活动和经受多期改造的特点，具体表现在以下几个方面。

（1）张性改造：在基底的东西构造中，西向的压性断裂后期经受张性改造的现象是普遍存在的，而且形成了一些特殊的复合构造型式，如安宁八街矿区的复合弧形构造、新平大红山矿区的复合剥离构造等，这一特征证明基底东西构造的形成应早于基底南北构造。

（2）压性叠加：这种现象是普遍存在的，它除了通过基底东西断裂逆冲于新地层之上到表层外，从复合断裂的鉴定也得到证明，且还出现了东西向的九道湾构造带，具有多期活动的特点，从而可将东西构造带划分为早、晚两期，晚期东西构造叠加在早期东西构造之上，使东西构造带得到加强。

（3）扭性改造：这种改造可分为区域性改造和局部性改造两种，区域性改造表现为规模较大的东西向断裂带，具有北盘向东、南盘向西的扭动，产生这种扭性改造的扭力来自于东西向的不均匀挤压，是由南北构造带改造的结果。局部性的改造是构造体系归并复合的结果，例如，受到滇中多字型构造的归并产生右行扭动、受到滇南山字型构造西翼成分的归并产生左行扭动、受到歹字型构造成分的归并产生右行扭动等。

2. 南北构造带

南北构造带是一个长期发展的构造体系，而且多期活动性和经受多期的改造更为明显。

（1）先张后压：南北向的基底断裂普遍具有先张后压的特点，在盖层构造中也有反映，表明基底南北构造是在基底东西构造的配套张裂的基础上发展起来的，而且具有多期活动的特点。

（2）张性改造：南北向断裂后期的张性改造是普遍存在的，而且还出现规模较大的元谋-易门-元江复合弧形构造，表明它受到晚期东西构造的改造。

（3）扭性改造：分为区域性的改造和局部性的改造，区域性的改造表现为南北断裂带普遍具有多期的左行扭动的特征，反映出滇中地区总体向南、滇东地区总体向北的滑动，这是南北向不均匀挤压的结果，局部性的改造也是构造体系归并复合的结果，在歹字型构造和山字型构造西翼、滇中多字型构造的邻近地区，南北向断裂都显示了右行或左行扭动的特征。

综上所述，可以归纳出南北构造带成生发展的顺序：①基底南北向断裂的先张后压，反映出它晚于早期东西构造带出现；②南北断裂的张性改造和局部性扭性改造的特点，表明它的形成早于滇中多字型构造、滇南山字型构造和歹字型构造及晚期东西构造；③盖层构造内的南北向断裂的先张后压，反映出南北构造带也有过后期的活动性，而且晚于晚期东西构造发生；④南北断裂带的早、晚两次区域性的扭性改造，还反映出滇中地区曾发生过两次由北向南的不均衡滑动。

3. 滇中多字型构造

该构造体系是由南北断裂带左行扭动派生的低序次构造体系，呈北东—北北东向斜面的多字型或入字型分支出现在南北断裂带之间或旁侧。

（1）多字型构造的成分包容或反接切断东西构造，或者受到东西构造的限制，表明它晚于早期东西构造发生。但是，它又被晚期东西构造切割或归并，说明它在晚期东西构造活动前就已经存在了。

（2）多字型构造的成分归并早期南北断裂，形成 S 型弯曲，而且切断了早期南北断裂，都表明它出现在早期南北构造之后。

4. 山字型构造及华夏系构造

（1）两个体系的成分明显地切割和归并基底东西构造的成分，但又明显地被盖层东西构造的成分所切割，表明它们的形成应晚于早期东西构造，而又早于晚期东西构造。

（2）两个体系的成分明显地切割和归并基底南北构造的成分，表明它们的形成应晚于早期南北构造。但是，山字型构造的两翼及华夏系的断裂构造，后期又具明显的反扭现象，表明它们受到晚期南北构造的改造。

5. 新华夏系构造

新华夏系构造仅指普渡河-绿汁江北北东向断裂而言。该构造在滇中地区十分醒目，而且切过各种构造型式，显示了一种较新构造体系的特点。它明显地复合叠加在北北东向断裂之上，表明它晚于滇中多字型构造形成，而且很可能是在北东构造的基础上发展起来的。

该断裂延至南部，被山字型构造西翼左行错移，而且又被南北断裂带切断，表明它应早于早期南北构造形成。

6. 歹字型构造

从宏观上看，滇中南部强大的红河-哀牢山断裂带切割了所有的构造型式，显示一种新构造体系的特点。但是，从结构面的鉴定看，哀牢山断裂却经历了复杂的变形过程，有过右行和左行的交错扭动，归纳起来大致有三期：①第一期左行扭动，这是区域东西向挤压的结果；②第二期右行扭动，由区域南北向挤压形成；③第三期左行扭动，又恢复为区域东西向的挤压。所以，红河-哀牢山断裂的变形史所显示的外力作用方式与滇中地区完全一致，因此，第一期大致与早期南北构造相当，第二期大致与晚期东西构造同时，第三期与晚期南北构造的活动相当。

从以上各种构造体系的成生发展看，充分反映出各种构造体系都经历了多期的发展，在发展中都经受过改造和得到加强，尤以纬向构造体系和经向构造体系表现特别明显。从它们的发展上看，都可以分出早、晚两期，从前期各种构造体系之间复杂的关系中，可以厘定出滇中地区各构造体系的变形史，即出现的相对先后顺序：①早期东西构造带，主要表现在基底构造中；②早期南北构造带，主要表现在基底构造中；③滇中多字型构造，是南北构造带经历第一次区域性的扭性改造时开始出现的构造型式，主要包含在基底改造及早期的盖层构造中；④山字型构造、华夏系构造及歹字型构造，是盖层构造中的主要构造型式，一部分影响到基底；⑤晚期东西构造带新华夏系构造，主要是盖层构造，但也影响到基底，尤以新华夏系构造影响的深度较大；⑥晚期南北构造带，该构造反映比较明显，在基底和盖层构造中都有显示，并且受到了第二次的扭性改造，这种改造也影响到东西构造带。

二、构造体系发展史的重建

（一）基本方法

形变史的分析虽然没有时代的概念，但却有了对各种构造型式相对发展顺序的认识，从而为古构造的分析打下了基础。为了了解各种构造型式出现的时期和结束的时期，以及了解各种构造型式在各地史时期的发展特征，可采取建造分析和改造分析相结合的方法。

建造分析的基本前提是改造控制建造，建造反映改造，就是说无论是沉积建造和岩浆建造都是受构造控制的，前者主要是对岩相古地理的古构造控制，即某一构造体系或构造体系的复合控制某地史时期隆起带和拗陷带的分布；后者主要是受各种级别断裂的制约，即组成构造体系的高级序的构造带或复合构造控制岩带，而级序的断裂或构造复合部位控制岩体。因此，沉积建造和岩浆建造的形成和分布都与构造体系的活动有着密切的联系。反过来，通过对沉积建造展布特点的分析，可以了解各地史时期不同方向的古隆起和古拗陷的分布情况，通过对岩浆建造的分析，可以了解各地史时期不同方向断裂的活动情况，从而可以帮助我们了解各构造体系开始发生的时期，以及它们在各地史时期的发展特点。

在这里所指的改造的分析包含两方面的内容：一是对不同构造层内的构造形迹进行筛分；二是发现和确定构造不整合，众所周知，新的地史时期形成的构造形迹可以影响到老的构造层，但老的地史时期形成的构造形迹在新的构造层内是不可能出现的，甚至可以被新的构造层不整合覆盖，形成构造不整合的现象，因此在老构造层内出现的构造形迹不一定都是老的。其中尚混杂有新的构造形迹，而在新构造层内出现的构造形迹则肯定是新构造层形成后才出现的新的构造形迹。如此，就可以由新到老，采取层层剥皮的方法，来区分新老构造形迹，特别是被构造层不整合覆盖的构造形迹，则肯定是在此构造层形成以前就已存在的构造形迹。

采用构造层内构造形迹筛分的方法，包括两个方面的内容：一是分析构造层内所包含的构造型式的多少；二是分析不同构造层内同一方向结构面力学性质的繁简情况。在新的构造层内出现的构造型式，在老的构造层内也有其踪迹，只要根据各种构造型式的展布规律，就可以在老构造层内追索到它的组成成分，但是，老构造层内特有的构造型式，在新的构造层内肯定是不可能存在的。因此，就可以通过由新到老的筛分，把各种构造型式结束的时期区分出来。从结构面来看，同一方向的结构面，如果是在老构造层内早已出现的，那么它必然经受多期构造运动的影响，所以产生了复杂的力学性质的叠加或转变；如果是在后期运动中出现的，则其力学性质比较简单，而在新的构造层内，由于经受的构造运动期次较少，因此结构面的力学性质相对比较单一。所以，通过不同构造层内同一方向的结构面的繁简情况的筛分，也可以把新老构造形迹区别出来，即使它们同时出现在老构造层中。

然而，自然界的地质现象是很复杂的，区别新老构造形迹并不是容易的。但是，后期构造运动的影响总会在老构造层内留下它的踪迹，只要认真细致地观察和研究，总可以把它们中的一部分筛分出来。

（二）构造层的划分

构造层是指在地史发展中某一构造运动阶段内所形成的沉积建造的组合，它能反映某一构造运动阶段地壳运动的特点，地壳运动有褶皱运动和断裂运动，或者可形成地层间的不整合，后者则表现为断块的升降及岩浆活动、动力变质等。因此，划分构造层必须综合考虑以下四个方面的因素：

（1）地层间的角度不整合或平行不整合；

（2）沉积建造的组合及其分布特点；

（3）岩浆活动的强烈程度及性质；

（4）变质作用的有无及类型。

例如，根据这些原则，可将滇中地区的构造层划分为九层，代表了九个不同的构造发展阶段。它们分别为昆阳群玉溪亚群、昆阳群东川亚群、震旦系澄江组、上震旦统—下古生界、上古生界、下-中三叠统、上三叠统—侏罗系、白垩系—古近系、新近系—第四系。

（三）重建构造体系发展史的实例

在变形史分析的基础上，通过建造分析和改造分析的结合，重建滇中地区构造体系的发展史如下。

1. 中元古代玉溪期（长城纪）

很多迹象表明，在这一时期玉溪亚群的沉积及火山岩的分布，都受到了东西构造带的控制，表现为滇中地区南北两端连续下沉，而中部的安宁、晋宁地区则相对隆起，并且几经剥蚀，形成了南北拗陷、中间隆起的古构造特点。这种古构造的特点，预示着基底东西构造的萌芽阶段。

2. 中元古代东川期（蓟县纪）

以四条南北向的断裂带为界，由西至东可以分出四个带：元谋-双柏隆起带、罗茨-元江拗陷带、安宁-石屏隆起带及东川-会东拗陷带，东川亚群的沉积明显受到南北向拗陷（堑沟式海槽）的控制，同时还受到东西向的水下隆起的影响。

这种古构造格局的截然变化，正表明了东川运动（1400Ma）的广泛影响，东川运动使玉溪亚群发生了东西向的褶皱和断裂，形成了早期的东西向基底构造。同时，由于南北向的挤压，产生了南北向的张性断裂，并下陷形成了南北向的古裂谷，产生南北向的堑沟式海槽，控制了东川亚群的沉积，并在边缘地区沿断裂有酸性岩浆的喷发。这种南北向的构造格局，就是经向构造体系的萌芽。

特别值得提出的是，此期古构造图的制作是构造复位的结果，从变形史的分析得知，汤丹-洪门厂东西向断裂，由于后期扭性改造北盘已向东平移，如果将其复位，洪门厂地区的东川亚群就可以和罗茨地区相沟通，而东川地区东川亚群的西界就可以西移至普渡河断裂带。另外，元江地区又受到红河断裂向北西的牵引，也将它向南东平移并伸直。因此，则恢复了东川期南北向的古构造格局。

3. 早震旦世

澄江组是晋宁运动（900Ma）以后的第一个盖层，所以它的分布可以反映出晋宁运动以后古构造的格局。从古构造图（图6-16）可以看出，澄江组的分布主要受到南北构造带的控制，后受到东西向张性断裂及北东向扭性断裂的制约。表明在南北构造带形成时，一方面使早期东西构造带受到张性改造，形成东西向的复合弧及断陷；另一方面又形成了北东方向的扭裂，这种构造格局控制了澄江组磨拉石建造的堆积及冰碛层的分布。因此，晋宁运动是早期南北构造带的定型时期，东西构造带受到了第一次的张性改造，北东构造的出现导致了华夏系构造的胚胎。

晋宁期的岩浆岩以九道湾花岗岩和峨山花岗岩为代表，它们明显地受到罗茨-易门断裂带和东西构造带的复合控制，或者呈南北向分布于罗茨-易门断裂带的东侧，而单个岩体则沿东西向断裂侵入。同时，在罗茨地区有裂隙中心式大陆碱性玄武岩的喷发，也主要受到罗茨-易门断裂带的控制，呈南北向带状分布，但是破火山口处于南北断裂和东西断裂的复合部位。这种控岩构造的特点，不仅表明南北构造带的主导性，也显示东西构造带受到了张性改造。因此，南北构造带和基底东西构造带的复合，不仅控制了盖层澄江组的堆积，也控制了岩浆岩的形成及分布，所以，晋宁运动对滇中地区的影响十分深刻，它使基底最后形成，盖层的沉积从此开始，并且奠定了区域古构造的框架，成为盖层沉积古地理的构造基础。

4. 晚震旦世—早古生代

上震旦统的岩相分布，反映了澄江运动后所形成的古构造格局（图6-16），澄江运动后的古构造面貌一方面继承了晋宁运动后的特点，表现了南北构造带及其伴生的北东构造占主导地位，外力作用方式仍然以东西向的挤压为主，但是，另一方面又开始出现了北东向的扭动构造，表明南北构造带已受到扭性构造，反映了由北向南滑动的产生。

上述构造运动的特点，从澄江期的岩浆活动也得到证实。当澄江运动时，滇中地区的岩浆活动较为强烈，但主要集中在绿汁江断裂带的西侧，以及罗茨-易门断裂带的东侧，以罗茨地区为例，此期岩浆活动较为复杂，从超基性岩、基性岩、中性岩直到酸性岩、碱性岩都有出现，但各类岩石都以富碱为特征，较早侵入的马关营碱性次花岗岩明显受南北构造带的控制，较晚侵入的碱性超基性岩总体呈南北向的岩带，但单个岩体受滇中多字型构造的控制，侵入到北东向的分支构造中，反映了南北构造带受到了扭性改造，产生左行扭动的结果。

早古生代继承了元古宙的特点继续发展，但是，从中寒武世开始，古构造的面貌开始有了一些变化（图6-17～图6-19）。表现在南部不断升起，海水不断向北撤退，沉积范围不断向北缩小，到志留纪则呈一北东转向南北的弧形海湾，插入在滇中古陆与牛首山古陆之间，北西向构造得到进一步的发展，大致和北东构造呈对称展布，二者相交的锐角指向南北。

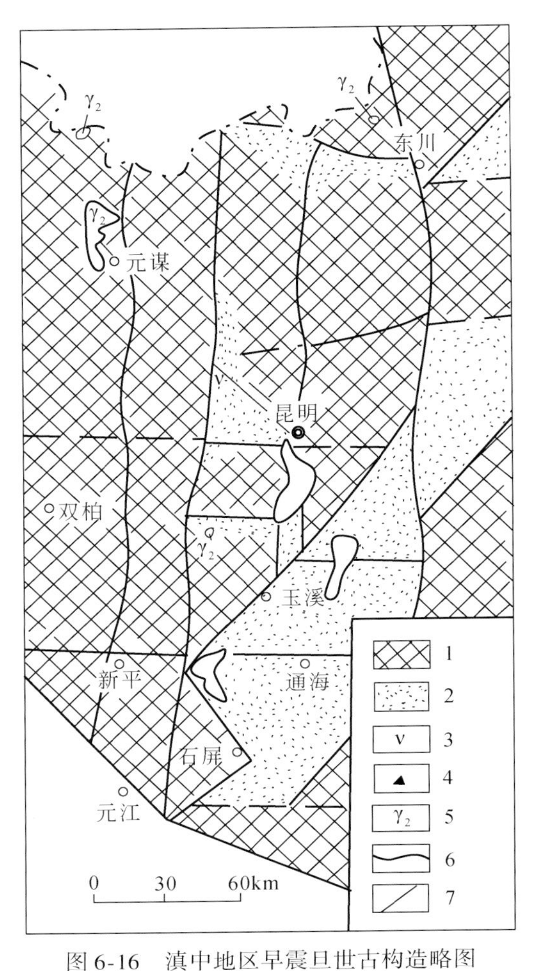

图 6-16　滇中地区早震旦世古构造略图

1. 隆起剥蚀区；2. 澄江组隆相磨拉石建造堆积区；3. 碱性玄武岩；4. 冰川堆积；5. 晋宁期及澄江期花岗岩；6. 断裂；7. 堆积区界线

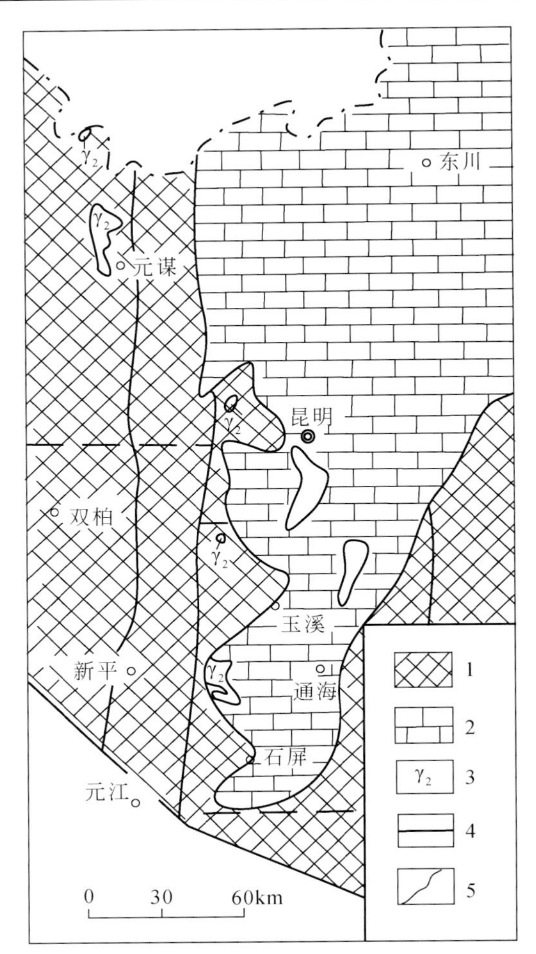

图 6-17　滇中地区晚震旦世灯影期古构造略图

1. 隆起区；2. 灯影组浅海碳酸盐建造沉积区；3. 晋宁期及澄江期花岗岩；4. 断裂；5. 古湾背线

因此，晚震旦世至早古生代古构造的特点是：初期南北构造得到加强，逐渐往后则受到扭性构造，扭动构造开始发展，东西构造得到加强，这些特点反映出东西向的挤压逐渐减弱，而由北向南的滑动逐渐加强。因此，这一构造发展阶段是滇中多字型构造的发生期，华夏系构造的发生期，华夏系构造、山字型构造及歹字型构造等扭动构造型式的萌芽期，南北构造带的扭性改造期，以及东西构造带的进一步发展期。

5. 晚古生代—三叠纪

这一时期的古构造反映了加里东运动后的构造特点。总的来看，仍继续了早古生代的特点，但得到了进一步的发展。

从建造的发育特点及分布特点来看（图 6-20 ~ 图 6-23），从晚古生代至早、中三叠世，表现了各种扭动构造的不断发展成熟，特别是山字型构造及华夏系构造，成为扭动性构造进一步发展的时期；同时，东西构造带得到了加强，特别是南部及中部的几个带表现尤为明显，

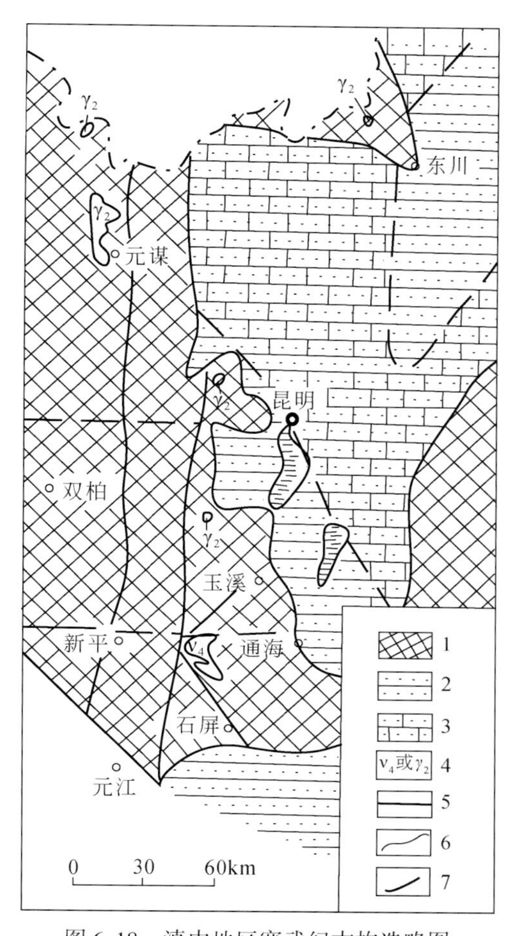

图 6-18 滇中地区寒武纪古构造略图

1. 隆起区；2. 早寒武世海相碎屑岩沉积区；3. 中寒武世海相碳酸盐建造沉积区；4. 晋宁期及澄江期辉长岩和花岗岩；5. 断裂；6. 早寒武世的古海岸线；7. 中寒武世沉积区的范围

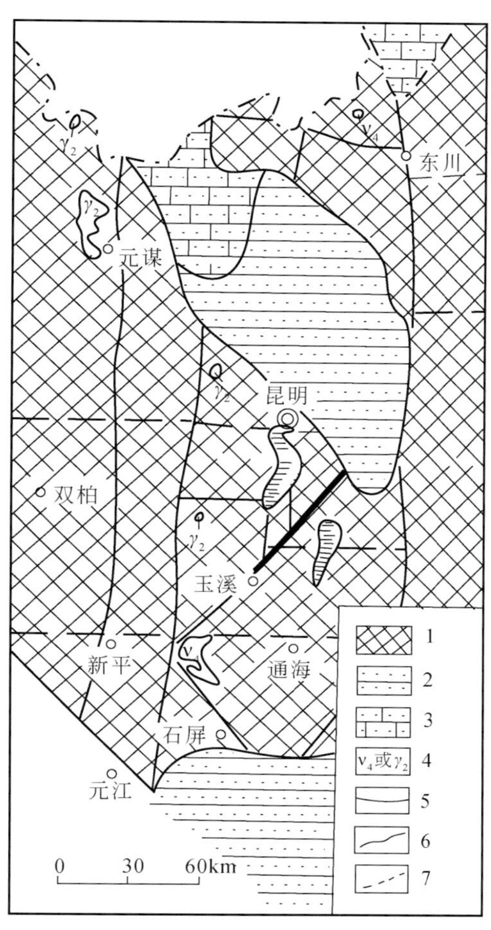

图 6-19 滇中地区奥陶纪古构造略图

1. 隆起区；2. 早奥陶世海相碎屑岩建造沉积区；3. 中奥陶世海相碳酸盐建造沉积区；4. 晋宁期及澄江期辉长岩和花岗岩；5. 断裂；6. 早奥陶世的古海线；7. 中奥陶世沉积区的范围

这是南北构造经受张性改造的时期，主要表现为普渡河断裂带到小江断裂带，南北向台阶状断陷的出现，以及沿两断裂有大规模的峨眉山玄武岩的喷发。这种古构造的格局充分表明，在这一构造阶段内，外力作用的方式已经转变为由北向南的滑动占优势，取代了晋宁运动时期的东西向挤压。

6. 晚三叠世—侏罗纪

这一时期的古构造主要反映印支运动后的构造特点。从沉积建造看，这一时期结束了滇中地区海相沉积的历史，而进入陆相堆积的阶段。这一时期内，有以下的重要构造现象。

（1）山字型构造、华夏系构造已经定型，复合弧构造已经形成，滇中东部地区发育许多形状不同、方向各异、性质差别的小型构造盆地，它们的分布受到各种扭动构造控制（图 6-24）；西部的张性断陷盆地及元谋-易门-元江复合弧形构造的控制，中部性质不同的盆地则受到山字型构造的弧顶和脊柱的制约、东部的压扭性凹槽盆地则受到华夏系的控制，

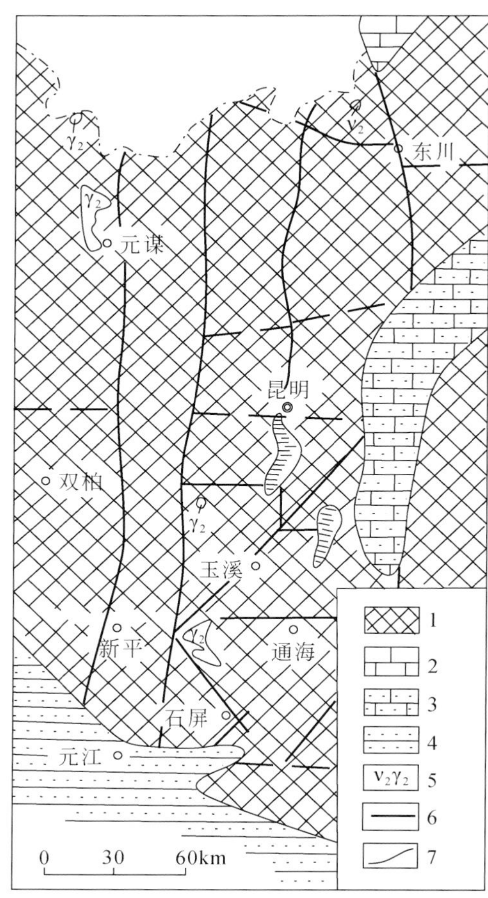

图 6-20　滇中地区志留纪古构造略图

1. 隆起区；2. 中、晚志留世浅海相碳酸盐建造及碎屑岩建造沉积区；3. 中、晚志留世海湾潟湖相碳酸盐建造及碎屑岩建造沉积区；4. 志留纪浅海碎屑岩建造沉积区；5. 晋宁期及澄江期辉长岩和花岗岩；6. 断裂；7. 古海岸线

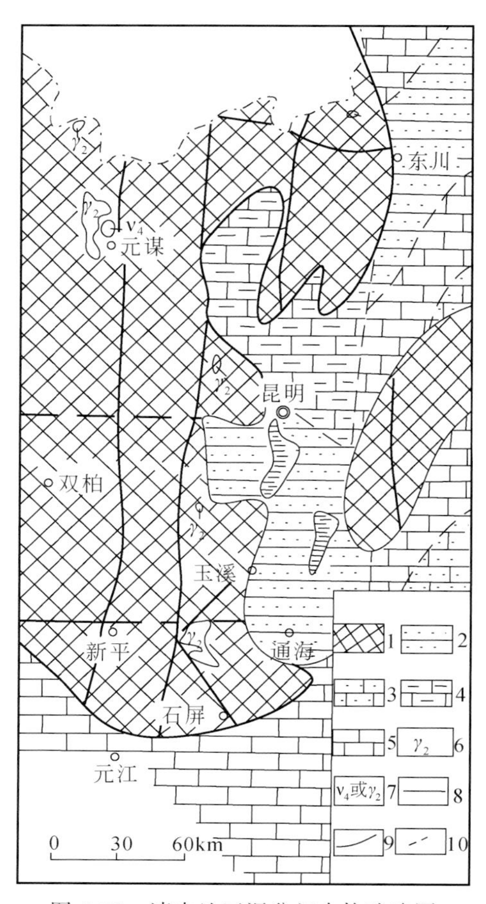

图 6-21　滇中地区泥盆纪古构造略图

1. 隆起区；2. 早泥盆世海陆交互相碎屑岩建造沉积区；3. 中泥盆世海湾潟湖相碎屑岩建造沉积区；4. 中泥盆世海湾潟湖相碳酸盐建造沉积区；5. 中、晚泥盆世浅海碳酸盐建造沉积区；6. 晋宁期及澄江期花岗岩；7. 晋宁期及加里东期辉长岩和花岗岩；8. 断裂；9. 古边岸线；10. 岩相界线

它们处于统一的构造应力场中，充分显示了印支运动的方式表现为滇中地区由北向南的滑移。在这种力的作用下，上述扭动构造型式都已定型，这是运用构造形体（构造盆地）分析构造体系形成及外动力作用方式的最好实例。

（2）哀牢山构造带的崛起，从晚三叠世开始，哀牢山南北的沉积建造发生了分离；从地层间接触关系看，南部褶皱升起，北部从震旦纪开始长期隆起后，这时才开始下陷；北部从晚三叠世到白垩纪，拗陷的中心不断向北迁移，表明哀牢山的不断抬升隆起。所有的这些特征表明，哀牢山构造带是印支运动开始崛起的，歹字型构造在此时定型。

（3）滇中多字型构造的结束。在禄丰盆地以北，罗茨地区北东向左列式展布的多字型构造，被南北向展布的上三叠统—侏罗系构造层不整合覆盖；它们的构造形迹只影响到古生界构造层，而在中生界中不见其踪迹。因此，滇中多字型构造起始于澄江运动之后，而结束

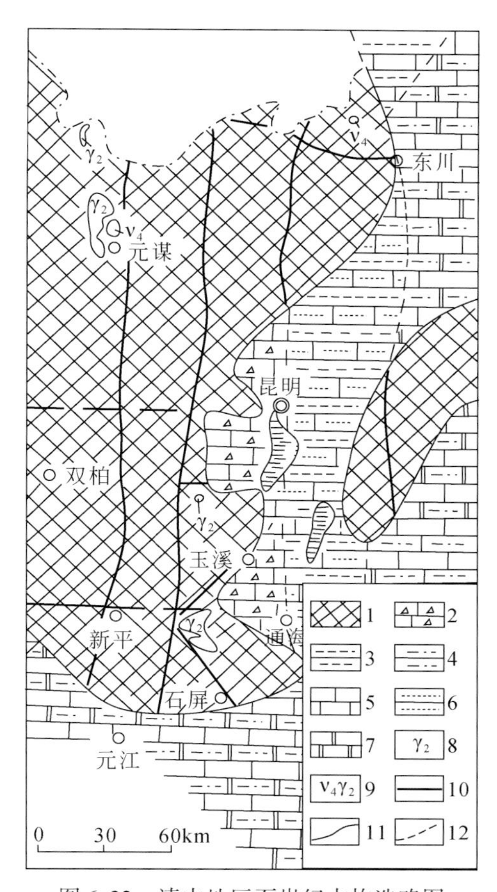

图 6-22　滇中地区石炭纪古构造略图

1. 隆起区；2. 早石炭世海相石灰角砾岩沉积区；3. 早石炭世海陆交互相含煤碎屑岩沉积区；4. 早石炭世浅海碎屑岩相沉积区；5. 中石炭世浅海碳酸盐沉积区；6. 晚石炭世浅海碎屑岩沉积区；7. 晚石炭世浅海碳酸盐沉积区；8. 晋宁期及澄江期花岗岩；9. 晋宁期及加里东期辉长岩和花岗岩；10. 断裂；11. 古海岸线；12. 岩相界线

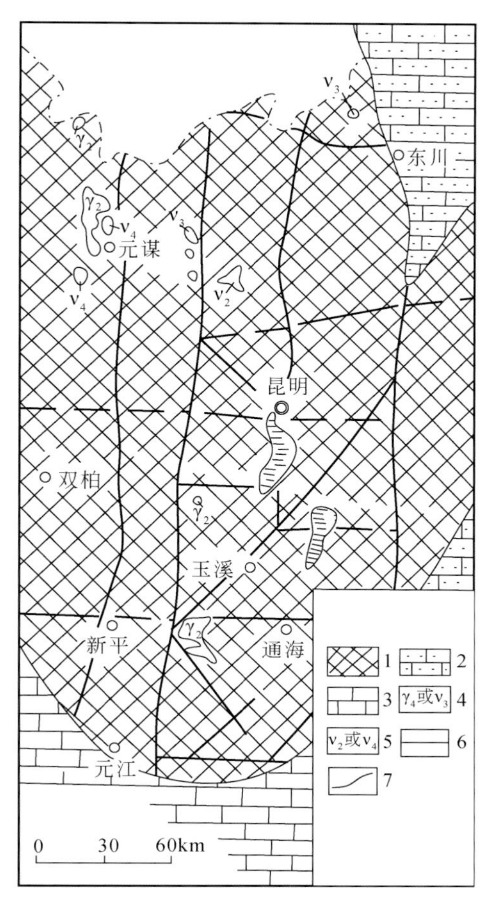

图 6-23　滇中地区早、中三叠世古构造略图

1. 隆起区；2. 早三叠世浅海相碎屑岩沉积区；3. 中三叠世浅海碳酸盐沉积区；4. 元古宙及海西期花岗岩；5. 元古宙、加里东期及海西期辉长岩和辉绿岩；6. 断裂；7. 古海岸线

于印支运动时期。

综上所述，可以看出印支运动发生在晚三叠世，该运动表现为滇中地块向南滑移，而滇东和滇西相对向北移动，在这种南北向对扭力偶的作用下，山字型构造、华夏系构造及多字型构造等扭动构造型式都已经定型；新华夏系的普渡河-绿汁江断裂开始发生；东西构造带得到加强；滇中多字型构造已经结束，西北构造带受到张性和扭性改造，形成了规模较大的元谋-易门-元江复合弧形构造。因此，印支运动是对滇中地区的构造景观产生深刻影响的一次构造运动。通过这次运动后，现今的构造图案在当时已经形成，往后的构造运动只是对已形成的构造型式起到改造和加强的作用。

7. 白垩纪—古近纪

从白垩纪—古近纪构造盆地的展布特点，说明燕山早期的构造运动仍然继承了印支运动

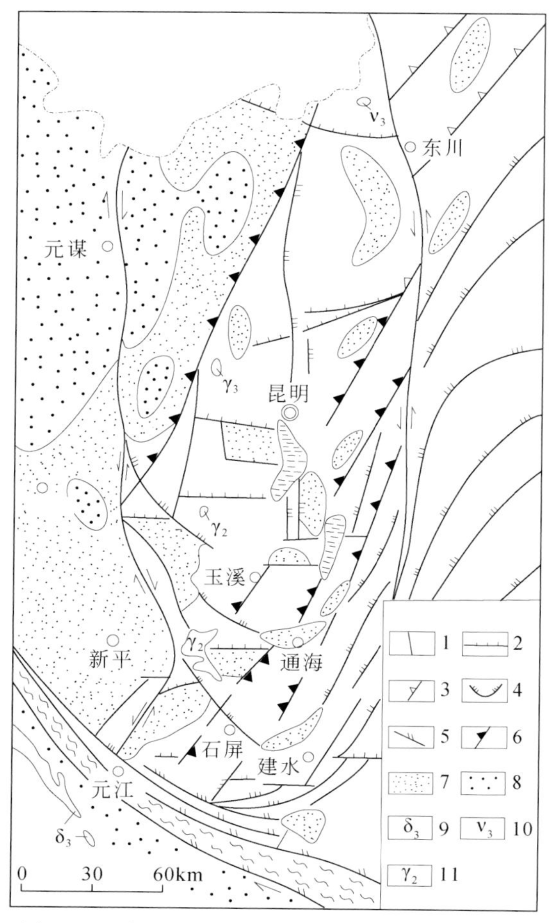

图 6-24　滇中地区晚三叠世—白垩纪古构造略图

1. 南北构造带；2. 东西构造带；3. 华夏系构造；4. 山字型构造；5. 歹字型构造；6. 新华夏系构造；7. 晚三叠世—侏罗纪陆相盆地堆积；8. 白垩纪陆相盆地堆积；9. 晚三叠世陆相磨拉石建造堆积；10. 印支期超基性岩；11. 元古宙辉长岩

的特点，使得早期东西构造及山字型构造加强而结束。但是，在燕山晚期，构造运动的方式发生了变化，显示了由北向南的滑动和东西向的挤压同时发生作用，表现在：东西构造带受到扭性改造；山字型构造受到侧面压缩，两翼产生相反的扭动；华夏系受到反扭的改造；歹字型的红河-哀牢山断裂带具有左行扭动的特点，并获得 32～44Ma 的变质年龄。

8. 新近纪—第四纪

在滇中地区，新近系—第四系主要为小型盆地的堆积。从这些小型构造盆地的分布及构造特征看，挽近时期的构造运动仍继承了晚燕山期的特点。但是，经向构造体系及歹字型构造的活动性最为明显，至今的地震震中与温泉的分布，大都与它们有着密切的关系，所以它们都是活动性构造体系。

根据以上的历史分析，可将滇中地区主要构造体系的成生发展史，以及岩浆活动、变质作用和构造运动的特点列于表 6-1 中。

表6-1　滇中主要构造体系成生发展综合简表

构造体系	长城纪	蓟县纪	青白口纪	震旦纪早期	震旦纪晚期—早古生代	晚古生代—中生代早期	晚三叠世—侏罗纪	中生代末期—新生代
纬向构造体系	○					□		
经向构造体系			○	□				□
滇中多字型构造						○		
华夏系构造						○		
山字型构造						○		
歹字型构造						○		□
新华夏系构造							○	
岩浆活动	∧ ≫	∧ ×÷	÷ ≫	÷	÷ ××	÷ × ÷÷ ≫×××	≪ ×	
变质作用	△		△△	△		▽▽		▽
构造运动性质	www	w w	www	—	—	www	—	—
构造运动方式	↓	↓←	←	↓←	↓←	↓← ↓	↓←	
构造运动时期/Ma	1400	1100	900	750	200			

注：(1)体系发展：……萌芽；---雏形；—发展；——主要发展；○定型；□强化；www 改造

(2)岩浆活动：∨基性火山岩；∧酸性火山岩；×基性-超基性侵入岩；÷中酸性侵入岩

(3)变质作用：△区域变质；▽动力变质

(4)运动性质：www 褶皱运动；w w 微弱褶皱运动；—— 断裂运动

(5)运动方式：↓向南滑移；←向西滑移

第四节　成矿构造体系和成矿前、成矿后构造体系

从矿田构造体系发展史的分析可以证明，矿田形成的部位正是几个构造体系的复合部位，多种构造体系相互穿插、交叠，构成十分复杂的形变图像。因此，在矿田构造的研究中，划分成矿构造体系和成矿前、成矿后构造体系十分重要，特别是确定成矿构造体系尤为重要，因为成矿时的构造活动及其形成的构造体系，往往决定矿床的分布规律，决定矿田、矿床、矿体的产出部位，同时决定矿床、矿体的形态特征，从而对指导找矿勘探、进行成矿预测有着重要的实际意义。成矿前构造体系可以看成是早已存在的构造软弱带，它的控矿作用表现在与成矿构造体系复合，重新活动控制矿田、矿床、矿体的形成部位。成矿后构造体系破坏矿体，对勘探和开采有重要影响。

一、成矿构造体系的概念及其鉴定标志

所谓成矿构造体系是指控制成矿作用和矿产（床）分布的构造体系。在空间上，它控制矿带、矿田、矿床的分布和矿体的形态及产状；在时间上，构造变形、岩浆活动和成矿作用属同一次构造运动的产物，或者说岩浆活动和成矿作用是构造体系发展某一阶段的产物；在组成上，其构造成分多数是在成矿期产生的，但也可以改造、归并成矿前的构造成分为成矿构造体系的成分，这些成分具有成生联系。总的来说，成矿构造体系是构造变形、岩浆活动和成矿作用的统一体，是受某一种构造应力场所控制的，它们之间具有成生联系。

成矿构造体系鉴定的标志包括以下几个方面。

（1）由不同性质、不同序次、不同等级和不同形态但具有成生联系的含矿构造呈一定规律的组合，构成一定型式的控矿构造，控制同类型或同一系列的矿床。

（2）由成矿构造体系控制的矿床、矿田和矿带的分布，与组成成矿构造体系的构造一致，并在其一定的部位产出。

（3）构造体系发展某一阶段产生的变形、岩浆活动和成矿作用具有同时性。

（4）在组成的构造体系的构造带中有热液蚀变及矿化的痕迹，而且在所有的含矿构造中的主要元素和微量元素与矿石中的主要元素和微量元素具有一致性。

以上仅是从大的标志方面来鉴定成矿构造体系，具体的确定还必须进行控矿构造型式的研究。

成矿构造体系确定后，可以为找矿勘探、预测矿床（体）指明方向。例如，在河南卢氏—灵宝地区，正位于新华夏系第二隆起带与秦岭东西构造带的交会部位。区内走向东西的压性断裂发育，成群、成带大致等间距分布。另外，走向北北东的新华夏系压扭性断裂也很发育，它控制本区小型浅成岩体及矿化的分布。岩体和矿化出现在新华夏系与东西构造带的交接部位（图6-25），该处东西向的压性断裂受到新华夏系的改造而转变为张性断裂，故某些岩体和矿体呈东西向延长，岩体本身只有矿化，它的同位素年龄为103～173Ma，与新华夏系形成的时期相当。因此，新华夏系为成矿构造体系，它控制矿化带的延长方向、成矿岩体及矿化的分布。根据新华夏系成矿构造体系的控矿规律，成功地发现了隐伏岩体和盲矿体。

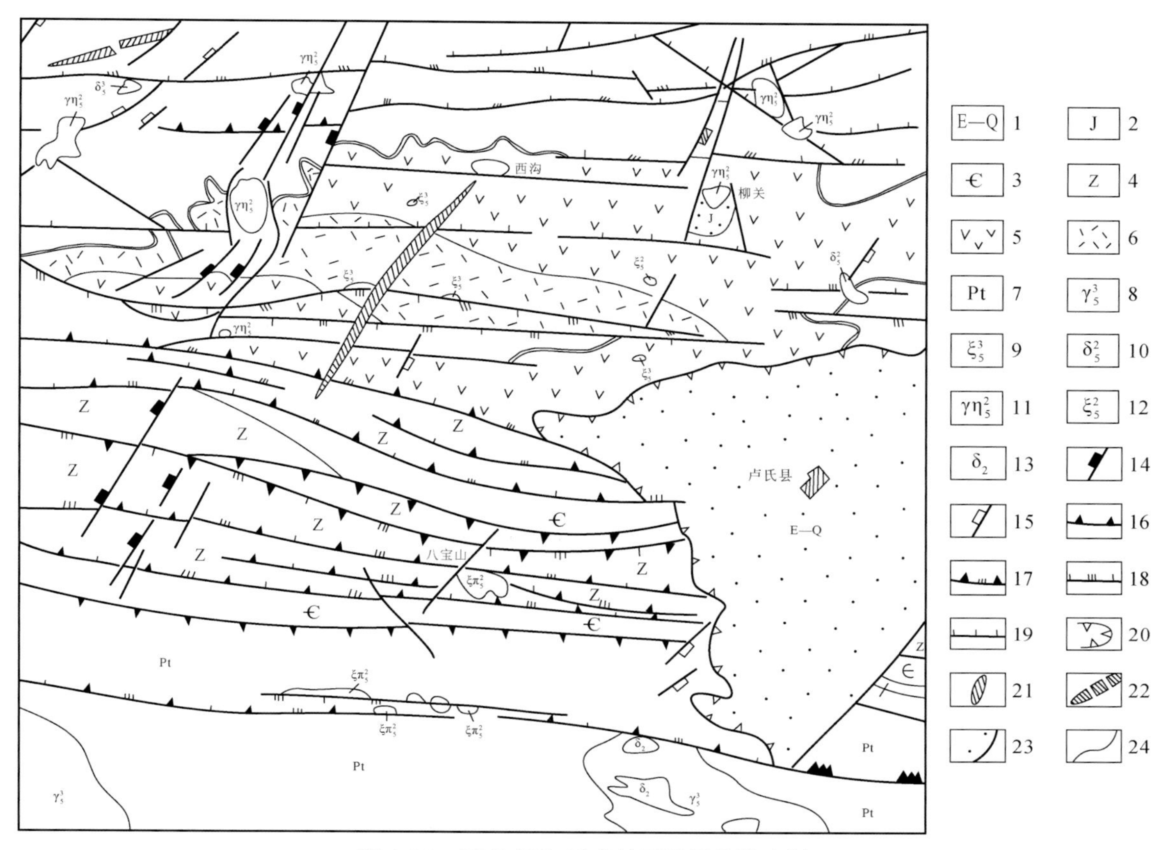

图6-25　河南卢氏-灵宝地区地质构造略图

1. 古近系—新近系、第四系；2. 侏罗系；3. 寒武系；4. 震旦系；5. 震旦系中性火山岩；6. 中酸性火山岩；7. 元古宇；8. 燕山晚期花岗岩；9. 燕山晚期正长岩；10. 燕山早期闪长岩；11. 燕山早期花岗斑岩；12. 燕山早期正长岩；13. 吕梁期闪长岩；14. 新华夏系压扭性断裂；15. 推测新华夏系断裂；16. 东西构造带压性断裂；17. 东西构造带压-张-压扭复合断裂；18. 东西构造带张-压扭复合断裂；19. 张性断裂；20. 拗陷；21. 物探正异常带；22. 物探负异常带；23. 不整合接触界线；24. 地质界线

二、成矿前构造体系的概念及鉴定标志

成矿前构造体系是指成矿地质时期以前已经形成和存在的较老的构造体系，组成成矿前构造体系的成分有的对成矿没有影响，有的对成矿起着一定作用。后者主要是在成矿构造体系形成时，局部受到成矿构造体系的归并改造而复活，结构面的性质发生转变，本身也可以含矿。实际上，这部分含矿构造已受到成矿建造体系的归并，成为成矿构造体系的组成成分。

成矿前构造体系的鉴定标志包括以下四个方面。

（1）成矿前构造体系的成分被改造而控制。这仅是局部性的，在与成矿构造体系的成分联合部位控矿，远离此部位则矿化消失。

（2）成矿前构造体系的成分被改造内部和外部时，其结构面的力学性质发生转变，因此是复合结构面控矿，通过复合结构面的鉴定，可以区别出成矿前构造体系和成矿构造体系。

（3）当成矿前构造体系与成矿构造体系发生复合关系而控矿时，根据构造的等级不同，其复合部位往往分别控制成矿区、矿田、矿床的形成位置。

（4）成矿前构造体系的成分在成矿地质时期之前，是较老的构造形迹。其不含矿的构造成分中，不含成矿物质成分，更没有热液蚀变及矿化的痕迹。

三、成矿后构造体系的概念及鉴定标志

成矿后构造体系是指在成矿地质时期之后产生和活动的构造体系。这种构造体系既可以对已成的矿床（体）起到破坏的作用，也可以使已成的矿床（体）受到改造而富化，后者涉及叠加成矿和再造成矿的问题。

成矿后构造体系的鉴定标志包括以下三个方面：

（1）组成成矿后构造体系的成分不含矿，而往往破坏矿体；

（2）成矿后构造体系的成分，其形成时间晚于成矿地质时期；

（3）作为破坏矿体的成矿后构造体系的断裂来说，裂带内往往含有矿石的角砾，而断层泥中也有被研磨的矿石物质。

成矿前和成矿后构造体系的划分标准是以成矿构造体系的确定为依据的。在矿田构造体系发展史研究的基础上，确定了成矿构造体系之后，在成矿构造体系之前的构造体系，即为成矿前构造体系；成矿构造体系以后的构造体系；即为成矿后构造体系。例如，前述河南卢氏-灵宝地区，其东西向构造带就是成矿前构造体系，它对该区的岩体、矿体的产出部位起了一定的控制作用，该区还有一组北东向的压扭性构造，其形成时间较晚，为成矿后构造体系（表6-2）。

表6-2　河南卢氏—灵宝地区构造体系成生发展简表

时间 / 性质 / 方向	燕山期前	燕山期	燕山期后	断裂性质的叠加
近东西向				压-张-扭
北北东向				张-压扭-扭
北北西向				扭-张扭-张
北东向				扭-扭-压扭

续表

时间 性质 方向	燕山期前	燕山期	燕山期后	断裂性质的叠加
组合关系	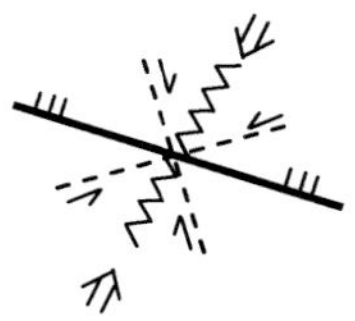		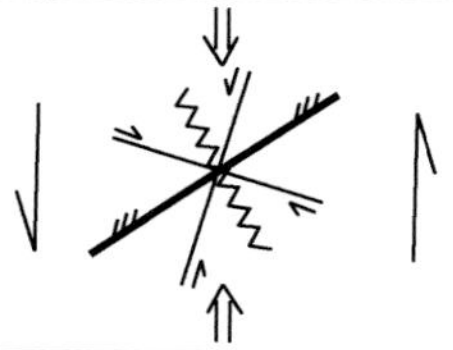	
体系归属	纬向构造体系	新华夏系	联合弧构造	
成矿期	成矿前构造体系	成矿构造体系	成矿后构造体系	

第五节　构造体系的成生发展及成矿作用

从矿田构造体系的发展史分析可以看出，构造体系的成生发展往往有一定的阶段性，成矿作用或者在构造体系发展的某个时期发生，或者在一个构造体系向另一个构造体系转变的时期发生。因此，构造体系在时间上的成生发展，控制了成矿期和成矿阶段。一般来说，构造体系的转变期或强化期，往往是主要的成矿期。

以滇中地区富铁矿床为例，铁矿的形成和富集与构造体系的成生发展有着密切的联系，表现出以下的特征。

1. 构造体系成生发展与成矿作用的统一性

滇中富铁矿的形成是沉积、岩浆和构造变形三个基本因素综合作用的结果，表现了建造和改造的统一性，以鹅头厂式铁矿为例，它的形成过程是伴随着经向构造体系的成生发展而进行的：中元古代晚期，经向构造体系的萌芽期——南北向堑沟式海槽的出现，控制了因民期的火山活动及铁矿矿源层的形成，晋宁期—澄江期，经向构造体系的定型和强化期——滇中多字型构造的出现，控制了富钠热液的活动，使矿源层受到改造，矿质活化转移形成工业矿床；燕山早期，经向构造体系受到张性改造时，控制了酸碱性的岩浆活动，有富含稀有元素和稀土元素的热液叠加矿化。因此，对层控矿床来说，构造对成矿具有双重的控制作用，即对矿源层或含矿层沉积的控制作用，以及对矿床的后期改造富集作用。成矿的过程和构造体系的成生发展过程是统一的。

2. 构造体系成生发展的阶段性控制成矿的阶段性

构造体系发展的阶段性和成矿的阶段性是一致的，这种阶段性不仅表现在每一种类型矿床形成的过程中，也表现在整个滇中铁矿形成的过程中，在中元古代基底形成的过程中，主要是各种类型矿床的矿源层或含矿层形成的时期；震旦纪至中生代，主要是基底构造定型和盖层扭动构造型式的成生发展时期，伴随历次的构造运动和改造变形，各类矿床的矿源层或含矿层经历了不同程度的改造富集，形成各种类型的富铁矿；中生代末至新生代，主要是各种类型的构造体系受到改造或强化的时期，表现为地壳上升、地形分异，导致各种矿床特别是菱铁矿床的表生改造，形成次生富集带。

3. 构造体系发展的差异性控制成矿的差异性

由于成矿的阶段性受到构造体系发展的阶段性的制约，故不同发展阶段形成的矿床有其差异性。例如，大红山式铁矿床和鹅头厂式铁矿床，尽管它们有某些表面上的相似性，但本质是不相同的两类矿床。大红山式铁矿床的含矿层形成于基底东西构造的萌芽期，与曼岗河期的海相基性火山岩有关，后期经历了富钠基性岩浆及热液的矿化叠加和改造富化，形成了组合复杂的大型富铜铁矿床。鹅头厂式铁矿床的矿源层则形成了基底南北构造的萌芽期，成矿物质主要来自于陆源，后期遭受富钠热液的改造富集，形成了组合较单一的中型含铜富铁矿床。

另外，即使处于同一构造发展阶段，但是位于不同的构造部位，也可以形成不同类型的矿床。例如，在罗茨地区，鹅头厂式铁矿分布在东西两侧，中部则出现东川式层控铜矿，而它们大致出现在同一层位——因民组和落雪组的过渡层中，这是由于东川运动所形成的南北向罗茨-元江堑沟式海槽内部分异的结果，该海槽的海水边缘浅而中心较深，故氧化还原条件不同，从陆源带来的铜铁成矿元素产生分异聚集，形成了不同期异相的不同矿化分带。

第六节　构造体系复合控矿的作用

大量的实践经验证明，单一构造体系的控矿现象是不多的，或者是规模很小的，而几个构造体系的复合控矿现象则是大量的，其矿床的规模也是较大的。因此，正确判断构造体系的复合现象及其与成矿的关系，乃是查明矿产分布、富集规律的重要环节。

在漫长的地质发展过程中，矿田内经历了多次构造运动的影响，先后形成不同的构造型式。这些构造型式的复合部位反映了应力作用的多期性和复杂性，不同级序的构造形迹发育，结构面的力学性质多样，造成良好的通道与空间。多期复合的构造影响地壳较深，岩浆及热液的活动频繁。因此，有利于内生矿床的形成，而且对叠加成矿作用及再造成矿作用极为有利，往往能形成大矿和富矿。

复合类型的不同反映了先后的应力作用方式的差异，对成矿作用有一定的影响，可以形成不同类型的矿床，反接复合的部位往往使成矿前的构造张开，有利于岩浆矿床和热液矿床的形成，并且是叠加成矿作用的有利地区。斜接和重接的部位又往往使成矿前的构造遭受强烈的挤压，在热动力加强的条件下，有利于再造矿床的形成。

在构造体系复合的情况下，必然有一种构造体系对内生矿床的形成和分布起着主导的控制作用，这一构造体系是在同一个构造-岩浆-成矿期形成的，即成矿构造体系。这一构造体系的主要构造带的展布方向，决定着成矿带总体的走向，它与其他构造体系的高级、初次构造带的复合，往往控制着矿田的范围及分布；它的低级再次构造和其他构造体系的低级再次构造的复合部位，则控制着矿床和矿体的分布位置和形态产状。因此，在进行构造体系复合控矿的分析时，区别成矿前、成矿期和成矿后的构造体系，研究复合控矿构造型式，这对指导成矿预测和找矿勘探工作是很重要的。

在构造体系复合控矿的情况下，必须注意，有些控矿构造型式是由成矿前构造体系的成分经过成矿构造体系的复合归并而转变成的，因此在矿田内又会出现与成矿前构造体系的主干构造展布方向一致的小矿带。在这种情况下，不能仅从矿床的表面分布方向，误将成矿前构造体系定为成矿构造体系，影响到大的找矿方向。

现以滇中铁矿带内构造体系复合控矿的实例，说明构造体系复合控矿的特征。滇中铁矿的形成和富集既然与构造体系的成生发展有着紧密的联系，那么铁矿床的分布必然受到构造体系空间展布型式的控制，表现在以下几个方面

（1）经向构造体系是主要的成矿构造体系，控制滇中铁矿带的分布。

尽管控制各类矿床的矿源层或含矿层的古构造型式不尽相同，但是促使矿源层改造富集形成工业矿床，都是发生在经向构造体系成生发展的过程中。因此，经向构造体系作为富铁矿形成的主要成矿构造体系，控制了铁矿带的展布。为此，在整个南北向的铁矿成矿带中，根据二级的南北断裂带可以划分出三个南北向的二级矿带：元谋–新平铁矿带、罗茨–元江铁矿带、禄劝–峨山铁矿带，它们与三个南北向的基底隆起带相当。

（2）经向构造带与纬向构造带的复合，控制矿田的分布。

由于基底东西构造成生较早，在南北构造带成生发展的过程中，东西构造往往受到改造被归并到南北构造带中，从而成为控矿构造型式的组成成分，特别是那些经受张性改造的东西向断裂和层间的剥离带，是最好的控矿构造。因此，铁矿的分布除受经向构造体系控制呈南北向带状展布外，还在东西方向密集分布形成矿田。据此，从南到北可以划分出五个铁矿田：大红山矿田、峨山矿田、王家滩–八街矿田、鹅头厂矿田、洪门厂矿田，它们与二级的东西构造带相当。

（3）经向构造体系的低级再次构造与纬向构造体系的低级再次构造的复合，控制矿田内具体的矿床和矿体。

由于各矿田所处的构造位置有所不同，矿田发育的构造型式有所差异，因此由低级再次构造复合形成的控矿构造型式也有所区别，矿床（点）的排列上也有所变化。例如，位于东西构造带上，被夹持于南北构造带之间的矿田，控矿构造型式主要表现为东西构造受到张性改造而控矿，如大红山矿田的复合剥离构造、八街矿田的复合弧形构造、洪门厂矿田的复合波状构造等，所以在这些矿田内的矿床（点）都具有东西带状展布的特征，区内为南北构造带占主导的矿田，控矿构造型式主要表现为南北断裂带扭动派生的复合扭动构造，如峨头厂矿田内的复合S型构造、峨山矿田内的复合多字型构造等，所以矿田内的矿床（点）具有南北成带、斜列展布的特点。

（4）在构造体系的主干构造反接复合的地区，有利于成矿物质迁移聚集形成富矿；在重接和斜接复合的地区，则有利于成矿物质就地改造富集形成富矿。

在成矿物质经受改造富集的过程中，由于物质运动的差别，因此对控矿构造型式的要求不尽相同。例如，对大红山式、鹅头厂式及王家滩–八街式的铁矿床来说，在富矿形成的过程中，成矿物质是由岩浆或热液携带运移的，即矿源层内的成矿物质是由岩浆吸取或热液交代析出，由介质携带迁移的，因此铁矿富集在“压中之张”的部位，如复合剥离构造、复合S型背斜的鞍部、复合弧形构造等。但是，对鲁奎山式矿床来说，主要是在热动力条件下排除含矿层内的杂质，铁质就地集中形成富矿，因此矿是在压中之张的部位富集，如复合剥离构造，复合S型背斜的鞍部，复合弧形构造等，但是，对鲁奎山式矿床来说，主要是在热动力条件下排除含矿层内的杂质，铁质就地集中形成富矿，因此，矿是在压中之压的部位富集，如向斜核部、压扭性断裂下盘等。然而，随着改造程度的加强，成矿物质发生转移，那么成矿构造随之向张性转变，如大孟龙矿床的张扭性多字型构造。

第二篇　方法应用篇

理论、技术方法与实践的紧密融合是实现应用目标的最佳组合。

从大量的自然地质现象中，不断凝练和总结出认识规律，并使理论上升为技术方法，再把技术方法应用于找矿实践中发挥实际效益。反过来，不断从找矿应用实践中提升理论，提升为完善的技术方法，高效指导找矿预测实践，实现理论、技术与实践的高度统一和良性循环，为人类服务。这是地质工作者追求的终极目标。本篇内容包括云南区域构造特征及找矿前景分析、元古宙—古生代—中生代赋矿地层中多金属矿床，构造控矿作用及找矿预测等。

第七章 云南区域构造特征及其找矿前景分析

第一节 云南主要构造体系划分及其特征

云南主要构造体系在空间的分布具有明显的定向性和定位性，反映了地壳运动方式和方向的统一性；在时间发展上有着一定的先后顺序，纬向构造体系和经向构造体系发育较早，具有长期持续发展的历史，其他扭动构造体系发育较晚，挽近期的活动构造体系是经向构造体系和歹字型构造体系。沉积建造、岩浆建造和变质带的形成受构造体系的严格控制，呈有规律的分布。矿床的形成、富集和分布严格受到构造体系的控制，特别是具有长期持续发展的经向构造体系及纬向构造体系，对内生、外生矿床的控制尤为明显，这对进行战略性找矿工作的部署十分重要。

一、云南主要构造体系的划分及其特征

尽管云南的地质构造错综复杂，但运用构造体系的观点来分析，却显现出一幅既有联系又有规律的构造图案，充分反映出地壳运动方式和方向的统一性。

云南的构造体系可划分为以下的类型和型式（图 7-1）：纬向构造体系、三江-滇中经向构造体系、云南山字型构造、滇东多字型构造、滇东南旋扭构造体系、滇西帚状构造-青藏滇歹字型构造的中部、丽江北东构造带。

下面就各类构造体系的展布范围及组成特点进行简要的讨论。

（一）纬向构造体系

云南境内的纬向构造体系属南岭纬向构造体系的西延部分，大致断续展布在北纬 23°30′～26°40′，北界较南岭纬向构造体系稍向北移。经过近年来的区域地质调查和找矿勘探实践，该构造体系具有如下特征。

（1）由于其他构造体系的干扰和破坏，组成纬向构造体系的构造形迹连续性很差，仅呈一些构造片段分散在其他的构造体系之中。它们主要是一些走向东西的逆掩断裂带、高角度冲断带、复式褶皱及褶皱群，部分地区还出现东西向的构造盆地和变质岩中的片理带和东西向压性构造形迹相伴出现的有横张断裂及扭断裂。

（2）组成纬向构造体系的压性构造形迹密集成带分布，并出现在一定的纬度上，可划分出三个一级构造带：①广南-新平-晒干河东西构造带，分布于北纬 24°左右的地区，分为三段。东段广南至丘北有一系列走向东西的高角度冲断裂和褶皱，展布在晚古生代至中生代的地层中；中段通海至新平，并影响到石屏以北地区，由走向东西的褶皱和冲断裂组成，从昆阳群的浅变质岩系到中生代的红层都受到影响；西段从镇康至中缅边界晒干河一带，显著

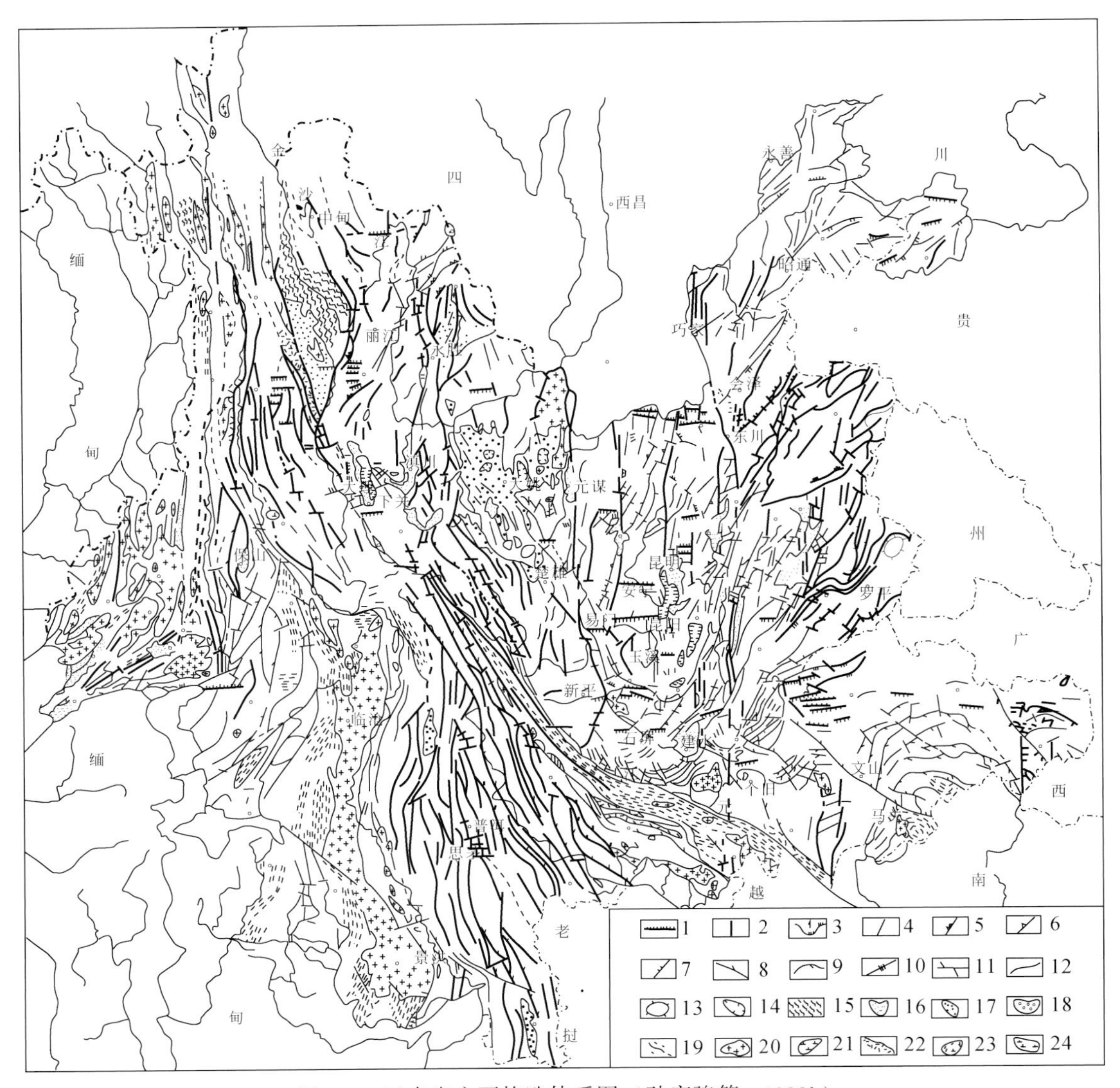

图 7-1　云南省主要构造体系图（孙家骢等，1988b）

1. 纬向构造带压性断裂；2. 经向构造带及压扭性断裂；3. 山字型构造压性及压扭性断裂；4. 滇东北北构造压扭性断裂；5. 滇东北东构造压性及压扭性断裂；6. 滇中北东构造压扭性断裂；7. 滇西北东构造压性及压扭性断裂；8. 歹字型构造（滇西帚状构造）压性及压扭性断裂；9. 滇东南旋扭构造压扭性断裂；10. 挤压破碎带；11. 扭性及张性断裂；12. 褶皱轴向；13. 穹窿构造；14. 向斜盆地；15. 片理及片麻理走向；16. 第四纪及新近纪盆地；17. 古近纪盆地；18. 晚白垩世盆地；19. 基性、超基性侵入岩；20. 中酸性侵入岩；21. 碱性侵入岩；22. 中酸性喷出岩（晚三叠世）；23. 中基性喷出岩（新生代）；24. 碱性喷出岩（新生代）

地展布着一条东西向的晒干河冲断裂，并在下古生界勐统群变质岩系中出现东西向的片理带。这一构造带全长 750km 以上，最大宽度约 30km，是本区纬向构造体系中延伸最长、表现比较明显的一个强构造带。②师宗–安宁–澜沧江东西构造带，位于北纬 25°以南地区。在中段安宁一带表现比较明显，中生代安宁红色盆地呈东西向延展，其中褶皱亦呈东西走向，盆地南北边缘均有东西向的冲断裂，在元古宇昆阳群中亦遍布有东西向的冲断裂及褶皱；东段在路南以东有东西向的断裂片段，至师宗表现为滇南山字型构造东翼的向东转折；西段显示在云县以北地区，那里澜沧江的流向急转东下，并在江南的变质岩系中出现近东西向的片理带，在江北的中生代地层中亦出现近东西向的褶皱。这一构造带的各段延伸都不长，是纬向构造体系中相对软弱的一个构造带。③汤丹-鹤庆-兰坪东西构造带，展布在北纬26°30′左右的地区，由东西向渐向北移。在汤丹地区金沙江南岸，出现一个走向东西的冲断带和走向近东西的基多向斜，向斜北侧有一条同走向的纵张破碎角砾岩带；向西至鹤庆，存在一个挤压强烈的东西向逆掩断裂带，延至西部兰坪地区仍有显示。这一构造带断续延长约400km，影响的宽度约20km，挤压强烈，是纬向构造体系中的另一个强构造带。

除以上三个比较明显的东西构造带以外，在北纬23°30′以南的个旧-文山、金平-绿春以及北纬25°30′左右的下关西洱河-武定迤纳厂-曲靖一带，还可能存在两个属南岭纬向构造体系的次级东西构造带，它们对岩浆活动和内生矿床的形成都有着重要的控制作用。另外，在北纬27°30′~28°，盐津至镇雄之间，还散布着一些东西走向的褶皱群和冲断裂，往西至中甸以东仍有反映，形成另一个区域性的东西构造片段。

（3）纬向构造体系对某些岩浆岩的分布起着明显的控制作用和影响：①基性侵入岩，滇中地区广泛分布有近东西延展的辉绿-辉长岩，其中东川地区与这些岩浆岩有关的矿化时代为312Ma，属海西期。②酸性和碱性侵入岩，在北纬23°30′以南的地区，展布着一个东西向的花岗岩带，向南可至中越边境，其中个旧花岗岩研究较详，可分为三期：斑状黑云母花岗岩（91~100Ma）；二云母花岗岩（72Ma）；霞石正长岩（62Ma），为燕山中-晚期。另外，峨山花岗岩及安宁九道湾花岗岩也受到东西构造带的控制，这两个岩体都具有多期活动的特点，但以晋宁期为主。③火山岩，主要是基性和碱性的熔岩，前者以鹤庆西部的玄武岩为代表，后者为有名的剑川粗面岩，它们的喷发时期都是喜马拉雅期。

某些沉积相的变化表明，这一构造体系对元古宙、古生代及中生代的沉积起着一定的控制作用，具有长期持续发展的历史。另外，沿罗茨-易门一带，可见南北向展布的下震旦统澄江组（底部砾岩中夹中酸性火山碎屑岩）呈高角度不整合于东西走向的昆阳群之上。因此，纬向构造体系的成生时期可能是比较早的。

（二）三江-滇中经向构造体系

该构造体系属川滇经向构造体系的南段，它是云南的主要骨架构造，分布范围广泛，几乎贯穿了云南全境。这一规模宏大的构造体系具有以下特征。

（1）这一构造体系主要由一系列南北向或近南北向的仰冲或斜冲断裂带为主干构造组成，如著名的怒江断裂带、澜沧江断裂带、金沙江断裂带、程海断裂带、绿汁江断裂带、罗茨-易门断裂带、普渡河断裂带和小江断裂带等，在这些断裂带之间还散布着众多的南北向复式褶皱和褶皱群。伴随这些压性和压扭性构造形迹出现的，有东西向的横张断裂和北东、北西向两组扭断裂。同时，在压扭性断裂带的两侧，还派生了一些低序次的断裂和褶皱，组成入字型构造，并有旋扭构造发生，局部地区，尚出现同方向的纵张断裂（东川落因破碎带）。

（2）许多南北向展布的岩浆带，成为该构造体系的组成部分，著名的包括：①腾冲花岗岩带：由数个南北向展布的花岗岩组成，向南由于和东西构造带复合、渐转向西南方向。这一岩带的岩体大致可分五期：海西早期的龙陵平河花岗岩（349Ma）；印支期的腾冲花岗岩（193Ma）；燕山早期的龙陵和梁河斑状黑云母花岗岩（167～169Ma）；燕山中晚期的潞西似斑状黑云母花岗岩（118Ma）；燕山晚期的陇川含斑黑云母花岗岩（86Ma）和盈江黑云母花岗岩（81Ma）。综观全带，活动时期有由东向西渐新的趋势。②高黎贡山花岗岩带：总体大致呈南北向展布，个别岩体稍偏向北北西方向。其中，德钦白马雪山的岩体为印支期（220Ma）。③临沧花岗岩带：沿澜沧江南段西岸呈南北向分布，是一个巨大的复杂岩体。根据少量同位素年龄测定结果，它至少包括两个时期的岩浆岩，即海西晚期（244Ma）和印支期（180～200Ma）。④永仁-元谋花岗岩带：在绿汁江断裂带以西呈南北向分布，这里出现了较老的中酸性侵入岩，如澄江期的元谋小斑果花岗岩（719Ma）和得大花岗闪长岩（640Ma）。该带北延至四川会理地区，还有晋宁期的花岗岩和石英闪长岩（804～808Ma）。⑤基性-超基性岩带：经向构造体系还控制了基性-超基性侵入岩和中基性火山岩的分布。前者如沿澜沧江断裂带分布的基性-超基性岩带、沿绿汁江断裂北段分布的海西早期基性-超基性岩带（328～334Ma）。后者如滇西石炭—二叠纪多期喷发的玄武岩、腾冲第四纪早期的中基性熔岩和滇东广泛分布的二叠纪峨眉山玄武岩。

另外，个旧花岗岩、文山花岗岩和九道湾花岗岩均分布在南北构造带和东西构造带的交叉部位，显然是受到经向构造体系和纬向构造体系的复合控制。

（3）作为该构造体系的组成成分，还有一些南北向展布的动力变质带和区域变质带，这些变质带的片理和片麻理的走向大都是近于南北向的。其中，比较著名的包括：①高黎贡山变质带，由前奥陶系浅至深变质的高黎贡山杂岩组成，以片岩、大理岩及片麻岩为主，混合岩化显著；②澜沧变质带，呈南北分布于临沧花岗岩带之西侧，由元古宇澜沧群变质岩系组成，主要是片岩和变粒岩，夹中-基性火山碎屑岩，上部有硅铁质岩；③滇中变质带，主要由元古宇昆阳群区域变质岩系组成。绿汁江断裂带以西变质较深，并夹有较多火山岩；绿汁江断裂带以东变质浅，主要为砂板岩及碳酸盐类，夹少量火山岩及火山碎屑岩。昆阳群的下限年龄大于11.63亿年，变质年龄在8亿年左右，其时代大致和北方的震旦系相当。

（4）这一构造体系发展的早期，主要呈一些南北向延展的大型隆起和拗陷，构成震旦纪以来的古地理形势，控制了当时沉积建造和岩相的变化。某些迹象表明，昆阳群沉积时也受到它的影响。一些新生代的盆地和火山活动明显地受到它的控制，现代的许多山脉、河流、湖泊和温泉也沿着南北向构造带分布，强烈地震多沿它发生。这说明了三江-滇中经向构造体系是一个成生较早的构造体系，具有长期持续发展的历史，还是一个活动性的构造体系。

（5）三江-滇中经向构造体系的另一个显著特点，是压性构造形迹密集成带，近于等间距分布，大致每隔经度一度出现一个带，据此可将这一构造体系划分为三个一级构造带：①怒江南北构造带，分布于东经98°～99°；②金沙江-程海南北构造带，分布于东经100°～101°；③绿汁江-小江南北构造带，展布于102°～103°15′。在上述三个南北构造带之间，展布着两个大型南北向中生代盆地，即滇西的兰坪-永平盆地和滇中的楚雄盆地。另外，在东经104°左右的滇东地区、北起绥江，经曲靖，南至文山以西，尚存在一条断续分布的南北构造带，在富宁地区也有南北向构造形迹显示。

（三）云南山字型构造

这是一个横跨滇东、滇中，纵越滇南、滇北的扭动构造体系，东西宽约450km，南北长约330km。这个山字型构造具有如下特点。

（1）云南山字型构造主要由三部分组成，即前弧、反射弧和脊柱。

①前弧：明显地由三道向南凸出的弧形构造带构成，它们是建水弧、石屏弧和通海弧。

弧顶：由向南凸出的弧形冲断裂、斜冲断裂和褶皱组成，有放射状的张断裂相伴而生，亦有斜交的扭断裂出现。三道弧的弧顶变曲度均较大，其脊柱大致在一个经线上，弧与弧之间并有等间距分布的特点，大致每隔40km出现一个。弧顶向南凸部位经常和一个东西构造带复合。在建水弧和石屏弧之间，有一个发育极好的涡轮状构造，由几组帚状旋回褶皱和压扭性断裂围绕一个中心组成，显示外旋逆时针向扭动，它的形成机制尚有待进一步研究。

两翼：云南山字型构造前弧两翼的发育情况不尽一样。东翼在建水–华宁–澄江–嵩明一线以东，越过小江断裂带明显地分出四个北东向延展的冲断带，它们由南向北是：属建水弧的南盘江中断带、属石屏弧的弥勒–师宗冲断带、属通海弧的牛首山冲断带和车洪江冲断带。与这些冲断带伴生的有张断裂和扭断裂。这些冲断带和弧顶一样，亦具有等间距分布的特点。西翼在东经102°左右绿汁江南北向断裂带向西在滇中中生代盆地中，有一系列北西向斜列展布的褶皱群和冲断带。至东经110°以西，由于南北构造带和北西向旋回构造带的影响，其构造形迹不很明显。此外，在云南山字型东西两翼展布地带内各有一个小型的开远山字型构造①和宾川山字型构造②，它们的存在，尚有待进一步工作查明。

②反射弧：云南山字型构造东翼反射弧较为明显，南盘江冲断带和弥勒–师宗冲断带在贵州兴义地区汇合，并向东至南东弯转形成向北凸出的兴义弧，成为云南山字型构造东翼反射弧的内弧。而牛首山冲断带和车洪江冲断带在贵州的威宁地区汇合，也形成向北凸出的威宁弧，成为云南山字型构造东翼反射弧的外弧。云南山字型构造西翼的反射弧是否存在？根据现有的资料分析，在弥渡–巍山一带，有东西向的构造显示，且苍山变质带和哀牢山变质带正是在那里被切断，可能是北西旋回构造带的张裂迁就利用西翼反射弧的北东东构造形成的地堑型陷落所致。此外，在巍山以南，还有轴向北东东的褶皱存在。同时考虑到，上述地区的位置恰好与东翼兴义弧的位置相对应。因此，西翼反射弧的内弧在此展布是很有可能的。至于西翼反射弧的外弧，和威宁弧相对应的部分是否存在，目前尚无资料，有待进一步查明。和弧顶一样，反射弧向北凸出的部位，也都大致和一条东西构造带复合。

在通海弧的北侧，尚有一个小型的晋宁山字型构造，其东翼延伸至滇池南端被普渡河断裂带切断。其西翼延展至安宁八街以南、九道湾以北地区，以扭性断裂和褶皱均形成向北凸出的弧形弯曲，并有放射状张断裂相伴发育，构成以九道湾花岗岩为砥柱的反射弧，在花岗岩中尚有作为反射弧脊柱成分的南北向压性构造形迹。

③脊柱：云南山字型构造的脊柱与经向构造体系中的南北构造带相重合，大致沿普渡河断裂带展布的南北向冲断裂和褶皱为其脊柱的组成部分，北起金沙江，向南经滇池至玉溪以南即消失。伴随此南北向的脊柱，有东西向张裂和北西向扭裂发育。另外，除建水弧以外，其他两道弧形构造正对弧顶的内侧都有片段的南北向压性构造形迹存在，这些构造形迹皆被北侧的弧形构造所切断，它们可以被看成是每道弧形构造的脊柱。

---

①　云南省地质局第二区测队开展1：20万个旧幅区域地质调查时提出的。

②　云南省地质局第一区测队开展1：20万大理区域地质调查地提出的。

由于该地构造自身的复杂性，以及其他构造形迹的干扰和破坏，云南山字型构造的马蹄形盾地已不显著。但是，仔细观察每一道弧形构造的内侧，都会发现有一构造形迹相对微弱的地区存在，在通海弧的内侧还有新月形的杞麓湖形成，在建水弧和石屏弧之间还包容有涡轮状构造，这些地区都可能是原来马蹄形盾地的残留部分。

（2）从以上的组成特征看，云南山字型构造很可能是由三个山字型构造套在一起所构成，南边的形成较早，北边的形成稍晚，晋宁山字型构造是被包容的形成最晚的一个小型山字型构造。即在形成云南山字型构造的构造动力持续作用下，前弧不断向内侧发展，结果形成位于脊柱部位的石屏山字型和通海山字型等晚期弧和晚期脊柱，因而云南山字型构造的马蹄形盾地也就随之消失。

（3）这一构造体系对某些岩浆岩的分布起着一定的控制作用。峨山花岗岩总体呈北西向分布，显然受到石屏弧西翼的断裂控制，是东西构造带和山字型构造复合控制的岩体。个旧花岗岩位于建水弧弧顶的东侧，在矿区内存在较多的北东向压性构造形迹，看来该岩体亦受到建水弧的影响。除此之外，云南山字型构造还控制了一些基性岩的分布。

（4）卷入这一构造体系的地层，包括昆阳群到中生界。其中，晚三叠世瑞蒂克期陆相断陷盆地沉积在弧顶部位均有分布，显然受到该构造体系的控制。此外，在弧顶部位还形成一些小型古近纪陷落盆地。根据这些现象推断，云南山字型构造很可能在印支期已基本形成，燕山期进一步发展而定型。

（四）滇东多字型构造

东经103°以东，云南东部地区，斜列分布着一些走向北东和北北东的构造带，它们各自成体系，在时间发展上亦各有差别。

（1）北东构造带：在会泽-昭通地区，显著地展布着四条北东向的构造带：①东川-镇雄构造带；②会泽-牛街构造带；③鲁甸-盐津构造带；④永善-绥江构造带。这些构造带的走向约为N45°E，主要由褶皱群和冲断裂组成，并有垂直主干构造的北西向张断裂伴生，形成左列式的多字型构造，且有等间距分布的特点，30～40km出现一个带。北东构造带对中生代的沉积有着一定的控制作用，很可能与华夏系构造相当。

（2）北北东构造带：这类构造带与其他的构造体系广泛复合，不容易辨认，但经过追索，仍能看到它们的踪迹。目前看来，在曲靖地区可以分出马龙构造带、陆良中原泽-宣威构造带及罗平块泽河构造带，它们主要由北北东走向的斜冲断裂和部分褶皱组成，并有北西西向的张断裂伴生，成为左列式的多字型构造，大致每隔30～40km出现一个带。另外，在昭通以西，五连山东麓也展布了一条北北东向的洒渔河构造带，主要由褶皱组成，它明显地切过了鲁甸-盐津构造带。看来北北东构造带的形成时期应晚于北东构造带和云南山字型构造，有可能属新华夏系构造。

（五）滇东南旋扭构造体系

在南盘江以南的滇东南地区，展现出一些大大小小的旋扭构造。其中，最大的一个是西畴半环状构造，旋回面由压扭性断裂和褶皱组成，由西向东旋回面走向的变化：北北东—北东—东西—北西，形成一个向北凸出的弧形构造，围绕着由下古生界变质岩系组成的砥柱，旋回面有向西南收敛、向东撒开的趋势，其外旋可能是顺时针扭动的。其次，在文山花岗岩的北侧，也散布着一些弧形压扭性断裂及褶皱，这些弧形旋回面向东收敛、向西撒开，形成一个以文山花岗岩砥柱的老君山帚状构造，它的外旋是逆时针扭动的。另外，在富宁地区还分布着一个小型的旋扭构造，它由旋扭断裂组成，并控制了基性岩的分布。其他更小型的旋扭构造尚多。

从滇东南地区存在的构造型式来看，这一地区曾遭受过强烈的扭动是无疑的。因此，在该区存在连环式旋扭构造是完全可能的，西畴半环状构造和老君山帚状构造很可能就是这种构造的实例。但是，由于对每一个构造型式的特征还研究得不够，所以对它们的形成机制问题尚需进一步的工作来解决。

卷入滇东南旋扭构造体系的地层，包括浅变质的下古生界、未变质的上古生界和三叠系，缺失侏罗系—白垩系，古近系的分布受到了旋扭构造体系的控制和影响。因此，这一构造体系的形成时期大致和云南山字型构造的形成时期相同和稍晚，在燕山晚期又有过强烈的活动。

（六）滇西帚状构造—青藏滇歹字型构造的中部

属青藏滇巨型歹字型构造中部的滇西帚状构造，展布面积广阔，包括整个云南的西部地区，甚至影响到滇中及滇东南地区。这一构造体系的特点体现在以下几个方面。

（1）滇西帚状构造的区域构造走向，在北部德钦-兰坪一带近南北向，兰坪以南渐转为北北西向，至云县以北地区，以临沧花岗岩带为界分为东西两支；东支呈北西-南东向沿无量山和哀牢山南下；西支在保山—澜沧间呈南北—北北东—北东向的变化。总观整体，形成一个向北收敛、向南撒开的巨型帚状构造。

（2）组成这一构造体系的主干构造，主要是一系列的弧形旋回构造带，这些旋回构造带由压性或压扭性的断裂、挤压带和复式褶皱组成，都有和主干构造垂直的张断裂和斜交的扭断裂伴生。比较显著的旋回构造带可分几组：①北西向的金沙江旋回构造带、红河旋回构造带、漾泌江旋回构造带、把边江旋回构造带。②南北向转为北西向的兰坪-永平旋回构造带、澜沧江旋回构造带。③南北向转为北东向的保山-镇康旋回构造带、昌宁-耿马旋回构造带。④北北西向转为南北向的澜沧旋回构造带。

另外，在滇东南西部地区，还展布着数条北西向的压扭性断裂，规模最大的是文山的盘龙河断裂，它们可能是红河旋回构造带的外围构造成分。

（3）在这一构造体系中，岩浆岩成带分布，岩类齐全，岩带的展布方向与旋回构造带的走向完全一致。基性-超基性岩带主要沿红河旋回构造带分布，另外在把边江旋回构造带和澜沧旋回构造带内亦有出露，在北部沿澜沧江南北构造带中分布的基性-超基性岩带，亦受到澜沧江旋回构造带的复合控制，在花岗岩带几乎遍及各个旋回构造带，燕山晚期(61～62Ma)的碱性斑岩带，主要出现在北部的旋回构造带内。火山岩则有两个明显的岩带，一是沿红河旋回构造带南段绿春地区的晚三叠世中酸性火山岩带，向北西方向，在兰坪地区沿漾泌江旋回构造带和澜沧江旋回构造带中亦有分布；二是红河旋回构造带北段的喜马拉雅期基性火山岩带。

（4）作为这一构造体系的组成部分，还有许多狭长的或呈巨型构造透镜体分布的动力变质带，著名的有：①金沙江变质带，由前泥盆系的石鼓群组成，主要是各种片岩、石英岩夹大理岩及变质基性火山岩。②苍山-哀牢山变质带，由前寒武系的苍山群及前奥陶系的哀牢山群组成，以中、深变质的片岩、片麻岩及变粒岩为主，夹大理岩，混合岩化显著。经同位素年龄测定，苍山群有一期变质年龄为85～93Ma；哀牢山群有32～44Ma和16～23Ma两期变质年龄。看来，滇西帚状构造在燕山晚期到喜马拉雅期，有过强烈而频繁的构造活动。③无量山变质带，由中生界的千枚岩、板岩及石英砂岩等浅变质岩系组成。④澜沧江变质带，由元古宇的崇山群组成，是一套由片麻岩、变粒岩及部分片岩、大理岩构成的中、深变质岩系，混合岩化显著。⑤南丁河变质带，由下古生界的勐统群组成，主要是片岩、大理岩、千枚岩及板岩，亦有少量片麻岩及变粒岩。⑥南卡江变质带，主要是元古宇西盟群的片岩、变粒岩及大理岩，上部偶夹条带状沉积变质铁矿。

这些变质带不仅其展布方向和旋回构造带一致，其中的片理和片麻理的走向也相符合，它们的形成显然是受到了旋回构造带的控制，而且与岩浆岩带有密切的联系。

（5）卷入这一构造体系的地层从元古宇至古近系均有。但是，沉积相的变化表明，该体系对古生代至三叠纪的沉积控制不明显，从侏罗纪开始才分隔为滇西和滇中两个相区，而且在红河旋回构造带的西南边缘地区，呈北西向分布的晚三叠世的一碗水组广泛不整合于下伏不同时代的地层之上。由此看出，滇西帚状构造很可能是在印支期发展起来的，经过燕山晚期和喜马拉雅期的强烈构造变动而定型。

（七）丽江北东构造带

在滇西的丽江地区，由鹤庆经丽江直到宁蒗以北的泸沽湖，出现一个由压性断裂和褶皱组成的北东构造带，伴随主干构造有北西西向的张断裂和北东东向的扭断裂发育，有些褶皱呈左列式展布。一些古近纪构造盆地和碱性岩亦沿此构造带分布。它的体系归属尚难肯定，所以作为构造带单独划分出来。

除了这个明显的构造带以外，滇西地区还陆续发现一些北东—北北东向的压性构造片段。

二、云南主要构造体系的复合关系

云南构造体系的型式多种多样，而且有的构造体系具有长期持续发展的历史，因此导致了各种构造型式之间复杂的复合关系。分析构造体系的复合关系，不仅对了解云南的构造运动历史是必要的，而且对了解矿产的分布规律也是不可缺少的。

（一）纬向构造体系与其他构造体系的复合关系

（1）东西构造带及其他构造体系所破坏，东西构造呈片段被包容在其他的构造体系之中。例如，鹤庆、安宁、云县北和镇康东等地，在强大的经向构造体系和滇西帚状构造之中，都可以见到一些东西向挤压性构造的形迹。

（2）东西构造带被其他构造体系的成分所切断，形成反接复合的关系。例如，在滇中地区，绿汁江-小江南北构造带明显切断东西构造带。其中，绿汁江断裂带南段迁就东西构造带发生弧形弯曲，在易门以西三家厂一带形成向西凸出的弧形，在新平以东形成向东凸出的弧形，从而改变了绿汁江断裂带的正常走向，成为复合弧形构造，故有人认为这是一个以安宁东西构造带为脊柱的、弧顶向西的山字型构造。又如，组成云南山字型构造东翼的南盘江冲断带切割并迁就东西构造带，使东部的走向在弥勒以南发生改变，形成向北凸出的弧形。

（3）东西构造带切断其他构造体系的成分，形成反接复合的关系。最显著的例子是晒干河东西构造带切断怒江南北构造带的东带。在盐津地区还可见到东西构造带切断北东构造带的现象。

东西构造带和其他构造体系的成分形成局部的斜接复合关系。以滇东南西畔半环状构造北带走向近东西的旋回面和广南–丘北东西构造带的复合为代表。

（二）经向构造体系与其他构造体系的复合关系

（1）南北构造带被其他构造体系的成分切断，形成明显的反接复合关系。例如，在滇西地区，滇西帚状构造明显地切断三江地区的南北构造带，而且帚状构造的成分还迁就南北构造带发生了走向上的改变，在临沧花岗岩带的两侧表现最为显著。另外，滇西帚状构造东支的红河旋回构造带切断绿汁江、小江南北构造带也是一例。

（2）南北构造带切割其他构造体系的成分，形成反接复合关系。最显著的例子是绿汁江断裂带和程海断裂带切断云南山字型构造的西翼，使山字型构造西翼的成分断续延展。

（3）经向构造体系的成分与其他构造体系的成分互相切割，形成截接复合关系。在滇东地区，小江断裂带切断云南山字型构造东翼的冲断带，但云南山字型构造东翼的冲断带也显著地切断小江断裂带，互切的关系十分明显。

（4）经向构造体系的成分和其他构造体系的成分重合在一起，形成重接复合关系。例如，在滇中地区，普渡河断裂和云南山字型构造的脊柱不易分开，普渡河断裂带正对山字型构造前弧弧顶，且在弧顶内侧玉溪以南地区消失，可视为山字型构造的脊柱。但是，该断裂带向北至四川昭觉地区仍有显示，已超过山字型构造反射弧外弧北缘甚远，属经向构造体系的成分也无疑。因此，两种构造体系的成分，实际上是重接复合关系。

（5）怒江南北构造带的西带往南延伸，受到晒干河东西构造带的阻挡，产生向西急转的弧形弯曲，成为"边缘弧"的型式复合，向北又渐转为正常的南北带，形成向东南凸出的"芒市弧"。

（三）云南山字型构造与其他构造体系的复合关系

（1）云南山字型构造的东翼和滇东的北北东构造带不易区分，但延展到陆良及乐平以北地区即行分开，山字型东翼的成分转向北东向，北北东构造带的成分便显现出来，两种构造体系的成分形成斜接复合的关系。

（2）云南山字型构造的西翼和滇西帚状构造中的红河旋回构造带重接复合，故使西翼在南部得到加强，但延展至弥渡–巍山地区，红河旋回构造带又切割了山字型构造西翼的反射弧，形成反接复合，于是旋回构造带的配套张裂利用了反射弧的构造成分，形成地堑型陷落。

（3）云南山字型构造包含了一些小型扭动构造，形成包容复合关系。例如，石屏西南的涡轮状构造、开远山字型构造和晋宁山字型构造等。

（4）云南山字型构造和经向构造体系的重叠复合现象也很明显。印支运动以后，滇中地区形成南北向的凹陷，堆积了巨厚的中生代红层，而滇东地区则是南北向的隆起，故使山字型构造的两翼形成西弱东强的不对称型式。

（四）滇西帚状构造与其他构造体系的复合关系

（1）滇西帚状构造与经向构造体系的复合关系比较复杂，在三江地区、兰坪以北属归并复合关系，它迁就利用南北构造带，并使南北构造带走向向西略有偏转，性质由压性改变为压扭性，把经向构造体系的成分改造后归并到它的成分之中。在兰坪–永平一带，它与南北构造带为斜接复合关系。再向南，它的东支旋回构造带切断了南北构造带，呈明显的反接复合关系，而西支的旋回构造带仍为斜接复合关系。

（2）滇西帚状构造东支的北西向旋回构造带，在滇东南地区切割了广南–丘北东西构造带，可能是开远山字型构造的东翼和滇东南旋扭构造体系，形成反接复合关系。

（五）滇东北构造带与其他构造体系的复合关系

（1）北东构造带和东西构造带反接关系十分明显，表现为两种型式：①北东断裂切断东西构造；②北东向褶皱横跨在东西向褶皱之上，形成横跨褶曲。

（2）鲁甸–盐津北东构造带被洒渔河北北东构造带斜切，形成斜接复合关系。

（六）丽江北东构造带与其他构造体系的复合关系

丽江北东构造带明显地切断程海南北断裂带和中甸以东的东西构造带，形成反接复合关系。

综合以上的复合关系分析，云南主要构造体系定型的相对先后顺序是：纬向构造体系—三江滇中经向构造体系—云南山字型构造和滇东北东构造带—滇东南旋扭构造体系和滇东北北东构造带—滇西帚状构造。这些构造体系大多具有多期活动的特点，特别以经向构造体系和纬向构造体系最为显著。结合现代地震震中和温泉的分布情况来看，云南主要构造体系的近期活动性都较明显，又以经向构造体系和滇西帚状构造活动性更为强烈，它们和其他构造体系的复合部位，往往是发生强震的地区。

三、云南主要构造体系与矿产分布的关系

云南构造体系复合关系复杂，活动多期。伴随构造体系的形成和活动，产生了多期次、多类型的岩浆岩，这就给内生矿产的形成和富集提供了有利的条件。另外，有的构造体系具有长期持续发展的历史，在其发展的历程中，曾经形成了许多隆起和拗陷相间排列的古地理形势，这对于沉积矿产的形成极为有利。因此，在云南境内，内生及外生矿产都极其丰富。

（一）内生矿产的分布特点

1. 主要受经向构造体系控制的南北向成矿带

（1）三江多金属成矿带：主要有铜、铅锌、汞、锑等热液型、斑岩型、夕卡岩型及玄武岩有关的矿产。

（2）滇中铁、铜成矿带：主要有受南北向断裂带控制的产于昆阳群中的铜铁矿和与基性–超基性岩有关的钒钛磁铁矿及铂矿等。

2. 受纬向构造体系控制的东西向矿带

该矿带较显著的有两个。

（1）钨、锡矿带：除产钨、锡外，尚伴生有多金属矿产。

（2）多金属矿带：产铅锌、锑、汞等中低温热液型矿产。

3. 受多字型构造控制的北东向多金属矿带

该矿带主要是呈北东向斜列展布的铅锌矿带，受到滇东北东构造带的严格控制。

4. 受巨型帚状构造控制的北西向成矿带

（1）铬、镍成矿带：滇西帚状构造控制了超基性岩带，为铬、镍、钴铂等岩浆型矿床的形成创造了有利的条件。

（2）斑岩铜矿成矿带：沿帚状构造旋回带，还控制了一个斑岩带的分布，形成一个斑岩铜矿带。

由上看出，成矿带严格受到一定的构造体系控制是十分明显的，但是矿产的富集则往往是受到构造体系复合的控制。特别值得指出的是，在云南境内，纬向构造体系和经向构造体系都具有长期持续发展的历史，它们的反接复合部位往往出现大型矿床和矿产密集的现象，尤其是再加上其他构造体系复合的多体系复合部位，矿产密集的现象则更为显著。

例如：

（1）东西构造带与南北断裂带、帚状构造旋回带的复合部位，出现大型的铜铁矿床，与南北断裂带和云南山字型构造带西翼的复合部位，有铜矿和铁矿密集的现象，并有铋钨矿床产生。

（2）东西构造带和南北断裂带的复合部位，出现铜矿和铁矿的密集，东西构造带和南北构造带、北西旋回构造带及山字型西翼反射弧多体系复合时，矿产密集，类型多样，铁、斑岩铜矿、多金属矿及铂等均有产出。

（3）东西构造带和经向构造体系，滇西帚状构造的复合部位，出现许多大中型的铁、铜、铅锌等矿床。

（4）我国有名的锡都，则出现在东西构造带、南北构造带、北西旋回构造带的复合部位，并受到云南山字型构造前弧的影响。

以上事实表明，在云南境内，南岭纬向构造体系对成矿的控制作用是不容忽视的，在进行战略找矿的部署时，对这一重要的因素应给予重视。

但是，矿床和矿体的赋存，通过普查勘探实践证明，它们往往受到低级别和低序次构造的控制。因此，在研究区域构造体系的基础上，还必须加强对低级别、低序次构造的研究，特别要加强对这些构造复合型式的研究，以便掌握矿化富集的规律，指导战役普查和战术勘探工作，特别是指导勘探隐伏矿床和矿体。

（二）外生矿产的分布特点

（1）以经向构造体系中的绿汁江断裂带为界，可分东、西两个成矿带，这两个成矿带无论是矿产类型还是成矿时期都有着明显的差异。西部成矿带以中生代的含铜砂岩、盐类及煤为主，另外还有与晚古生代火山岩有关的铜矿；东部成矿带以前寒武纪和古生代的成矿为主，金属矿及非金属矿的矿种都很多。

（2）在两个成矿带中，还可以划分出一些南北向展布的成矿亚带。

西部成矿带，可分出四个亚带：①铜、盐、煤矿亚带，分布在两个南北向断裂带之间，受滇中中生代拗陷的控制，有白垩纪的含铜砂岩及盐类矿产，还有晚三叠世海陆交替相至陆相的煤系，这是西部成矿带的主要煤田。②第一盐、铜矿亚带，受中生代拗陷的控制，形成以晚白垩世盐类矿产为主兼有含铜砂岩的矿带。③第二盐、铜矿亚带，受中生代拗陷的控制，是一个多期成矿的矿带，侏罗纪、白垩纪及古近纪等均有盐、铜沉积，其中以晚白垩世及古近纪为主要成矿时期，形成重要的盐类矿产。④铁矿亚带，晚古生代时，成矿地带强烈拗陷并伴随有中基性海底火山喷发，形成了与这些火山岩有关的铁矿。

东部成矿带，最明显的可划分出两个亚带：①铁、铝、磷矿亚带，在滇中南北向隆起东部边缘的拗陷地带，从震旦纪以来，发生过多次海侵超覆，又邻滇中隆起剥蚀区，因而形成了丰富多彩的沉积矿产。重要的有下寒武统底部的磷矿、中泥盆统内的铁矿、下二叠统底部的铝土矿，它们的规模都很大。另外，还形成一些中小型的矿床，如上昆阳群因民组和大营盘组底部、震旦系澄江组底部及中奥陶统巧家组内的铁矿，震旦系陡山沱组底部的含铜砂岩，下二叠统底部的煤系等。②煤矿亚带，滇东地区，在牛首山隆起东部边缘的拗陷地带，在晚二叠世晚期，形成了重要的海退型滨海沼泽相的煤系，这是东部成矿带的主要煤田，与煤系伴生的还有菱铁矿层。

（3）以上南北向成矿带，又受到了东西构造的限制，有的东西构造就直接控制了沉积矿产的形成。例如，滇中铜矿亚带就限于两个一定纬度的东西构造带之间；东部成矿带的沉积矿产也主要集中在两个一定纬度的东西构造带之间；两个含铜、盐的中生代拗陷正好被北纬25°以南的东西构造带所分隔。又如，其中一拗陷中重要的盐类矿产，主要富集在一些被隐伏的东西构造所分隔的中小型盆地中，这种分隔是盐类矿产形成的必要条件。再如，分布在一些地区的上昆阳群内的铁矿及陡山沱组底部的含铜砂岩，就直接受到东西构造带的控制。

以上事实说明，自晋宁运动以来，属于经向构造体系和纬向构造体系的隆起与拗陷交织在一起，控制了震旦纪以来的古地理形势。这种形势总的特点是：在总体呈南北走向的隆起与拗陷之中，又有东西向的隆起与拗陷存在。这种古构造的格架，控制了各个时期沉积矿产的形成。

（4）沉积矿产的分布，呈一定的方向展布。综观全局，西部成矿带的沉积矿床呈北西和北北西向斜列展布，尤以铜矿亚带最为明显，显然是受到云南山字型构造西翼和滇西帚状构造东支的控制。东部成矿带中的煤矿亚带，明显地呈北东向斜列展布，这是云南山字型构造东翼控制的结果。而滇中东部亚带，从纵的方向看呈南北向分布，从横的方向看又有东西向密集的趋势，可能是受到南北构造带和东西构造带的复合控制 。这些现象说明，沉积矿产形成后，经过后期的构造运动，发生形变而被卷入到各构造体系的构造带之中，这样它们的分布又显现出与各构造带方向一致的特点。

由上看出，沉积矿产的形成和分布受到构造体系的双重控制。因此，在开展沉积矿产的普查和勘探时，必须应用构造体系的分析方法，加强两方面的调查工作：一方面，从沉积岩相入手，分析各地史时期隆起和拗陷的分布特点、海水进退的规程及古气候的变迁等，掌握沉积矿产的成矿规律；另一方面，从构造形迹入手，正确鉴定结构面的力学性质，分析各构造体系所属构造带的组成及展布特点，指导普查找矿和勘探工作的部署。

四、结　论

综观云南主要构造体系的组成、分布和布展，可以看到如下几点基本认识：

（1）在云南境内，尽管构造形迹错综复杂，性质各异，但它们都互相联系，具有一定的内部规律，从而组成了类型多样、型式齐全的构造体系。这些构造体系在空间的分布上也有着一定的规律，具有明显的定向性和定位性。从它们的配置关系来看，反映了地壳运动方式和方向的统一性，这种统一性表现在：云南的地壳在以印度地块和越北地块为砥柱的条件下，受到了由北向南和由东向西的水平推挤的交替作用，形成了一系列东西向和南北向的构造体系，以及西部顺时针扭动为主，东部逆时针扭动为主的各种扭动构造体系，同时由于这些主要构造体系的活动，又派生出一些低序次的构造体系。

（2）云南的主要构造体系间并不是孤立无关的，它们在发展中相互迁就利用、干扰破坏，形成了复杂的复合关系，反映出在时间的发展上有着一定的先后顺序。一般来说，纬向构造体系和经向构造体系发育较早，它们的雏形可能在前寒武纪已出现，其他的扭动构造体系发育较晚，大致在海西末期和印支期才开始，至燕山晚期才定型，其中滇西帚状构造是经历了燕山晚期至喜马拉雅期的强烈变动之后才最后定型的。这些构造体系都具有多期活动性，特别是经向构造体系和纬向构造体系更具有长期持续发展的历史。挽近时期，云南主要构造体系的活动性仍比较明显，尤其是经向构造体系和滇西帚状构造表现得更为强烈，属活动性构造体系，它们的复合部位，特别是多体系复合部位，往往是引发震区和地热异常区。

（3）从云南主要构造体系的组成来看，沉积建造和岩浆建造的分布与组成构造体系的一级构造带的走向是一致的，形成一定方向排列的沉积岩相带和岩浆岩带。同时，伴随着一级构造带的形成，还出现了许多巨大的、定向分布的变质带。这些都说明沉积建造、岩浆建造和变质带的形成受到构造体系的严格控制，并且它们本身作为构造形体也都是构造体系的组成成分，因而它们的分布有着明显的规律。

（4）在云南境内，矿产的形成、富集和分布严格受到构造体系的控制。伴随着构造体系的形成和活动，都有一定的内生和外生矿产的形成，特别是具有长期持续发展的经向构造体系和纬向构造体系，对内外生矿产的控制作用尤为明显。在经向构造体系和纬向构造体系的复合部位，特别是再加上其他构造体系的多重构造复合部位，往往出现大型的内生矿床和矿产密集的现象。外生矿产的形成，也同样受到这两个构造体系复合所决定的古地理形势的制约。这一点，对进行战略性找矿工作的部署十分重要。

第二节　云南主要构造体系的成生发展及某些矿产的分布规律

地壳上的构造形迹，其分布是有规律可循的，这种规律主要通过具有成生联系的构造形迹所组成的各种构造型式的展布特点表现出来，而这些构造型式的展布特点又是由一定方式和方向的地壳运动所决定的。另一特点是从控矿构造和成矿建造的联系中去探寻云南几种重要矿产的分布规律。

一、从中国地壳运动的方式和方向看云南地壳构造的特点

中国大陆构造的特点，反映出中国大陆地壳运动的方式和方向是（图 7-2）：中国大陆地壳的中部有由北向南滑动的趋势，由于西部地块的阻挡，东部沿太平洋深海沟，出现相对向北的运动，从而产生了南北力偶的对扭。另外，中国大陆地壳还以秦岭-昆仑纬向构造体系为界，存在北部地壳整体向东，南部地壳整体向西的滑移，西部由于受到印度地块的阻挡而产生强烈的挤压。

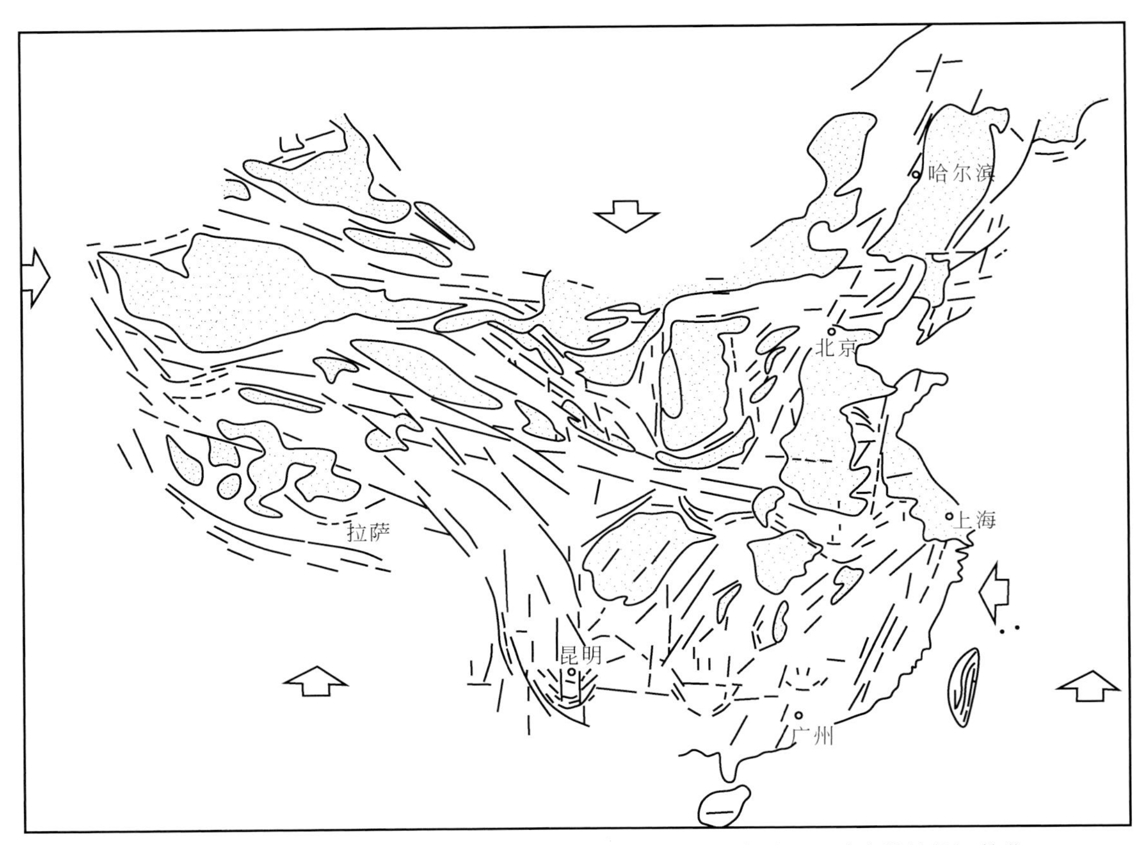

图 7-2　中国主要构造体系及大陆地壳运动程式图（据北京大学《地质力学教程》简化）

云南省地处中国的南方，按经度又位于中部，西邻印度地块，东南有越北地块，在上述两种力的作用下，其边界条件与整个中国大陆相仿，因此形成了构造型式的多样性、构造分布的对称性、构造运动的多期性和构造体系复合的复杂性等特点（图 7-3）。

由于中国南方地壳总体向西的滑移，在西部受到印度地块的阻挡，云南首当其冲，因此由南向北挤压带组成的经向构造体系特别强烈，形成了云南的构造骨架，它是长期发展而又起着主导作用的一个重要构造体系。该体系由东西向西加强，在中生代时就已形成了以三江经向构造体系和滇中经向构造体系为主体的隆起褶断带，其间夹持了兰坪-思茅槽地和楚雄-大姚盆地所组成的沉降断裂带。在滇东，也有南北向的压性构造形迹断续分布，尤以昭

通–曲靖–河口一带较为明显。

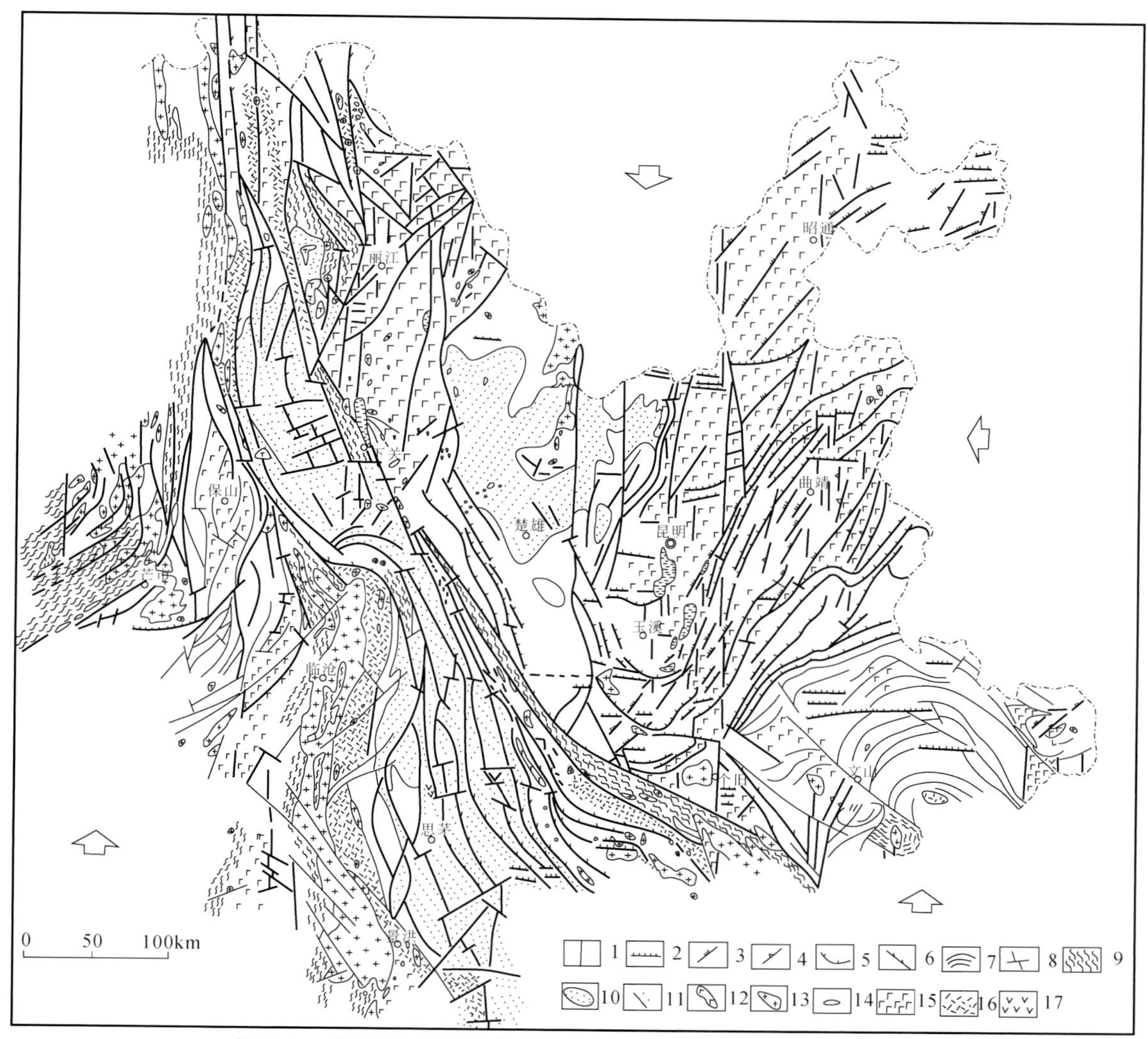

图 7-3　云南省主要构造体系及地壳运动程式图（孙家骢，1983）

1. 经向构造体系；2. 纬向构造体系；3. 华夏系构造体系；4. 新华夏构造体系；5. 山字型构造体系；6. 歹字型构造体系；7. 旋扭构造体系；8. 扭性及张性断裂；9. 片理及片麻理走向；10. 白垩纪及部分古近纪构造盆地；11. 超基性岩体；12. 基性岩体；13. 中酸性岩体；14. 碱性斑岩体；15. 石炭—二叠纪火山岩；16. 三叠纪火山岩；17. 新生代火山岩

由于中国中部地壳总体向南的滑移，在地史的早期就已产生了云南最古老的基底构造——纬向构造体系，但因被后期许多构造体系的干扰破坏，它呈零星的片段分布。随后，印度地块及越北地块的形成，边界条件发生了变化，即在向南的滑动中受到这些地块的阻挡而产生南北对扭力偶的作用，从而不仅形成了弧顶向南的滇南山字型构造，滇东的华夏系、新华夏系构造，滇西的歹字型构造，滇东南的旋扭构造，而且还相应地改造了经向断裂系，产生了东部左行，西部右行的平移现象，从而使得云南的构造具有对称展布的特点，这是云南地壳构造的另一个重要标志。

由于地壳组成的不均匀性，都在以上两种力的作用下，地块发生局部扭动而产生一系列的弧形构造，组成扭动构造体系。云南的弧形构造除了一般的扭动构造外，至少还有三种成因类型。

1. 联合弧

这种弧形构造是由上述两种力同时联合作用下产生的，最显著的例子是芒市联合弧（图 7-4）。该弧形构造由一系列从南北转向北东的褶断带、花岗岩带及变质带表现出来，弧顶向南东。该断裂带在其南北段具有左行压扭性，而北东—北东东段具有右行压扭性的特点。这种扭动的特点和山字型构造的前弧相仿，反映出该区曾遭受过由北西向南东滑移的作用。在这种力的作用下，由于受南北向怒江断裂带及晒干河断裂带的影响，前者受到左行扭动，后者受到右行扭动的改造，这样就更使弧形构造得到加强。通过弧形构造外围勐兴及平达等地复合结构面的研究及节理的统计，也明显地反映出北西向主应力的存在。这是两种力的合力，其一是由北向南滑动产生的力，其二是由东向西滑动，受到印度地块阻挡产生的反作用力。

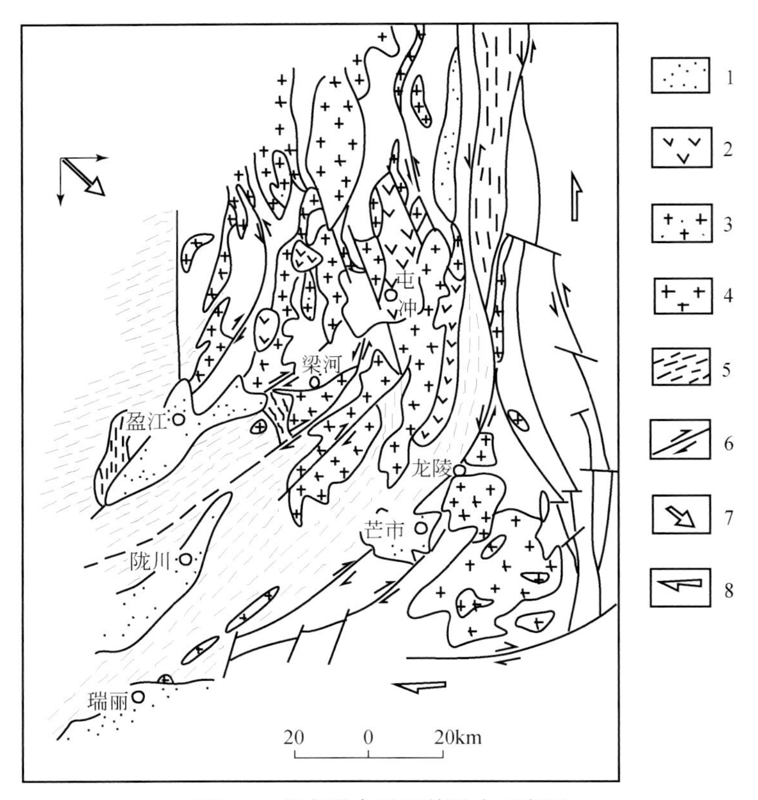

图 7-4　芒市联合弧及其形成示意图

1. 新生代盆地；2. 新生代火山岩；3. 喜马拉雅期花岗斑岩；4. 燕山期—海西期花岗岩；5. 片理及片麻理走向；6. 压扭性断裂；7. 合应力方向；8. 派生扭应力方向

该弧形构造可分为外弧（龙陵弧）及内弧（梁河弧）。外弧大致在海西早期形成，弧顶部位控制了平河花岗岩体；内弧大致在燕山中晚期形成，控制了燕山期花岗岩体的分布，并使得弧得到进一步的发展。由于此弧形构造的弧顶部位控制了花岗岩体的分布，而且弧形构造又由南东向北西迁移，从而导致了花岗岩有偏北西向的特点，以及由南东向北西时代变新的趋势。

2. 复合弧

复合弧是在上述两种力的先后作用下，先成构造体系的成分被后成构造体系的成分归并改造所形成的弧形构造。这种弧形构造在反接复合的情况下最易形成，分布普遍。规模较大的以元谋–易门–元江复合弧为代表（图 7-5）。有人认为这是一个弧顶向西的山字型构造，

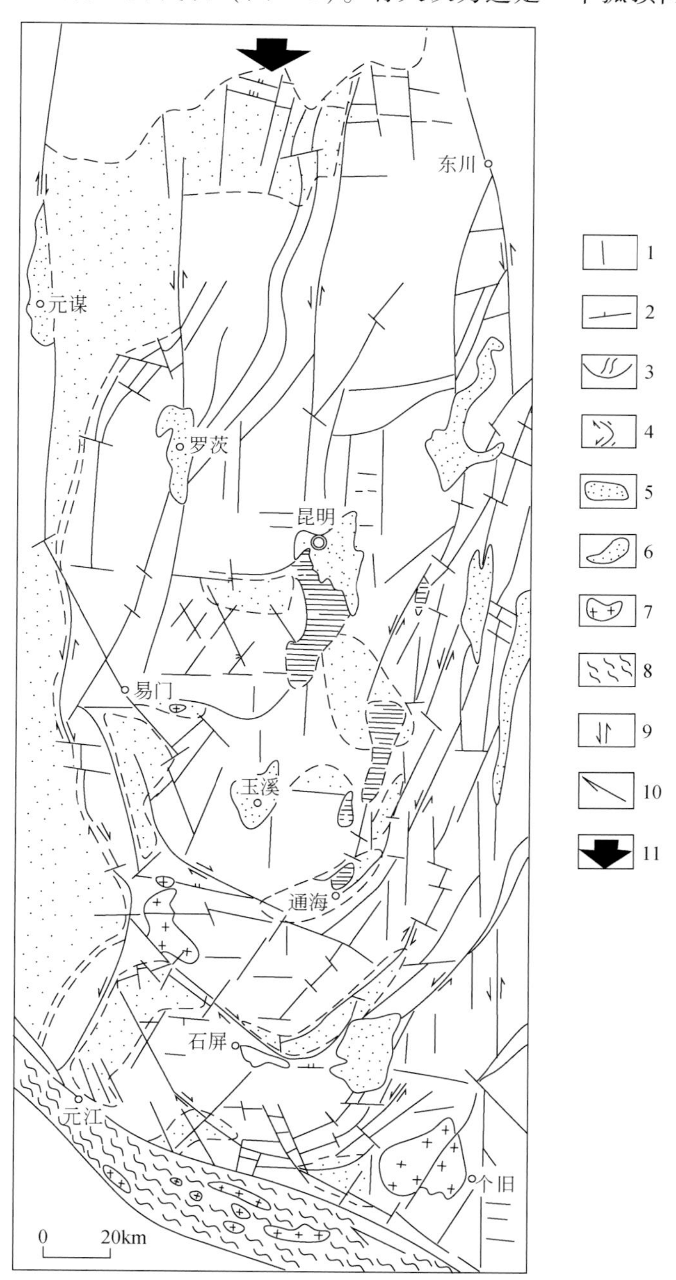

图 7-5　元谋–易门–元江复合弧及滇中构造体系图（孙家骢，1983）

1. 经向构造体系；2. 纬向构造体系；3. 扭动构造体系；4. 复合弧形构造；5. 新生代盆地；6. 晚三叠世断陷盆地；7. 花岗岩；8. 片理及片麻理走向；9. 局部扭动方向；10. 派生扭力方向；11. 外力方向

但研究了它的结构面的力学性质及其组合型式后，发现弧形构造具有外侧岩块向弧顶方向扭动的特点，而且曾有过明显的张性改造，这些都和山字型构造的前弧相反，安宁的东西向构造也是不同期形成的，不成其所谓的脊柱。这一弧形构造是经向构造体系的组成成分（绿汁江断裂）在南北向的挤压下所形成的复合弧构造，南段由于红河断裂带右行扭动而发生过向北西的牵引。从滇中地区晚三叠世瑞蒂克期张性断陷盆地的分布看，它们明显受到山字型构造的前弧及复合弧形构造的控制（图7-5）。因此，这一复合弧形构造大致和滇南山字型构造同期形成，最晚发生在印支期。

3. 序次弧

这是在同一方式力的作用下，由于变形不同阶段边界条件的变化，由初次结构面转化而形成的弧形构造。按其形成的方式不同，初步可分出两种类型。

（1）以平远街弧为例（图7-6），在南北向的压力作用下，首先形成了东西向的主压面（冲断裂及褶皱），同时产生北西向的右行扭性断裂（文麻断裂的雏形）。在南北向压力的持续作用下，文麻断裂由于序次转化而成为右行压扭性断裂，并牵扯先形成的东西向主压面，使之形成向北突出的弧形构造。而且在文麻断裂的旁侧，也发现南北向的主压面向南东牵扯产生弯曲的现象，这是该断裂反扭的表现。通过结构面及构造岩的研究，证明了文麻断裂的性质既发生过序次转化，也发生过复合转变，从而形成规模较大的压扭性大断裂。因此，认为这种断裂不是歹字型构造的成分，而是东西构造带的北西向配套扭裂，后来又被南北构造带同方向的扭裂所归并。这种类型的序次弧往往就发生在较大扭裂的旁侧，在怒江断裂带的南段也有表现。

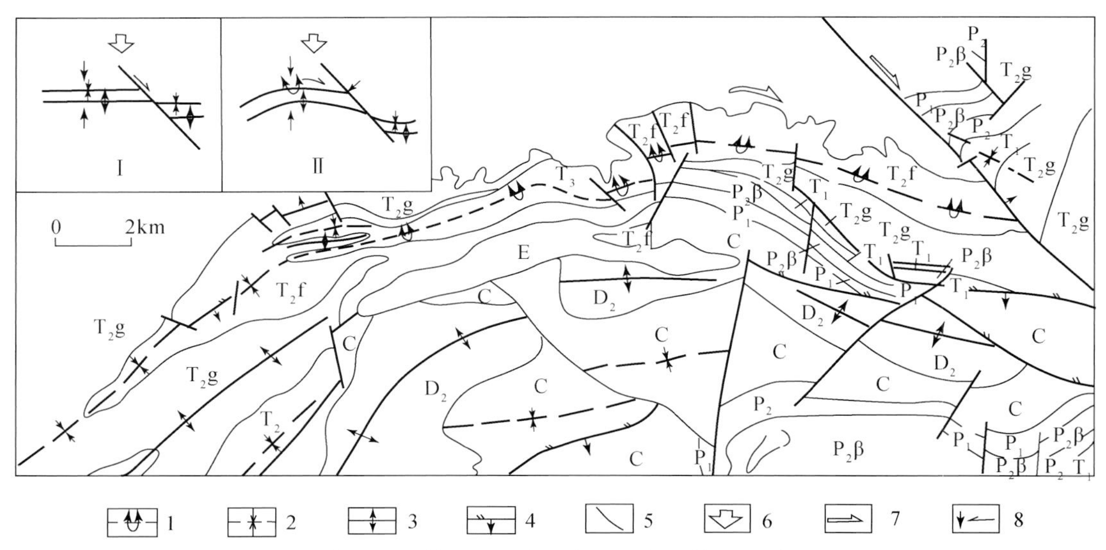

图7-6　平远街序次弧形构造及形成示意图（据原第五地质队地质图简化）

1. 倒转向斜轴；2. 向斜轴；3. 背斜轴；4. 压扭性断裂；5. 扭性及张性断裂；6. 外力方向；7. 派生扭力方向；8. 主压应力及扭应力。左上角为两个变形阶段的示意

（2）围绕透镜状岩块出现的弧形构造，如金沙江弧形断裂，它是在东西向挤压下，由两组共轭扭裂经过序次转化而成，包围着南北向的石鼓透镜状岩块，与其相对应的还有向西突出的弧形断裂。它们和透镜状岩块一起，均反映出东西向的强烈挤压，其形成机理与构造

透镜体相同，可视为巨型构造透镜体。这种序次弧在强烈挤压的地区是较为常见的，保山、昌宁、思茅等透镜状岩块周围的弧形断裂都是这种型式。在安宁，包围着九道湾花岗岩的弧形断裂也是这种型式，从整体上可视为以九道湾花岗岩为核心的巨型压力影构造。

通过上述分析可以看出，云南主要构造体系的组成特征及展布规律充分反映了地壳运动的方式和方向，而地壳运动的方式和方向则是形成各种构造型式展布规律的本质原因。因此，地质的力学分析，就是要把握住地壳运动的方式和方向，并充分考虑研究地区的边界条件，那么一幅复杂的应变图像就可以看出它的演化。

二、云南的构造运动及主要构造体系的成生发展

为了揭示云南主要构造体系与构造运动的联系及它们的成生发展过程，根据地质力学的原理，从地壳形变史的研究入手，结合建造的分析、不同构造层内构造形迹的筛分及构造不整合的确定等，试作一些全面的分析。

云南的构造运动有其特殊性及复杂性，它不仅有通过地层间的角度不整合所表现的褶皱运动，也有通过强烈的岩浆活动和动力变质作用所反映的断裂运动。因此，必须综合分析各种地质作用，才能比较准确地划分构造运动的时期及了解运动的性质。

这里仅对云南各主要构造运动的性质以及方式和方向，各主要构造体系的成生发展等问题，作一概括的论述。

（一）东川运动

表现为昆阳群中的玉溪亚群和东川亚群间的不整合，以及二者在构造线和分布上的明显差异。根据昆阳群内所测得的铷-锶等时年龄分析，这一次运动大致发生在14亿年左右，为中元古代时期的一褶皱运动。在这次运动之前，云南已存在东西向的隆起和拗陷，控制玉溪亚群的沉积及河口期和富良棚期的火山活动。东川运动表现为南北向的挤压，促使玉溪亚群发生褶皱，产生了作为基底构造的纬向构造体系。这次南北向的挤压运动，还形成了绿汁江、罗茨-易门、普渡河及小江等张性断裂，出现了南北向的元谋隆起、易门隆起及其间所夹持的罗茨-元江及东川堑沟式海槽，控制了东川亚群的沉积及因民期的火山活动，这是滇中经向构造体系的萌芽。

（二）满银沟运动

这是中元古代晚期一次构造运动，表现为东川亚群和会东亚群间的角度不整合及会东亚群分布的局限性。从获得的铷-锶等时年龄分析，这一运动大致发生在11亿年左右，既表现为南北的挤压，也兼有东西的挤压，前者使滇中地区南部隆起，北部下陷，昆阳海向北撤退；后者使东川亚群发生褶皱，形成了滇中经向构造体系的雏形，和东西构造一起控制了会东亚群的沉积。东西挤压还对早期的东西向断裂产生张性改造，纬向构造体系的中带及北带内，伴有酸碱性及基性岩的侵入。

（三）晋宁运动

这是中元古代末期强烈的一次褶皱运动，根据罗茨的澄江组碧城段火山岩铷-锶等时年

龄为8.85亿年来推断，该运动比较准确的时期在9亿年左右。表现在云南地壳由东向西的滑动压缩，促使昆阳群全面褶皱产生区域变质，基底最后形成，盖层开始发展。此时，三江和滇中经向构造体系基本定型，并和前期产生的纬向构造体系一起，形成南北构造横跨在东西构造之上的古构造格架，控制了震旦纪及其以后的沉积。这期运动还使东西构造受到改造，部分形成复合弧，在其与绿汁江断裂带及罗茨–易门断裂带的复合部位，有酸性岩的侵入，沿后者还有裂隙中心的碱性玄武岩喷发。

（四）澄江运动

这是继晋宁运动之后的又一次较强烈的构造运动。以断裂运动为主，表现为较强烈的岩浆活动及地形的显著差异（出现大陆冰川）。其运动方向不仅继承了晋宁运动的特点，同时还有由北向南的滑动。当时康滇古陆和越北地块已经出现，边界条件已有了明显的变化，因此，在这两种力的作用下，不仅使经向构造体系进一步强化，而且还使南北断裂带具有扭动的特点，从而产生滇中多字型构造，同时开始出现滇东的北东构造、滇西的北西构造及滇南的弧形海湾，成为华夏系构造、歹字型构造及山字型构造的萌芽。伴随南北断裂带的强烈活动，在云南，第一期强烈的岩浆侵入活动主要沿金沙江–澜沧江、绿汁江以及罗茨–易门等断裂带分布，以中酸性–酸性侵入岩为主，而基性–超基性的侵入岩则集中分布于两个断裂带内。这期岩浆活动以富碱为其特点。伴随岩浆岩的侵入，在绿汁江断裂带以西，使昆阳群的变质加深并产生混合岩化。通过澄江期岩浆岩的同位素年龄测定，这期运动大致发生在7.5亿年左右。

（五）加里东运动

继承了澄江运动的特点，但表现比较微弱。褶皱运动仅在滇东南及保山地区有所显示。由于两地所处的边界条件不同，所以在两种力的作用下，滇东南以南北挤压为主，加强了纬向构造体系；而滇西则以东西挤压为主，加强了经向构造体系，形成南北向透镜状地块的雏形。伴随出现的岩浆活动也较微弱，仅在滇中绿汁江断裂带和汤丹东西构造的复合部位有小规模基性–超基性岩的侵入。

（六）海西运动

主要是通过强烈的岩浆活动所表现的断裂运动，运动的方式仍以两种力的同时作用为主，但到中晚期由北向南的滑移逐渐加强。早期，两种力的联合作用形成芒市弧的外弧（龙陵弧），在弧顶部位有平河花岗岩的侵入；中晚期，因由北向南的滑移逐渐加强，使强大的经向构造体系受到改造，受三江、程海、普渡河及小江等南北断裂带，特别是与东西构造带的复合部位，均有强烈的基性火山喷发，由西向东，喷发的时代由老到新，喷发的环境由海底到大陆；晚期，还伴有岩浆的侵入，如沿澜沧江断裂带有花岗岩的侵入，使临沧复合岩体进一步扩大；沿滇中南北断裂带有基性–超基性岩的侵入。同时，在这种力的作用下，滇东华夏系、滇南山字型、滇西歹字型等构造出现雏形。

（七）印支运动

这是对云南的构造景观发生显著变化的又一次褶皱运动。这期运动总的表现为云南地壳从北向南的滑动，促使滇东华夏系、滇南山字型及滇西歹字型等构造趋向定型；纬向构造体系得到进一步加强；经向构造体系受到改造，形成了元谋–易门–元江复合弧形构造；滇东南旋扭构造也已成型，并产生了序次弧。伴随歹字型构造的形成及经向构造体系被改造，出现了兰坪–思茅槽地及楚雄–大姚断陷盆地等。

此期岩浆活动明显地受到了歹字型构造的控制，主要表现在：①伴随歹字型构造的形成，岩浆活动强烈而复杂，不仅有多期多种的火山活动，而且还有多期多类的岩浆侵入。②在空间分布上，岩浆活动主要集中于歹字型构造的边缘大断裂带内，从川藏边界地区向南（云南境内）分成东西两支；东支沿金沙江旋回构造带及哀牢山旋回构造带分布，并涉及滇东南地区；西支沿澜沧江旋回构造带出现。③在时间发展上，岩浆活动和歹字型构造的发展紧密联系，中三叠世下陷阶段以中基性岩浆喷发为主，伴有基性–超基性侵入岩的形成，构成了澜沧江南段火山岩带、哀牢山–澜沧江北段基性–超基性岩带及广南基性岩群；晚三叠世上隆阶段中酸性岩喷发强烈，随之有中酸性岩的侵入，构成哀牢山–金沙江、澜沧江火山岩带，以及哀牢山–澜沧江北段、金沙江以东的花岗岩带，而且临沧花岗岩基也最后形成。

这期强烈的构造运动及岩浆活动的过程中，在滇西，沿大断裂带产生了热动力变质及混合岩化，各变质带基本形成。

（八）燕 山 运 动

这期运动在云南是广泛而强烈的，其性质为通过岩浆活动及变质作用所表现的断裂运动，其方式早期仍继承了印支运动的特点，中晚期由东向西的滑动逐渐加强，二者同时作用。早期的运动对纬向构造体系、山字型构造及歹字型构造得到了加强，并在滇东产生新华夏系构造。中晚期的运动在各地表现不同，在滇东南，使纬向构造进一步发展；在滇中及滇西强化了经向构造体系，对纬向构造及歹字型构造进行改造，并使山字型构造受到压缩；在德宏地区，由于两种力的联合作用，使芒市弧进一步发展，产生了内弧（梁河弧）。

伴随各种构造型式的加强或改造，在它们的复合部位有大量酸性–酸碱性的花岗岩侵入。例如，受芒市弧控制的花岗岩带；受经向构造和歹字型构造复合控制的高黎贡山、碧罗雪山花岗岩带及临沧花岗岩基外围的岩体；受歹字型构造及纬向构造复合控制的金平花岗岩群；受纬向构造和经向构造复合控制的元江–个旧–文山花岗岩带；等等。强烈的断裂运动及岩浆的侵入，使滇西的各变质带更趋加深。

（九）喜马拉雅运动

喜马拉雅运动在云南的表现也是强烈的，有向西加强之势，特别是在古新世和始新世之间还有皱褶运动发生。其运动方式仍继承燕山晚期的特点，表现为两种力的同时作用，使得已形成的各种构造型式都受到了加强或改造，特别是经向构造体系及歹字型构造强烈活动，促使滇西的变质带在动力作用下进一步深化。在这两个构造体系的复合部位，控制了云南最晚一期酸碱性浅成岩的侵入，形成哀牢山–金沙江的斑岩带。在德宏地区，芒市弧还控制了最新一期花岗岩的分布。在腾冲、思茅和屏边，在挽近期还有中心式的火山喷发。至今，经向构造和歹字型构造仍在继续活动，在其复合部位或与其他体系的复合部位，往往发生强烈的地震，而且有广泛的地热异常分布，反映了云南的新构造活动。

现将云南主要构造体系的发生发展以及岩浆活动、变质作用、构造运动的性质及方式列简表（表7-1），以资比较。

表7-1　云南主要构造体系成生发展综合简表

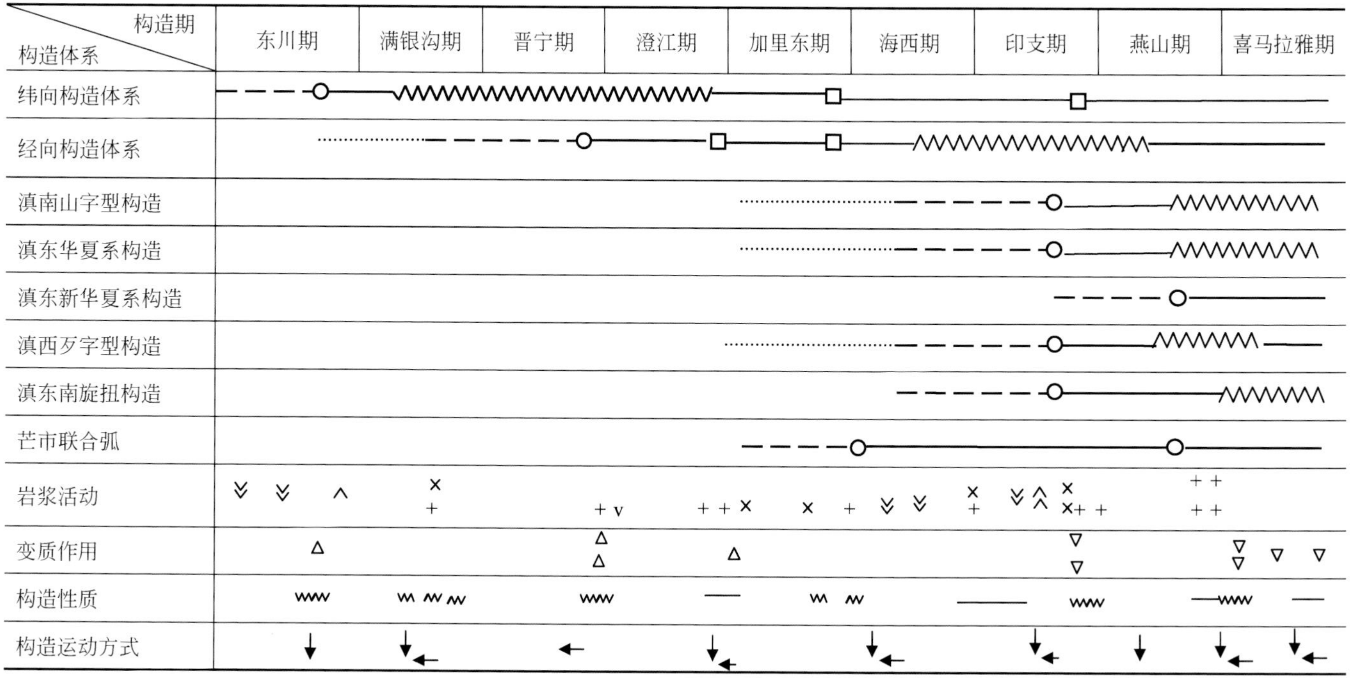

构造期 / 构造体系	东川期	满银沟期	晋宁期	澄江期	加里东期	海西期	印支期	燕山期	喜马拉雅期
纬向构造体系									
经向构造体系									
滇南山字型构造									
滇东华夏系构造									
滇东新华夏系构造									
滇西歹字型构造									
滇东南旋扭构造									
芒市联合弧									
岩浆活动	⩔ ⩔ ∧	× +	+ v	+ + ×	× +	⩔ ⩔	× + ⩔ ∧ × ×+ +	+ + + +	
变质作用	△		△ △		△		▽ ▽		▽ ▽ ▽ ▽
构造性质	www	w ww w	www	—	w w		—— www	—www	—
构造运动方式	↓	↓←	←	↓←		↓←	↓←	↓ ↓←	↓←

资料来源：孙家骢，1983

注：(1)体系发展：……萌芽；---雏形；—发展；——主要发展；○定型；□强化；www 改造

(2)岩浆活动：∨基性火山岩；∧酸性火山岩；×基性-超基性侵入岩；+中酸性侵入岩

(3)变质作用：△区域变质；▽动力变质

(4)运动性质：www 褶皱运动；w w 微弱褶皱运动；—— 断裂运动

(5)运动方式：↓向南滑移；←向西滑移

综上所述，归纳为以下几点认识：

(1) 云南的构造运动是地壳运动整体的一部分，它受地球自转角速度变化时所产生的离心惯性力的经向分力和纬向惯性力所支配，这是对主要构造形迹进行力学分析的出发点，即地质力学观点。

(2) 这两种力既是同时发生的又是交替作用的，即在某一构造运动时期以某一种力为主，在另一构造运动时期又转变为以另一种力为主，转变的过程也就是由量变到质变的过程。例如，由晋宁期的东西挤压转变到印支期的南北挤压，其间经历了澄江期、加里东期及海西期的两种力的同时作用过程，并且表现为东西挤压逐渐减弱而南北挤压逐渐增强。

(3) 在两种力同时作用的阶段中，由于变形岩块的边界条件不同，表现出以某一种力为主。例如，在滇东南，由于南邻越北地块，因而以南北挤压为主；而在滇西，由于西靠印度地块，主要为东西挤压。

(4) 由于构造运动的阶段性变化，以及云南地壳的边界条件随着变形的发展也在不断改变，因此主要构造体系的成生发展也显然出现阶段的特点。中元古代主要是纬向构造体系的成生时期，晚元古代是经向构造体系的成生发展时期；古生代末及印支期主要是各种扭动构造体系的成生发展时期；印支运动以后，云南的构造格架基本形成，燕山期及喜马拉雅期是各种构造型式被加强或受改造的时期。

(5) 在以一种力作用为主的运动时期，主要表现为褶皱运动，如东川运动、晋宁运动及印支运动；而在这种力同时作用的运动时期，主要表现为断裂运动，如澄江运动、海西运动及燕山运动。因此，强烈的岩浆活动除印支运动外主要发生在两种力同时作用的过渡阶段，因而也就成为内生矿产的主要成矿期。

三、云南某些重要矿产的分布规律

云南的岩浆活动严格受构造体系成生发展的控制，而一些层控矿床的形成和改造也与构造体系的成生发展有关。因此，云南矿床的形成和分布必然与构造体系时间上的发展和空间上的分布有着密切的成生联系。这种联系主要表现在成矿带的分布与成矿构造体系的高级构造带有着一致性；矿田的分布受到成矿构造体系和其他构造体系高级构造带的复合控制，而矿床的分布则受到低级序复合构造型式的制约。云南主要构造体系对矿产的分级控矿及复合控矿表现得颇为显著，研究这些控矿规律对指导矿产的普查及勘探是十分重要的。

(一) 钨 锡 矿

云南的钨锡矿类型多样，但都与花岗岩类及其热液活动有关。按其成矿时期可分为晋宁期—澄江期及燕山期；按其空间分布可分为滇东南矿带、滇中矿带、澜沧江矿带及怒江西矿带。它们的分布都严格受到构造体系的控制，但由于成矿期及所处大地构造位置的差异，因此成矿构造体系及控矿构造特征都不尽一致。

滇东南矿带：即个旧-文山矿带，锡矿的形成与燕山晚期的花岗岩有关。由西到东有个旧花岗岩、薄竹山花岗岩及老君山花岗岩，岩体形态均近于等轴状。燕山晚期是构造运动发生转变的时期，两种方式的力在该区都有影响，并以南北挤压为主，使得东西向断裂和南北向断裂的交叉部位反复拉张，有利于花岗质岩浆的贯入，故形成多期多阶段的复合岩体，并大致呈东西向的等间距分布。另外，在滇东南，旋扭构造发育，在扭力的作用下，岩浆成“旋流”上升，就有利于岩浆的分异，再加上有利的围岩条件，便形成了以锡为主的大型多金属矿床。因此，在滇东南地区找锡、钨矿的前景是很好的，重点要放在东西带与南北构造带的复合部位，特别是要重视邻近有扭动构造的地方。

澜沧江矿带：以云龙锡矿及昌宁锡矿为代表，两个矿床所处的地质背景仅有明显的差别，但成矿条件却几乎一致，表现在：①矿床类型相近，都是锡石-石英-电气石型及锡石-石英-硫化物型，并以后者为主；②围岩蚀变都以硅化、电气石化及硫化物为主，并以蚀变叠加对成矿最为有利；③二者的控矿构造都被夹持在北西向断裂之间，为南北向斜列的挤压破碎带，南北向挤压破碎带为赋矿构造，呈北北西向斜列褶皱的层间破碎带，这些次级构造都呈右列式。这类矿床的形成，应与燕山晚期花岗岩的热液活动有关，并受构造的控制，这两个矿床的控矿构造型式，都反映出燕山晚期经向构造体系改造歹字型构造的特点，矿体都赋存在北西向断裂反扭时派生的低级序挤压带中。因此，澜沧江矿带内的成矿构造体系是经向构造体系，矿田赋存在歹字型构造内，矿床（体）则受歹字型构造反扭形成的低级再次构造的控制。该矿带内，经向构造体系与其他构造体系的交接部位应该是成矿有利的部位，特别是有燕山晚期花岗岩分布的地方。保山地块及昌宁地块的东侧以及该两地块以南的镇康-耿马-西盟一带，临沧花岗岩基北部的公郎弧内，都是成矿有利的远景区。

怒江西矿带：即怒江西部芒市联合弧的展布区。该区多期构造明显，多期多阶段的花岗岩类十分发育，因此钨锡矿化类型齐全，有夕卡岩型、云英岩型、石英电气石型、石英硫化物型及伟晶岩型等，成矿条件良好。该区矿化与燕山晚期—喜马拉雅早期的花岗岩有关，而花岗岩的分布又明显地受到芒市弧的控制，特别集中分布在弧顶部位。由于芒市弧在海西早期及燕山中晚期分阶段发育，弧形构造向北西迁移，花岗岩的时代也由老至新向北西方向变化，在龙陵弧顶形成平河复合岩体，而在梁河弧一带则多为燕山期—喜马拉雅期的岩体侵入，从而形成了北西向展布的岩带。癞痢山的含锡矿体明显地受到梁河前弧断裂的控制，呈雁列式展布，所组成的矿床总体呈向南东突出的弧形。因此，在该带内，控岩构造和控矿构造是一致的，矿带展布的方向也应该是北西向的。找矿的重点应放在两道弧形构造的内侧地段，特别是接近弧顶曲度最大的范围内。

滇中矿床：矿化主要与晋宁期—澄江期的花岗岩有关，澄江期岩浆活动具有富碱的特点，而且有的岩体锡背景值高，有利于成矿。钨锡的成矿期和滇中铁矿的再造成矿期相近，这可由小营及贡山的铁矿含锡作为佐证，二者的构造控制也相似（详见滇中铁矿一节）。其中，元江-石屏、安宁、元谋等地，都是钨锡的远景区。

（二）铜　　矿

主要分析昆阳群层控铜矿的控矿特征及斑岩型铜矿的成矿远景。

昆阳群层控铜矿可以概括为沉积变质型（东川型，包括狮山及红龙厂铜矿）及沉积再造型（凤山型，包括元江鸡冠山及罗茨铜矿）。前者品位较贫，后者较富。它们的矿源层或含矿层为落雪组（主要是落雪组与因民组的过渡层），其沉积主要受到东川运动后经向构造萌芽时期的南北向堑沟海槽的控制，故形成了南北向的构造带。但是，富集成矿床又往往与后期的构造运动有关，所以矿田的分布不尽相同。东川铜矿富集于晋宁运动时期，其矿田受经向构造和早期纬向构造的复合控制，主要呈东西向展布。罗茨-易门-元江矿带内的铜矿则富集于晋宁期—澄江期，这时正是滇中多字型构造的成生发展时期，故矿田的分布主要受该构造型式的控制，呈现出北东向左列展布的特点，由北往南可分出罗茨矿田、易门矿田及元江矿田。矿田内的矿床有北东向斜列展布的特点，尤以罗茨矿田及元江矿田最为显著。在再造成矿期与矿床富集有密切联系的底辟构造，受到这种构造型式的控制，故与再造矿床同方向紧密共生。

斑岩铜矿常与钼、铅锌、钨锡、金等矿共生。云南的斑岩形成于澄江期、印支期、燕山晚期及喜马拉雅期。前一期的斑岩受滇中经向构造的控制，主要分布在罗茨-易门断裂带的西侧，这类岩体虽然富碱，但规模均很小，不具成矿远景。后期的斑岩主要受歹字型构造的控制，呈北向西沿哀牢山-金沙江旋回构造带两侧分布，其中喜马拉雅早期的斑岩多而富碱，对成矿最为有利。

喜马拉雅早期的各类斑岩分布较广，多集中于成区成带分布，反映出受歹字型构造和其他构造体系的复合控制。首先，喜马拉雅期构造运动的特点是两种力同时作用，作用组成滇凹骨架构造的经向构造和歹字型构造都有强烈的活动，因此斑岩主要集中在歹字型构造的东支与金沙江和程海两条南北断裂带的交接归并部位，这是滇西北部斑岩最发育的原因所在。其次，在两种力的同时作用下，其他的构造体系受到改造，因此在两大体系与其他体系的复合部位是斑岩侵入的有利空间，从而形成了斑岩密集成群分布的特点。例如，东西向构造被改造，从而形成金平、华坪、中甸等斑岩区及云龙大斑岩体；丽江北东向构造被改造，形成邓川-永胜斑岩区；下关一带，由于多体系构造的复合，众多的小型斑岩体密集呈面型分布，形成祥云-巍山斑岩区。

从控矿构造特征来看，寻找斑岩铜矿应到斑岩带的北段。但斑岩铜矿的形成与围岩含铜的背景值关系密切，所以找矿的重点应放在金沙江断裂带及程海断裂带内。该区二叠纪的玄武岩广布，大大提高了区域含铜的丰度，对成矿是有利的。另外，应加强对滇中含铜砂岩分布地区的斑岩体的检查，因此也具备铜质来源的前提。

（三）滇中铁矿

矿床类型多样，成矿时期也不尽相同，但其重要类型多可列于层控矿床的范畴内。根据它们的成矿条件可分为三种主要类型。

（1）火山-沉积叠加再造型：指成矿物质主要来自于火山沉积作用，经后期岩浆活动叠加富化和再造富集而形成的矿床，如大红山型铁矿。

（2）沉积再造型：指成矿物质来源于陆源和远源的火山沉积作用，经后期构造或热液的交代作用改造富集而成的矿床，如鲁奎山型和鹅头厂型铁矿。

（3）沉积再造转移型：指成矿物质主要来源于其他的沉积层，经后期的构造作用及热液活动使成矿物质活化转移，迁移到有利的构造空间，形成了矿床，如大六龙、上厂、八街、王家滩等脉状铁矿。

这类矿床的形成都与构造有直接或间接的关系，含矿层或矿源层的形成主要受不同时期古构造的控制，玉溪期受到东西向拗陷的控制（大红山型及鲁奎山型），东川期受到南北向海槽的制约（鹅头厂型）。但是，它们的再造富集作用主要发生在晋宁运动及澄江运动时期，这时主要是滇中经向构造体系定型的强化时期，所以成矿构造体系是滇中南北构造带，特别是绿汁江断裂带和罗茨-易门断裂带。通过各种不同类型矿床控矿构造型式的研究，多数矿床都受到经向构造和纬向构造的复合控制，赋存在纬向构造受到经向构造归并改造的部位。所以，铁矿田主要受这两个体系的复合控制，矿床集中分布在滇中三个东西构造带内，形成南部的新平-峨山矿田，中部的安宁-晋宁矿田及北部的罗茨-禄劝矿田。在三个矿田中分布着不同类型的铁矿；南部矿田以大红山型及鲁奎山型为主；中部矿田以上厂-王家滩型的脉状铁矿为主；北部矿田以鹅头厂型矿床为主。当前，在三个矿田内应着重研究控矿构造型式，以指导扩大找矿，特别是寻找隐伏矿床。

第三节　滇西锡矿带的成矿构造体系及找矿前景分析

滇西处于世界著名的泰马锡矿成矿带的北延部分，具有相似的地质条件，应是有希望的锡矿成矿远景区。现运用地质力学的构造体系理论，试图从滇西锡矿带构造体系的成生发展及其控矿的特点，探寻滇西锡矿的形成、分布与构造体系成生发展的关系，从中找出锡矿的分布规律，对找矿工作有所帮助。

一、云南构造运动的若干特点

根据对云南主要构造体系成生发展的研究，初步总结了云南构造运动的若干特点，体现在以下几个方面。

（1）从云南主要构造体系的分布特点认为，云南的构造运动是整体地壳运动的一个部分，是受地球自转角速度变化时所产生的离心惯性力的经向分力和纬向惯性力所支配的，即不是由北向南的滑动，就是由东往西的滑移。这是对区域构造体系和矿田构造体系进行力学分析的基本出发点。

（2）从云南主要构造体系的成生发展可以看出，上述两种力既是同时发生的又是交替作用的，即在某一构造运动时期以某一种力为主，而在另一构造运动时期又转变为以另一种力为主，其间的转变过程也就是由量变到变质的过程。例如，由东川运动的南北挤压转变到晋宁运动的东西挤压，其间经历了满银沟运动的两种力同时作用的阶段；而由晋宁运动的东西挤压再转变到印支运动的南北挤压，又经历了澄江期、加里东期及海西期两种力同时作用的过程。在过渡的阶段中，显然两种力同时作用，但表现为一种力的逐渐减弱，另一种力的逐渐增强，最后导致某一方式力作用下构造运动的发生。

（3）在两种力同时作用的过渡阶段中，由于变形岩块边界条件的不同，所以又表现出以某一种力的作用为主。例如，晋宁运动以后，越北地块和印度地块已经出现，改变了滇东南和滇西的边界条件，所以当加里东运动和燕山晚期运动时，虽然在其他地区表现为两种力的同时作用，但在滇东南由于南面越北地块的限制，因而以南北挤压为主；而在滇西由于西靠印度地块，主要为东西挤压。因此，在同一运动时期的不同地区中，表现了构造体系发展的差异性。

（4）由于上述构造运动方向的阶段性变化，以及云南地壳的边界条件随着变形的发展也在发生改变，因此主要构造体系的成生发展也显现出阶段性的特点；中元古代主要是纬向构造体系的成生时期，东川运动形成了基底东西构造的骨架；晚元古代是经向构造体系的成生时期，晋宁运动使得基底南北构造定形；从震旦纪的后期至印支期，主要是各种扭动构造的成生发展时期，印支运动时盖层的各种扭动构造型式都已形成，现今的构造格架基本已经出现；中新生代是各种构造型式被加强或受改造的时期，使云南的构造图案更加复杂化，其中以经向构造体系及歹字型构造的活动性尤为明显。

云南的构造运动有其特殊性及复杂性，它不仅有地层间的角度不整合所表现的褶皱运动，也有通过强烈的岩浆活动和动力变质作用所反映的断裂运动。在以一种力作用为主的运动时期，主要表现为褶皱运动，如东川运动、晋宁运动及印支运动；而在两种力同时作用的运动时期，主要表现为断裂运动，如澄江运动、海西运动及燕山运动。因此，强烈的岩浆活动除印支运动外，主要发生在两种力同时作用的过渡阶段，因而也就成为内生矿产的主要成矿期。例如，云南的锡矿就主要形成在澄江期和燕山期。

二、滇西锡矿带构造体系的成生发展及其他花岗岩的控制作用

在滇西锡矿带内，断裂构造十分发育，各种方向和不同性质的断裂交织在一起，组成十分复杂的构造格局。但是，从构造体系的观点出发，可明显地分出三个构造区（图7-7），中部以保山-西盟南北向的断褶带和临沧南北向的花岗岩带及变质带为主体，形成显著的经向构造体系；西部为一显著的弧形构造区，称为芒市弧形构造；东部以澜沧江断裂带为主体，组成西北向的歹字型构造区。三个构造区的构造线走向各不相同，中部的，即南北构造带，像楔子一样插入到东、西两个构造区之间，平面上像“个”字。三个区在发展上都有所差别，对花岗岩的控制作用也不相同，现分别剖析如下。

（一）芒市弧的组成及其发展特点

西部腾冲-芒市地区，无论是地层的走向、构造线的方向、岩浆岩和新生代盆地的分布，均由南北向逐渐转为北北东—北东向，构成一系列连续向南东突出的弧形构造。

芒市弧从构造上看，主要由一系列弧形断裂组成，这些断裂都具有压扭性的特点，但弧形两翼扭动的方向正好相反，其南北走向的一段（北段）为左行压扭性，而北东走向的一段（南段）为右行压扭性，这种扭动的特点和山字型构造的前弧相仿，反映出该区曾遭受过由北西向南东的滑移。

芒市弧被限于南北向的怒江断裂带和东西向的畹干河断裂带之间。这两条断裂都具有多期复合的特点。通过对弧形构造外围地区南北向及东西向复合断裂的研究，可明显地看出怒江断裂早期为挤压性质，后期有过左行扭动的改造；而畹干河断裂则在挤压性质上有右行扭动的叠加。说明在南北断裂和东西断裂形成之后，曾有过由北西向南东的滑动力对这些断裂的改造，另外，从区域节理的应力轨迹网来看，也反映出北西-南东向的压力确实存在，而且从节理的分期配套关系也证明北西-南东向的滑移力晚于东西和南北的挤压力。

从以上弧形构造和周边构造的力学分析可以看出芒市弧形成的力学机理是：在以怒江断裂及畹干河断裂作为边界的条件下，由于受到由北西向南东滑移力的作用，促使岩块向南东方向滑动，但是由于周边断裂的限制，中部滑动速度较北东、南西两侧为快，从而形成向南东突出的弧形构造。在这种力的作用下，还使得怒江断裂和畹干河断裂受到左行和右行扭动的改造，由于这些断裂的扭动拖拉，也使得弧形构造更为加强。这一由北西向南东的滑移力从何而来，认为这是导致地壳运动的两种力同时联合作用下产生的：其一是由北向南滑动的

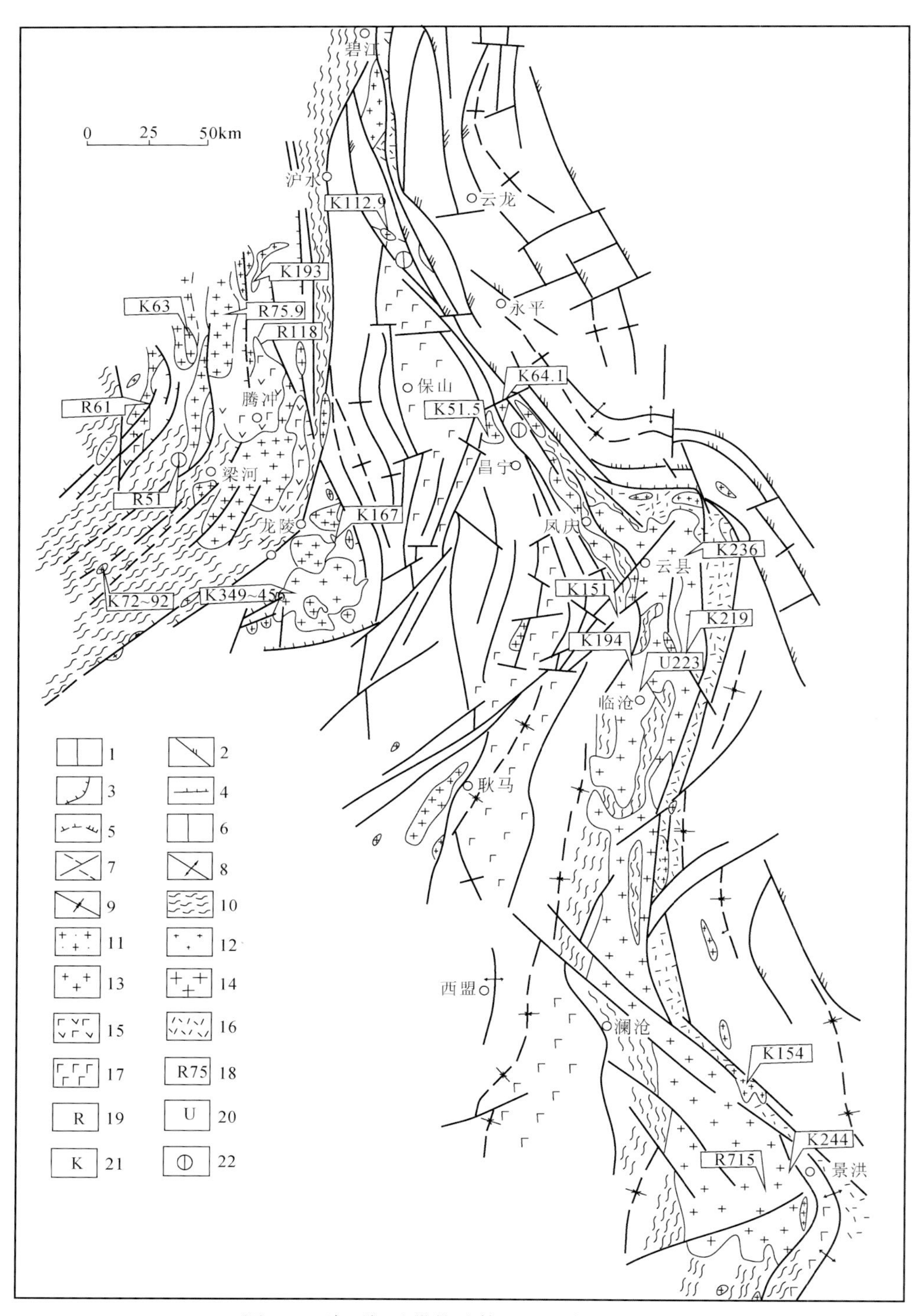

图 7-7　滇西锡矿带构造体系及花岗岩分布图

1. 经向构造体系；2. 歹字型构造体系；3. 联合弧形构造；4. 纬向构造体系；5. 山字型构造体系；6. 压性、压扭性断裂；7. 扭压性、扭性及张性配套断裂；8. 背斜轴；9. 向斜轴；10. 片理及片麻理走向；11. 燕山期花岗岩；12. 燕山晚期花岗岩；13. 燕山早中期花岗岩；14. 海西期—印支期花岗岩；15. 新生代中基性火山岩；16. 三叠纪酸性火山岩；17. 石炭纪—二叠纪基性火山岩；18. 同位素年龄（Ma）；19. 铷-锶法；20. 铀-铅法；21. 钾-氩法；22. 已勘锡矿床力；其二是由东向西滑动受到印度地块阻挡而产生的由西向东的反作用力，这两个力的合力就是由北西指向南东的滑移力。因此，芒市弧是一个联合弧形构造，称为芒市联合弧形构造。

芒市弧可以进一步划分为外弧（龙陵弧）及内弧（梁河弧），外弧之外和内弧之内似乎还存在两道弧形构造。这些弧形构造是在不同时期形成和发展起来的，它们对不同时期花岗岩的分布起着明显的控制作用。总的趋势是外弧形成较早，内弧形成较晚。龙陵弧大致在加里东期至海西早期形成，弧顶部位控制了平河花岗岩体，至燕山早中期进一步发育完善，并叠加了蚌渺花岗岩体。梁河弧大致在燕山晚期形成，并持续到喜马拉雅期，控制了燕山晚期至喜马拉雅期花岗岩体的分布。梁河弧形成的过程中，使龙陵弧得到进一步加强；并再次叠加了燕山晚期至喜马拉雅期的小岩体，形成多期复合的岩体。芒市弧形成的过程是弧形构造分阶段由南东向北西迁移的过程，而花岗岩的形成又受到弧形构造特别是弧顶的控制，从而导致该区的花岗岩有北西成带分布的特点，而其时代则有由南东向北西逐渐变新的趋势。

（二）保山-临沧经向构造体系的发展特点

滇西锡矿带的中部是强大的经向构造体系展布区，以瓦窑-习谦-澜沧断裂（以下简称瓦习沧断裂）为界，又可以按组成及发育特点不尽相同而划分为东西两个南北构造带。

东部是由澜沧群和临沧花岗岩基所组成的南北向隆起带，被夹持于瓦习沧和澜沧江两条深大断裂之间。该带在元古宙时已出现雏形，为一南北向的拗陷控制了澜沧群火山类复理石建造的沉积；晋宁运动和澄江运动后基本定型，并在南段与基底东西构造复合处有花岗岩的侵入（715Ma）；整个古生代时期处于隆起状态，海西晚期至印支期，由于受到歹字型构造的归并复合，在东部产生强烈的花岗岩化作用，形成临沧花岗岩基；燕山中晚期，由于受到从东向西的挤压，而使该带中部向西弯曲呈弧形，并使东西两侧的深大断裂再度活动，控制了一系列燕山中晚期花岗岩小型岩体的分布，形成东西两个花岗岩带。在由东西向挤压的同时，还产生了北东向的南汀河断裂（右行）及澜沧-景洪北西向断裂组（左行）等压扭性配套断裂，后者使临沧花岗岩基的南段向东错移了35～45km。这些断裂对燕山中晚期的花岗岩起了重要的控制作用，如羊头岩岩体、旧口岩体及糯扎江边岩体等，都出现在这些断裂与主断裂的交切部位。

西部（保山-西盟一带）为一古生代地层发育完整的古生代拗褶带，被夹持于瓦习沧和怒江两条深大断裂之间。从构造上看，该区最大的特点是发育南北向的透镜状地块，如保山地块及昌宁地块，二者左列式展布，向南被南汀河断裂切错，再向南至西盟，南北向的构造形迹仍然存在，一直延伸出国境。从发展上看，在加里东运动时，该构造带的雏形已经出现；海西期，由于由北向南滑移，使得瓦习沧断裂发生张性改造，石炭纪的基性火山岩得以大量喷发，并伴有基性-超基性岩的侵入；燕山中晚期，经向构造体系得到加强，透镜状岩块最后形成，由于南汀河断裂的右行扭动，在其两侧派生出北东向的入字型分支构造，控制了燕山晚期花岗岩的分布，形成了北东向的南汀河花岗岩带。由南汀河断裂扭动派生的耿马向斜，以侏罗系为核部，而且不整合在由古生界组成的南北向褶皱之上，这也证明了晚期的经向构造体系发生在燕山中晚期。

（三）歹字型构造和经向构造的复合关系

滇西锡矿带东部为歹字型构造展布区。歹字型构造的雏形在海西期出现，经过印支运动而定型。它的发生、发展必然对早已存在的经向构造体系产生改造，而后来的晚期经向构造也要对它产生影响，它们之间的复合作用在东部边缘的澜沧江断裂带内最为明显。

海西期，地壳整体向南滑移，北西向的构造线已经出现，并且改造了早已形成的南北向断裂，使之张开，导致经向构造体系内部有石炭纪—二叠纪的基性火山喷发。晚期，沿澜沧江断裂带产生花岗岩化作用，临沧花岗岩基开始形成。

印支期，地壳整体强烈向南滑移，歹字型构造经强烈的褶皱而定型。由于北北西向的断裂和南北向断裂斜接复合，使经向构造体系东部边缘产生强烈的归并改造，不仅沿澜沧江断裂带产生强烈的花岗岩化作用，使临沧花岗岩基最后形成，而且还产生强烈的变质作用，使澜沧群及崇山群再次遭受变质，并出现局部的混合岩化。在澜沧江断裂带右行压扭的活动中，还有三叠纪强烈的火山活动，形成了延展很远的边缘火山岩带。

燕山中晚期，由于向西滑动产生的挤压，使经向构造得到加强，而歹字型构造的北西向断裂受到反扭的改造（左行），在它和经向构造体系复合的北东边缘，从碧江-漕涧-昌宁-公郎一带，形成一系列燕山晚期（包括部分喜马拉雅期）的小型侵入体，组成一个北西向展布的花岗岩带。

综上所述，根据滇西锡矿带内构造体系的成生发展及其对花岗岩控制的分析，可以划分出六个花岗岩带。

（1）腾冲花岗岩带：受芒市联合弧形构造的控制，大致呈北西向展布，并由南北向北西时代逐渐变新，即由加里东期、海西期—燕山早中期—燕山晚期—喜马拉雅期。外部龙陵弧弧顶控制多期复合岩体；内部的梁河弧主要控制燕山晚期和喜马拉雅期的复合岩体。

（2）临沧花岗岩带：受经向构造体系和歹字型构造体系复合控制的南北向岩带，分布在澜沧江断裂带的西侧，为一巨型多期复合的花岗岩基。它以海西晚期—印支期的岩体为主，其中包括部分澄江期的老岩体，岩基的成因一般认为是以花岗岩化为主。

（3）临沧岩基东侧的卫星状岩带：岩体受晚期经向构造的弧形澜沧江断裂的控制，呈弧形分布，时代为燕山中晚期。岩体的岩石类型比较特殊，以I型花岗岩为主，S型花岗岩较少。

（4）临沧岩基西侧的卫星状岩带：主要受瓦习沧断裂的控制，由一系列燕山中晚期的小型花岗岩体组成，亦呈弧形分布，它们形成于晚期经向构造的活动期。

（5）南汀河花岗岩带：以晚期经向构造配套的北东向南汀河断裂为导岩构造，该断裂右行扭动派生的北东和分支构造为储岩构造，组成一个北东向的燕山晚期的花岗岩带，北东端与临沧岩基西侧的岩体复合。

（6）碧江-昌宁-公郎花岗岩带：出露于滇西锡矿带的北东缘，受歹字型构造和经向构造的复合控制，被夹持于瓦习沧和澜沧江两条断裂之间。它是由一系列小岩体所组成的北西向花岗岩带，成为歹字型构造和经向构造斜接部位的边缘岩带。花岗岩的时代主要为燕山晚期至喜马拉雅期。

三、滇西锡矿带构造体系对锡矿的控制及找矿方向

根据泰马成矿带内泰国部分的资料，该区的花岗岩可以分为三期：印支期（204～244Ma）叶理化花岗岩；燕山中晚期（124～130Ma）花岗岩；燕山晚期至喜马拉雅期（80～50Ma）花岗岩。钨锡成矿与后两期的花岗岩有关。燕山中晚期的岩体为I期，多形成石英脉型钨矿；燕山晚期至喜马拉雅期的岩体为S型，锡矿化与此类花岗岩体有关。虽然印度尼西亚有与印支期花岗岩有关的锡矿，但岩石类型仍属于S型。因此，从泰马成矿带锡矿的成矿条件可以看出，锡矿的形成与花岗岩有关，而且与S型花岗岩有密切的联系，特别是燕山晚期至喜马拉雅期的S型小岩体对成矿最有利。

滇西地区与泰国相比，岩浆岩的条件是相似的，从目前所掌握的锡矿地质资料来看，成矿也都是与花岗岩有关，而且与燕山晚期至喜马拉雅期的小岩体有密切的联系。根据构造体系控岩特征的不同和成矿构造体系的差异，可将滇西锡矿成矿带分为两个次级的矿带，西部怒江西矿带，东部称澜沧江西矿带。

（一）怒江西矿带

此矿带即芒市联合弧的展布区。该带内多期多阶段及多类型的花岗岩十分发育，因此锡钨矿化类型齐全，有伟晶岩型、夕卡岩型、云英岩型、石英电气石型、石英硫化物型等，成矿条件良好，是找锡很有远景的地区。

在该带内，目前已构成矿床规模的锡矿有梁河锡矿。矿化与喜马拉雅期的花岗岩（51Ma）有关，产在岩体与石炭系勐洪群接触带的破碎带中。矿化类型有云英岩型及石英硫化物型，多期矿化叠加明显，且以后者为主。矿体呈脉状充填于断裂破碎带中，严格受构造的控制。控矿构造总体呈向南东突出的弧形，该弧形构造由一系列雁行排列的含矿断裂组成，但弧形两侧断裂的斜列型式相反，南西侧为右列式，北东侧为左列式，如从这些含矿断裂早期的压扭性质看，它们所反映的弧形构造的扭动方式和梁河弧完全一致，充分证明控矿构造的形成严格受梁河弧的控制。

另外，从目前初步评价的龙陵郝洒钨矿的地质背景看，它产于燕山期花岗岩与公养河群砂板岩的接触带上，石英黑钨矿脉充填于外接触带的断裂中。该区的控矿构造呈北东向展布，由一系列右列的压扭性断裂组成，反映了右行力偶的扭动，这和龙陵弧北东走向段的扭动方向完全一致，也证明了控矿构造受到龙陵弧的控制。

从以上的分析可以看出，怒江西矿带的锡钨矿化和燕山期至喜马拉雅期的花岗岩有密切的联系，而控矿构造又明显受到芒市前弧断裂的控制，显示了控岩构造和控矿构造的一致性。因此，根据上述的岩体分布特点，在此带内找锡矿的方向应沿北西方向部署，而重点应放在弧形构造的内外侧，特别是接近弧顶曲率最大的范围内，以燕山晚期至喜马拉雅期小岩体分布区最为有利。从目前所掌握该带的重砂异常的分布看，与这一判断是吻合的。

（二）澜沧江西矿带

该矿带主要受瓦刁沧断裂带的控制，呈反S型分布。目前已经勘探的有云龙和昌宁两处锡矿，前者属混合岩类型，后者可能属侧分泌成因，二者都是受歹字型构造控制，从表面上

看两个矿床似乎有许多的差异，实质上，二者的成矿地质条件具有一致性，主要表现在以下几个方面。

（1）矿化类型相近：虽然一个为脉状矿体，另一个为似层状矿体，但二者的矿化类型都是石英电气石型和石英硫化物型，多期多阶段成矿的特点都很明显，矿化叠加是富矿形成的主要条件。区别只在于昌宁锡矿的锡石呈细小的集合体出现，以浅色锡石为主，显示成矿温度较低；至于似层状的矿体，云龙锡矿的李子坪矿段也有，实为层间剥离带的控矿。

（2）围岩蚀变类同：云龙锡矿的矿化围岩过去认为是碎裂混合花岗岩，而昌宁锡矿一直被认为蚀变微弱。随着工作的深入，确定前者是破裂蚀变岩，后者发现有大量多期多阶段的蚀变现象，二者的蚀变都以电气石化、硅化及硫化物为主，并以叠加的蚀变对成矿最为有利。这些蚀变的特点表明，二者的成矿都与热液活动有关，因此应与邻近的花岗岩有密切的联系。

（3）控矿构造型式类似：两个矿床都明显地受到构造控制，被夹持在北西向的压扭性断裂之间，含矿构造都是一些低级序的挤压带。云龙锡矿为一系列近南北向左列展布的挤压破碎带，矿体赋存在这些破碎带中；昌宁锡矿为一系列北北西向左列展布的褶皱，而矿体赋存在引起褶皱的层间剥离破碎带中。二者含矿构造的形态特征不同，但都反映出它们是北西向断裂反扭（左行）所派生的次级挤压带，只是由于岩石的力学性质不同，一个以破裂变形的形式表现，另一个以塑性变形的形式显示。

因此，这两个锡矿床的形成都与燕山晚期至喜马拉雅期花岗岩的热液活动有关，并受到构造的严格控制，形成于同一构造运动时期。从它们的控矿构造型式特点分析，都反映了燕山晚期经向构造体系改造歹字型构造的特点，实质是经向构造体系的北东向配套扭裂归并改造歹字型构造体系北西向主干断裂的结果，矿体都赋存在北西向断裂反扭时派生的低级序挤压带中。所以，在澜沧江西矿带的这两个锡矿床虽然都赋存在歹字型构造内，成矿似乎也受北西断裂控制，但它们的成矿构造体系不是歹字型，而是经向构造体系。二者正好都位于北西向断裂以及南北向的保山地块和昌宁地块的交接部位，而且都靠近透镜状地块的顶端，这并不是现象上的巧合，而是经向构造体系归并复合歹字型构造体系的结果。

综上所述，在澜沧江西矿带内，主要的成矿构造体系是经向构造体系，这与控制燕山晚期至喜马拉雅期花岗岩带分布的晚期经向构造是一致的。控岩控矿构造的一致性明确了找矿的方向：应该从经向构造体系着眼，沿瓦习沧断裂带开展找锡；又应该从多构造的交叉复合部位入手，把找锡的重点放在多方向构造交会部位而又有小型花岗岩体出露的地方。因此，从构造体系控岩控矿的观点出发，沿瓦习沧断裂带找锡的重点地区包括以下几个。

（1）云龙锡矿和昌宁锡矿的地质工作有待进一步深入。必须突破混合岩或固定层位的框框，把功夫下在有利的构造部位和蚀变明显的地带，加强矿化外围及深部的找矿。

（2）云县片。瓦习沧断裂带向东弯曲，并与昌宁透镜状地块向东突出的弧形断裂重叠；南汀河断裂的北东端也会在此交会；弧形断裂向西正对东向的晒干河断裂，从剩余重力异常图看，也存在一东西向的异常带，反映东西向基底断裂的存在。所以，从构造上看，已有较充分的控矿条件，而且有羊头岩、旧口等小岩体出现，又有重砂异常的反映，故列为重点找矿区。

（3）耿马-西盟片。该区地质工作程度较低，但从构造上分析成矿也极为有利。该区位于临沧经向构造向西弯曲的弧顶部位，配套的南汀河断裂及澜沧-景洪断裂组在这一带有交会的趋势，南汀河断裂扭动派生的入字型分支构造也较发育。另外，值得注意的是北东及北西两组配套断裂在泰国极为发育，而这些断裂与锡矿分布的关系十分密切。从物质条件看，该区有一群燕山晚期的花岗岩体出露，更增大了成矿的可能性。

（4）临沧岩体南部接触带的外带。这是指临沧南北构造带的南端，并与云南最南部的一条东西构造带反接复合，而且澜沧－景洪断裂组也影响到此，构造条件也很有利。另外，从大量燕山晚期花岗岩类小岩体的出现，以及重砂异常的存在，进一步增大了成矿的可能性。

通过滇西锡矿构造体系控岩控矿特征的分析，以及与泰国锡矿成矿条件的对比，充分展现了滇西地区锡矿的成矿远景，并初步明确了成矿的有利地区。但是，还需要指出如下两个问题：

（1）滇西地区地质情况复杂，工作程度相应显得低些，再加上高差起伏切割大，交通不便，覆盖广泛，从而增大了找矿的难度。因此，为了在面积广大的滇西锡矿内，有效地进行找矿，必须集中力量，从已知到未知，先抓成矿预测的重点地区，然后再逐步扩大。

（2）面临覆盖广泛的特点，根据已经总结出的找矿经验，首先运用重砂测量是行之有效的找矿方法。因此，在重点地区的找矿中，首先须全面开展重砂测量，然后有的放矢地配合一定量的地表和浅部揭露。

第四节　滇中地区罗茨－易门断裂带的发生、发展及其对铁矿的控制作用

罗茨－易门断裂带是组成川滇经向构造体系的一条高级初次的构造带，它具有长期的地质发展历程，经历了多次的活动，对沉积建造、岩浆建造及成矿建造的形成和分布都有着明显的控制作用，是滇中铁矿带内的主要控矿构造之一。

一、断裂带的组成特征

该断裂带以具有压扭性特征的罗茨－易门大断裂为主体，加上两侧的次级压性构造形迹及由大断裂扭动派生的北东向低次压扭性构造形迹，组成一条长170km，宽数千米的南北向构造带。此断裂带向北越过金沙江与四川的安宁河断裂带相接，向南延展由于其他构造体系的干扰而终止易门县城以东。

（一）罗茨－易门大断裂的特征

大断裂总体走向近南北，局部略向东偏转5°～10°；断裂宽窄不一，形成沿走向方向的“颈缩现象”，狭长的新近纪—第四纪的河谷盆地沿断裂呈串珠状分布；断裂面陡倾斜，但倾向不定，总体上看北段及南段向东倾，中段向西倾，形成剖面上的扭曲现象；断裂上盘一般为昆阳群，下盘一般为较新地层，组成高角度的逆冲断裂；沿断裂发育透镜状岩块，由昆阳群及较新地层组成，这些岩块多不混杂，定向分布；近断裂面岩石破碎，压碎岩、糜棱岩、构造透镜体及片理化普遍发育，硅化、绿泥石化、绢云母化、石墨化经常可见；断裂内尚存在由先期构造作用形成的压碎岩、糜棱岩组成的构造透镜体，其长轴大致与断裂走向平

行；在断裂的旁侧分支构造发育。这些特征表明，罗茨–易门断裂是一条规模较大的、具有多期活动的、以压性为主兼有左行扭动的断裂破碎带。

（二）伴生及派生构造的特征

在罗茨–易门大断裂的两侧，有一系列南北向的冲断裂、褶皱及挤压带发育，这些次级构造的裂面或轴面的倾向，往往与大断裂一致，组成叠瓦状构造。作为南北构造带配套的东西向张裂，北东向及北西向两组扭裂分布也较普遍。这些构造形迹的规模不等，发育程度也有差异，而且在性质上也发生过转变。

在大断裂的中段武定、罗茨一带，其两侧还发育一系列北东向的构造形迹，它们的特征是：由压扭性的断裂、褶皱及挤压带（直立岩层带、构造透镜体带及硅化带）组成，并有北西向的张扭性断裂及近南北、近东西的两组兼具张性和压性的扭裂伴生；压扭性构造形迹呈左列式多字型展布，单个形迹局部走向偏北或偏东，形成“S”型或反“S”型；这些构造严格受到罗茨–易门大断裂的限制，绝不穿过大断裂，而且向相反的方向延伸逐渐消失，一般延伸数千米至十余千米。这些特征表明，北东向压扭性构造形迹是由罗茨–易门大断裂左行扭动而派生出来的再次构造，二者一起组成入字型构造，或由北东构造组成左列式多字型构造，属低序次的构造体系。

以上伴生及派生构造是断裂带内重要的含矿构造。

（三）其他构造型式的特征

罗茨–易门断裂带和其他的构造体系复合交织在一起，其中比较明显的有东西构造带及北北东构造带，尤其是东西构造带对铁矿的分布起着重要的作用。

（1）东西构造带：为南岭纬向构造体系的西延部分，在区内主要由压性和压扭性断裂、褶皱及挤压带组成，它的配套横张及北东、北西两组扭裂均有发育。这些构造形迹密集成带分布，在北部金沙江及南部安宁地区形成一级的东西构造带，分别相当于云南境内纬向构造体系的北带及南带。另外，在中部迤纳厂也出现一个东西构造带，它和下关西洱河、元谋以南的东西构造带相当。在区内，东西构造带表现为南北强而中部弱。

（2）北北东构造带：该构造带斜接断裂带于罗茨以南的鸡街地区，走向 N15°～30°E，向南延至易门地区被北西向断裂所切，向北伸到禄劝以东受到普渡河南北构造带所限，全长 110km，宽数千米。该构造带由断裂组成，断裂裂面较平直，面上见斜冲擦痕，带内破裂岩及糜棱岩发育，旁侧构造与裂面斜交，显示扭压性。按其性质及规模，与罗茨–易门大断裂派生的北东构造有显著区别，并切过北东构造，故应为另一独立构造型式。

二、断裂带的发生、发展

（一）形变史的分析

罗茨–易门断裂带和其他的构造体系，特别是东西构造带，在地壳长期发展的过程中，相互穿插、干扰、限制、改造，形成复杂的复合关系。通过这些复合关系的分析，可以了解断裂带的形变史。而对组成不同构造型式的主干构造间相互关系的研究和对复合结构面的鉴定，是分析构造体系复合关系的两个重要方面。

1. 断裂带和东西构造带的复合关系

该复合关系以断裂带南段为代表，东西构造成片段分布在断裂带内或断裂带切割东西构造，形成包容和反接关系，被包容的东西向断裂有过先压后张的转变，而局部的次级南北向断裂则有过先张后压的转变，这是南北向构造改造东西构造的结果。另外，也可见东西构造切断南北构造，普遍可见东西向断裂有先张后压的特点，表明东西构造也改造过南北构造。同时，断裂带和东西构造带的两组配套按扭裂相互迁就利用、归并复合，一般经历了扭—扭张—扭压的转变，并且扭动方向也相应地发生改变，这些复合关系表明，罗茨-易门断裂带的形成要晚于东西构造带，但东西构造带后期又有过活动，对断裂带起到了改造的作用。

2. 断裂带派生的北东构造和东西构造带的复合关系

该复合关系主要发生在中段罗茨地区，表现为：东西向压性构造形迹成为片段分布在北东构造内或被北东构造切断，形成包容和普遍的反接关系，也可以是东西构造限制北东制造，形成“边缘弧”，或者北东构造的配套张裂迁就、利用、改造东西断裂，使东西断裂发生张性转变，充填岩脉。但是，也有的北东构造的配套成分被东西构造的配套成分所归并，发生力学性质的转变。这些复合关系说明，断裂带派生的北东构造应晚于东西构造形成，但形成后又受到了东西构造再次活动的改造。

3. 断裂带派生的北东构造和断裂带自身的复合关系

该复合关系在中段鹅头厂矿区最为明显，有两种表现形式：其一，北东构造迁就、利用、改造次级南北构造，使北东构造的走向发生局部弯转，形成归并关系，在归并部位可见北东向的压扭性断裂复合叠加在早期南北向压性断裂之上；其二，北东构造斜切南北构造，形成斜接关系。由此可见，北东构造虽为南北断裂带的派生构造，但它的形成要晚于断裂带，是断裂带后期扭动的产物。

4. 断裂带和北北东构造带的复合关系

北北东构造斜切南北断裂带，但它向北东延伸还受到普渡河南北断裂带的限制，使它发生走向上的偏转。该构造还斜切断裂带派生的北东构造，在斜接部位可见北北东向断裂复合叠加在北东向断裂之上。另外，在鸡街一带，明显可见南北向的构造盆地重叠于北北东构造带之上。因此，北北东构造带的形成较晚，但却早于晚期南北构造。

通过构造体系复合关系的分析，可以看出，在罗茨-易门断裂带展布的地区，各种构造型式发生发展的顺序是：早期东西构造—早期南北构造—派生的北东构造—晚期东西构造及北北东构造—晚期南北构造。

（二）构造发展阶段的分析

改造控制建造，建造反映改造。以形变史为基础，结合沉积建造和岩浆建造的分析，以及不同构造层内构造形迹筛分的方法，可以确定不同构造型式开始和结束的时期，重建罗茨-易门断裂带的构造发展阶段。

1. 沉积建造的分析

昆阳群：为断裂带内出露的主要含矿岩系。下昆阳群为类复理石建造及碳酸盐建造，主要呈南北向分布，但其中的军哨组往北未越过罗茨城，反映了东西构造的影响。上昆阳群为泥页岩建造及碳酸盐建造，主要分布在断裂带西部的武定、罗茨、易门地区及北部金沙江沿岸，呈现明显的南北向带状展布，而且在岩相上也显示了东西方向的转变。例如，在罗茨城东，鹅头厂组中部夹有含磁铁矿石英岩透镜体，出露地表者南北延长 1km 以上，但在断裂带以西广大地区却未见其踪迹。以上表明，该断裂带至少在上昆阳群沉积时期已起着控制作用。

下震旦统澄江组：为陆相磨拉石建造。仅在断裂带以东呈狭窄的南北向带状展布，其与下伏昆阳群的不整合面，主要也呈南北向延伸，但在汤丹和安宁两个东西构造带的边缘，呈明显的东西向展布，表明晋宁运动后的古地理形势是由南北构造和东西构造复合控制的。

灯影组—古生界：这些地层主要分布在断裂带的东部，但在中段罗茨地区，灯影组的碳酸盐建造及下寒武统的碎屑岩建造越过断裂带，并且具有北东向分布的特点，反映了北东构造对这些沉积建造的影响。

中生界：主要是一些小型内陆断陷盆地的堆积，包含上三叠统的含煤建造和侏罗系—白垩系的红色建造。这些盆地主要呈两个方向分布，断裂带两侧为南北向，南部安宁地区则呈东西向，它们都受到云南山字型构造定型的影响。

新生界：主要是新近系和第四系的河湖相堆积，它们沿断裂带呈南北向串珠状分布。

2. 岩浆建造的分析

1）火山岩建造

目前新发现的最古老的火山活动反映在昆阳群沉积的早期。在罗茨地区，断裂带的东西两侧已陆续在黑山头组内发现变质英安岩及其碎屑岩的夹层，并有贫铁矿层伴生，厚数米至数十米。

最强烈的火山活动发生在澄江期，这也是最近新发现的，在断裂带以东，澄江组下部夹安山岩及其碎屑岩，从碧城-易门东山呈南北向带状分布。其中，在水口阱地区发育最好，由溢出—爆发—溢出组成一个大的喷发旋回，总厚 385m。在马关营地区，伴随爆发阶段尚有次火山的侵入，形成断裂带内最大的南北向侵入体。根据火山岩的分布特点，主要为断裂中心式喷发，古火山口可能存在于水口阱及马关营两地，出现在次级南北断裂及东西断裂的交叉部位。这套火山岩系的层位可以和四川西昌地区的苏雄对比，反映火山岩严格受安宁河和罗茨-易门断裂带的控制。

2）侵入岩建造

断裂带内的侵入岩类型较齐全，以富碱为其特征。它们的分布与区域构造体系的关系极为密切。

碱性超基性岩：已发现的七个岩体呈南北向较集中地分布在断裂带以东的猫街-鸡街一带，单个岩体呈圆形或椭圆形，规模大小不等，其中最大者为水口阱岩体，沿一北东向背斜轴部侵入，岩体长轴亦为北东向，主体为辉石岩，边缘则为较窄的霓霞岩类环带，并有多期脉岩发育，主体部分有磁铁矿化。这些岩体侵入的最高层位为澄江组，可能是澄江运动的产物。

基性岩类：主要是辉长辉绿岩、辉绿岩及辉绿玢岩，大致有三期：①晋宁前期，呈岩床状沿昆阳群美党组板岩层间侵入，已片理化；②海西期，严格受断裂带的控制，单条岩脉沿南北构造带的配套断裂分布，已遭受碱质交代作用；③燕山期（180Ma），呈岩墙侵入到断裂中，控岩断裂具有张性特点，显然是受东西构造的控制。

酸性岩：以九道湾花岗岩为代表，该岩体为多期复式岩体，可分出晋宁期的中粒斑状黑云母花岗岩、澄江期的细粒黑云母花岗岩及燕山期的细粒白云母花岗岩。该岩体分布在安宁东西构造带南侧，它和周围的昆阳群组成一眼球构造，岩体东西西侧为上三叠统—下侏罗统陆相沉积，形成类似压力影的构造，表明岩体侵入时控岩构造为东西向张性断裂，至燕山期转变为压性。在其接触带有钨锡矿化，岩体内部尚含有稀土和稀有元素。

碱性岩类：主要是石英钠长斑岩及钠长斑岩脉，广泛分布于断裂带中部两侧地区，它们在鹅头厂矿区明显地受到北东构造的控制，因此很可能是碱性超基性岩同期的浅成侵入岩。

3）不同构造层内构造形迹的筛分

新生界构造层：仅受到南北构造带的影响，在猫街地区新近系煤系受到南北构造的改造，挤压变质成无烟煤，并且在高出盆地100多米的鹅头厂露天采场残留有新近系煤系，以及罗茨温泉的出现，都反映了断裂带在挽近时期和最近时期的活动性。

中生界构造层：影响中生界构造层的构造形迹，除南北构造带的成分以外，还有东西构造带及北北东构造带的成分。在鸡街地区，可见南北向的新近系—第四系重叠掩盖了东西构造及北北东构造，反映了东西构造及北北东构造在燕山期有过活动，而在中生代末期至新生代初期结束其活动的历史。

灯影组—古生界构造层：卷入这一构造层中的构造形迹，新增加了北东构造的成分。但是在断裂带以西的七拿一带，南北向的禄丰中生代红色断陷盆地明显地截断了北东构造，形成构造不整合，证明由断裂带派生的北东构造，在海西期—印支期结束其活动性。

澄江组构造层：这一构造层被卷入到所有的构造型式之中，但其中的南北向断裂复合叠加和复合转变的情况远较古生界构造层复杂，显示了早期南北构造的长期活动性。

昆阳群构造层：所有的构造型式都影响到昆阳群地层，特别是其中的东西向及南北向的断裂都经历过多期的复合转变及复合叠加，因此该构造层内的构造极为复杂。在安宁东西构造带的西侧，南北走向的澄江组呈高角度不整合在东西走向的昆阳群之上，显示了明显的构造不整合，表明早期东西构造最晚在晋宁运动后就已经结束其活动的历史。

结合以上三个方面的分析，可以看出断裂带的发生发展经历了以下构造发展阶段：

晋宁期：出现断裂带的雏形，控制了上昆阳群的沉积。晋宁运动时，发生东西向的强烈挤压，断裂带已基本形成，并与早期的东西构造反接复合，改造了早期东西构造，伴随有九道湾花岗岩的侵入。

澄江期：断裂带仍处于强烈活动时期，西部不断隆起，东西相对凹陷，控制了该区陆相磨拉石建造的堆积。当时，在东侧的次级南北向断裂及东西向断裂的复合交叉部位还有强烈的安山岩喷发，并伴随有马关营次火山岩的侵入。澄江运动时，该断裂带受到东西向不均衡的挤压而产生左行扭动，在中部地区派生出一系列低序次的北东向入字型分支构造及多字型构造，同时有碱性超基性岩及碱性岩的侵入，在九道湾地区还有细粒黑云母花岗岩的侵入。

古生代—印支期：早期仍然是西隆东凹，加上北东向的隆起与凹陷的多字型斜列，控制了灯影期及早寒武世的沉积。海西运动时，除基性岩的侵入外，未见大规模玄武岩浆的喷发。印支运动时，由于受到云南山字型构造定型的影响，在地壳由北向南的滑动中，北东构造最后定型，并且在断裂带的西侧及接近云南山字型构造的脊柱部位，形成本区南北向和东西向的断陷盆地，控制了中生代的陆相沉积。

燕山期：主要为晚期东西构造及北北东构造的发展时期，燕山运动主要表现为南北挤压及南北对扭，促使晚期东西构造及北北东构造定型结束，断裂带由于受到晚期东西构造的改造，使其局部的性质发生张性转变，伴之有基性岩及九道湾细粒白云母花岗岩的侵入。

挽近时期：喜马拉雅运动时，云南的地壳由东西向滑动，产生东西向的挤压力，断裂带得到进一步的发展，使新近系受到改造，并形成现代地形的分异。现今还有温泉出现，显示该断裂带具有部分活性动构造体系的特点。

三、断裂带对铁矿的控制作用

（一）成矿条件分析

在罗茨–易门断裂带内，分布着三种主要类型的铁矿：北段的鹅头厂型富磁铁矿、南段的军易型似层状菱铁矿及八街型的脉状菱铁矿。通过典型矿床的解剖，综合分析各类矿床的特征，它们的形成条件有三个方面。

1. 地层条件

不同类型的矿床都有相对固定的层位，反映了地层和成矿之间有着某种内在的联系，表现在相应的地层成为矿源层提供成矿物质的主要来源。

鹅头厂型铁矿的矿源层主要是因民组，它是断裂带内的一个富铁层位，这不仅表现为普遍镜铁矿化的存在，而且还在于它本身就包含有铁矿的沉积，如东川稀矿山的铜铁矿层就赋存在因民组中，迤纳厂铁矿也具有沉积的特点。而鹅头厂矿区的因民组经过化学分析，其全铁含量平均达到12.39%，比世界页岩的平均值高出了4.17%，反映了富铁的特征。

军易型铁矿的矿源层是军哨组。军哨组的层位相当于峨山地区的黑山头组富良棚段，后者在峨山地区为一重要的矿源层，赋存在该层位中的矿床已探明的储量仅次于大龙口组。在军哨矿区，军哨组上段的板岩中夹有多层铁质砂砾岩，并在碳质板岩中发现有似鲕粒状的沉积菱铁矿。

八街型脉状铁矿的矿源层是黑山头组。罗茨地区黑山头组中英安岩及其伴生的贫铁矿层的发现，可以肯定该地层也是一个含铁的层位。新近在王家滩矿区亦发现有菱铁质条带板岩夹于黑山头组之中，更是很好的例证。

2. 交代作用

鹅头厂型富磁铁矿的交代作用是通过富含钠质的热液来实现的，在这种热液的作用下，使因民组矿源层的物质成分发生分解，钠置换了原来富含的铁和钾，而使因民组岩石形成碱质交代岩，被置换出来的铁和钾与落雪组的白云岩发生作用，促使铁质沉淀形成矿体，同时形成铁镁硅酸盐——微晶黑云母岩。钠质热液的来源很可能与碱性超基性岩和碱性岩的活动有关，是深部岩浆分异的产物。

军易型及八街型菱铁矿床的围岩蚀变微弱，矿石物质成分简单，矿床附近岩浆活动微弱，并往往有碳酸盐层伴生。因此，它们的交代作用很可能是通过富含 CO_2 的地下水的循环来实现的。在这种溶液的作用下，使围岩内的铁和硅发生分离，并使铁质沿构造有利部位沉淀富集形成菱铁矿体。

3. 构造条件

构造对铁矿的形成和富集起着双重的控制作用。

（1）对形成矿源层的控制作用。以因民组的沉积为例，该组地层被限于罗茨-易门大断裂和中村断裂之间，形成一南北向的海槽，靠近断裂为浅水相似铁质沉积为主，而中心部位为深水相似铜质沉积为主，使得因民组的沉积相带及铁、铜的分布有南北向的特点。这种控制作用是属于高级别的。

（2）对矿源层的改造富集及储矿的作用。这一作用主要表现为三个方面：对矿源层的破坏和改造，为交代溶液的活动提供通道，为成矿物质的迁移和沉淀提供通道及储矿的空间。这种控制作用是属于低级别的，即主要受到罗茨-易门断裂带的低级序构造和低级复合构造的控制。

因此，构造条件在铁矿的形成和富集中起着决定性的作用，它是一个前提条件。研究构造体系的发生、发展、复合、转变对铁矿的形成和分布的控制作用，是进行成矿预测、指导找矿的关键。

（二）控矿构造型式的分析

控矿构造型式是指那些不同方向、不同形态、不同性质、不同序次但具有成生联系的含矿构造在空间上有规律的形态组合型式。它们是某一种构造型式的组成部分，但更多的情况下是某一种复合构造型式或这种型式的组成部分。控矿构造型式是控矿改造和成矿建造的统一体，通过控矿构造型式的分析，就可能揭示构造体系的发生、发展、复合、转变控制铁矿形成和分布的规律。

在罗茨-易门断裂带内，铁矿的控矿构造型式不尽相同，但却有共同的规律，以鹅头厂矿床和杨梅山-红坡矿床为例。

鹅头厂矿床的含矿构造总体上是一个北北东向的紧密倒转背斜，两侧为同方向的压扭性断裂所夹持。在平面上，背斜轴及断裂的走向呈“S”型展布，并在断裂由北北东向转向南北向的部位，见晚期北北东压扭性断裂复合叠加在早期南北向压性断裂之上。在剖面上，倒转背斜的轴面和断裂面在南北两端倾向相反，中部直立，形成扭曲状。这一控矿构造受罗茨-易门大断裂的严格控制，并在南北两端还为近东西向的压扭性断裂所限。通过控矿构造应力场的分析，这一控矿构造型式实质上是断裂带派生的入字型分支构造和早期南北构造、早期东西构造复合形成的低级序的复合扭动构造。

杨梅山-红坡矿床的含矿构造为一系列不同方向先压后张的断裂，这些断裂在平面上组合成东西向展布的、向北或向南凸出的弧形构造，近弧顶部位矿体富厚，两翼矿体斜列分布，但斜列型式正好相反，反映两翼的扭力方向是弧形外侧指向弧顶、内侧反向顶板。通过力学分析证明，当早期的东西向压性断裂受到东西向的侧向压力作用时，产生弯曲、张开，两侧岩块发生相对扭动，从而形成这种特殊的弧形构造。因此，这一控矿构造型式是东西构造和南北构造反接复合形成的低级序的复合弧形构造。

以上两种控矿构造型式虽然所处的位置不同，形态组合特征也不相似，但都是由南北构造和东西构造复合、转变所形成的，只是由于它们形成于断裂带的不同构造阶段，因而有所差异。

（三）断裂带控制铁矿分布的规律

综上所述，铁矿的形成和分布严格受到了断裂带的控制，表现出如下的规律。

1. 时间方面

铁矿的形成与断裂带的构造发展阶段有着密切的联系。

晋宁期：伴随断裂带的出现，在改造早期东西构造的过程中，黑山头组和军哨组的含矿层也遭受改造，并在有利的复合部位形成了军易型及八街型以菱铁矿为主的矿床。

澄江期：在断裂带受到东西向不均衡挤压产生左行扭动的过程中，伴随着北向东入字型分支构造及多字型构造的出现，以及较广泛的富碱的岩浆活动，在构造及碱质热液的作用下使因民组矿源层受到深刻的改造，在有利的复合构造部位，形成了鹅头厂型的富磁铁矿床。

2. 空间方面

铁矿在空间上的分布受到断裂带不同级序的构造及其与东西构造带的复合控制，表现在以下几个方面。

（1）该断裂带在区内作为对铁矿起主导作用的一级构造控制了滇中铁矿带的展布，因此矿床（点）在带内总体呈南北向展布。

（2）该断裂带和金沙江、迤纳厂、安宁三个东西构造带的复合部位，控制了区内洪门厂、鹅头厂及八街–王家滩三个矿田的分布。因此，在断裂带内，矿床（点）有密集呈面型分布的特点。

（3）该断裂带的低级再次构造和次级东西构造的复合部位，控制了具体矿床和矿体。但在南北两段东西构造较强，表现为南北构造改造东西构造控矿，所以矿田内的矿床（点）又有呈东西向带状展布的特点。而在中段东西构造较弱，所以在矿田内的矿床（点）仍以南北向分布为主。

以上是断裂带及其与东西构造带分级序控制铁矿分布的规律，除此普遍性的规律外，在构造控制铁矿的分布方面还有如下特点：

（1）具有工业价值的矿床，往往赋存在断裂带（导岩、导矿构造）的上盘。

（2）最有利的控矿构造型式一般都具有扭动的特点，无论是一般的扭动构造还是复合的扭动构造都有利于矿的富集。

（3）在交代作用过程中，由于物质运动形式的差别，对控矿构造型式的要求也不尽相同。如果交代的结果是去铁作用的话，那么有利于铁矿富集的是压中之张的部位，如鹅头厂、八街矿床。但是，如果交代的结果是去杂质（硅等）作用的话，矿应在压中之压的部位富集，如军易矿床。

（4）铁矿形成以后，再次改造的富集作用主要发生在挤压带内，在强烈挤压作用下，改变了物理化学条件，促使成矿物质压熔、分离、再迁移、再富集。如菱铁矿转化为赤铁矿和磁铁矿，矿石中的硅铁分离形成富矿石等。因此，在构造体系的主干构造归并、重接、斜接等复合的地位，最有利于铁矿的再次改造富集。

第八章　滇中元古宇变质岩系中的铜铁矿床构造控矿作用及找矿预测

第一节　云南新平大红山铁铜矿床构造控矿特征

著名的云南大红山大型富铁铜矿床，其形成机理引起了地质界的极大兴趣，不少地质单位对它进行过研究。长期以来，该矿床一直被认为是一种典型的古海相火山岩型铁铜矿，它的矿床构造也被认为是一个典型的破火山口构造。孙家骢教授通过实地详细调查和研究后，发现该区的矿床构造实际上是一种特殊的复合构造型式，而赋存在这种构造中的含矿岩系不完全是细碧角斑岩，而是一个复合的火山岩和浅成侵入体。这些发现不仅改变了对大红山群地层的划分，而且也改变了对该矿床成因及找矿方向的认识。故本节着重对控制该矿床的特殊复合构造型式的构造依据及其形成机制的力学分析进行讨论。

一、区域地质背景

大红山矿区处于三个构造体系的夹持地带，其西侧被组成歹字型构造东支的北西向红河断裂带所限，其东部有组成川滇经向构造体系的绿汁江断裂带通过，而矿区本身则位于组成纬向构造体系的广南–新平–晒干河东西构造之上，这就是大红山铁矿产出的区域构造背景（图 8-1）。

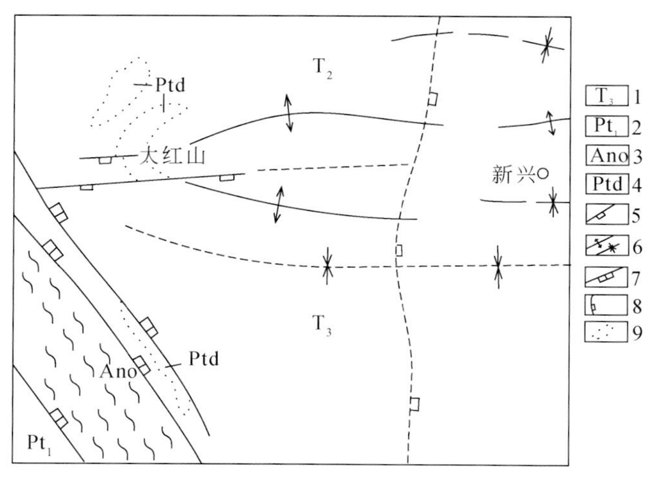

图 8-1　云南大红山铁矿区域构造位置简图

1. 三叠系上统；2. 下古生界；3. 前奥陶系；4. 元古宇大红山群；5. 纬向构造带断裂；6. 纬向构造带背向斜；7. 北西向构造带断裂；8. 经向构造带断裂；9. 地质界线

区内与矿床形成关系密切的地层为元古宇大红山群，主要是一套浅-中等变质的岩系。划分为三个组：下部老厂河组，为碎屑岩建造，出露厚220m；中部曼岗河组（相当于原划分的下火山岩），为海相基性火山岩及泥质碳酸盐建造，是矿区内最重要的矿源层，厚370m；上部肥味河组（相当于原划分的下大理岩及上大理岩），为碳酸盐建造，底部为矿区主要的含矿层，出露厚700m。三个组总的组成一个正向的沉积旋回，其上为含化石的上三叠统干海子组陆相碎屑岩建造，呈不整合覆盖。

区内岩浆活动强烈，并有多期活动的特点，除元古宙曼岗河期有海底基性火山喷发外，还有大量的浅成岩的侵位。侵入岩大致可以分为五期：①元古宙的辉长辉绿岩床，已片理化；②晋宁期的石英钠长斑岩床（脉），同位素年龄8.12亿年；③澄江期的磁铁钠长辉绿岩体及加里东早期的角闪钠长辉绿岩脉（即原划分的红山组上火山岩），根据蚀变围岩的同位素年龄推断，二者的年龄分别为7.3亿年及5.9亿年；④加里东期的辉长辉绿岩及辉绿岩脉，已蚀变，同位素年龄为4.5亿年；⑤燕山早期的辉长辉绿岩脉及燕山晚期的辉绿岩脉。本区的岩浆活动以基性为主，而与成矿有关的岩体则以富碱（钠质）为特征。

从区域地质背景上看，矿区处于一个相对活动的地区，多期构造运动影响明显，因此区内的构造绝不会是简单的。对矿床成因的认识必须建立在对矿床构造正确分析的基础之上。

二、矿床构造特征

在矿区内，矿床表现为受东西构造的控制，被限于F_1及F_4断裂之间。通过综合矿区勘探资料所做的立体图解上可以看出（图8-2），在横剖面上，矿床构造为一不对称的红山向斜，南翼陡北翼缓，轴向近东西，但其核部地层在顶部呈反弯的锅盖状，组成一个透镜状构造；在纵剖面上，矿床构造成为一个向西倾状的长透镜状，长轴亦呈东西向。该构造的四周均被肥味河组的大理岩包围，呈一巨大的长椭球状空间，该空间长约2500m、宽约1000m、高近700m，所谓的红山组火山岩——细碧角斑岩系即赋存在这一巨大的空间之中，并沿南侧的F_1断裂有后期的多期辉绿岩脉穿插。主要的似层状富铁矿体集中分布在该空间底部的下凹部位，紧靠南侧的F_1断裂处。

前人从火山岩的观点出发，把这样一个空间解释为破火山口构造，但仔细分析起来有两个问题无法解释：其一，如果充填在空间中的含矿岩是火山岩的话，为什么它们四周都被大理岩所包围，岩浆往何处溢流？其二，矿床构造如果是一个破火山口的话，为什么它的顶底板都被大理岩所限，火山口的塌陷在何处？

为了解决这些问题，在矿区实地作了详细的观察，有如下认识：

通过对矿区东部“火山岩”尖灭部位的大理岩接触关系的追索，在俄得若可大沟一带，发现大理岩中存在一条东西向的逆冲断裂。该断裂压性特征明显，裂面舒缓波状，裂带内片理化及构造透镜体发育，片理及构造透镜体轴面的走向均大致与裂面平行。裂面总体向南倾，上陡下缓，局部向北倾呈波状弯曲。该断裂使南部的“上大理岩”逆冲于北部的“下大理岩”之上。断裂两盘大理岩的岩性及厚度均可对比，断距约150m（图8-3）。因此，所谓的上、下两套大理岩实为断层的重复，都属同一岩性段。而且，该断裂即为F_4断裂的西延部分，在矿区内成为“红山组火山岩”的形态产状、接触关系、岩石的结构构造、变质

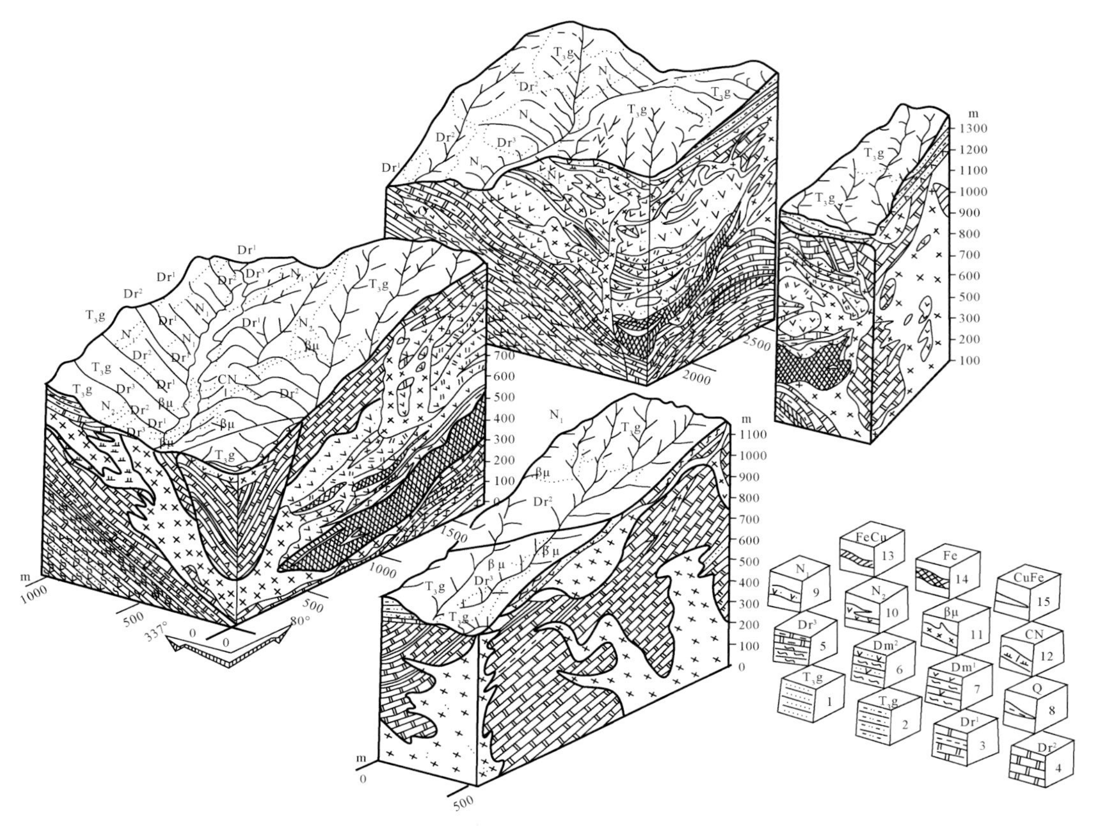

图 8-2　大红山矿区立体地质图解（孙家骢，1988a）

1. 上三叠统舍资组；2. 上三叠统海子组；3. 大红山群肥味河组上段；4. 大红山群肥味河组中段；5. 大红山群肥味河组下段；6. 大红山群曼岗河组上段；7. 大红山群曼岗河组下段；8. 晋宁期石英钠长斑岩；9. 澄江期磁铁钠长辉绿岩；10. 加里东期角闪钠长辉绿岩；11. 加里东期及燕山期辉绿岩；12. 钠长石白云石岩；13. 火山-沉积型铁铜矿床；14. 岩浆溶离型铁矿床；15. 接触交代型铜铁矿床

程度的差异等项研发，发现分布于上述空间中的“火山岩”实际上是一个复合的侵入体，并非细碧角斑岩系。

通过对岩心的重新编录，还发现原划分的细碧岩和角斑岩为穿插关系，它们之间所夹的绿片岩也不是连续成层的，而是呈继续的透镜状和岩块分布（颜以彬，1981）（图 8-1），按其岩性及含矿性研究，均与 F_4 断裂下盘的含矿的绿片岩相当。因此，这层绿片岩也是由于上述断裂造成的地层重复，并非“火山岩”的夹层。

以上客观的地质现象说明，红山组的火山岩系是不存在的，控制该矿床空间展布的构造也不是一个破火山口，而是严格受东西断裂控制的，南界的 F_1 断裂为导岩导矿构造，北部的 F_4 为储岩储矿构造。多期的岩浆活动及矿液均沿 F_1 断裂上升，而贯入到 F_4 断裂所形成的透镜状空间之中，形成了多期的复合岩体及各种类型的矿床。

三、控岩控矿断裂的力学性质特征

为了解决上述透镜状空间的形成机制问题，修测了矿区的地质图，并对区内的控岩控矿

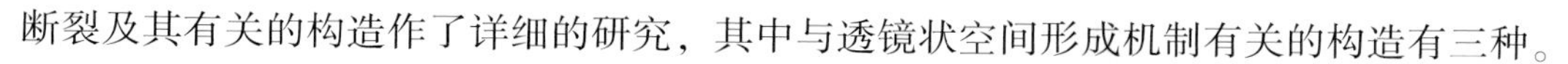

断裂及其有关的构造作了详细的研究，其中与透镜状空间形成机制有关的构造有三种。

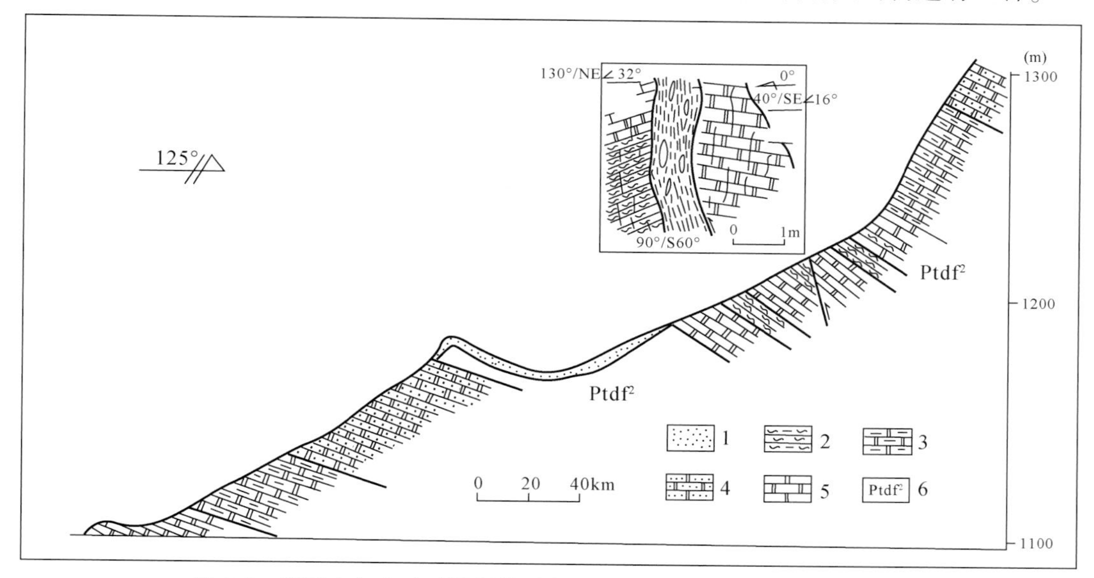

图 8-3　新平大红山矿区俄得若可大沟内肥味河组大理岩实测剖面图

1. 第四系覆盖层；2. 黑云角闪片岩；3. 含碳质白云石大理岩；4. 硅质白云石大理岩；5. 黑云白云石大理岩；6. 大红山群肥味河组第二段。上方小图为东西向冲断裂素描图

（一）东西向断裂构造

这是矿区内基底构造的主要型式，规模较大的有四条，即 F_1、F_2、F_3及 F_4，横跨全区，为主要的控岩控矿构造（图 8-4）。这些断裂的走向在中部近东西向，而在东部及西部都有偏转的现象，西部为北西西向（290°～310°），东部为北东东向（70°～80°），总体上表现为南突出的弧形断裂，但它们又近平行展布，裂面往往向南倾，上盘向北冲，组成剖面上的叠瓦状构造。断裂带内多被岩浆岩所充填，其中，以 F_1及 F_4断裂最重要。

F_1断裂：为深部矿体的南部边界，也是整个矿区的南界。该断裂规模较大，在矿区内延长约 5km，向东西两侧尚有延伸的趋势。该断裂在东部被盖层所覆盖，但在深部钻孔中仍有显示，一直向北东东方向延伸，为一古老的基底断裂。断裂面呈舒缓波状，裂带宽约 10m。带内岩石构造透镜体化、片理化及糜棱岩化，旁侧地层直立、倒转及构造透镜体化，且旁侧岩石强烈硅化，并有眼球状构造出现，均显示出该断裂具有强烈挤压的特点。但在发电站附近，可见 F_1断裂中的硅化大理岩在近裂面处形成磨砾岩，并在裂面上有近水平的擦痕及阶步（倾向南东，倾角 25°），下盘拖褶皱轴面的走向与主裂面呈锐角相交，显示该断裂有扭性的特点，为左行扭压性断裂（图 8-5）。另外，从勘探剖面来看（图 8-2），在 F_1断裂的中部常被辉绿岩脉及钠长石白云岩脉等充填，显示有张性的特点。故该断裂为多期活动的复合断裂，其西段有先压后压扭（左行）、中部又有先压后张的力学性质转变。从图亦可看出，矿区内多期的岩浆岩多沿此断裂上升，富矿体也在靠近该断裂处变厚，因此它是矿区内重要的导岩导矿构造。

F_4断裂：限制了矿区的北界，其规模仅次于 F_1断裂。该断裂裂面总体向南倾，倾角在浅部陡峻，往深部变缓到 40°左右。其性质以压性为主，如图 8-3 所示。但是，其力学性质

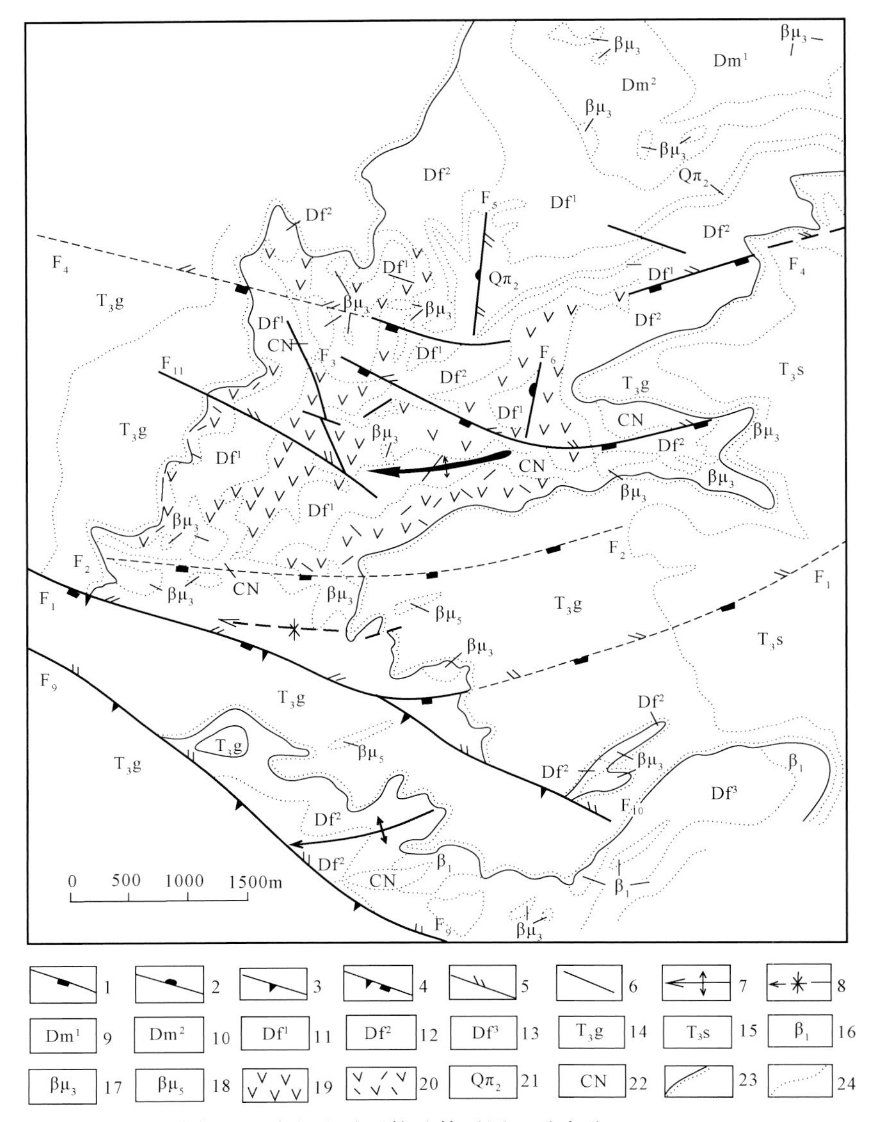

图 8-4　大红山矿区构造体系图（孙家骢，1988a）

1. 东西构造；2. 南北构造；3. 北西构造；4. 复合构造；5. 压扭性断裂；6. 扭性断裂；7. 倾伏背斜轴；8. 倾斜向斜轴；9. 大红山群曼岗河组下段；10. 大红山群曼岗河组上段；11. 大红山群肥味河组下段；12. 大红山群肥味河组中段；13. 大红山群肥味河组上段；14. 上三叠统干海子组；15. 上三叠统舍资组；16. 元古宙辉长辉绿岩；17. 澄江期磁铁钠长辉绿岩；18. 燕山期辉绿岩；19. 加里东期辉长辉绿岩；20. 加里东早期角闪钠长辉绿岩；21. 晋宁期石英钠长斑岩；22. 钠长石白云石岩；23. 角度不整合界线；24. 地质界线

也发生过转变，在东段，根据裂面上发育的近水平擦痕判断，后期有过右行扭动；在中部，于曼岗河谷中见有角砾岩发育，角砾棱角明显，大小悬殊，为钠长石及白云石胶结，这就是前人所谓的集块岩，实为张性构造角砾岩，显示后期有过张性转变。从图中还可以看出，该断裂为矿区内多期复合岩体及矿床的底盘，因此是矿区内重要的储岩储矿构造。

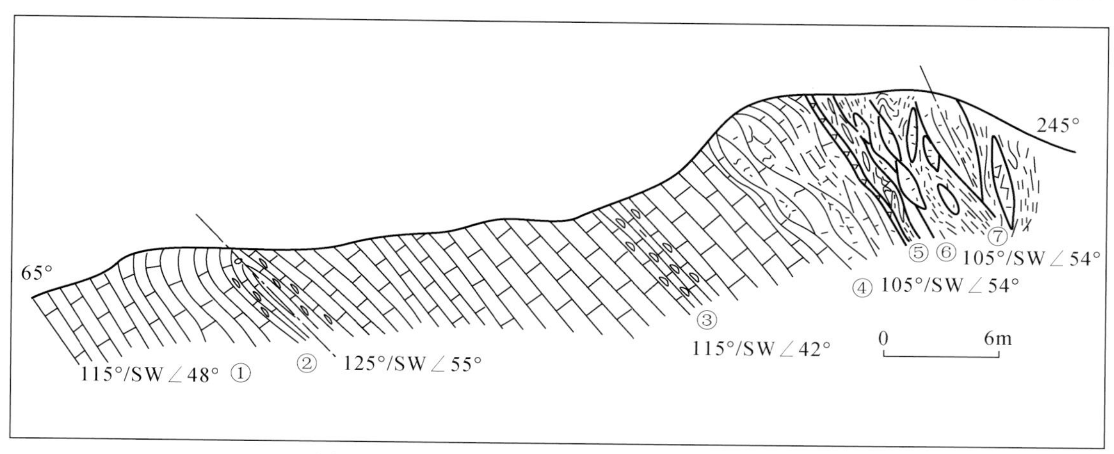

图 8-5　大红山矿区发电站附近 F_1 断裂素描图

①中厚层黑云大理岩；②薄层眼球状黑云大理岩组成的倒转背斜核部；③薄层眼球状黑云大理岩；④构造透镜体化黑云大理岩；⑤磨砾岩、构造透镜体及片理化带；⑥硅化大理岩构造透镜体及磨砾岩带；⑦构造透镜体及片理化带

矿区内的东西构造除上述的东西向断裂以外，还出现相间排列的近东西向褶皱，较大的有曼岗河背斜、红山向斜及肥味河背斜（图 8-4）。其中，红山向斜控制了矿区的主要富铁矿床，为重要的储矿构造（图 8-2）。但是，这些褶皱规模都不大，而且与东西向断裂紧密伴生，它们应是向北逆冲的东西向断裂所引起的拖拉褶皱，属于东西向断裂派生的低级序构造。由于东西断裂在后期受到红河断裂带的影响，上盘下落，但西部落差大（500m 左右），东部落差小（100～150m），导致这些褶皱都具有东西向倾伏的特点，这也是大红山矿区主要富矿深埋的主要原因。

综上所述，矿区内的基底东西向构造以断裂为主，这些断裂都呈向南突出的弧形展布，它们都显示西段由压转变为左行扭压，东段由压转变为右行扭压，而中部弧顶部位则由压转变为张，因此在平面上显示了一种复合弧形构造的特点。这就是大红山矿区控岩控矿构造的突出特点之一。

（二）南北向断裂构造

在矿区内，基底构造中南北构造发育很差，因此没有引起前人的注意。在修测矿区地质图的过程中，发现了一些规模较小的南北向断裂，经仔细研究，它们都具有由张性转变为压性的特征。例如，曼岗河北岸的南北向断裂（F_5），为一复合叠加断裂，该断裂由两个裂带组成。东侧裂带内岩石破碎，构造透镜体化，构造透镜体轴面走向与裂面近平行，反映挤压的特征；西侧裂带内充填角砾岩，角砾棱角状，大小不一，成分较为复杂，有大理岩、石英钠长斑岩及脉石英等，胶结物为铁泥质及碳酸盐，但角砾胶结紧密，多已构造透镜体化，近裂面片理化明显，显示由张性转化为压性的叠加。

又如，曼岗河谷内所见的南北向断裂，裂带内有辉绿岩脉横穿岩层走向充填，显示横张断裂的特点（图 8-6）。但辉绿岩又遭受到挤压破碎，近上裂面处构造透镜体化及片理化，又显示有挤压的特点（图 8-7）。该断裂也具有先张后压的转变。

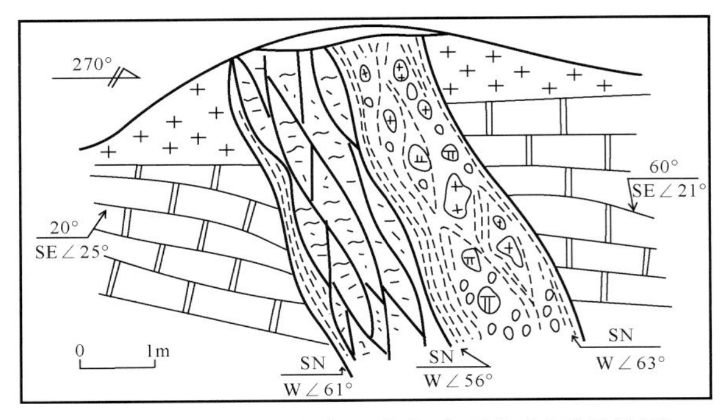

图 8-6　曼岗河北岸南北向复合叠加断裂素描图（示先张后压的转变）

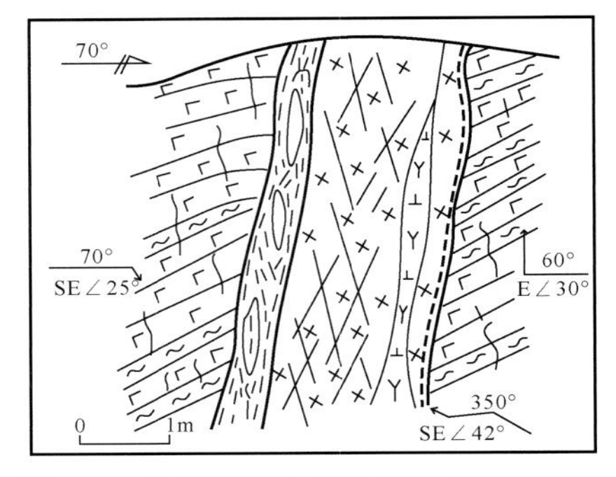

图 8-7　曼岗河谷内南北向复合转变断裂素描图（示先张后压的转变）

（三）小型层间构造

在曼岗河谷的曼岗河组火山岩系中，还发现许多层间构造，这些构造的最主要特点是沿地层的走向分布，而不是像常见的层间构造那样沿地层的倾向分布，它们是由于沿地层东西走向方向层间滑动及层间剥离所形成的。这些小型构造常见的有：走向水平擦痕及阶步、走向S型节理（图 8-8a、b）、走向劈理（图 8-8c）、走向拖拽褶皱（图 8-8d）及顺层的角砾岩带（图 8-8e）等。这些小型构造的出现，反映了矿区内的地层曾发生过沿走向的顺层滑动，而且通过统计，这种滑动的方向是有规律的，即矿区西部为左行、东部为右行、中部多张开形成顺层的角砾岩带。这种层间滑动的规律与东西向复合弧形断裂扭动的特点是一致的，反映了矿区受力的统一性。

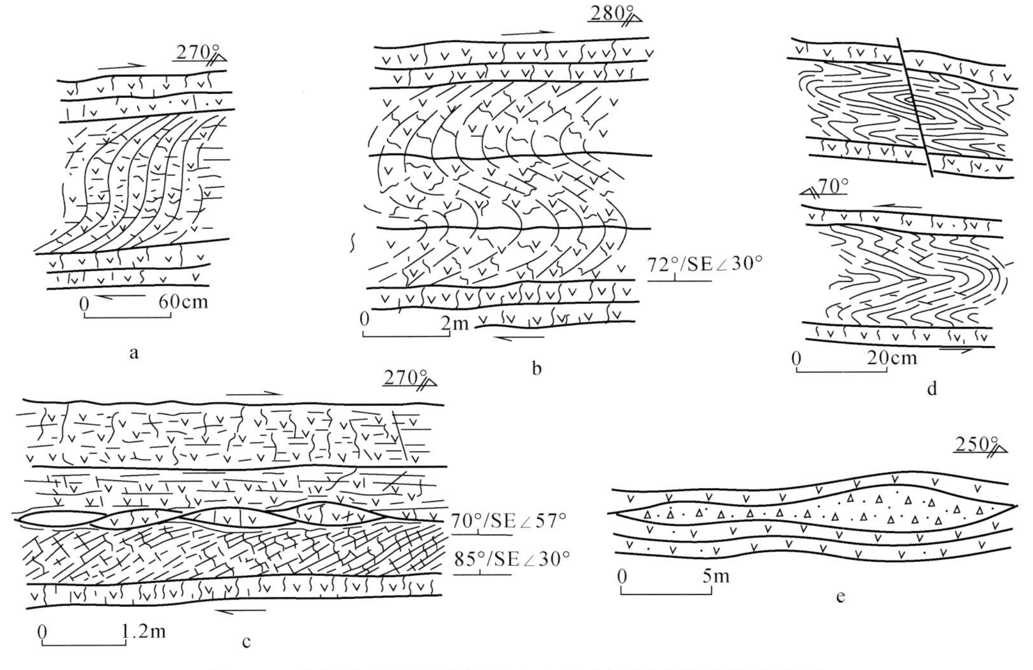

图 8-8　大红山矿区曼岗河组火山岩内层间小型构造素描图

从以上大、中、小型构造的力学分析可以看出，无论是东西向复合弧形断裂的形成，还是南北向断裂的复合转变及小型层间构造的出现等，都一致地显示了矿区内曾经受到东西方向侧向力挤压的作用，尽管矿区内没有规模较大的南北向主压面的存在，但是经向构造体系对矿区的影响是不能忽视的。

四、控矿构造型式的分析

从以上分析中所引出的东西向侧压力的存在，就不难理解控矿的透镜状空间的形成，它实际上是东西构造与南北构造复合的一种特殊构造型式，这种空间形成的力学机制体现在以下几个方面。

（1）早期，矿区遭到南北向的挤压，在宽缓的底巴都背斜南翼形成了 F_1 及 F_4 等逆冲断裂。F_1 断裂规模较大，倾角较陡，切割较深，并使下盘的地层发生牵引形成红山向斜。F_4 断裂倾角较缓，它将肥味河组下部的含矿层推覆于大理岩之上，形成地层和含矿层的重复出现（图 8-9a），这是早期基底东西构造带形成的时期。根据大红山群的变质年龄为 8 亿～8.28 亿年，推测早期东西构造最晚形成于晋宁运动时期，伴随该期运动有石英钠长斑岩侵入，并使前期形成的火山-沉积型矿床发生改造，形成火山-沉积变质型矿床（Ⅰ号矿）。

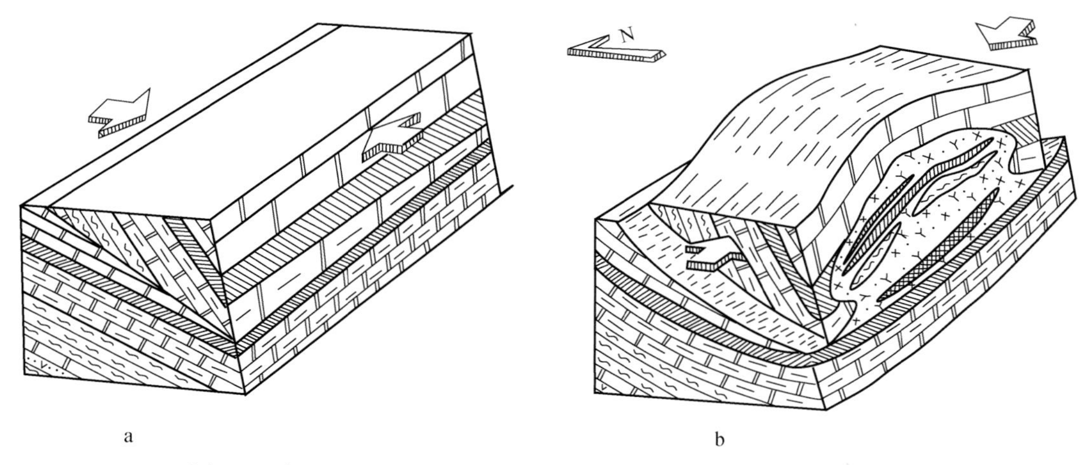

图 8-9　大红山矿区控矿构造型式形成机制示意图（孙家骢，1988a）

a. 基底东西构造形成期；b. 南北构造改造东西构造期

（2）后期，矿区遭受到东西向的侧压力，使东西向的断裂压弯形成复合弧形构造，并使南北向的横张断裂转变为压性。同时，更重要的是，由于平缓的 F_4 断裂上盘存在绿片岩层，起到润滑剂的作用，在侧压力的作用下，沿断裂面发生侧向滑动，使中部沿垂直方向逐渐拱起，形成规模较大的透镜状空间。伴随侧向挤压，富钠质的基性岩浆沿 F_1 断裂弧顶张开部位上升，并沿途同化深部曼岗河组火山岩矿源层及肥味河组下部含矿层中的成矿物质，贯入到同时形成的张性剥离空间之中，由于压力的骤然降低，岩浆产生熔离作用，在红山向斜的凹陷部位形成富厚的主矿体（Ⅱ号矿）。同时，贯入的岩浆和断裂上盘肥味河组下部的含矿层发生接触交代作用，形成含铜磁铁矿体（Ⅲ号矿）。从而在大红山矿区形成了沉积变质型铁铜矿床、接触交代型含铜磁铁矿床及岩浆熔离型的富磁铁矿床三位一体的大型铜铁矿床（图 8-9b）。这是南北构造改造早期东西构造的时期，根据岩体蚀变围岩的同位素年龄为 7.3 亿年，而又被 5.9 亿年的角闪钠长辉绿岩及 4.5 亿年的辉长辉绿岩脉所穿插，推测此期构造主要应发生在澄江运动时期，这是大红山铁矿成矿富集的主要时期。

五、结　　论

通过构造、岩石及地层等的综合研究，得出下述结论，反映了矿床学研究扎扎实实地做好基础地质工作是十分重要的。

（1）大红山矿区的矿床构造不是破火山口构造，而是东西构造与南北构造复合的一种特殊构造型式。它是在特殊的构造条件下，由后期南北构造改造早期东西构造所形成的大型剥离空间。

（2）充填在这一空间中的含矿岩石不是火山岩系，而是一个复合的侵入体。因此，原划分的红山组火山岩可能是不存在的，矿区的含矿岩系——大红山群应为三分。

（3）在这一空间中赋存的矿床不是简单的火山成因，也不是在火山喷发的不同阶段所形成的矿床组合，而是由火山-沉积变质型、岩浆熔离型及接触交代型等多成因矿床所组成的“三位一体”的大型铜铁矿床成矿系统。

（4）根据这一空间的形成力学分析，大红山矿区的主要成矿构造体系不是东西构造，而是南北构造。因此，大红山式矿床的找矿方向应在太簪以北绿汁江断裂西侧地区，特别是该区出现的一串南北向的低缓磁异常应列为重点。

第二节　禄丰鹅头厂铜铁矿床构造控矿特征

一、矿田构造体系分析

矿田位于南北向罗茨-石屏基底隆起带北段，罗茨-易门断裂带和绿汁江断裂带之间（图 8-10）。矿田内主要出露地层为昆阳群东川亚群，鹅头厂式铁矿床即赋存在该地层内。近年来，在矿山深部发现铜矿体，使该矿床成为（铜）铁矿床。

（一）矿田构造体系的组成

由罗茨-易门及绿汁江两条南北向的断裂带组成的经向构造体系是矿田内最主要的构造，也是最重要的控矿构造。这两条断裂带以规模较大的、具有多期活动的、压性为主兼有扭性的断裂破碎带为主体，加上两侧次级的南北向压扭性断裂，以及和这些断裂相伴出现的东西向张裂及北东、北西两组扭裂，组成了以挤压为主的南北构造带。

矿田内出现一系列北北东—北东向左列式压扭性构造形迹，由断裂、褶皱、底辟构造及挤压带组成，并伴生有东西向的张裂及近东西、近南北的两组以扭性为主的断裂。这些断裂构造形迹均分布在南北断裂带之间，它们或者靠近断裂带呈左列式的入字型分支构造，或者在断裂带之间呈左列式的多字型构造，但都不切过南北向的主干断裂带，单个的北东向构造形迹延伸数千米或十余千米而尖灭。它们是由南北断裂带左行扭动时派生出来的低序次构造

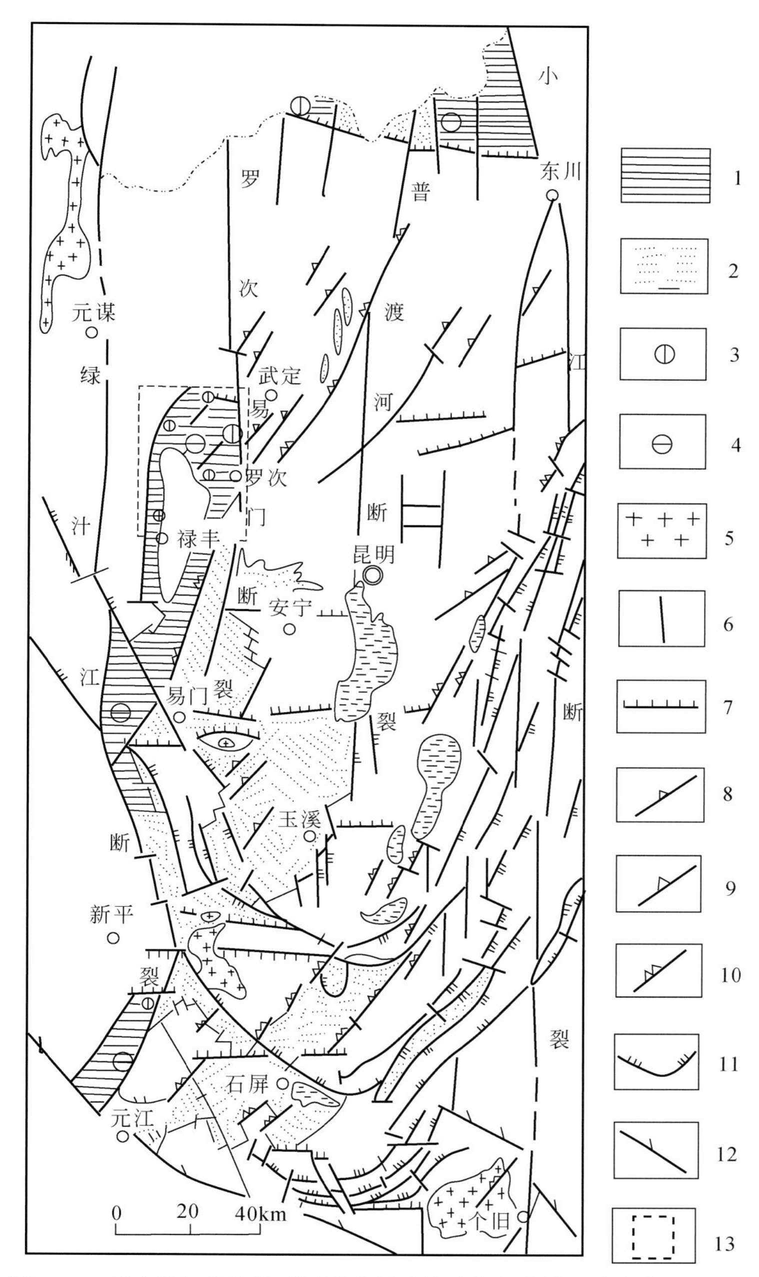

图 8-10　滇中地区构造体系及鹅头厂式铁矿分布略图（孙家骢，1988a）

1. 昆阳群东川亚群（蓟县系）；2. 昆阳群玉溪亚群（长城系）；3. 鹅头厂式铁矿床（点）；4. 东川式铜矿床；5. 花岗岩；6. 经向构造体系；7. 纬向构造体系；8. 滇中多字型构造；9. 华夏构造体系；10. 新华夏构造体系；11. 山字型构造体系；12. 歹字型构造体系；13. 鹅头厂矿田范围

型式，被称为滇中多字型构造，是矿田内的重要控矿构造型式。

在南北构造带和多字型构造内还包容一些片段的东西构造形迹，它们由压性断裂和挤压带组成，是纬向构造体系的残片。纬向构造体系的强带则分布在矿田的外围地区。

（二）矿田构造体系的成生发展

用力学、历史和建造分析等相结合的方法，对滇中地区构造体系成生发展史的研究表明（表6-1）：东川运动奠定了基底的东西构造型式，随后南北断裂带开始活动，揭开了昆阳古裂谷的演化历史，成为经向构造体系的萌芽，伴有因民期的酸性火山活动，形成铜矿源层。晋宁运动使昆阳群全面褶皱，形成基底，经向构造体系基本定型，同时有裂隙中心式大陆碱性玄武岩的喷发；澄江运动不仅使经向构造体系进一步强化，而且还使南北向断裂带受到扭性改造，从而产生了滇中多字型构造，发生铜的改造富集作用，并伴有从超基性到酸性的岩浆活动，均以富碱（特别是富钠）为特征；印支运动后，结束了多字型构造的发展；早期燕山运动加强了纬向构造体系，使经向构造体系受到了局部的张性改造，伴有碱性花岗岩及辉绿岩的侵入。

二、矿源层形成的构造控制作用

（一）含矿岩系特点

在鹅头厂式铁矿床中，与矿体紧密伴生的是一套具有特殊岩性的岩石，曾被定为“细碧角斑岩”，并将它与大红山铁矿床的含矿岩系对比。但是，从其空间展布、岩石类型及其他特征的研究表明，它们是一套在构造岩的基础上，遭受了交代作用后形成的交代岩。以鹅头厂矿床为例，它们的最大厚度为100～120m。交代作用以碱质交代和铁镁质交代为主，二者交替作用的结果，形成了这套岩石的主体。

碱质交代作用以钠质交代为主，形成微晶钠长岩，主要由细粒他形的钠长石组成。碱质不均匀地交代压扁岩（图8-11）、“磨砾岩”（图8-11d、e）和碎裂岩（图8-11f），交代强烈者往往呈致密块状。岩石中交代残余的结构构造甚为普遍，有由原岩残余的铁泥质点构成的微细层理（图8-11b）、斜层理（图8-11a）及残余的显微褶曲。

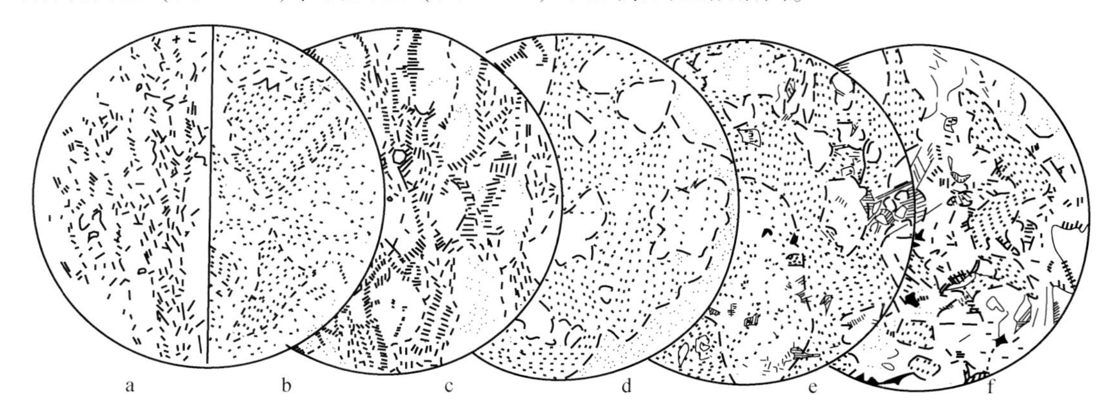

图8-11　鹅头厂矿区含矿岩系岩石显微镜下素描（单偏光，视域直径2.8mm）

a. 微晶钠长岩中残存和原岩斜层理，由铁矿微粒组成；b. 碱质交代岩中残存的团块，团块中原层理清晰可见；c. 压扁岩，透镜体部分已被钠长石交代，胶结物已绢云母化；d. “磨砾岩”，磨圆的砾块已被交代，并定向排列，胶结物已重结晶，但未受交代；e. 矿化“磨砾岩”，磨圆的砾块大致定向排列；f. 碎裂岩，被碱质选择性交代铁镁质交代岩为黑云母化的产物，成为一种微晶黑云母岩。它们和矿体的分布有着密切的联系，主要分布在含矿岩系的中上部，常常构成主矿体下盘围岩，成为直接的找矿标志。在交代岩中岩石的化学成分见表 8-1。

表 8-1　鹅头厂矿床交代岩岩石化学组成（%）

岩石类型	样数	SiO_2	TiO_2	Al_2O_3	Fe_2O_3	FeO	MnO	MgO	CaO	Na_2O	K_2O	P_2O_5	总量
微晶钠长岩	2	64.72	0.80	17.01	3.54	1.07	0.04	1.04	0.80	7.46	2.52	0.18	99.18
微晶钾长岩	2	52.74	0.70	14.64	12.70	3.10	0.80	1.79	1.71	0.55	9.54	0.30	98.57
微晶黑云母岩	3	41.36	0.81	11.90	10.27	12.07	0.16	12.31	3.51	0.56	7.81	0.31	101.07

（二）原岩分析和赋矿层位

在鹅头厂式铁矿中，上述含矿岩系是广泛存在的，而且都是伏于有明显标志的落雪组白云岩之下，其层位相当于因民组。虽然它和正常的因民组在岩性上有很大的差异，但是这种差异是在很短的距离内出现的，而且各地都可见到这套岩系与因民组呈渐变过渡关系；有的地方还可见到这套交代岩与石英钠长斑岩的侵入有关，并且因民组的岩石被交代时选择性是明显的，因此上述显微镜下残留的原岩构造各地都可见到。

上述现象证明鹅头厂式铁矿的含矿围岩是正常的因民组岩石受到碱质交代的产物。矿床赋存在因民组之中，特别是主矿体产于因民组和落雪组的过渡部位。因民组是一个富含铁、铜的层位。据资料分析，在因民组紫色层的岩石中，呈分散状态的铁组分较高，如 Fe_2O_3 + FeO，鹅头厂为 12.39%，东川为 17.70%，笔架山则高达 34.40%。此外，在因民组中还常夹有含铁矿板岩、铁质板岩，以及贫铁条带、扁豆体等，局部富集可形成矿床，如稀矿山沉积的铜-铁矿床。因此，因民组是形成鹅头厂式铁矿的重要矿源层。

（三）矿源层的形成与构造的关系

东川亚群主要呈南北向长条状，分布在西部的罗茨-易门-元江一带及北部的洪门厂和东川地区（图 8-10）。通过形变史的分析，将构造复位后，重建了元古宙蓟县纪因民期滇中地区的古构造状况（图 8-12）；以四条南北向的构造为界，将滇中地区分出四个南北向的构造带。即元谋-双柏隆起带、罗茨-元江拗陷带、安宁-石屏隆起带及东川拗陷带。罗茨-元江拗陷带的出现开创了滇中古裂谷的发展历史，经向构造体系开始萌芽。

因民组是东川运动后开始的一个新的沉积旋回。从其分布及岩相变化来看，明显地受到了南北向的罗茨-元江裂谷式海槽的控制。该海槽中部拗陷较深，两侧近陆较浅，在北部和中部还有次级的东西向水下隆起存在（图 8-12）。这种古构造格架所制约的古地理形势，控制了因民期矿源层的形成和分布。在两侧的近陆浅水区及海底东西向隆起的部位，为氧逸度较高的氧化环境，沉积了富含高价铁的陆源碎屑物，并且有酸性火山岩沿边缘断裂溢出；在中部拗陷较深的地区，为氧逸度较低的半还原环境，沉积了含铜的泥砂质碳酸盐层。这就是滇中地区因民组火山岩、沉积相带及铁铜矿带呈南北向分布和分带的基本原因。因民组矿源层内的成矿物质主要来自陆源，它们与隆起带内昆阳群玉溪亚群曼岗河组火山岩、大红山式铜-铁矿床和鲁奎山式铁矿床的风化剥蚀有关，少量来自于因民期的酸性火山岩。

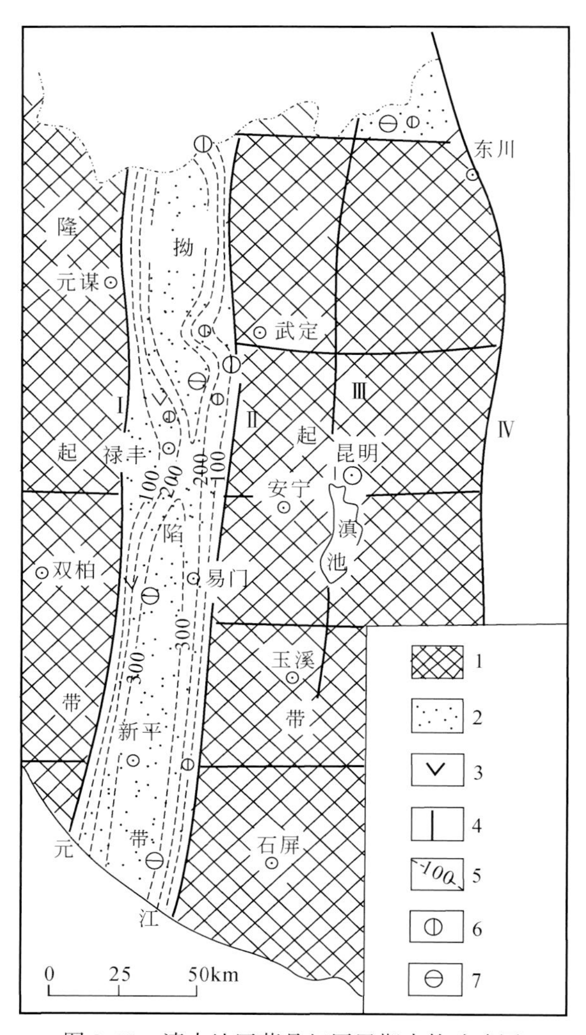

图 8-12　滇中地区蓟县纪因民期古构造略图

1. 隆起带；2. 拗陷带；3. 酸性火山岩；4. 古断裂：Ⅰ. 绿汁江断裂；Ⅱ. 罗茨-易门断裂；Ⅲ. 普渡河断裂；Ⅳ. 小江断裂；5. 沉积等厚线；6. 鹅头厂式铁矿床（点）；7. 东川式铜矿床

三、矿化富集的构造控制作用

（一）控矿构造型式分析

鹅头厂矿区的构造是滇中多字型构造的组成部分，它是以罗茨-易门断裂为主干、北北东向压扭性构造为分支所组成的入字型构造。矿床即赋存于分支构造之中，这一分支构造包含了以鹅头厂紧密倒转背斜为主体的一系列北北东向构造形迹（图 8-13）。

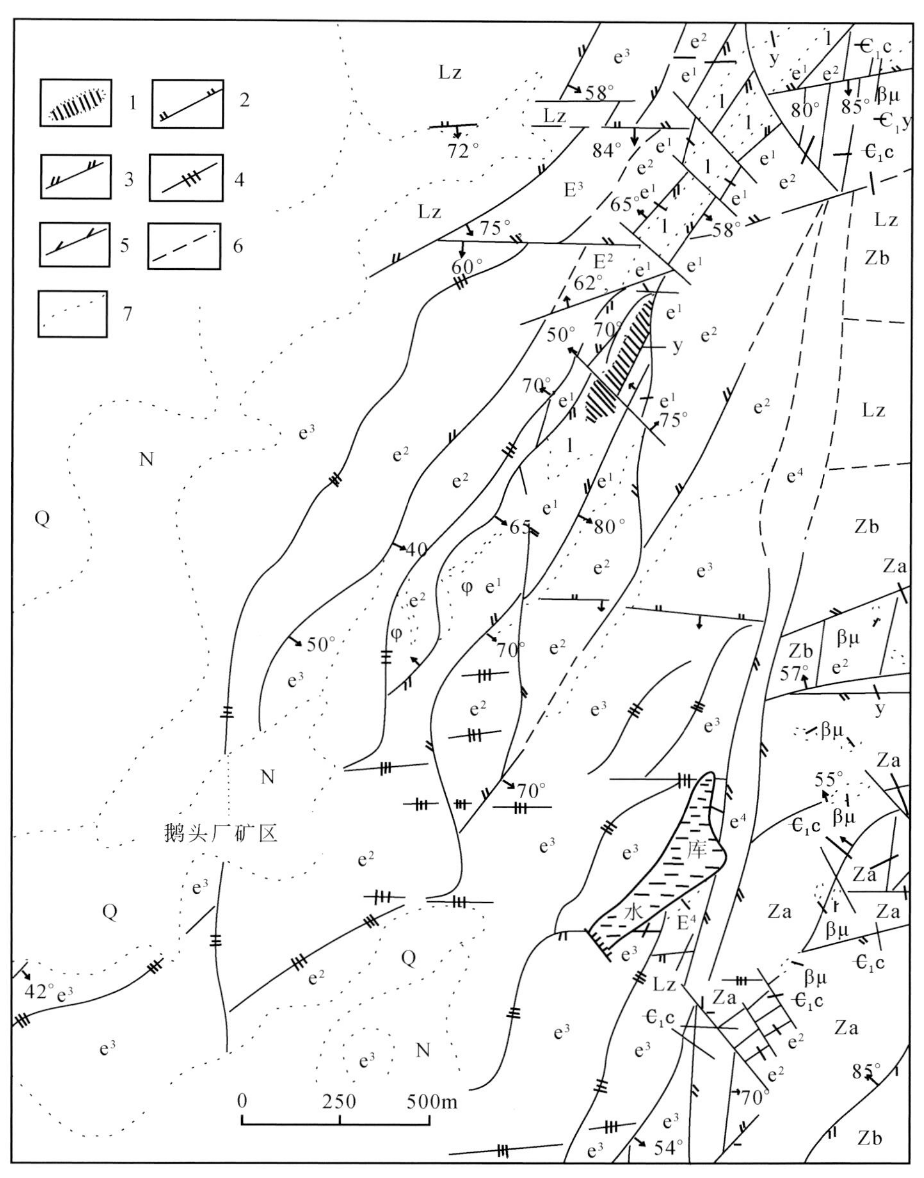

图 8-13　鹅头厂矿区地质构造图

Q. 第四系；N. 新近系；ϵ_1c. 下寒武统沧浪铺组；ϵ_1y. 下寒武统渔户村组；Zb. 上震旦统灯影组；Za. 下震旦统澄江组；Lz. 绿汁江组；e^4. 鹅头厂组第四段；e^3. 鹅头厂组第三段；e^2. 鹅头厂组第二段；e^1. 鹅头厂组第一段；L. 落雪组；y. 因民组；βμ. 辉绿岩；φ. 钠长斑岩。1. 铁矿床；2. 压性断裂；3. 压扭性断裂；4. 挤压带；5. 扭性及张性断裂；6. 航片解译断裂；7. 地质界线

鹅头厂背斜核部由因民组组成，两翼为落雪组及鹅头厂组。其轴迹走向在南北两端为N35 °E，而中部转为近南北向，形成“S”型。沿走向其枢纽有起伏，中部为高点，两端分别向北东和南西倾伏。在剖面上，其轴面在中部近直立，向北渐向西倒转，向南渐向东倒转，形成剖面上的反“S”型（图 8-14）。在此背斜内，层间剥离构造和层间断裂十分发育。

在轴面近直立的一段，其轴部的脱顶构造十分明显，发生在因民组和落雪组之间岩性差异较大的部位，并形成一套扭张性的“磨砾岩”（图 8-11d、e）。在其翼部，由于层间剥离带的进一步发展，形成一组走向北北东的压扭性断裂，其间发育碎裂岩（图 8-11f）、压扁岩（图 8-11c）及糜棱岩等，这些断裂均具左行扭动的特点。

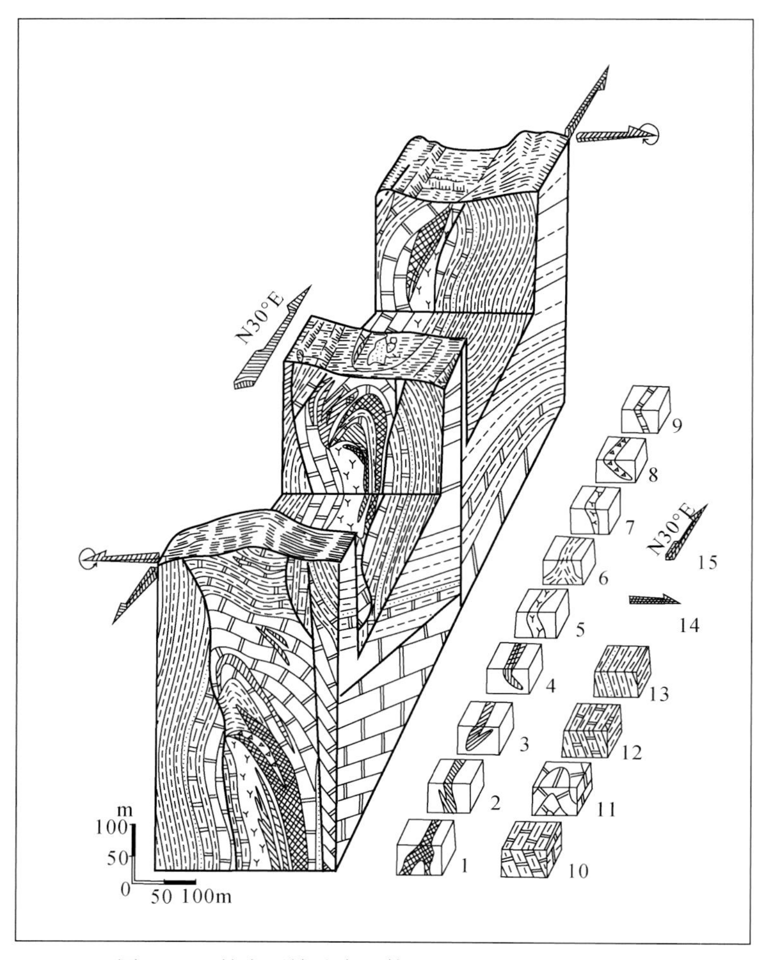

图 8-14　鹅头厂铁矿床立体图解（孙家骢，1988a）

1. Ⅰ号矿体群；2. Ⅱ号矿体群；3. Ⅲ号矿体群；4. 铜矿脉；5. 碱质交代岩；6. 黑云母岩；7. 镜铁矿角砾岩；8. 钠长斑岩；9. 断裂及构造岩带；10. 因民组；11. 落雪组；12. 鹅头厂组第一段；13. 鹅头厂组第二段；14. 力偶作用方向；15. 剖面方向

在鹅头厂背斜的外围，发育一系列总体走向北北东的压扭性断裂及挤压带。在空间分布上，这些构造形迹和鹅头厂背斜一样，都呈现“S”型展布，在剖面上具扭曲现象。

经过仔细的调查研究发现，在断裂由北北东转向南北的部位，存在北北东向的压扭性断裂叠加在南北向的压性断裂之上的现象（图 8-15），表明北北东向分支构造的弯曲是局部迁就、利用和改造早期次级南北结构的结果。从矿田构造体系成生发展史的分析，以及矿区复合结构面研究的结果，表明鹅头厂矿床控矿构造形成的力学机制是：①由于罗茨–易门断裂带早期的挤压，形成了矿区内的南北向压性断裂，并在南北两端有东西向的横张断裂出现，从而将矿区切割成长方形的岩块（图 8-16a）；②在罗茨-易门断裂带发生左行压扭的运动时，力偶作用于岩块的东西边界，从而派生出北北东向的入字型分支构造，分支构造迁就、利用和改造已存的南北向断裂，形成辗转反复的“S”型展布（图 8-16b）。同时，在南北边界上还有右行对扭的辅助力偶的作用，因而在两端的垂直方向上就会受到相反的旋扭力的作用，再加上结构面在不同深度的差异性运动，从而导致结构面在剖面上的扭曲（图 8-14）。因此，鹅头厂矿床的控矿构造型式是一种复合的扭动构造，是晚期的再次北北东分支构造与早期初次南北构造复合的结果。

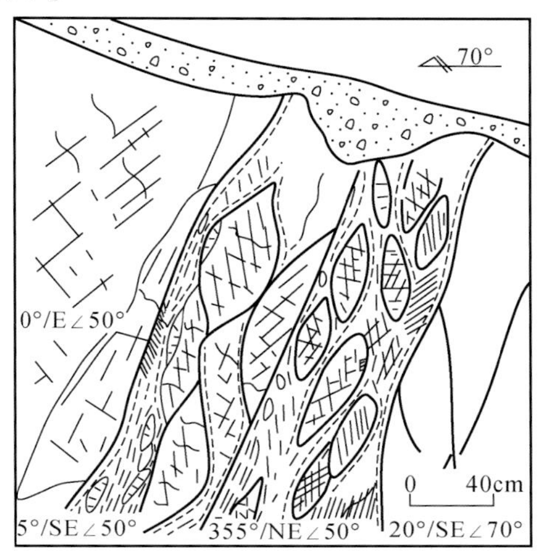

图 8-15　鹅头厂矿区东部复合断裂素描图

示北北东向压扭性断裂叠加在南北向压性断裂之上，前者切过后者的构造透镜体

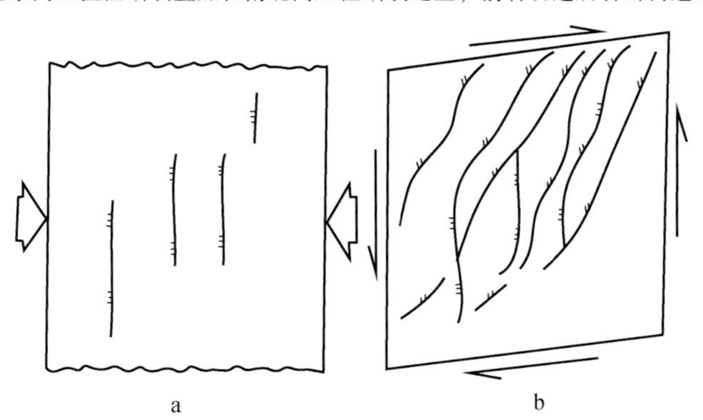

图 8-16　鹅头厂矿区复合扭动构造形成示意图

a. 早期南北构造形成阶段；b. 入字型构造形成阶段

（二）矿体的分布特征

无论是从空间分布及形态看，还是从矿化富集的程度看，鹅头厂铁矿床除与一定的层位有关外，还明显地受构造控制，分布在鹅头厂背斜中，沿脱顶空间和层间剥离带呈似层状及透镜状产出。根据所处的构造部位及层位的差异，可分出三个矿体群（图 8-14）。Ⅰ号矿群为落雪组与因民组过渡带构成的背斜鞍部的矿群，呈对称的新月形产出，是矿床中规模最大、质量最佳的矿群。Ⅱ号矿群为因民组构成的背斜核部的矿群，产于顶部的交代岩之中，

由多条规模较小的矿体的矿脉组成。Ⅲ号矿群为落雪组层间剥离带内的矿群，由多条似层状的矿体组成。鹅头厂矿床的矿石品位是有规律变化的，从剖面上看，由下往上变富；从平面上看，背斜中部高点处最富，向南北两端变贫。这与构造部位的力学性质和围岩的化学性质有关，在背斜轴部脱顶空间较大和围岩为碳酸盐岩的部位最富，而在背斜核部、翼部和围岩为泥质岩的情况下较贫。因此，更进一步地证明了矿体的产出是严格受构造控制的。

（三）矿化富集与构造的关系

经详细研究，鹅头厂式铁矿床的形成与交代作用有关。在鹅头厂矿区大致可以分出钠质交代带、钾质交代带和铁镁质交代带。其中，第一带成分单一，叠加交代不强，而第二、三带物质组分变化较大，岩石类型繁多，正是铁矿产出的部位。

在鹅头厂矿区露天采场1915台阶北壁，可见上述交代成矿与构造的关系（图8-17）。在那里，背斜的核部出露因民组的灰紫色板岩与砂泥质白云岩互层。往背斜的北西翼（正常翼），岩石破碎形成张扭性的“磨砾岩”带，并逐渐变为由碱质交代而形成的钠硅酸盐交代带。然后出现以黑云母岩为主组成的铁镁硅酸盐交代带，最后出现富厚的磁铁矿体。在这个剖面中有两点是值得重视的；其一，这种交代作用是在各种构造岩中进行的（图8-11）；其二，强烈的交代作用和矿化只发生在背斜的正常翼部的层间剥离构造中，而在背斜的倒转翼内交代作用和矿化均很微弱，极少有矿体存在。这些现象不仅存在于上述剖面中，而且在整个矿床中都是普遍可见的（图8-14）。结合矿体的形态、产状及品位的变化与构造的密切关系，证明了交代作用是伴随褶皱构造的形成过程同步进行的。而且，在这种交代作用的过程中，在褶皱不同部位的各种岩石中铁、钾、钠组分具有明显的规律性变化。以上述的剖面为例（图8-17），背斜核部的因民组原岩是富钾、铁和贫钠的，经过钠质交代作用形成微晶钠长岩后，三种组分的变化甚为突出，带出的氧化铁为原岩含铁量的63%，氧化钾被带出了65.6%，而带入的氧化钠多达原岩的33倍。经过简单的计算，这样的交代作用带出的全铁量，可以形成超过23×10^6t、品位为50%的富铁矿石。因此，可以推断，钠质交代作用是一个大规模的去铁过程，带出的铁和钾与落雪组的白云岩作用后，一方面形成铁镁硅酸盐（黑云母岩），另一方面使大量的铁质沉淀形成矿体。

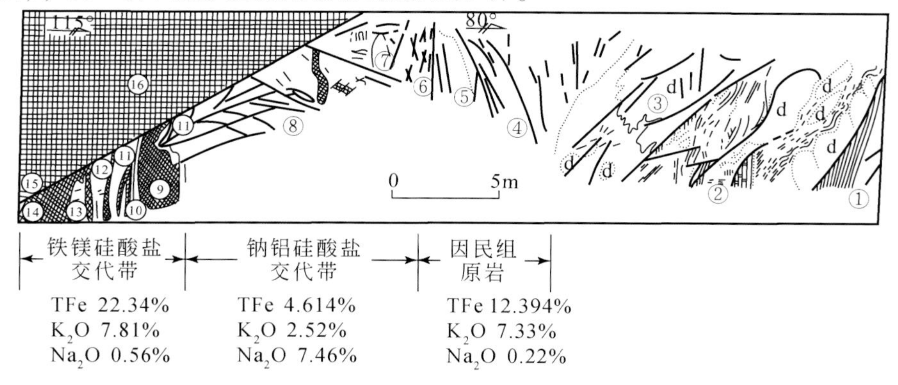

图8-17　鹅头厂矿区采场1915台阶北壁地质素描图

①鹅头厂组板岩；②北北东向压扭性碎裂岩带；③落雪组白云岩；④因民组白云岩和板岩互层；⑤因民组板岩；⑥磨砾岩带；⑦钠化磨砾岩带；⑧矿化、钠化磨砾岩带；⑨赤铁矿脉；⑩北北东向压扭性断裂；⑪黑云母岩；⑫弱矿化微晶钾长岩；⑬钠长斑岩脉；⑭赤铁矿体；⑮北西向扭压性断裂；⑯磁铁矿体（Ⅰ号矿群）；d. 白云岩透镜体

以上的成矿过程中伴随着复合扭动构造的形成而进行的。澄江运动时，伴随罗茨-易门断裂带的左行压扭行动，在该断裂带下盘有碱质的岩浆活动，在上盘形成复合的入字型构造。在应力的驱动下，钠质热液沿鹅头厂背斜运移，发生强烈的碱质交代作用和矿质的沉淀作用。在不同的构造部位，由于储矿空间的力学性质不尽相同，围岩的地球化学条件也不完全一样，从而影响到交代作用的性质及难易、强弱，因此所形成的矿体在规模品位上都有变化。在背斜轴部脱顶的扭张性空间内，上部的围岩又是落雪组的白云岩，含矿溶液和围岩的化学反应较充分，铁质沉淀的速度也较快、较彻底，因而形成规模较大、品位较富的矿体；在背斜的正常翼部及倾没部位的层间剥离带内，特别是在围岩为泥质岩的情况下，不利于化学反应的进行，只能形成规模较小、相对偏贫的矿体；在背斜的倒转翼内，由于挤压应力的作用，矿液向应力释放的部位运移，所以很难形成矿体。

从以上分析可以看出，鹅头厂铁矿床的产生、迁移、富集和分布，无论是在时间上还是在空间上都和构造体系有着密切的联系。矿化富集发生于区域构造体系发展的第三阶段，即滇中多字型构造的成生阶段；矿床的分布受到复合扭动构造的控制，特别是在封闭条件较好的压性构造中的张性空间断裂内分布了较富厚的矿体。

四、结　　论

鹅头厂式铁矿的成矿地质条件有三个：①地层为成矿提供了物质来源；②碱质交代使分散的铁质集中；③构造起着双重的控制作用，即不仅控制了矿源层的形成，而且还促进交代作用的发生、发展和含矿溶液的运移、聚集及矿床的形成。

构造的控制作用是伴随着经向构造体系的成生发展而进行的：东川运动后，在经向构造体系的萌芽期，南北向裂谷式海槽的出现，控制了因民期矿源层的形成和分布，出现了铁、铜的原生分带；晋宁-澄江运动时，是经向构造体系的定型和发展期，滇中多字型构造的出现，控制了富钠岩浆及热液的运动，并促使矿源层受到改造，铁质转移富集形成了矿床。因此，构造体系发展的阶段性控制了成矿的阶段性。

构造体系的不同级序构造及复合构造，控制了鹅头厂式富铁矿床的空间分布。经向构造体系是主要的成矿构造体系，它控制了铁矿带的展布；经向构造体系与纬向构造体系的复合，可将矿带划分出鹅头厂矿田及洪门厂矿田；在矿田内，罗茨-易门断裂带为导岩构造，断裂带上盘的低级再次构造为储矿构造，控制了具体的矿床和矿体。

在矿床构造中，最有利的控矿构造型式一般都具有扭动的特点，无论是一般扭动构造还是复合扭动构造，都有利于含矿热液的迁移和聚集。其中最有利的储矿构造部位是压性构造中的张性断裂内。

第三节　安宁八街杨梅山-红坡铁矿带构造体系控矿特征及找矿预测

一、构造体系控矿特征

杨梅山-红坡铁矿带内，主要分布着昆阳群的黑山头组、军哨组和大龙口组的浅变质岩系，零星分布的尚有震旦系和中生界的下侏罗统，区内构造极为复杂。

（一）区域构造特征

通过标志层的追索及对断裂力学性质的认真鉴定，勾画出一条条断裂，圈定出一个个褶皱，这些构造形迹具有如下特点。

（1）断裂按走向可分四组：东西向、南北向、北东向和北西向，东西向和南北向断裂以压性为主兼有扭性，北东向和北西向断裂以扭性为主，二者的扭动方向左行及右行均有，其中，以东西向断裂为主，形成矿带内的骨架构造。

（2）褶皱：以轴向东西的倾伏背、向斜为主，倾伏方向西部向西、东部向东、中部抬高，这些褶皱的翼部形成次级的近南北向的花边褶皱。

根据以上构造形迹的组合分析，矿带内可划分出两个主要的构造体系，即东西构造带及南北构造带，东西向以压性为主的断裂及褶皱代表东西构造带的主压面，南北向以压性为主的断裂代表南北构造带的挤压面，而北东向和北西向以扭性为主的断裂为两个构造体系的配套扭裂、东西构造带横越整个矿带，南北构造带的挤压面仅在西部炉糖一带发育明显（图8-18）。

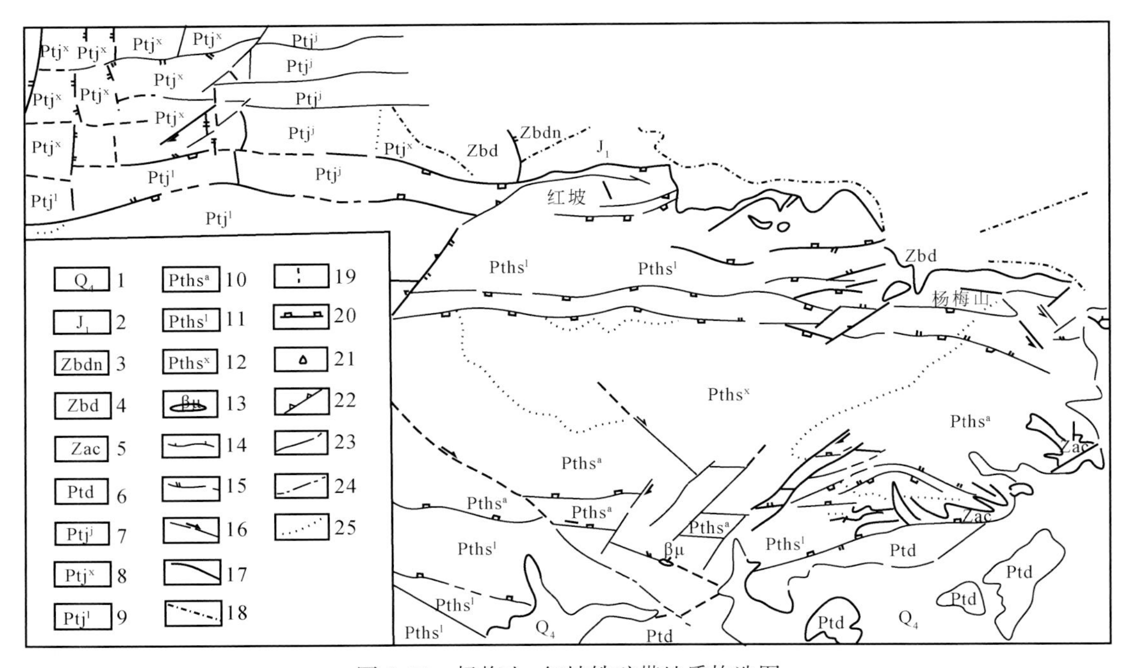

图8-18　杨梅山-红坡铁矿带地质构造图

1. 第四系；2. 下侏罗统；3. 灯影组；4. 陡山沱组；5. 澄江组；6. 大龙口组；7. 军哨组军哨段；8. 军哨组西阱大山段；9. 军哨组老鹅山段；10. 黑山头组大叫山段；11. 黑山头组老叫山段；12. 黑山头组选厂沟段；13. 辉绿岩；14. 压性断裂；15. 压扭性断裂；16. 扭性断裂；17. 压扭性旋扭断裂；18. 隐伏断裂；19. 挤压带；20. 东西构造带；21. 南北构造带；22. 北东构造带；23. 不整合；24. 假整合；25. 整合

在对断裂的追索过程中，看到了一种奇异的现象，东西断裂不是稳定的东西走向，在局部地区形成特殊的南北或向南凸出的弧形构造，弧形两侧显示有扭动的特点，但扭动方向相反，即弧形构造外侧的岩块相对内侧的岩块向弧顶方向扭动。这是怎么形成的呢？为了认识这种现象的本质，笔者又对东西断裂的力学性质进行了反复认真的研究，发现东西断裂的力学性质发生过复杂的转变，至少经历了压→张→压三个阶段。有的东西断裂带内的构造透镜体受到张力作用后，已破碎成构造角砾（图8-19）；有的东西断裂内的硅化、绿泥石化、片理化的岩石，也已形成破碎的角砾岩、角砾大小悬殊，无明显的定向排列，这些现象表明，早期东西向压性断裂转变为张性。另外，还观察到：充填在东西向追踪张裂隙内的石英脉中，发育由南北向主压应力作用形成的裂隙系统（图6-13）；也见有东西向压性断裂切断含石英脉的东西向张性断裂的现象（图8-20）。其反映出东西向张性断裂转变为后期的压性。

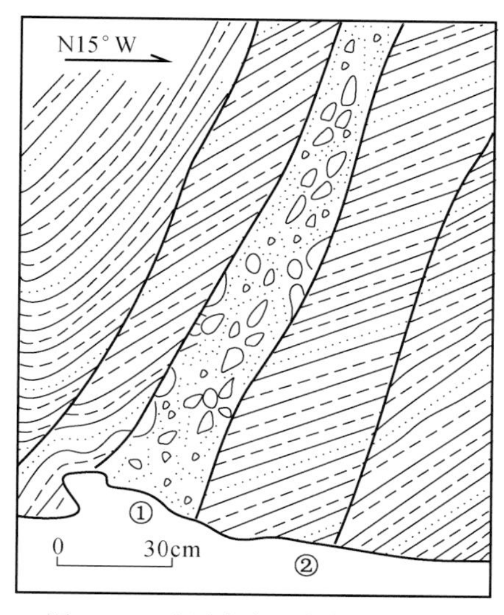

图8-19　选厂沟东西向断裂素描图

①北西西向断裂（N80°W，SE∠67°）其中构造透镜体已角砾化岩；②板岩夹砂岩

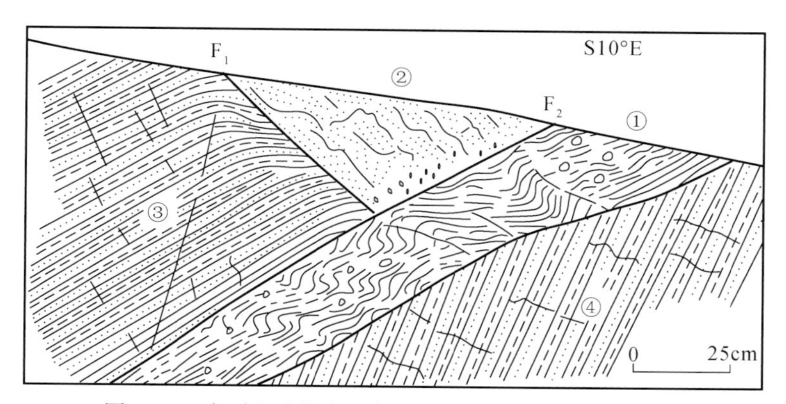

图8-20　大叫山晚期东西断裂切断早期东西断裂素描图

①片理化及糜棱岩化；②破碎石英脉；③砂、板岩；④绿泥石化砂、板岩。F_1. 晚期东西断裂（倾向北，40°）；F_2. 早期东西断裂（N70°E，南东倾，51°）

通过东西断裂力学性质转变过程的研究，结合区域构造体系的分析，我们认识到矿带处

于东西构造带和南北构造带的复合部位，曾遭受过南北向主压应力和东西向主压应力的交替作用。因此，在时间上，至少经历了东西构造带和南北构造带交替活动的三个构造发展阶段。在空间上，东西断裂在东西向的主压应力作用下发生弯曲，形成复合弧形构造，这种构造实质上是东西构造带和南北构造带反接复合的一种特殊型式。这种复合构造型式的形成，也已被泥模实验所证实。

（二）矿体的分布规律

杨梅山–红坡铁矿带内以脉状铁矿为主。在进行区域构造特征研究的同时，对所有的矿点都做了检查，发现矿点的展布受到东西构造带的控制。但是，矿体的展布却横七竖八，过去认为这种脉状矿复杂而无规律可循。果然是没有规律可循吗？脉状铁矿既然受到构造的控制，它的分布就必然和构造体系有着内在的联系。为了搞清它们之间的联系性和规律性，对已知矿床做了深入的解剖，钻遍了矿山的所有开采坑道，获得了大量的实际资料，归纳成下列特点：

（1）红坡和杨梅山矿床中矿体主要受东西向断裂的控制，这些东西向断裂具有张扭性质：①充填在这类断裂中的矿体，中心部分为致密块状，边缘部分为角砾状，角砾成分为两侧围岩，角砾大小悬殊，无定向排列，多为棱角状或次棱角状（图 8-21）；②矿体边缘尚可见石英，菱铁矿晶体微斜交脉壁生长（图 8-22）；③亦可见到东西向追踪张裂控矿（图 8-23）。

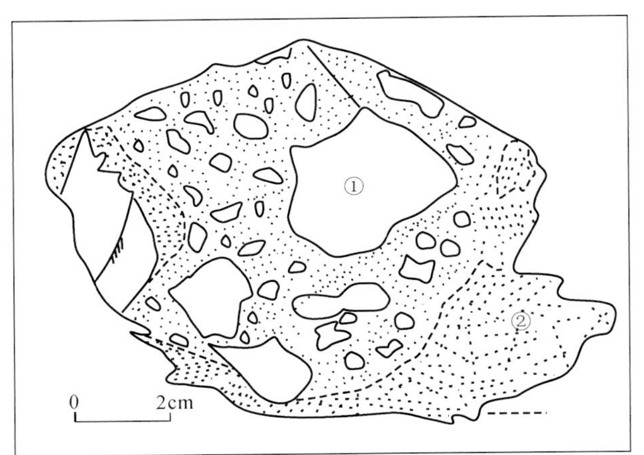

图 8-21 杨梅山三中段矿化角砾岩素描图

①矿化石英砂岩角砾；②褐铁矿

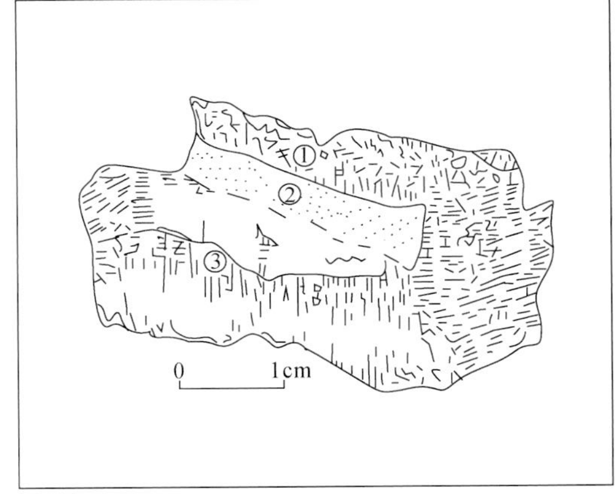

图 8-22 杨梅山三中段石英、菱铁矿晶体生长方式素描图

①石英菱铁矿脉；②矿化石英脉；③石英砂岩（围岩）

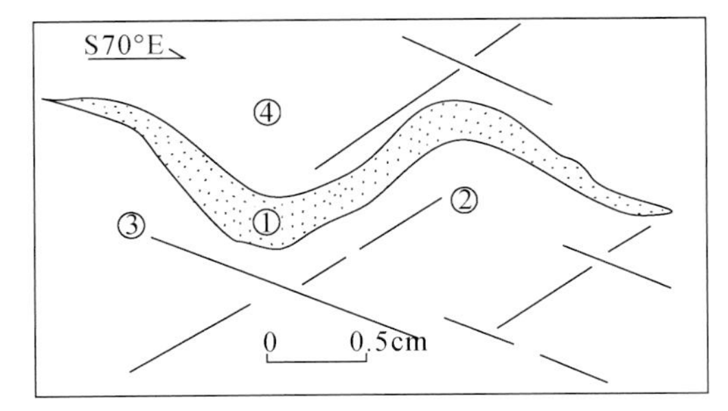

图 8-23 杨梅山二中段东西向含矿追踪张裂素描图

①北西向追踪矿脉；②北东向扭裂（N40°E）③东西向扭裂（N60°W）；④薄层砂岩

（2）矿体在平面上的展布具有如下特点：①总体呈东西向展布的向北或向南凸出的弧形；②弧形构造两侧的矿体成斜列展布，但斜列的型式相反，结合张扭性控矿断裂分析，两侧扭动方向表现为弧形外侧岩块相对内侧岩块相对向弧顶方向扭动；③弧形构造内侧往往出现近南北的以压性为主的含矿断裂（图8-24）。

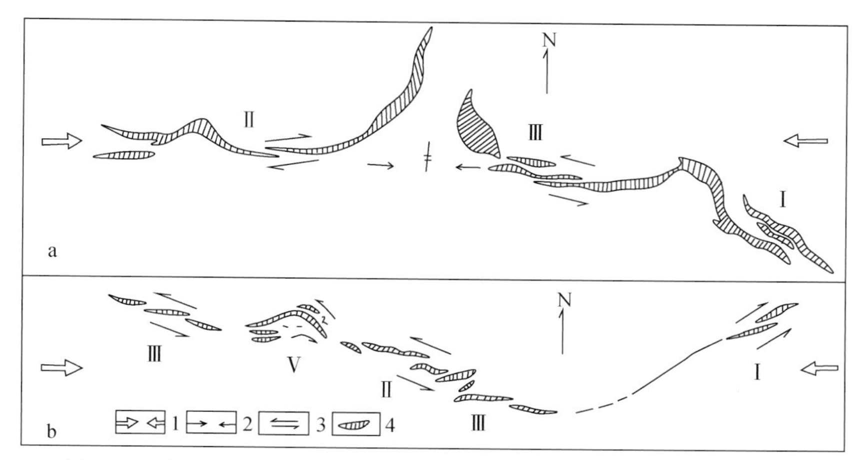

图8-24　杨梅山-红坡铁矿带控矿构造及应力分析图（孙家骢，1988a）

a. 红坡矿床；b. 杨梅山矿床。1. 外力作用方向；2. 压应力方向；3. 扭应力方向；4. 矿体

（3）矿带主要受较高级别的东西断裂的控制，沿炉塘-沙厂断裂分布，并出现在该断裂的上盘；而矿床和矿体主要赋存在低级别的东西断裂之中。前者为导矿构造，后者为储矿构造。

以上事实表明，杨梅山-红坡矿带矿体的分布是有规律的，形成一幅协调的应变图像，反映了统一的构造应力场。当早期的东西断裂受到东西向主压应力的作用发生弯曲，形成向北或向南凸出的弧形构造时，使断裂的性质由压性转变为张性，同时弧形裂面两侧的岩块产生相反的扭动，外侧岩块相对内侧岩块朝弧顶方向扭动，类似岩层褶皱时产生的层间滑动。由于这种扭力的作用，在弧形构造的两翼形成反向斜列的再次张扭性控矿断裂，在杨梅山弧形构造的西翼还形成了外旋逆时针扭动的再次张扭性帚状控矿构造，并且，伴随弧形弯曲，其内侧岩块受到东西向的挤压，产生南北向的压性控矿断裂（图8-24）。由此可见，矿体的分布是受到复合弧形构造控制的。也就是说，构造体系复合的空间展布型式，控制了矿体的分布。

（三）构造体系的发展阶段对铁矿形成的控制作用

在杨梅山-红坡铁矿带内，主要有两种矿化类型：菱铁矿及赤铁矿。它们存在于同一东西向断裂内，在剖面上有菱下赤上的特点，形成了表面上的垂直分带现象，过去认为这是同期异相的产物。这个结论对吗？矿在空间上的分带性，能不能就说明它们在时间上的同时性呢？为了解决这个问题，又对两种矿化类型的控矿断裂性质及它们的交界地带进行了详细的观察，发现如下几个方面的问题。

（1）菱铁矿的控矿断裂主要是张扭性的，已如前述。而在东西断裂内赋存的赤铁矿体呈致密块状，品位极富；矿体与围岩界面清晰，呈舒缓波状；边缘部分矿化的压性构造岩极为发育；两旁围岩受到强烈的挤压，蚀变也较强烈。显示控矿断裂具有挤压性质，与控制菱铁矿化的断裂性质迥然不同（图 8-25）。

（2）在二者的交界地带，可见赤铁矿包裹和交代菱铁矿的现象。另外，在压性东西向断裂内，菱铁矿的边缘可见厚薄不一的赤铁矿化现象。

这些事实有力地证明了，垂直分带只是现象，构造体系发展的不同阶段控制矿化类型才是实质。菱铁矿化形成于早期东西构造受到南北构造改造的时期（成矿阶段），赤铁矿化则形成于东西构造的强化时期（改造富集阶段）。这种控制作用为寻找富铁矿打开了一条思路（图 8-26）。

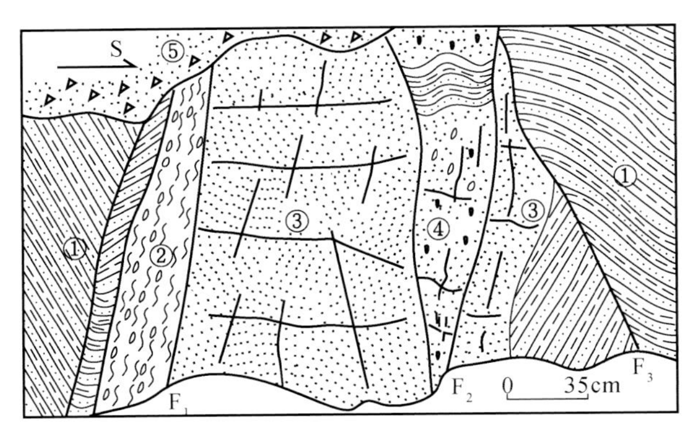

图 8-25　槐杉庙山Ⅲ号矿体东西向控矿断裂素描图

①薄层砂、板岩；②片理化及构造圆化角砾岩；③致密块状赤铁矿；④矿化构造岩；⑤覆盖层。F1. N70°W，NE∠79°；F2. N78°W，NE∠72°；F3. N75°E，SE∠75°

构造运动分期	第一期	第二期	第三期	第四期
运动方向及构造型式	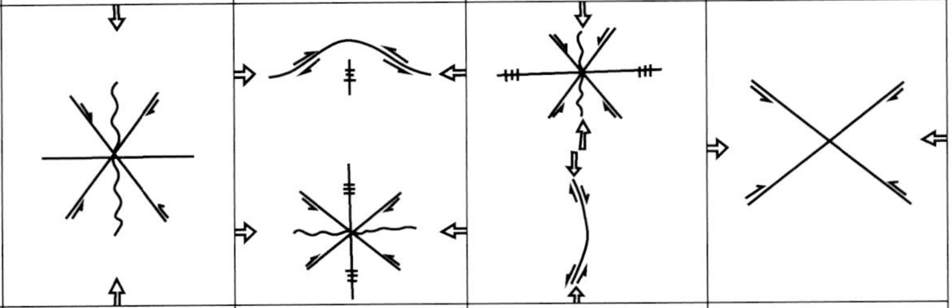			
矿化期		菱铁矿化	赤铁矿化	
成矿阶段	成矿前阶段	成矿阶段	改选富集阶段	破坏阶段

图 8-26　杨梅山-红坡铁矿带构造发展阶段及矿化阶段简图（孙家骢等，1988a）

二、预测实例

经过“实践、认识、再实践、再认识……”的多次反复，抓住现象的本质，分析了铁矿的形成和分布与构造体系的内在联系，总结出构造体系复合在空间和时间两方面对铁矿的控制特征，这是认识上的一个飞跃，为找矿指出了方向。根据这种认识，在矿带内指出了四个战术勘探预测地段和两个挖潜预测地段。

通过三个战役所获得的构造体系控矿特征的认识，是否符合客观实际，还必须通过生产实践的检验。根据矿山生产的需要，在预测地段内选择了突破口，进行钻探验证，取得了明显的找矿效果。

（1）杨梅山矿床受到向南凸出的复合弧控制，但弧顶部位被第四系覆盖，过去认为希望不大没有给予重视，根据矿体的分布规律，列为挖潜预测地段。经过钻探验证，已见到了矿体，为扩大矿山的储量打开了远景。

（2）红坡矿床Ⅲ号矿体露天采场外围，零星分布着一些矿化露头（图8-27），过去认为是“鸡窝矿”而未给予评价，通过地表工作，发现这些露头均分布在炉塘-沙厂断裂向北凸出的弧形构造内侧（上盘）（图8-28）。根据复合弧控制矿体分布的规律，列为挖潜顶预测地段，在详细的地表研究工作的基础上，布置了14个浅钻，其中有12个孔见到了矿，储量计算结果显示，使该矿床增加了保有储量的25%左右。

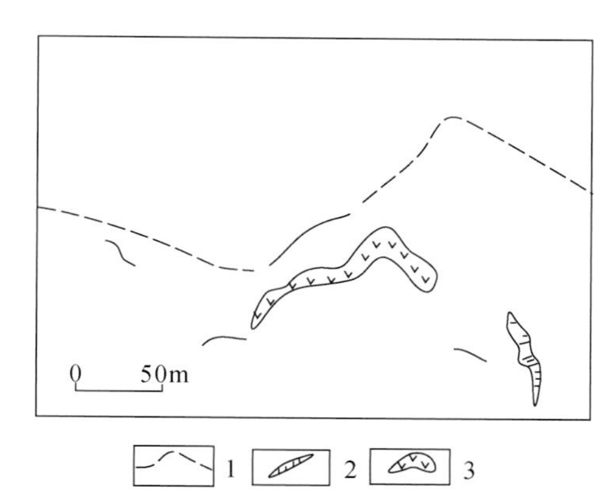

图8-27　红坡矿床Ⅲ号矿体外围矿化露头分布图

1. 压扭性断裂；2. 矿化露头；3. 辉绿岩

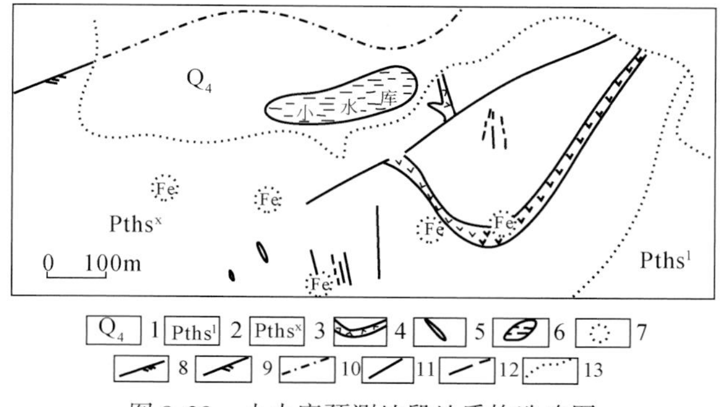

图8-28　小水库预测地段地质构造略图

1. 第四系覆盖层；2. 昆阳群黑山头组老叫山段；3. 昆阳群黑山头组选厂沟段；4. 辉绿岩；5. 石英脉；6. 矿化露头；7. 矿化点；8. 压扭性断裂；9. 扭性断裂；10. 推测隐伏断裂；11. 背斜轴；12. 向斜轴；13. 地质界线

（3）在小水库预测地段效果更为显著，那里是一片第四系覆盖的地区，从区域上看，从红坡矿到兔杉庙矿点的距离为从杨梅山矿到兔杉庙矿点的两倍，而小水库地区正好在其中部，是否有等间距分布的特点，引起了注意。经过外围地区的构造研究，发现矿化辉绿岩和矿化石英脉有呈弧形展布的趋势，弧形内侧亦有控矿的近南北向的压性为主的构造形迹存在，显示有复合弧形构造的特征，此弧形构造恰好潜入到第四系覆盖层之下（图8-28），因此该区可能存在隐伏矿床，被列为战术勘探预测地段。根据矿体赋存在导矿断裂上盘的低级别断裂中的规律，按照先打隐伏导矿断裂后探矿体的原则布置了普查钻，验证结果，第一钻按照预想打到了隐伏的炉塘–沙厂的断裂，第二钻按照预测，果然探到了隐伏矿体，现在，评价工作尚未结束。

三、找 矿 方 向

在生产实践中所获得的认识，又得到了生产实践的验证，这是认识上的又一次飞跃，这个飞跃为寻找更多的铁矿资源指出了方向。根据东西构造带和南北构造带的复合在时空方面对铁矿的控制特征，得到了以下的认识：

（1）矿田正处于东西构造带和南北构造带的复合部位，受这两个构造体系较高级别复合的控制。因此，南岭纬向构造体系的二级东西构造带和川滇经向构造体系的复合部位，应是战略找矿的地区，特别是多体系的复合部位更为有利。

（2）杨梅山–红坡铁矿带主要受三级东西构造带的控制，这样的三级构造带在矿田内尚有多条，也都控制了一些矿点的分布。因此，在矿田内，铁矿的战役普查应沿着三级东西构造带部署，特别要注意在东西构造带的相对强带内寻找富铁矿。

（3）杨梅山–红坡铁矿带内的矿床和矿体，主要受到低级别的东西构造和南北构造的复合控制，分布在低级别的复合弧形构造中。因此，在矿带中，铁矿的战术勘探又应放在低级别的东西构造和南北构造的复合地段，但必须对构造体系复合控矿构造型式进行具体的研究，以便合理的布置勘探网。

第四节　易门铜矿田构造控矿特征及找矿预测

一、区域成矿地质背景

潘杏南等（1987）对康滇地区昆阳裂谷演化作了较全面的研究，认为昆阳裂谷系的演化经历了新太古代古陆核形成→古元古代被动陆缘裂谷裂陷→中元古代陆内裂谷裂堑→中元古代陆内上叠裂谷裂陷→新元古代裂谷全面回返封闭的演化发展历程。裂谷发育中期（或封闭期），受区域挤压作用，南北向断裂与东西向断裂发育，相互交切成网状，并常有褶皱构造相伴产生，这些断裂褶皱带控制了裂谷内部火山–岩浆活动中心和矿化中心，从北到南依次形成了会理–东川及武定–易门–元江两个裂陷槽中的东川、禄（丰）–武（定）、易门、元江四个二级裂陷盆地（图8-29），也依次形成了东川、禄（丰）–武（定）、易门、元江四个铜矿田，明显受古沉积盆地及其边界断裂的控制（图8-30）。易门铜矿矿田位于扬子古陆边缘昆阳裂谷武定-易门-元江裂陷带中段的近南北向的易门裂陷盆地中（图8-29），为绿汁江、罗茨-易门两条南北向深断裂所限，盆地内沉积了中元古界昆阳群因民组（Pt_2y）、落雪组（Pt_2l）、鹅头厂组（Pt_2e）、绿汁江组（Pt_2lz）。矿田北起禄丰，南到峨腊厂，西起元谋-绿汁江断裂，东至易门，南北长70km，东西宽30km，面积达2100km²。矿田以北是罗茨-武定矿田，以南为元江矿田。矿田东部为昆明凹陷带，沉积了新元古代到中生代地层，元谋-绿汁江断裂以西为元谋-新平古陆，上部被中生界陆相红色沉积所覆盖。

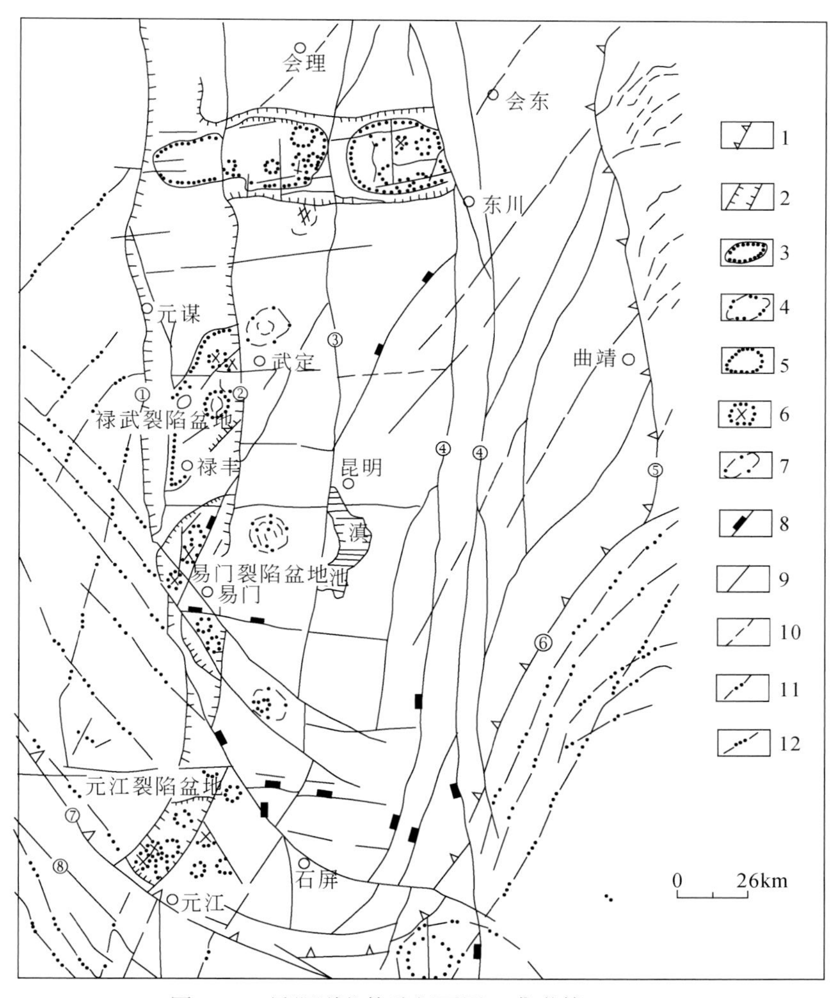

图8-29　昆阳裂谷构造纲要图（龚琳等，1996）

1. 昆阳裂谷边界；2. 裂陷带边界；3. 裂陷盆地；4. 岩浆构造复合环；5. 岩浆环；6. 火山环；7. 隐伏构造或岩浆环；8. 推覆构造；9. 元古宙发生并多期继承活动断裂；10. 古生代发生并多期继承活动断裂；11. 中生代早期发生并多期继承活动断裂；12. 中生代晚期发生并多期继承活动断裂。深大断裂：①绿汁江断裂；②罗茨-易门断裂；③普渡河断裂；④小江断裂；⑤昭通-曲靖断裂；⑥弥勒-师宗断裂；⑦红河断裂；⑧哀牢山断裂

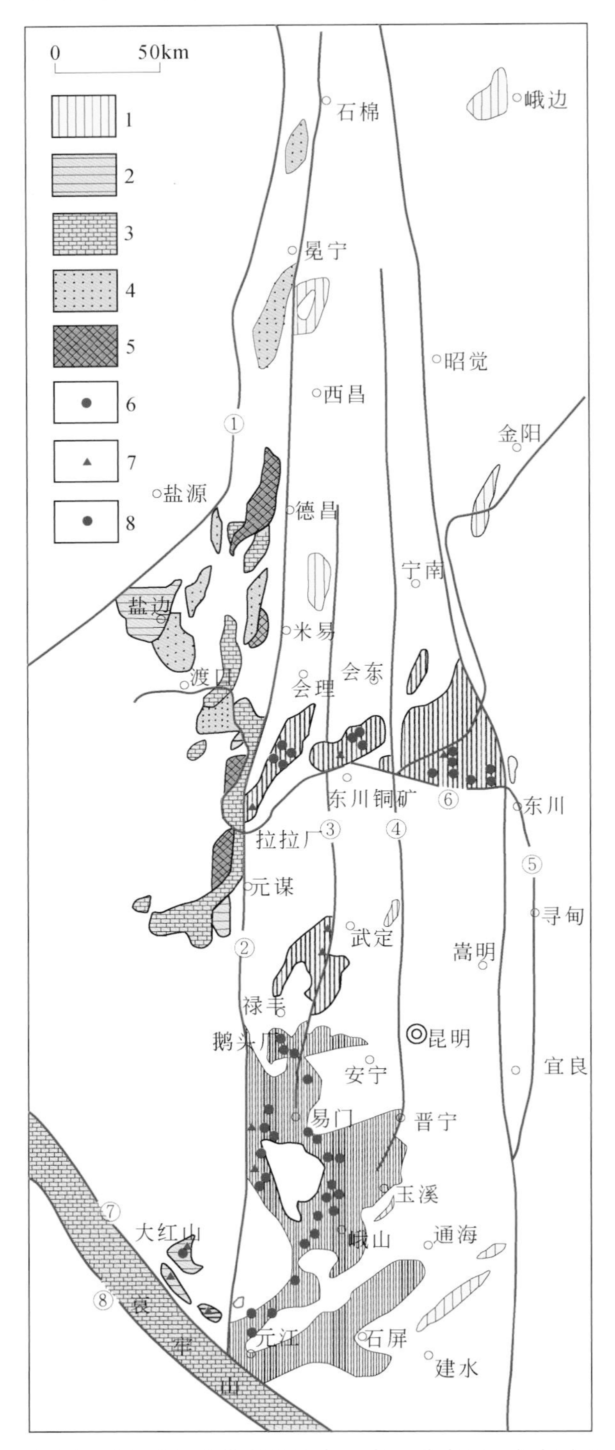

图 8-30　昆阳裂谷型铜铁成矿带主要矿床（点）分布图（据杨应选等，1988）

1. 中新元古界浅变质岩系；2. 古元古界中深变质岩系；3. 新太古界深变质岩系；4. 侵入太古宇的片麻状闪长岩；5. 太古宇混合花岗岩；6. 与陆源沉积岩有关的铜矿；7. 与火成岩或火山沉积岩有关的铜矿；8. 铁矿。①金河-程海断裂；②昔格达-元谋-绿汁江断裂；③安宁河-易门断裂；④宁南-滇池断裂；⑤甘落-小江断裂；⑥宝台厂断裂；⑦红河断裂；⑧哀牢山断裂易门矿田的岩浆活动伴随着昆阳裂谷发展演化的各阶段形成不同类型的岩浆岩，早-中期主要为富碱的基性岩类，晚期主要为酸性-碱性岩类，形成典型的一套玄武岩-流纹岩系列的双峰式火山岩，因民期火山作用形成的火山角砾岩在凤山矿区较显著，主要表现为火山角砾岩、英安质晶屑凝灰岩等，在易门房子脚存在明显的火山爆发岩筒；落雪期以酸性火山岩为主，有长英质火山碎屑岩和流纹质晶屑凝灰岩、角斑质凝灰岩和硅质岩、英安流纹岩、钙碱性流纹岩-流纹质霏细岩；鹅头厂期在东川地区喷溢了两次玄武岩，而易门地区鹅头厂组下段见火山岩夹层，与碳硅质板岩及条带状钠长石硅质岩、钠硅质白云岩组成喷流热水沉积的岩石建造；狮山层可见一套富含钠质的火山沉积岩系，主要为细碧质火山角砾岩、晶屑凝灰岩。伴随昆阳裂谷发展演化，晋宁-澄江期岩浆热液活动与凤山刺穿角砾岩型铜矿、狮子山改造型铜矿的叠加成矿作用可能有密切的关系。在狮子山、凤山矿区沿北东向层间破碎带、北西向横向断层有辉长（绿）岩侵入，呈岩床和脉状，其中常伴有斑铜矿、黄铁矿、黄铜矿化体，在东川矿田形成IOCG型铜铁矿床（方维萱，2014）。

本区经历了多期构造活动，形成了复杂的构造格局。综合孙家骢（1984，1986）、韩润生等（2000b）的研究，认为昆阳裂谷系构造是伴随着区域应力方向的改变而成生发展的。在新太古代昆阳裂谷古核形成后，受到南北向挤压作用，形成走向东西的花岗岩穹隆，在其西南缘开始裂陷，绿汁江断裂已经形成；东川运动（1800Ma±）时，滇中地区受到东西向拉裂作用（南北向挤压），形成昆阳裂谷；晋宁运动（800±50Ma）时，区域上受东西向强烈挤压作用下，裂谷封闭而回返；澄江运动（720～700Ma）区域上发育了左行扭性构造，多字型构造开始形成；晚震旦世到早二叠世为康滇地区的地台发展时期，在构造上处于相对稳定的发展阶段，无强烈的构造运动；印支运动（230Ma±）时，云南地壳整体南移，晚东西向构造和云南山字型构造形成；燕山运动时，又受到东西向挤压力作用，形成本区晚南北构造带，破坏了前期构造和矿体；新生代康滇地区的构造活动仍很强烈，构造型式发生了变化，以断裂活动为主。其特点是：在北西-南东向挤压的构造应力场作用下，沿古老的南北向、北西向和北东向断层发生不同性质的强烈走滑运动（潘杏南等，1987），沿这些断层形成各种型式的小型走滑-拉张盆地。由此看来，该区区域构造应力方向演变顺序为：SN向→EW向→NW-SE向挤压（左行扭动）→SN向→EW向→NW向（孙家骢，1986；韩润生等，2000b）。

昆阳裂谷中构造线主体呈近南北向，南北向断裂与东西向断裂相互交切成网格状。其中，南北向主干断裂自西向东依次为元谋-绿汁江断裂、汤郎-易门-元江断裂、普渡河-滇池断裂等。以元谋-绿汁江断裂、罗茨-易门断裂为主体，构成经向构造体系的重要组成部分。绿汁江深断裂是一条长期继承性发展的超壳断裂（熊兴武等，1995），将昆阳裂谷与中生代楚雄盆地分隔开来，控制了两侧地质构造发展及岩浆活动，与其次级断裂共同控制了易门裂陷盆地铜矿床的形成与分布（图8-29）；元古宙覆盖区的褶皱形迹与地层走向呈北北东向展布，并遭受了多期不同方向的构造应力作用，形成复杂的叠加褶皱、翻卷褶皱等复杂褶皱形迹，在多地区形成紧闭倒转褶皱或倾竖褶皱（如易门狮子山地区）。通过地表观测及横穿绿汁江断裂的水平钻孔（1618W-1）编录，结合龚琳等（1996）的研究，绿汁江断裂具有如下特征：①在近地表和深部向东倾，倾角67°～80°，南端受红河断裂影响，在地下10km处转成直立，17km处转向西倾，倾角70°～75°，重力计算断距为大于1km的断裂，最大断距为6km，断裂活动频繁，为一活动断裂；②断裂带较宽，具有断裂西侧为上三叠统祥云组，东侧为中元古界昆阳群绿汁江组；③断裂带宽 50.7m 以上，其中糜棱岩、碎粉岩、构造角砾岩发育，角砾大小差异悬殊，胶结成分复杂；④裂带内岩石具有分带现象，依次为：碎裂白云岩带→糜棱岩化带→构造角砾岩带→碎裂碎粉岩带→构造透镜体带→紫红色泥岩泥质粉砂岩角砾带。这些特征明显地反映了该断裂由元古宙至三叠纪具多期活动特征，构造强度由强→弱→强，后期构造活动继承并发展了早期形成的断裂，不同时期力学性质明显不同。

刺穿构造是东川－易门裂谷带内一种特殊的构造类型，该构造在该区内成群出现，规模变化较大。刺穿构造内岩片地层主要是因民组、落雪组和少量鹅头厂组及绿汁江组狮山层，刺穿构造内常分布角砾岩，并伴有岩脉侵入。刺穿体常被北西向或北西西向的后期断裂错断而形成楔形。刺穿构造内部组构比较复杂，主要有同斜复式向斜型、同斜复式背斜型、半边背斜型、因民角砾岩型等型式，其中以复式向斜型刺穿构造对铜的成矿最为有利（孙克祥、邓永寿，1998）。综合研究认为，刺穿构造是构造作用与深部岩浆热液活动综合作用的产物。

二、矿床成矿系列

昆阳裂谷中的铜矿成矿系列是裂谷演化各个阶段形成的不同类型铜矿床的组合，不同类型铜矿床同处于裂谷成矿带内，受裂谷火山－沉积作用、构造作用，甚至岩浆热液作用，表现出同源性、继承性，而且这些矿床形成于裂谷演化的不同阶段，导致成矿环境和成矿条件的差异性。因此，该区发育元古宙与海相火山喷流沉积－改造作用有关的成矿系统，主要包括：古－中元古代火山喷流作用成矿亚系统、中元古代喷流沉积作用成矿亚系统、中－新元古代沉积－改造作用成矿亚系统及晋宁期—澄江期改造－热液叠加作用成矿亚系统。

昆阳裂谷铜矿的成矿系列的形成、演化和发展具有如下分布规律：在古元古代早期由于海底火山喷发活动，带来了丰富的深源铜铁等成矿物质，经裂谷的演化发展，在昆阳裂谷内形成了具有内在联系的“四楼一梯”成矿系列（冉崇英、庄汉平，1998）。“四楼”即从下部向上部，依次为火山喷流成因的稀矿山型铁铜矿、热水沉积成因的东川型铜矿、沉积－改造成因的桃园型铜矿、古剥蚀面上沉积成因的砂砾岩型澜泥坪型铜矿，“一梯”即为刺穿角砾岩火山热液再造成因的凤山型铜矿。方维萱（2014）认为该区自古元古代—晋宁期—澄江期存在四期 IOCG 型矿床的成矿作用。

在易门矿田，矿床成矿系列是由因民期、落雪期和峨头厂期形成的三类层状矿床与凤山型铜矿床组成的矿床组合，反映了昆阳裂谷从裂堑拉分、沉降拗陷、挤压封闭各阶段的成矿环境、成矿方式及其演化过程。热水沉积作用和构造改造作用是易门矿田主要的成矿方式，而岩浆热液叠加作用是对已成矿床的主要叠加作用方式。矿床类型划分见表 8-2。

三、易门铜矿田构造的“镜面对称”成矿效应

在易门铜矿田，分布了一系列昆阳裂谷成矿系列的铜矿床，展布于 3、4 级次级沉积盆

表 8-2　易门矿田成矿系列及矿床类型

系列	亚系列	赋存地层	矿床类型	矿种	成矿环境	矿床实例
昆阳裂谷铜矿成矿系列	裂谷挤压封闭阶段构造改造-叠加（?）亚系列	Pt_2lz	构造-热流体再造型（凤山型铜矿）	Cu	刺穿构造	凤山铜矿、狮山铜矿、菜园河铜矿
	裂谷断陷沉降阶段热水沉积亚系列	Pt_2e	黑色板岩型铜矿（桃园型）	Cu	欠补偿滞流海湾	狮子山铜矿体
		Pt_2l	碳酸盐岩型铜矿（东川型）	Cu（Ag）	潮坪	狮子山铜矿体
	裂谷裂堑阶段火山热水沉积亚系列	Pt_2y	砂岩型铜矿 凝灰质板岩型铜矿（稀矿山型）	Fe-Cu	火山断陷盆地	狮子山砂岩、稀矿山型铜矿

地中。矿床产出层位自西向东依次降低，具有较明显的层位选择性和分带性，在地理分布上以大阱口-小绿汁-峨腊厂一线为界分为东西两个矿带：东矿带主要分布于因民-落雪地层组合，包括狮子山、铜厂、万宝厂、七步郎、起乍、老厂和梭佐等矿床（点）；西矿带北起阿百里，南至峨腊厂，包括阿百里、梅山、狮山、凤山、西安厂、杉树口、一都厂、田心、峨腊厂、梅山等铜矿床（点）。在西矿带的这些矿床存在“镜面对称”成矿规律，即以老吾街-岔河基底东西向构造-岩浆带为对称面（镜面），一都厂矿床对称于凤山矿床，它们均受刺穿构造控制，田心矿床对称于狮山层控型矿床，梅山矿床则与峨腊厂矿床相对称，而且，每两者的矿化特征及类型等特征十分相似，在空间上与对称面之间大致具有等间距的特点（韩润生等，1999）（图 8-31，表 8-3、表 8-4）。这一规律对易门铜矿田的成矿预测和找矿评价具有重要的指导意义。

四、构造对矿床（体）的控制作用

易门三家厂矿区（图 8-32）从北到南分布狮山、菜园河、凤山矿床（图 8-33），主要出露黑山头组、大龙口组、美党组、因民组、落雪组和鹅头厂组及绿汁江组，局部出露古元古界底巴都组。地层走向北东，倾向北西，倾角 60°～70°。因民组、落雪组及鹅头厂组是易门铜矿床的主要含矿层位，绿汁江组是凤山矿床的主要赋矿层位。经不完全统计，在矿区共揭露矿体 184 个，较大矿体 76 个。矿床明显受含矿地层和构造的控制，主要矿体赋存于复式向斜内次级背斜鞍部和次级向斜轴部，受一组与次级背向斜轴向一致的断裂及派生断裂控制，形成狮山型和凤山型两类铜矿床（图 8-34），其中凤山矿床主要受绿汁江组凤山段白云岩中的刺穿构造控制，使其矿体比狮山型矿床复杂得多。

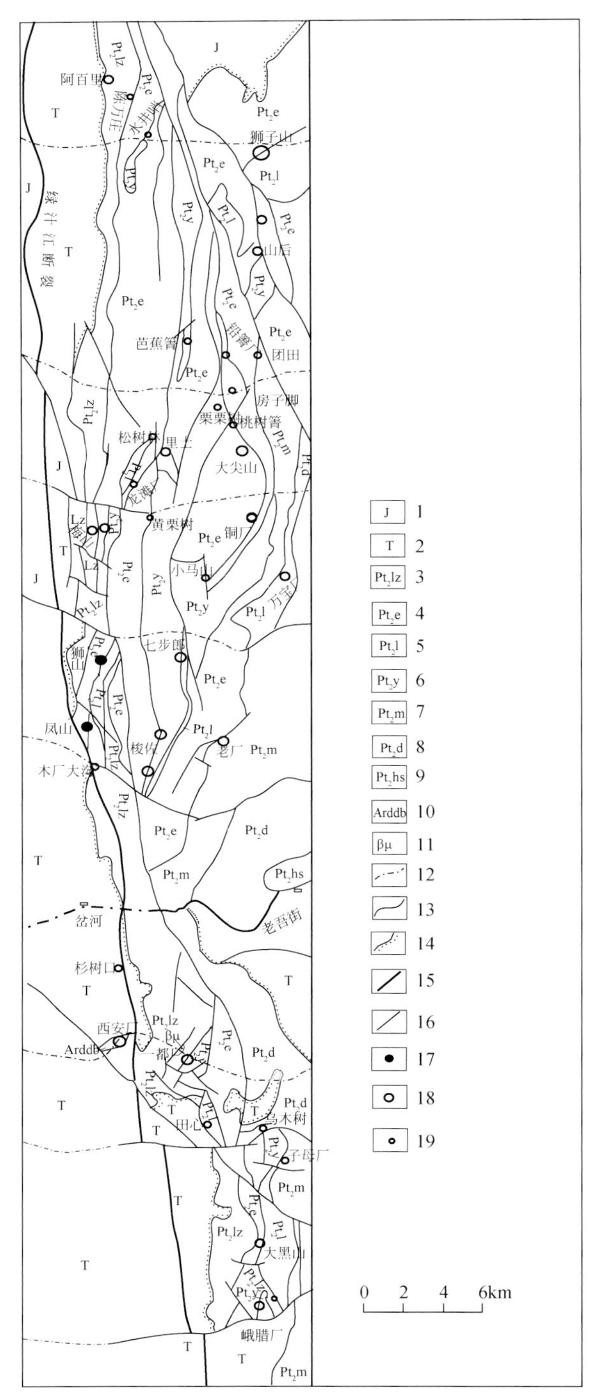

图 8-31　易门铜矿区矿床（点）分布简图（韩润生等，1999）

1. 侏罗系；2. 三叠系；3. 绿汁江组；4. 鹅头厂组；5. 落雪组；6. 因民组；7. 美党组；8. 大龙口组；9. 黑山头组；10. 底巴都组；11. 辉绿岩；12. 遥感线性构造；13. 地质界线；14. 不整合线；15. 绿汁江断裂；16. 断裂；17. 大型矿床；18. 中小型矿床；19. 铜矿点

表 8-3　易门矿田主要铜矿床“镜面对称”成矿特征对比（韩润生等，1999）

矿床		凤山矿床	一都厂矿床	狮山矿床	田心矿床	梅山矿床	峨腊厂矿床
空间关系证据		老吾街-岔河构造岩浆带（对称面）的北侧部南侧，距对称面约 8km	对称面的南部北侧，距对称面约 7km	对称面的北部北侧，距对称面约 10km	对称面的南部南侧，距对称面约 9.5km	对称面的北端，距对称面约 17km	对称面的南端，距对称面约 17km
地层发育及含矿岩系	含矿层	因民组紫色层、落雪组杂色层、鹅头厂组黑色层	因民组紫色板岩和落雪组杂色白云岩及鹅头厂组碳硅质板岩	落雪组杂色层和鹅头厂组黑色层过渡的喷流热水沉积地层及因民组紫色层	落雪组杂色层和鹅头厂组黑色层过渡的喷流沉积地层及因民组紫色层	东侧为因民组紫色板岩和落雪组白云岩、鹅头厂组碳硅质板岩；西侧为因民组紫色层、鹅头厂组黑色层	东侧为因民组紫色板岩和落雪组白云岩及鹅头厂组碳硅质板岩；西侧为因民组紫色层
	地层发育	Pt_2lz，Pt_2y，Pt_2l，Pt_2e	Pt_2lz，Pt_2y，Pt_2l，Pt_2e	Pt_2l，Pt_2e，Pt_2y	Pt_2l，Pt_2e 为主	Pt_2lz，Pt_2y，Pt_2l，Pt_2e	Pt_2lz，Pt_2y，Pt_2l，Pt_2e
构造特征	控矿构造	区域上为绿汁江断裂；改造期为滇中多字型构造体系的断裂和刺穿构造	区域上为绿汁江断裂；改造期为 NE 构造带的断裂和刺穿构造	区域上为绿汁江断裂；改造期为 NE（层间）构造带	区域上为绿汁江断裂；改造期为 NE（层间）构造带	区域上为绿汁江断裂；NE 构造带和改造的 NS 构造带的断裂及刺穿构造	区域上为绿汁江断裂；NE 构造带及被改造的 NS 构造带的断裂及刺穿构造
	构造发育	NE 、EW 向断裂	NE、EW 向断裂	NE、NS、EW 向断裂	NE 向转 NS 向弧形构造、EW 向断裂	NS、NE、EW 向断裂	NS、NE、EW 向断裂
	控矿构造型式	丁字型、多字型、棋盘格式、入字型	多字型、入字型、棋盘格式	多字型	多字型	多字型、棋盘格式、入字型	多字型、入字型、棋盘格式
岩浆活动		闪长岩、黑云钠长岩、火山角砾岩、辉长岩脉	辉长辉绿岩脉、长英岩脉凝灰质岩石	细碧质凝灰岩	含火山物质的紫色岩石，出露很少	辉长辉绿岩脉	辉长辉绿岩脉

续表

矿床		凤山矿床	一都厂矿床	狮山矿床	田心矿床	梅山矿床	峨腊厂矿床
矿床地质特征	矿体形态产状	脉状、囊状、巢状、柱状及不规则状，穿层产生，受断裂控制	脉状、不规则状及柱状穿层产出，受断裂控制	层状、似层状、透镜状赋存于地层中，呈整合产出	层状、似层状赋存于地层中，呈整合产出	西侧：脉状、不规则状，受断裂控制；东侧：层状、似层状，呈整合产出	西侧：脉状和不规则状，受断裂控制；东侧：似层状、层状，呈整合产出
	容矿岩石	Pt_2lz 白云岩、狮山型矿床含矿层	Pt_2lz 白云岩为主和含矿层	Pt_2l 杂色白云岩，Pt_2e 碳硅质板岩	Pt_2l 泥质白云岩为主，Pt_2e 碳硅质板岩	西侧：Pt_2lz 白云岩 东侧：Pt_2l 白云岩	西侧：Pt_2lz 白云岩 东侧：Pt_2l 白云岩
	金属矿物组合	斑铜矿、黄铜矿（黄铁矿）	斑铜矿、黄铜矿、辉铜矿（黄铁矿）	黄铜矿（黄铁矿）	黄铜矿	黄铜矿为主，斑铜矿	黄铜矿为主，辉铜矿黝铜矿、铁硫砷钴矿
	矿石组构	热液充填交代，残余原生沉积	以热液充填交代组构为主	层纹条带等同生沉积组构	同生沉积组构	西侧：以热液充填交代组构为主；东侧：同生沉积组构	西侧：热液交代组构为主；东侧：同生沉积组构
	矿床（化）类型	与刺穿构造有关的强改造-深源叠加型富铜矿床	与刺穿构造有关的富铜矿床	喷流沉积-改造型铜矿床	喷流沉积-改造型铜矿	西侧：与刺穿构造有关的铜矿；东侧：层控型铜钴矿	西侧：与刺穿构造有关的铜矿；东侧：层控型铜钴矿

表 8-4　狮山型与凤山型矿床特征对比表

主要特征 \ 矿化类型	狮山型矿床	凤山型矿床
大地构造环境	昆阳裂谷的武定-易门-元江裂陷槽中的易门裂陷盆地	
成矿作用方式	绿汁江组狮山段时期，绿汁江断裂东侧形成深水及非补偿型沉积环境，有基性火山活动和喷流热水沉积作用的发生，形成初始含矿层。在晋宁期—澄江期，在构造应力作用下，使成矿物质发生活化迁移重新分配，在含矿层位的北东向层间构造带中形成层状工业矿床	狮山层形成后，在晋宁期—澄江期，由于构造应力的强烈作用，伴随着刺穿构造的形成，含矿层发生塑性流动，穿至绿汁江组（赋矿地层）白云岩中，同时还有热动力作用和深源岩浆热液的叠加作用，发生充填交代作用，形成与刺穿构造和岩浆热液叠加作用有关的富铜矿床
主要控矿因素	狮山层含矿层位；地堑型断陷沉积盆地岩相；绿汁江生长断裂和北东向（层间）构造带	除受含矿层位控制外，受构造控制明显。区域上受控于绿汁江断裂，改造富集期主要受凤山倒转背斜和改造强烈的刺穿构造及北北东向压扭性断裂的控制；改造强烈的刺穿体受深部岩浆活动控制（?）
矿体形态产状	层状、似层状、透镜状，呈整合产出	脉状、囊状、巢状、柱状及规则状，常切穿地层产出，产状陡倾，延深多大于延长
矿物组合	黄铜矿-斑铜矿-胶黄铁矿-辉砷钴矿，变胶黄铁矿-石英-钠长石，还有重晶石和电气石等矿物	黄铜矿-斑铜矿-石英-白云石-辉铜矿-黝铜矿，有时有辉砷钴矿、毒砂、闪锌矿等矿物
矿石结构构造	细纹层-韵律条带状、微粒浸染、结核状、角砾状等构造和胶状、变胶状、鲕状、显微莓球粒状等同生沉积结构	碎斑状、角砾状、块状、脉状、网脉状等构造；交代残余、固溶体分离、充填交代等结构
热液蚀变	除硅化褪色外，热液蚀变不明显	硅化为主，绢云母化、绿泥石化、钠长石化、蛇纹石化和长英岩化
地球化学标志	（1）（Ni、Co、As、Cu）元素组合； （2）黄铁矿 Co/Ni≫1（1.35～92.88），且 Ba 较高（$0.09\times10^{-2}\sim0.85\times10^{-2}$），还含 As、Se； （3）黄铜矿 Co/Ni=4.66～9.06	（1）（Cu、Bi、Zr）元素组合； （2）黄铁矿 Co/Ni≫1（2.26～75.71），含 Ba、Se 等； （3）黄铜矿 Co/Ni=4.66
矿物包裹体成分均一温度及盐度	（1）含矿热液 pH=7.8～8.8； （2）Na^+/K^+ = 3.19 ～ 4.46；SO_4^{2-}/Cl^- = 0.05 ～ 1.30，主要属 Na^+-Mg^{2+}（SO_4^{2-}）HCO_3^-型溶液； （3）110～200℃，平均125℃；盐度20.5wt%	（1）含矿溶液 pH=7～7.1 和 8.9～9 （2）Na^+/K^+=1.09～24.38；SO_4^{2-}/Cl^-=0.05～0.56；主要属 $Na^+-Ca^{2+}-Mg^{2+}-F-SO_4^{2-}/Cl^-$型溶液； （3）180～320℃，众数为 220～320℃，局部 406℃；盐度 4～10wt% 和 12～18wt%
矿床(点)实例	狮山、田心、里士、峨腊厂东、梅山东、狮子山等	凤山、一都厂、梅山西、峨腊厂西、阿百里等

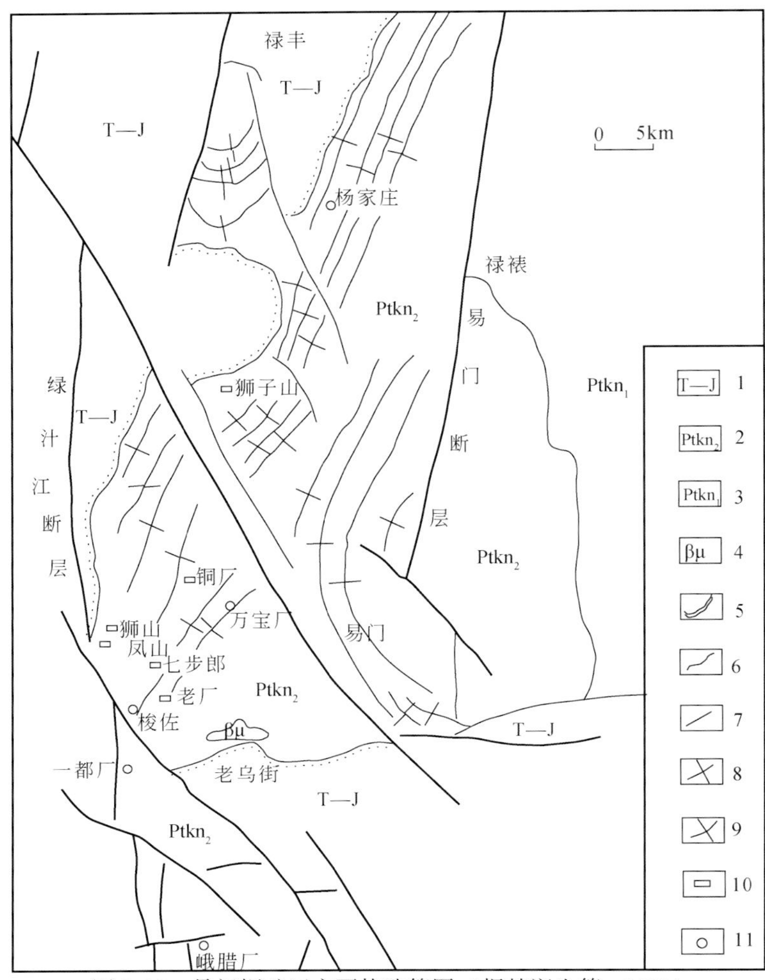

图 8-32　易门铜矿区主要构造简图（据韩润生等，2011）

1. 三叠系—侏罗系；2. 中昆阳群；3. 下昆阳群；4. 火成岩；5. 不整合线；6. 地层界线；7. 断层；8. 背斜；9. 向斜；10. 矿床；11. 矿点

凤山铜矿床的矿体赋存于刺穿体与硅化碎裂白云岩的接触带及其硅化白云岩中，呈脉状、囊状、巢状、柱状、分枝脉和网脉状及不规则状产出，产状陡倾，延深（300～640m）多大于走向延长（160～270m）。矿体厚度悬殊（6.35～126.54m），沿走向、倾向具有收缩变薄、膨大增厚的特征。矿体走向 15°～195°，倾向西，倾角 30°～80°，属中等-陡倾斜矿体。主要矿体可分为 1、29、21、23、15、8、35、59 号矿体群（图 8-34～图 8-37），其中 59 号矿体向南西方向侧伏。硫化矿石的矿石矿物主要有黄铜矿、斑铜矿、黄铁矿，次为辉铜矿，偶见闪锌矿、辉砷钴矿和毒砂，常见交代、溶蚀、残余、共边结构和不混溶格子状结构，细脉状、网脉状、块状、角砾状、星点状、浸染状构造；氧化矿石的矿石矿物以砖红铜矿和孔雀石为主，铜蓝、蓝铜矿、赤铜矿次之，常见交代溶蚀、边缘、残余结构和网状、薄膜状、脉状、粉末状构造。脉石矿物主要为石英、白云石、钠长石、方解石。矿石品位较高（0.6%～1.3%），最高可达 3.65%。围岩蚀变主要有硅化、黄铁矿化、钠长石化、绿泥石化等，与铜矿化呈正相关关系。

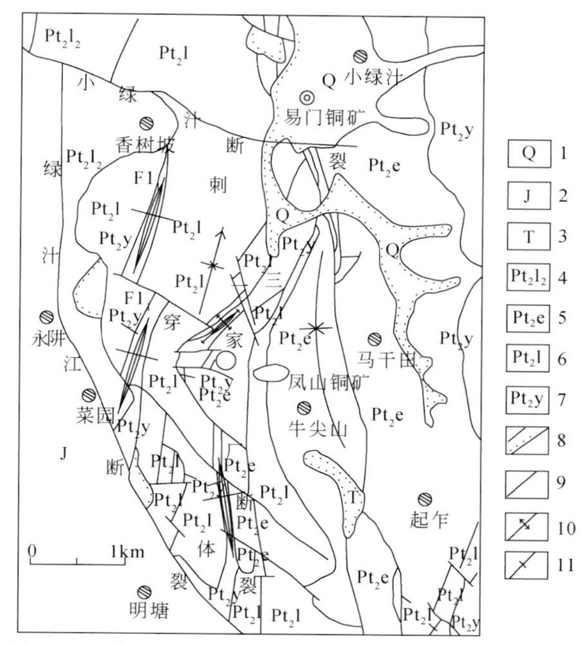

图 8-33　易门狮山-凤山铜矿地质图（据孙克祥，1996）

1. 第四系；2. 侏罗系；3. 三叠系；4. 昆阳群绿汁江组；5. 昆阳群鹅头厂组；6. 昆阳群落雪组；7. 昆阳群因民组；8. 地层整合或不整合界线；9. 断层；10. 背斜；11. 向斜

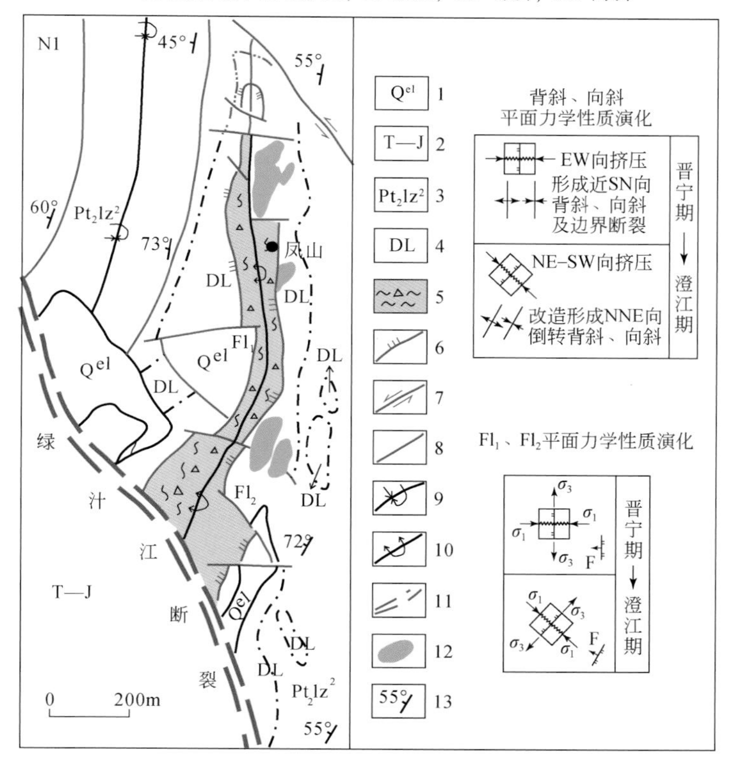

图 8-34　凤山铜矿床地质略图

1. 山麓角砾岩；2. 三叠系—侏罗系；3. 凤山段白云岩；4. 硅化蚀变白云岩；5. 刺穿体；6. 压扭性断层；7 扭性断层；8. 性质不明断裂；9. 倒转向斜；10. 倒转背斜；11. 绿汁江断裂；12. 矿体；13. 地层产状

29号矿体群：包括29、31、58号矿体，位于14~22号线，受F_{26}、F_{28}断层控制的刺穿体控制，矿体分布在刺穿体与白云岩接触带的两侧，富集于刺穿体顶部紫色层与白云岩呈锯齿状交错的部位。形态十分复杂（图8-35），分支复合显著，总的矿体形态为短柱状。出露标高1450~970m，走向长240m，斜深480m，最大厚度100m，平均厚度25m，平均品位1.89%，为凤山铜矿床的主要矿体。

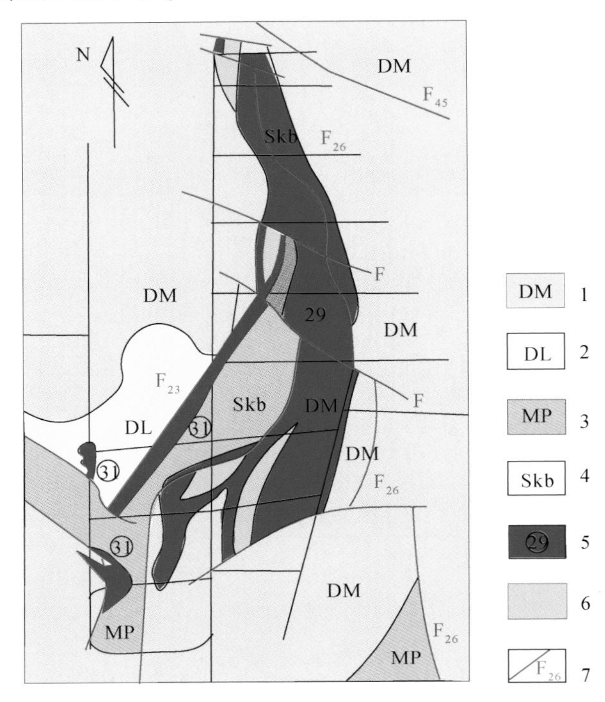

图8-35　易门凤山铜矿床29号矿体1208平面分布图

1. 青灰色白云岩；2. 硅化白云岩；3. 紫色刺穿体；4. 紫色角砾岩；5. 表内矿体及编号；6. 表外矿；7. 断层及编号

21号矿体群：包括21、22、26、27、28号等矿体，位于22~付24号线，矿体受F_{12}与F_{18}断层呈“丁”字型相交的构造控制，赋存于北侧的白云岩中（图8-36）。矿体形态十分复杂，呈不规则柱状，靠近断层交切部位，矿体厚大，远离断层则呈掌状分支尖灭。出露标高1440~800m，走向长270m，斜深640m，最大厚度110m，平均厚35m，平均品位1.16%。

23号矿体群：包括23、9、10、11、12、14、20号等矿体，位于26~30号线。该矿体群受Fl_2与F_{19}断层相交构成的北西向小刺穿体控制，矿体分布在刺穿体边缘的白云岩中，靠近断层的矿体厚大，远离断层则变贫、变薄直至尖灭，形成不规则块状，枝叉状矿体（图8-37）。出露标高1690~1270m，走向长240m，斜深420m，最大厚度45m，平均厚30m，平均品位0.98%。

59号矿体群：分布在刺穿体和F_{10}断裂下盘（北侧），严格受其控制，矿体形态复杂，单个矿体走向北西15°，倾向北西，倾角较陡，主要沿层间小断裂分布，59号矿体群总体沿北西向呈带状分布，属中等-陡倾斜矿体。由13→16中段，59号矿体有变富增大，向南西方向侧伏的特点。矿体形态主要有脉状、柱状、囊状。矿体单钻孔样品品位最高2.38%，最低0.37%，一般为0.6%~1.3%。矿体厚度最厚126.54m（ZK付1618-1），最薄6.35m（ZK1616-1），沿走向、倾向具膨缩特征（图8-38）。

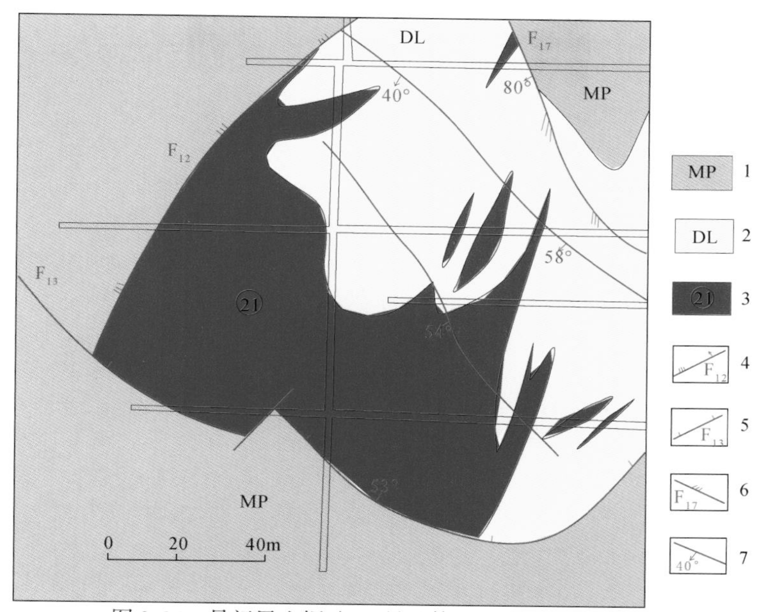

图 8-36 易门凤山铜矿 21 号矿体群 1309 平面分布图

1. 紫色刺穿体；2. 硅化白云岩；3. 矿体及编号；4. 压性断层及编号；5. 张性断层及编号；6. 压扭性断层及编号；7. 性质不明断层

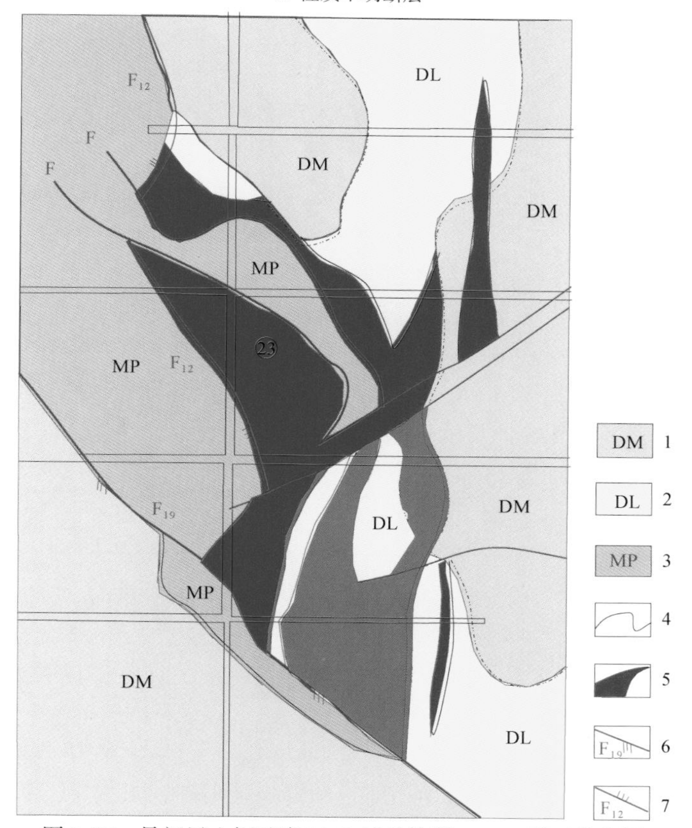

图 8-37 易门凤山铜矿床 23/9 号矿体群 1505m 平面分布图

1. 青灰色白云岩；2. 硅化白云岩；3. 紫色刺穿体；4. 硅化蚀变岩相界线；5. 矿体及编号；6. 压扭性断层及编号；7. 压性断层及编号

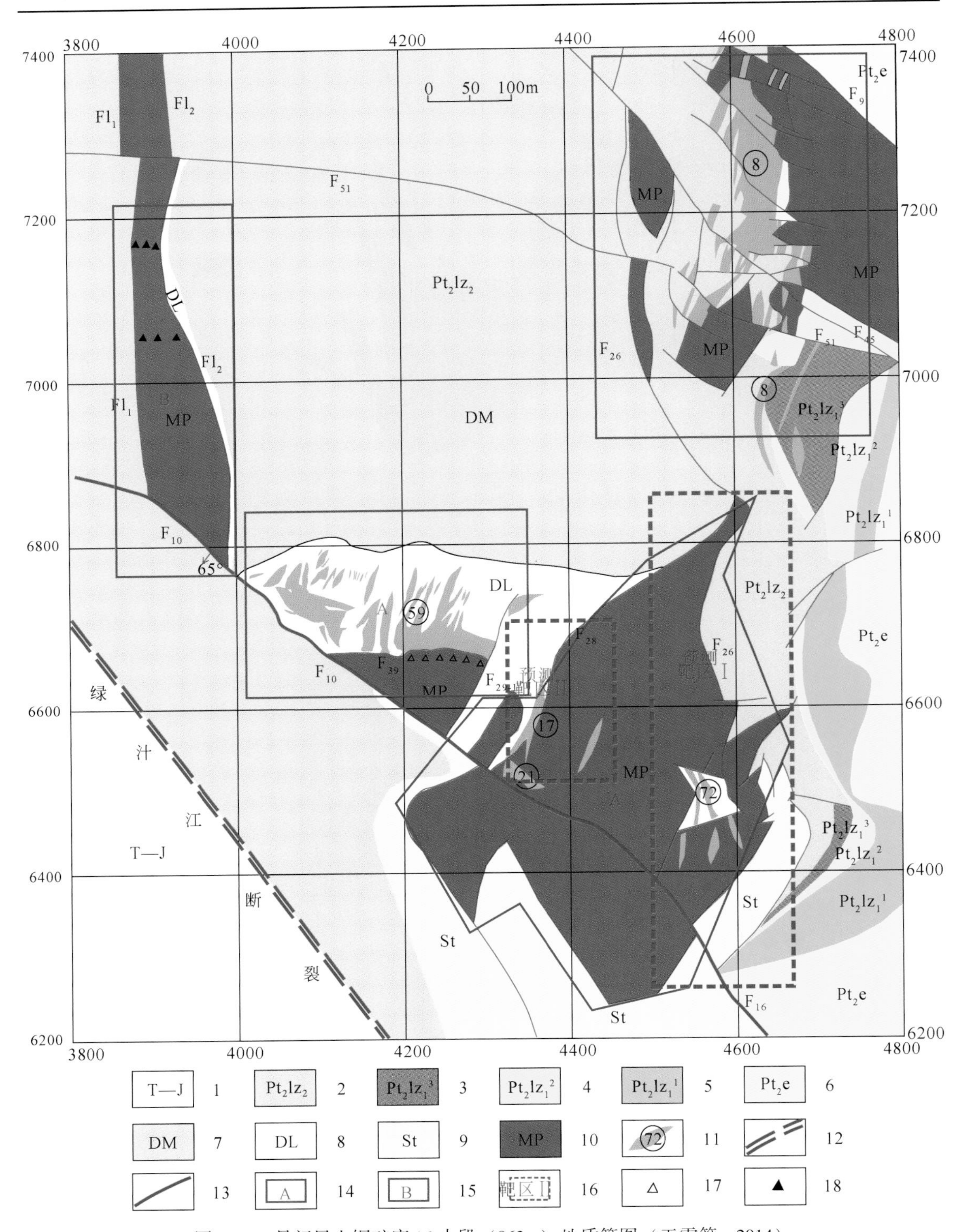

图 8-38　易门凤山铜矿床 16 中段（863m）地质简图（王雷等，2014）

1. 三叠系—侏罗系；2. 绿汁江组凤山段；3. 绿汁江组狮山段黑色层；4. 绿汁江组狮山段杂色层；5. 绿汁江组狮山段紫色层；6. 鹅头厂组；7. 青灰色白云岩；8. 蚀变白云岩；9. 薄层灰岩；10. 刺穿体；11. 矿体及编号；12. 绿汁江断裂；13. 断裂；14. 找矿远景区 A；15. 找矿远景区 B；16. 找矿靶区Ⅰ、Ⅱ；17. 地球化学样品质量；18. 岩矿样品质量

8号矿体群：是主要矿体（图8-38），分布在付6～12号线，产于F_{55}断层组控制的刺穿体与白云岩接触带的两侧，刺穿体边缘的紫色层有明显的褪色现象，在断层组相交或转折部位，矿体明显增厚加富。矿体群受刺穿构造控制，由七个矿体组成，形态十分复杂，在平面和剖面上，分支复合现象明显。向上至1009m中段，矿体因刺穿体尖灭分成三支，再向上随即尖灭；向下白云岩插入刺穿体中，矿体亦随白云岩的尖灭而尖灭。矿体出露标高1040～800m，走向断续长400m，斜深240m，厚度4～60m，平均厚20m，Cu品位1.04%～1.99%。

综合狮山、凤山铜矿床矿石组构特征，狮山层沉积-成岩期形成了浸染状和层纹状黄铁矿、黄铜矿、斑铜矿矿石，在改造期形成了网脉状和脉状的黄铜矿、斑铜矿石；凤山铜矿床主要在改造期形成，其成矿物质来源除流体萃取狮山层成矿物质外，同时岩浆热液作用对凤山铜矿起了叠加作用，刺穿体旁侧围岩见到硅化，且硅化与金属硫化物紧密共生。其成矿作用可划分为三个成矿期：热水沉积-成岩成矿期、改造-热液叠加成矿期、表生氧化成矿期。其中改造-热液叠加期分为三个成矿阶段：①石英-黄铁矿阶段；②黄铜矿-斑铜矿硫化物阶段；③辉铜矿-方解石-白云石阶段。

五、构造分级控矿系统与成矿结构面

（一）构造分级控矿系统

通过对区域构造、矿田构造及凤山铜矿床构造特征的综合研究，认为易门凤山铜矿明显受构造控制，近南北向的易门断裂、绿汁江深断裂控制了矿田地层的展布、构造的演化，而且沟通了深部的岩浆热液活动；易门铜矿田三家厂铜矿区北东—北北东向紧闭倾竖倒转复合褶皱控制了刺穿体及矿体的总体分布；凤山铜矿区北西向断裂控制了改造明显的刺穿体形态分布，其旁侧蚀变白云岩中的北北东向压-压扭性断裂是矿体的有利赋存空间。因此，区域、矿田（区）、矿体构造分别控制了东川-易门裂谷成矿带、易门矿田和矿床（体）的展布特征，从而形成了五级构造分级控矿系统：一级构造（绿汁江断裂和罗茨-易门断裂）控制昆阳裂谷带及其铜（铁）成矿带；二级构造（近南北向裂陷盆地）控制了裂陷盆地热水-沉积成岩作用和铜矿田的展布；三级构造（火山-沉积盆地中北东向构造带）控制了刺穿体、褶皱和断裂构造系统及矿床定位：矿床定位于近南北向火山-沉积盆地中轴向北东、向西倾没的倒转破背斜轴部的控矿刺穿体与碎裂硅化白云岩的接触带内；控矿刺穿体、F_{10}等主干断裂是矿床的主要导矿构造；四级构造（北东向左行压扭性断裂）控制了成矿结构面与矿体（矿脉群）展布、形态和产状，使矿体向南西向侧伏；多个矿体（脉）呈多字型，其串连面呈南北向；北西向断裂为主要的配矿构造；五级构造（次级节理裂隙、破劈理）控制了矿脉的形态和产状，它们是矿床的主要容矿构造。

（二）成矿结构面

主要的成矿结构面为岩性界面、构造结构面、物理化学界面三类，以构造成矿结构面为主。

1. 岩性界面控矿特征

岩性界面的上下岩石之间在岩性、物理化学环境、孔隙度等方面存在明显差异，往往是成矿的地球化学障，对成矿作用产生重要影响。三家厂铜矿床与成矿有关的岩性界面主要指在狮山层沉积时自下而上形成了紫色层、杂色层、黑色层岩石的层间、层理结构面，也是岩性分界结构面。紫色层沉积处于氧化环境，沉积了细碧质和角斑质的火山角砾岩沉积岩，形成了一套富含火山物质的矿源层；杂色层沉积时为还原环境，主要为灰绿色、浅灰色和绿灰色，少数为浅紫色的角斑岩、角斑质凝灰岩夹白云石化凝灰岩、粉砂岩、砂质白云岩，是主要含矿层之一；黑色层沉积时为还原环境，形成了一套黑-灰黑色薄-中厚层碳泥质白云岩、碳质板岩及凝灰质白云岩，含黄铁矿、黄铜矿、斑铜矿的结核，是另一主要含矿层位。据前人研究，铜在氧化环境中容易以络合物的形式被搬运，而在还原环境易沉淀，从紫色层→杂色层→黑色层，其 Fe^{3+}/Fe^{2+} 的值由 3.81→1.77→1.20，可见三层中紫色层氧化程度最高，最有利于铜质的迁移，而在还原环境的杂色层和黑色层是狮山矿的主要赋存层位。

2. 构造结构面控矿特征

在晋宁期—澄江期，在强烈东西向—北西-南东向构造应力作用下，形成了轴向近南北—北北东向的凤山倒转背斜（图 8-33）和近南北向、近东西向、北东向和北西向四组断裂，狮山层受区域上东西向挤压作用，挤入凤山段白云岩中，沿背斜轴部呈近南北向分布，在改造作用过程中，狮山层中的成矿物质发生活化迁移，形成了凤山铜矿床。

1）构造结构面的宏观特征

南北向断裂组：最为发育，控制了刺穿体的总体分布，Fl_1、Fl_2（图 8-38）控制了凤山地区刺穿体的整体展布边界，刺穿体南北延长达 1300m，东西宽 50～300m，断层走向多近南北—北北东向，倾向西—北西，与地层走向近一致，部分为层间断裂。该组断裂经历了压性-左行扭（张）性（北北西向）和左行扭压性（北北东向）-压扭性的力学性质转变过程。

东西向断裂组：区域上东西向断裂规模较大，将西矿带分割成多个等间距地块，并形成较晚的东西向断裂，结构面简单，矿区内多为张性断裂。如 59 号矿体南部刺穿体与矿体赋存的白云岩接触断裂 F_{39}（图 8-39c）裂面呈波状，变化较大，走向 NW75°—EW—NE5°，倾向南，倾角 75°～85°，局部反倾，矿体主要赋存于断裂下盘的碎裂硅化白云岩中，亦可说该断裂控制了 59 号矿体南界。

16 中段 1606 大巷 FKR-19 点（图 8-40）一近东西向断裂，产状 NW85°∠35°SW，裂带宽 10cm，其中为碎裂白云岩，靠近裂面有 1cm 的糜棱岩化带，裂带中矿化弱，结构面特征显示断裂早期为张性，后期呈压扭性。旁侧岩石较破碎，发育北东向节理，节理产状 NE55°∠67°NW，节理中发育黄铜矿、斑铜矿脉，是主要的容矿构造。

北西向断裂组：其发育程度仅次于南北向断裂，多改造早期形成的南北向断裂及南北向展布的刺穿体，并与改造后的刺穿体共同控制了矿体的分布，是凤山铜矿主要的控矿和导矿构造，具有多期活动的特点：左行扭压性-张性-右行压扭性-左行扭压性。

F_{10}断裂（图 8-39c）控制了 59 号矿体南部刺穿体的形态及矿体的展布，断裂下盘分布 100 余米宽的硅化蚀变带，矿化主要赋存于硅化碎裂白云岩中。在 16 中段 F_{10}断裂带（图 8-41）内见 30cm 断层泥、碎粒岩、碎斑岩，有炭化，断裂面及断裂带特征显示断裂较晚一期为压扭性质，上下盘均为白云岩，上盘岩石蚀变不明显，下盘展布近 100m 宽的蚀变带，发

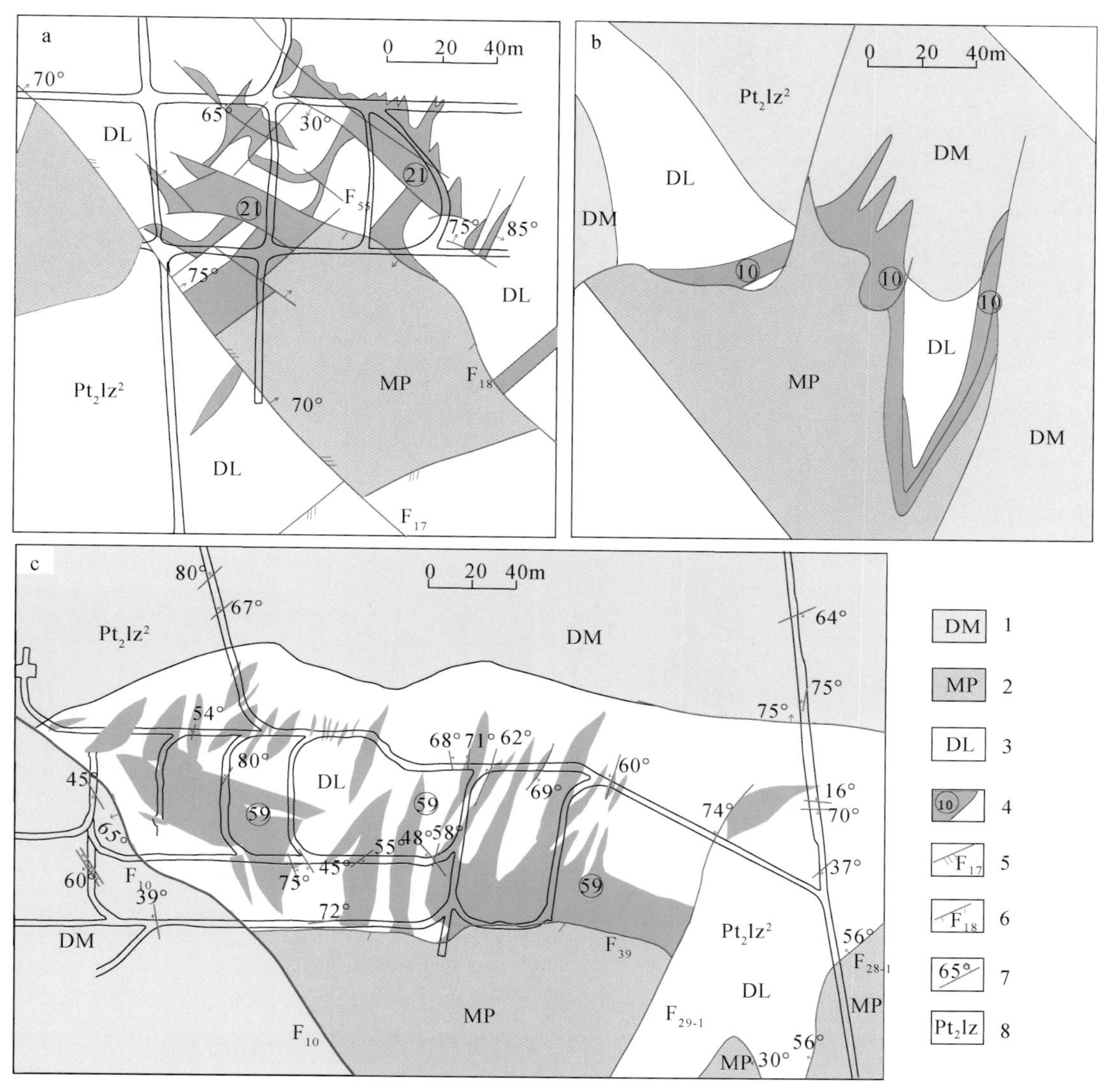

图 8-39　凤山铜矿床构造控矿型式平面图

a. 21 号矿体棋盘格式构造控矿型式；b. 10 号矿体锯齿状构造控矿型式；c. 59 号矿体掌状构造控矿型式。
1. 青灰色白云岩；2. 刺穿体；3. 硅化白云岩；4. 矿体及编号；5. 压扭性断层；6. 张性断层；7. 性质不明断层及产状；8. 绿汁江组凤山段白云岩

育浸染状、脉状黄铜矿和斑铜矿体。F_{10}上裂面光滑，下裂面呈波状，裂带宽近 2m，后期受挤压作用分带特征明显（图 8-42）。据结构面特征可判断出该断裂经历了张性→扭压性力学性质的转变，成矿作用主要为晋宁-澄江期。可见 F_{10}断裂及其控制的刺穿体下盘硅化蚀变白云岩为矿体的主要赋存空间。

北东向断裂组：是矿区内主要的容矿构造，规模较小，多与北西向断裂交叉构成多字型构造，主要经历了右行扭压行-压性-左行压扭性-右行扭压性的力学性质转变。该组断裂以层间压扭性断裂为主，另有 Fl_1、Fl_2（图 8-38）派生的断裂、节理及北西向断裂的次级断裂

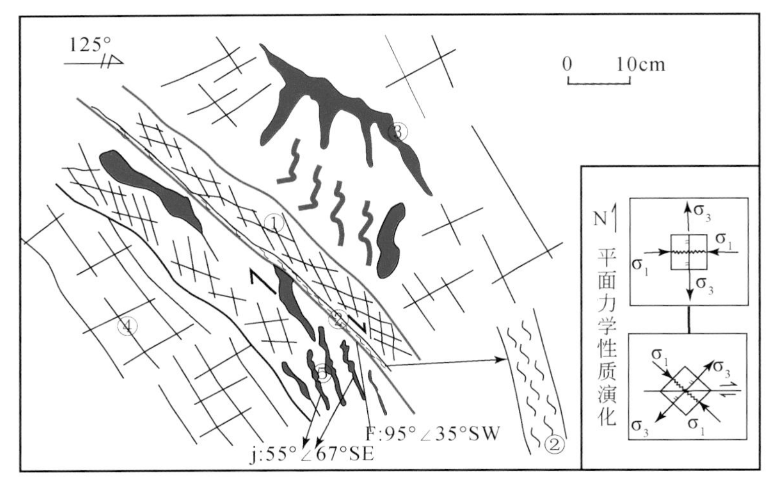

图 8-40　1606 大巷 FKR-19 点断裂素描图

①棱岩化带，有铜矿化；②片理化带，铜矿化；③斑铜矿脉；④强硅化白云质碎裂岩；⑤节理中充填的铜矿脉

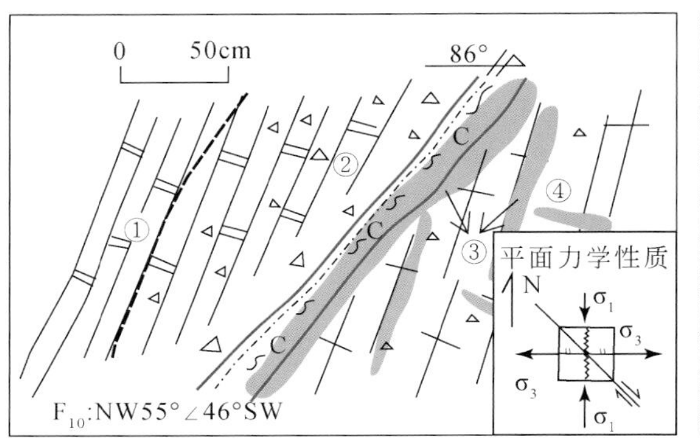

图 8-41　840 水平 1720 探矿坑道 F_{10} 断裂剖面素描图

①灰色白云岩；②碎裂白云岩破碎带；③脉状黄铜矿、斑铜矿体；④灰白色硅化碎裂白云岩，铜矿化明显

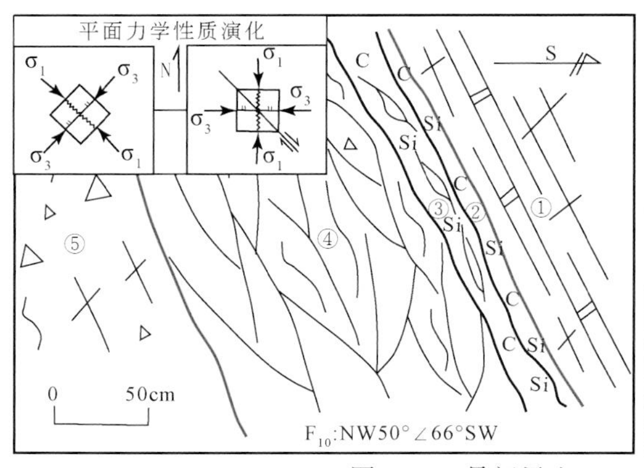

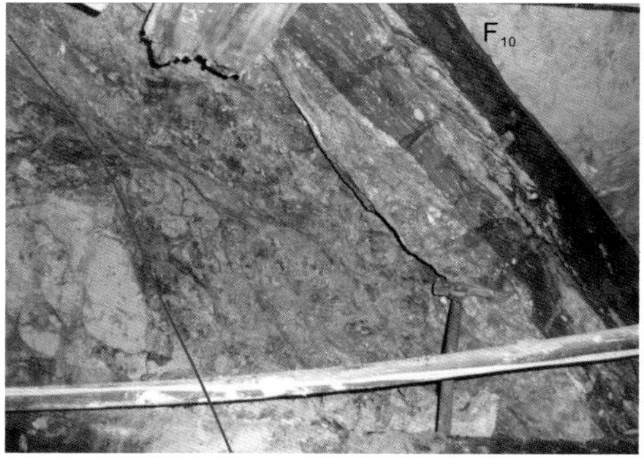

图 8-42　易门凤山 FK-95 点 F_{10} 断裂剖面素描图

①深灰色碎裂白云岩；②碳化片理化带；③石香肠片式理化带；④透镜体化带，带内为刺穿角砾岩；⑤刺穿角砾岩。其中①为断裂上盘岩石；②～④为断裂带内岩石；⑤为刺穿体

或为北西向断裂的配套断裂。如16中段FKR-41点（图8-43）发育两条断裂，北东向F_1切断北西向F_2，两断裂旁侧围岩为碎裂硅化白云岩，裂隙较发育，矿化强，多为网脉状、脉状，局部为块状黄铜矿、斑铜矿体。F_1为压性-压扭性断裂，裂面为微波状，裂带宽30～50cm，裂带内为碎裂岩，该组断裂是矿区内的主要容矿构造；F_2裂面呈舒缓波状，裂带宽50～80cm，其中为透镜体化碎裂白云岩，裂带表面见褐铁矿化和孔雀石化。结构面特征显示早期呈张性，后期为压性，形成透镜体化带。

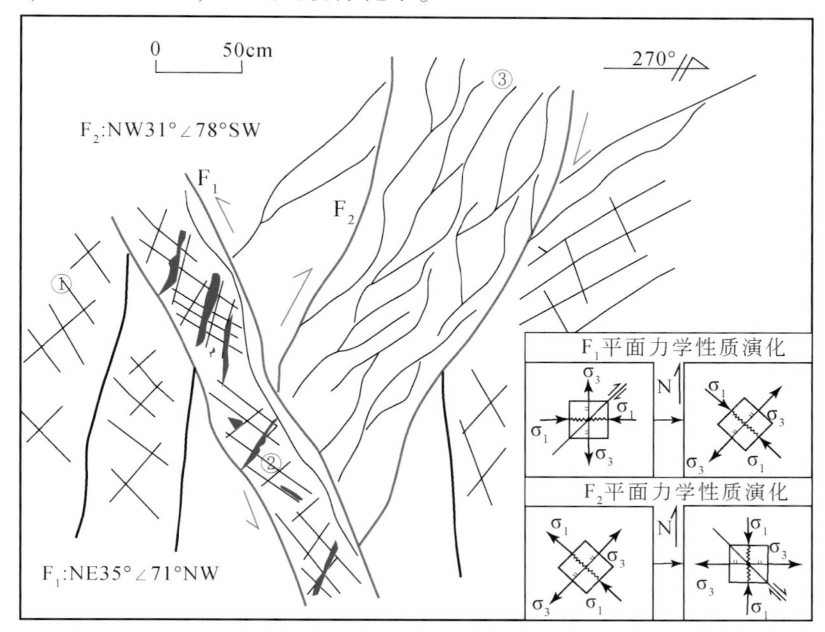

图8-43　易门凤山铜矿FKR-41点断裂剖面素描图

①硅化碎裂白云岩；②F_1内碎裂白云岩，沿裂隙发育斑铜矿黄铜矿脉；③F_2断裂带透镜体化明显

2）断裂构造岩的微观特征

矿区断裂以脆性为主，以塑-脆性为次，与宏观观察结果一致（表8-5、图8-44）。构造岩主要为白云质碎粒岩、粉粒岩，少量为碎裂岩，大部分构造中片理化、透镜体化现象较常见。镜下微裂隙十分发育，不同程度被石英、方解石细脉充填。应力矿物石英波状消光，定向排列，具溶蚀港湾结构、局部有次生加大现象。微层理间见绿泥石等蚀变矿物充填。从细脉相互交切关系判断，矿区至少经历了三期以上的构造活动。

表8-5　不同方向断裂构造岩及形变和相变特征

不同方向断裂构造岩类型	北东向	近南北向	北西向	近东西向
构造岩	碎裂岩、碎粒岩、碎粉岩	碎粒岩、碎斑岩	碎裂岩、碎粒岩	碎粒岩
结构	碎裂结构、碎粒结构、初糜结构	碎斑结构、碎粒结构	碎裂结构、碎粒结构、初糜结构	碎粒结构、碎斑结构
构造	片理化、条带状、网脉状	条带状	片理化、条带状、网脉状	条带状

续表

不同方向断裂构造岩类型		北东向	近南北向	北西向	近东西向
形变	脆性	碎裂岩化、碎粒岩化、碎斑岩化	碎粒岩化、碎斑岩化	碎粒岩化、碎裂岩化	碎粒岩化、碎斑岩化
	脆-塑性	片理化、透镜体化		片理化、透镜体化	
相变	新生矿物	白云石、方解石、绿泥石	白云石、方解石	白云石、方解石、绿泥石	白云石、方解石
	蚀变类型	碳酸盐化、钠长石化、绿泥石化、硅化	碳酸盐化、硅化	碳酸盐化、绿泥石化、硅化	碳酸盐化

a. 白云岩中层纹状构造显微照片

硅化作用形成的微粒石英混杂矿石呈细脉状沿沉积层纹贯入岩石中。正交偏光（长度2mm）
地点：13中段（1378大巷测点）YW-451-3点

b. 白云岩中脉状构造显微照片

碳酸盐化形成的粗晶白云石脉充填裂隙岩石中。正交偏光（长度2mm）
地点：13中段（1378大巷）YW-453-5点

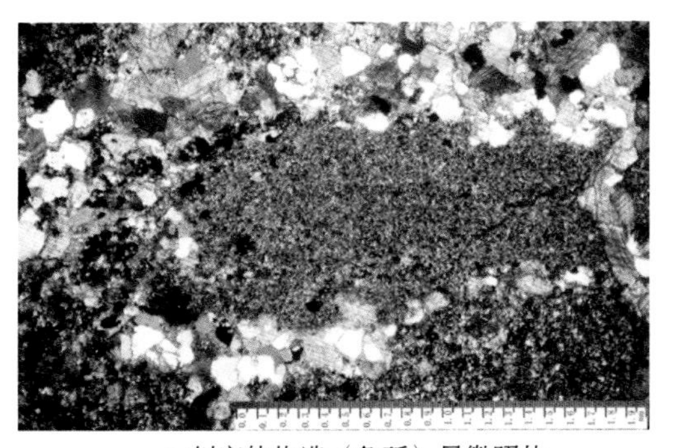

c. 刺穿体构造（角砾）显微照片

含泥质泥晶灰岩角砾（40mm）裂隙中充填石英、方解石、绿泥石细脉或呈浸染状嵌布。正交偏光（长度2mm）
地点：16中段YW-2点（1614穿脉）断裂带

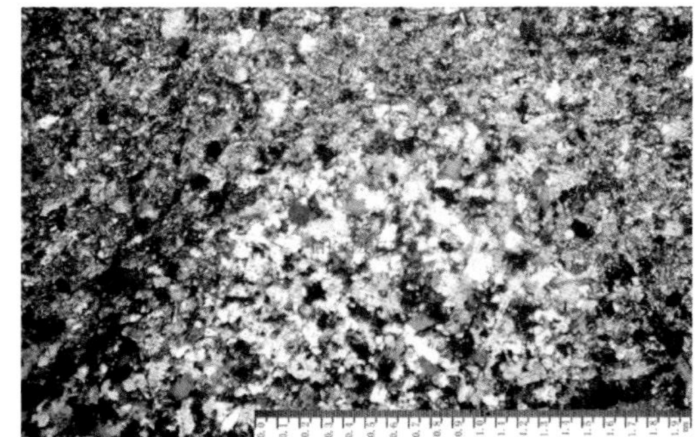

d. 白云岩中脉状构造显微照片

白云岩裂隙中充填长英岩细脉（主要为钠长岩、石英）。可能为中酸性残余岩浆所致。正交偏光（长度2mm）
地点：13中段（1378大巷）YW-451-25点断裂带

图 8-44　凤山铜矿床不同方向断裂构造岩显微照片特征

3. 物理化学结构面的控矿特征

从控矿刺穿体到硅化白云岩，依次出现热液蚀变、矿物组合、矿石构造及矿化元素组合水平分带规律，蚀变分带依次为：钠长石化+绢云母化（刺穿体）→黄铁矿化+强硅化→中等硅化→弱硅化+方解石化+白云石化的蚀变分带；矿物组合与矿石构造分带为：石英+黄铁矿→黄铜矿+斑铜矿（少）组合，块状、网脉状构造→黄铜矿+斑铜矿+方铅矿（少）组合，稠密浸染状、脉状构造→辉铜矿+方解石+黄铜矿（少）+斑铜矿（少）组合，细脉状、稀疏浸染状、星点状构造；矿化元素组合分带为：Bi-Cu、Fe-W-Mo-Cu-Bi→Zn-Cd-Cu-Ag-Pb-Bi-Mo。这些分带规律均反映了金属硫化物在还原条件下形成；从早阶段→晚阶段成矿流体的物理化学条件具有从中高温-酸性-弱还原→中低温-近中性-较还原→低温-碱性-还原的演化过程，矿床（体）形成于酸-碱的过渡带（界面）。因此，该矿床的物理化学界面主要表现为酸-碱界面。

六、构造刺穿体类型与刺穿构造岩-岩相分带模式

刺穿构造是指两条或多条断裂夹持的老构造岩片刺穿于新地层中的构造形迹，是昆阳裂谷内典型的分布较普遍的一种特殊构造（图8-45）。吴懋德、李希勣（1981）首次提出刺穿构造后，它与成矿的关系及其找矿预测一直是地学工作者十分关注的重大问题，不同单位和专家学者始终坚持不懈地进行了大量的研究，获得了重要成果（潘杏南等，1987；杨应选，1988；冉崇英，1994；蒋家申等，1996；孙家骢等，1996；孙克祥，1996；韩润生等，2000a，2000b；李志伟等，2002），均认为该类构造与铜成矿作用之间存在着密切的联系。但是，昆阳裂谷中的构造刺穿体究竟是何物、不同的刺穿体控矿特征的差异性等问题鲜见系统研究。因此，有必要对不同刺穿体的控矿性、物质组成、结构构造及其岩相分带特征进行深入研究，有助于从本质上认识刺穿构造作用及其与成矿的关系，对该类矿床的深部及外围隐伏矿定位预测具有现实意义。吕古贤等（1998，2001）曾讨论了构造变形岩相形迹大比例尺填图与隐伏矿床预测研究；韩润生等（2009）以易门凤山铜矿床为例总结提出刺穿构造岩-岩相学填图方法。故通过易门凤山典型铜矿床的刺穿构造剖析，应用构造岩-岩相学填图方法，将刺穿构造中的刺穿体及其受刺穿构造作用所形成的构造蚀变岩作为一个整体，通过不同类型刺穿体的对比研究，探讨刺穿体类型、物质组成、内部结构、构造岩分带特征及控矿刺穿体的识别标志等问题，试图建立控矿型刺穿体构造岩-岩相分带模式，不仅为该类矿床成因研究和重点找矿靶区优选提供重要依据，而且为该类矿床隐伏矿定位预测的刺穿构造岩-岩相学填图方法提供例证，并为受刺穿构造控制的找矿预测和矿床勘查提供重要启示。

（一）构造刺穿体类型及其特征

构造岩-岩相是指构造应力场作用或控制下，能反映不同构造地质环境和物理化学条件的地壳物质组构、组成和构造变形与形成的不同类型构造岩石组合、矿物组合和地球化学元素组合及其分带等特征。依据刺穿构造岩-岩相填图的任务、内容及其方法，重点对凤山矿床16、13中段典型剖面进行刺穿构造岩-岩相填图，发现本区刺穿体的控矿性及其与成矿的关系有明显差异，因此将刺穿体分为控矿型与非控矿型，从刺穿构造中构造岩岩性、岩石组构和矿化、构造岩-岩相、成矿作用亚相、蚀变岩亚相特征等方面对两类刺穿体进行构造岩-岩相分带研究，以探究其特征。

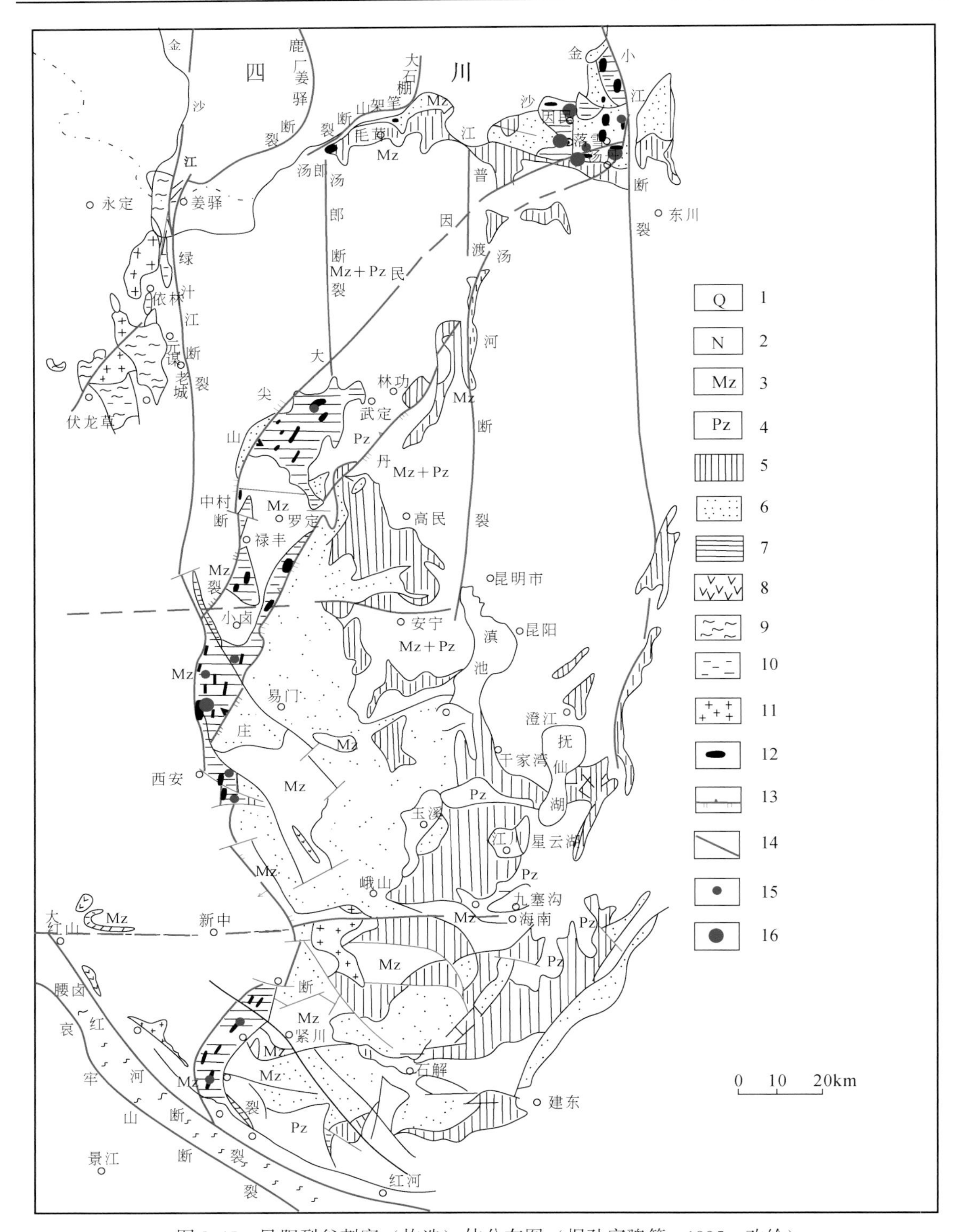

图 8-45　昆阳裂谷刺穿（构造）体分布图（据孙家骢等，1995，改绘）

1. 第四系；2. 古近系；3. 中生界；4. 古生界；5. 震旦系；6. 昆阳群中上亚群；7. 昆阳群下亚群；8. 大红山岩群；9. 哀牢山岩群；10. 昆阳群；11. 花岗岩；12. 刺穿构造；13. 逆断层；14. 断裂；15. 中小型铜矿床点；16. 大型铜矿床点

1. 控矿型构造刺穿体特征

1）控矿型构造刺穿体识别标志

典型剖面（图 8-46）：以 59 号矿体中东部刺穿体为代表。从 1605 大巷→1606 大巷，其

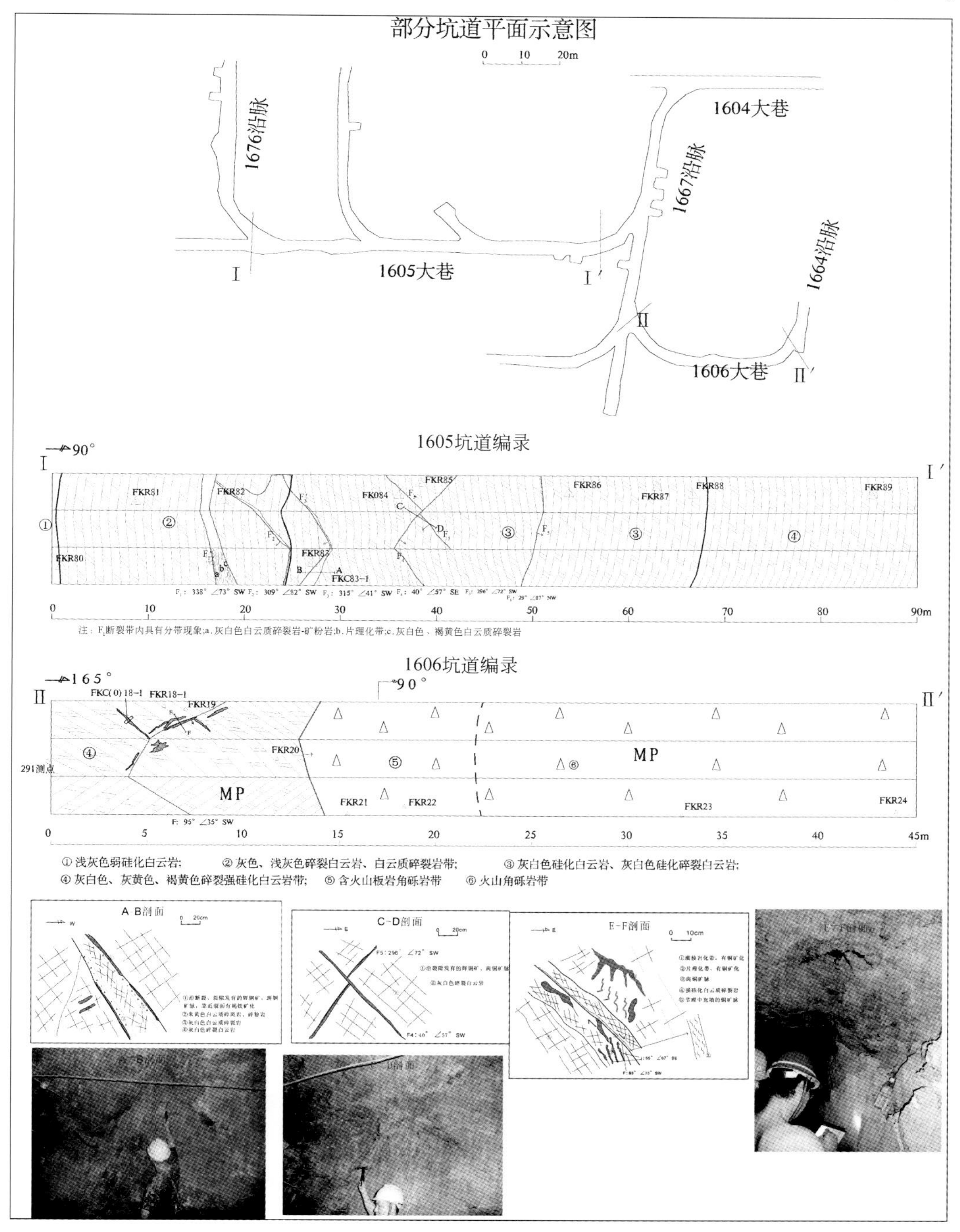

图 8-46 凤山矿区 16 中段 1606-1605 大巷刺穿构造岩-岩相分带实测图

构造-岩相依次变化为：①浅灰色硅化弱铜矿化白云岩带，沿裂隙分布有斑铜矿+辉铜矿细脉与少量斑点状斑铜矿+黄铜矿化→②灰色、浅灰色碎裂白云岩-白云质弱铜矿化碎裂岩带，裂隙内分布黄铜矿+斑铜矿细脉→③灰白色铜矿化硅化白云岩-灰白色铜矿化硅化碎裂白云岩带，沿裂隙充填辉铜矿-斑铜矿脉→④灰白色、灰黄色、褐黄色强硅化和强铜矿化白云质碎裂岩带，充填黄铜矿-斑铜矿脉→⑤火山岩、凝灰质板岩的复成分角砾岩带。

该类刺穿体受北西向、近南北向断裂控制，刺穿体的边界断裂主要呈现压扭性的特点。在刺穿体与白云岩的断裂接触带及白云岩中的北北东向、北东向断裂带中均有铜矿体产出，岩石碎裂岩化作用与热液蚀变（硅化、碳酸盐化、黄铁矿化等）强烈，沿裂隙常见黄铜矿-方解石-石英细脉分布。刺穿体上盘的热液蚀变和矿化较下盘明显增强，蚀变带变宽；从刺穿体到边界断裂，变形强度由弱变强，铜矿化也逐渐增强。主要矿石矿物为星点状和浸染状黄铜矿、斑铜矿、辉铜矿和孔雀石等。

该类刺穿体主要由强蚀变火山角砾岩、英安质晶屑凝灰岩等组成。具代表性的火山角砾岩呈紫灰色，具火山角砾结构，角砾状构造。角砾最大可达20mm以上，角砾成分复杂，其火山质含量与铜矿化程度、构造变形强度、蚀变程度呈正相关关系。岩石由角砾、胶结物、副矿物组成（图8-47）。角砾为凝灰质板岩（粒度2～20mm，含量17%，棱角状，主要由

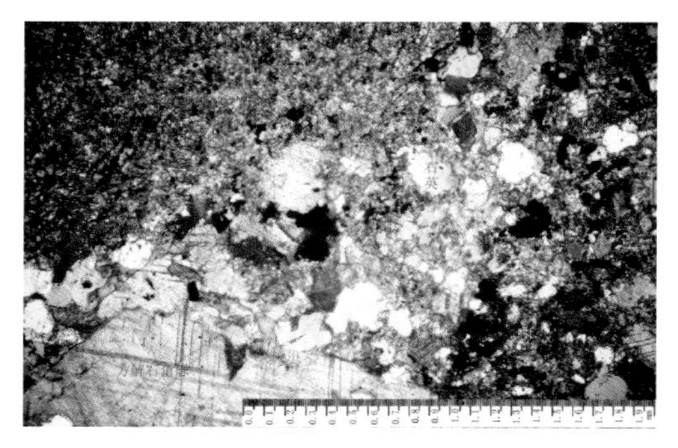

a. 碎裂岩化碳酸盐化含白铁矿隐爆火山角砾岩
地点：YWR-471地质点；(+)（4×10）

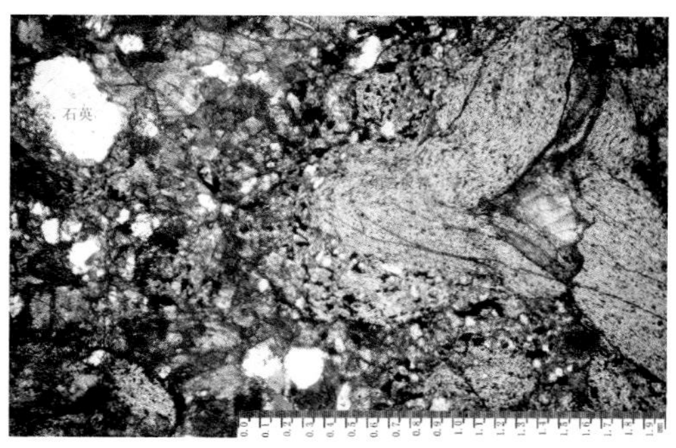

b. 碎裂岩化强碳酸盐化绢云板岩角砾岩，绢云板岩角砾呈揉皱状，边缘被含金属矿物的凝灰级英安质岩浆熔蚀现象
地点：YWR-472地质点；(+)（4×10）

c. 碎裂岩化碳酸盐化含火山岩角砾岩
地点：YWR-473地质点；（+）（4×10）

d. 碎裂岩化英安质晶屑凝灰岩
地点：YWR-68地质点；（+）（4×10）

图 8-47　易门凤山 1606 大巷刺穿体岩石薄片镜下照片

变质中酸性火山灰组成，其中含石英、斜长石晶屑）、英安岩角砾（粒度2～10mm，含量8%，棱角状，由英安岩组成）、绢云板岩（粒度2～10mm，含量3%，棱角状，部分呈揉皱状）及方解石-白云石角砾（粒度2～5mm，含量3%，棱角状-次棱角状）。角砾间见灰绿色绿泥石化英安质凝灰岩；胶结物由英安岩、方解石、金属矿物组成，英安岩由隐晶状长英质及绿泥石组成，部分发生绢云母化，其中长石大部分蚀变成为绢云母，石英晶屑（粒度0.1～1.8mm，含量17%，不规则粒状）、斜长石晶屑（粒度0.1～1mm，含量13%，半自形板状，其中裂纹发育，具聚片双晶纹）、钾长石晶屑（粒度0.1～1mm，含量2%，半自形板状，部分发生黏土化）及火山灰（含量35%，隐晶状长英质，大部分变成泥质）。石英晶屑、斜长石晶屑和钾长石晶屑的边缘普遍发生熔蚀现象，呈蚕蚀状；副矿物为白铁矿（粒度0.1～0.5mm，含量2%，呈板条状）。晶屑呈星点状不均匀分布于隐晶质中，其反映了火山碎屑晶屑隐爆的特点。

综合该类刺穿体的地质、地球化学特征，控矿型刺穿体主要识别标志（表8-6）：

表8-6　控矿型刺穿体构造岩-岩相特征简表

岩相带	刺穿体岩相带		构造蚀变岩相带		
亚相带划分	隐爆火山角砾岩带	含火山岩、凝灰质板岩角砾岩带	强蚀变构造岩带	硅化碎裂白云岩带	弱蚀变白云岩带
构造岩岩性	紫色—紫灰色火山角砾岩、紫色—紫灰色碎裂岩化英安质晶屑凝灰岩	紫色—紫灰色含火山岩、凝灰质板岩角砾岩、紫灰色碎裂岩化碳酸盐化含白铁矿角砾岩	灰白色、灰黄色、褐黄色强铜矿化硅化碎裂岩（原岩为白云岩）	灰白色铜矿化硅化白云岩、灰白色硅化碎裂白云岩（原岩为白云岩）	灰色—青灰色白云岩
岩石组构	火山角砾结构、碎裂结构；角砾状构造、块状构造	碎裂结构；角砾状构造、块状构造	交代结构、重结晶结构、碎裂结构；碎裂状构造	重结晶结构、碎裂结构；碎裂状构造	重结晶结构；块状构造、层状构造
矿石组构		交代结构；细脉状构造	他形粒状、交代、共边结构；角砾状构造、块状构造、网脉状构造、浸染状构造	他形粒状、交代结构；细脉状构造、浸染状构造	他形粒状结构；散点状构造
构造-岩相	火山角砾岩相	含火山岩角砾岩相	强蚀变碎裂岩相	蚀变白云岩相	弱蚀变白云岩相
亚相-微相	隐爆火山角砾岩、碎裂岩化英安质晶屑凝灰岩	凝灰质板岩角砾岩、碎裂岩化碳酸盐化含白铁矿角砾岩	铜矿化强硅化碎裂白云岩	硅化铜矿化白云岩	弱硅化白云岩
成矿作用亚相			强烈铜矿化强蚀变碎裂岩相	铜矿化硅化白云岩相	
蚀变岩亚相	钠化火山角砾岩	钠化、碳酸盐化角砾岩	强硅化黄铁矿化白云质碎裂岩	硅化、黄铁矿化铜矿化白云岩	黄铁矿化白云岩

续表

岩相带		刺穿体岩相带		构造蚀变岩相带		
岩石主要化学组成/wt%	SiO_2	36.95～45.80	36.5～47.10	2.69～6.95	5.39～19.28	3.52
	Al_2O_3	14.21～14.28	10.4～14.06	0.48～1.35	0.58～2.41	0.52
	Fe_2O_3	1.60～3.71	0.50～3.37	0.12～0.17	0.14～0.29	0.14
	FeO	0.13～1.38	1.60～5.20	0.56～0.88	0.36～1.30	0.31
	MgO	3.18～8.52	3.97～4.82	20.69～21.72	17.39～20.78	21.84
	CaO	9.37～13.40	10.77～19.96	26.98～28.12	23.20～28.32	29.40
	NaO	0.11～1.01	1.82～5.78	0.02～0.06	0.03～0.05	0.03
	K_2O	2.98～3.71	1.18～2.98	0.02～0.17	0.04～0.59	0.03
	CuO	0.01～0.03	0.01～0.31	0.23～3.60	0.03～3.68	0.26

（1）黄铁矿化、碳酸盐化、硅化等热液蚀变发育且强烈，并围绕刺穿体大致呈环带状展布。

（2）刺穿体中有含矿地层和矿石物质，有较多的英安质、粗面质等火山岩分布。

（3）构造-流体活动强烈，方解石、石英脉等热液脉体发育。

（4）构造流体温度较高，在180～320°C（韩润生等，2000a，2000b）。

（5）构造变形分带总体清晰，与围岩接触界线清晰，接触带附近的劈理、构造透镜体的扁平面常平行于接触带，远离接触带逐渐减弱。

（6）形态特征：常呈浑圆状或椭圆状。

（7）金属矿物组合与矿石构造分带特征：从刺穿体→灰白色硅化白云岩→青灰色白云岩。金属矿物组合与矿石构造具有分带规律：块状+网脉状构造斑铜矿+黄铜矿（少）矿石→稠密浸染状黄铜矿+斑铜矿矿石→稀疏浸染状、星点状黄铜矿+少量斑铜矿矿化岩石。

（8）岩石化学特征：该类刺穿体岩石中，Al_2O_3、MgO、NaO、TFe、TiO_2、Cu含量明显高于非控矿刺穿体岩石，而CaO明显降低。而且，从刺穿体到浅灰色白云岩，Al_2O_3、NaO、TFe明显降低。这一特征指示了该类刺穿体中含火山物质明显增多，碳酸盐质组成减少（表8-7）。

2）非控矿型构造刺穿体特征

该类刺穿体主要由较简单成分的构造角砾岩组成，角砾多为紫灰色块状白云岩、凝灰质板岩、绢云板岩，棱角状，粒径一般为2～10cm，钙质、泥质胶结。刺穿体内X型节理较发育，其中较发育方解石、石英细脉。刺穿体与白云岩带呈断裂接触。从刺穿体到边界断裂，断裂结构面由张（扭）性变为压扭性，构造岩主要为粒化岩、构造片岩、碎（粒）粉岩、糜棱岩及碎裂岩，变形强度由弱变强。刺穿体及其附近仅见少量星点状和薄膜状黄铜矿化、黄铁矿化，碳酸盐化、硅化热液蚀变带宽度窄且弱，极不均匀，向刺穿体两侧方向变得更弱。该类刺穿体（图8-48）与成矿关系不密切。故该类构造刺穿体的识别标志包括以下方面：①构造热液蚀变弱，构造岩化强烈；②构造岩角砾组成较单一，刺穿体内部角砾大小较均匀；③构造岩蚀变较弱，一般为低绿片岩相；④构造变形分带清晰，常对称出现；以脆性变形为主，构造变形样式较单一；⑤形态特征：常呈长条状；⑥岩石化学组成特征（表8-7、表8-8）。

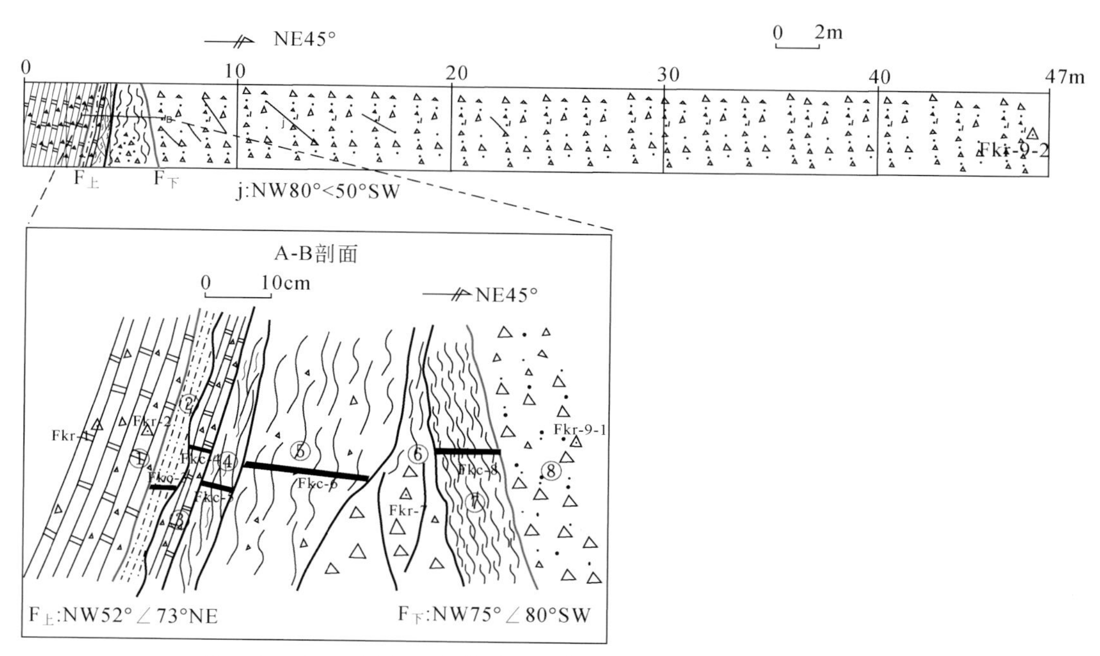

图 8-48　凤山矿区 17 中段排渣 2 道非控矿刺穿体坑道实测剖面图

①青灰色碎裂白云岩；②灰白色—灰黄色泥化白云质糜棱岩带；③青灰色碎裂白云岩，岩石破碎，粒径 0～3mm；④灰黄色泥化白云质小透镜体化白云质碎裂岩；⑤青灰色—灰黑色白云质片理化带，成分为灰黑色白云质碎裂岩，紫灰色凝灰质、钠质角砾岩；⑥透镜体化带，岩石成分为钠长石与白云质、凝灰质角砾岩；⑦强烈片理化带，靠近透镜体上裂面为透镜体化，上盘略有上升，片理化带有扭曲，有碳质析出；⑧刺穿角砾岩，有含硅质细脉穿插，局部有镜铁矿化，角砾成分复杂，含板岩、砂岩、钠长石化脉体

2. 控矿刺穿体构造岩-岩相分带模式

通过对两类刺穿体特征的对比研究，得出控矿型刺穿体构造岩-岩相分带模式（图 8-49）：

从刺穿体中心→灰白色硅化白云岩→青灰色白云岩，依次出现刺穿体岩相带和构造蚀变岩相带。即隐爆火山角砾岩相带→含火山岩、板岩角砾岩相带→强铜矿化灰白色硅化白云质碎裂岩相带→铜矿化碎裂白云岩→弱铜矿化浅灰色白云岩带。在构造蚀变岩相带中，金属矿物组合与矿石构造呈现水平分带依次为：块状、网脉状黄铜矿+（少量斑铜矿）矿石→网脉状、细脉状斑铜矿+黄铜矿（少量辉铜矿）矿石→细脉状、稀疏浸染状、星点状斑铜矿+辉铜矿+黄铜矿化岩石。所以，强铜矿化灰白色硅化白云质碎裂岩相带、铜矿化碎裂白云岩相带是矿体的主要赋存部位。这一分带规律应是刺穿构造成矿作用的产物。

表 8-7　凤山铜矿床控矿刺穿体与非控矿刺穿体构造岩-岩相带岩石化学组成

（单位：wt%）

构造岩相带		岩石简要特征	样号	SiO_2	Al_2O_3	BaO	CaO	FeO	Fe_2O_3	K_2O	MgO	MnO	Na_2O	P_2O_5	TiO_2	CuO	IT	Σ
控矿刺穿体	浅灰色白云岩带	含散点状斑铜矿化浅灰色碎裂白云岩	FKC-80	3. 52	0. 52	0. 00	29. 40	0. 31	0. 14	0. 03	21. 84	0. 06	0. 03	0. 01	0. 02	0. 26	43. 45	99. 59
	铜矿化硅化碎裂白云岩带	含黄铜矿、斑铜矿细脉灰白色硅化碎裂白云岩	FKC-81	19. 28	0. 58	0. 00	25. 09	0. 36	0. 29	0. 04	18. 66	0. 07	0. 03	0. 01	0. 01	0. 03	34. 61	99. 07
		灰白色白云质碎裂岩、碎斑岩、碎粉岩，沿断裂分布辉铜矿、斑铜矿脉	FKC-83-1	5. 39	0. 71	0. 00	28. 32	1. 10	0. 14	0. 06	20. 78	0. 09	0. 03	0. 03	0. 03	1. 00	42. 01	99. 70
		浅灰色硅化白云岩，沿裂隙有斑铜矿、辉铜矿脉	FKC-84	16. 25	2. 41	0. 01	23. 20	1. 30	0. 25	0. 59	17. 39	0. 10	0. 05	0. 10	0. 09	3. 68	34. 58	99. 99
	强铜矿化灰白色硅化白云质碎裂岩带	斑点状、细脉状辉铜矿、斑铜矿灰白色强硅化碎裂白云岩	FKC-87	6. 95	0. 48	0. 00	28. 12	0. 56	0. 17	0. 02	20. 69	0. 08	0. 02	0. 01	0. 01	0. 23	42. 15	99. 48
		断裂下盘白云质碎裂岩，有褐黄色、米黄色褐铁矿化，沿裂隙充填为斑铜矿脉	FKC-19	5. 32	0. 74	0. 01	26. 98	0. 75	0. 12	0. 03	21. 26	0. 11	0. 06	0. 09	0. 03	3. 60	40. 56	99. 66
		浅灰色-灰白色斑铜矿脉白云质碎裂岩	FKC-20	2. 69	1. 35	0. 12	27. 76	0. 88	0. 17	0. 17	21. 72	0. 10	0. 05	0. 07	0. 06	2. 48	41. 92	99. 53
	含火山岩、板岩复成分角砾岩带	灰紫色绿泥石化含火山岩角砾岩，见斑点状、散点状黄铜矿化	FKC-21	47. 10	14. 06	0. 10	10. 77	5. 20	0. 50	1. 18	4. 82	0. 09	5. 78	0. 26	1. 07	0. 31	8. 48	99. 72
		致密块状角砾岩，角砾为灰紫色、灰黑色凝灰质板岩，沿裂隙方解石脉	FKC-22	36. 50	10. 40	0. 17	19. 96	1. 60	3. 73	2. 98	3. 97	0. 32	1. 82	0. 15	0. 50	0. 01	17. 80	99. 92
	隐爆火山角砾岩带	灰绿色、灰黄色火山角砾岩，角砾为灰绿色泥质白云岩、英安质晶屑凝灰岩、石英角砾	FKC-23	36. 95	14. 28	0. 02	9. 37	3. 71	0. 13	0. 11	8. 52	0. 16	5. 85	0. 11	2. 08	0. 03	18. 28	99. 59
		灰紫色绿泥石化角砾岩，角砾为灰紫色凝灰质白云岩、灰黑色凝灰岩	FKC-24	45. 80	14. 21	0. 02	13. 40	2. 98	1. 38	1. 01	3. 18	0. 16	7. 13	0. 20	0. 69	0. 01	9. 45	99. 61

续表

构造岩相带		岩石简要特征	样号	SiO_2	Al_2O_3	BaO	CaO	FeO	Fe_2O_3	K_2O	MgO	MnO	Na_2O	P_2O_5	TiO_2	CuO	IT	Σ
非控矿刺穿体	白云质碎裂岩带	灰色—深灰色白云质碎裂岩	FKC-1	28.17	0.49	0.01	22.04	0.67	0.29	0.05	16.87	0.09	0.05	0.01	0.02	0.00	31.20	99.97
		灰色—深灰色白云质碎裂岩	FKC-2	15.43	0.92	0.02	25.82	0.51	0.96	0.09	19.31	0.15	0.06	0.00	0.02	0.00	36.50	99.79
	断裂构造岩带	灰白色—灰黄色泥化糜棱岩	FKC-3	56.97	17.81	0.07	1.61	1.75	5.07	5.02	2.73	0.04	0.08	0.25	0.88	0.00	6.88	99.16
		青灰色白云质碎裂岩	FKC-4	18.42	1.10	0.01	24.12	1.08	0.46	0.13	18.39	0.15	0.05	0.01	0.04	0.00	35.16	99.11
		灰黄色泥化透镜体化凝灰质碎粉岩	FKC-5	57.18	19.39	0.05	2.71	1.90	1.62	4.67	3.30	0.08	0.08	0.29	0.94	0.15	7.40	99.76
		灰黑色白云质凝灰质碎裂片岩	FKC-6	56.45	17.91	0.05	2.18	1.49	6.27	4.98	3.04	0.11	0.08	0.31	0.91	0.00	6.05	99.83
		白云质含凝灰质角砾岩	FKC-7	43.60	13.95	0.04	14.07	1.34	4.82	3.69	2.53	0.21	0.07	0.24	0.68	0.00	14.45	99.70
		碳钙质构造片岩	FKC-8	38.44	13.08	0.05	15.91	1.64	3.73	3.73	3.45	0.22	0.08	0.19	0.63	0.00	18.58	99.74
	构造角砾岩带	构造角砾岩,含硅细脉穿插,角砾为砂板岩、白云岩;晶屑凝灰岩,有微层理发育,后期方解石脉发育	FKC-9	37.54	9.21	0.03	23.13	0.82	3.02	2.05	1.99	0.34	2.20	0.14	0.42	0.00	19.02	99.91
			FKC-9-2	42.10	8.74	0.04	21.35	1.28	2.30	1.84	1.90	0.30	2.83	0.20	0.30	0.01	16.65	99.85

分析单位:西北有色地质研究院测试中心。分析方法:化学法

表 8-8　非控矿型刺穿体构造岩-岩相特征简表

岩相带		刺穿体岩相带	构造蚀变岩相带	
亚相带划分		构造角砾岩带	白云质透镜体化-片岩带	碎裂白云岩带
构造岩岩性		含极少量火山物质镜铁矿化白云质构造角砾岩，角砾多为绢云母板岩、少量晶屑凝灰岩，少量镜铁矿化	白云质构造片岩、碎粉岩、碎粒岩、糜棱岩	深灰色碎裂白云岩、浅灰-灰色白云质碎裂岩
结构构造		角砾状构造、块状构造	片状结构、碎裂结构、粒化结构及糜棱结构； 片理化构造、透镜体化构造、碎裂状构造	碎裂结构；碎裂状构造、细脉状构造
构造-岩相		构造角砾岩	断裂构造岩	弱蚀变碎裂白云岩
亚相-微相		构造角砾岩	白云质碎粉岩、碎粒岩、构造片岩、糜棱岩	弱硅化碎裂白云岩
岩石主要化学组成/wt%	SiO_2	37.54 ~ 42.10	18.42 ~ 56.97	15.43 ~ 28.17
	Al_2O_3	8.74 ~ 9.21	13.08 ~ 19.39	0.49 ~ 0.92
	Fe_2O_3	2.30 ~ 3.02	0.46 ~ 5.07	0.29 ~ 0.96
	FeO	0.82 ~ 1.28	1.08 ~ 1.90	0.51 ~ 0.67
	MgO	1.90 ~ 1.99	32.53 ~ 18.39	16.87 ~ 19.31
	CaO	21.35 ~ 23.13	2.71 ~ 24.12	22.04 ~ 25.82
	Na_2O	2.20 ~ 2.83	0.05 ~ 0.08	0.05 ~ 0.06
	K_2O	1.84 ~ 2.05	1.13 ~ 5.02	0.05 ~ 0.09
	CuO	0.00 ~ 0.01	0.00 ~ 0.15	0.00

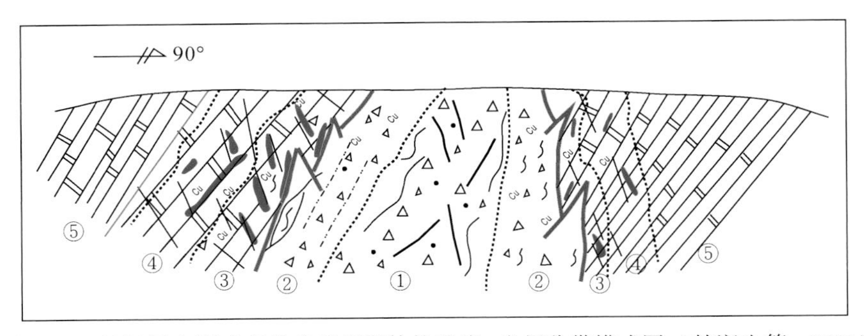

图 8-49　易门凤山铜矿床控矿型刺穿体构造岩-岩相分带模式图（韩润生等，2011）
①火山角砾岩相；②含火山岩角砾岩相；③强蚀变碎裂岩相；④蚀变白云岩相；⑤弱蚀变白云岩相

七、构造控矿规律及成矿构造体系

（一）构造控矿规律

1. 构造分级控矿规律

（1）区域构造控制矿床：昆阳裂谷受四条近南北向的深断裂控制，其中小江断裂和绿汁江断裂是裂谷的东西边界断裂，二者均为长期活动的超壳断裂。绿汁江断裂与罗茨–易门断裂控制了矿田地层的展布、构造的演化，而且沟通了地壳深部的岩浆热液活动，是整个成矿带的一级控矿构造，其次级断裂控制了易门式铜矿床的形成、分布。

（2）矿区南北向断裂及背斜轴部刺穿体控矿带：晋宁期东西向挤压应力作用，形成了近南北向的 Fl_1、Fl_2等断裂及轴向为近南北—北北东向凤山倒转背斜，其轴部刺穿体与下伏地层（狮山层）中的成矿物质得到活化，成矿物质得到初步富集。南北向断裂及背斜轴部刺穿体成为重要导矿构造及成矿物质运移通道，属同期构造作用的产物，共同控制了凤山铜矿整体南北成带分布的特点。

（3）北西向断裂及控矿型刺穿体控制矿体定位、旁侧（下盘）北北东向压扭性断裂储矿：晋宁期—澄江期，刺穿体由于受到多期改造作用，北西向断裂进一步破坏了早期形成的南北向断裂及南北向展布的刺穿体，伴随区域隐爆岩浆作用，北西向断裂与改造后的刺穿体共同作为重要的导矿构造，连通深源成矿物质及狮山层中的成矿物质刺穿进入上伏凤山段白云岩中，在有利地段富集成矿。因晋宁期—澄江期北西向断裂经历了左行压扭性–张性的应力转变，北西向 F_{10}断裂及刺穿体下盘更有利于成矿，在其下盘（北侧）的北北东向断裂中形成了一系列的凤山型铜矿体。凤山型铜矿 59、21、10 号矿体均分布在北西向断裂及刺穿体导矿构造的下盘（北侧）。

由于其受多期构造作用，形成了复杂多变的构造控矿型式，多字型、入字型、棋盘格式、丁字型、锯齿状构造、掌状构造等控矿型式。

2. 构造作用对成矿物质的活化

韩润生等（2000a，2000b）通过对狮山矿床硅质白云岩和含钠长石碳硅质泥质岩样品进行了三轴高温高压岩石变形模拟实验表明，矿源层在动力作用下，即使没有热液作用，铜质也能活化迁移富集在有利的构造中形成矿体，证明了动力改造作用在形成易门式铜矿床中可能发挥了重要作用。矿源层中铜等成矿物质的赋存状态（细粒黏土矿物、凝灰质吸附和有机质吸附形式）（冉崇英、刘卫华，1993）为动力改造作用下铜活化迁移富集成矿提供了有利条件。围岩蚀变有硅化、碳酸盐化、绢云母化、绿泥石化及石墨化，局部出现镜铁矿化等蚀变，是构造流体作用的反映，蚀变范围较大，矿体主要赋存在蚀变强烈的岩石中，围岩蚀变强弱反映了构造流体活动的范围及其强弱程度。

因此，凤山铜矿构造改造成矿作用可总结为：裂谷环境为成矿提供了有利的成矿地质背景和矿源；凤山倒转背斜及刺穿构造为含矿热液的转移提供了通道，并控制了凤山铜矿总体分布规律，刺穿构造实现了矿质的大规模迁移，在有利地段富集成矿；北西向构造改造明显的刺穿体控制了凤山铜矿各矿体的定位，该类刺穿体中岩浆活动频繁，后期又有基性岩浆侵入，为刺穿构造的形成及铜质的活化迁移提供了热动力，并补充了矿源。受北西向构造改造明显的刺穿体下盘北北东向断裂为矿体主要赋存空间。

（二）控矿构造型式

与刺穿构造有关的六种控矿构造型式（图 8-39），主要体现在以下几个方面。

（1）棋盘格式构造：由北西向、北东向两组断层组成的控矿构造，矿液沿两组交叉断裂充填聚集，矿化较弱时，形成棋盘格式矿体，矿化较强时，形成厚大的块状矿体（图 8-39a）。

（2）锯齿状构造：多出现在隐伏刺穿体顶部，白云岩与刺穿体呈锯齿状接触，矿体赋存于锯齿状构造两侧的白云岩或紫色破碎带中（图 8-39b）。

（3）多字型构造：由南北向和北西向两组断裂组成的控矿构造，构造带中常刺入紫色角砾岩（即刺穿体），矿体沿紫色角砾岩两侧的白云岩分布。

（4）入字型构造：南北向构造被北西向构造斜切组成的控矿构造，矿体赋存于入字型构造内侧的白云岩中。

（5）丁字型构造：南北向构造与东西向构造交切组成的控矿构造，矿体赋存于构造交汇部位的白云岩一侧。

（6）掌状构造：北西向断裂控制了刺穿体的南界，矿液沿北西向断裂及刺穿体向上运移，在其下盘北北东向断裂中富集，在靠近刺穿体及 F_{10} 断裂位置，岩石碎裂，断裂构造发育，矿体较富集，向外矿体呈脉状分布，平面上似掌状（图 8-39c）。

（三）成矿构造体系

综合构造特征，该区构造经历的成生发展顺序为：前晋宁期、晋宁期、澄江期、印支期、燕山期及喜马拉雅期（图 8-50），不同序次控矿构造的应力分析如图 8-51 所示。综合构造控矿规律与控矿构造型式，认为晋宁期南北构造带、澄江期北东构造带是矿区的成矿构造体系。在晋宁期，区域上受东西挤压，形成凤山南北向褶皱，狮山层受挤压刺穿于凤山白云岩中，并形成早期南北向断裂，Fl_1、Fl_2 控制了凤山矿区刺穿体的分布，伴随东西向挤压作用，形成了北西向的左行扭压性、东西向的张性断裂，由于构造作用，狮山层中的成矿物质发生活化迁移，伴随热液作用使成矿物质在有利成矿构造中初步富集；在澄江期，伴随应力的持续作用及转变，早期形成的北西、东西向断裂对刺穿体及南北向断裂进一步改造，由于该期北西向断裂为左行扭压性–张性，受其控制刺穿体成为有利的导矿构造，成矿物质在强压力驱动下向上运移，北西向断裂及其控制的刺穿体中有利于压力释放，由于刺穿体上部受绿汁江组凤山白云岩所限，更有利于含矿热液在北西向断裂及其控制的刺穿体中运移，在其下盘的碎裂白云岩中沉淀，北北东—北东向压性–左行压扭性断裂为凤山铜矿床主要容矿构造，同时，晋宁期—澄江期由于区域岩浆活动，局部发生隐爆岩浆作用（59 号矿体南部刺穿体），使成矿元素发生活化迁移，形成凤山铜矿床。

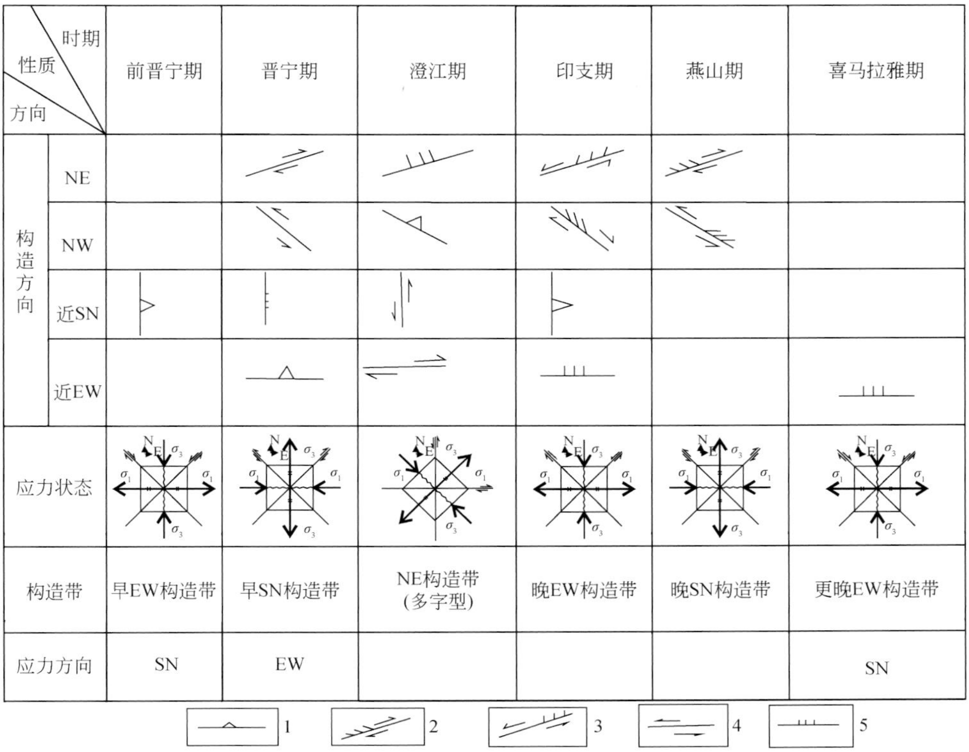

时期
性质
方向
前晋宁期
晋宁期
澄江期
印支期
燕山期
喜马拉雅期
构造方向
NE
NW
近SN
近EW
应力状态
构造带
早EW构造带
早SN构造带
NE构造带
(多字型)
晚EW构造带
晚SN构造带
更晚EW构造带
应力方向
SN
EW
SN
1
2
3
4
5

图 8-50　易门铜矿构造体系及其成生发展示意图

1. 张性断裂；2. 右行压扭性断裂；3. 左行压扭性断裂；4. 扭性断裂；5. 压性断裂

绿汁江断裂
NE向断裂
σ1
σ3
σ1
σ3

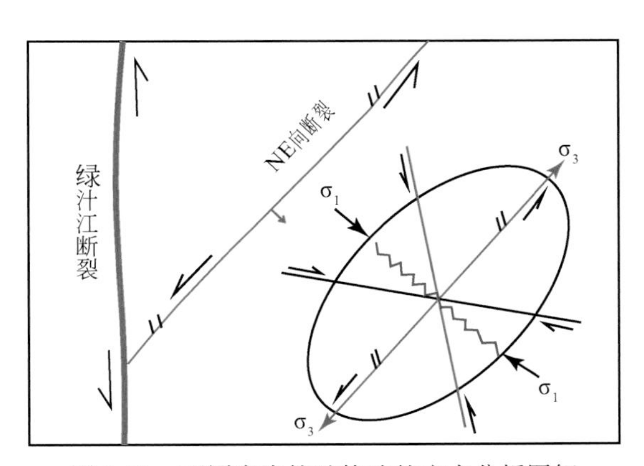

图 8-51　不同序次控矿构造的应力分析图解

（四）矿体定位规律

通过对凤山铜矿刺穿体、矿体、控制二者的构造进行了统计研究，结合构造控矿规律研究，认为刺穿体与凤山铜矿均为晋宁期—澄江期形成，刺穿体及构造共同作用形成了有利的成矿地段，矿体主要赋存于受北西、东西向断裂改造明显的刺穿体下盘凤山段白云岩中，该特征为凤山铜矿深部找矿预测提供了重要的找矿方向。

（1）易门凤山地区刺穿体受后期改造明显的部位，其深部及外围是有利的成矿地段。

（2）矿区主要构造控制了刺穿体和矿体的分布，三者在空间上存在密切的联系；主要构造的倾斜方向控制了刺穿体的倾斜方向，二者共同控制了矿体的侧伏向。

（3）可根据刺穿体、矿体及控制刺穿体及矿体的构造之间三者空间展布关系进行找矿预测。控制刺穿体构造的产状、刺穿体的产状及空间分布规律决定了矿体的产状及空间分布规律，可根据刺穿体的产状、控制刺穿体构造的产状预测矿体的产状及空间分布规律。

（五）构造控矿模式

通过对易门铜矿集区区域地质、矿床地质特征及地球化学特征的研究，典型的矿床类型主要为热水沉积型（东川型）、构造热流体再造型（凤山型）。

因民期—鹅头厂期形成热水沉积型浸染状、斑点状、层纹状构造的层状铜矿。因民期形成三角洲相的砂页岩型层状铜矿（以狮子山铜矿为代表）和凝灰岩型（稀矿山式）铜铁矿（在本区规模小）；落雪期以形成碳酸盐岩型（东川型）的层状铜矿为特征；鹅头厂期形成黑色硅质页岩型铜矿（东川地区称桃园式）；晋宁期—澄江期由于强烈的构造挤压作用，产生刺穿构造作用，伴随着隐爆火山作用和基性岩浆侵入作用，发生强烈的构造改造成矿作用与深部热液叠加作用，控制了凤山型富厚矿体的形成和定位；后期构造流体的氧化-淋滤作用使形成的矿体氧化淋滤，甚至形成后期细脉状辉铜矿脉和斑铜矿脉。从而在易门矿集区形成“三楼一梯”的矿化结构。因此，易门铜矿床为“热水沉积-改造富集-深部热液叠加-地下热水氧化淋滤再造”铜矿床。故总结提出易门矿集区铜矿床的成矿模式（图 8-52）及矿床成矿过程（图 8-53）。

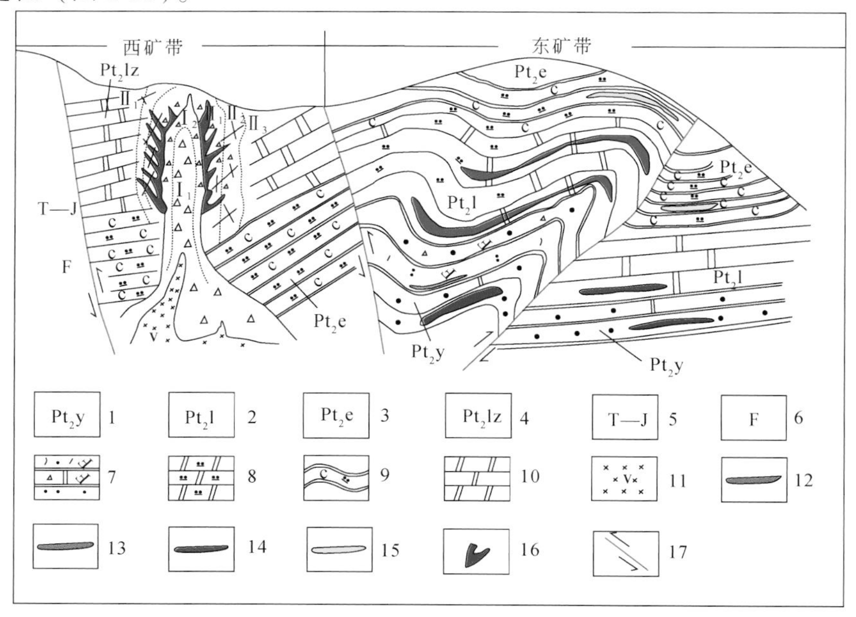

图 8-52 易门矿集区铜矿床成矿模式简图

1. 因民组；2. 落雪组；3. 鹅头厂组；4. 绿汁江组；5. 三叠系—侏罗系；6. 绿汁江断裂；7 砂板岩夹白云岩，少量火山岩；8 硅质白云岩；9. 碳硅质板岩；10. 白云岩；11 辉长岩；12. 因民组砂板岩型层状铜矿；13. 稀矿山型铜铁矿；14. 落雪组碳酸盐岩型（东川型）层状铜矿；15. 鹅头厂组黑色硅质板岩型铜矿（东川地区称桃园式）；16. 凤山型铜矿；17. 主要的控矿断裂。I_1. 隐爆火山角砾岩亚相；I_2. 矿化碳酸盐化混合角砾岩亚相；II_1. 强硅化碎粒岩化白云岩亚相；II_2. 矿化碎裂白云岩亚相；II_3. 弱蚀变硅质白云岩亚相

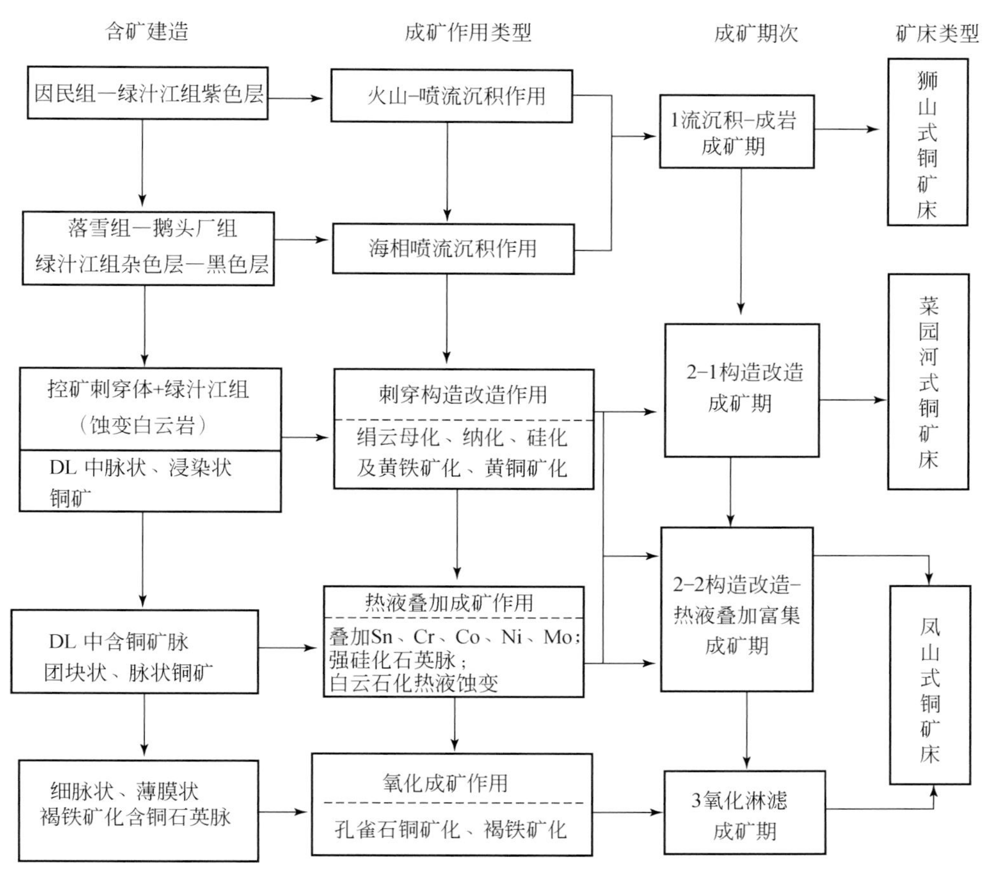

图8-53　易门矿集区不同类型铜矿床成矿过程演化图

第九章　古生界碳酸盐岩中的铅锌多金属矿床构造控矿作用及找矿预测

第一节　川-滇-黔接壤区富锗银铅锌矿床成矿构造动力学及找矿预测地质模型

川-滇-黔接壤区，分布了滇东北、黔西北和川西南铅锌多金属矿集区，它毗邻龙门山造山带南段、南盘江-右江冲褶带及哀牢山造山带墨江-绿春段（骆耀南，1985；马力等，2004）（图9-1），地质环境复杂、多期构造叠加强烈、成矿动力学机制复杂，成矿地质条件

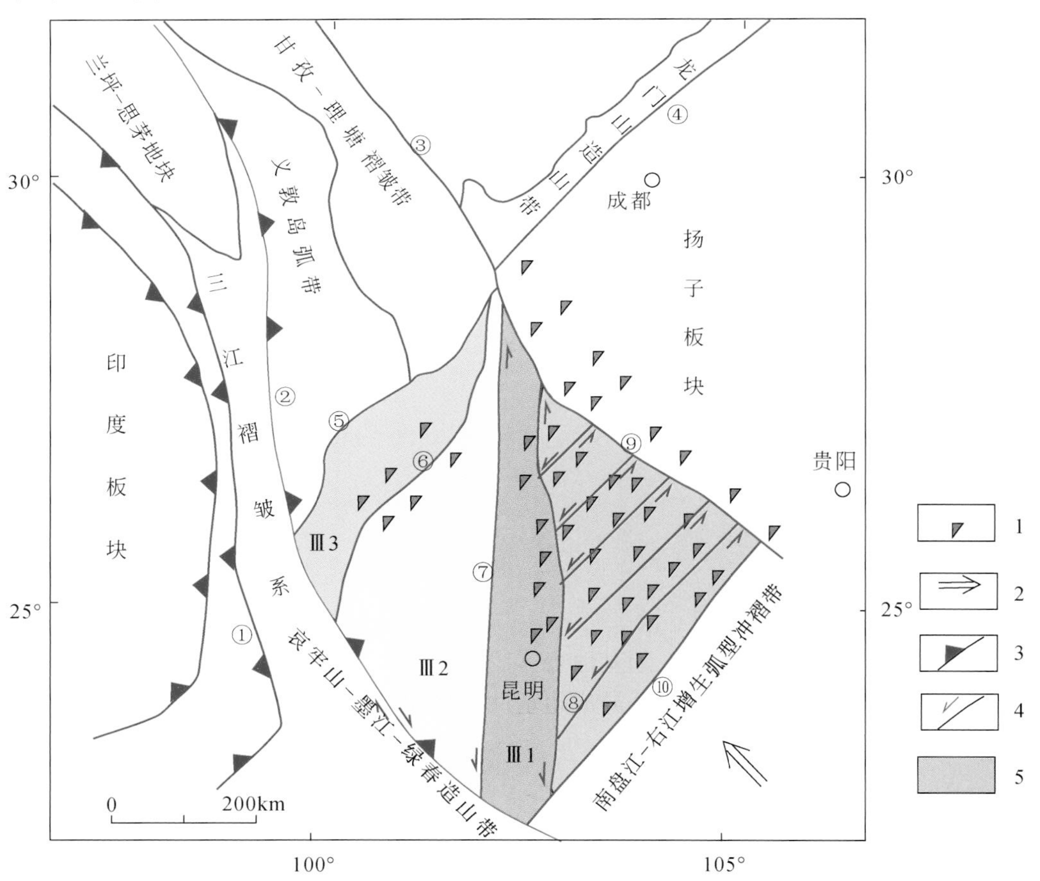

图9-1　川-滇-黔接壤区区域构造格架简图（据骆耀南，1985；马力等，2004，资料改绘）

1. 峨眉山玄武岩；2. 构造应力方向；3. 板块结合带；4. 走滑断裂；5. 川-滇-黔接壤区。①怒江断裂；②金沙江-红河断裂；③鲜水河断裂；④龙门山断裂；⑤小金河-中甸断裂；⑥箐河-程海断裂；⑦安宁河-绿汁江断裂；⑧小江断裂；⑨康定-奕良-水城断裂；⑩弥勒-师宗-水城断裂。Ⅲ1. 会理-昆明裂陷带；Ⅲ2. 康滇断隆带；Ⅲ3. 盐源-丽江裂陷带

优越，形成了一系列大型-超大型富锗银铅锌多金属矿床。这些矿床展布于近南北向小江深断裂带、北西向康定-奕良-水城断裂带（南部称紫云-垭都深断裂带）和北东向弥勒-师宗深断裂带所围成的“三角区”内（图9-1）。截至2012年，已发现440多个富锗银铅锌矿床和矿（化）点，超大型铅锌（银）矿床2个、大型铅锌矿床9个、中小型矿床50余个。其中，滇东北矿集区会泽铅锌矿床独具特色：“富（全矿平均品位特高 Pb+Zn≥30%）、大（矿床和矿体的资源储量大）、多（共生 Ge、Ag、Cd 等有价组分）、深（矿体垂向延深大）、强（铁白云石化、白云石化热液蚀变强烈）、带（金属矿物组合与蚀变岩相分带明显）、高（成矿温度可高达255～355℃）”，明显不同于国内外已知类型（MVT、VHMS、SEDEX 等）铅锌矿床，故韩润生等（2012）提出了铅锌矿床的新类型——会泽型（HZT）铅锌矿床，并建立了“混合流体‘贯入’-交代成矿”模型。

一、主要区域构造与矿床分布规律

（一）主要区域构造

在区域上，与铅锌矿床关系密切的深大断裂如下。

1. 安宁河-绿汁江断裂

该断裂为一超壳深大断裂，总体呈南北走向，北起四川冕宁，经德昌、会理西，进入云南境内。北段在四川境内称为安宁河断裂，南段在滇中称为绿汁江断裂。该断裂带是康滇断隆带和会理-昆明裂陷带的边界断裂，对东西两盘的沉积建造、岩浆活动及成矿作用等方面有明显的控制作用。中新元古代，断裂东盘的会理-昆明裂陷带内变质基底为浅变质岩系，康滇断隆带则为中-深变质岩系，基本缺失中元古界浅变质岩系；新元古代—古生代，在会理-昆明裂陷带发育巨厚的海相地层，而康滇断隆带基本缺失；中生代，会理-昆明裂陷带地壳相对隆起，中生界红层沉积有限，沉积盆地大为收缩，康滇断隆带地壳强烈沉降，沉积有大规模中生界红层。沿断裂带附近有晋宁期酸性侵入岩体及海西期基性-超基性侵入岩体成群成带分布。安宁河-绿汁江断裂西侧分布大红山铁铜矿床、攀枝花钒钛磁铁矿床、铂钯矿床及与中酸性岩有关的稀有矿床、稀土矿床，东侧则发育铁、铜矿床及众多铅锌矿床（王宝禄等，2004）。该断裂形成于晋宁运动早期，具有多期活动的特征（刘福辉，1984）：晋宁早期，具张性特征；晋宁期—澄江期，沿断裂带有大规模中酸性岩侵入；加里东期，断裂规模进一步发展，有小型基性、超基性岩体侵入；海西期，受东西向拉张作用，断裂深度进一步增加，来自地幔的玄武岩浆分异成超基性、基性岩，玄武岩大量喷溢；印支期，由于受到东西向挤压，断裂由张性转为压性；燕山期至喜马拉雅期，继续受到北西西向挤压，造成安宁河断裂两侧具强烈的压扭特征。

2. 弥勒-师宗-水城断裂

该断裂为扬子地块和华南褶皱系的分界断裂。断裂呈北东走向，自云南建水，经弥勒、师宗，至水城附近交于康定-奕良-水城断裂。该断裂对两盘地层有明显的控制作用（王宝禄等，2004b）：①该断裂为峨眉山玄武岩东侧的分界线，断裂北西侧有大量峨眉山玄武岩，东南侧很少见；②断裂北西侧出露大量古生界，东南侧主要为三叠系，沿线可见上古生界逆冲覆盖在三叠系之上。同时，沿断裂带分布小型基性侵入体，显示对基性岩浆活动有明显的控制作用。

3. 康定–彝良–水城断裂

该断裂为扬子板块内壳间深大断裂（王宝禄等，2004b），总体走向北西。断裂北起四川康定，经泸定、汉源、甘洛、大关、奕良，至水城与弥勒–师宗–水城断裂相交，并继续向南东延伸。西北段在四川境内称为泸定–汉源–甘洛断裂，中段（甘洛–大关段）在地表不连续，具隐伏断裂性质，东南段称为紫云–垭都断裂。紫云–垭都断裂为贵州境内二至三级构造单元分界，对其两侧沉积建造和构造有明显的控制作用。例如，北东盘发育北东向褶皱和断裂，缺失或极少发育泥盆系—石炭系地层；南西盘则以北西向褶皱及断裂为主，发育沉积厚度较大的泥盆系—石炭系地层。

4. 小江断裂

该断裂为会理–昆明裂陷带内次级深大断裂，北自四川普雄，经宁南、巧家沿小江河谷延伸，到东川附近分成东西两支，向南至弥勒–师宗–水城断裂、红河断裂。小江断裂对东西两侧的沉积建造有明显的控制作用，石炭系在西昌–凉山一带缺失，而滇东北地区广泛分布；西昌–凉山地区发育白垩系地层，而滇东北地区则缺失。断裂始成于加里东中期，经历多期力学性质的复杂转化，具多期活动的特征（刘福辉，1984）。早期具张性特征，在海西期活动增强，切割加深，玄武岩浆沿断裂喷发，从而控制了该区东侧巨厚的玄武岩层的分布。印支期—燕山晚期，受到了东西向挤压，断裂由东往西逆冲，力学性质转化为压性，断裂北段普雄一带，可见二叠系玄武岩逆冲于侏罗系—白垩系红层砂岩之上，并产生宽达30余米的挤压破碎带。喜马拉雅期，受到北西西向挤压，表现为左行走滑性质。

（二）矿床分布规律

1. 会泽型铅锌矿床

会泽型（HZT）铅锌矿床，是指产于挤压构造背景下，直接受成矿期冲断褶皱构造控制，以热液蚀变成因的碳酸盐岩为容矿岩石，中高温–中低盐度的富气相（如 CO_2）成矿流体“贯入”成矿的铅锌矿床。该类矿床在川–滇–黔接壤区广泛分布（图9-2a ~ d），在扬子地块周缘也有分布。

2. 冲断褶皱构造带与构造分级控矿系统

基于路线地质填图、地震勘探资料分析及矿田构造研究，铅锌大型矿集区、矿田、矿床和矿体（脉）均受到冲断褶皱构造分级系统控制。滇东北矿集区存在八条冲断褶皱构造带（图9-2a），川西南矿集区存在四条冲断褶皱构造带（图9-2b），黔西北矿集区存在两条冲断褶皱构造带（图9-2c）。

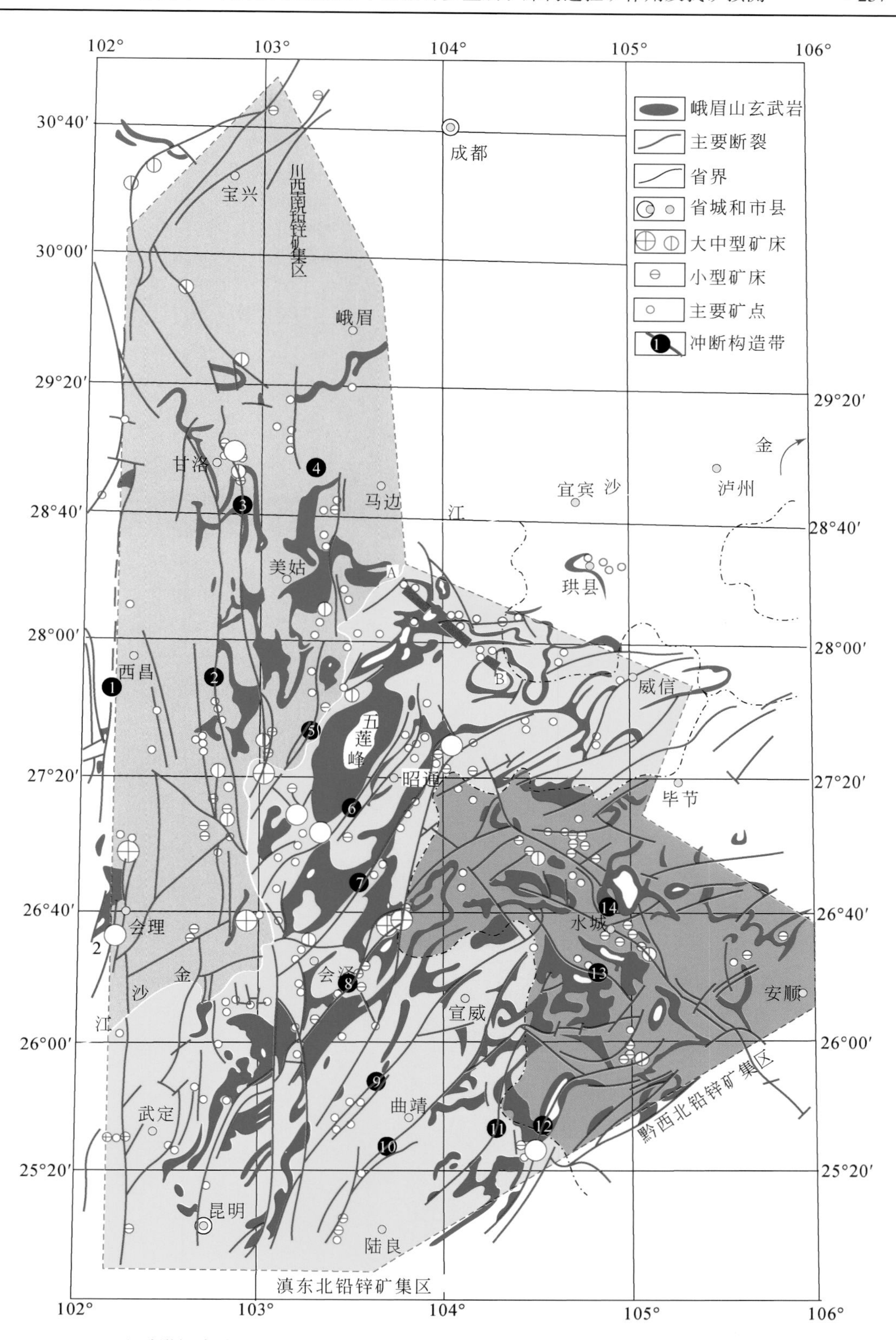

a.川滇黔接壤区主要冲断褶皱构造带与矿床(点)分布图(据柳贺昌、林文达，1999，修绘)

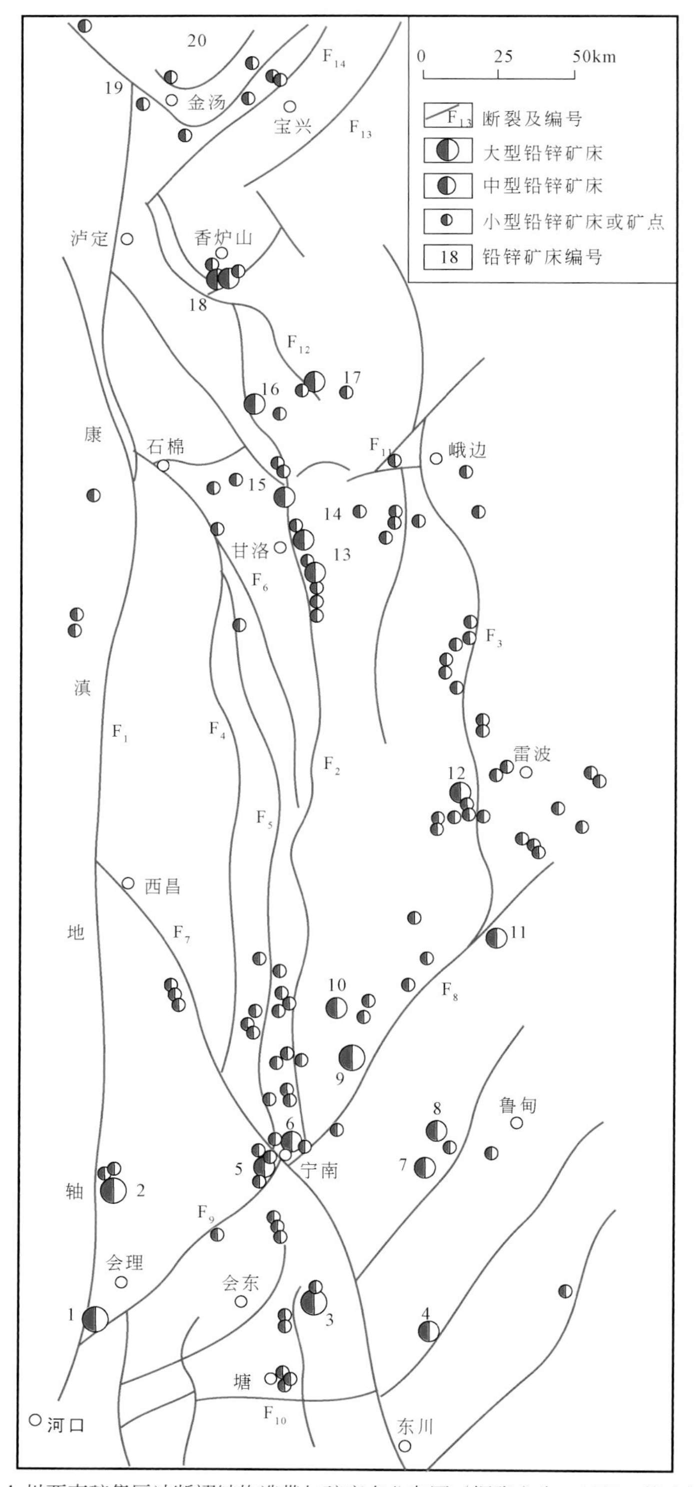

b.川西南矿集区冲断褶皱构造带与矿床点分布图（据张立生，1998，修改）

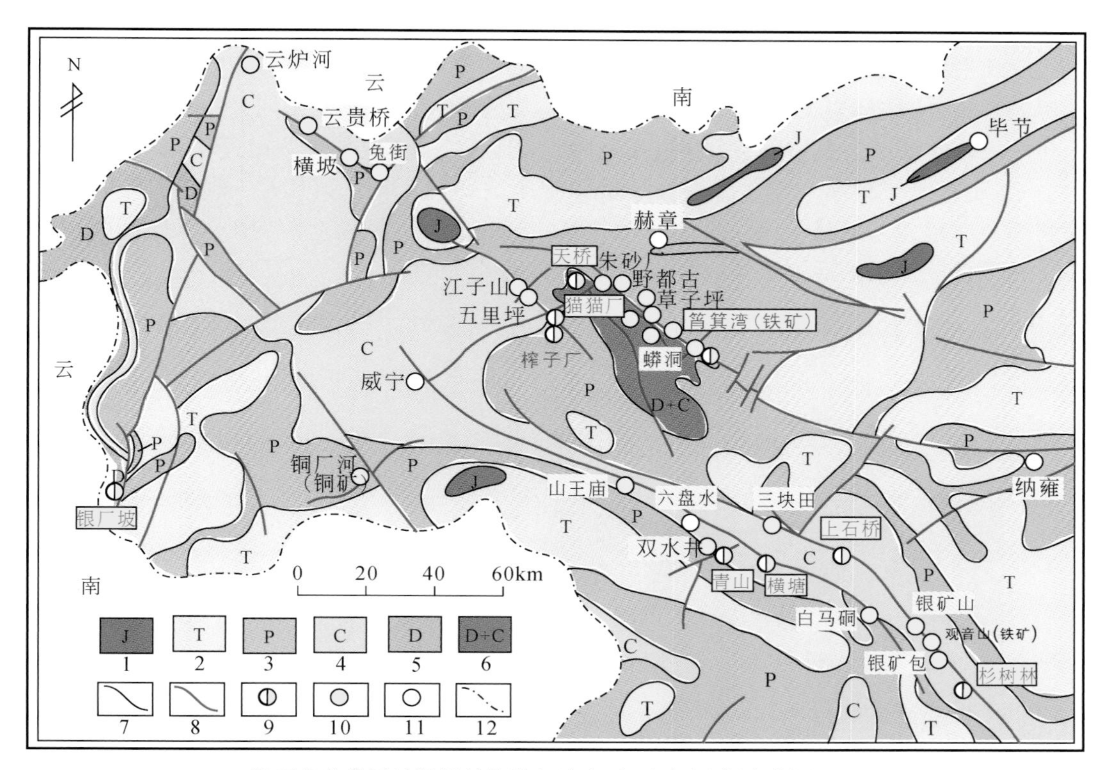

c.黔西北矿集区冲断褶皱构造与矿床(点)分布图(据金中国,2008)

1.侏罗系；2.三叠系；3.二叠系；4.石炭系；5.泥盆系；6.泥盆系—寒武系；7.地层界线；8.断层；9.铅锌矿矿；10.矿点；11.县名；12.省界

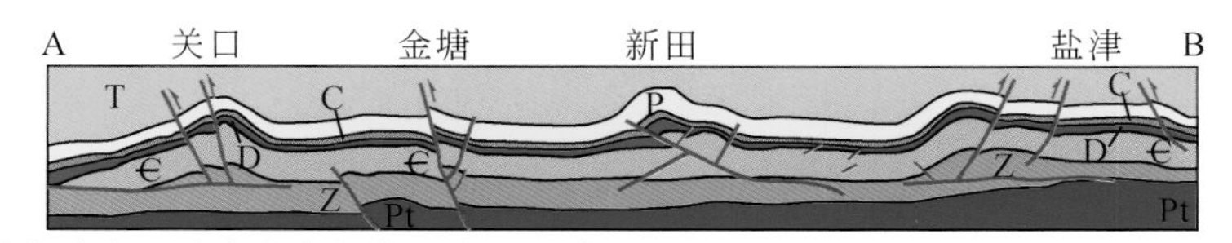

d.滇东北矿集区关口–盐津地区地震解释剖面图（据中国石化南方勘探分公司黔北地区工作总结，2010）

图9-2　川–滇–黔接壤区主要冲断褶皱带与矿床（点）分布图（据柳贺昌、林文达，1999，修绘）

滇东北矿集区八条冲断褶皱构造带组成冲断褶皱构造群，受北东向构造带控制（图9-2），主要包括：①罗平–普安带；②宜良–曲靖带；③寻甸–宣威带；④东川–镇雄带（金牛厂–矿山厂带）；⑤会泽–牛街带；⑥巧家–鲁甸–大关带；⑦巧家–金沙带；⑧永善–盐津带。它们呈“多字型”展布，具典型的滇东北多字型构造型式（韩润生等，2001b，2006，2007），形成的北东向叠瓦状构造明显控制了矿田展布，其次级左行压扭性断裂带控制了矿床（体）的布局，如会泽、昭通毛坪、乐红、乐马厂等铅锌（银）矿床；黔西北矿集区两条冲断褶皱构造带组成冲断褶皱构造群，受北西向构造带控制，主要包括：①威宁–水城带；②垭都–蟒硐带（图9-2c）；川西南矿集区四条冲断褶皱构造带组成冲断褶皱构造群，受南北向构造带控制，主要包括：①西昌–会理带；②香炉山–宁南带；③峨边–雷波带；④石棉–会东带（图9-2a）。

通过综合研究，提出了冲断褶皱构造分级控矿系统：冲断褶皱构造群控制铅锌多金属矿集区；冲断褶皱构造带控制矿田；单个冲断褶皱构造控制矿床；次级压扭性断层或层间断裂控制矿体。其分级控矿系统受成矿期统一的构造应力场控制。如北东向冲断褶皱构造群控制滇东北矿集区的展布，其中的会泽–牛街带控制了包括云南昭通大型铅锌矿床的铅锌矿田，东川–镇雄带控制了会泽、雨禄、待补等铅锌矿床的铅锌矿田；矿山厂–麒麟厂冲断褶皱构造控制了会泽超大型铅锌矿床；矿山厂–麒麟厂断层上盘的蚀变白云岩中北东向层间左行压扭性断裂带直接控制了富厚矿体（图9-3）。

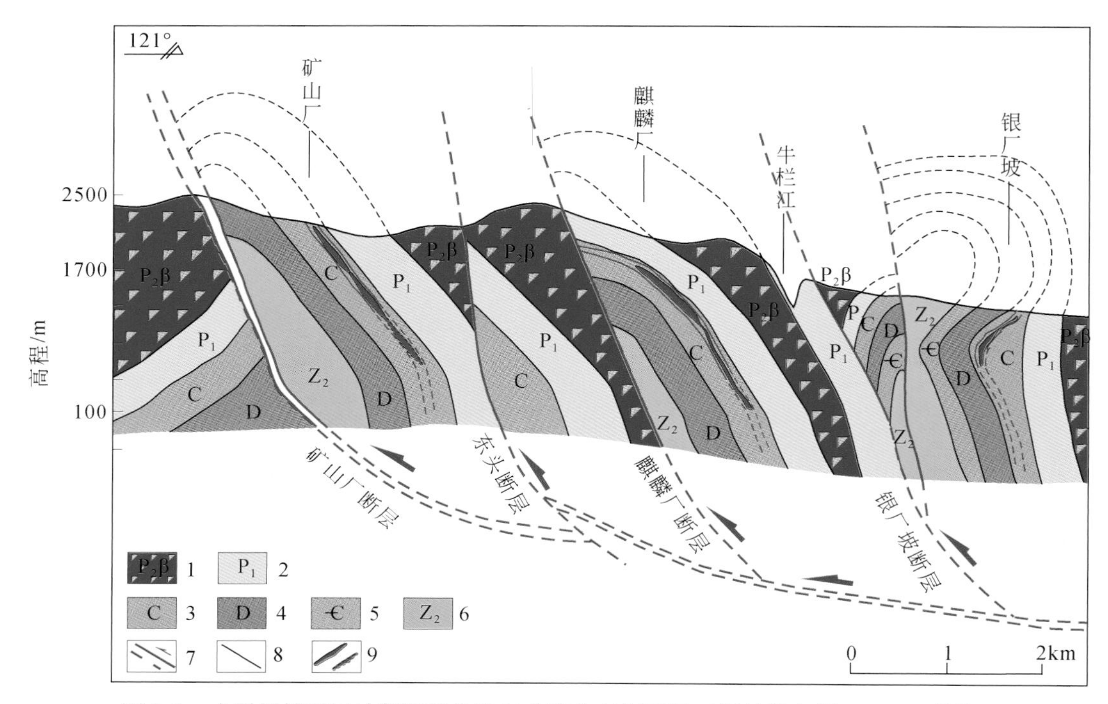

图9-3　会泽铅锌矿区冲断褶皱构造与矿床分布剖面图（据韩润生等，2012，修绘）

1. 峨眉山玄武岩；2. 下二叠统；3. 石炭系；4. 泥盆系；5. 寒武系；6. 上震旦统；7. 断层及推测断层；8. 地层界线；9. 矿体及推测矿体

二、矿床成矿构造动力学的年代学约束

各专家学者报道的矿床成矿时代差异很大，究竟是海西期、印支期、燕山期、喜马拉雅期，还是多期成矿？根据笔者十余年的研究，现从地质事实推断、构造变形筛分、构造古应力系统测量及同位素年龄约束四个方面进行成矿构造动力学年代学约束。

（一）地质现象推断成矿时代

基于以下五方面的基本地质事实：

（1）川–滇–黔成矿域440多个铅锌矿床（点）分布于上三叠统—震旦系碳酸盐岩中，

主要集中在下二叠统—震旦系蚀变白云岩、白云石化灰岩中（韩润生等，2006）。会泽铅锌矿区除下石炭统摆佐组赋存矿体外，深部揭露的陡山沱组中也发现脉状铅锌矿体。这一特征指示其成矿作用可能发生于三叠纪。

（2）滇东北矿集区内的冲断褶皱构造已包卷了上二叠统峨眉山玄武岩组、三叠系和部分侏罗系；会泽麒麟厂铅锌矿床的导矿构造——麒麟厂斜冲断裂带，发育铅锌矿化玄武岩的构造透镜体和片理化带（图9-4），铁白云石化、黄铁矿化等热液蚀变强烈，其中构造岩的铅锌元素含量较高（Pb：6726×10^{-6}，Zn：607×10^{-6}），会泽矿山厂铅锌矿床的导矿构造——矿山厂断裂带也具有类似特征，而且成矿构造形成于赋矿地层之后（Han et al.，2012）。这些特征指示其铅锌成矿作用发生于晚二叠世之后，也证实了铅锌成矿作用与海西晚期玄武岩喷发作用无直接的成因联系。

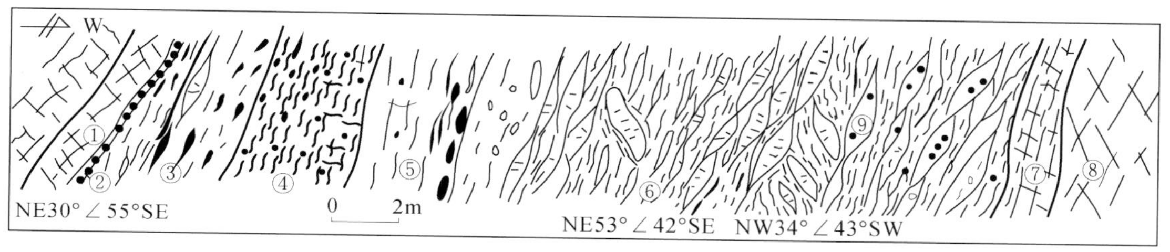

图9-4　会泽铅锌矿区麒麟厂斜冲断裂带剖面素描图

①碎裂中粗粒白云岩；②褐铁矿化白云质磨砾岩；③硅化灰-灰白色透镜体化白云岩；④片理化灰绿-黄绿色白云质、玄武质磨砾岩；⑤透镜体（黑色）化、片理化白云岩破碎带；⑥铅锌矿化透镜体化片理化玄武质磨砾岩破碎带；⑦强褐铁矿化碎裂白云岩，分布铅锌矿化石英微细脉；⑧青灰色灰质白云岩（P_1q+m）；⑨铅锌矿化玄武岩构造透镜体。产状意义：走向-倾角-倾向

（3）在滇东北矿集区，控制矿田的冲断褶皱构造均呈左行压扭性，在成矿期具有一致性，指示冲断褶皱构造形成时代与矿床成矿时代吻合（图9-5）。

（4）不管是滇东北矿集区、川西南矿集区，还是黔西北矿集区，冲断褶皱构造控制铅锌矿床的规律性和矿床地质特征具有明显的相似性（图9-6、图9-7），反映了川-滇-黔接壤区的铅锌矿床成矿时代具有统一性。

（5）张长青等（2005b）报道会泽铅锌矿床伊利石低温蚀变矿物K-Ar法年龄为176.5Ma。根据该矿床矿石中低温蚀变矿物（伊利石）与闪锌矿不共生的事实，显然这一年龄并不代表矿床成矿时代，可能标识了矿床形成后的另一次地质热事件；持沉积成矿观点的学者认为铅锌矿床成矿时代与赋矿地层或峨眉山玄武岩喷发时代同期（柳贺昌、林文达，1999；黄智龙等，2004），但是矿集区内整个矿床或一个铅锌矿床主要赋存于Z—P多个层位（如昭通毛坪铅锌矿床赋矿层位为D_3zg、C_1b、C_2w），而且赋存的矿体特征明显一致。显然，该区铅锌成矿作用非多期性。

根据这些地质现象，可以推断该区铅锌矿床的主要成矿时代在三叠纪开始，可能延至侏罗纪。

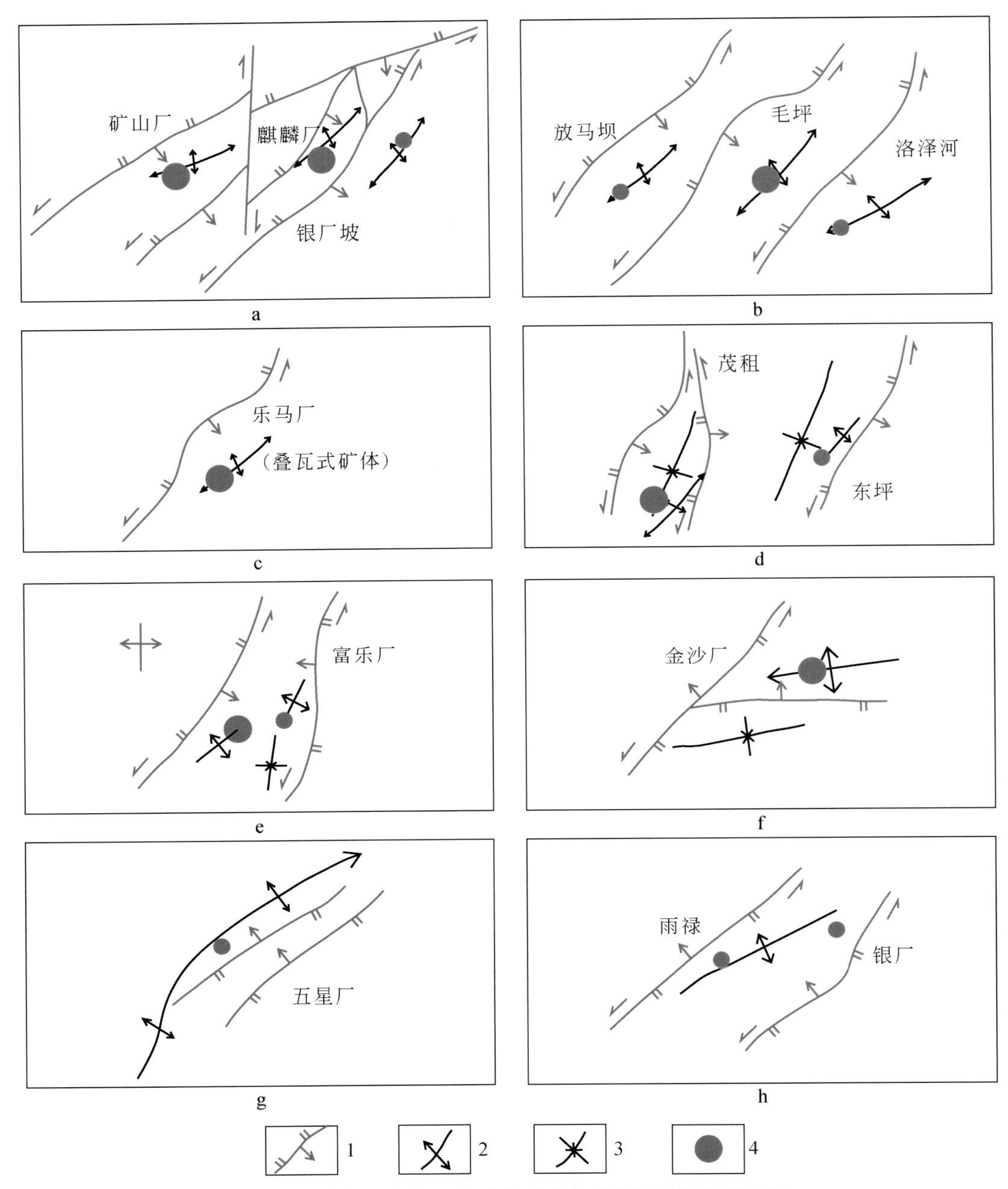

图 9-5　滇东北矿集区主要典型矿床冲断褶皱构造平面图

a. 会泽铅锌矿床；b. 昭通铅锌矿床；c. 乐马厂铅锌银矿床；d. 茂租铅锌矿床；e. 富乐厂铅锌矿床；f. 金沙厂铅锌矿床；g. 五星厂铅锌矿床；h. 雨禄铅锌矿床。1. 压扭性断裂；2. 背斜；3. 向斜；4. 矿床

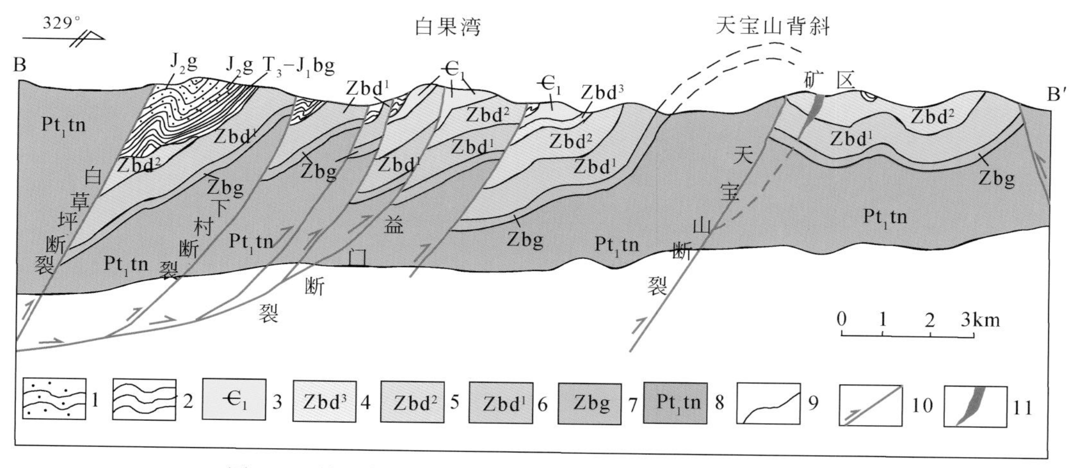

图 9-6　川西南矿集区天宝山铅锌矿床冲断褶皱构造剖面图

1. 中侏罗统益门组（J_2y）；2. 上三叠统白果湾组（$T_3—J_1bg$）；3. 下寒武统（ϵ_1）；
4. 上震旦统灯影组上段（Zbd_3）；5. 上震旦统灯影组中段（Zbd_2）；6. 上震旦统灯影组下段（Zbd_1）；
7. 上震旦统观音崖组（Zbg）；8. 前震旦系天宝山组（Pt_1tn）；9. 地层界线；10 逆断层；11. 矿体

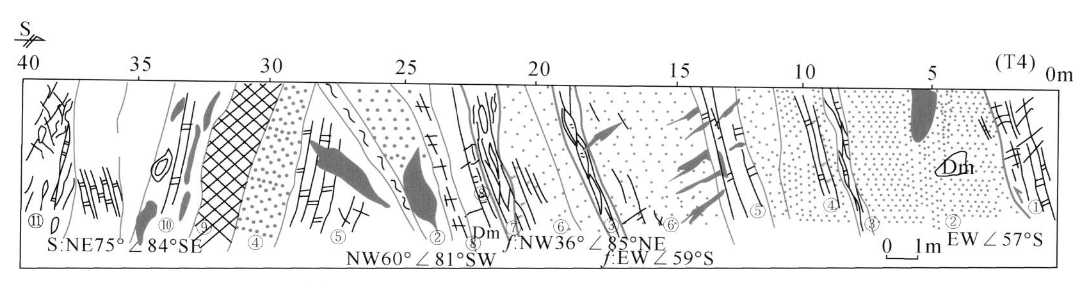

图 9-7　天宝山铅锌矿床控矿构造实测剖面图

①白色碎裂细晶白云岩；②含白云岩角砾状稠密浸染矿石；③黄铁矿化透镜体化白云岩；④硅质条带细晶白云岩的稠密浸染状矿石；⑤条带状白云岩中铅锌矿脉；⑥硅质白云岩中稀疏浸染状矿石；⑦褐铁矿化泥化构造透镜体带；⑧铅锌矿化碎裂白云岩；⑨块状铅锌矿石；⑩含白云岩夹石和黄铜矿脉状铅锌矿石；⑪白云岩角砾破碎带。产状意义：走向-倾角-倾向

（二）构造变形筛分定年

在会泽、昭通铅锌矿区，通过构造的几何学、运动学、力学、期次、构造岩特征和构造动力学过程研究，结合区域构造演化特征，认为滇东北矿集区至少经历了五期构造成生发展：①晋宁早期南北向构造带；②加里东期—海西期北西向构造带；③印支期—燕山早期北东向构造带；④燕山中晚期南北向构造带；⑤喜马拉雅期东西向构造带（图 9-8）。其中北东向构造带是主要的成矿构造体系。由此推断，该区铅锌成矿作用发生于印支期—燕山早期。

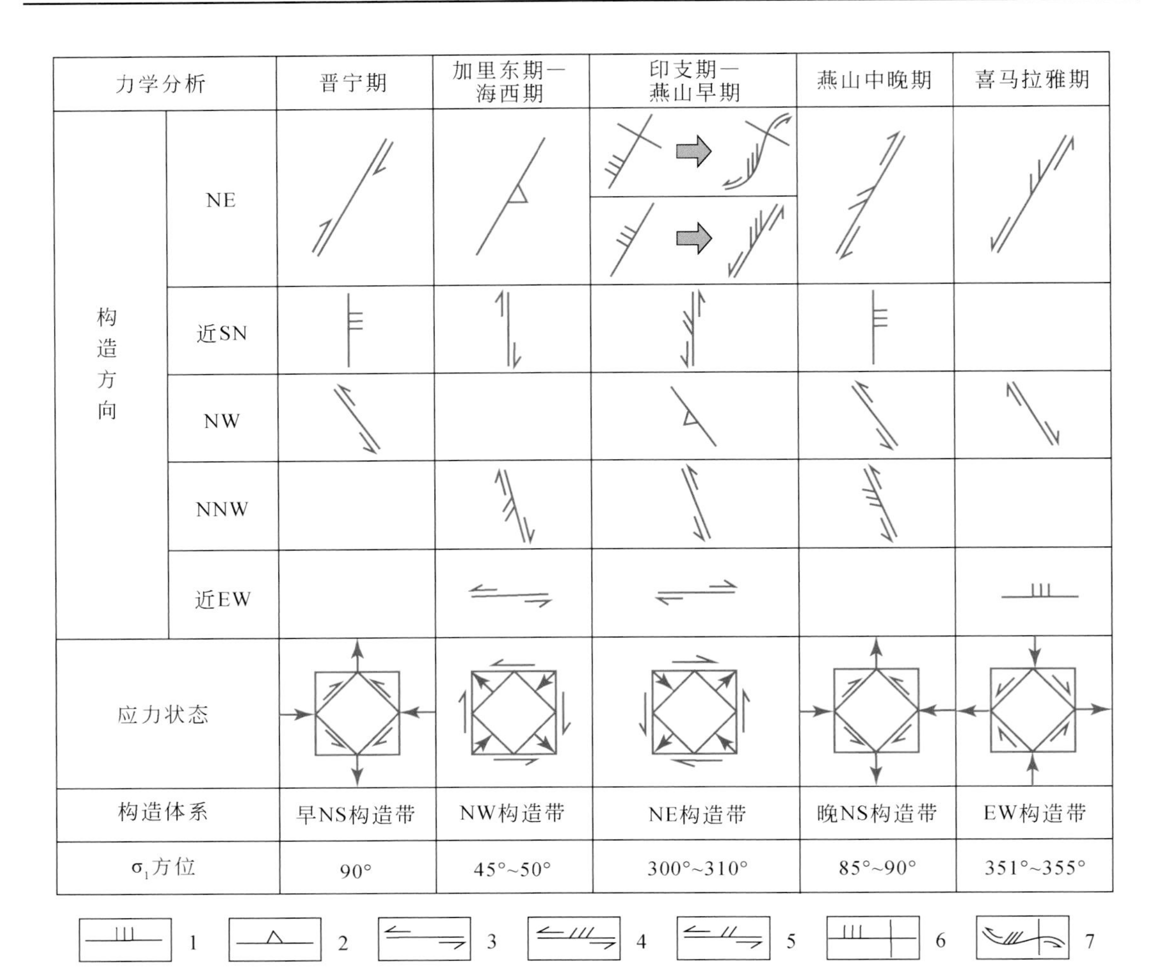

图 9-8　会泽铅锌矿区、昭通铅锌矿区构造变形及其演化图解

1. 压性断层；2. 张性断层；3. 扭性断层；4. 压扭性断层；5. 扭压性断层；6. 褶皱；7. 压扭性褶皱

（三）构造古应力系统测量定年

古应力声发射法（AE 法）（丁原辰等，1997，1998；丁原辰，2000），不仅能估计不同时代岩石经历的主要构造运动期最大主应力记忆值，而且还可以为矿床成矿时代的确定提供依据。

根据会泽铅锌矿区不同时代岩（矿）石的实测古应力值（表 9-1）反映的构造期次特征，发现晚震旦世以来，本区主要经历了 11 次构造活动。根据同一地区古应力值的可比性，在晚震旦世—早石炭世摆佐期，本区主要经历了 4 次构造活动；早石炭世—晚二叠世，主要经历了 2 次构造活动；在晚二叠世—三叠纪，至少经历 2 次构造活动；三叠纪后，至少经历了 3 次构造活动。块状铅锌矿石经历的构造运动期次比早石炭世摆佐组、早二叠世茅口组岩石经历的构造活动期次≥2 次。这一特征总体与该区反映地壳运动造成的地层接触关系特征相吻合（表 9-1）。因此，推断该矿床成矿时代为晚二叠世—晚三叠世。

表 9-1　会泽铅锌矿区古应力值测定及记忆的主要构造期次

测点编号	试样岩性	地层时代	各期（幕）古构造应力最大主应力有效值/MPa	记忆的主要构造运动期次	测点位置
HY-23	浅褐色粉砂岩	T_3	89.9、134.7、154.2	3	矿区外围地表
HY-21-1	墨绿色块状玄武岩	$P_2\beta$	104.6、156.4、197.0、223.8、254.9	5	矿区外围地表
HY-25	墨绿色块状玄武岩	$P_2\beta$	123.1、158.0、196.3、215.0、244.4	5	矿区外围地表
HY56-2	墨绿色致密块状玄武岩	$P_2\beta$	34.6、45.3、64.6、94.6、114.9	5	矿区地表
HY53-4	灰白色厚层状泥晶白云质灰岩	P_1q+m	24.6、34.5、45.9、63.7、74.1、105.2、115.3	7	矿区地表
HY73	褐色砂泥岩中团块状黄铁矿	P_1l	16.8、25.9、35.5、45.0、56.4、62.3、73.1	7	矿区地表
HY-4-1	浅灰色块状粗晶白云岩	C_1b	35.9、43.4、48.6、57.3、65.1、74.5、84.8	7	矿区外围地表
HY63	肉红色块状粗晶白云岩	C_1b	25.9、45.4、54.9、65.9、75.3、84.0、94.4	7	距地表 1000m
HY-7	浅黄色块状粗晶白云岩	C_1b	34.7、44.6、55.0、65.2、74.8、93.0	6	距地表约 900m
HY-8-1	灰白色厚层状细晶白云岩	Zbd	35.3、42.7、54.4、63.8、74.0、90.8、98.3、106.8、114.1、125.0	10	矿区外围地表
HY57-2	灰白色块状细晶白云岩	Zbd	24.1、34.9、44.9、54.6、67.1、76.7、84.7、96.2、104.9、124.7	11	矿区地表
HY72-1	灰黑色块状铅锌矿石	?	18.0、43.6、55.3、65.9、83.2	5	距地表 940m

测试单位：中国地质科学院地质力学研究所应力测试室

（四）同位素定年的约束

该区铅锌矿床的闪锌矿颜色丰富多彩（呈深黑—棕褐色、浅褐—褐色、玫瑰色—淡黄色）、晶形不一、粒度各异，可见生长环带结构，不同时代闪锌矿 Rb、Sr 含量变化较明显。因此，闪锌矿 Rb-Sr 等时线定年是较理想的定年技术，为成矿时代厘定提供了有利条件。黄智龙等（2004）获得会泽铅锌矿床闪锌矿 Rb-Sr 等时线年龄和热液方解石 Sm-Nd 等时线年龄为 226～225Ma，王登红等（2010）也获得一致的成矿年龄（230～220Ma）。笔者近期获得会泽铅锌矿床闪锌矿 Re-Os 四组年龄：252Ma、226Ma、122Ma、50～51Ma，其中 252Ma、122Ma、50～51Ma 组年龄代表地质热事件的年龄，226Ma 这组年龄与滇东北地区玄武岩型铜矿床浊沸石的 $^{40}Ar/^{39}Ar$ 坪年龄和等时线年龄（226～228Ma）（Zhu et al.，2007）完全一致，反映了该区的铅锌矿床与玄武岩型铜矿床可能属同一成矿系统。

吴越等（2012）转引的周家喜等获得的黔西北矿集区天桥铅锌矿床 Sm-Nd 等时线年龄（191.9±6.9Ma）、滇东北矿集区茂租铅锌矿床方解石 Sm-Nd 等时线年龄数据（194Ma）。笔者结合其他学者在黔西北、川西南矿集区所得到的同位素定年结果，认为以会泽铅锌矿床为代表的川-滇-黔接壤区 HZT 型铅锌矿床主体成矿年龄分布于 230～200Ma 的区间，揭示了该区铅锌成矿作用主体上发生于印支晚期，具有统一的锌成矿事件。

三、成矿构造动力学

（一）研究历史

在这类矿床成矿作用研究中，构造的重要控制作用逐渐得到重视（韩润生等，2001b）。最突出的研究进展表现在地幔热柱构造与铅锌成矿关系密切，如谢家荣（1964）提出了海西期大面积峨眉山玄武岩岩浆活动与铅锌成矿的联系。自 20 世纪 90 年代以来，峨眉山玄武岩岩浆活动与成矿的关系曾受到广泛关注（李红阳、李红阳，1996；牛树银等，1996）。侯增谦、李红阳（1998）将川-滇-黔地区大部分矿床归入热幔柱成矿体系的热幔柱-热点成矿系统，其主体发育于二叠纪；成矿体制为热动力成矿（胡耀国，2000；Huang et al.，2003）；王登红（2001）认为西南地区包括铅锌矿床在内的许多金属矿床的大规模成矿作用与地幔柱活动存在密切联系；廖文（1984）、陈进（1993）、柳贺昌和林文达（1999）也认为峨眉山玄武岩提供了部分矿质；Huang 等（2003）认为成矿流体中幔源组分与峨眉山玄武岩岩浆活动过程中的去气作用有关。王林江（1994）、Zhou 等（2001）、王奖臻等（2002）、李文博等（2002）则认为峨眉山玄武岩与铅锌矿床无成因联系。

根据构造成矿动力学与年代学约束，印支晚期是川-滇-黔接壤区铅锌矿床重要的成矿时代。显然，峨眉山玄武岩虽然与铅锌矿床存在密切的空间关系，但是与铅锌成矿无明显的成生联系。海西晚期玄武岩喷发所处的地幔柱构造背景是重要的，可能为该区印支晚期铅锌成矿提供了有利的构造背景。

（二）成矿构造动力学背景

Leach 等（2010）认为 MVT 型矿床产于被动陆缘构造背景的台地碳酸盐岩的伸展地带；毛景文等（2005）认为川-滇-黔地区铅锌矿床形成于大陆边缘造山弧后伸展背景。王奖臻（2001）、刘洪超等（2008）认为 MVT 型矿床产于造山带前陆盆地或伸展构造背景下，控制矿田（床）分布的构造属正断层性质。但是，川-滇-黔成矿域铅锌矿田（床）直接受斜冲走滑运动所形成的冲断褶皱构造控制。笔者认为，这些矿床是海西晚期伸展背景与印支期碰撞造山挤压背景的构造体制转换的产物。其主要证据体现在以下四个方面。

（1）印支期造山作用对川-滇-黔接壤区铅锌多金属成矿作用产生重要影响。该区毗邻的龙门山于诺利早期（T3）开始隆升，并伴随强烈的造山作用，印支期地体增生事件是扬子大陆生长过程具划时代意义的重大事件（刘肇昌等，1996）；右江、盐源-丽江、攀西等裂谷在 T3 几乎同时封闭造山（高振敏等，2002）；哀牢山地区于印支期开始隆升造山，也使扬子地块西南缘岩相古地理格局发生变化。可想而知，龙门山造山带、南盘江-右江增生弧型冲褶带及哀牢山-墨江-绿春造山带（图9-1）在印支期演化过程中必然对该区铅锌成矿作用产生重要影响。

（2）通过区域地质调查、地震资料解译和矿田构造配置特征、力学性质、产状、空间组合、活动期次、物质组分、运动方式和矿床构造控矿规律及构造变形筛分，认为铅锌成矿作用与印支晚期特提斯洋关闭有关，与印支期造山事件成矿响应密切相关。上述的冲断褶皱构造分级控矿系统的控矿规律，反映出区域构造背景具有挤压性质。从矿田、矿床（体）尺度均反映该类矿床是在挤压构造背景下形成，铅锌成矿作用方式是挤压构造环境，矿床的形成应与印支晚期造山事件的成矿响应密切相关。

（3）该区成矿构造背景不同于MVT型铅锌矿床。MVT型矿床大体有两种主要类型：前陆盆地型（如美国Tristate District）和裂谷型（如西班牙Maestrat）。前者形成的成矿构造背景具有“上压下张”典型特征，即上部造山过程中形成挤压环境，下部俯冲板块俯冲时发生弯曲而形成一系列正断层，为拉张环境；后者产于陆内裂谷背景。典型的MVT型铅锌矿床具有成矿温度低、未见流体沸腾、有机质包裹体、岩相控制及典型角砾状矿石构造等主要特点，但是，HZT型铅锌矿床产于冲断褶皱构造带控制的挤压构造背景下，具有特殊的矿床地质特征（Han et al.，2004，2007，2010a，2010b；韩润生等，2012）。

（4）SEDEX型铅锌矿床形成于伸展动力学背景下，在后期大陆挤压收缩体制下，常形成热水沉积-叠加改造型铅锌矿床，如秦岭铅锌成矿带形成于泥盆纪岩石圈总体缓慢俯冲消减，导致陆壳浅部发生伸展盆地，在伸展盆地和拉分断陷盆地中形成了秦岭铅锌成矿带，在印支期秦岭主造山带过程中，发生热液改造富集成矿，其中造山带流体大规模运移和碳酸盐型热水在金属成矿中具有重要作用（方维萱、黄转盈，2012a，2012b）。

在本区富锗银铅锌矿床中，广泛发育热液成因的铁白云石化-白云石化，同时明显受成矿构造的时空制约，并形成HTD白云岩和热液蚀变分带（文德潇等，2014）；闪锌矿流体包裹体研究表明，流体包裹体类型除富液相的气液两相（L+V）、纯液相（L）、含子晶三相（L+V+S）外，还存在含CO_2不混溶流体包裹体（$V_{CO_2}+L_{CO_2}+L_{H_2O}$）和纯气相（V）包裹体。而且，黄铁矿、闪锌矿、方解石矿物流体包裹体群的气相成分以H_2O、CO_2为主，CO_2含量较高（$11.0\times10^{-6}\sim233\times10^{-6}$），闪锌矿中单个包裹体拉曼光谱也明确指示$CO_2$的存在。从而进一步证明了富$CO_2$流体沸腾作用使（铁）白云石化围绕矿体形成蚀变分带，本区碳酸盐型热流体受大陆侧向挤压收缩体制驱动，本区造山带流体大规模运移与冲断褶皱带发生斜冲走滑的动力学体系，形成了构造扩容空间——造山带流体大规模运移多重耦合作用，导致了成矿物质卸载与聚沉成矿。

综上所述，川-滇-黔接壤区成矿构造动力学背景是：印支晚期（200～230Ma）特提斯洋闭合与造山事件，在扬子地块西南缘前陆盆地诱发强烈的斜冲走滑，形成一系列冲断褶皱构造（带），构造动力驱动流体大规模运移，沿构造发生“贯入”形成线状、带状展布的（铁）白云石化热液蚀变，并发生成矿流体分异作用、构造-流体耦合成矿作用，最终形成一批大型-超大型铅锌多金属矿床（图9-9）。

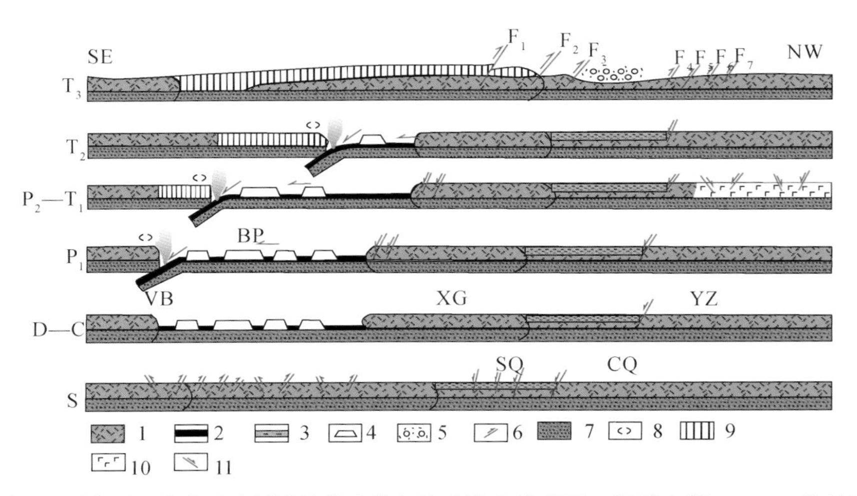

图 9-9　川-滇-黔地区冲断褶皱构造带与构造演化示意图（据马力等，2004，修绘）

SQ. 黔南斜坡；CQ. 黔中隆起；VB. 越北地块；BP. 八布 PhuNgu 洋盆；XG. 湘桂地块；YZ. 扬子地块冲断褶皱带；F1. 右江断裂；F2. 贞丰断裂；F3. 垭紫罗断裂；F4. 东川-镇雄断裂；F5. 会泽-牛街断裂；F6. 鲁甸-盐津断裂；F7. 永善-绥江断裂。1. 大陆地壳；2. 大洋地壳；3. 坡积沉积；4. 洋岛；5. 磨拉石；6. 逆冲断层；7. 地幔岩石圈；8. 岛弧或大陆活动边缘；9. 增生楔；10. 玄武岩；11. 正断层

四、“三位一体”成矿规律与找矿预测地质模型

（一）“三位一体”成矿规律

通过川-滇-黔接壤区铅锌矿床与典型的 MVT 型铅锌矿床的充分对比，认为它们的构造背景、主控因素、矿石组构、物化条件、成矿模型等特征明显不同于 MVT 型矿床（韩润生等，2006；Han et al.，2014a，2014b），均表现出统一的成矿规律：构造分级控矿系统、矿化蚀变岩相组合、典型的矿化结构、矿物和蚀变组合分带。其中冲断褶皱构造系统控制了冲断褶皱构造分级控矿系统，分级控矿系统挨次控制了矿集区、矿田、矿床、矿体及矿化蚀变带的展布；断裂构造成矿结构面和矿化蚀变岩相成矿结构面的组合，不仅直接控制了矿体产状及其矿化强度，而且形成了“成矿构造-热液白云岩-矿体”的矿化结构；矿化蚀变岩相、断裂构造成矿结构面组合制约了矿体中矿物共生分异和蚀变分带规律。

（二）找矿预测地质模型

根据川-滇-黔接壤区铅锌矿床的成矿规律，建立了该类矿床找矿预测的地质模型（图 9-10），可以通过冲断褶皱构造及其上盘的热液蚀变体（成矿地质体）确定勘查区的找矿方向；通过成矿结构面研究判断矿体的空间部位及其产状；通过矿物和蚀变组合分带研究判别隐伏矿床（体）存在的成矿流体作用标志。该模型对川-滇-黔接壤区铅锌矿床深部和外围找矿预测及评价具有重要的指导意义。

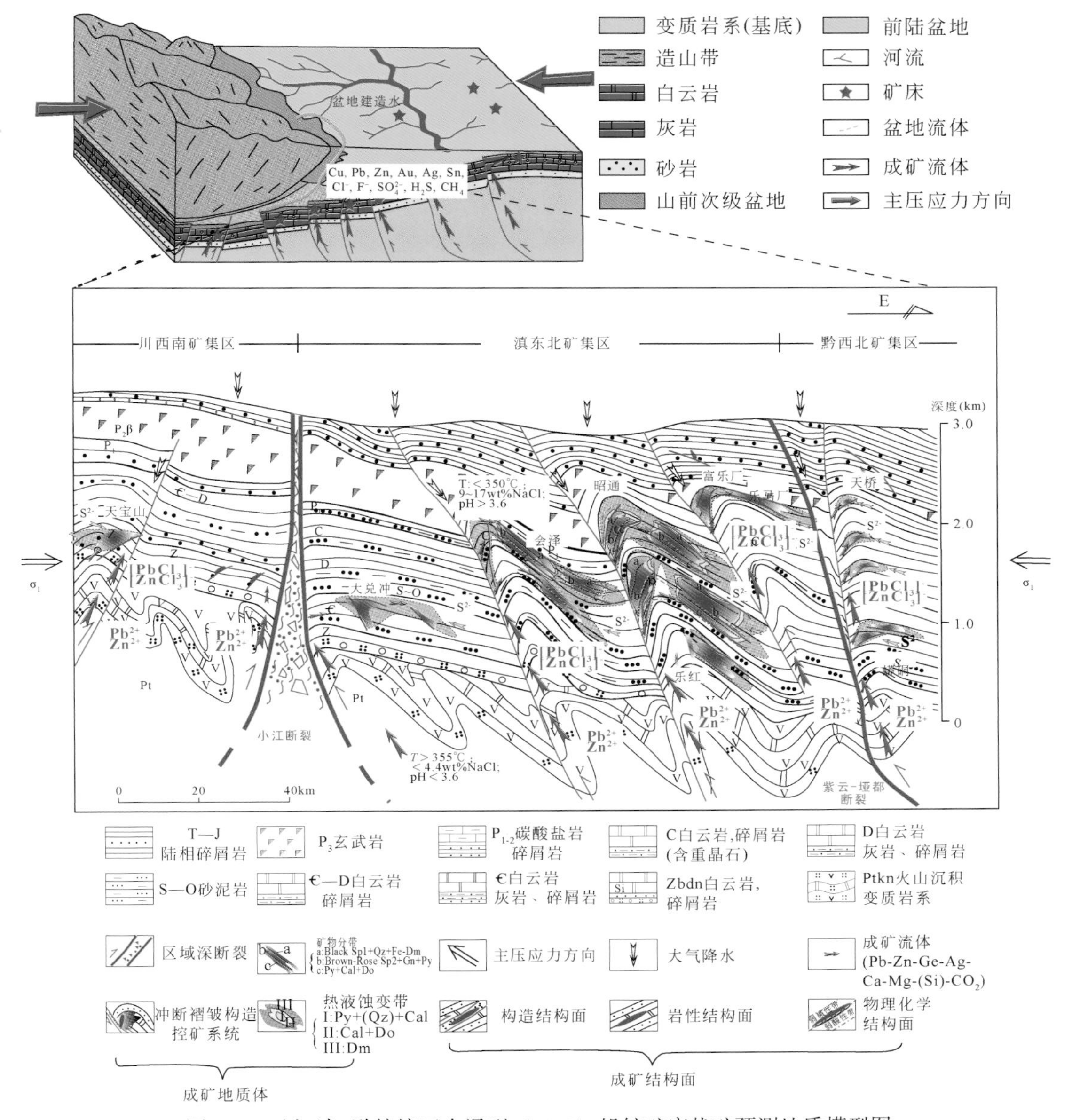

图9-10　川-滇-黔接壤区会泽型（HZT）铅锌矿床找矿预测地质模型图

第二节　滇东北会泽超大型铅锌矿床构造控矿作用及找矿预测

会泽铅锌矿区位于近南北向小江断裂与曲靖-昭通隐伏断裂带之间，金牛厂-矿山厂冲断褶皱构造带的北东端；分布于会泽县东北部的龙王庙-车家坪-牛栏江一带，面积约10km²(图9-11)。目前，已发现矿山厂和麒麟厂两个大型铅锌矿床、银厂坡中型银铅锌矿床，以及龙头山、小黑箐、澜银厂等铅锌矿点与马脖子、长箐、双石头等铅锌矿化点。

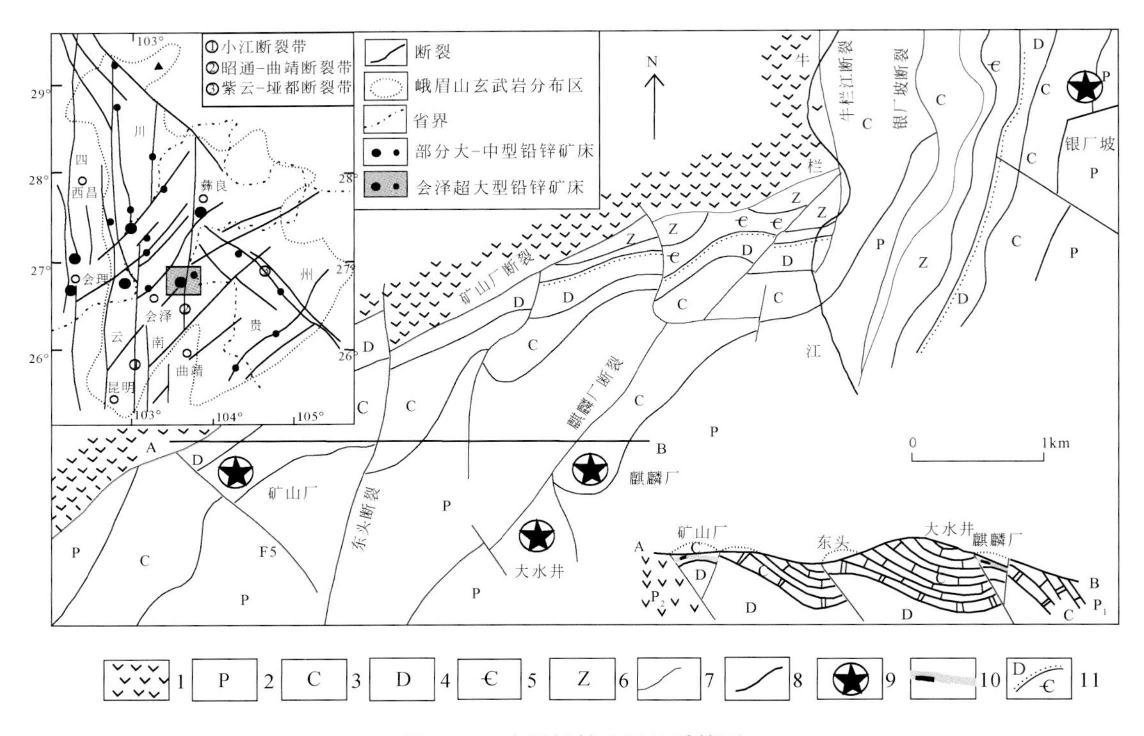

图 9-11　会泽铅锌矿区地质简图

1. 二叠系峨眉山玄武岩；2. 二叠系：包括栖霞组—茅口组（P_1q+m）灰岩、白云质灰岩夹白云岩，梁山组（P_1l）碳质页岩和石英砂岩；3. 石炭系：包括马平组（C_3m）角砾状灰岩，威宁组（C_2w）鲕状灰岩，摆佐组（C_1b）粗晶白云岩夹灰岩及白云质灰岩，大塘组（C_1d）隐晶灰岩及鲕状灰岩；4. 泥盆系：包括宰格组（D_3zg）灰岩、硅质白云岩和白云岩，海口组（D_2h）粉砂岩和泥质页岩；5. 寒武系：包括筇竹寺组（$€_1q$）泥质页岩夹砂质泥岩；6. 震旦系：灯影组（Z_2dn）硅质白云岩；7. 断裂；8. 地层界线；9. 铅锌矿床；10. 矿化蚀变带；11. 假整合界线

一、矿床地质特征的特殊性

矿区构造主要表现为断裂和褶皱。矿山厂、麒麟厂、银厂坡三条北东向斜冲压扭性断层为矿区的主干断裂，三条断裂与近南北向的东头逆断层交汇，它们和派生的北东向背斜构造（矿山厂、麒麟厂、澜银厂背斜等）及其北西向羽状断层组成冲断褶皱构造带（图 9-11）。矿体主要赋存于下石炭统摆佐组（C_1b）中上部的层间断裂破碎带内（图 9-12）。矿体分布在矿区主干构造——矿山厂断裂和麒麟厂断裂的上盘，严格受区内北东向、北西断层控制。矿体多为似层状，透镜体状、囊状和脉状，剖面上则主要矿体呈现“阶梯状”分布特征（图 9-13），呈现其走向延伸大于侧向延长，产状较陡（倾角大于 50°），空间上具有“陡宽缓窄”的特征。

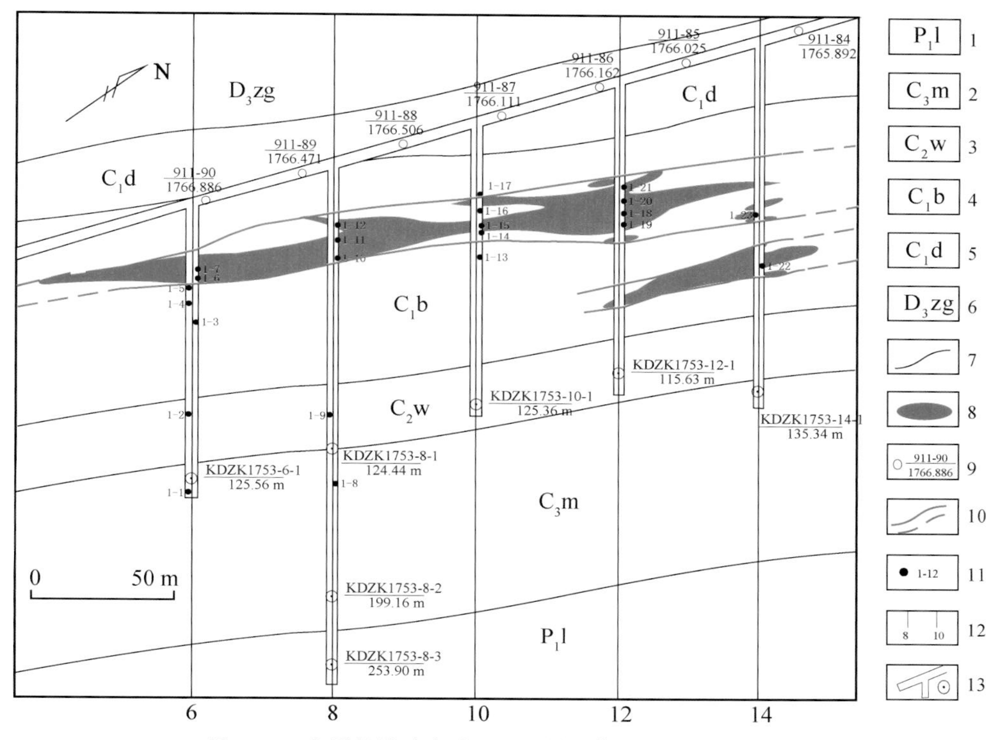

图 9-12　会泽铅锌矿床矿山厂 1 号矿体 1751 中段平面图

1. 梁山组碳质页岩和石英砂岩；2. 马平组角砾状灰岩；3. 威宁组鲕状灰岩；4. 摆佐组粗晶白云岩夹灰岩及白云质灰岩；5. 大塘组隐晶灰岩及鲕状灰岩；6. 宰格组灰岩、硅质白云岩和白云岩；7. 地层界线；8. 矿体；9. 测点及编号；10. 层间断裂及推测断裂；11. 采样点及样品编号；12. 剖面线及编号；13. 勘探坑道与钻孔

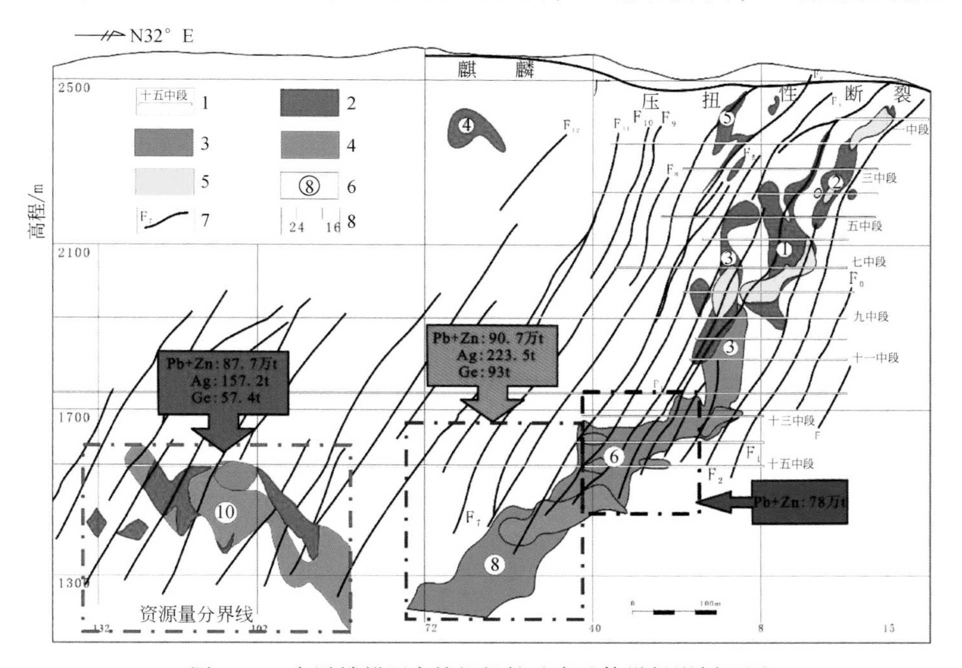

图 9-13　会泽麟麒厂富锗银铅锌矿床矿体纵投影剖面图

1. 中段编号；2. 氧化矿体；3. 硫化矿体；4. 下盘矿体；5. 氧化矿体；6. 矿体编号；7. 断层及编号；8. 剖面线及编号

研究发现，该矿床地质特征具有以下区别于国内外已知类型铅锌矿床（MVT、VHMS、SEDEX 等）的特殊性。

（1）矿床平均品位特高（Pb+Zn≥30%，局部高达 50%），明显不同于其他类型矿床（Pb+Zn 为 4% ~10%）。经研究发现，它是世界上最富的超大型铅锌矿床。单矿体的富铅锌资源量可达大型-超大型规模；矿床平面展布范围高度集中（3000×10^6 ~4000×10^6t /km^2）。

（2）单个矿体富铅锌和共伴生矿种（Ge、Ag、Cd）的资源量可达大型矿床规模（会泽铅锌矿 1、8、10 号矿体）；陡倾斜矿体垂直延深（大于 1600m）远大于走向延长（150 ~350m），与造山带中断控脉状矿床特征大体一致（陈衍景等，2007）。

（3）矿石除富集 Pb、Zn 外，还富集 Ge、Ag、Cd、Ga、In 等共（伴）生组分（部分地段可形成独立的 Ge、Ag、Cd 矿体）；矿石组构特点突出（以中粗晶粒结构为主，块状构造占绝对优势）。

（4）矿床明显受逆冲断层及其派生的褶皱构造（简称冲断褶皱构造）的控制，而且控制矿床的逆冲断层在成矿期均呈现左行压扭性质，"热液白云岩-层间断裂-铅锌矿体"形成"三位一体"的矿化结构（韩润生等，2006）；矿体与围岩界限截然（图 9-14）。

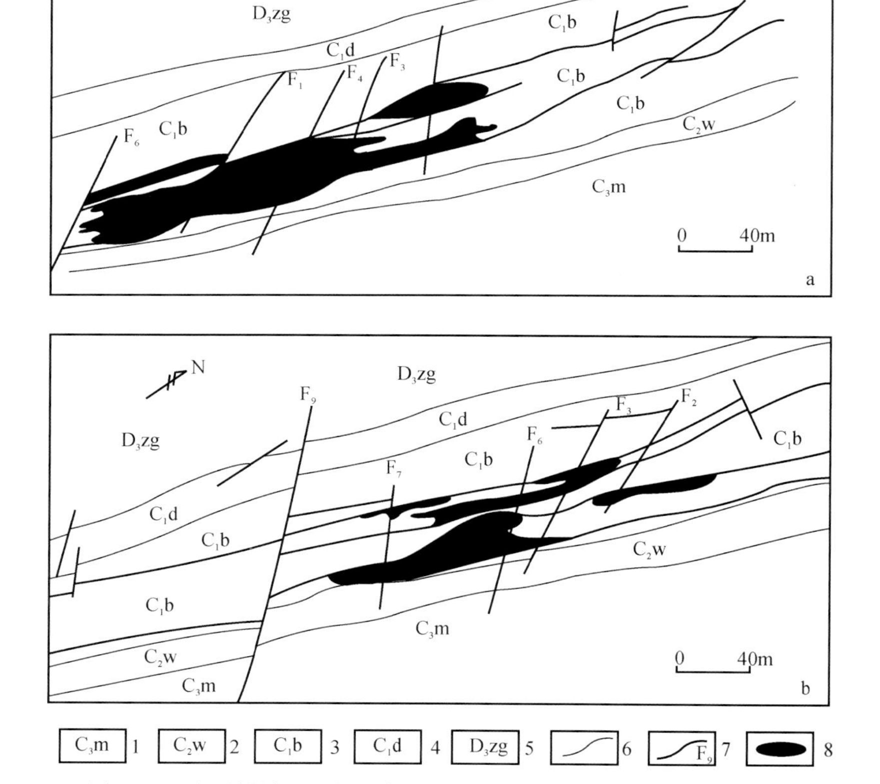

图 9-14　会泽麒麟厂铅锌矿床 6 号矿体 1571 中段、1631 中段平面图

a. 1571 中段；b. 1631 中段。1. 上石炭统马平组角砾状灰岩；2. 中石炭统威宁组鲕状灰岩；3. 下石炭统摆佐组粗晶白云岩夹灰岩及白云质灰岩；4. 下石炭统大塘组隐晶灰岩及鲕状灰岩；5. 上泥盆统宰格组灰岩、硅质白云岩和白云岩；6. 地层界线；7. 断层及编号；8. 矿体

(5) 矿体中矿物组合分带规律明显：从矿体底板到顶板，依次为深色闪锌矿+铁白云石→褐色—玫瑰色闪锌矿+方铅矿+黄铁矿→黄铁矿+方解石+白云石的矿物组合（图9-15）。该特点反映成矿流体结晶时发生了分异作用；主要脉石矿物（方解石）的稀土元素呈现明显的“四分组效应”，反映成矿过程中流体发生了气-液分异作用；围岩蚀变类型简单，但白云石化、铁白云石化分布范围广。

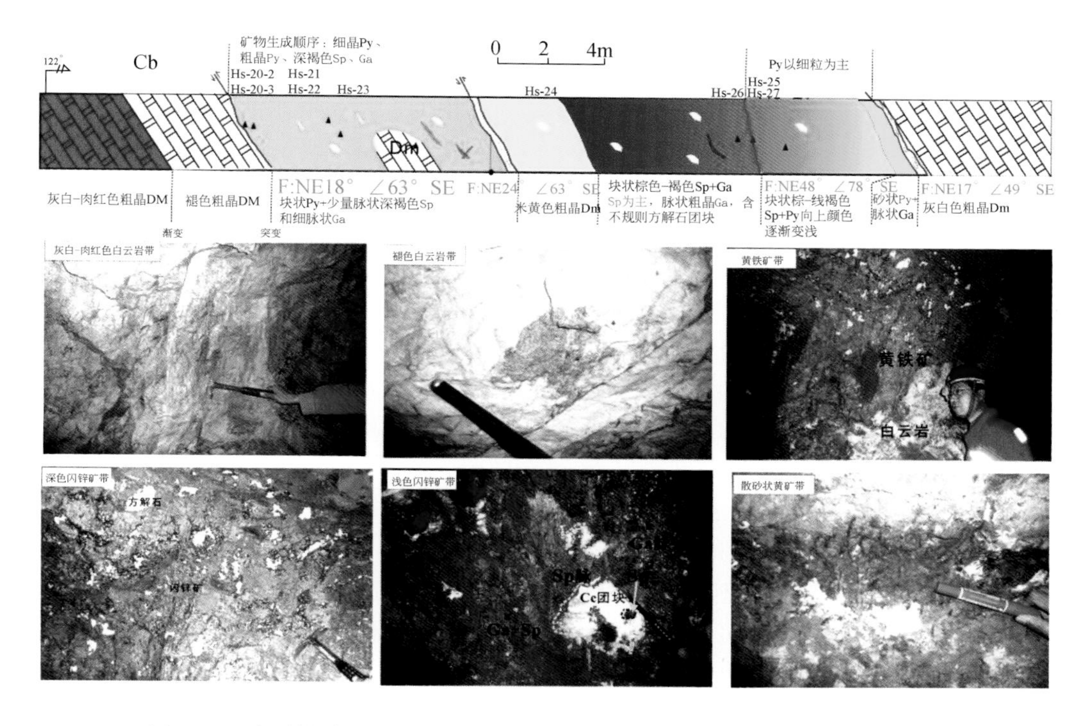

图9-15　会泽麒麟厂铅锌矿床8号矿体1261中段94穿脉矿物组合分带特征

(6) 通过方解石流体包裹体显微测温，其成矿温度为183～221℃（未压力校正），13～18wt% NaCl，但是褐色闪锌矿流体包裹体红外显微测温获得的成矿温度为250～355℃（未压力校正），1.8～4wt% NaCl（Han et al.，2010a，2010b）；流体包裹体类型除富液相的气液两相（$L_{H_2O}+V_{H_2O}$）、纯气相（V_{H_2O}）、纯液相（L_{H_2O}）外、还存在含子晶三相（$S+L_{H_2O}+V_{H_2O}$）包裹体、含CO_2不混溶流体包裹体（$V_{CO_2}+L_{CO_2}+L_{H_2O}$）。气相成分中含$CO_2+CH_4+N_2$（韩润生等，2006；Han et al.，2004，2007）。这一特征证明流体沸腾作用是富集成矿的重要机制。

(7) 矿床主要赋存于震旦系—三叠系间不同层位的碳酸盐岩中，特别是白云岩和白云岩化灰岩。

(8) 矿石有用组分多易选、易冶，同比采选效益好，经济成本低。

二、成矿构造系统、成矿结构面及其控矿特征

（一）成矿构造系统

根据断裂构造力学性质、空间形态特征、活动期次、物质成分、应力作用方式和褶皱类型、规模、产状、形态、空间组合，以及与区域构造的关系，认为冲断褶皱构造系统是该矿床的成矿构造系统类型，可分为断裂构造亚系统和褶皱构造亚系统，其中后者是伴随断裂构造系统的发生和发展的，是统一的构造应力场持续作用的产物。滇东北矿集区东川–镇雄带控制了会泽、雨禄、待补等铅锌矿床的铅锌矿田（图9-2）；矿山厂–麒麟厂冲断褶皱构造控制了会泽超大型铅锌矿床（图9-11）；矿山厂–麒麟厂斜冲断层上盘的北东向层间左行压扭性断裂控制了富厚矿体（图9-12、图9-14）。

（二）成矿结构面及其控矿特征

成矿结构面是指成矿作用过程中赋存矿体的显性或隐形存在的岩石物理化学性质不连续面（叶天竺，2010）。该矿床成矿结构面主要包括断裂裂隙构造、蚀变岩相转化结构面。两类成矿结构面的组合控制了矿体的展布，断裂裂隙系统是在蚀变岩相转化结构面的基础上形成和发展的。

1. 断裂构造成矿结构面

断裂结构面力学性质分析不仅是认识矿区断裂力学性质的基础，也是识别矿区导矿构造、配矿构造和储矿构造必不可少的条件，而且在矿区构造体系划分、构造与成矿的关系判断、矿床成因探讨及隐伏矿预测方面有重要意义。

主要断裂构造岩类型：矿区主要发育北东向、近南北向、北西向、北北西向和近东西向五组断裂构造。北东向断裂以脆性变形的碎粒岩最发育，见脆塑性形变的初糜棱岩、糜棱岩、粗糜棱岩化碎裂岩，反映断裂经历了多期构造活动；近南北向断裂发育脆性形变构造岩为特征，脆塑性形变发育片理化，碎裂岩为主，还有碎斑岩、碎粒岩；北北西向断裂发育脆性形变碎裂岩为特征（表9-2）。从 $D_3zg \rightarrow C_1b$，成矿断裂的构造岩呈规律性的变化：碎裂–碎斑岩、透镜体化粒化岩带→碎裂灰岩带→白云质碎裂岩带→构造片岩–透镜体化粒化岩、白云质碎裂岩带。

表9-2　会泽矿区赋矿围岩中不同方向断裂构造岩及其形变和相变特征

不同方向断裂构造岩类型	北东向	近南北向	北北西向	北西向
构造岩	碎粒岩、碎斑岩、初糜棱岩、糜棱岩	碎斑岩	碎裂岩	张性
	碎裂岩化糜棱岩、碎裂岩	碎粒岩、碎裂岩		角砾岩
结构构造	碎斑、碎粒、糜棱、碎裂	碎裂、碎斑、碎粒	碎裂	张性碎裂
	透镜体状、片理化、条带状	透镜体状、片理化	透镜体状	角砾状

续表

不同方向断裂构造岩类型		北东向	近南北向	北北西向	北西向
形变	脆性	碎粒岩化、碎斑岩化	碎裂岩化、碎斑岩化	碎裂岩化	显微裂隙
		显微裂隙、碎裂岩化	碎粒岩化、显微裂隙	显微裂隙、碎斑岩化	碎裂岩化
	脆-塑性	糜棱岩化、初糜棱岩化	片理化、初糜棱岩化	片理化	
		片理化、条带状			
	塑性	透镜体化	透镜体化	透镜体化	
相变	新生矿物	方解石、白云石、黄铁矿、石英	方解石、黄铁矿、石英	黄铁矿、方解石	
	蚀变类型	碳酸盐化、黄铁矿化、硅化	黄铁矿化、硅化	黄铁矿化	

矿物和岩石的形变和相变特征及主压应力方向：北东向断裂主要表现为岩石和矿物的脆性形变，逐渐演化为脆-塑性形变。构造岩的显微裂隙构造特征表明，岩石经历了多期脆性变形作用，形成各类构造蚀变岩，发育构造岩相变，有重结晶的方解石及少量梳状方解石。通过定向薄片和宏观构造特征，可判断该组断裂所受最大主压应力（σ_1）方向经历了305°～315°→85°～90°→353°～360°的转变；近南北向断裂构造岩经历了脆性形变（碎裂、碎斑岩）→脆-塑性形变（片理化）→弱的塑性形变的转变。而且，相变发育，方解石的动态重结晶作用强，有少量新生石英。蚀变以黄铁矿化、硅化为主。由构造岩显微构造形变特征判断，该组断裂所受最大主压应力方向经历了310°→275°→55°→0°的变化；北北西向断裂构造岩以脆性形变为主，脆-塑性、塑性形变较弱。相变较强，有方解石的动态重结晶，蚀变以黄铁矿化为主。根据显微构造形变特征判断，该组断裂所受最大主压应力（σ_1）方向经历了290°→90°→40°的变化。由此可见，构造岩形变以脆性形变为主，相变较弱。

结合宏观、微观的断裂构造力学性质分析（韩润生等，2006），判断不同方向的断裂发生了复杂的力学性质转变：

（1）NE向断裂经历了压性-左行压扭性→右行扭（压）性→左行扭（压）性的力学性质转变；

（2）近SN向断裂经历了压-压扭性→左行扭压性→压性→右行扭性的力学性质转变；

（3）NW向断裂经历了张性→左行扭性→右行扭性的转变；

（4）NNW向断裂经历了左行扭性→左行压扭性→右行压扭性的力学性质转变；

（5）近EW向断裂经历了右行扭性→左行扭性→压性的力学性质转变。

2. 蚀变岩相成矿结构面

通过1584中段、1031中段、1261中段典型剖面蚀变岩相精细填图，认为从主要赋矿地层底部到顶部，其蚀变岩岩相分带依次为：①网脉状白云石化-方解石化中细晶白云岩带；②黄铁矿化铅锌矿化针孔状粗晶白云岩带；③面型粗晶白云岩带。脉状白云石化以穿层为主，面型白云岩化以顺层为主。而且，蚀变岩相垂向分带规律明显。从 D_3zg→C_1d→C_1b→C_2w，面型白云岩化依次增强，形成于成矿早期阶段；矿化蚀变岩相分带明显，依次为：线状白云石化、灰色细晶白云岩带（D_3zg^2）→弱方解石化-铅锌矿化、灰白色面型粗晶白云岩带（D_3zg^3）→弱白云石化、黑色灰岩带（C_1d）→网络状白云石化、灰色—杂色灰岩带（C_1b 下部）→含灰岩残余的肉红色致密块状粗晶白云岩带（C_1b 中下部）→铅锌矿化方解石化、米黄色针孔状粗晶铁白云岩带→强 Py—强 Pb-Zn 矿化带（C_1b 中上部）→黑色细晶灰岩带（C_2w）。这一规律反映了矿体主要分布于网络状白云石化灰岩带与米黄色针孔状粗块状粗晶白云岩带，铅锌矿化方解石化米黄色针孔状、块状粗晶白云岩带与黑色细晶灰岩带的蚀变岩相转化成矿结构面上，其热液蚀变参数为：SiO_2、MgO/CaO、Al_2O_3/TFe_2O_3，矿化粗晶白云岩与未矿化粗晶白云岩具有明显的差异。

三、矿区成矿构造体系

（一）矿区构造体系

根据各方向断裂结构面力学性质的复杂转变过程，通过构造筛分和配套法，将矿区构造划分为四种构造组合，代表四种不同的构造体系，反映五期构造的演化和发展。构造体系的成生发展顺序为（图 9-8）：早南北构造带、北西构造带、北东构造带、晚南北构造带、东西构造带。其中，北东构造带是由一系列左列式多字型北东向褶皱和压扭性断裂组成，控制了该地区铅锌（银、锗）矿床的分布。北西构造带受黔西地区垭都-水城北西构造带的控制，在本区表现不明显。各构造期次的最大主压应力方向为：第一期 σ_1 方向为 90°；第二期 σ_1 方向为 45°～55°（在矿区表现不明显）；第三期 σ_1 方向为 300°～310°；第四期 σ_1 方向为 85°～90°，第五期 σ_1 方向为 351°～355°（图 9-8）。

（二）控矿构造型式

根据矿田地质力学理论与方法，矿床（体）的形成和分布受控于构造应力场，而且与构造变形之间有着密切的联系。通过含矿断裂力学性质的鉴定和控矿构造型式分析，可以探讨成矿期构造变形对矿床的控制作用。

矿区主要有两种控矿构造型式（韩润生等，2000a，2000b）：

（1）多字型控矿构造型式：矿体沿一组北东向压扭性层间断裂带分布，并与北西向张（扭）性断裂构成多字型构造型式，也是区域、矿区内具有普遍性的控矿构造型式。在滇东北地区，这种构造型式表现出新华夏系继承活动改造华夏系的特殊性，从而表现出独特的控矿特征。故称为滇东北多字型控矿构造。

（2）阶梯状控矿构造型式：矿体因受东西向层间压扭性断裂带控制，具有等间距成矿、等深距成矿特点，在剖面上呈现阶梯状的构造型式。理论和实践已经证明，它是一种独特的构造控矿规律。这种构造主要是含矿断裂构造在平面和剖面上的等间距性控制的结果。对于这种等间距性的形成机理，可以从弹性波的角度利用数学模拟的方法给予证明。构造应力不仅随空间位置变化，而且也随时间变化。根据一定强度的弹性波在均匀介质（岩石）中的传播速度相等的原理，压缩波、引张波在岩石传播过程中相互作用，在平面和剖面上造成了断裂与矿体的等间距分布。在矿区，摆佐组主要由碳酸盐岩组成，其中上部主要为粗晶白云岩，下部为致密块状白云质灰岩。尽管中上部地层岩石岩性有细微的差别，但总体说是较均匀的，而且其力学性质比下部弱。当构造应力作用后，中上部的岩石容易产生破裂，表现出构造对岩性的选择性，造成断裂构造的等间距性，从而形成阶梯状构造。

（三）成矿构造体系

通过对含矿断裂力学性质的鉴定，可以看出不同方向断裂在成矿期的力学性质不同，而且在前期和后期归属于不同的构造体系，但是成矿期构造均是在北西–南东向的构造应力作用下形成的，归属于北东构造带这一构造体系。可以从四个层次说明。

（1）滇东北地区：铅锌矿床（点）均分布于五个左列式构造–铅锌成矿带：寻甸–宣威构造带；东川–镇雄构造带；会泽–彝良构造带；鲁甸–盐津构造带；永善–绥江构造带（图 9-2），构成了滇东北多字型构造。其串连面走向大致呈南北向，平行于小江深断裂带和昭通–曲靖隐伏断裂带，表明它们是小江深断裂带左行走滑派生的构造应力场作用的产物。

（2）会泽矿区：矿山厂、麒麟厂、银厂坡等矿床呈左行雁列展布，形成高级别的多字型构造。

（3）麒麟厂矿床：从北到南，3、6、8 号矿体以及大水井 10 矿体组成了次级多字型构造，这是麒麟厂断裂左行扭动的结果。

（4）麒麟厂矿床立体空间和构造地球化学异常，3、6、8 号矿体和构造地球化学异常（韩润生等，2001a）在平面上呈左列式排布，在剖面上呈阶梯状向北西向侧伏，明显受北东向压扭性层间断裂的控制。

四、构造控矿规律及构造控矿模式

（一）构造控矿规律

1. 区域构造控矿规律

该矿床地处会泽金牛厂–矿山厂区域性控矿断裂带，南西起自寻甸白龙潭，经会泽金牛厂、待补、雨碌、澜银厂、者海、矿山厂到威宁银厂坡，长 105km。断裂走向北东，倾向南东，沿其断裂分布二叠系峨眉山玄武岩。沿断裂带分布有小型、中–大型铅锌矿床和矿（化）点，区域化探异常显示断裂带的容矿层异常基本与已知矿床（化）重合（柳贺昌，1995）。研究认为，小江深断裂带和曲靖–昭通隐伏断裂带为成矿提供了十分有利的构造地质背景，控制了川滇黔铅锌成矿区的分布，其中滇东北多字型构造控制了北东向斜列展布的铅锌（银、锗）成矿带。小江深断裂带是一条长期继承发展演化的超壳断裂，为元古宙昆阳裂谷东界，由一系列近乎直立的南北向逆冲断裂组成，断裂带有强铁矿化、透镜体化和糜棱岩、碎斑岩、碎粒岩化破碎带，曾发生了左行、右行、逆冲及拉伸等活动，明显具有多期活动特点。它控制了其东西两侧地层和构造及火成岩的发育，西侧主要发育元古宇昆阳群和中生界及花岗岩体，构造以南北向和北东向及东西向为主；东侧主要为古生界，构造主要发育北东向和部分南北向。在该断裂西侧，新发现铅、锌、铜矿化，局部矿（化）点中锌品位可达15%以上。

元古裂谷作用初期具张性；海西期，小江断裂与昭通-曲靖隐伏深断裂带主要表现为左行走滑运动，正由于左行走滑运动，在滇东北地区形成五个北东构造带，它们主要由北东向褶皱群和压扭性断裂组成，并有垂直于主干构造的北西向张（扭）性断裂相伴生，形成左列式多字型构造-铅锌成矿带，它们既是基底构造，又是表层构造，既控制了区域岩浆活动，又对本区铅锌矿床的发育和分布起重要的控制作用；印支期前，该断裂带显示近东西向拉伸，形成张断裂系；印支期显示东西向挤压，形成近南北向逆冲断裂带。燕山期后，小江断裂主要表现为右行走滑运动，至今仍在活动。该矿床就位于区域性东川-镇雄构造成矿带南西段的会泽金牛厂-矿山厂控矿断裂带上，沿断裂发育多个小-大型铅锌矿床、矿化点及区域化探异常。

2. 矿田构造控矿规律

矿山厂、麒麟厂、银厂坡断裂为多期活动的断裂带，组成叠瓦状构造，分别控制了矿山厂、麒麟厂和银厂坡铅锌矿床，形成三个铅锌矿带，构成矿田的多字型构造。它们分别是三个矿床的导矿构造，主要表现有：①断裂带内构造岩发育强烈的白云石化、黄铁矿化、硅化、绿泥石化、绿帘石化及方解石化等热液蚀变，在断裂带和附近围岩中分布大量碳酸盐脉及石英细脉，反映断裂中流体活动的特点；②断裂构造岩中出现较强Pb、Zn、Fe、Ge、As、Ag、Tl等元素异常，Fe可达18%以上，Pb+Zn高达0.7%。

3. 矿床构造控矿规律

麒麟厂矿床受麒麟厂断裂派生的北东向压扭性断裂及北西向张扭性断裂的复合控制。北东向压扭性断裂将矿体限制于摆佐组中上部层位，控制了矿体的顶底板，是主要的容矿构造，在平面上呈似层状、透镜体状，与围岩产状基本一致。似层状矿体延长较大，一般在数十米至300余米，厚度达30余米，组成富厚矿体，Pb+Zn>30%，并富含Ag与Ge、In、Cd、Tl、Ga等元素。这类构造派生的节理裂隙控制了细脉状矿化。除层间构造控制矿体外，岩层挠曲、岩层产状急剧变化处，控制平行矿脉。

在麒麟厂断裂上盘分布的北西向断裂，从浅部到深部分布密度逐渐减少，规模逐渐增大，并与矿体共存，与麒麟厂导矿断裂相联系，构成了矿床的配矿构造。虽然在这类构造中未发现Pb、Zn矿体，但是构造岩的热液蚀变和Zn、Pb等矿化特征比南北向断裂构造岩明显，Pb+Zn可达0.15%。在北西向断裂和北东向断裂交叉部位，矿体局部膨大，反映这类构造对成矿的控制作用，这是配矿构造的典型特征之一。

所以，在小江深断裂带和昭通-曲靖隐伏断裂带的左行走滑运动派生出的北西-南东向挤压力的作用下，成矿流体沿构造发生贯入成矿作用，形成阶梯状和多字型两种独特的构造控矿型式，造成矿体的等间距与等深距成矿，它们都是统一构造应力场作用的结果。

（二）构造控矿模式

综合研究认为，该矿床的构造控矿模式是：小江深断裂带和昭通–曲靖隐伏断裂带为形成深源成矿流体提供了有利的成矿地质背景；矿山厂断裂为矿山厂、麒麟厂及银厂坡三个矿床中的压扭性断裂的含矿流体贯入提供了通道，是主要的导矿构造；下石炭统摆佐组北东向层间压扭性断裂为矿质沉淀堆积提供了储存空间，并控制了矿体的形态和产状，为矿床的主要容矿构造，北西向断裂与北东向断裂交汇部位，矿体变富、变厚，是矿床的配矿构造。北东构造带是矿区最主要的成矿构造体系，容矿地层、含矿断裂与矿体示为“三位一体”成矿。这充分说明会泽铅锌（银、锗）矿床的形成和分布严格受构造控制，为构造地球化学和构造应力场研究及隐伏矿预测奠定了理论基础。

五、矿床成矿模型

（一）矿 床 成 因

纵观川–滇–黔接壤区铅锌矿床的成因，许多专家学者从不同角度或侧重点研究提出了不同的观点，如“岩浆热液”说（谢家荣，1963）、“沉积”说（陈士杰，1984；张位及，1984）、“沉积–改造”说（廖文，1984）、“沉积–成岩期后热液改造–叠加”说（陈进，1993）、“沉积–改造–后成”说（柳贺昌、林文达，1999）、MVT 型（Zhou et al.，2001；“贯入–萃取–控制”成矿机制（韩润生等，2001a；张长青等，2005a，2005b）及“均一化流体贯入成矿”说（黄智龙等，2004），其主流观点为 MVT 型和沉积为主导的层控型。韩润生等（2012）针对滇东北矿集区铅锌矿床具有“富（品位特高 Pb+Zn≥30%）、大（矿床和矿体的资源储量大）、多（共生 Ge、Ag、Cd 等有价组分）、深（矿体延深大）、强（白云石化强烈）及经济价值巨大、成矿环境特殊等独特的地质特征，明显不同于国内外已知类型（MVT、VHMS、SEDEX 等）铅锌矿床，与典型的 MVT 型矿床是不同的成矿体系，典型的 MVT 型和 VHMS、SEDEX 型铅锌矿床的成矿理论也难以解释该类矿床在矿石品位特高、共（伴）生锗和银等组分多、矿体延深大、矿床规模大等特殊性（韩润生等，2006；Han et al.，2007）。

近年来，人们也注意到多数 MVT 型矿床形成于岛弧–大陆碰撞造山带、安第斯型俯冲造山带和陆–陆碰撞造山带的前陆盆地中，少数产于逆冲推覆带和大陆伸展背景（陈衍景等，2001；Bradley and Leach，2003；Leach et al.，2005）。鉴于该区富锗铅锌矿床所处的构造背景、矿床地质特征的特殊性，故笔者突出该类铅锌矿床属铅锌矿床的新类型——“会泽型”（HZT）铅锌矿床（韩润生等，2012），在川–滇–黔成矿域具有典型性和普遍性。

（二）混合流体“贯入”–交代成矿模型

21 世纪以来，成矿地球动力学背景成为研究热点。Leach 等（2010）认为 MVT 型铅锌矿床产于被动陆缘构造背景的台地碳酸盐岩的伸展地带；毛景文等（2005）认为川–滇–黔地区铅锌矿床形成于大陆边缘造山弧后伸展背景；王奖臻等（2001）、刘洪超等（2008）认为 MVT 型矿床产于造山带前陆盆地中。看来，这些专家学者的一致观点认为 MVT 型矿床主要产于伸展背景之下，控制矿田（床）的构造属正断层性质，但是滇东北矿集区矿田（床）构造为左行压扭性的逆断层，挤压的构造背景特征清晰（图 9-3），显然其成矿作用方式和构造环境明显不同于典型的 MVT 型矿床。

高振敏等（2002）认为，右江、盐源-丽江、攀西等裂谷在 T3 几乎同时封闭造山；刘肇昌等（1996）认为龙门山诺利早期开始隆升，伴随强烈的造山作用，印支期地体增生事件是扬子大陆生长过程具划时代意义的重大事件，而且矿集区西南部的哀牢山地区也于印支期开始隆升造山。可想而知，进入印支期，滇东北矿集区毗邻龙门山造山带、南盘江-右江增生弧型冲褶带及哀牢山-墨江-绿春造山带（马力等，2004），矿集区周边发生造山事件诱发本区构造推覆，使海西晚期的伸展背景转换成印支期的挤压背景，在挤压-推覆构造背景下铅锌等金属元素活化、迁移、富集成矿。根据滇东北矿集区矿床明显受北东向叠瓦状褶皱冲断构造控制的特点，可以认为，印支期构造体制转换是成矿流体发生“贯入”成矿的根本原因。印支期造山成矿热事件诱发盆地内大规模流体运移，富矿流体在构造动力驱动下沿北东向构造带发生“贯入”成矿，即混合流体“贯入”-交代成矿。矿集区铅锌成矿作用与印支晚期特提斯洋关闭有关，矿床印支期造山事件成矿响应的产物。

综上所述，HZT 型矿床的大地构造背景为造山带前陆碳酸盐岩台地的褶皱冲断构造带内。Sr-Nd-Pb、C-H-O、S 同位素示踪成矿流体主要来源于中元古界褶皱基底的流体（Han et al.，2004，2007），成矿期断裂构造岩 HREE 富集特征（韩润生等，2001b；Han et al.，2012）反映了成矿流体/岩石发生了相互作用。所以，该矿床成矿动力学过程（图 9-16）可概括为以下方面。

（1）冲断褶皱构造形成与流体大规模运移阶段：印支晚期，矿集区南东部发生的造山事件诱发本区发生强烈的构造推覆和冲断褶皱的形成，引发区域大规模流体运移，使赋矿地层中的膏盐层的硫还原成硫代硫酸和氢硫酸，并淋滤出中元古界基底岩石中的成矿元素（韩润生等，2006）。

（2）成矿流体贯入与气-液分异作用阶段：基底昆阳群中的富 CO_2 中高温酸性流体运移到冲断褶皱带发生减压沸腾作用和中和反应，导致大量富 CO_2 流体逃逸进入碳酸盐岩发生大规模白云石化和气液流体分异作用，形成铅、锌、锗等富矿流体。

（3）富矿流体卸载与流体-构造耦合成矿阶段：在构造动力驱动下富矿流体沿北东向压扭性构造带“贯入”卸载，发生构造与流体耦合及共生分异作用，最终形成 HZT 型富锗铅锌矿床。

六、找矿预测

在构造找矿预测的基础上，应用构造地球化学、构造应力场靶区筛选等找矿预测技术，在麒麟厂矿区深部及外围的定位靶区内，通过工程验证，发现 8、10 号隐伏矿体，取得了隐伏矿定位预测的重大突破（罗霞，2000，2001；韩润生等，2001a，2001b；2006）。截至目前，新增铅锌资源储量达 500 多万吨。本节限于篇幅，在此不再赘述。

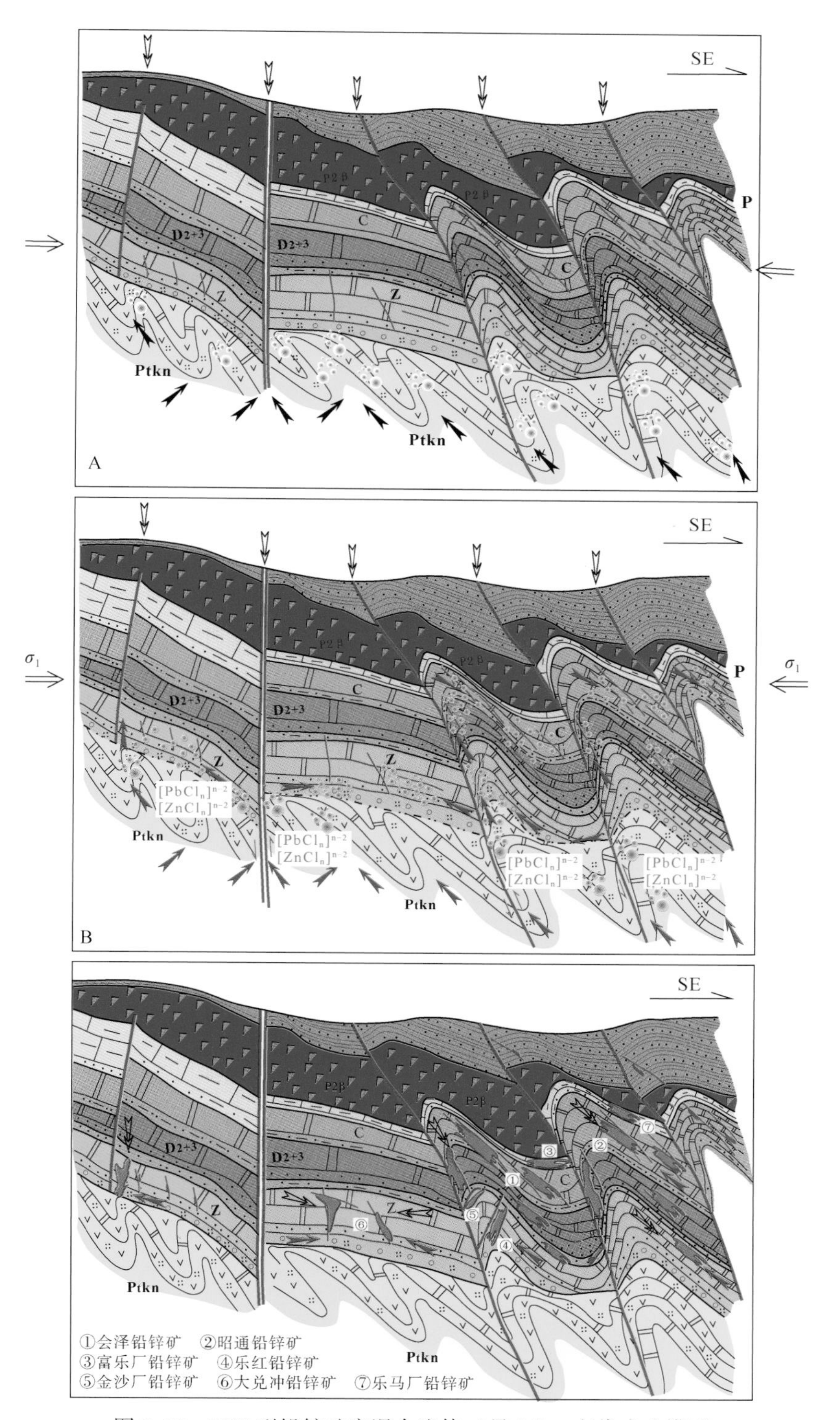

图 9-16　HZT 型铅锌矿床混合流体“贯入”-交代成矿模型

a. 冲断褶皱构造与流体大规模运移；b. 成矿流体贯入与气-液分异；c. 富矿流体卸载与流体-构造耦合成矿

第三节　滇东北昭通毛坪大型铅锌矿床构造控矿作用及找矿预测

昭通毛坪铅锌矿区位于近南北向小江深断裂东侧，处于紫云–垭都深断裂与曲靖–昭通隐伏断裂带的交汇部位（图 9-2）。截至目前，已发现昭通毛坪大型铅锌矿床和放马坝、云炉河坝等小型铅锌矿床以及拖姑煤、龙街等 12 处铅锌矿点（矿化点）（图 9-17）。昭通毛坪大型铅锌矿床是其典型代表（图 9-18）。

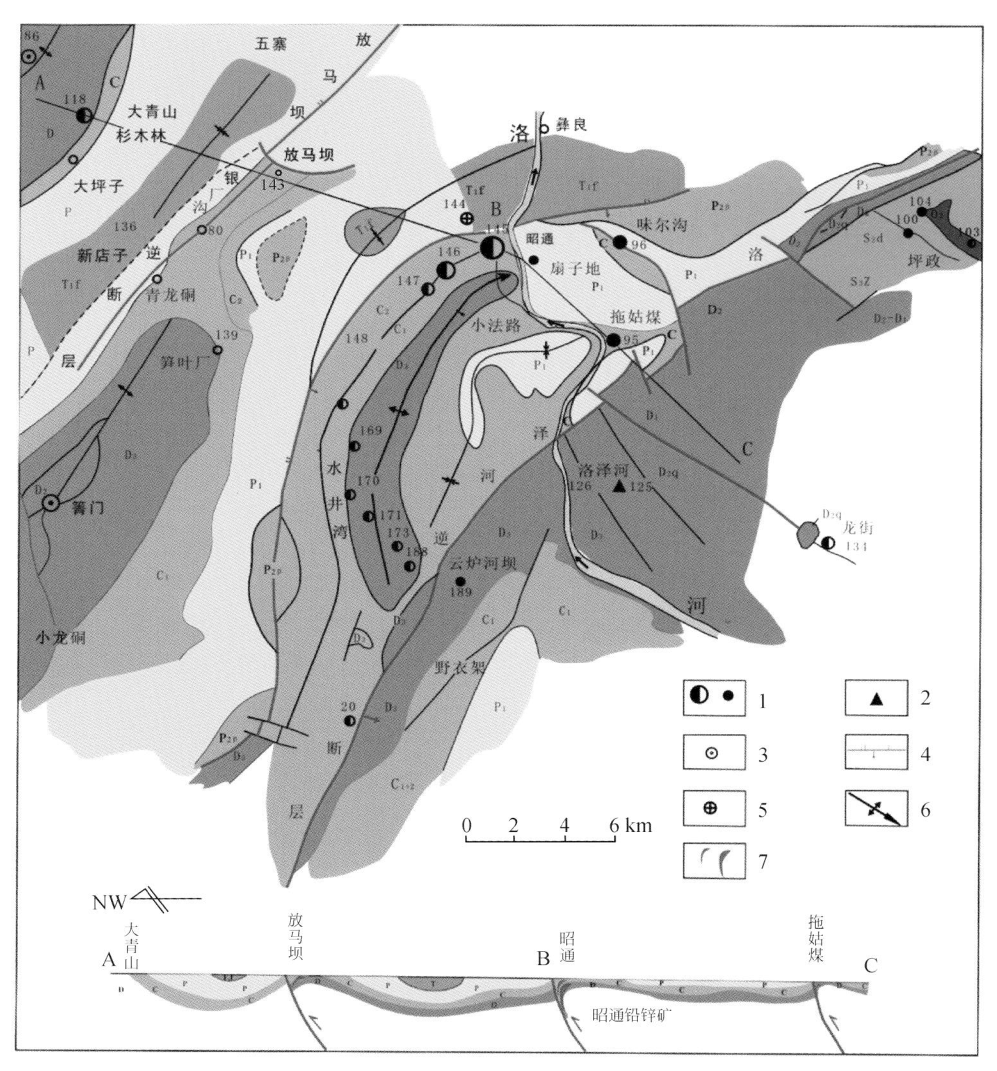

图 9-17　昭通毛坪铅锌矿田构造与矿床分布图（据柳贺昌、林文达，1999，详绘）

1. 铅锌矿床（点）；2. 黄铁矿矿床；3. 铁矿点；4. 逆断层；5. 铜矿点；6. 倾没背斜；7. 铅锌矿体

矿区主要出露地层有中上泥盆统、石炭系、二叠系，缺失奥陶系、志留系，地层多以假整合接触。矿床主要由Ⅰ、Ⅱ、Ⅲ号矿体群组成，矿体走向北东–南西，倾向南东或北西，倾角 60°～90°。矿体集中赋存于毛坪斜冲断裂带上盘的倒转背斜倾伏端和北西倒转翼的陡

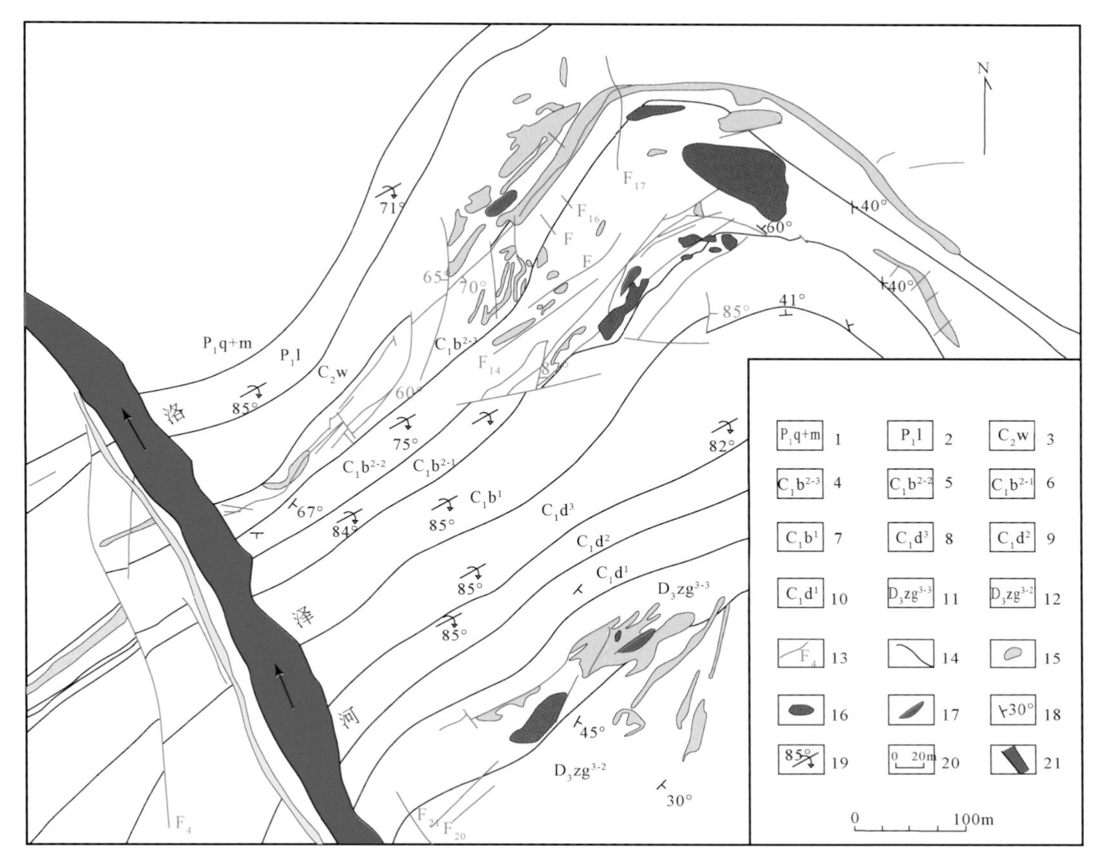

图 9-18　昭通毛坪铅锌矿床地质平面图（据柳贺昌、林文达，1999，修改）

1. 下二叠统栖霞–茅口组白云质灰岩；2. 下二叠统梁山组砂页岩；3. 中石炭统威宁组白云岩；4. 下石炭统摆佐组第二层第三段白云质灰岩和白云岩互层；5. 下石炭统摆佐组第二层第二段灰岩；6. 下石炭统摆佐组第二层第一段灰岩与白云岩互层；7. 下石炭统摆佐组第一层白云岩；8. 下石炭统大塘组第三层灰岩夹页岩；9. 下石炭统大塘组第二层灰岩；10. 下石炭统大塘组第一层页岩夹砂岩；11. 上泥盆统宰格组第三段第三层白云岩；12. 上泥盆统宰格组第三段第二层白云岩；13. 断裂；14. 地层界线；15. 蚀变白云岩；16. 褐铁矿化（黄铁矿化）蚀变白云岩；17. 矿体；18. 正常地层产状；19. 倒转地层产状；20. 比例尺；21. 河流

倾斜北东向层间断裂带中，呈脉状、透镜状、网脉状、似层状产出，其延深大于走向延长。在平面和剖面上，矿体具明显的尖灭再现、膨大缩小现象，矿体与围岩的界线明显。自浅部至深部，矿石呈现氧化矿→混合矿→硫化矿的变化规律。

一、主要控矿构造

昭通毛坪矿田内发育毛坪、放马坝、洛泽河斜冲断裂构造，在剖面上呈叠瓦状展布，是冲断褶皱构造作用的产物。它们分别控制了昭通、放马坝、洛泽河铅锌矿床的展布（图 9-16）。研究认为，冲断褶皱构造作用是矿床最主要的成矿地质要素，其上盘的粗晶白云岩是构造驱动成矿流体交代碳酸盐岩的产物，是重要的成矿地质要素，是成矿的必要条件。

（1）毛坪断层：该断层由一组北东向透镜体化、片理化带组成的压扭性断裂带，毛坪铅锌矿床直接受该断裂及其上盘的猫猫山倒转背斜的控制（图9-17）。猫猫山倒转背斜为短轴倾伏背斜，长约20km，宽约19km。轴向北东，核部为泥盆系，两翼由石炭系、二叠系组成。北西翼地层倒转或陡立，并倾伏于矿区外围，近轴部发育层间断裂，直接控制了矿体的分布。背斜轴向NE10°~37°，枢纽呈“S”型，呈北东-南西展布，西翼倒转、两端倾没。沿倒转背斜北西翼地层中发育的层间压扭性断裂带中分布昭通毛坪、红尖山等一系列铅锌矿床（点）。

（2）放马坝断层：呈北东向展布，直接控制了放马坝小型铅锌矿床（图9-17），矿体分布于该断裂上盘背斜中陡倾斜地层中发育的层间压扭性断裂中。

（3）洛泽河断层：与放马坝断层产状及其控矿特征相似（图9-17）。

（4）昭鲁背斜：背斜轴向北东，为一不对称背斜。南西起于鲁甸西南，延展至昭通东北。核部由泥盆系组成，翼部依次为石炭系、二叠系。近轴部褶皱剧烈，并伴随有逆断裂的产生，沿背斜有少数横断层分布，截断岩层。背斜延伸长度为50~60km，最大宽度12km。

（5）彝良向斜：为一北东东向的宽平向斜，西南始于彝良附近，东北经落旺延伸到四川境内，全长达90km以上。核部由侏罗系—白垩系红色陆相岩系组成。构造较简单，向斜内一般没有纵断层发育，局部发育皱起的次级构造。如在煤洞湾一带形成了较小的次级背斜。

（6）松林背斜：轴向与彝良向斜大体平行，呈东西向，西始于以勒坝附近，东止于老街、羊肠一带，长60~70km，宽约15km。核部地层为寒武系，翼部依次为奥陶系、志留系、泥盆系、石炭系、二叠系。背斜两翼在不同程度上均被纵断裂包围，其西南部平行横断裂十分发育。

二、成矿构造系统、成矿结构面及其控矿特征

在整个成矿过程中，构造是控制一定区域中构造-流体-成矿系统间各地质体耦合关系的主导因素，是构造成岩-成矿与驱动成矿流体运移和成岩-成矿的重要驱动力，也是矿体最终定位的场所，它与成矿流体、成矿作用构成了密切联系的系统。

（一）成矿构造系统

根据断裂构造空间形态特征、力学性质、活动期次、构造岩特征、应力作用方式与褶皱类型、规模、产状、形态、空间组合，以及与区域构造关系，认为该矿床成矿构造系统类型为冲断褶皱构造系统，可分为断裂构造亚系统和褶皱构造亚系统，其中褶皱构造亚系统是伴随断裂构造系统的发生和发展的，是伴随成矿作用统一的构造应力场持续作用的产物。

根据冲断褶皱构造分级控矿系统，矿集区、矿田、矿床、矿体（脉）均受到冲断褶皱构造分级系统的挨次控制。会泽-牛街北东向冲断褶皱构造带明显控制了昭通、洛泽河、放马坝、云炉河坝等铅锌矿床的铅锌矿田的分布，毛坪冲断褶皱构造控制了昭通大型铅锌矿床，毛坪斜冲断层上盘的北东向层间左行压扭性断裂控制了Ⅰ（包括Ⅰ-6、Ⅰ-8、Ⅰ-10、Ⅰ-12、Ⅰ-14）、Ⅱ、Ⅲ号富厚矿体群（图9-16），更次级的节理裂隙构造控制矿脉的分布。

（二）成矿结构面类型及其控矿特征

该矿床成矿结构面主要包括褶皱-断裂构造、热液蚀变岩相转化结构面。两类成矿结构面的组合控制了矿体的展布。褶皱-断裂系统是在蚀变岩相转化结构面的基础上形成和发展的成矿结构面。

1. 褶皱成矿结构面

猫猫山倒转背斜及其发育的次级褶皱或挠曲等结构面是毛坪斜冲断层持续作用的结果。该背斜轴向 NE10°～37°，枢纽呈北东-南西向“S”型展布，具有西翼倒转、两端倾没的特征。岩体在应力作用过程中，背斜的不同部位主压应力方向也随之改变，背斜上部与中和面之间因受力方向的不一致性而出现“虚脱”，而且在平行于背斜轴向的顶部岩体易出现一系列串珠状、等间距的张性空间，为矿液卸载和矿体的富集提供了有利的成矿空间；在应力持续作用下，背斜发生倒转，倒转翼的表体岩层易和受应力影响较小的核部发生“分离”，为矿体赋存较大的容矿空间。同时，由于岩体成分及孔隙度的差异，在相同的构造应力作用下，具有不同的抗压、抗剪强度，在褶皱轴面、轴向发生变化处易出现不同程度的挠曲，并在背斜倾没端易形成“X”型的裂隙空间，形成矿体（群）。

2. 断裂构造成矿结构面

矿区内主要分布北东向、北西向、近南北向及近东西向的断裂结构面，从断裂构造的几何学、力学、运动学及其构造岩特征分析其成矿结构面。北东向断裂经历了压性-左行压扭性→右行张（扭）-右行压扭（扭压）性→压-左行压扭性力学性质的转变；北西向断裂张性-左行张扭→右行压性→张性为主力学性质的转变；近南北向断裂经历了右行压扭→左行压扭力学性质的转变；近东西向断裂经历了张性→压扭性力学性质的转变。在此基础上，通过统计矿区各构造点的主压应力方向，确定了不同期次构造的最大主压应力方向：第一期 σ_1 方向为 110°～120°；第二期 σ_1 方向为 205°～215°；第三期 σ_1 方向为 135°～145°。

3. 蚀变岩相转化结构面

通过 760、670 等中段典型剖面蚀变岩相精细填图，反映出矿体主要分布于强铁白云石化-强黄铁矿化-强硅化针孔状粗晶白云岩带与强铁白云石化-强方解石化-中粗晶白云岩带的蚀变岩相转化成矿结构面上（图 9-19）。

三、成矿构造体系

（一）矿区构造体系

同一构造体系的构造成分在构造形态、构造方位、力学性质和变形规模及强度等方面有所不同，但它们必须在同一地质时期通过一定外力作用下，由统一构造应力场所形成的一个变形整体。根据矿区褶皱和各方向断裂结构面力学性质的复杂转变过程，结合矿区地质特征，运用构造筛分法，发现它与会泽铅锌矿床类似，它们至少经历了五期构造的成生发展：

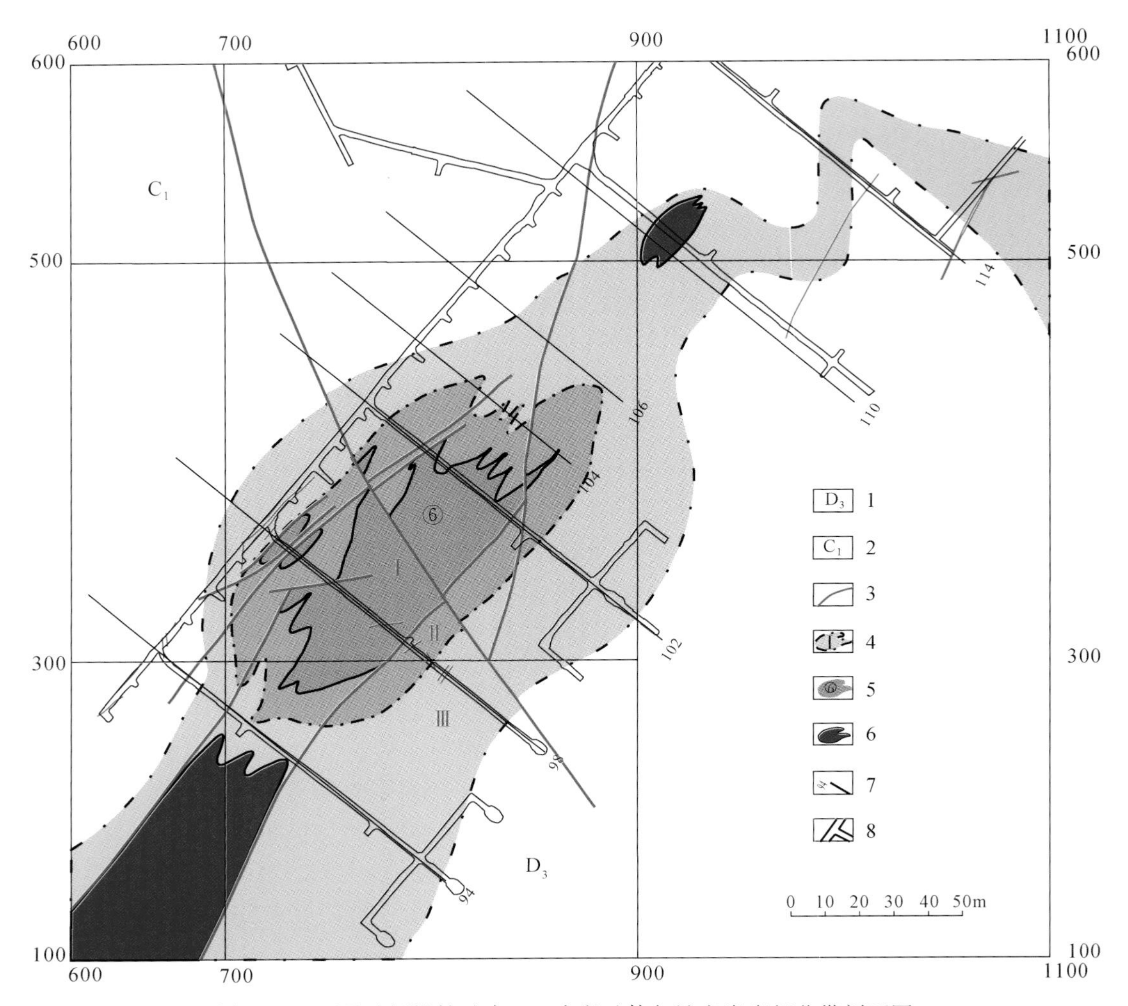

图 9-19　昭通毛坪铅锌矿床 670 中段矿体与蚀变岩岩相分带剖面图

1. 上泥盆统；2. 下石炭统；3. 断裂；4. 蚀变分带及编号；5. 矿体及编号；6. 推测深部矿体；7. 勘探线及编号；8. 巷道。Ⅰ. 铅锌矿石带；Ⅱ. 强铁白云石化-强黄铁矿化-强硅化针孔状粗晶白云岩带；Ⅲ. 强白云石化-强方解石化-中粗晶白云岩带

①晋宁早期南北向构造带；②加里东期—海西期北西向构造带；③印支期—燕山早期北东向构造带；④燕山期晚 SN 向构造带；⑤喜马拉雅期东西向构造带。

（二）构造控矿型式分析

通过含矿断裂力学性质的鉴定和构造控矿型式分析，认为矿区内主要的控矿构造型式为多字型、入字型构造。

多字型构造型式：矿体沿北东向压扭性层间断裂分布，其与北西向张（扭）性断裂构成“多字型”。这种构造型式表现为断裂对矿体在平面上和剖面上等间距的控制特征，也是区域→矿田→矿区内普遍存在的构造型式，即滇东北多字型控矿构造（韩润生等，2001a，2001b）。

入字型构造型式：主要由北东向毛坪斜冲断层与其上盘形成的猫猫山背斜和层间断裂构成。

（三）成矿构造体系

根据构造的控矿特征，毛坪压扭性断裂是矿床的导矿构造，与北东向配套的北西向断裂和猫猫山背斜为矿床的配矿构造。通过北东向层间断裂构造岩 Zn、Pb、Ag、As、Tl 等微量元素有明显的富集（胡彬、韩润生，2003），Pb+Zn 含量高于其他方向的断裂，形成“北东向层间断裂–矿体–热液白云岩”明显的矿化结构，表明倒转背斜北西翼北东向层间压扭性断裂及其裂隙构造系统是主要的容矿构造。结合滇东北铅锌多金属矿集区、昭通毛坪铅锌矿田、毛坪铅锌矿床的构造控制特征，可以看出，尽管不同方向的断裂在成矿期的力学性质有所不同，但是，成矿期构造是在北西–南东向构造应力的作用下形成的，应归属于北东构造带构造体系，即北东向构造带是该区主要的成矿构造体系。

四、构造控矿规律

该矿床的形成是区域南东–北西向构造应力作用形成的毛坪压扭性断裂左行扭动产生的猫猫山倒转背斜作用的结果，形成了北东向成矿构造体系。毛坪压扭性断裂的形成为成矿流体运移提供了通道；猫猫山倒转背斜陡倾斜倒转翼中的层间断裂及转折端的有利空间为成矿流体赋存提供了有利空间。因此，冲断褶皱构造作为流体运移、聚集、赋存的空间，其作用十分明显。构造控矿规律主要表现在以下两个方面。

（一）多字型、入字型控矿构造型式

从区域看，滇东北铅锌矿集区发育的八个大致平行的北东向构造带呈左列式展布，构成了滇东北多字型构造；矿田内放马坝断裂、毛坪断裂和洛泽河三条北东向压扭性断裂与北西向龙街断裂复合，形成矿田多字型构造；从矿床看，三个矿体群均展布于猫猫山背斜的倒转翼北东向层间断裂中，且主矿体分布于北东向层间断裂带中；北东向断裂带内发育强烈的铁白云石化、黄铁矿化、绿泥石化、方解石化及硅化等蚀变现象及透镜体化，片理化、泥化等压扭应力作用的特征。叠瓦状的放马坝断裂、毛坪断裂及洛泽河主干断裂上盘形成了一系列轴向北东向褶皱和放马坝铅锌矿点、毛坪铅锌矿床和洛泽河铅锌矿床（图 9-15），构成入字型构造型式。

（二）矿体呈等间距–串珠状、侧伏的分布规律

从滇东北矿集区看（图 9-3），矿床具有沿断裂大致平行等间距–串珠状分布的特征（图 9-20）；从昭通矿田来看（图 9-16），北东向放马坝、毛坪、洛泽河断裂控制了矿床（点）大致呈等间距分布；从Ⅰ、Ⅱ、Ⅲ号矿体群看，矿体沿猫猫山倒转背斜北西倒转翼不同赋矿层位的层间断裂呈“陡窄缓宽”、纺锤状展布，单个矿体大致由等间距–串珠状矿脉组成。而且，矿体也呈现向南西向侧伏的规律性（图 9-21）。因此，从区域→矿田→矿床→矿体，成矿期构造的“入字型等间距斜列式分布导致了矿床（体）的等间距和侧伏的分布规律。

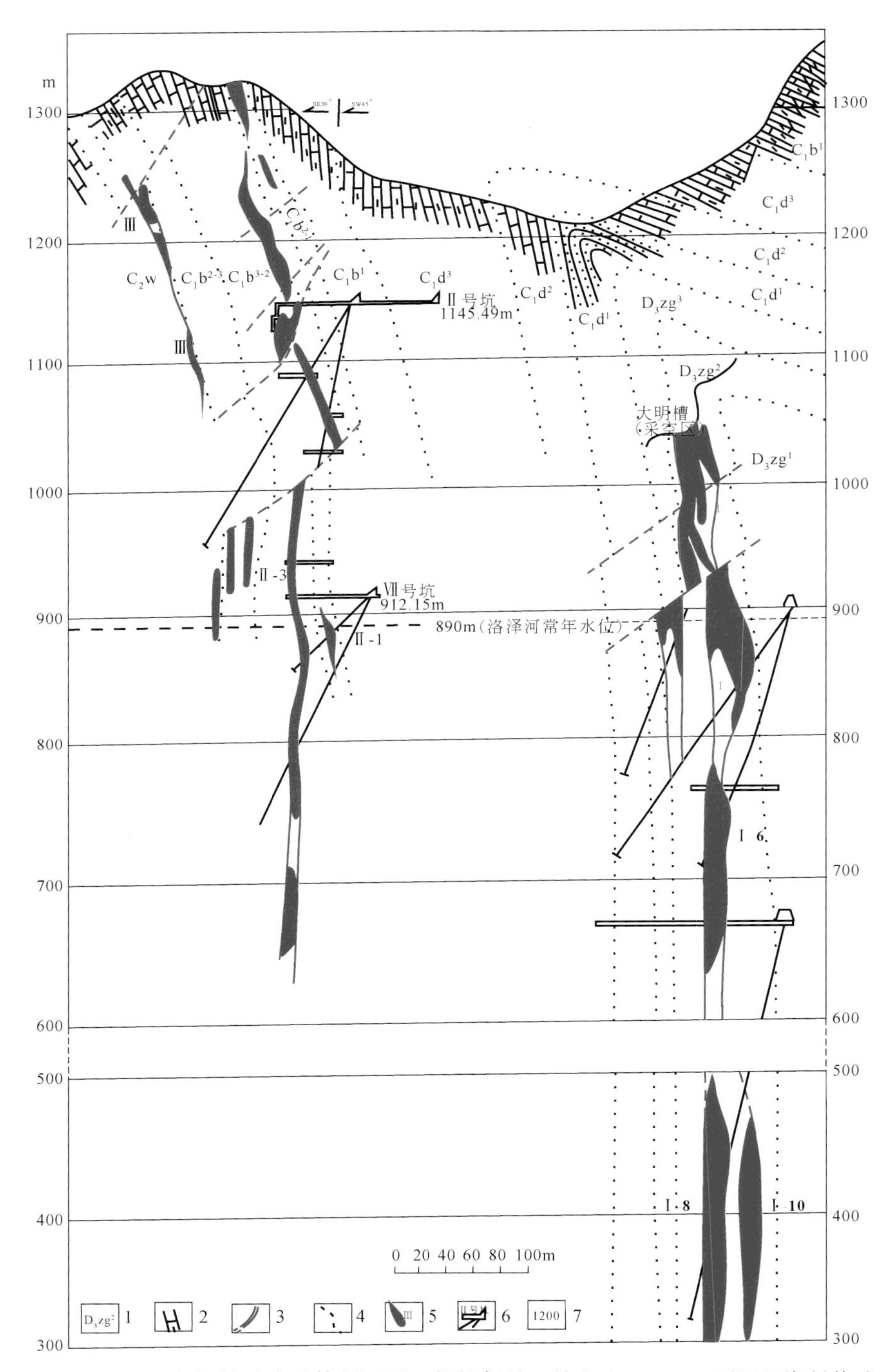

图9-20　昭通毛坪铅锌矿床矿体剖面图（据柳贺昌、林文达，1999，项目组资料修改）

1. 地层代号；2. 岩性；3. 层间断裂；4. 地层界线；5. 矿化带及编号；6. 巷道及编号；7. 标高

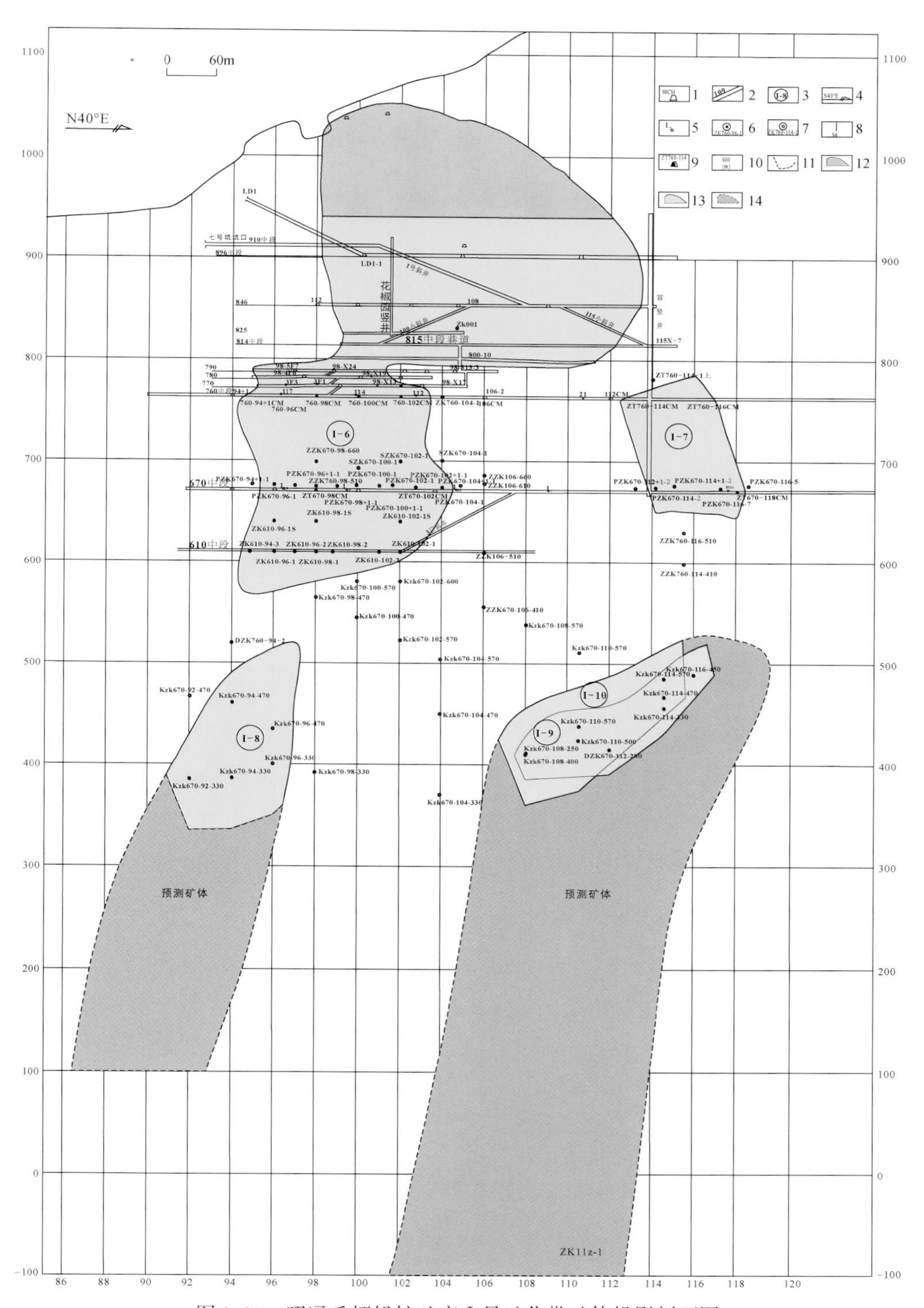

图9-21　昭通毛坪铅锌矿床Ⅰ号矿化带矿体投影剖面图

1. 穿脉；2. 斜井；3. 矿体编号；4. 方位角；5. 测点；6. 见矿钻孔；7. 未见矿钻孔；8. 勘探线；9. 巷道取样工程号；10. 高程；11. 333级以上资源储量估算界线；12. 氧化矿；13. 硫化矿；14. 预测矿体

五、找矿标志及找矿预测

在构造控矿规律研究总结的基础上，研究了流体成矿作用标志，并通过构造地球化学、蚀变岩相填图、地球物理勘查技术的研发及其应用，提出成矿地质作用、成矿结构面、流体成矿作用标志及找矿技术信息标志，并进一步进行找矿预测。

（一）隐伏矿定位预测标志

1. 成矿地质作用标志（找矿基础）

该矿床的成矿地质体为冲断褶皱构造+热液白云岩蚀变体的组合，矿床规模、品位与冲断褶皱构造上盘的蚀变白云岩结晶粒度呈正相关关系。

2. 成矿结构面标志（找矿关键）

冲断褶皱构造系统中构造-蚀变岩相转化面、层间断裂裂隙系统是直接的找矿标志。该矿床受毛坪斜冲断层上盘的倒转背斜控制，矿体受北东层间压扭断裂控制，呈现多字型、入字型构造控矿型式，呈现层间断裂-矿体-蚀变白云岩的矿化结构。因此，背斜倒转翼的北东向压扭性层间断裂是重要的构造找矿标志；在平面上，矿体呈串珠状、斜列等间距分布，而在剖面上产于背斜倒转翼陡倾斜列式层间断裂带中呈串珠状向南西向侧伏展布。

3. 流体成矿作用标志（找矿线索）

发育黄铁矿化、（铁）白云岩化、硅化、碳酸盐化等，其蚀变强度与距矿距离成正比。特别是，在近矿围岩中发育的强方解石化-黄铁矿化及蚀变岩相分带规律具有找矿标型意义；深部中高温-中低盐度成矿流体也具有指示意义。

4. 找矿技术信息标志（找矿信息）

构造-蚀变岩相分带：碎裂白云岩+白云质碎裂-碎斑岩组合、构造片岩+白云质碎裂-碎斑岩组合；近矿围岩中发育的强方解石化-黄铁矿化碎裂粗晶白云岩带、脉状铅锌矿化-黄铁矿化带。

构造地球化学异常：推测隐伏矿床矿化类型和强度；识别隐伏矿体头晕及尾晕，厘定重点找矿靶区与靶位；推测隐伏矿大致产状；揭示成矿构造与成矿的关系，反映构造控矿规律；推测成矿流体流向与矿化富集中心。

物探异常：低阻-高极化率异常与坑道重力异常的组合。

（二）找矿预测

1. 有利的找矿区段

根据该矿床的成矿规律及找矿标志，其找矿方向为毛坪、洛泽河、放马坝斜冲断裂上盘褶皱陡倾斜翼的层间压扭性断裂带及其旁侧的蚀变白云岩带（针孔状、块状中粗晶白云岩带）分布三个重要的找矿地段。①毛坪构造-矿化带控制4条左列式的Ⅰ号铅锌矿化带（图9-16）：毛坪背斜北西倒转翼3个矿体群南西段 C_1b 中部与 D_3zg^2 上部粗晶白云岩是今后主要的找矿方向，Ⅱ、Ⅲ号矿体群更是如此，主要方向为Ⅱ、Ⅲ号矿体群北西倒转翼北东端及南西段。根据构造控矿规律、地表构造地球化学异常分布及EH4异常特征，推测Ⅰ号矿化带东南侧存在第四铅锌矿化带；根据670中段构造-蚀变填图，认为Ⅰ-6号矿体群的北东段地层产状发生明显变化，层间折曲发育，修正了原先认为猫猫山背斜转折端向北延伸的观点，提出了该地段的找矿向南部转移及工程布置建议。②放马坝构造-成矿带的上盘构造有利部位。③洛泽河构造-成矿带的上盘构造有利部位。

2. 定位靶区优选及找矿突破

历经15年的校企合作攻关（韩润生等，2007，2010；Han et al.，2014a，2014b），提出了隐伏矿定位预测的“四步式”找矿技术方法模式，提出了深埋藏铅锌矿体定位探测集成技术：“矿床模型与冲断褶皱构造预测+构造-蚀变岩相填图、构造地球化学立体勘查+大比例尺坑道重力勘查与电磁法配合”，研发了大比例尺（1∶500～1∶10000）构造-蚀变岩相填图技术、大比例尺坑道重力深部勘查技术，创新了构造地球化学深部精细勘查技术，先后提出25个靶区。云南驰宏资源勘查开发有限公司和矿山通过对不同阶段提交的重点找矿靶区及靶位的工程验证和勘查，在2007～2009年，发现了Ⅰ-6号隐伏矿体，为毛坪铅锌矿跃升为大型铅锌矿床奠定了基础。在2010～2011年在矿区深部找到了Ⅰ-8、Ⅰ-10、Ⅰ-11、Ⅰ-12号等矿体（图9-21），取得了矿山深部及外围地质找矿的重大突破，新增资源储量合计334.88万t，其中122b级铅锌基础储量57.26万t，333级铅锌资源量98.75万t，预测的 334_1 级铅锌资源量178.87万t，从而使该矿床从一个中型矿床变成一个大型铅锌矿床，大大延长了矿山服务年限，取得了显著的经济社会效益。而且可以预测该矿床有望成为超大型铅锌矿床。

第十章　中生界碎屑岩-碳酸盐岩中的锡、铜、金多金属矿床构造控矿作用及找矿预测

第一节　滇东南个旧马拉格锡矿田构造应力场动态演化及其控矿特征

马拉格矿田位于个旧矿田东区北部。在矿田内的中三叠统个旧组碳酸盐岩地层中，分布四个锡多金属矿床。矿床的形成与黑云母花岗岩有密切的联系，岩体的铷-锶等时线年龄为100～80Ma，属燕山中晚期。

为了探讨动力驱动岩浆及热液成岩、成矿的机理，在分析矿田构造体系成生发展及成矿构造体系，划分构造活动期次及确定各期变形边界条件的基础上，运用有限单元法对矿田构造应力场作了动态演化模拟，并依据拟算的结果，从矿田构造应力场控制变形场、矿液流势场及能量场等方面，对矿田构造应力场的控岩、控矿特征作理论分析，从而为隐伏矿床定位和定量预测提供理论依据。

一、矿田构造体系成生发展及成矿构造体系

在矿田内，发育了许多类型不同、方向各异、规模不等的构造形迹（图10-1），它们都具有多期活动的特征。通过对叠加褶皱、复合断裂、节理分期配套及显微构造的详细研究，可将矿田内的构造形迹划分为四种组合，代表了四种类型的构造体系（图10-2），这些构造体系的组成及成生发展体现在以下几个方面。

（1）东西构造带：主要由东西向的马松背斜及一系列东西向的压性断裂组成，并有北东及北西两组扭裂伴生。该构造带属南岭纬向构造体系的西延部分，成生时期大致在印支期—燕山早期。该期主压应力的总体方向为178°～358°（图10-3）。

（2）北东构造带：可以划分出三个次级的构造带，西北部和东南部由北东向压扭性断裂带组成，中部的一个带则由一系列东西向的张扭性断裂带组成，并在马松背斜北翼叠加了压扭性的表层褶皱带。该构造归属于滇东新华夏构造体系，成生时期为燕山中晚期。该期主压应力的总体方向为129°～309°（图10-4）。

（3）北西构造带：主要表现为对早期断裂的归并改造，组成压扭性的北西构造带，主要是中部的大小凹塘断裂带及东北部的白沙冲断裂带。该构造带归属于红河-哀牢山构造带，属滇缅印尼歹字型构造体系东支的组成部分，成生时期为喜马拉雅期。该期的主压应力总体方向为48°～228°（图10-5）。

（4）南北构造带：以个旧断裂为主干，并归并了北东及北西两组断裂为配套扭裂，组成小江断裂带的南段，归属于川滇经向构造体系，成生时期为古近纪后期的挽近时期。该期的主压应力总体方向为82°～262°（图10-6）。

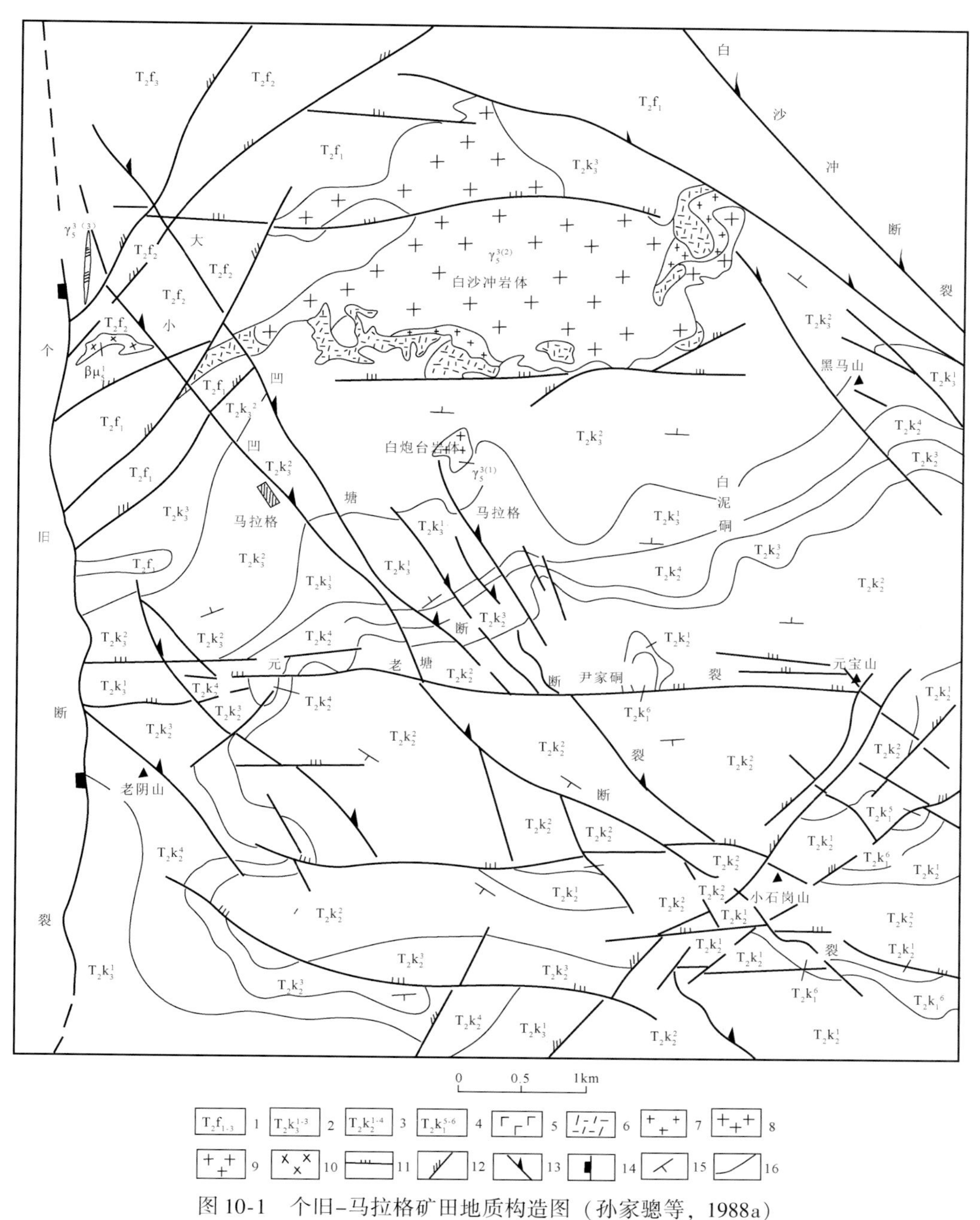

图 10-1　个旧-马拉格矿田地质构造图（孙家骢等，1988a）

1. 中三叠统法郎组 1～3 段；2. 中三叠统个旧组白泥硐段 1～3 层；3. 中三叠统个旧组马拉格段 1～4 层；4. 中三叠统个旧组卡房段 5～6 层；5. 燕山晚期第三阶段正长斑岩脉；6. 燕山晚期第二阶段细晶花岗岩；7. 燕山晚期第二阶段中细粒黑云母花岗岩；8. 燕山晚期第二阶段中粗粒黑云母花岗岩；9. 燕山晚期第一阶段斑状黑云母花岗岩；10. 印支期玄武岩；11. 东西构造带压性断裂；12. 北东构造带压扭性断裂；13. 北西构造带压扭性断裂；14. 南北构造带压性断裂；15. 地层产状；16. 地质界线

在矿田构造体系分析的基础上，对矿床的控矿构造型式研究表明，成岩及成岩开始于燕山中期，结束于燕山晚期。这时恰好是由东西构造带向北东构造带的转变时期，处于区域南北向挤压由均衡向不均衡转变的过程中。因此，北东构造带为同成矿构造体系，东西构造带为成矿前构造体系，北西构造带及南北构造带为成矿后构造体系（图 10-2）。

时期 力学性质 构造形迹		燕山早期	燕山中晚期	喜马拉雅早期	挽近期
褶皱					
断裂	东西向				
	北东向				
	北西向				
	南北向				
共轭剪节理					
应力状态					
构造体系		东西构造带	北东构造带	北西构造带	南北构造带
岩浆活动		×	+ + L		
成矿作用			S H		
成矿构造体系		成矿前构造体系	同成矿构造体系	成矿后构造体系	

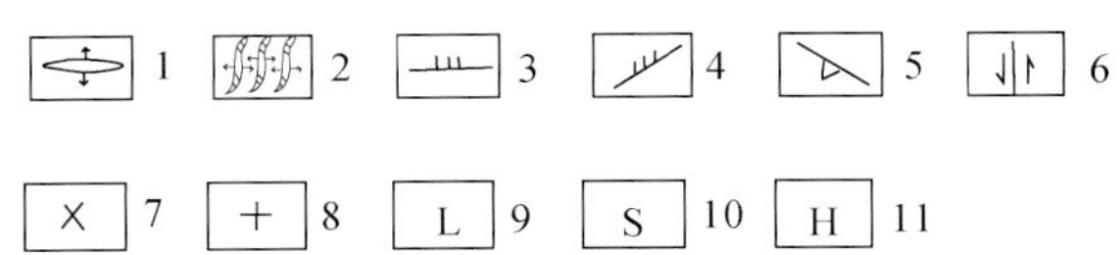

图 10-2　马拉格矿田构造体系成生发展综合简图（孙家骢等，1988a）

1. 压性褶皱；2. 压扭性褶皱；3. 压性断裂；4. 压扭性断裂；5. 张性断裂；6. 扭性断裂；7. 辉绿岩；8. 花岗岩；9. 斑岩；10. 夕卡岩型矿床；11. 热液型矿床

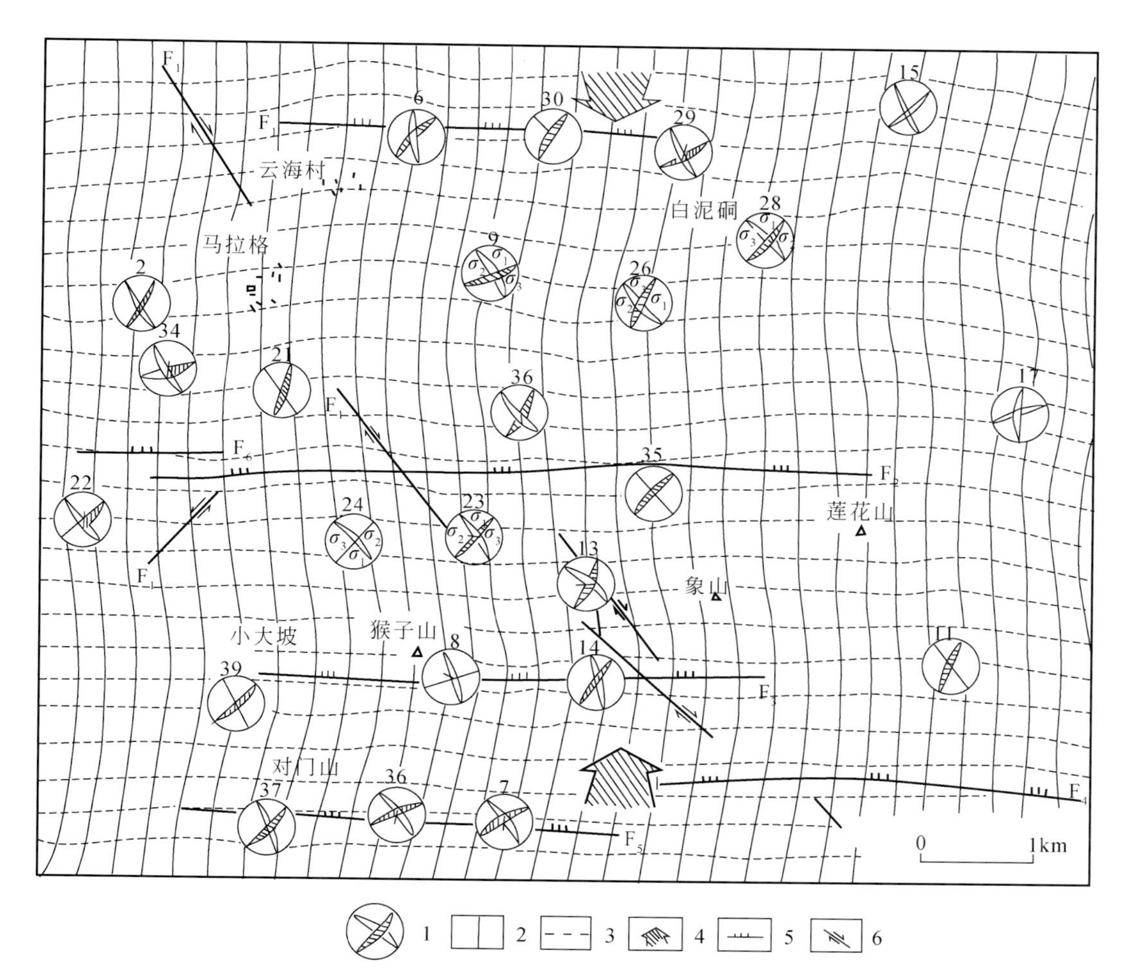

图 10-3　马拉格矿田印支晚期—燕山早期主应力迹线图

1. 吴氏网上半球投影（节理图解）；2. 主压应力迹线；3. 主张应力迹线；4. 主压应力总体方向；5. 压性断裂；6. 扭性断裂

二、矿田构造应力场动态模拟

所谓矿田构造应力场的动态模拟，就是从构造体系的成生发展史出发，根据不同构造发展时期内变形的边界条件，把不同力学性质的破碎带和岩浆侵位部位的情况划分为不同的实验模型，并使用按有限单元法的基本原理编制的高级语言电算程序，对模型中的单元进行相应的应力释放，通过实施不同模型的计算方案，在时间上得到一系列构造应力场的动态演化图。

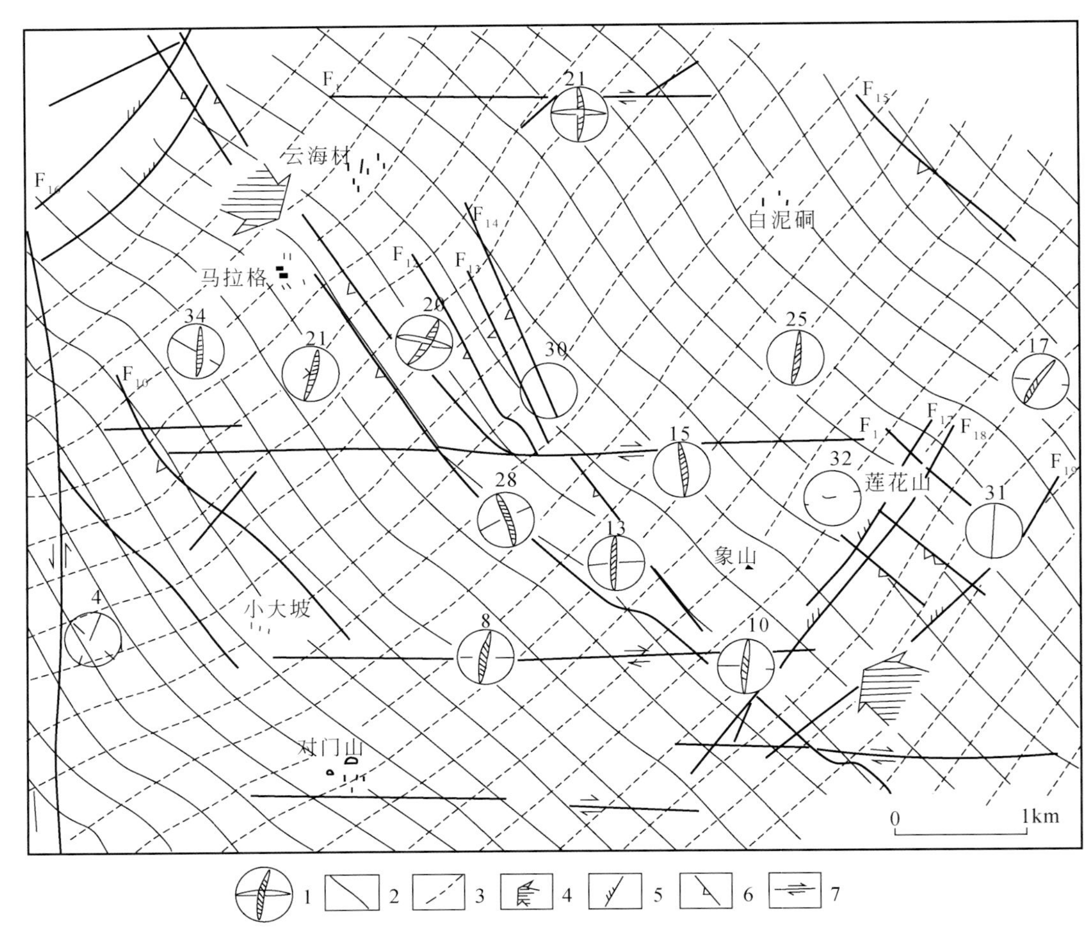

图 10-4　马拉格矿田燕山中晚期主应力迹线图

1. 吴氏网上半球投影（节理图解）；2. 主压应力迹线；3. 主张应力迹线；4. 主压应力总体方向；5. 压扭性断裂；6. 张扭性断裂；7. 扭性断裂

应用有限单元法对马拉格矿田构造应力场作动态模拟的过程是：第一，用三角元将马拉格矿田部分为731个单元，其中岩层单元528个，断裂单元175个，岩体单元28个（图10-7）；第二，根据矿田构造体系的成生发展史，把矿田构造应力场的动态演化史划分为成矿期前、成矿早期、成矿主期及成矿期后四大阶段，并从变形的边界条件出发，用四个模型分别代表（图10-8）；第三，用在矿田中不同构造部位和岩层、岩体地段所采集的30个岩石力学试样的测试数据（表10-1），分别建立各单元的本构关系；第四，用根据有限单元法基本原理编制的PORTRAN语言程序，经过在M－240D大型电子计算机上对不同模型反复模算，按比例地释放应力集中部位的应力值，从而实现马拉格矿田构造应力场的动态演化模拟。

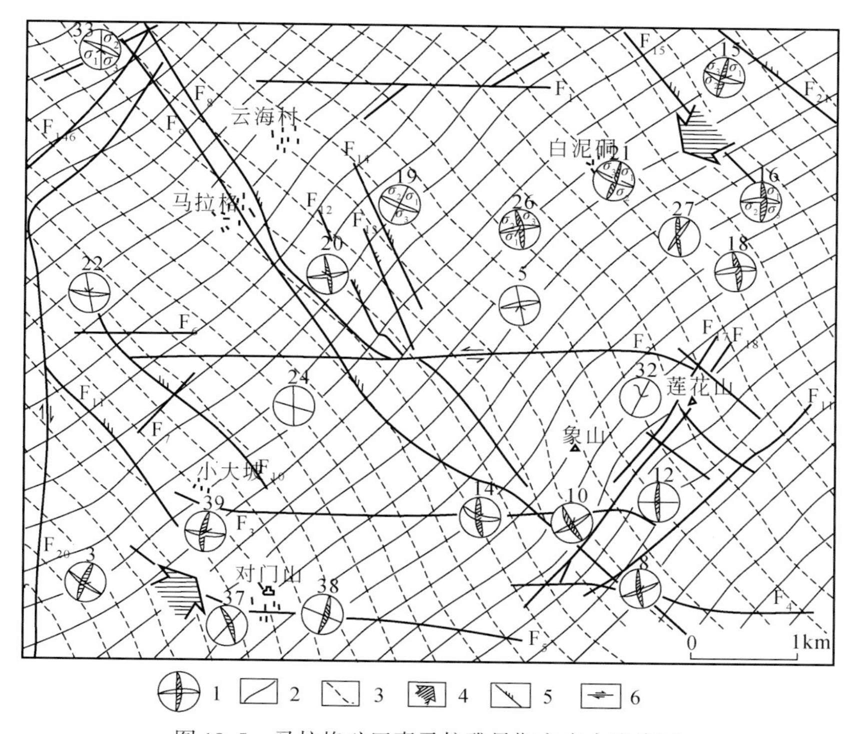

图 10-5 马拉格矿田喜马拉雅早期主应力迹线图

1. 吴氏网上半球投影（节理图解）；2. 主压应力迹线；3. 主张应力迹线；4. 主压应力总体方向；5. 压扭性断裂；6. 扭性断裂

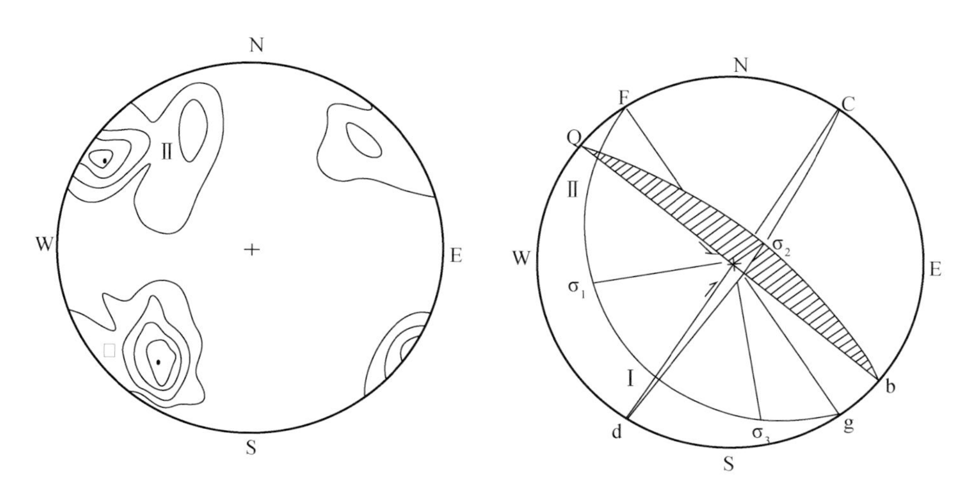

图 10-6 马拉格矿田挽近期节理极点等密图及应力轴分解图

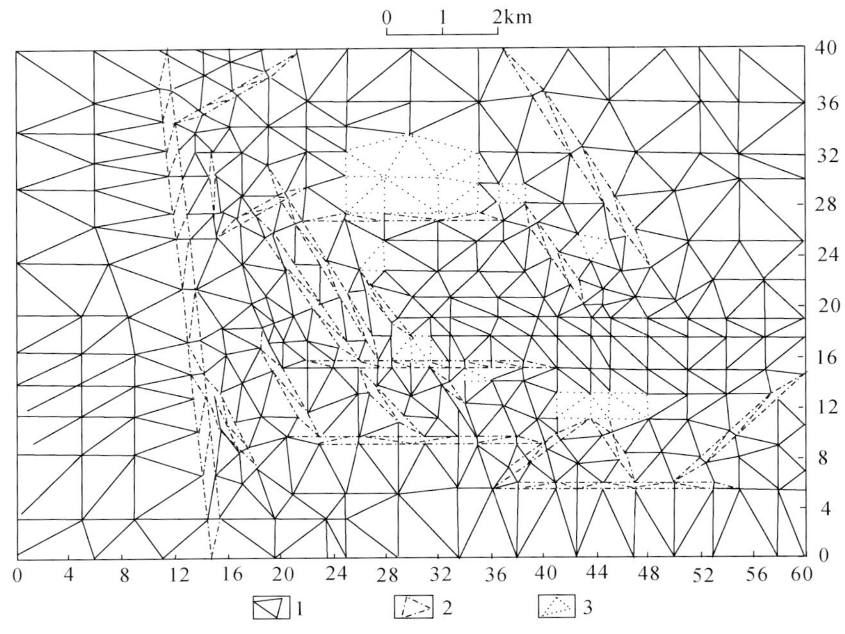

图 10-7　马拉格矿田单元划分总图

1. 岩层单元；2. 断裂单元；3. 岩体单元

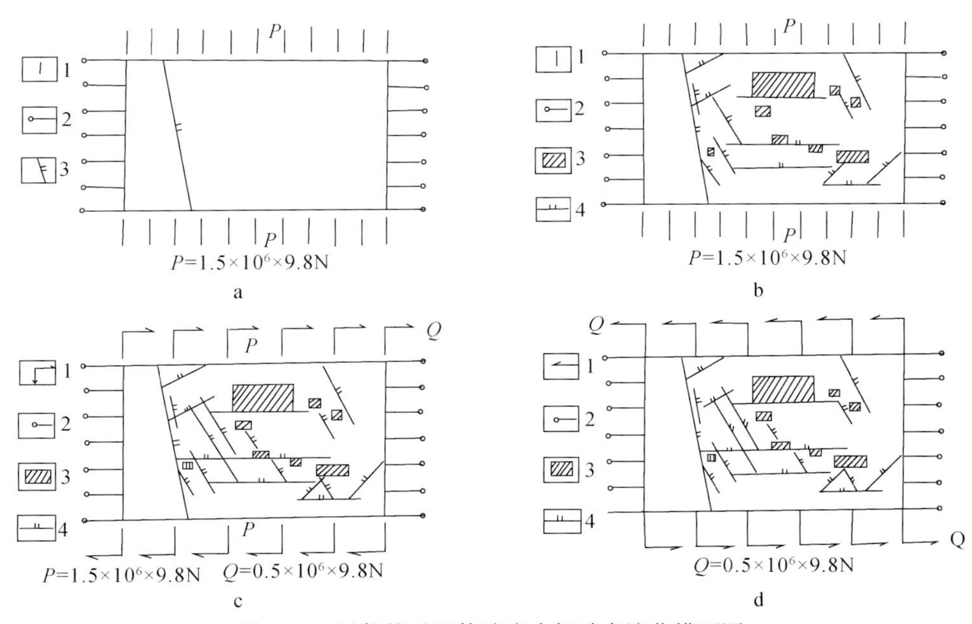

图 10-8　马拉格矿田构造应力场动态演化模型图

a. 成矿期前阶段（模型 1）：1. 挤压力，2. 固定边界，3. 断裂；b. 成矿早期阶段（模型 2）：1. 挤压力，2. 固定边界，3. 破碎区域，4. 断裂；c. 成矿主期阶段（模型 3）：1. 挤压力和剪切力，2. 固定边界，3. 花岗岩体，4. 断裂；d. 成矿期后阶段（模型 4）：1. 剪切力，2. 固定边界，3. 花岗岩体，4. 断裂

表 10-1　马拉格矿田岩石力学参数表

材料类型 测试项目	弹性材料	层状材料							备注
	灰岩 白云岩	EW 断裂	NW 断裂	NE 断裂	NS 断裂	斑状 花岗岩	粒状 花岗岩	碎裂 地带	
$E_0/(10^6\times9.8\text{N/cm}^2)$	1	0.74	0.76	0.87	0.76	0.57	0.24	0.51	E_0：同性轴弹性模量
$E_1/(10^6\times9.8\text{N/cm}^2)$		0.81	0.81	0.48	0.81	0.76	0.24 *	0.60	E_1：异性轴弹性模量
ν_0	0.37	0.24	0.26	0.30	0.26	0.33	0.29 *	0.25	ν_0：同性油泊松比
ν_1		0.35	0.31	0.33	0.31	0.27	0.29 *	0.30	ν_1：异性轴泊松比
φ	41°21′								φ：内摩擦角
S_0	0.4	0.4～0.5	0.2 **	0.35 **	0.35 **	0.64 *	0.64 *	0.35	S_0：摩擦系数
$G_2/(10^6\times9.8\text{N/cm}^2)$		0.3	0.31	0.18	0.31	0.26	0.09	0.31	G_2：异性轴剪切模量
$\sigma_c/(10^3\times9.8\text{N/cm}^2)$	1.074	0.912	0.712	0.896		1.097	0.714		σ_c：破坏极限应力

测试单位：昆明理工大学采选系

** 引自耶格、库克（1979）；* 引自昆明工学院岩石力学组等（1984）

三、矿田构造应力场的动态演化特征

（一）成矿期前（燕山早期）

这一时期，矿田受南北向的挤压作用（图 10-8a），矿田整体处于封闭状态，故 σ_1 值普遍偏高（图 10-9）。除张性的个旧断裂处于应力释放状态外，其他将要发生东西断裂的地带

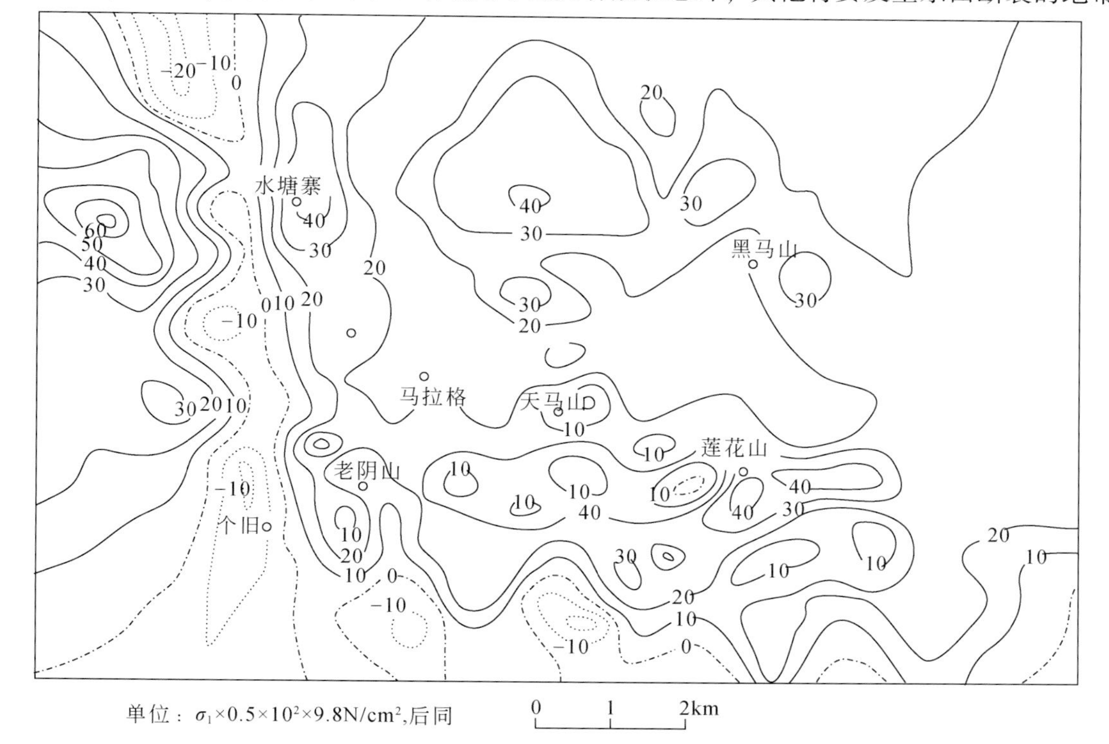

图 10-9　马拉格矿田成矿期最大主应力分布

都有不同程度的应力集中，各岩体即将侵位的部位应力值也较高。因此，应力将从这些地带给予释放，断裂和破碎带将从这些地带产生。

（二）成矿早期（燕山中期）

此时正处于南北挤压与南北向左行力偶联合作用的过渡阶段，但仍以南北向挤压为主（图 10-8b）。但是，考虑到岩浆正是这时侵位的，故改变了岩体单元的力学参数。经过模算，得到的最大主应力等值线图（图 10-10）表明，这时矿田内的大部分断裂都在活动，它们处于应力释放状态，故矿田变为一个开放系统，让岩浆有了上侵的机会。

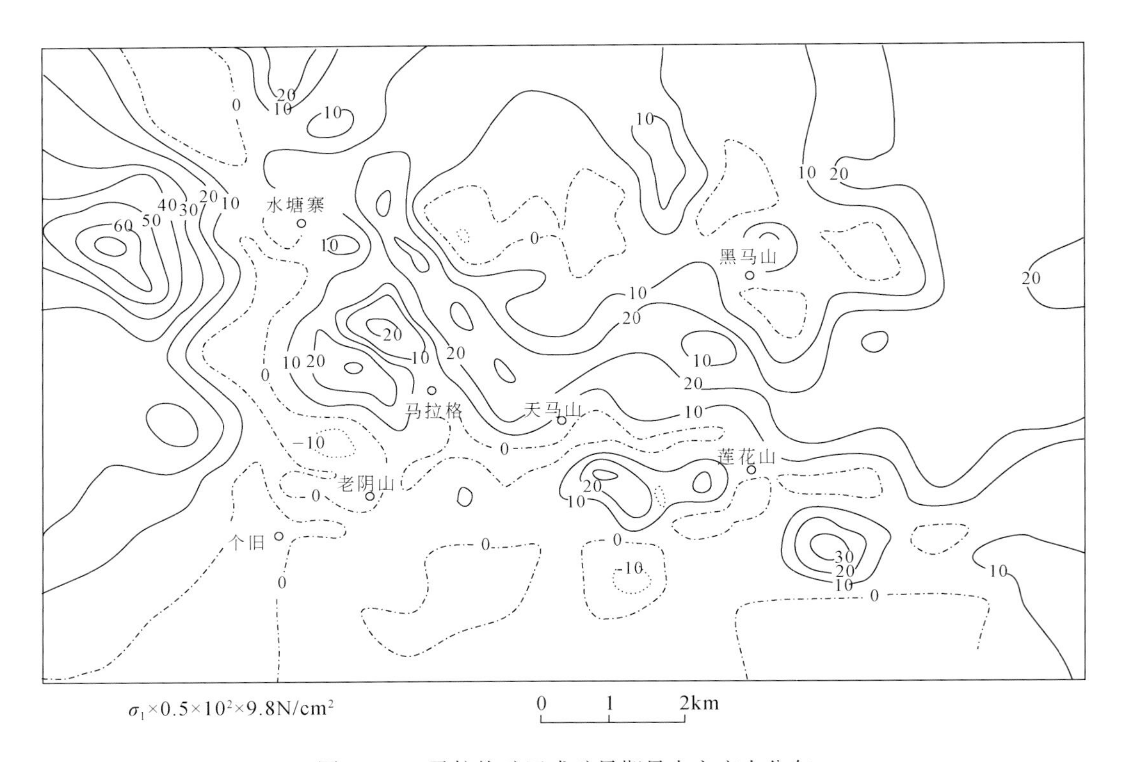

图 10-10 马拉格矿田成矿早期最大主应力分布

（三）成矿主期（燕山中晚期）

这时的外力作用方式已转变为南北挤压和南北左行力偶（高效于东西向右行扭动）的联合作用（图 10-8c），所形成的构造应力场是叠加型的（图 10-11）。从图中看出，已知矿床地往往处于几个应力集中区的包围之中，为应力从高到低的过渡带，并趋于应力较低的一方。比较图 10-10 和图 10-11 后发现，从成矿早期到成矿主期，各已知矿床产地的 σ_1 值均是由低向高变化的，其动态变化的梯度较大（表 10-2）。

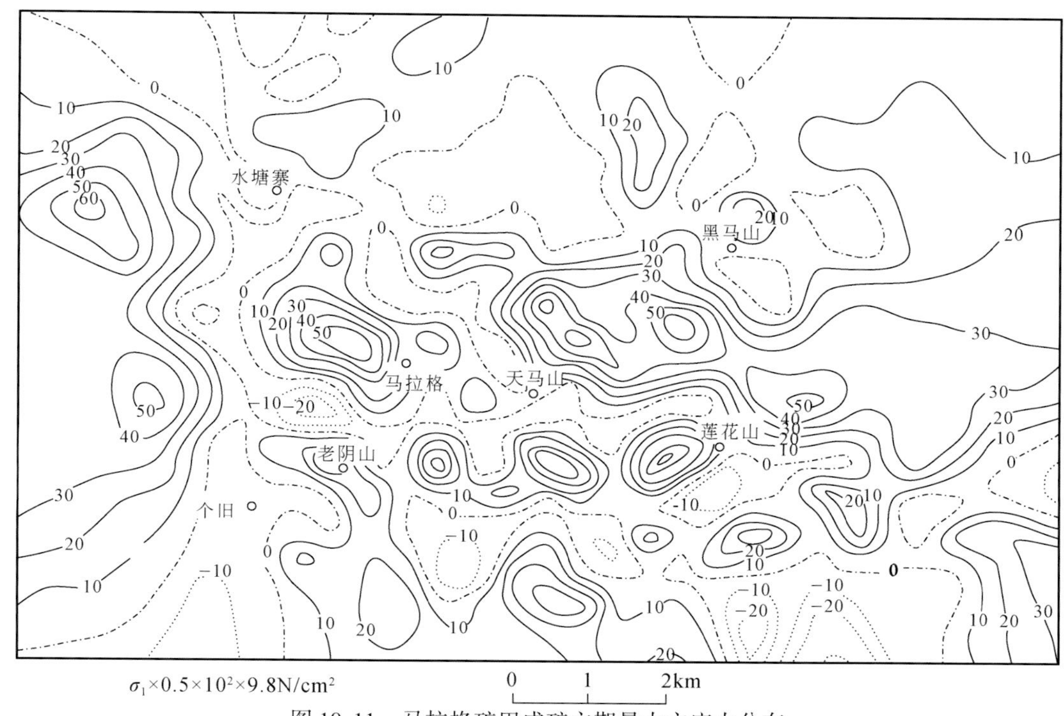

$\sigma_1 \times 0.5 \times 10^2 \times 9.8 N/cm^2$　0　1　2km

图 10-11　马拉格矿田成矿主期最大主应力分布

表 10-2　马拉格矿田主应力值变化分析表

时间 \ $\sigma_1/(kg/cm^2)$ \ 部位	马拉格矿床	白泥硐矿床	尹家硐矿床	老阴山矿床
成矿早期	0 ~ 1300	500 ~ 1000	0 ~ 1300	0 ~ 800
成矿主期	0 ~ 1800	1000 ~ 2000	-500 ~ 1800	0 ~ 1400
应力差值	0 ~ 500	500 ~ 1000	500±	0 ~ 600

（四）成矿期后（喜马拉雅期）

这一时期，岩浆已固结形成岩体，矿床也已形成，外力作用方式也变为南北向右行扭动（等效于东西向左行扭动）（图 10-8d）。由于破碎带的愈合，从而使矿田由开放状态转变为半封闭状态，因此 σ_1 值有普遍升高的趋势（图 10-12）。其中，一些规模较大的南北向、北西向及东西向的断裂应力释放量都较北东向断裂大得多，这将影响到破矿构造的特点。

四、矿田构造应力场的控矿特征

动态演化着的构造应力场控制了变形场、矿液流势场及能量场等物理、化学场，从而使岩浆的侵位、矿液的渗流、矿质的结晶及形成矿床的全过程无一不是在构造应力场的诱导、驱使和控制下发生的。

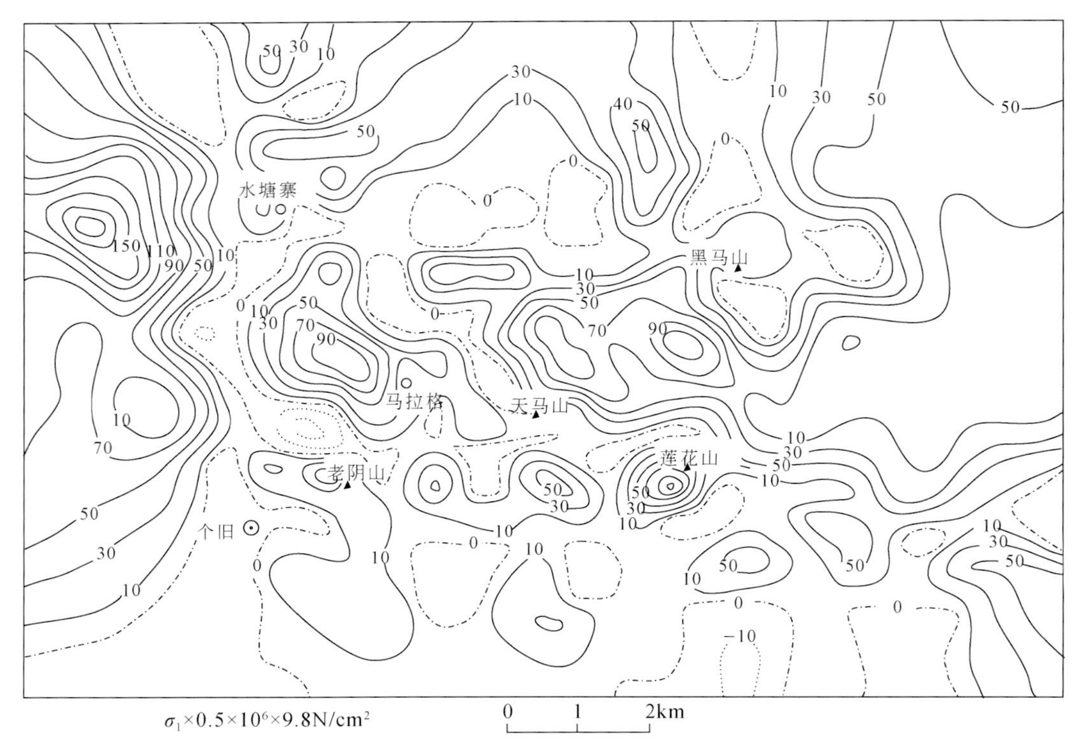

图 10-12　马拉格矿田成矿期后最大主应力分布

（一）变形场的控矿特征

从矿田构造应力场的动态演化可以看出，矿田内的岩石从弹性变形到破裂变形的过程中，构造应力经历了逐渐增高、达到破裂极限、最后产生断裂释放应力的变化过程，这种应力值的动态变化过程，为岩浆的侵位及矿液的渗流提供了动力及通道。特别是成矿期前的应力集中区驱使岩浆由深部上侵，到成矿早期的应力释放区侵位。而应力集中区和应力释放区在这里是重合的（图 10-9、图 10-10），这样的部位成为岩体最有利的侵位部位，并在接触带形成夕卡岩型矿床。另外，从成矿早期到成矿主期，矿田构造应力场的动态演化，控制了矿液的流向及矿床产出的部位。矿液由应力高向应力低的方向流动，而在应力场时空变化的异常过渡带形成矿床。

（二）矿液流势场的控矿特征

在马拉格矿田内，矿液的流径主要是断裂带、层间滑动带及裂隙带，其次为岩层褶皱的虚脱部位及岩石孔隙率较大的地带等。矿液的渗流规律大致服从流体力学中的达西定律（蔡祖煌、石慧馨，1986），该定律表明，矿液渗流体内压力降低最快的方向，恰好是矿液渗流的方向。而矿液渗流体的内压力与构造应力场中的平均总应力呈线性关系（罗焕炎，1974）。从伯努利方程得知，平均总应力与矿液渗流体流速的平方成正比。因此，构造应力场中平均总应力的动态演化控制了矿液的流势场（图 10-13）。

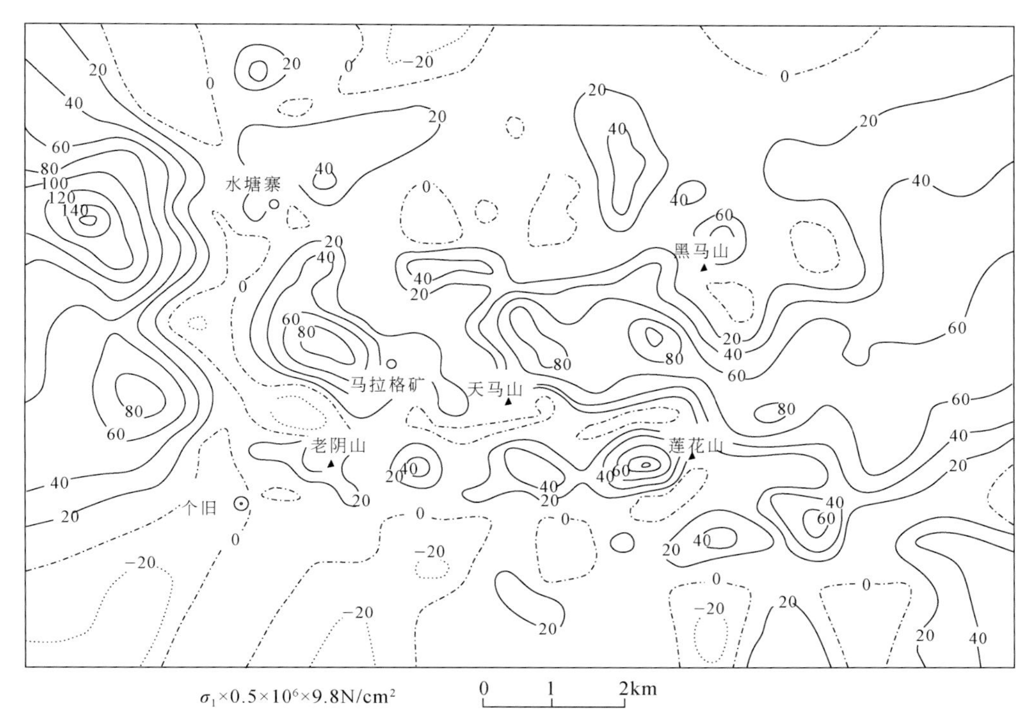

图 10-13　马拉格矿田成矿早期平均总应力等值线图

在矿田内，平均总应力对矿液渗流的方向的控制是比较明显的。在空间上（图 10-14），

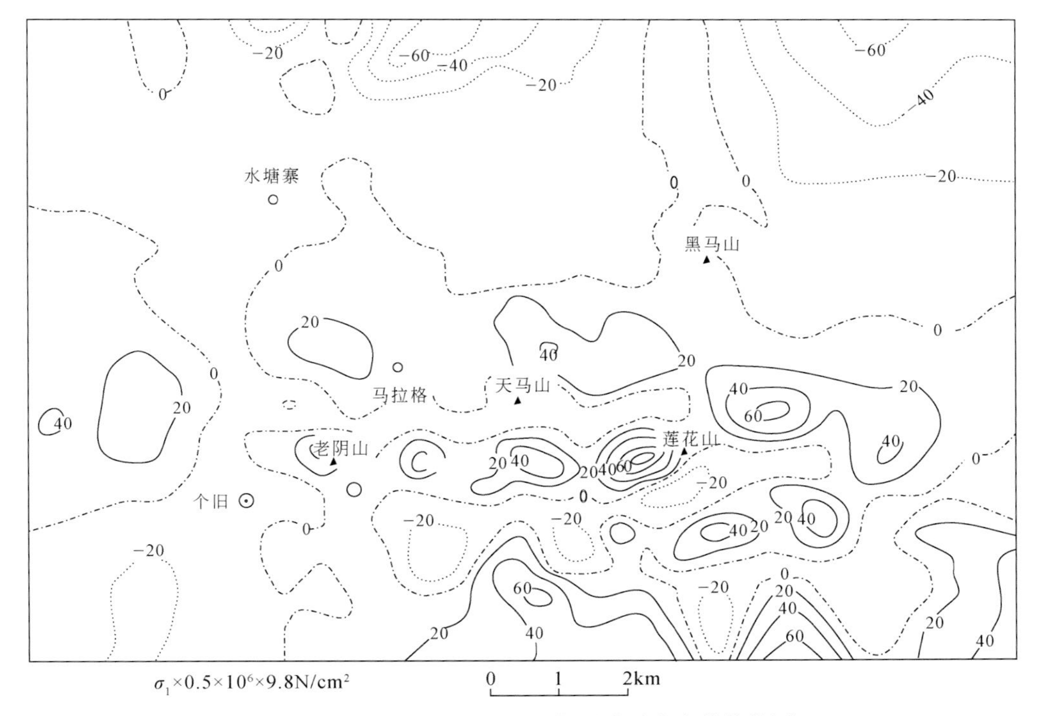

图 10-14　马拉格矿田成矿主期平均总应力等值线图

北炮台岩体部位的 $\bar{\sigma}$ 为 300 ~ 650kg/cm^2，往南东的马拉格方向 $\bar{\sigma}$ 降为−300 ~ 350kg/cm^2，而往东的白泥硐方向 $\bar{\sigma}$ 也降低为−300 ~ 350kg/cm^2。所以，从北炮台岩体中溢流出来的矿液，一部分往南东流往马拉格，另一部分往东流进入白泥硐。从老阴山岩体中溢出的矿液，也往南东渗流。至于从马天山花岗岩突起中溢出的矿液，由于突出四周的 $\bar{\sigma}$ 值均较高，故只好沿东西向的老断裂流动。在时间上，对比图 10-13 可以看出，所有已知矿床的产出部位，都是成矿早期 $\bar{\sigma}$ 值大于成矿主期的 $\bar{\sigma}$ 值，成为 $\bar{\sigma}$ 值随时间下降的动态变化部位，这一特征与矿液的流速及流量有关。

（三）能量场的控矿特征

矿床的产出部位及其规模除受容矿空间控制外，主要受两个因素的制约：一是到达容矿空间矿液的多寡；二是从矿液中能沉淀出矿质的多少。前者主要受矿液的流径及流速的影响，受变形场及流势场的控制。后者则主要与矿物晶体生长的速度有密切关系，从晶体生长的物理基础（闵乃本，1982）可以推论，矿物结晶时释放出来的晶格能将受到环境能量的限制，因此过高或过低的变形能都不利于矿液中的结晶作用过程。所以，当矿液从空间上的高能量区进入能量变化的过渡地带时，只要变形能降低到能容许矿物大量结晶时晶格能可以释放出来的范围，那么矿质便会从矿液中大量凝聚出来形成矿体。

在马拉格矿田内，比较成矿早期与成矿主期的能量分布图（图 10-15、图 10-16）可以看出：已知矿床产地的能量值成矿早期大都高于成矿主期，而且能量差的大小与矿床的规模有一定关系，大致是能量差异大的矿床规模相对大些，能量差异小的矿床规模相对小些

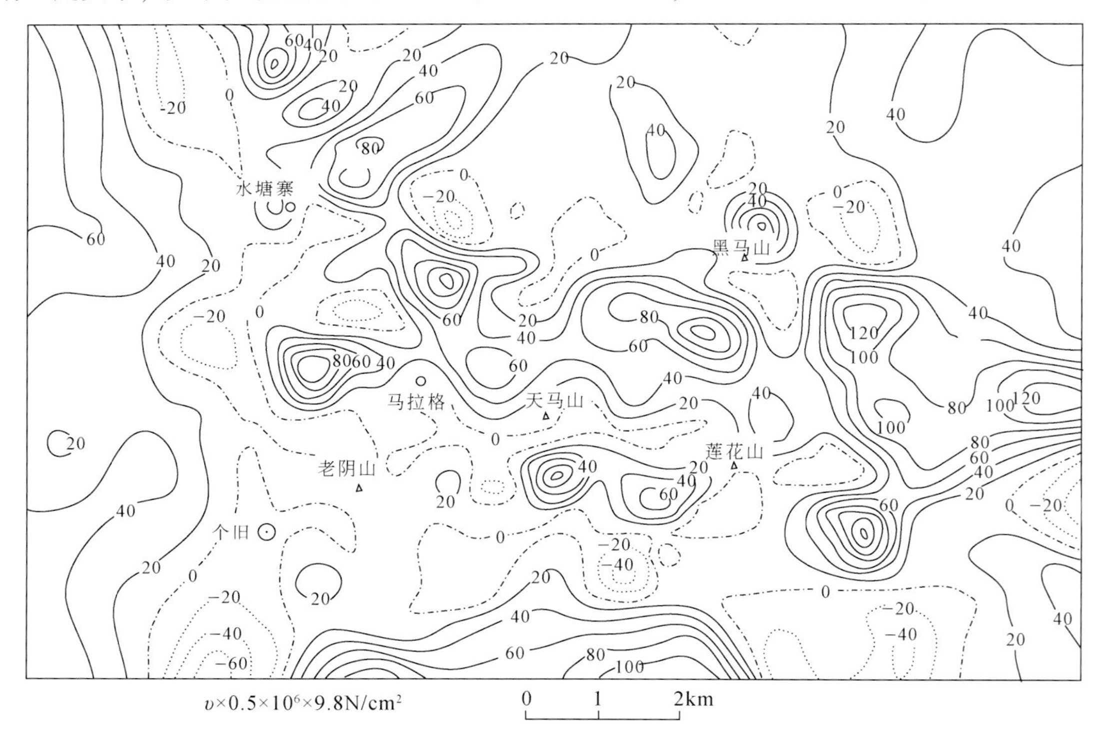

图 10-15　马拉格矿田成矿早期能量分布图

（表 10-3）。在空间上（图 10-16），从矿源到储矿场所，也表现为能量由大变小的差异，而这种能量差异的大小也与矿床的规模成正比（表 10-3）。总之，动态演化着的构造应力场支配着能量场的动态特征，而能量场中的能量差异带在一定程度上控制了矿床的产出部位及规模，这种能量的差异在空间上的变化没有时间上的变化大。

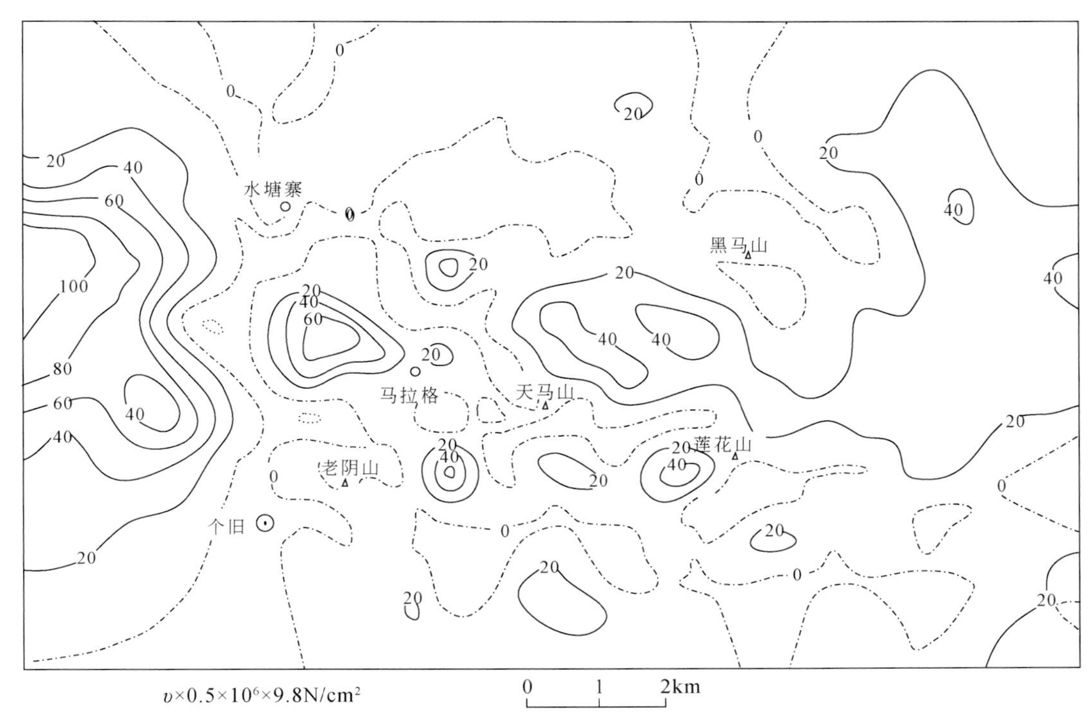

图 10-16　马拉格矿田成矿主期能量分布图

表 10-3　马拉格矿田能量值变化分析表

部位 能量/($10^3\times9.8N/cm^2$) 时间	北炮台突起	马拉格矿床	能量差值	北炮台突起	白矿泥矿床	能量差值	天马山突起	尹家硐矿床	能量差值	老阴山矿床	老阴山矿床	能量差值
成矿早期		10～35			10～37			0～25			0～10	
成矿主期	0～27	0～15	0～12	0～27	16～17	10±	18±	0～12	6±	0～20	0～12	0～8
能量差值		10～20			-6～20			0～13			-2±	
矿床规模	大型			中型以上			中型			中小型		

五、结　　论

以上的研究表明，构造应力场的动态演化驱使和控制了锡多金属矿床形成的全过程，这是热液型矿床成矿的动力学基础。从马拉格矿田构造应力场的研究表明，动力驱动岩浆和热液成岩、成矿的机理如下：

（1）构造应力场控制了变形场，从而控制了岩体的侵位，并提供矿液运移的通道及容矿的空间。一般来说，成矿早期的应力集中到成矿主期的应力释放区，成为岩浆最有利的侵位部位和断裂变形最易发育的地带。

（2）构造应力场控制了矿液的流势场，从而控制了矿液的流向、流速及流量。在空间上，平均总应力的负梯度方向为矿液渗流的方向。在时间上，成矿早期到成矿主期平均总应力逐渐下降的地区，则是矿液聚集的有利部位。另外，平均总应力在时空上的动态变化，控制了矿液的流速和流量，从而影响到矿床的规模。

（3）构造应力场控制了能量场，从而控制了矿床的产出部位及规模。成矿早期到成矿主期能量场动态演化形成的能量差异带，是矿液聚集的良好部位，从而形成矿床；能量差异带动态差异的大小，则决定了矿床的规模。

这些基本的规律和认识，结合矿田断裂构造–地球化学的研究，为隐伏矿床的定位和定量预测提供了理论依据。

第二节　滇东南个旧马拉格锡矿田构造地球化学特征

马拉格矿田位于个旧矿区的东区北部，它是矿区的四大矿田之一。前人已经对矿田内的矿床地质、成矿机理、物质来源等重要问题作了广泛而深入的研究，并作了系统的总结（冶金工业部西南冶金地质勘探公司，1984）。在研究本区构造地质特征的基础上，用多元统计分析的方法，将成矿建造和控矿改造结合起来，进行断裂构造–地球化学的研究，揭示了成矿元素原生晕异常的分布特点，从而为矿田内的成矿预测提供了理论依据。

一、矿田构造体系的划分及成生发展

在马拉格矿田内，发育了许多类型不同、方向各异、规模不等的构造形迹（图 10-1），它们都具有多期活动的特征。

（一）不同类型构造的力学性质

（1）褶皱：马（拉格）–松（树脚）背斜是矿田内的一级构造。根据发育在层面上的两类擦痕及层间两种劈理分析，该背斜为一复合叠加褶皱。早期为东西向的压性褶皱，后期在其北翼叠加了由层间挠曲构造组成的压扭性表层褶皱带，成为有利的控矿构造。

（2）断裂：矿田内以发育不同方向和规模的断裂为显著特点，大多数都显示出复合断裂的特点。通过对裂面形态、裂面上构造、构造岩特征及旁侧构造的观察分析，各方向的断裂都经历了复合转变的过程。东西向断裂组：压性—扭性（右行）—扭性（左行）；北东向断裂组：扭性（左行）—压扭性（左行）—扭行（右行）；北东向断裂组：扭性（右行）—张扭性—压扭性（右行）—扭张性（左行）；南北向断裂：扭性（左行）—扭性（右行）—压性。其中，北西、东西及北东三组为重要的控矿断裂。

（3）节理：矿田内地层较平缓，故节理构造十分发育。通过分期配套，从 39 个测点的节理分析中，可以得到四种不同的节理组合，反映出矿田经历了四期构造的影响，近南北向主压应力—北西、南东向主压应力—北东、南西向主压应力—近东西向主压应力。

（4）显微构造：在各类断裂构造岩中，方解石的扭折现象十分普遍，在定向薄片中，根据方解石扭折的受力情况可以确定一点的主压应力方向，结合方解石的岩组分析，可以得知各方向断裂都经历了多期运动的影响，各期主压应力的方向与宏观研究得出的结论完全一致。

（二）构造体系成生发展

以上述宏观和微观构造形迹力学性质的鉴定为基础，通过分期配套，可将矿田内的断裂构造划分为四种组合，代表了四种类型的构造体系，并表明了这些体系的成生发展（图 10-17）。

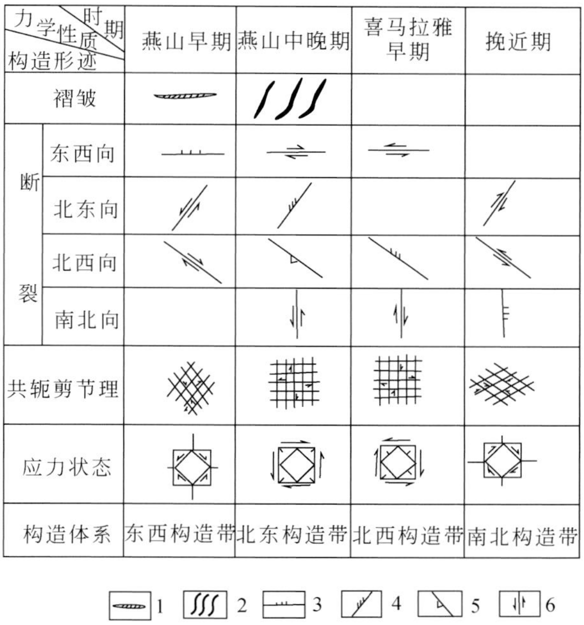

力学性质 / 时期 / 构造形迹		燕山早期	燕山中晚期	喜马拉雅早期	挽近期
褶皱					
断裂	东西向				
	北东向				
	北西向				
	南北向				
共轭剪节理					
应力状态					
构造体系		东西构造带	北东构造带	北西构造带	南北构造带

1 2 3 4 5 6

图 10-17 个旧矿田内不同时期构造形迹组合图（孙家骢等，1988a）

1. 压性褶皱；2. 压扭性褶皱；3. 压性断裂；4. 压扭性断裂；5. 张性断裂；6. 扭性断裂

（1）东西构造带：主要由东西向的马松背斜及一系列东西向的压性断裂组成，并有北东及北西两组扭裂伴生。该构造带属南岭纬向构造体系的西延部分，成生时期大致在印支晚期—燕山早期。

（2）北东构造带：可以划分出三个次级的构造带，西北部和东南部由北东向的压扭性断裂带组成，中部的一个带则由一系列北西向的张扭性断裂带组成，并在马松背斜北翼叠加了压扭性的表层褶皱带。该构造带归属于滇东新华夏构造体系，成生时期为燕山中晚期。

（3）北西构造带：主要表现为对早期断裂的归并改造，组成压扭性的北西构造带，主要是中部的大小凹塘断裂带及北东部的白沙冲断裂带。该构造带归属于红河-哀牢山构造带，为滇缅印尼歹字型构造体系东支的组成成分，成生时期为喜马拉雅期。

（4）南北构造带：以个旧断裂为主干，并归并了北东及北西两组断裂为配套扭裂，组成小江断裂带的南段，归属于川滇经向构造体系，成生时期为古近纪后期的挽近时期。

二、矿田成岩成矿元素的统计分析

研究构造与成矿元素迁移、集中和分散之间的控制关系，是构造地球化学研究的重要内容之一。为此，沿各方向断裂的走向大致等间距采集构造岩样品160个，还在马拉格、尹家硐、白泥硐三个矿床采集了矿石及矿化岩样品73个。对前者作了Cu、Sn、Pb、Zn、Ag、As、Cd、Bi、W、Mo、Sb、F、Mn、Fe、Li、Rb、Co、Ni、Ti、Si、Al、Na、K、Ca、Mg 25个元素的定量分析，对后者还加增了Be、In、B、Hg 4个元素的定量分析。

（一）矿床样品的R型聚类分析

对矿床的73个样品进行R型聚类分析后，得出29个元素变量之间的关系（图10-18a）。从图中可以看出，在相关系数 $r=0.24$ 的相似水平上，可将元素分为四组：①与成矿作用有关的Al、K、Rb、Si、Na、Li、Ti、Co、Ni；②与高中温的Sn、Cu矿化有关的Fe、In、W、As、Cu、Bi、Sb、Mo、Be、F、B、Sn；③与中低温的Pb、Zn矿化有关的Zn、Pb、

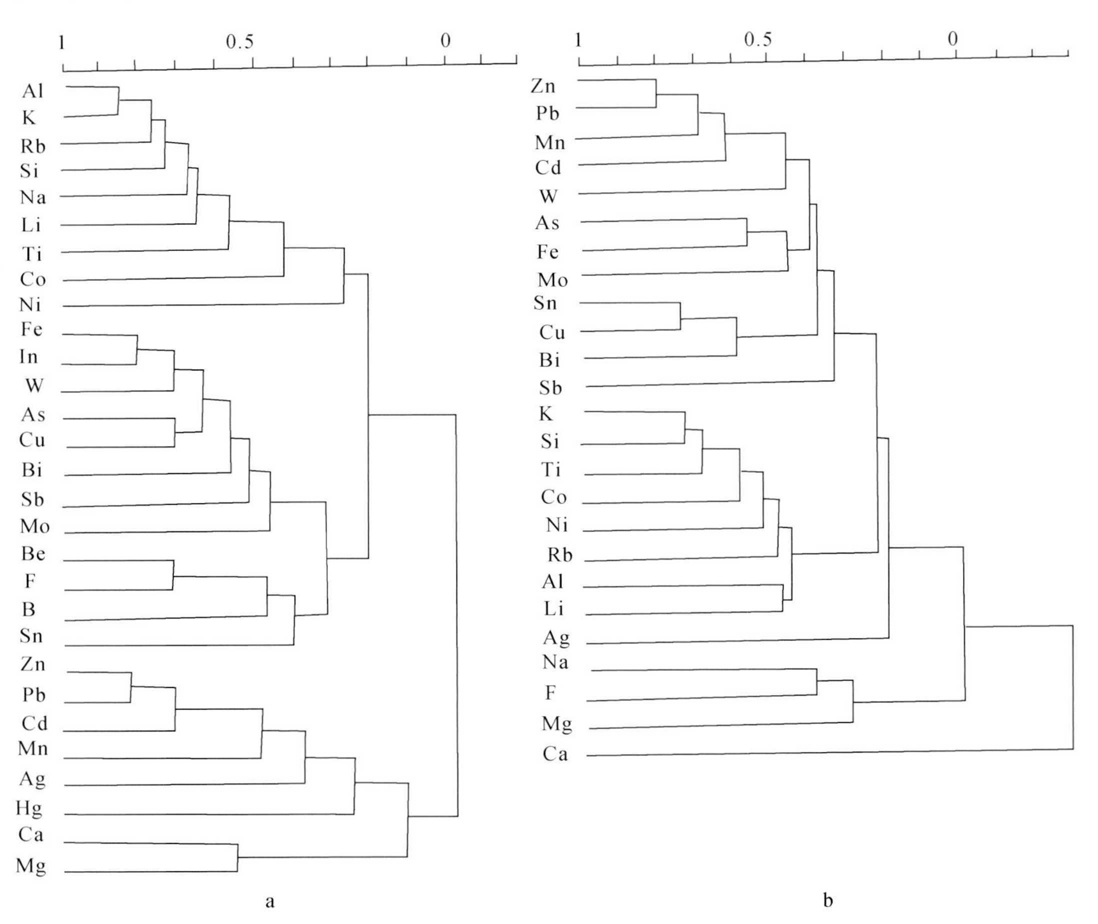

图10-18　个旧马拉格矿田断裂构造岩及矿床样品R型聚类分析结果分群图

a. 矿化岩石样品73个、29个变量；b. 断裂构造岩160个样品、25个变量

Cd、Mn、Ag、Hg；④与碳酸盐围岩有关的 Ca、Mg。其中，②组和③组的 18 个元素为主要的成矿指示元素。而且在 $r=0.4$ 的相似水平上，还可以进一步分出：与高温的接触带 Cu 矿化有关的 Fe、In、W、As、Cu、Bi、Sb、Mo；与高中温的 Sn 矿化有关的 Be、F、B、Sn；与中低温的 Pb、Zn 矿化密切的 Zn、Pb、Cd、Mn。

（二）断裂构造岩样品的 R 型聚类分析

对断裂构造岩 160 个样品进行 R 型聚类分析后，得出 25 个元素变量之间的关系（图 10-18b）。从图中可以看出，在 $r=0.33$ 的相似水平上，可将元素分为六组：①与矿化关系密切的 Zn、Pb、Mn、Cd、W、As、Fe、Mo、Sn、Cu、Bi、Sb；②与成岩作用有关的 K、Si、Ti、Co、Ni、Rb、Al、Li；③Ag；④Na、F；⑤Mg；⑥Ca。其中，③和④意义不太明确，⑤和⑥与围岩碳酸盐有关。在断裂构造岩中，各元素之间的关系虽然不如矿床样品清晰，但成岩、成矿及围岩的指示元素都是极相似的，特别是能看出其中重要的成矿指示元素。而且，在 $r=0.59$ 的相似水平上，还可以看出关系更为密切的 Zn、Pb、Cd 组与 Sn、Cu、Bi 组，表明断裂是成矿热液运移的通道。

综合考虑矿床样品和断裂构造岩样品组合分析的结果，可以从中检出与矿化关系密切的 14 个元素，作为断裂原生晕研究的主要指示元素，这 14 个元素是 Cu、Sn、Pb、Zn、Ag、As、Cd、Bi、W、Mo、Sb、F、Mn、Fe。

三、矿田断裂构造地球化学特征

在马拉格矿田内，由于断裂空间是成矿元素活动的良好通道和场所，它们控制了成矿元素的迁移、集中和分散。因此，研究在断裂构造控制下，成矿元素的分布规律，则是探寻矿田构造地球化学场特征的重要途径之一。同时，还由于在地表原生晕没有异常反映的情况下，断裂原生晕仍可出现清晰的异常，因此断裂原生晕异常的特点可以反映成矿元素构造地球化学场的一般特征。另外，还可以根据断裂原生晕的异常去追索矿体，成为寻找隐伏矿体的简便和有效的手段之一。

在前述分析的基础上，以与矿化关系密切的 14 个元素为变量，对断裂构造岩的 160 个样品进行 R 型因子分析，得出正交因子解（表 10-4），并选择载荷大于或等于 0.5 的为关联成员，从而得到三组关联，即 A_1：Zn、Pb、Cd、Mn；A_2：Bi、Sn、Cu；A_3：As、Fe。其中，A_1 和 A_2 是最重要的关联，它们相对应的因子 F_1 和 F_2 的方差贡献占了总方差的 45.14%。A_1 反映了矿田内中低温热液的 Pb、Zn 矿化原生晕；A_2 反映了矿田内高中温热液的 Sn、Cu 矿化原生晕。以 A_1 和 A_2 的得分作等值线图，则得到断裂原生晕分布图（图 10-19）。从图中可以看出，断裂原生晕的分布具有如下特征：

表 10-4 马拉格矿田断裂含矿性的 R 型因子分析方差最大旋转因子载荷矩阵

因子 变量	F_1	F_2	F_3	F_4	F_5	F_6	F_7	F_8	公共因子方差
Ag	0.1563	0.1567	0.0075	0.9662	0.0235	0.1086	0.0719	0.0035	1.0001
A_s	0.2361	0.1610	0.9304	−0.0437	0.0900	0.1452	0.1117	0.0956	1.0000

续表

因子 变量	F_1	F_2	F_3	F_4	F_5	F_6	F_7	F_8	公共因子方差
Bi	0.0532	0.9860	0.0402	−0.0237	0.1382	−0.0319	−0.0236	0.0471	1.0001
Cd	0.8747	0.3847	−0.1387	0.0511	0.0166	−0.0611	0.1300	0.2085	1.0001
Sb	0.1550	0.1853	0.1186	0.0261	0.9427	0.0288	0.1566	0.1137	1.0001
Mn	0.8395	−0.0692	0.4128	0.1913	0.0457	−0.0478	0.1466	0.2400	1.0000
Mo	0.2391	0.1612	0.1571	0.0678	0.1496	0.0769	0.9240	0.0734	1.0000
F	−0.0018	−0.0240	0.1141	0.1010	0.0262	0.9838	0.0653	0.0577	0.9999
W	0.3350	0.2252	0.1629	−0.0127	0.1170	0.0766	0.0844	0.8853	1.0001
Fe	0.2755	0.1551	0.5893	0.1809	0.2647	0.0556	0.4788	0.4665	1.0000
Zn	0.9499	0.1406	0.1460	0.0839	0.1483	0.0617	0.1017	0.1161	1.0001
Pb	0.9275	0.1539	0.2576	0.0684	0.1057	0.0434	0.1591	0.0814	1.0000
Sn	0.3594	0.7863	0.0922	0.3128	0.1509	0.0266	0.2851	0.2305	1.0000
Cu	0.2946	0.7388	0.4216	0.2409	0.0231	0.0033	0.2801	0.2295	1.0001
方差贡献	3.8007	2.5187	1.7563	1.1912	1.0821	1.0306	1.3709	1.2489	
累计百分比/%	27.15	45.14	57.68	66.19	73.92	81.28	91.08	100	

（1）高得分区（原生晕异常区）多沿断裂分布，表明各方向断裂破碎带中矿化元素的含量一般都比较高。断裂构造岩不仅与矿床内矿体、矿化蚀变围岩的矿化元素之间的相关性和分群组合特征相似（图 10-18），而且断裂构造岩的矿化特征及地表原生晕异常的类型和分布相吻合，即断裂构造岩锡铜含量高的地段为锡铜晕异常区，而在铅锌晕异常区的断裂则沿锌的含量高。这种特征说明，成矿期活动的断裂是含矿热液运移的通道。它们必然导致断裂构造岩的普遍矿化，并且控制了地表原生晕异常的分布。

同时，原生晕异常区位于花岗岩岩株突起的邻近，与本区主要矿床的分布相吻合，而且矿床上部的原生晕类型与下部的矿化类型相一致。矿田内的花岗岩岩株突起和矿床的分布受北东构造带的控制，分布于三条次级的北东构造带内，因此原生晕的分布也具有这种特点。形成三条北东向的原生晕异常带，即西北部的水塘寨异常带、中部的黑马山–马拉格–老阴山异常带、东南部的元宝山–小石岗山异常带，从而构成了矿田的三个次级构造–岩浆–成矿（矿化）带，它们大致等间距分布，反映了北东构造带控矿的基本规律。

在构造–岩浆–成矿（矿化）带内，成矿元素原生晕的形状及展布特征又明显地受到成矿期活动断裂的控制，故与矿带的总体走向并不一致。例如，在矿田中部的第二带内，马拉格矿床中发育了一系列北西向的张扭性断裂，成为成矿元素迁移的主要通道，所以其上部的原生晕异常受其控制也呈北西向展布。同样，在老阴山至小大坡地段与黑马山地段也发育北西断裂，原生晕异常也呈北西向展布。同样，在老阴山至小大坡地段与黑马山地段也发育北西向断裂，原生晕异常也呈北西向展布。如此，在中部的第二成矿带内，形成三个次级的北西向原生晕异常带，它们大致呈等间距分布。又如，在同一带上的尹家硐矿床内，原生晕主要受东西向的元老断裂控制，形成一个次级的东西向展布的长条状原生晕异常带。

另外，不同方向的断裂尽管它们的矿化元素的组合特征较相似，但矿化的强度却有明显的差别。北西向的张扭性断裂成矿元素的含量一般都比较高，该断裂普遍矿化好（容矿构造）；东西向的扭性断裂除元老断裂成矿元素含量高外，其他断裂则矿化较差（容矿或导矿

图 10-19　马拉格矿田断裂构造地球化学异常等值线分布图（孙家骢等，1988a）

1. 因子：（Sn、Cu、Bi）得分等值线（1.9–2.2–2.5–2.8–3.1–3.4–3.7）；2. 因子：（Pb、Zn、Cd、Mn）得分等值线（3.4–3.7–4.0–4.3–4.6–4.9）；3. 正长斑岩脉；4. 细晶花岗岩；5. 中细粒黑云母花岗岩；6. 中粗粒黑云母花岗岩；7. 斑状花岗岩；8. 玄武岩；9. 花岗岩岩株突起；10. 东西向压–扭性断裂；11. 北东向扭–压扭性断裂；12. 北西向张扭–压扭性断裂；13. 南北向扭–压性断裂构造）；北东向的压扭性断裂成矿元素含量较低，矿化程度较弱（导矿构造）。这种特征表明，由于不同方向断裂的力学性质不同，影响地壳的深度也不一致，因此断裂破碎带内的物理化学条件和空间条件必然有所差异，从而导致不同方向断裂破碎带矿化强弱程度的不同。

（2）Pb、Zn晕异常区和Sn、Cu晕异常区二者并不重合，常常有一前一后相伴出现的特点，构成本矿田成矿元素构造-地球化学场的另一重要特征。例如，在中部的马拉格和老阴山已知矿床地段，都出现两个高值区，北西端为Sn、Cu异常区，南东端为Pb、Zn异常区，有规律地分布。又如，在尹家硐已知矿床地段，也出现两个异常区，Sn、Cu异常区在西端，Pb、Zn异常区在东端。而且，一般Sn、Cu异常区常位于花岗岩岩株突起的邻近，而Pb、Zn异常区则远离岩株突起地段。这一突出的特征反映了由高温到中低温的矿床分带特征，表明含矿热液流动的方向，一是由北西流向南东，二是由西流向东，由此导致矿床常位于含矿花岗岩岩株突起的南东侧。

四、结　论

（1）从上述构造-地球化学场的特征可以看出，在马拉格矿田内，北东构造带控制了成矿元素原生晕异常带的总体分布，而作为北东构造带组成成分的断裂构造则控制了单个原生晕异常的形态及展布特征。所以，北东构造带控制了成矿元素的集中和分散，从而进一步证明了北东的构造带是矿田内的成矿构造体系。

（2）根据断裂构造原生晕的分布特征可以推测，小石岗山、黑马山、小大坡、水塘赛四个异常区，应该是成矿的有利地段。但是与已知的矿床相比，其异常的范围较小，峰值也较低。因此，推测成矿的规模只是中小型，而且埋藏可能较深。

（3）通过以上断裂构造地球化学的分析可以得到这样的认识，对于找内生金属矿床而言，在没有开展过化探的地区，通过对断裂构造岩的系统采样、化验和电算处理，可以圈定出矿化异常区，确定预测地段，指导找矿勘探。

第三节　楚雄盆地砂岩型铜矿床构造控矿特征及找矿预测

楚雄盆地砂岩型铜矿床分布于扬子地块西南缘、集铜多金属与煤、油气、盐为一体的中新生代陆相红色盆地中，分布煤（T_3—J）、铜（K_2）及膏盐（K_2—E）矿床组合。截至目前，盆地内已发现铜矿床（点）257处，是我国著名的砂岩型铜矿集区，以大姚六苴铜矿床、郝家河铜矿床最为著名。这些矿床受“牟定斜坡”的控制，沿该带依次分布团山、大村、凹地苴、六苴、铜厂箐、郝家河、格衣乍、老青山等铜矿床，构成沿元谋古陆边缘展布的一条NW向弧形砂岩铜矿带。其中呈NW向展布的大姚六苴、牟定郝家河铜矿床与“牟定斜坡”延伸方向一致。“牟定斜坡”受基底构造控制，与铜矿带的密切关系表现为紧靠富含铜质的古陆，其沉积-成岩环境有利于铜质富集和成矿，而且其构造作用伴随砂岩型铜矿床的定位（图10-20）。

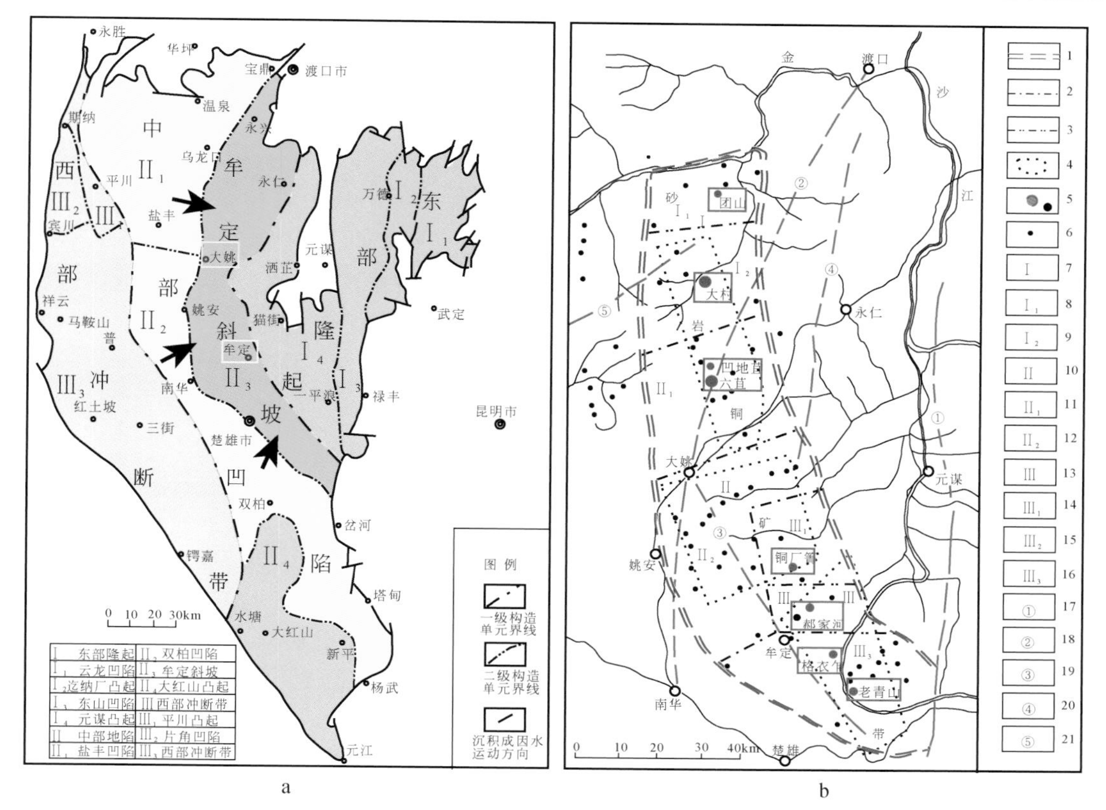

图 10-20 楚雄盆地构造单元及弧形砂岩型铜矿带展布图（据王维贤，1983，修绘）

a. 楚雄盆地地构造单元；b. 弧形砂岩型铜矿带展布。1. 砂岩铜矿带界线；2. 矿化集中区界线；3. 成矿区分片界线；4. Cu、Pb、Zn 等元素组合异常；5. 中小型铜矿床；6. 铜矿点；7. 团山-大村矿化集中区；8. 团山-乌龙口片；9. 大村片；10. 六苴-龙街矿化集中区；11. 六苴片；12. 龙街片；13. 三木-铜厂箐-石板河矿化集中区；14. 三木-铜厂箐片；15. 郝家河片；16. 格衣乍-石板河片；17. 绿汁江断裂；18. 渡口-南华断裂；19. 前场-牟定断裂；20. 立溪冬断裂；21. 宾川-乌龙口断裂

一、楚雄盆地构造演化概述

（一）楚雄盆地构造演化程式

楚雄盆地中新生代构造形迹反映了四组挤压应力：NW—SSE 向、NE—SSW 向、EW 向、SN 向。分别形成对应的压扭性构造。其中以 NW—SW 向、EW 向挤压应力为主，其次为 NW-SE 向及近 SN 向应力。前两者可能为印度板块向北（东）方向移动所带来，后两者为碰撞作用带来的挤出应力。从楚雄盆地及邻区构造演化史分析可得到楚雄盆地的构造演化程式。

（1）印支运动期：区域主压应力方向为 SW-NE 向，扬子地块西南缘俯冲于哀牢山洋之下，哀牢山洋关闭，楚雄中生代盆地雏形形成。

（2）燕山运动期：在早期，区域主压应力方向为近 EW 向，红河断裂形成，楚雄盆地中生代盖层沿滑脱面向西逆冲推覆；在中期，区域主压应力方向为近 SN 向（或 NNE-SSW），在盆地北部老地层（J—K_1）形成早期近 EW 向断裂构造；在晚期，区域主压应力方向为 SW–NE 向，哀牢山造山带隆起及红河断裂的压性逆冲推覆，盆地内西南部形成密集状 NW 向压性逆冲断裂。

（3）喜马拉雅运动期：在早期，区域主压应力方向为近 EW 向，红河断裂及 NW 向断裂的左行走滑，大规模的剪切作用。盆地内部产生近 SN 向的褶皱构造，形成东西分带现象；在中期，区域主压应力方向为 NW–SE 向，红河断裂带的短暂张性改造，盆地内部 SN 向构造遭受左行剪切，使盆地北部复式褶皱左列排布；在晚期，区域主压应力方向为近 SN 向（或 NNW–SSE），红河断裂的大规模右行走滑，并形成晚期的 NW 向走滑断裂，切错了早期的构造、地层及矿体。

（4）新构造运动：区域主压应力方向为近 NW→SE 方向，近 SN 向深断裂的左行走滑，形成近 SN 向地震多发带。

（二）楚雄盆地构造演化特征

（1）扬子地块西南缘在古生代总体为被动大陆边缘的原型海相盆地形成演化时期。楚雄后陆–残留盆地的原形盆地形成于晚三叠世，成熟于白垩纪，为后陆盆地；在晚白垩世—新近纪末（燕山晚期—喜马拉雅期）受构造和热活动的强烈改造，成为残留盆地。

（2）楚雄中生代后陆盆地（T_3—K_2早）位于哀牢山造山带的后缘扰曲沉降部位，楚雄盆地西北角及盐源盆地位于箐河–程海–宾川前缘逆冲推覆断裂和丽江台褶束–锦屏山逆冲推覆构造带的前缘，具有前陆盆地的性质。向北一直延伸到四川的龙门山逆冲推覆构造带，其演化过程相似。

（3）哀牢山造山带和红河断裂是由扬子地块西南缘向南西方向逆冲推覆形成的，位于其前缘的墨江地区具有前陆盆地的性质。

（4）楚雄盆地演化受到同沉积构造活动和后期构造运动的控制；构造运动可以产生褶皱、断裂构造系统，驱使盆地流体运移和富集成矿，并可以结束盆地沉降–沉积过程，甚至让盆地反转成为高山，遭受剥蚀。楚雄盆地构造变形可分为三期：①印支运动同沉积构造变形期（T_3—J_1）；②燕山运动构造变形期（J_1—K_2）；③喜马拉雅运动构造变形期（K_2晚期至 Q）。值得注意的是，盆地构造演化中发生燕山运动和喜马拉雅运动，必然对先成岩石和矿床发生改造，这是导致叠加成矿并可能形成大型–超大型矿床的重要成矿动力因素。

二、典型矿床地质概况

1. 大姚六苴铜矿床

该矿床位于近 SN 向大雪山背斜西翼，主要含矿地层为 K_1gw、K_2ml、K_2md（图 10-21），属成熟期河流亚相边滩、决口扇微相。由Ⅰ、Ⅱ号主矿体和 6 个小矿体组成。在剖面上，层状、似层状、透镜状矿体赋存于 K_1ml^{1-2}、K_2mx 浅灰色中细粒长石石英砂岩中；在平面上，矿体沿大雪山背斜缓倾翼呈 NW 向、近 SN 向沿紫–浅色交互砂岩带带状展布，其产状与含矿地层一致，倾角 15°～30°，南部受构造影响，产状变陡（40°～65°）。矿体长度（大于 4000m）远大于宽度（150～450m），沿短轴方向中间厚、两侧薄；沿长轴方向北部宽厚、向南及南东部逐渐变薄变窄；在横剖面上，靠全紫砂岩一侧，矿体呈“鱼头”或分支状逐渐交替尖灭，而靠浅色一侧，矿体呈“燕尾”状依附于上下紫色层分支逐渐尖灭。矿体厚度 1～36m，铜平均品位 1.34%、伴生银 26.93×10^{-6}，局部银达 78.6×10^{-6}。矿体附近沿断裂裂隙发育斑点状、脉状斑铜矿-辉铜矿-石英-方解石脉。

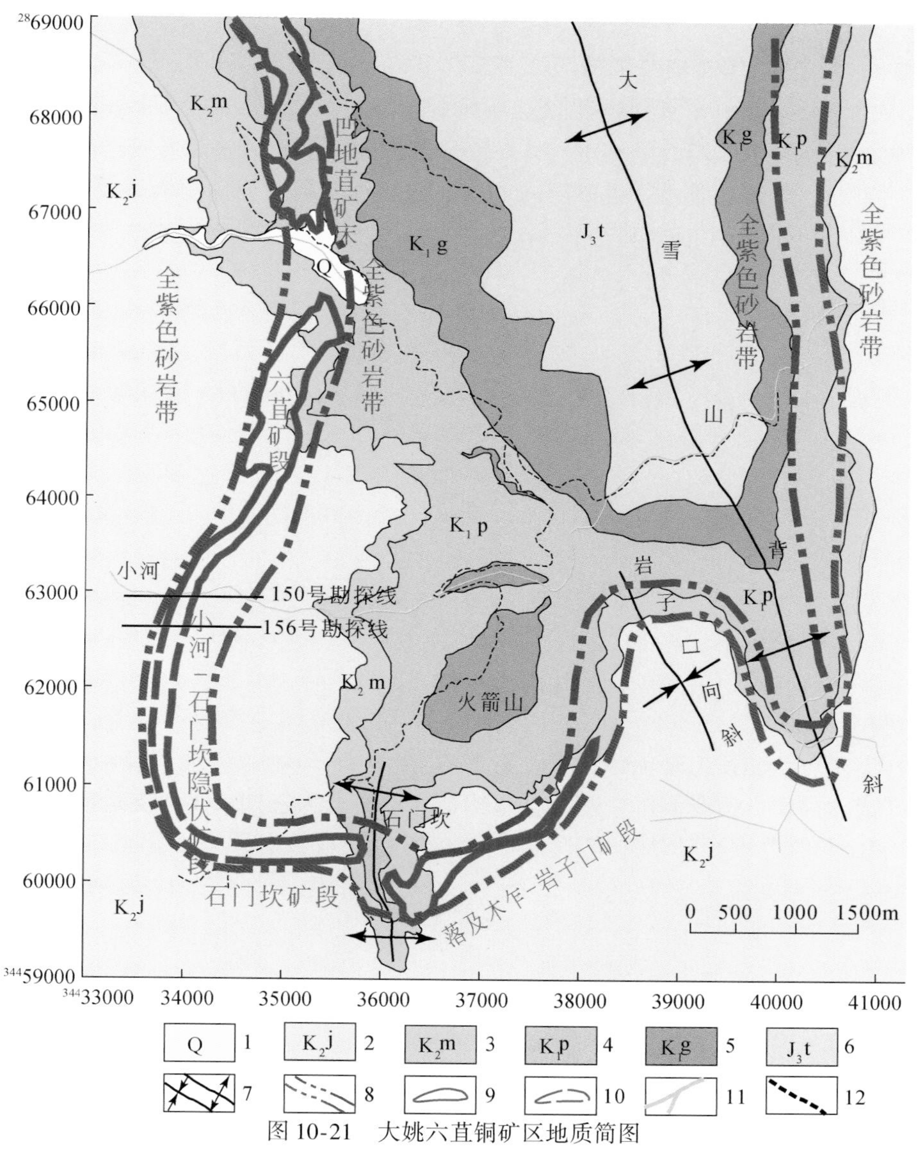

图 10-21　大姚六苴铜矿区地质简图

1. 第四系；2. 上白垩统江底河组；3. 上白垩统马头山组；4. 下白垩统普昌河组；5. 下白垩统高峰寺组；6. 上侏罗统妥甸组；7. 背斜与向斜轴迹；8. 蚀变界线；9. 矿体投影边界；10. 推测矿体边界；11. 水系；12. 蚀变带

主要矿石矿物：辉铜矿、斑铜矿、黄铜矿、蓝辉铜矿和黄铁矿及少量砷黝铜矿、自然铜、方铅矿、自然银、辉银矿、硫铜银矿、硫铁铜银矿、硫砷铜银矿、角银矿、铁银铜矿等；脉石矿物为石英、长石、岩屑等。矿石呈自形-他形粒状、交代结构，浅色砂岩中见石英次生加大及石英-方解石颗粒相互镶嵌结构。矿石具稠密-稀疏浸染状、星点状、条带状、细脉状构造，块状构造少见。

矿床的形成经历了沉积–成岩成矿期、主改造成矿期、次改造成矿期。改造成矿期由三个阶段组成：条带状、稠密浸染状粗晶斑铜矿–辉铜矿–石英阶段和薄脉状、网斑状粗粒斑铜矿–辉铜矿–石英阶段及细脉状石英/方解石–辉铜矿–黄铜矿/斑铜矿（少）阶段。

2. 郝家河铜矿床

该矿床位于朵基背斜东翼，主要含矿层位为 K_2mx^{2-3}，部分赋存于 K_2mx^3（图 10-22）。含矿段底部砾岩具有东厚西薄的特点。含矿段下部的紫色砂岩以铁泥质胶结为主，含矿段浅色砂岩以白云石、方解石胶结。含矿层内岩石根据颜色不同划分为全紫砂岩带、浅–紫砂岩

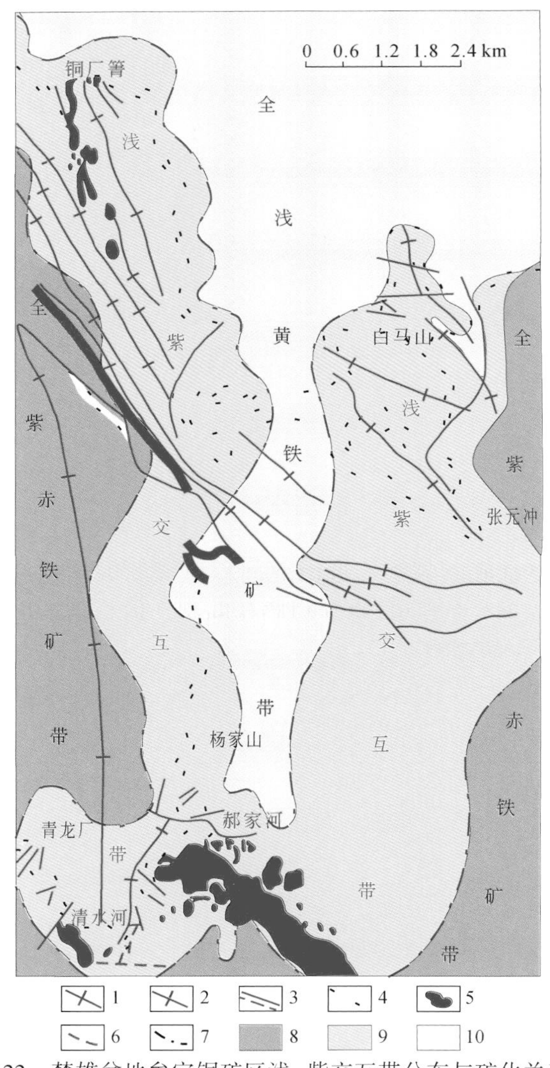

图 10-22　楚雄盆地牟定铜矿区浅–紫交互带分布与矿化关系简图

1. 背斜；2. 向斜；3. 实测及推测断层；4. 郝家河断层出露线；5. 矿体投影平面；6. 剥蚀界线；7. 浅–紫界线；8. 全紫区；9. 浅–紫交互区；10. 全浅区

交互带、全浅砂岩带。矿体赋存于浅-紫交互带内，其下界凹凸不平，随下紫色层的起伏而变化。当浅-紫砂岩交互稳定，在中细粒砂岩中，矿化稳定、富厚。主矿体沿 NW 向狮子山背斜的鞍部附近呈条带状展布，倾向 SE，倾角小于 30°。在剖面上，矿体呈透镜状、藕节状，沿走向和倾向膨缩现象明显。铜平均品位为 1.22%，其中部及底板附近常有高品位富矿脉（铜品位高达 46%）。矿体常有穿层现象，与围岩呈断裂接触关系，表明矿床改造富集明显。矿石矿物以辉铜矿为主，其次为斑铜矿、铜蓝、黄铜矿、黄铁矿、孔雀石、赤铁矿，偶见方铅矿、闪锌矿。辉铜矿多呈他形粒状、斑点分布于砂粒间，或呈胶结物胶结砂粒，有时在方解石脉中呈斑点或细脉状产出；斑铜矿粒度较粗；黄铜矿呈他形粒状、不规则状。脉石矿物主要为石英和长石。赋矿岩石以孔隙式胶结为主。

三、成矿地质体的厘定

盆地中层状含矿地层（K_2ml^{1-2}、K_2md）中特定岩相组合的浅-紫交互带是矿床的成矿地质体之一。同时，郝家河矿床除存在该类成矿地质体外，还存在控制构造-蚀变体呈线状展布的成矿地质体——褶皱断裂构造。沉积-成岩作用成矿地质体为含矿沉积盆地特定岩相组合的浅-紫交互带砂岩层（以六苴铜矿床为主）；构造改造作用成矿地质体为控制构造-蚀变体的褶皱断裂构造（郝家河铜矿床）。因此，该矿床的成矿地质体为陆相盆地特定岩性/岩相组合的浅-紫交互带砂岩层与成矿褶皱/断裂构造的组合。

四、成矿构造系统与成矿结构面

（一）成矿构造系统类型

控制楚雄盆地的主要基底断裂为：近南北向程海深断裂、绿汁江深断裂、普渡河深断裂，北西向红河深断裂及北东向宾川-乌龙口隐伏断裂、渡口-南华隐伏断裂、前场-牟定隐伏断裂，它们控制了盆地的沉积构造系统。其成矿构造系统包括沉积构造系统、褶皱/断裂构造系统，前者控制沉积-成岩成矿作用，控制了“煤-铜-盐”建造，而后者控制构造改造成矿作用。

（二）成矿结构面类型及其特征

楚雄盆地砂岩型铜矿床受岩性-岩相成矿结构面、构造成矿结构面、物理化学转化成矿结构面三类成矿结构面的控制。

1. 岩性/岩相成矿结构面

层状矿体主要分布于成熟期河床亚相边滩微相区和洪泛平原决口扇微相区或不同亚（微）相界面。岩性/岩相成矿结构面为特定的地层岩性/岩相组合界面：下部为含砂砾岩或假整合面（透水层），中部为浅色中粒砂岩铜矿层（六苴、郝家河矿床），上部为紫色泥岩（非透水层），构成良好的成矿流体圈闭的地球化学障（图 10-23）。

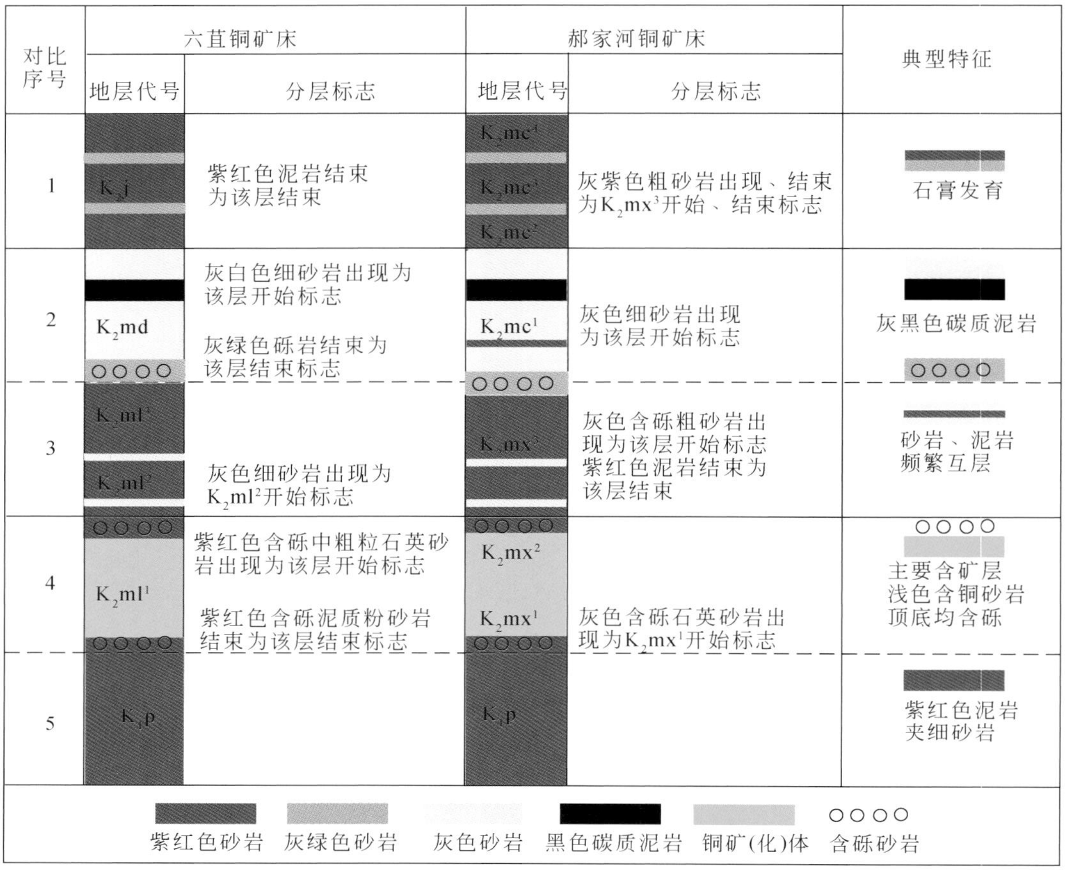

对比序号	六苴铜矿床		郝家河铜矿床		典型特征
	地层代号	分层标志	地层代号	分层标志	
1	K_2j	紫红色泥岩结束为该层结束	K_2mc^4 K_2mc^3 K_2mc^2	灰紫色粗砂岩出现、结束为K_2mx^3开始、结束标志	石膏发育
2	K_2md	灰白色细砂岩出现为该层开始标志 灰绿色砾岩结束为该层结束标志	K_2mc^1	灰色细砂岩出现为该层开始标志	灰黑色碳质泥岩
3	K_2ml^3 K_2ml^2	灰色细砂岩出现为K_2ml^2开始标志	K_2mx^3	灰色含砾粗砂岩出现为该层开始标志 紫红色泥岩结束为该层结束	砂岩、泥岩频繁互层
4	K_2ml^1	紫红色含砾中粗粒石英砂岩出现为该层开始标志 紫红色含砾泥质粉砂岩结束为该层结束标志	K_2mx^2 K_2mx^1	灰色含砾石英砂岩出现为K_2mx^1开始标志	主要含矿层 浅色含铜砂岩 顶底均含砾
5	K_1p		K_1p		紫红色泥岩夹细砂岩

紫红色砂岩　灰绿色砂岩　灰色砂岩　黑色碳质泥岩　铜矿(化)体　○○○○ 含砾砂岩

图 10-23　六苴、郝家河铜矿床矿体赋存的特定岩性组合示意图

2. 构造成矿结构面

该类机构面包括褶皱、断裂构造结构面、“隐蔽构造”结构面，其中褶皱、断裂构造结构面研究可从结构面的几何学、运动学、力学、物质学（构造岩岩相）、年代学（构造期次）及其动力学演化等方面给予解析，其中力学性质是其研究的主要内容之一。

1）“隐蔽构造”结构面

该类矿床除断裂、褶皱结构面外，还存在“隐蔽构造”结构面，对于六苴、郝家河铜矿床，其层状矿体所在的容矿岩层往往发生一定程度的弯曲，导致其中矿体普遍局部呈现膨大、上凸或下凹的形态，推测与构造改造作用有关，即该处下方或旁侧可能存在“隐蔽构造”，尽管未见明显的断层滑动面或节理面。该类构造使层状矿体发生变形，形成了隐形的还原流体通道，并在附近区域形成稳定的氧化-还原障，促使成矿物质在该处源源不断沉淀，从而形成膨大或弯曲。

2）褶皱、断裂构造成矿结构面

（1）六苴铜矿床

六苴铜矿床主要发育褶皱构造、断裂构造结构面，主要有大雪山背斜、南部倾末端的次级“裙边”褶皱，还有短轴状褶皱如火箭山穹隆、小河穹隆以及更次级的褶曲，其形成与演化特征反映本区经历了近 EW 向应力→NW-SE 向应力→近 SN 向的应力作用，形成了以大雪山背斜为主要构造、上叠次级和更次级褶皱构造及短轴状褶皱的褶皱构造样式（图 10-24）；NNW 向断裂主要经历了压性→左行压扭性→张扭性→右行压扭性的性质转变；近 SN 向断裂主要经历了压性→左行扭性→张扭性的转变；EW 向断裂主要经历了压（扭）性→张（扭）性的转变；NE 向断裂主要经历了左行压扭性→左行扭张性的转变；NWW 向断裂主要为右行扭张性。

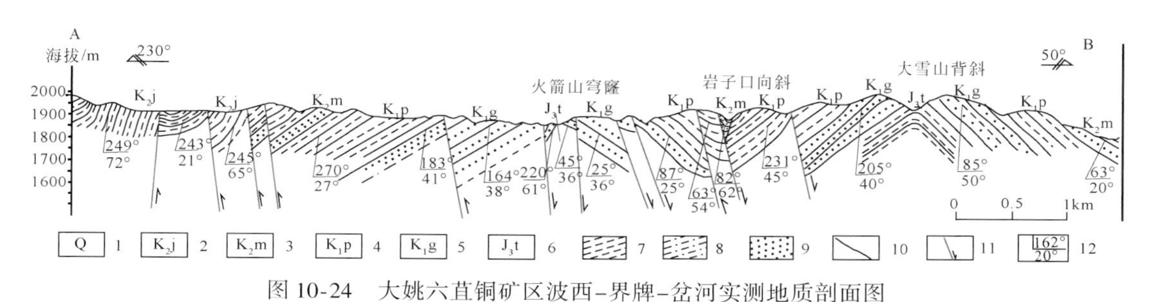

图 10-24　大姚六苴铜矿区波西-界牌-岔河实测地质剖面图

1. 上白垩统江底河组泥岩；2. 上白垩统马头山组砂岩、泥岩；3. 上白垩统普昌河组泥岩；4. 上白垩统高峰寺组凹地苴段砂岩；5. 上白垩统高峰寺组者那么段砂岩；6. 上白垩统高峰寺组美宜坡段砂岩；7. 上侏罗统妥甸组泥岩；8. 中侏罗统蛇甸组泥岩；9. 地层界线；10. 假整合接触界线；11. 断裂（层）；12. 产状

（2）牟定郝家河矿床

矿区整体构造格架为东部 NW-SE 向狮子山背斜、西部 NNW 向朵基背斜、中部近 EW 向温家坟背斜及近 EW 向杀人阱向斜，发育 NW 向、NE 向及近 EW 向断裂。牟定斜坡带控制了盆地内砂岩型铜矿集区的展布，矿区构造（朵基复合背斜与狮子山背斜）共同控制了牟定铜矿田的分布；背斜两翼发育的断裂（含矿层内 NE 向层间断裂）控制了矿体形态与产状和“S”型构造控矿型式（图 10-25）。综合研究认为，NW 向、NE 向构造带是主要的成矿构造体系。

郝家河铜矿区构造对矿床的形成、富集和定位起到主导作用，表现为 NW 向、近 SN 向褶皱控制矿床展布，晚期构造应力作用下形成的 NE 向断裂促使矿体进一步富集；近 EW 向构造多发生在成矿期后，主要对形成的矿体产生破坏。根据构造力学性质分析及断裂相互关系，将本区构造活动大致划分为四期：第一期，NE-SW 向挤压形成 NW 向褶皱及压扭性断裂，总体控制矿床分布，使铜发生活化、运移，并提供了有利的储矿场所；第二期，NEE-SWW 向挤压，使朵基背斜在矿区西部地段呈近 NS 向，同期断裂活动促进铜质的富集，形成铜矿体；第三期，NW-SE 向挤压，形成 NE 向褶皱及断裂，促使含矿热液从地层中萃取大量铜质并发生再富集，尤其在不同方向断裂汇合部位形成富矿体；第四期，近 SN 向的应力作用，形成近 EW 向的温家坟背斜、杀人阱向斜及狮子山南部的 EW 向褶皱与断裂，主要对已形成的矿体造成破坏，可能在局部地段形成小矿体（如 CK40047、CK44051、CK148、

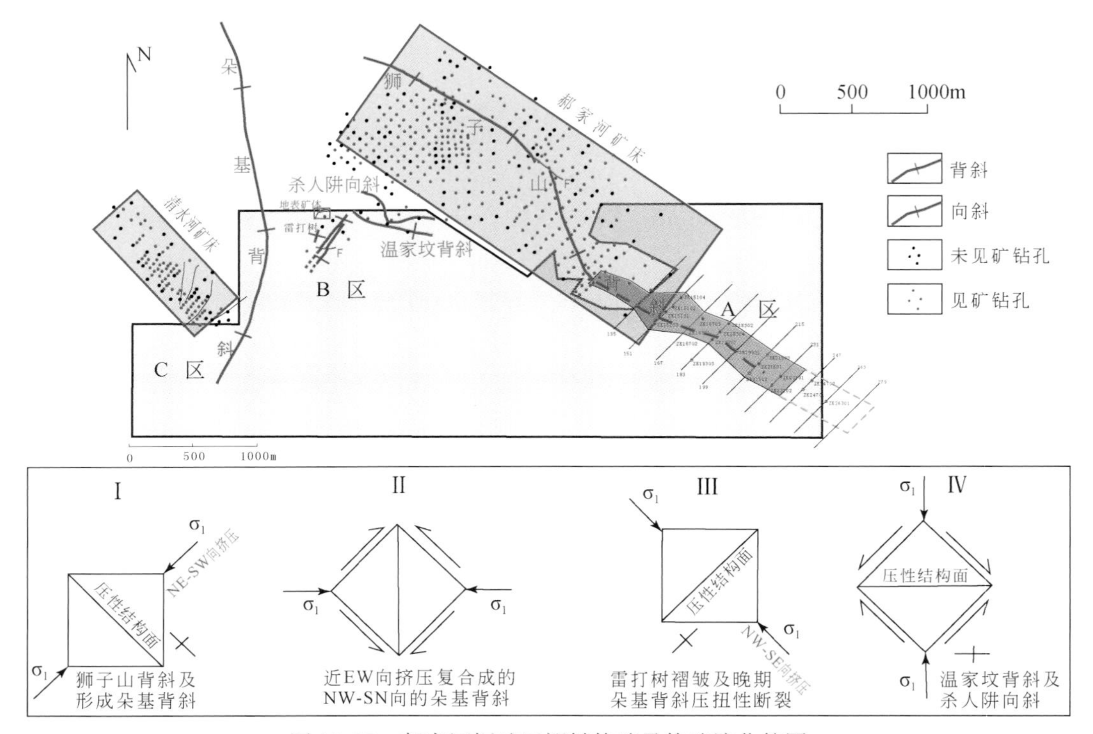

图 10-25　郝家河铜矿区褶皱构造及构造演化简图

CK234 工程探获的铜矿体）。

在多期构造应力持续作用下，使 NW 向狮子山背斜轴向趋于 SEE 向延伸，近 SN 向朵基背斜的轴向趋于 NE-SW 向，从而构成狮子山背斜与朵基背斜的入字型构造格局，使朵基背斜转变为右行压扭性的复合背斜。因此，第一期形成的 NW 向构造带和第二期形成的 NE 向构造带是主要的成矿构造体系。

构造控矿规律主要表现在以下几个方面。

①构造的挨次控制关系：牟定斜坡带（近 NS 向断裂、NNW 向断裂）控制着楚雄盆地内砂岩型铜矿集区的展布。楚雄盆地内砂岩铜矿床（点）北起团山，经六苴、落及木乍、铜厂箐、郝家河、几子湾、老青山到石板河，呈 NW 向的弧形带状分布，该弧形带受牟定斜坡及区域 NNW 向华坪-大姚断裂、火烧屯断裂的控制。NNW 向华坪-大姚断裂、火烧屯断裂、前场-牟定断裂控制了楚雄盆地铜矿集区的分布（图 10-20）；矿区 NNW 向朵基背斜与 NW 向狮子山背斜共同控制了牟定砂岩铜矿田的分布；铜矿床受背斜构造控制明显，其中 NW 向褶皱的控制作用更为显著；矿体多分布在“S”型褶皱构造的内弯一侧；NE 向含矿岩石界面与压扭性层间断裂是成矿期的主要容矿构造，控制着主要矿体的分布，矿体呈层状、似层状产出，具有尖灭再现的特征，在倾角较缓的地段，矿体厚度增大。这一特征反映不同期次构造对成矿有不同的控制作用；后期的近 EW 向压扭性构造（断层、褶皱）为破矿构造。

②矿田构造对铜矿床的控制：NNW 向朵基复合背斜与 NW 向狮子山背斜共同控制了牟定砂岩铜矿田的分布。其中，朵基背斜控制清水河铜矿床的分布，狮子山背斜控制郝家河铜矿床的分布。清水河铜矿床沿朵基背斜西翼呈 NW 向展布；郝家河铜矿床沿狮子山背斜核部

及两翼呈 NW-SE 向展布。这一特点反映了 NW 向褶皱作用对矿床的定位。

③矿床构造对铜矿体的控制：背斜两翼发育的断裂，尤其是含矿层内 NE 向层间断裂，控制着铜矿体的形态与产状。如郝家河矿床主矿体向北东侧伏，雷打树地表处铜矿体沿层间断裂呈 NE 向延伸。伴随 NE 向断裂形成的次级断裂（多为切层断裂）控制着铜矿脉的分布。NE 向断裂与其他方向断裂交汇处常形成富矿体。

④褶皱控矿规律：背斜倾伏端及其两翼缓倾斜的含矿层是铜矿床就位的最佳场所。NNW 向朵基背斜于清水河村处倾伏，西翼产出清水河铜矿床，东翼产出雷打树等铜矿体；NW 向狮子山背斜于 135 号勘探线附近倾伏，地层倾角平缓，在深部产出工业矿体。分析认为，研究区铜矿（化）体受背斜控制，背斜核部或其倾伏端附近的含矿层是应力集中部位，岩层急剧弯曲，是有利的储矿空间。不同方向的褶皱控制了铜矿体的分布，其中 NW 向褶皱的控制作用更显著，其控制的矿体规模也相对较大。

⑤“S”型构造控矿型式：朵基背斜北部走向为 NW 向，向南至矿区内部逐步由 NW→NNW 转为 NNE→NE 向，轴迹北部向东突出，南部向西突出，形成“S”型构造型式。高品位矿体主要分布在“S”型构造的内弯部位，在外弯一侧常形成铜矿化。该构造控矿型式为矿区地质找矿指明了方向。

⑥次级断裂控矿规律：NW 向压扭性断裂带内断层泥、片理化发育，多控制矿化体或贫矿体的分布，经第三期构造作用，其力学性质转为张-张扭性特征，提供了矿质沉淀空间，局部形成透镜状工业矿体；因褶皱作用，两翼发育的 NE 向压扭性层间断裂是成矿期的主要构造，控制着主要矿体的分布，使矿体呈层状、似层状产出，并具有尖灭再现的特征，在倾角较缓的地段，矿体厚度增大。NE 向压扭性层间断裂与 NW 向断裂、近 EW 向断裂交汇处，断裂带内常储有富厚矿体，但规模一般不大；NE 向次级断裂控制着细脉状、网脉状和浸染状铜矿化体的分布。后期近 EW 向压扭性断裂多是破坏矿体的构造，多表现为将铜矿体向浅色层一侧切错，局部造成含矿层紫色砂岩变厚，矿化带不连续。

3. 物理化学转化成矿结构面

在大姚、牟定铜矿床，物理化学成矿结构面主要表现为 Eh-pH 成矿结构面，形成砂岩型铜矿床浅-紫交互带。成岩期 Eh-pH 成矿结构面是最主要的成矿结构面，沿褶皱主构造线方向带状分布，规模较大。六苴铜矿床沿近 SN 向大雪山背斜西翼呈带状展布，在石门坎一带围绕转为 NE 向弧形分布；郝家河铜矿床沿 NW-SN 向朵基、狮子山背斜呈带状展布，而且在朵基背斜转为 SN 向的地段，铜矿化增强；改造期 Eh-pH 成矿结构面以郝家河铜矿床为代表，沿成矿期断裂呈线状分布，规模相对较大，且硅化、方解石化含矿热液蚀变体和矿体沿岩性/岩相界面（K_2mx^3/K_2mx^2）发育层间断裂结构面或斜交断层带上盘浅色砂岩分布。牟定铜矿床Ⅲ-1 矿体强矿化地段就是层间滑动面和 NW 向、NE 向断裂的发育地段，矿体厚度超过 20m，局部平均品位大于 20%。

楚雄盆地砂岩型铜矿床 Eh-pH 成矿结构面大致可划分为三种类型。

（1）成岩期成岩阶段 Eh-pH 成矿结构面：这是该类矿床最主要的成矿结构面（图 10-21）。在楚雄盆地北部的大村、团田铜矿床产于 K_2md 中，表现出面型的成矿结构面，而盆地中部大姚六苴铜矿床主要产于 K_2ml^{1-2} 中，表现出带型的成矿结构面（图 10-21、图 10-22）。

在盆地南部的牟定铜矿床主要产于 K_2mx^3、K_2mx^2 中，也表现出带型成矿结构面（图 10-23、图 10-26）。

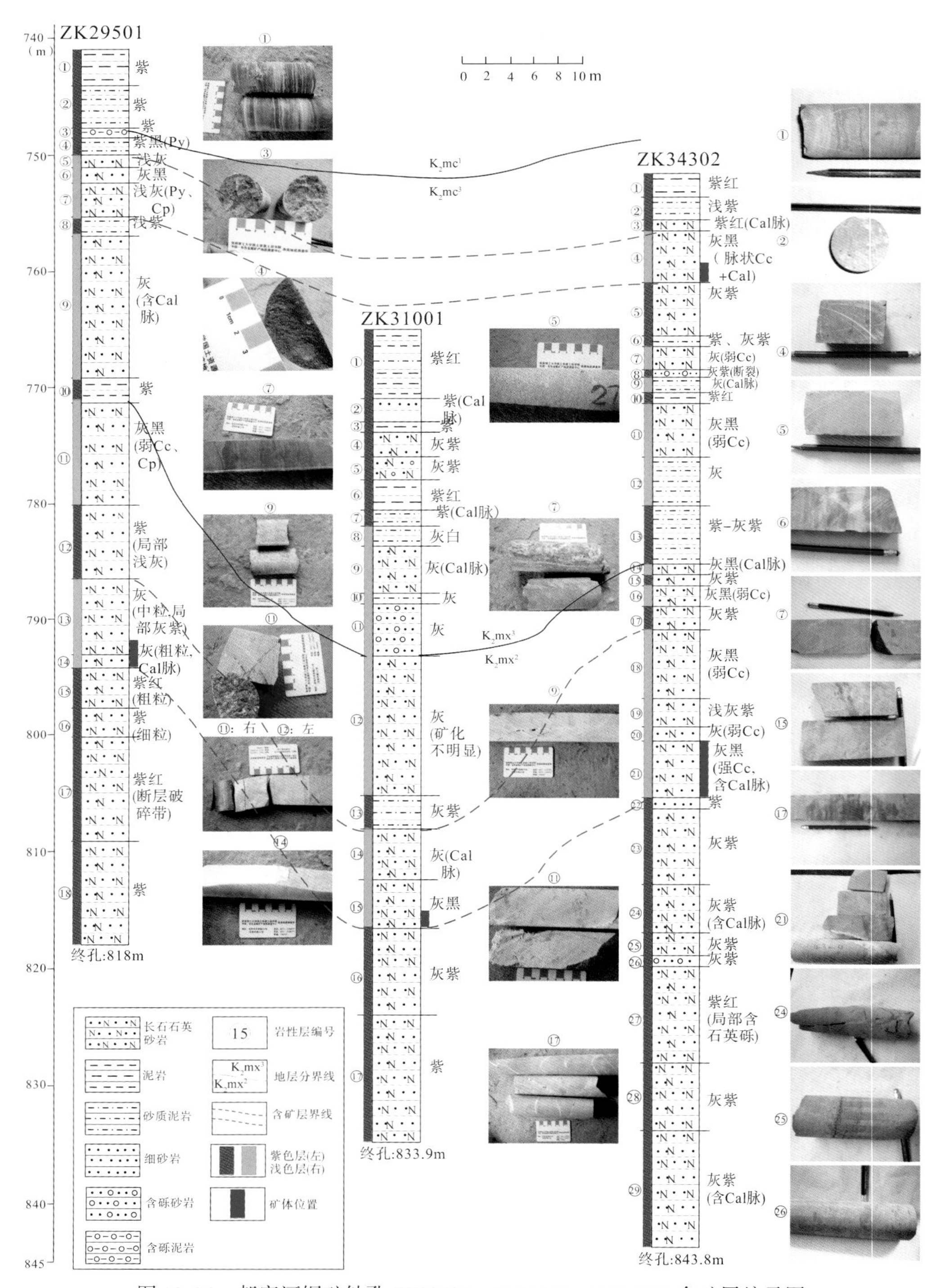

图 10-26　郝家河铜矿钻孔 ZK29501、ZK31001、ZK34302 含矿层编录图

这种结构面主要受特定的岩性-岩相组合制约，层状矿体常沿假整合面（大姚铜矿 K_2ml^1/K_1p、K_2md/K_1ml^3）或岩性-岩相界面（郝家河铜矿 K_2mx^3/K_2mx^2、K_2mx^2/K_2mx^1）附近的紫色一侧分布（图10-22）；与主褶皱轴向一致，而且与地层产状大致一致，基本不穿越层理面；石英矿物次生加大现象明显，金属硫化物呈胶结物或沿重结晶石英粒间分布。矿石呈重结晶、溶蚀结构和浸染状、层状、条带状、层纹状构造；矿体厚度和品位较稳定，矿物组合水平和垂向分带明显：从紫色砂岩到浅色砂岩，赤铁矿带（全紫带）→辉铜矿带→辉铜矿+斑铜矿带→斑铜矿+黄铜矿带→黄铜矿+黄铁矿带→黄铁矿带（全浅带）；从全浅带到紫色带，砂岩的胶结物呈现硅质矿物（石英）带→硅质为主含钙质带→钙硅质带→白云质铁质带的变化。

（2）改造期Eh-pH成矿结构面：这种结构面在牟定郝家河铜矿床表现尤为突出。该类结构面沿成矿期断裂呈线状分布，在牟定铜矿分布较普遍，规模相对较大，但在大姚六苴等铜矿床分布规模较小；受成矿期褶皱和断裂制约，含矿热液蚀变（硅化、方解石化）体和矿体沿岩性-岩相界面（K_2mx^3/K_2mx^2）发育层间断裂结构面或斜交断层带上盘浅色砂岩分布。牟定铜矿床Ⅲ-1矿体强矿化地段就是层间滑动面、NW向断裂、NE向断裂的发育地段，矿体厚度超过20m，局部平均品位大于20%；结构面常穿越地层层理、层面和不同的岩性-岩相带，浅色砂岩中常见紫红色砂岩的交代残余（图10-27）；矿石以交代、粒状结构为主，以脉状、网脉状、稠密浸染状、团斑状和似层状矿石构造为主；在成岩期和改造期Eh-pH成矿结构面交汇部位，层状、似层状矿体与脉状矿体并存，矿体变富加厚，但是矿体厚度和品位变化大（图10-27）。

（3）沉积-成岩期沉积阶段Eh-pH结构面：主要发生于泥岩和粉砂岩中，呈层状产出，产状稳定延伸长；厚度一般很小（数厘米至数米）；严格受地层控制；其中铜矿化不明显，不具有工业意义。

4. 成矿结构面组合关系

沉积-成岩期成矿结构面组合：假整合面（K_2ml^1/K_1p、K_2md/K_2ml^3）或岩性-岩相界面（K_2mx^3/K_2mx^2、K_2mx^2/K_2mx^1）+带状Eh-pH界面；改造期成矿结构面组合：岩性界面（K_2mx^3/K_2mx^2、K_2mx^2/K_2mx^1）+层间断裂或斜交断层结构面+线状Eh-pH界面（浅-紫交互带）。六苴铜矿床层状矿体分布于假整合面或岩性-岩相界面附近的带状Eh-pH界面（浅-紫交互带）的浅色一侧，改造成矿结构面组合不发育；郝家河铜矿床，除发育层状铜矿成矿结构面组合外，含矿热液蚀变（硅化、方解石化）和矿体沿岩性界面发育的层间断裂带上盘浅色砂岩分布，矿体呈层状、似层状与脉状矿体并存。

5. 成矿构造体系与矿区构造变形-成矿演化的时间序列

楚雄盆地的断裂构造主要为近EW、近SN、NW及NE向。沉积-成岩成矿作用受NW向构造带控制；改造成矿作用是伴随着大雪山背斜、朵基背斜、狮子山背斜的形成而发生的。因受到喜马拉雅早期NEE-SWW向构造应力作用，形成大雪山背斜、狮子山复合背斜，使六苴铜矿床赋存于大雪山背斜缓倾斜翼和背斜构造倾没部位，郝家河矿床赋存于狮子山背斜缓倾斜翼的构造倾没部位。伴随大雪山背斜、朵基背斜、狮子山背斜的形成，发育近SN

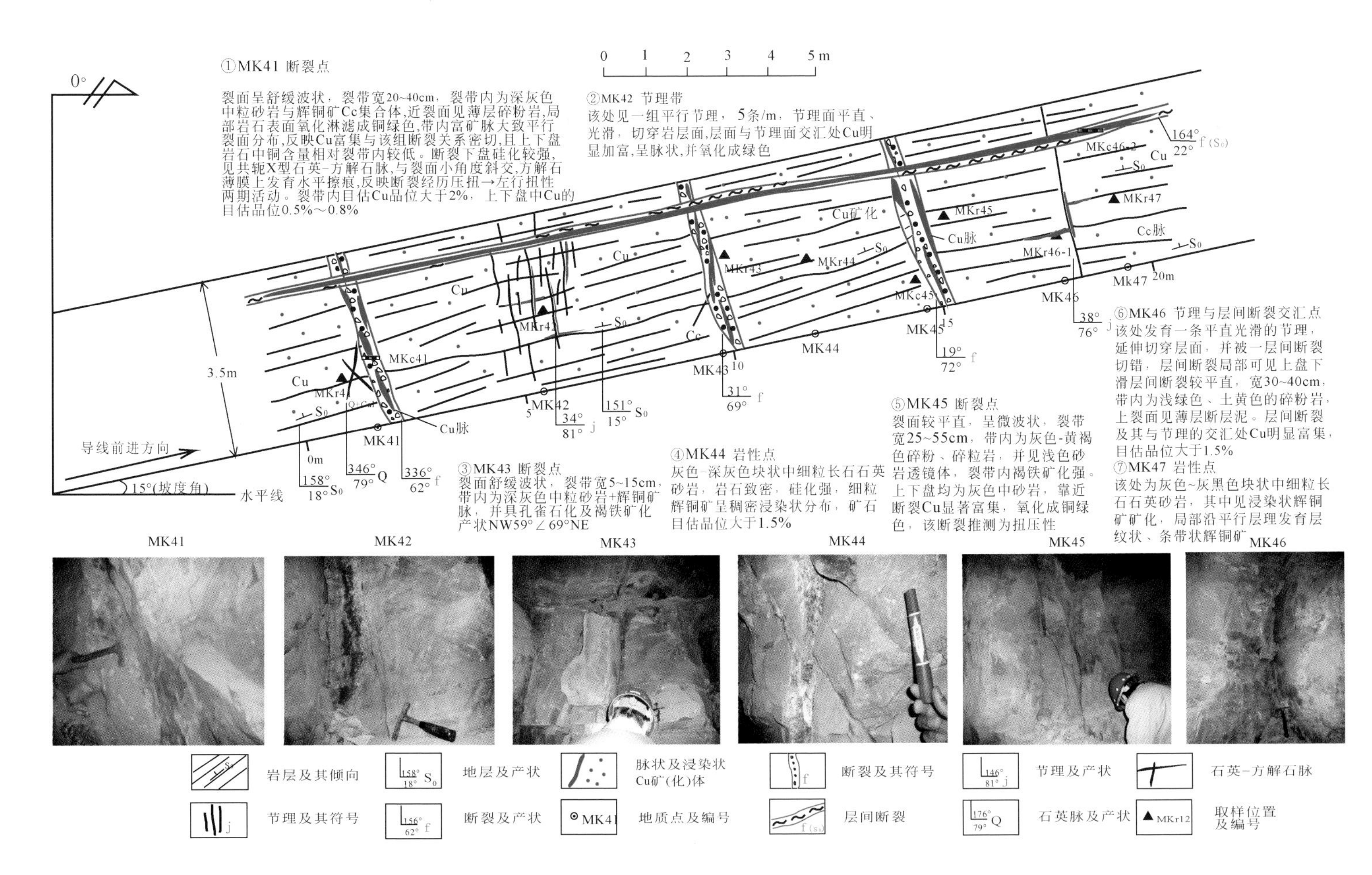

图10-27　郝家河铜矿K_2m^2段1785中段Ⅲ-2矿体2号采空区西壁层间断裂与物理化学结构面组合关系图

向的褶皱群和层间断裂及斜交断层直接控制矿体形态和产状；喜马拉雅中期形成NW向张扭性断裂与近EW向扭（压）性断裂，赋存石英-方解石-含铜硫化物脉；喜马拉雅晚期形成的近EW向左行扭（压）性断裂，使铜矿化带或矿体平移，其分布密度具有从北向南逐渐变密的趋势。因此，NW构造带、SN构造带为主要的成矿构造体系（表10-5）。

6. 成矿构造动力学过程

燕山期构造演化形成了含铜矿源层；燕山晚期—喜马拉雅早期构造-热演化促使大气降水深循环、深部含有机质流体向上运移和水/岩相互作用，导致矿源层中成矿元素活化、迁移及非含矿流体向成矿流体转化；应力梯度和热梯度为成矿流体的运移提供了驱动力，驱使成矿流体向上、向砂（页）岩储层以及向断裂两侧的高孔渗异常区运移，成矿流体在砂岩储层中沉淀成矿。

五、成矿结构面构造演化的时间机制

（一）多期构造活动与成矿阶段关系

1. 沉积-成岩成矿期（燕山中晚期）

该期主要受盆地基底构造系统产生的NW向构造带控制。在沉积-早期成岩阶段沉积了来自源区的碎屑石英、白云石、长石、赤铁矿、云母等，为成岩成矿作用奠定了物质基础；在成岩阶段形成方解石、黏土矿物、石膏、铁质矿物等胶结物，并发生石英的重结晶作用，也是灰色—浅灰色层状、似层状或透镜状砂岩型矿体的主要形成期。该成矿期可分为四个亚阶段：①浸染状细晶黄铁矿-重结晶石英阶段；②浸染状细晶黄铜矿-斑铜矿亚阶段；③浸染状细晶辉铜矿-斑铜矿阶段；④细脉状重结晶石英阶段。

2. 改造成矿期（喜马拉雅早中期）

该期主要受SN向构造带与叠加复合的NW向构造带的控制。因受NWW向主压应力作用，形成近SN向压扭性断裂，形成沿构造线大体一致且与层状矿体叠加的脉状矿体，矿体呈稠密浸染状、细脉状、团斑状中粗晶斑铜矿-辉铜矿-铁方解石-石英脉产于灰白色中-粗晶砂岩中。该期分三个成矿阶段：①条带状、稠密浸染状粗晶斑铜矿-辉铜矿-石英阶段；②薄脉状、网斑状粗粒斑铜矿-辉铜矿-石英阶段；③细脉状石英/方解石-辉铜矿-黄铜矿/斑铜矿（少）阶段。喜马拉雅中期形成的NE向构造带仅有细脉状粗晶辉铜矿化方解石-石英（少）脉产出，一般不具工业意义。

（二）成矿构造活动时限

研究尝试了石英的ESR定年方法确定构造时限。根据ESR定年结果与成矿、构造期次，厘定大姚、牟定铜矿床成矿构造活动时限。

表 10-5　楚雄盆地成矿构造体系与构造-成矿作用演化序列简表（韩润生等，2010）

主压应力方向	177°	44°	91°	129°	185°	150°
主要配套构造	早期 EW 向、NEE 向断裂	早期 NW 向压扭性断裂；NW 向褶皱	近 SN 向背斜及其配套断裂	NNW 向次级褶皱、火箭山穹隆及配套层间断裂	更次级 EW 向褶皱、小河穹隆及 NW 向右行断裂	NW、SN 向活动断层，引发地震；地下热水
主压应力状态						
构造效应	（本区不强）	区域上 NW 向褶皱；地层角度不整合和假整合；近 EW 向左行扭压性断裂	近 EW 向张扭性断裂；NW 向左行压扭性断裂	近 EW 向右行扭压性断裂；NW 向张扭性断裂；近 SN 向左行扭性褶皱，形成次级裙边褶皱；斑岩侵入	近 EW 向压扭性断裂；NW 向右行扭性断裂；NNW 向褶皱被 NW、NNW 向断裂右行错断；近 SN 向张扭性断裂	地震带来的应力扰动对前期构造改造；NWW 向右行扭动断裂
构造演化时限	燕山中期（137Ma）	燕山晚期（111～113Ma）	燕山晚期—喜马拉雅早期(60～79.5Ma)	喜马拉雅早期（32.4～56Ma）	喜马拉雅中晚期（10.3～23.5Ma）	挽近期（<10Ma）
成矿期	成岩期前	沉积-成岩期	主改造期	次改造-叠加期	改造期后	
成矿时代/Ma		112～113；111	72.6～72.8；60～79.5	32.4～37.4；39.1～50.5	21.4～23.5	
成岩成矿作用	铜矿源层与矿化体	层状-似层状矿体	薄脉铜矿体	脉状铜矿（化）体+脉状 Cu-Mo 矿体	破矿作用和热液型 Mo 矿化	氧化作用
构造体系转化	EW 向构造带	NW 向构造带	SN 向构造带	NE 向构造带	晚 NW 向构造带	晚 NE 向构造带
成矿构造体系		NW 向构造带	SN 向构造带	NE 向构造带		
盆地类型转化	陆内断陷盆地 →		断陷山间盆地 →		山间盆地	

1. 大姚六苴铜矿床

燕山晚期（沉积-成岩期）：112.0～112.6Ma；燕山晚期—喜马拉雅早期（主改造期）：成矿构造时限72.6～72.8Ma；喜马拉雅早期：次改造期构造时限32.4～56.0 Ma；喜马拉雅中晚期：构造与矿化时限10.3～23.5Ma。

2. 牟定郝家河铜矿床

燕山晚期（沉积-成岩期）：110.7Ma；燕山晚期—喜马拉雅早期（主改造期）：构造时限、成矿时代为60～79.5Ma；喜马拉雅早期（次改造期）：构造时限39.1～50.5 Ma；成矿时代（含岩浆热液成矿时代）39.1～50.5Ma；喜马拉雅中晚期：构造与矿化时限21.4Ma。

（三）多期次构造活动与矿物组合、成矿元素分带关系

不同成矿期矿物组合均受不同期次构造的控制。沉积-成岩期成矿作用主要受盆地基底构造控制，即NW向构造带的控制，在沉积-成岩期形成黄铁矿+黄铜矿+斑铜矿+辉铜矿+重结晶石英的矿物组合、元素组合分带规律（见前述）；构造改造期SN向构造带复合于NW向构造带上，形成稠密浸染状、细脉状、团斑状脉状铜矿体，依次形成斑铜矿+辉铜矿+石英的矿物组合、斑铜矿+辉铜矿+石英/铁方解石（少）组合、石英-方解石的矿物组合；喜马拉雅中期改造作用受NE向构造带控制，仅形成辉铜矿-方解石-石英（少）矿物组合。

六、矿田构造体系与成矿构造体系

（一）矿田构造体系

通过对区内不同方向、不同期次构造解析和筛分，本区主要经历了五期构造活动：燕山运动中晚期和喜马拉雅运动早、中、晚期（表10-5），存在除了现今构造应力之外的五组构造主压应力，各期构造主压应力方向呈现近SN→SW-NE→近EW→NW-SE→近SN的演化，分别为177°、44°、91°、129°、185°；主压应力侧伏角也依次变化为：25.8°、35°、31.5°、25°、33.2°；本区构造演化时间序列为燕山中期（137Ma）、燕山晚期（110.7～112.6Ma）、喜马拉雅早期（56～77.4Ma）、喜马拉雅中期（32.4～50.5Ma）、喜马拉雅晚期（29.3～32.4Ma）；沉积-成岩期为燕山晚期（110.7～112.6Ma）与冉崇英和庄汉平（1998）的年龄大体一致（96Ma），主改造成矿期和岩浆热液矿床成矿时代为喜马拉雅早期（56～77.4Ma），次改造期为喜马拉雅中期（32.4～50.5Ma）（表10-5）。

（二）成矿构造体系

综上所述，楚雄盆地的断裂构造主要为近EW、近SN、NW及NE向；沉积-成岩成矿作用受NW向构造带控制；改造成矿作用是伴随着大雪山背斜、朵基背斜、狮子山背斜的形成而发生的。因受到喜马拉雅早期NEE-SWW向构造应力作用，形成大雪山背斜、狮子山复合背斜，使六苴铜矿床赋存于大雪山背斜缓倾斜翼和背斜构造倾没部位，郝家河矿床赋存于狮子山背斜缓倾斜翼的构造倾没部位。伴随大雪山背斜、朵基背斜、狮子山背斜的形成，

发育近 SN 向的褶皱群和层间断裂及斜交断层直接控制矿体形态和产状；喜马拉雅中期由于受到 NE 向构造应力作用，形成 NW 向张扭性断裂与近 EW 向的扭（压）性断裂，常赋存石英-方解石-含铜硫化物脉；喜马拉雅晚期形成的近 EW 向左行扭（压）性断裂，使铜矿化带或矿体平移，其分布密度具有从北向南逐渐变密的趋势。因此，NW 构造带、SN 构造带为主要的成矿构造体系（表 10-5）。大约 140Ma 以来，六苴铜矿区表层地壳以挤压纵弯变形为主，表层地壳缩短了 20% 以上，缩短部分转化为隆起成山，部分遭受风化剥蚀。在燕山晚期—喜马拉雅早期大-中型褶皱（如大雪山背斜）与六苴式、郝家河式铜矿床成矿作用关系密切。

（三）成矿构造动力学过程

根据上述分析，构造的演化过程伴随着成矿流体运移、沉淀形成砂岩型铜矿床，构造-流体-成矿处于统一的成矿动力学体系中。在构造-流体-成矿体系的演化过程中，构造演化制约了成矿流体的演化和砂岩铜矿形成的全过程。根据构造系统研究与成矿结构面分析、区域构造演化特征，燕山中期以来砂岩型铜矿床的成矿构造动力学过程如下：

（1）燕山中期：在陆内断陷盆地中，不仅形成河流相-河湖交替相沉积建造，而且形成含铜紫红色砂体和矿化体。

（2）燕山晚期—喜马拉雅早期：在陆内断陷盆地中不断形成河流相-河湖交替相沉积建造和含铜紫红色砂体及膏盐层，随着成岩过程的进行，沉积体不断成岩，形成浅-紫交互带。进入喜马拉雅早期，由于 NW 构造带转换为 SN 向构造带，构造-热演化形成圈闭盆地流体的褶皱，并使来自基底的富铜流体沿同生断裂（隐伏断裂）上升将一些亲铜元素从深部带入煤层而被吸附，形成富铜的还原性流体，还原性流体沿隐伏断裂及轴面变形带进入高孔渗的砂（页）岩储层。同时，大气降水深循环淋滤膏盐层形成高盐度的氧化性流体。当两种流体在砂（页）岩相遇时发生水/岩相互作用。由于紫红色砂岩层为氧化环境，流体的成分、温度、压力、Eh、pH 等不断发生改变，在成矿流体上游到下游的环流过程中遇到紫色砂岩，由于物理化学条件的改变，发生氧化-还原反应。因矿物结晶和成矿元素迁移能力的差异，新生成的矿物重新溶解及迁移，并随成矿环境变化在浅-紫交互带中形成矿物组合分带现象，最终在褶皱翼部中细粒砂岩中成矿定位，形成层状、似层状矿体；构造演化后期残余成矿流体沿层间断裂带、斜交断层形成脉状矿体。

（3）喜马拉雅中期：六苴、郝家河铜矿床经历了构造改造，在大姚矿区形成南部裙边褶皱及次级断裂，同时伴随成矿流体活动，在更次级断裂带形成脉状矿化体。在郝家河铜矿中，除形成层状、似层状的矿体外，还形成了薄脉状、网脉状、团斑状、囊状富矿体。

（4）喜马拉雅晚期：形成大规模的张扭性断裂，切错矿体，为铜矿床的破坏期。

综上所述，伴随楚雄盆地的构造演化，发生一系列成矿作用，可以概括为燕山期构造演化形成了含铜矿源层；燕山晚期—喜马拉雅早期构造-热演化促使大气降水深循环、深部含有机质流体向上运移和水/岩相互作用，导致矿源层中成矿元素活化、迁移及非含矿流体向成矿流体转化；应力梯度和热梯度为成矿流体的运移提供了驱动力，驱使成矿流体向上、向砂（页）岩储层以及向断裂两侧的高孔渗异常区运移，成矿流体在砂岩储层中沉淀成矿（图 10-28）。

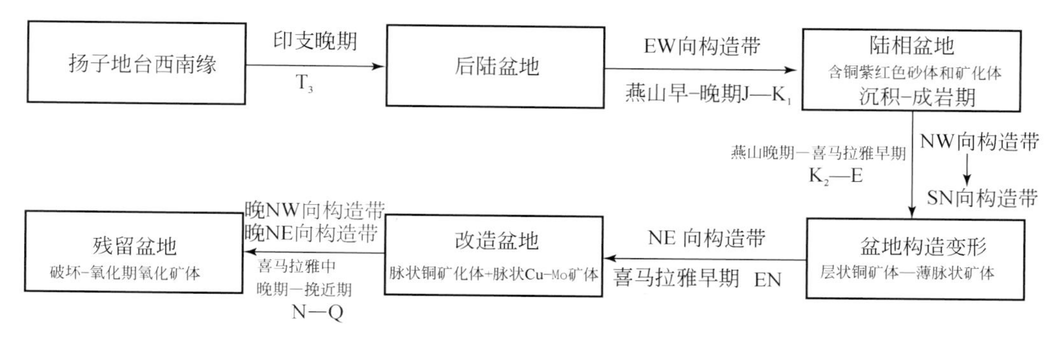

图 10-28　楚雄盆地砂岩型铜矿床构造演化与成矿作用关系图

七、砂岩型铜矿床“三位一体”成矿规律与构造-流体耦合成矿模型

根据以上分析，该类矿床“三位一体”成矿规律可概括为：红层盆地中特定的岩性岩相组合、成矿褶皱断裂、浅-紫交互带、矿物与元素组合分带。

楚雄盆地在构造-流体-成矿体系的动力学演化中，砂岩型铜矿床的形成经历了沉积-成岩作用、主改造作用、次改造作用的演化过程。其中前两者对于砂岩型铜矿的形成具有重要意义。矿床的形成过程可概括为：燕山中-晚期的构造演化形成含铜矿源层（或贫矿体）和盆地流体，同时形成含煤建造和膏盐层；喜马拉雅早期构造-热演化，形成圈闭盆地流体的褶皱，并使来自基底的富铜流体沿同生断裂（隐伏断裂）上升将一些亲铜元素从深部带入煤层而被吸附，形成富铜的还原性流体，还原性流体沿次级断裂、隐伏断裂和层间断裂及轴面变形带进入高孔渗的砂（页）岩储层。同时，大气降水深循环淋滤膏盐层形成高盐度的氧化性流体。当两种流体在砂（页）岩相遇时发生水-岩相互作用，在褶皱翼部或核部的中细粒砂岩和层间断裂带中成矿定位；喜马拉雅中期经历再次改造，在更次级断裂带中形成脉状矿（化）体。所以，该类矿床是褶皱构造圈闭盆地流体-含矿岩相和构造裂隙封闭成矿流体成矿定位的产物，是铜矿源、构造与流体三者耦合作用的结果。主改造成矿期与次成矿期的构造流体耦合成矿作用模式如图 10-29 所示。

八、找矿预测地质模型及其应用

（一）找矿预测地质模型

根据该类矿床“三位一体”成矿规律，建立了该类矿床找矿预测地质模型（图 10-30）：红层盆地中特定的岩性岩相组合［洪积相、河流相和河湖交替三角洲相、灰-浅灰色中细粒长石石英砂岩（透水层）与泥岩（不透水层）组合］（沉积-成岩期成矿地质体）控制了岩性-岩相成矿结构面，从而控制了砂岩型铜矿床（体）的时空分布。因此，通过特定的岩性-岩相组合的确定（成岩期成矿地质体）弄清勘查区的找矿方向；褶皱断裂成矿结构面与“隐蔽构造”结构面控制了线状蚀变体（改造期成矿地质体），从而控制了脉状矿体的时空分布。因此，通过构造成矿结构面研究判断矿体的空间位置和产状；pH-Eh 成矿结构面控

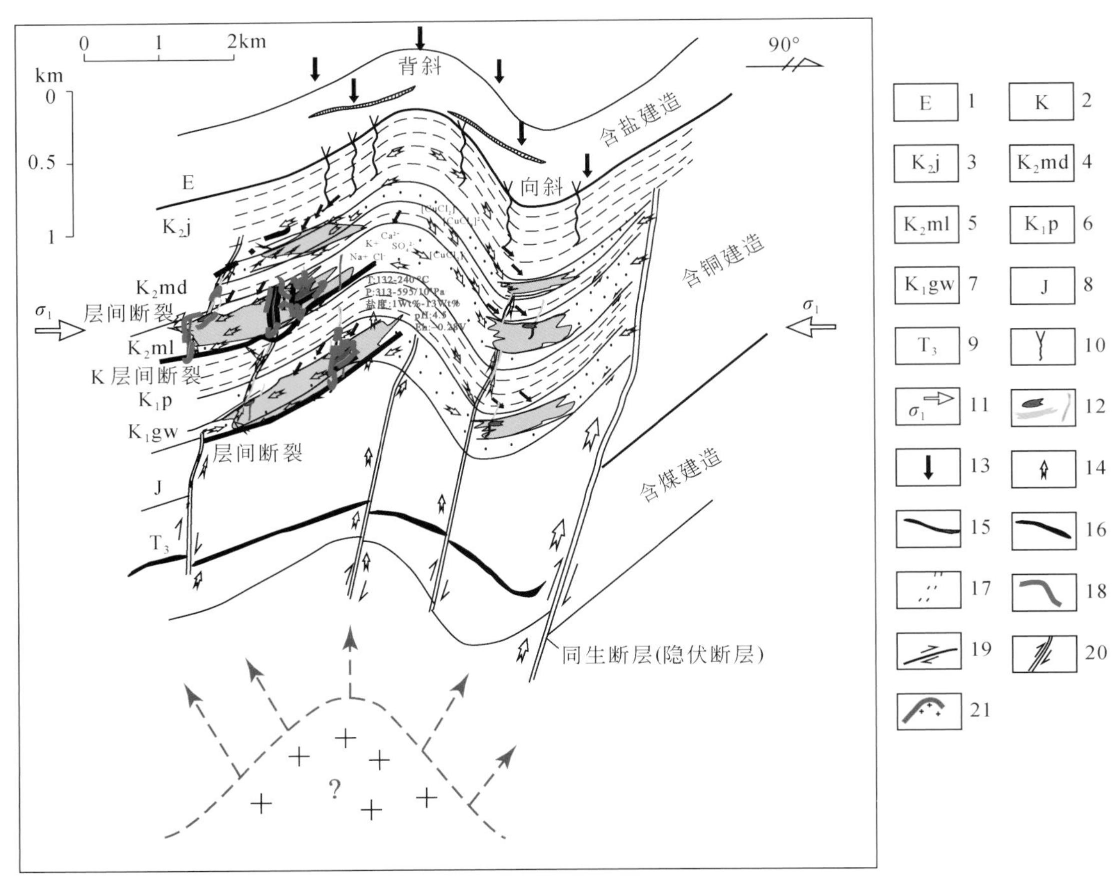

图 10-29　楚雄盆地砂岩型铜矿床改造成矿期构造-流体耦合成矿模型示意图

1. 古近系；2. 白垩系；3. 上白垩统江底河组；4. 上白垩统马头山组大村段；5. 上白垩统马头山组六苴段；6. 下白垩统普昌河组；7. 下白垩统高峰寺组凹地苴段；8. 侏罗系；9. 三叠系；10. 近地表张性裂隙带；11. 区域主压应力方向；12. 层状、脉状铜矿体；13. 下渗氧化性流体运移方向；14. 深部还原性流体运移方向；15. 膏盐层；16. 含煤层；17. 轴面变形带；18. 浅-紫交互界线；19. 层间断裂；20. 断层；21. 推测侵入体

制了浅-紫交互带的展布范围，进一步控制了层状和脉状矿体的产出部位。岩性-岩相、pH-Eh、构造成矿结构面的组合制约了矿物组合分带特征。因此，浅-紫交互带、矿物与元素组合分带特征是判断矿体存在的成矿流体作用标志。

（二）找矿预测地质模型的应用

在区域选区方面，首先应确定区域成矿地质背景，即厘定有利于成矿的红层盆地，确定红层盆地是寻找该类矿床的基本前提。

在确定成矿盆地的基础上，寻找成矿地质体。根据成矿地质体判别标志识别是否属于成矿地质体。在红层盆地中，浅色砂岩与紫色砂岩的过渡带是成矿地质体。对于构造相对简单的盆地，分析沉积岩相（如河流相和河湖交替三角洲相）特征，寻找受褶皱缓倾斜翼地层中的面状、带状浅色砂体，而在构造活动的盆地，沿构造分布的浅色蚀变体较复杂，需结合盆地构造研究厘定成矿地质体。

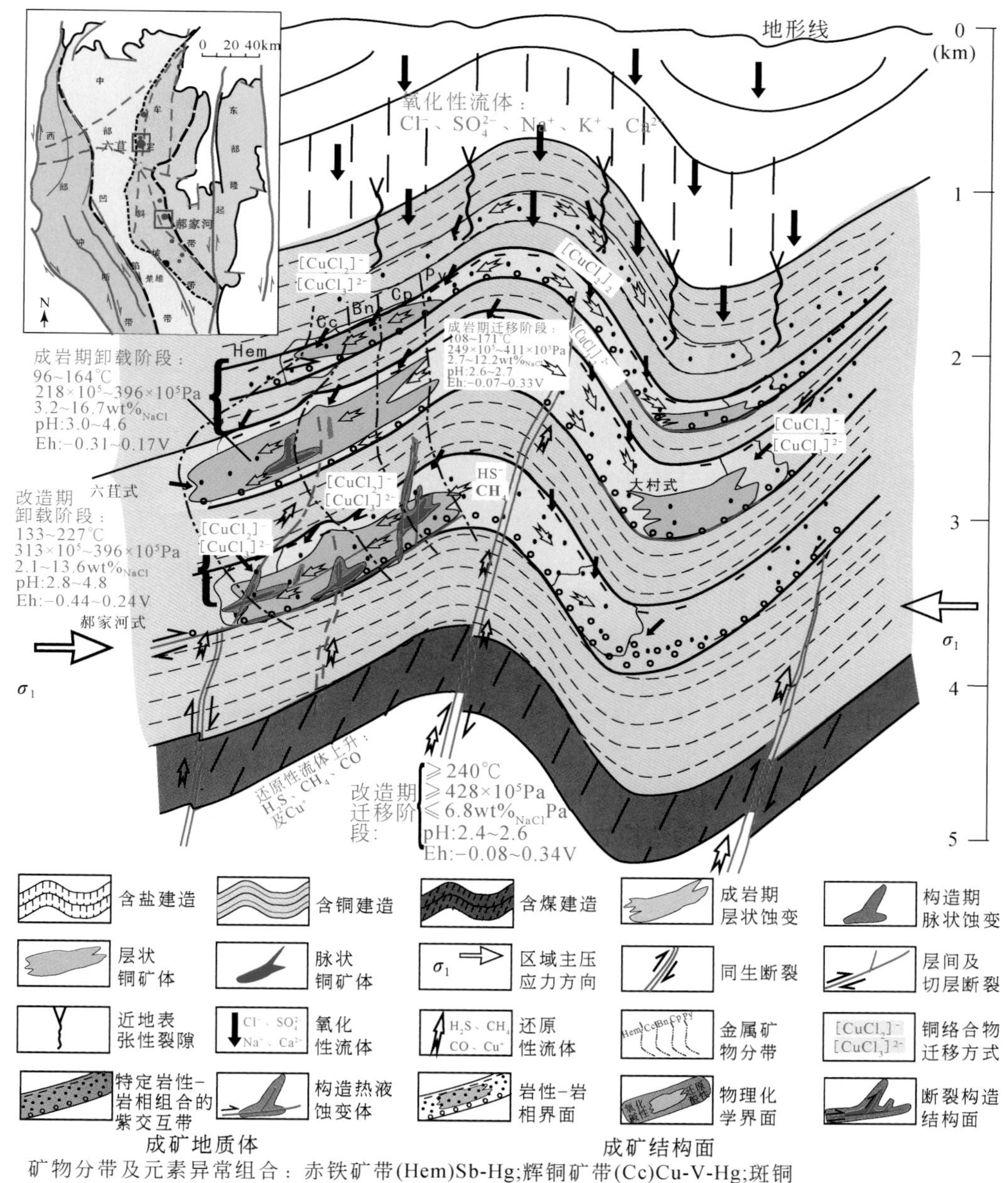

矿物分带及元素异常组合：赤铁矿带(Hem)Sb-Hg;辉铜矿带(Cc)Cu-V-Hg;斑铜矿带(Bn)Cu-Ag-As-Sb;黄铜矿带(Cp)Ag-Sb-Ni-Co;黄铁矿带(Py)Pb-Zn

图 10-30　楚雄盆地砂岩型铜矿床找矿预测地质模型图

在确定成矿地质体的前提下，根据砂岩（透水层）与泥岩（不透水层）岩性-岩相组合、浅-紫交互带、矿物分带、成矿期褶皱/断裂等特征确定铜矿化带；具体分析各成矿结构面的展布特征确定有利成矿部位，结合化探异常指导探矿工程的部署，实现找矿预测。

在应用该模型时，要注意该类矿床的“二元”结构：层-构双控（控矿因素）、矿体的层（主）-脉（次）结构、双层或多层矿体（矿体产状）；浅-紫交互带（成矿地质体）；透水层（下）-不透水层（上）（岩性界面）、氧化性-还原性与酸性-碱性（物化界面）、不整合或假整合（下）-整合（上）（成矿结构面）；矿物组合水平分带（流体作用的矿物标志）。

第四节　滇西北北衙斑岩成矿系统金多金属矿床构造控岩控矿作用

北衙斑岩型金矿床位于金沙江-哀牢山富碱斑岩带中段，属扬子地块西缘、丽江台缘褶皱带的南段（云南省地质矿产局，1989），东以程海断裂为界与川滇台背斜相邻，西以金沙江-红河断裂为界与兰坪-思茅褶皱带相接，其北还有中甸褶皱带，为多个大地构造单元结合部位（图 10-31a），构造特征复杂。鉴于北衙金矿床成矿作用的典型性，众多地质学者从富碱斑岩特征、矿床类型、成矿作用和矿床成因等方面进行过研究。关于构造、构造地球化学及其相关研究，钟昆明和杨世瑜（2000）、马德云和韩润生（2001）对北衙金矿床构造地球化学特征进行过研究；马德云等（2003）、徐浩（2007）先后进行了构造应力场数值模拟研究；杨世瑜和钟昆明（2006）、陈理等（2011）进行过遥感地质研究；杨金永（2010）对北衙富碱斑岩型金矿床构造-富碱斑岩-成矿作用过程及成矿模式进行过研究；邓军等（2010）探讨了成矿系统特征与变化保存；和文言等（2012）、和中华等（2013）讨论了矿床成因类型。这些工作为北衙金矿床找矿勘查和理论研究提供了新思路和新进展，尤其是近些年来北衙金矿床取得重大找矿突破已变成超大型金矿床，为该区构造控矿作用研究奠定了良好基础。然而，控制矿床（体）的构造类型及其力学性质尚不清楚，构造控岩控矿特征及其机制研究较为薄弱，对万硐山矿段次级褶皱构造控矿作用，前人鲜有详细论述。因此，在前人研究的基础上，以万硐山矿段采坑新揭露的矿床（体）构造为研究对象，分析控岩控矿构造力学性质特征，探讨构造控岩控矿作用机制。

一、矿区地质概况

北衙金矿床位于南无山复式背斜东翼的北北东向次级北衙向斜中（图 10-31b），矿区南北长约 15km，东西宽约 10km，包括东矿带的桅杆坡、笔架山和锅盖山矿段，西矿带的万硐山、红泥塘和金钩坝矿段。

矿区出露地层有二叠系上统峨眉山组（$P_2\beta$）玄武岩，三叠系下统青天堡组（T_1q）砂岩、粉砂岩，三叠系中统北衙组（T_2b）灰岩及第四系（Q）堆积物。岩浆活动主要为二叠纪玄武岩和喜马拉雅期富碱斑岩（图 10-31b）。矿区出露 8 个富碱斑岩体，岩体规模较小，走向多为近南北向，平面上呈脉状，剖面上呈钟状、脉状，少数透镜状。矿区褶皱和断裂发育，且具有多期活动的特点。北衙向斜为矿区主要褶皱构造，为一宽缓短轴向斜。矿区断裂构造以近南北向、近东西向为主（图 10-31b），见少数北西、北北西、北东向断裂。此外，受构造及岩浆活动影响，矿区围岩和岩体内节理、裂隙发育，其走向主要为近南北向，其次为北西向、北东向，是含矿热液运移、充填的有利场所。

该区赋存金共生铁、铜、银、铅、锌等多矿种的斑岩成矿系统与氧化淋滤富集成矿系统，其中前者包括与喜马拉雅期富碱斑岩有关的斑岩型铜金矿床、接触交代型金铁矿床及外带中热液脉型铅锌矿床。

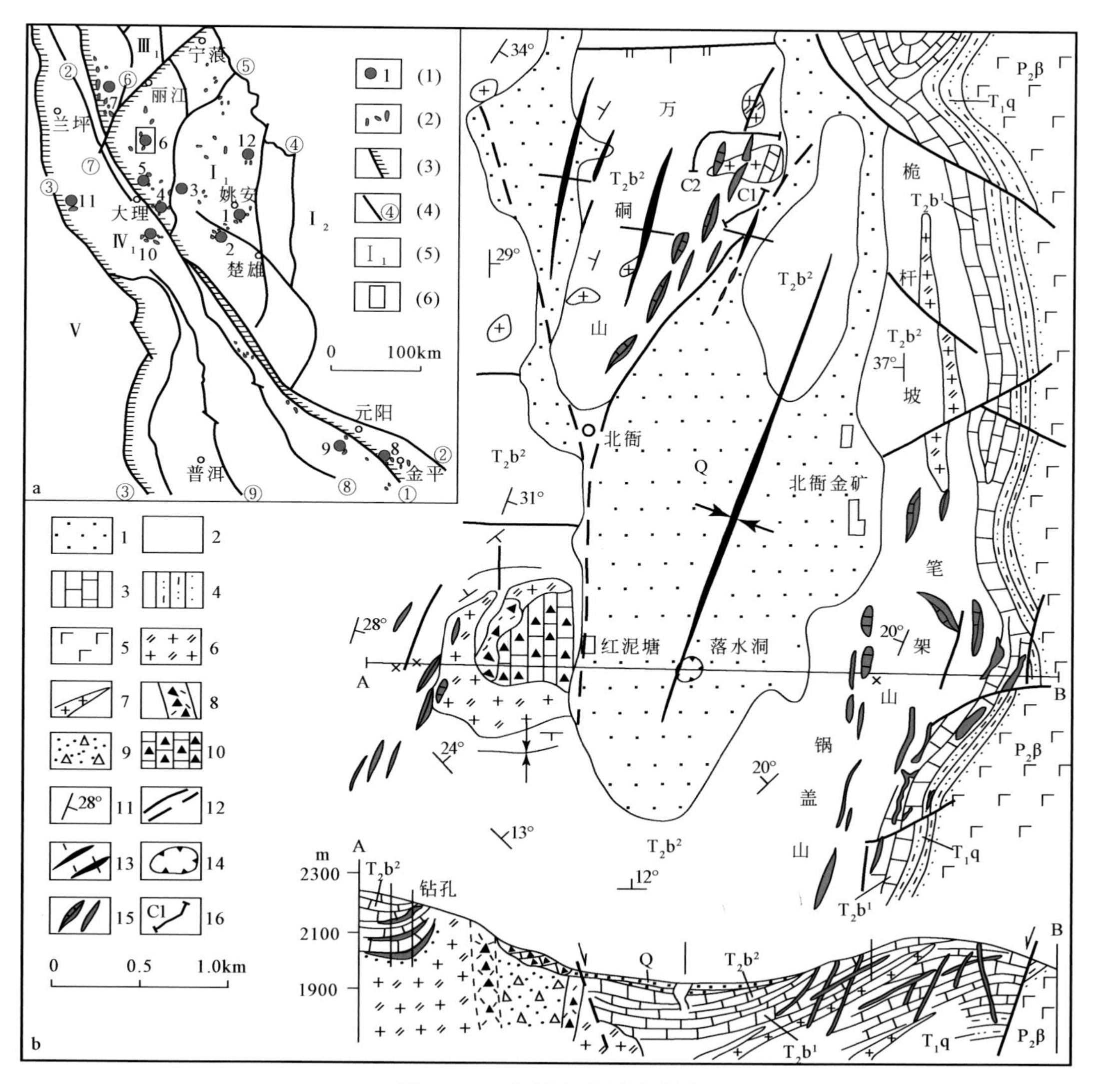

图 10-31 北衙金矿区地质图

a：（1）矿床及编号（1. 姚安；2. 石冠山；3. 小龙潭；4. 马厂箐；5. 宝丰寺；6. 北衙；7. 桃花；8. 铜厂；9. 哈播；10. 大莲花山；11. 卓潘；12. 直苴）；（2）富碱斑岩；（3）一级大地构造单元界线；（4）深大断裂及编号（①哀牢山-金沙江断裂；②红河-乔后断裂；③澜沧江断裂；④绿汁江断裂；⑤程海-宾川断裂；⑥格咱河断裂；⑦丽江断裂；⑧阿墨江断裂；⑨无量山-营盘山断裂）；（5）大地构造单元编号（Ⅰ1. 丽江台缘褶皱带；Ⅰ2. 川滇台背斜；Ⅲ1. 中甸褶皱带；Ⅳ1. 兰坪-思茅褶皱带；Ⅴ. 冈底斯-念青唐古拉褶皱系）；（6）北衙金矿床。b：1. 第四系；2. 中三叠统北衙组上段灰岩；3. 中三叠统北衙组下段灰岩；4. 下三叠统青天堡组砂岩；5. 二叠系峨眉山组玄武岩；6. 喜马拉雅期正长斑岩；7. 斑岩脉；8. 热液角砾岩；9. 爆破角砾岩；10. 震碎角砾岩；11. 地层产状；12. 断层；13. 向斜、背斜；14. 开采坑；15. 金矿化带和矿脉；16. 实测构造剖面位置及编号。a 据李文昌等，2010 修改；b 据蔡新平等，1993 修改

二、构造控矿特征及其力学机制

地质力学观点认为，地壳上的一切构造形迹是构造应力作用的结果，构造应力作用的遗迹必然保留在构造形迹中（韩润生等，2003b）。构造力学性质鉴定是矿田地质力学研究的先行步骤，不同力学性质的构造具有不同的形态特征，构成不同形状的构造空间，因而对矿体的产状、延长、延深等空间分布，以及对矿石结构、构造等均有不同程度的控制作用。因此，控矿构造力学性质特征的鉴定分析，是掌握构造控矿机制和成矿预测的基础（孙家骢，1988a，1988b）。

（一）褶皱构造

北衙向斜北起水井，封闭于鸡鸣寺一带。向斜轴向北北东，轴长约12km，宽1.2～1.8km，为一宽缓短轴向斜（图10-32a）。西翼出露地层为北衙组上段（T_2b^2），倾向东，倾角30°～60°；东翼出露T_2b^2、北衙组下段（T_2b^1）、T_1q及$P_2\beta$地层，倾向西，倾角10°～40°；核部产状平缓，被第四系堆积物覆盖。北衙向斜是受近东西向挤压形成的（图10-33a），在该区与褶皱同期生成的断裂亦多为西倾之逆断层，显示其受力方向一致的由西向东。矿区次级褶皱（图10-32b）较为发育，多位于北衙向斜西翼，属北衙向斜的伴生构造，轴向总体为近南北向。

万硐山矿段位于一次级背斜构造内（晏建国等，2003，2010），为宽缓短轴背斜，轴向近南北向，核部地层为T_2b^2白云质砂屑灰岩和白云岩，地层倾角为10°～30°，两翼及转折端见第四系堆积物不整合于T_2b^2之上，在其边缘出现小型向斜。次级褶皱伴生的层间断裂破碎带、轴部及转折端附近断裂、节理裂隙发育地段是主要控岩控矿构造（图10-33），是富碱斑岩上侵和含矿热液运移、沉淀的良好通道和场所。

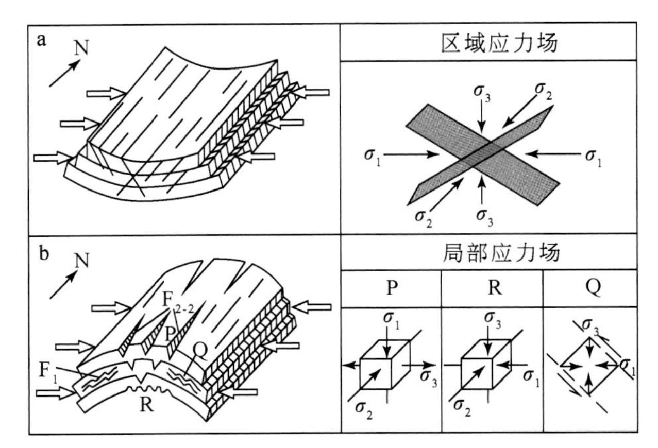

图10-32 北衙斑岩型金矿床褶皱应力分析示意图

a. 北衙向斜；b. 万硐山次级背斜。F_{2-2}、F_1为CP08点断裂构造示意位置

层间断裂破碎带为次级褶皱伴生构造，其内矿脉（体）与地层产状基本一致。万硐山矿段CP08点处（图10-34）见一组层间断裂破碎带（F_{1-1}、F_{1-2}、F_{1-3}）和一组断裂带（F_{2-1}、

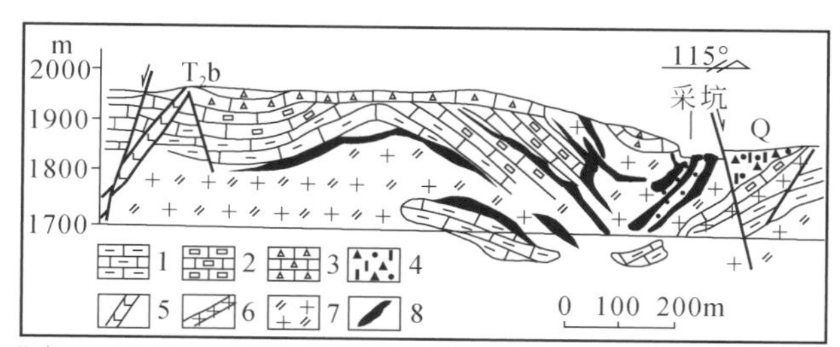

图 10-33 北衙金矿万硐山矿段矿体产出形态示意图（据蔡新平等，1993，修改）

1. 硅化灰岩；2. 铁化灰岩；3. 灰岩震碎角砾岩；4. 第四系堆积；5. 煌斑岩脉；6. 正长斑岩脉；7. 正长斑岩；8. 金矿体

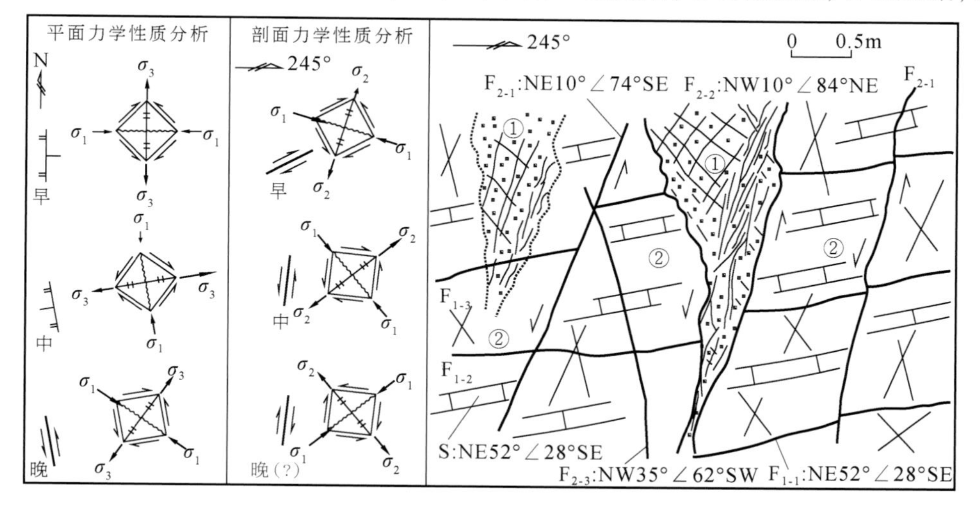

图 10-34 万硐山矿段 CP08 点层间断裂破碎带与断裂带剖面素描图

①磁铁矿脉，见后期氧化淋滤形成的褐铁矿化；②灰黄色褐铁矿化灰岩。早期为万硐山次级背斜和层间断裂破碎带应力分析图解；中、晚期为断裂 F_{2-2} 应力分析图解。产状标注解释：如 NW10°∠84°NE，依次代表走向北偏西 10°，倾角 84°，倾向北东；断裂等构造编号：如 F_{1-1}、F_{2-1} 等为 CP08 点实测断裂，与下文各点相同编号断裂等构造没有联系

F_{2-2}、F_{2-3}）（图 10-32b），该层间断裂破碎带和断裂带位于次级背斜东翼转折端附近。F_{1-1}、F_{1-2}、F_{1-3}裂面较为平直，局部呈舒缓波状，延伸较远，裂带宽 1～5cm，带内为黑褐色褐铁矿、磁铁矿，破碎带两盘为灰黄色、褐黄色褐铁矿化灰岩。F_{2-2}裂面呈波状，局部呈锯齿状，裂面上见水平擦痕，裂带宽 10～100cm，裂带内为灰黑色、黑褐色磁铁矿和具氧化淋滤特征的褐铁矿；见 F_{2-2}错移 F_{1-2}、F_{1-3}，反映上盘下降，下盘上升；F_{2-2}旁侧见一组共轭扭性断裂 F_{2-1}和 F_{2-3}，该组断裂裂面较为平直，裂带宽 1～2cm，裂带内见灰黑色磁铁矿、褐铁矿，该组断裂与 F_{2-2}交汇处形成一条 80～100cm 宽的富磁铁矿脉。

通过构造结构面分析，该处显示三期构造活动形迹：早期在近东西向挤压作用下，发生褶皱活动，形成近南北向的万硐山次级背斜，并使北衙组灰岩发生层间滑动，形成层间断裂破碎带（F_{1-1}、F_{1-2}、F_{1-3}），并可能因张裂作用形成断裂 F_{2-2}雏形；中期在近南北向主压应力作用下，形成了具明显张性断裂特征的断裂 F_{2-2}和一组共轭扭性断裂 F_{2-1}、F_{2-3}。F_{2-2}上盘下降，下盘上升，错移早期形成的层间断裂破碎带 F_{1-2}和 F_{1-3}。共轭扭性断裂吴氏网下半球投影（图 10-35）得出其形成的主压应力 σ_1产状为 342°∠46°，反映受到近南北向的挤压作用。在 F_{2-2}、F_{2-1}内形成富含 Au 的磁铁矿脉；晚期，主压应力转变为北西–南东向，于 F_{2-2}裂面上形成水平擦痕，其力学性质转化为左行扭性。

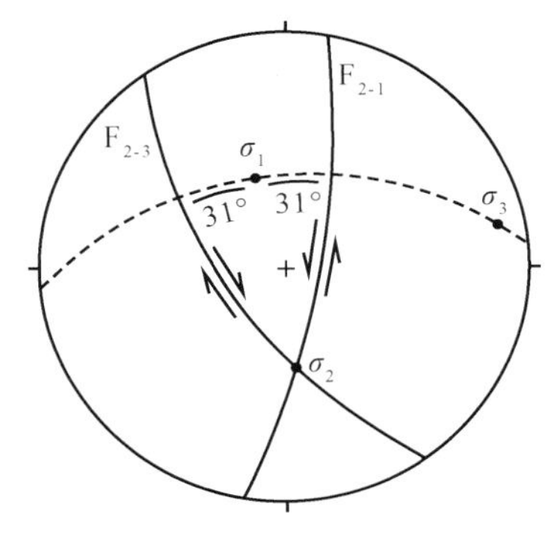

图 10-35　万硐山矿段 CP08 点断裂 F_{2-1}和 F_{2-3}吴氏网下半球投影图

万硐山次级背斜作为控制整个万硐山矿床的构造，是万硐山矿段一级构造，为北衙向斜的伴生构造。万硐山次级背斜控制喜马拉雅期富碱斑岩主要呈近南北向、北北东向展布（图 10-32b）。层间断裂破碎带伴随次级背斜生成，控制矿体呈脉状、似层状分布，构成层间破碎带型矿体。与次级背斜同期形成的断裂、节理构造为含矿热液的运移提供必要通道，控制单个矿体（脉）呈脉状、带状展布。

（二）接触带构造

斑岩与围岩的接触带构造上发生接触交代成矿作用，形成接触带夕卡岩型含金磁铁矿体，是万硐山矿段重要的控岩控矿构造。

万硐山矿段 CP16 点见 5～18m 宽断裂接触带（图 10-36），为灰岩与斑岩接触带，裂面呈缓波状、波状，具缓宽陡窄特征，带内为灰色灰质碎裂岩、断层泥，于断裂上、下盘近裂面处分别见 20～50cm 宽黄色、红色碎粉岩，原岩分别为磁铁矿化灰岩和石英正长斑岩。断裂下盘为黑褐色、灰黑色磁铁矿体，见灰黄色褐铁矿化石英正长斑岩，具一定风化；断裂上盘为灰黄色褐铁矿化、磁铁矿化碎裂灰岩，在灰岩构造裂隙中见磁铁矿（化）体，在磁铁矿体中见后期充填的煌斑岩脉。

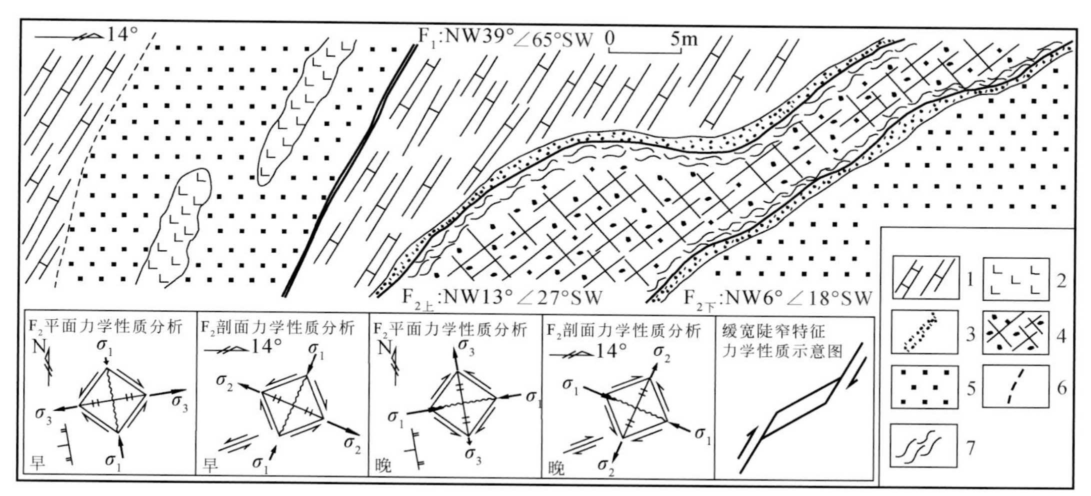

图 10-36　万硐山矿段 CP16 点处接触带断裂剖面素描图

1. 磁铁矿化碎裂灰岩；2. 煌斑岩脉；3. 黄色、褐黄色碎裂岩和碎粉岩，近上裂面原岩为灰岩，近下裂面原岩为斑岩；4. 灰色、灰绿色碎裂岩和碎粉岩；5. 含金磁铁矿体；6. 蚀变界线；7. 断层泥，见绿泥石化

据构造特征分析，该断裂接触带具两期构造活动特征：早期在近南北向主压应力作用下，形成张性断裂带，上盘下降，下盘上升，并伴有石英正长斑岩上侵，发生金成矿作用，形成夕卡岩型含金磁铁矿体；晚期在近东西向挤压作用下，断裂上盘上升，下盘下降，使早期形成的波状断裂带转变为压性断裂所具有的缓宽陡窄形态断裂带，该期在磁铁矿体内形成近东西向的张性断裂、裂隙，并充填煌斑岩脉，对矿体产生破坏。

（三）断裂构造

万硐山矿段不同方向的断裂均可见，又以近南北向、近东西向和北西向断裂更为发育。通过构造剖面（图 10-37 ~ 图 10-40）精测，进行典型断裂构造特征解析和力学性质鉴定。

1. 近南北向断裂

近南北向断裂在万硐山矿段最为发育，走向多为 NW12° ~ NE10°，倾向东或西，倾角 62° ~ 85°，其走向常与北衙向斜轴向平行，控制万硐山矿段矿脉（体）的分布。断裂带内常见磁铁矿脉、褐铁矿脉、碎粉岩、断层泥等，多为张性、压扭性断裂。

CP53 点处见一近南北向断裂带（F：NW10°∠71°SW）（图 10-41），该断裂带发育在石英正长斑岩体内，裂面呈缓波状，局部呈锯齿状，裂带宽 5 ~ 15cm，裂带内为褐铁矿、磁铁矿、断层泥、碎粉岩和具强烈泥化的石英正长斑岩，裂带内物质具有明显分带性，断裂两盘为灰黄色和灰白色钾化、硅化、褐铁矿化、绿泥石化、绿帘石化石英正长斑岩。该断裂具有明显压扭性，其形成的主压应力方向为近东西向，为成矿期断裂。通过检测断裂②中 Au 品位达到 1. 950g/t，③中 Au 品位达到 10. 10g/t。

图 10-37　万硐山矿段 C1 实测构造剖面位置图

图 10-38　万硐山矿段 C2 实测构造剖面位置图

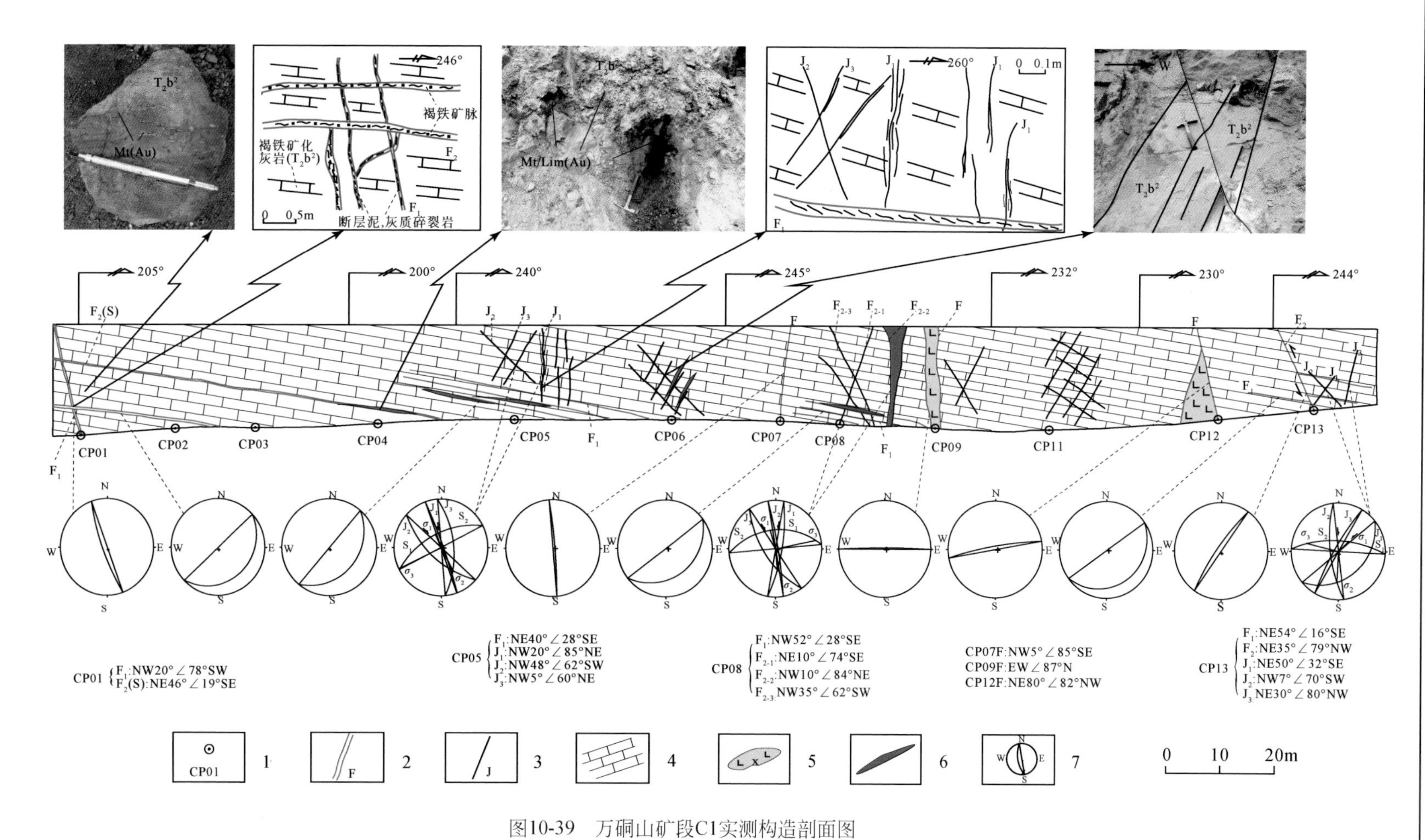

图10-39　万硐山矿段C1实测构造剖面图

1.地质点位及编号；2.断裂；3.节理；4.北衙组上段(T_2b^2)灰岩；5.碱性斑岩脉；6.含金磁铁矿脉；7.吴氏网下半球投影

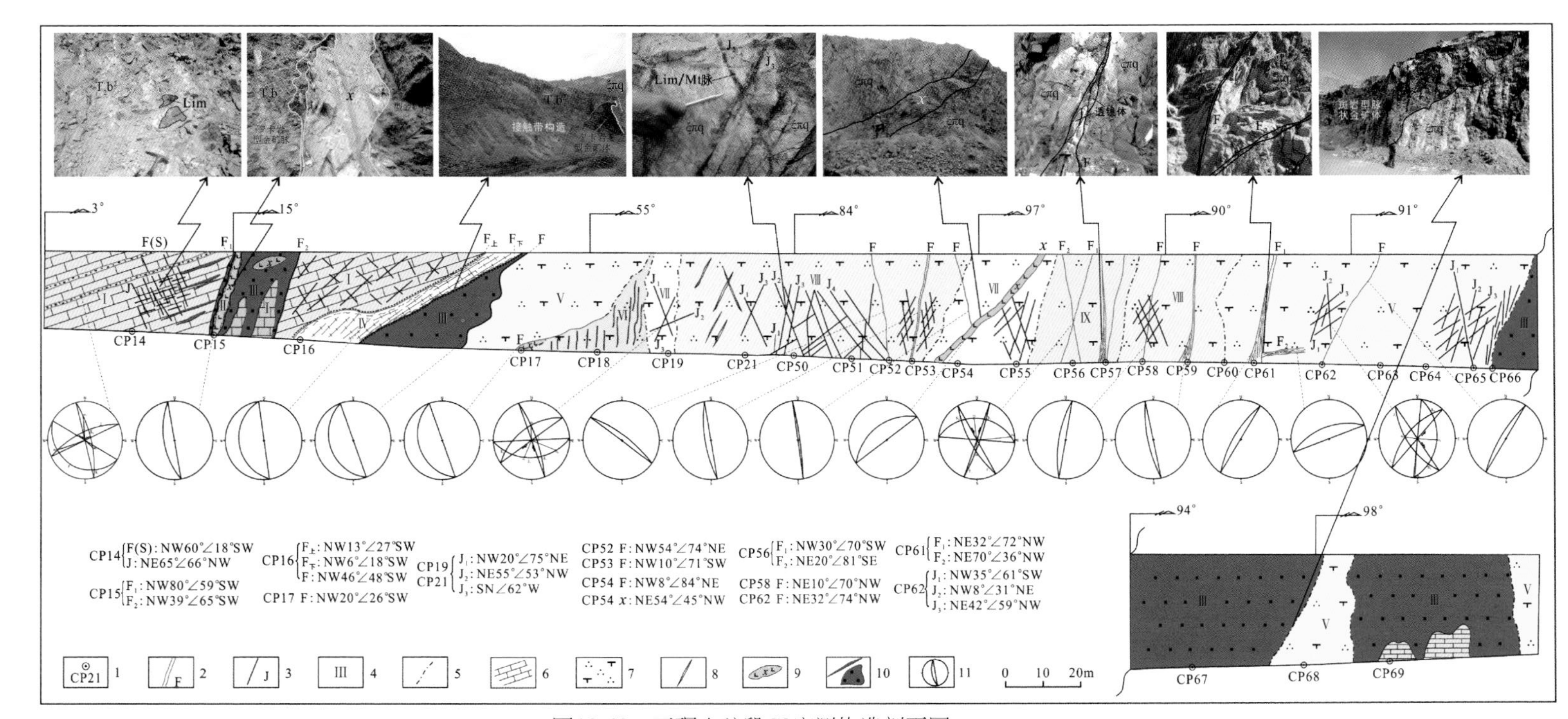

图10-40 万硐山矿段C2实测构造剖面图

1.点位及编号；2.断裂；3.节理；4.蚀变/岩性分带及编号（Ⅰ.北衙组上段褐铁矿化灰岩；Ⅱ.煌斑岩脉；Ⅲ.含金磁铁矿–褐铁矿体；Ⅳ.断裂带内碎粉岩、碎裂岩；Ⅴ.风化石英正长斑岩；Ⅵ.青磐岩化带；Ⅶ.硅化带；Ⅷ.钾化带；Ⅸ.硅化+钾化带）；5.蚀变界线；6.北衙组上段（T_2b^2）灰岩；7.石英正长斑岩；8.石英脉；9.煌斑岩脉；10.含金磁铁矿脉（体）；11.吴氏网下半球投影

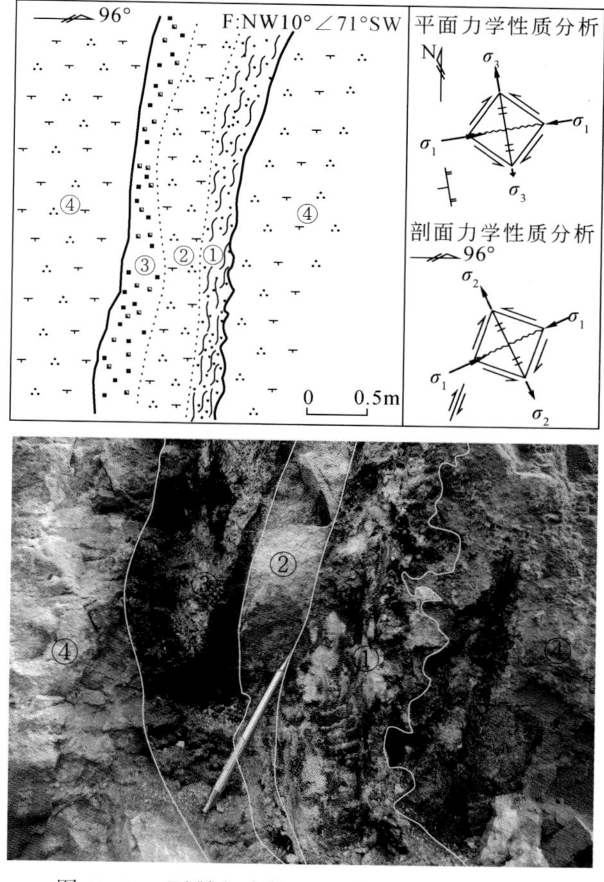

图 10-41　万硐山矿段 CP53 点断裂剖面素描图

①灰黑色和黄色断层泥、碎粉岩，具星点状黄铁矿；②灰白色和浅灰绿色强绿帘石化、绿泥石化石英正长斑岩；③红褐色褐铁矿、磁铁矿；④灰黄色和灰白色钾化、硅化、褐铁矿化、绿泥石化、绿帘石化石英正长斑岩

2. 近东西向断裂

近东西向断裂在万硐山矿段较为发育，走向为 NW80°～NE77°，倾向北或南，倾角变化不一（84°～87°、26°～30°、51°～59°）。断裂带内常充填煌斑岩、碎粉岩、断层泥，部分断裂具有明显的 Au 矿化。断裂多具早期张性，晚期转变为压扭性或扭压性的特征。

万硐山矿段 CP15 点处见一近东西向断裂（NW80°∠59°SW）（图 10-42），裂面呈波状、缓波状，下裂面呈锯齿状、波状，裂带宽约 1m，带内为浅灰色、灰白色煌斑岩。断裂上盘为灰黄色、褐黄色褐铁矿化碎裂灰岩，近上裂面见宽 5～20cm 的磁铁矿脉；下盘为褐黄色、黑褐色磁铁矿体。该断裂经历两期构造活动特征：早期显示张性，伴有煌斑岩的侵入；晚期在上、下裂面各见宽 0～10cm 不等的片理化带，反映断裂性质转化为压扭性或扭压性（扭动方向不明）。

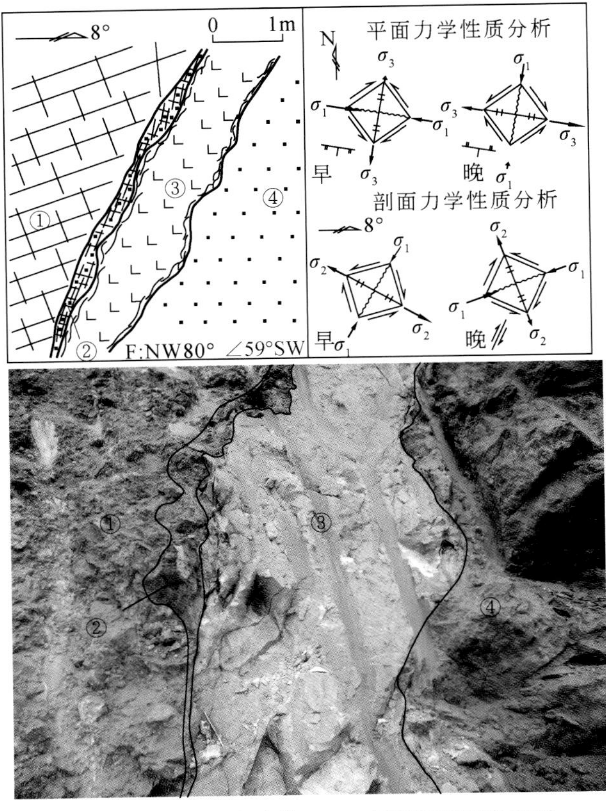

图 10-42　万硐山矿段 CP15 点断裂剖面素描图

①灰黄色、褐黄色磁铁矿化碎裂灰岩；②磁铁矿脉；③浅灰色、灰白色煌斑岩；④黄褐色、黑褐色磁铁矿体

3. 北东向断裂

北东向断裂在万硐山矿段较为发育，走向为 NE20° ~ NE70°，倾角变化不一（16° ~ 81°），倾向南东或者北西，带内常充填磁铁矿脉、褐铁矿脉、煌斑岩等。多为压扭性或扭压性断裂。

CP13 点处是两组北东向断裂（图 10-43），F_1：NE35°∠79°NW，F_2：NE54°∠16°SE）。F_1裂面呈缓波状、波状，局部呈锯齿状，裂带宽 20 ~ 80cm，带内充填煌斑岩，见方解石脉、磁铁矿脉，靠近裂面具褐铁矿化，断裂两盘为灰黄色、灰褐色褐铁矿化碎裂灰岩。F_2为层间断裂破碎带，是万硐山次级背斜的伴生构造，裂面呈舒缓波状，裂带宽 5 ~ 10cm，裂带内为磁铁矿脉、方解石脉、碎粉岩。见 F_1错移 F_2，反映 F_1上盘斜上、下盘斜落，并反映 F_2早于 F_1形成。在该点见到三组节理（J_1：NE50°∠32°SE，J_2：NW7°∠70°SW，J_3：NE30°∠80°NW），J_3为张节理，J_1、J_2为与 J_3同期形成的一组共轭扭节理，三组节理内均充填磁铁矿脉。

据构造特征分析，该点断裂经历三期构造活动特征：早期在近东西向主压应力作用下，形成层间断裂破碎带，并发生金矿化作用；中期，主压应力方向转变为北东向，形成北东向张性断裂 F_1、张节理 J_3和一组共轭扭节理 J_1、J_2，并发生煌斑岩侵位活动，该期可能为主要成矿时期；后期，在近南北向挤压作用下，断裂 F_1力学性质转化为左行扭压性，煌斑岩脉受扭压作用发生透镜体化。通过检测，F_2中 Au 品位达到 2.35g/t，J_3中 Au 品位达到 0.223g/t，具明显 Au 矿化。

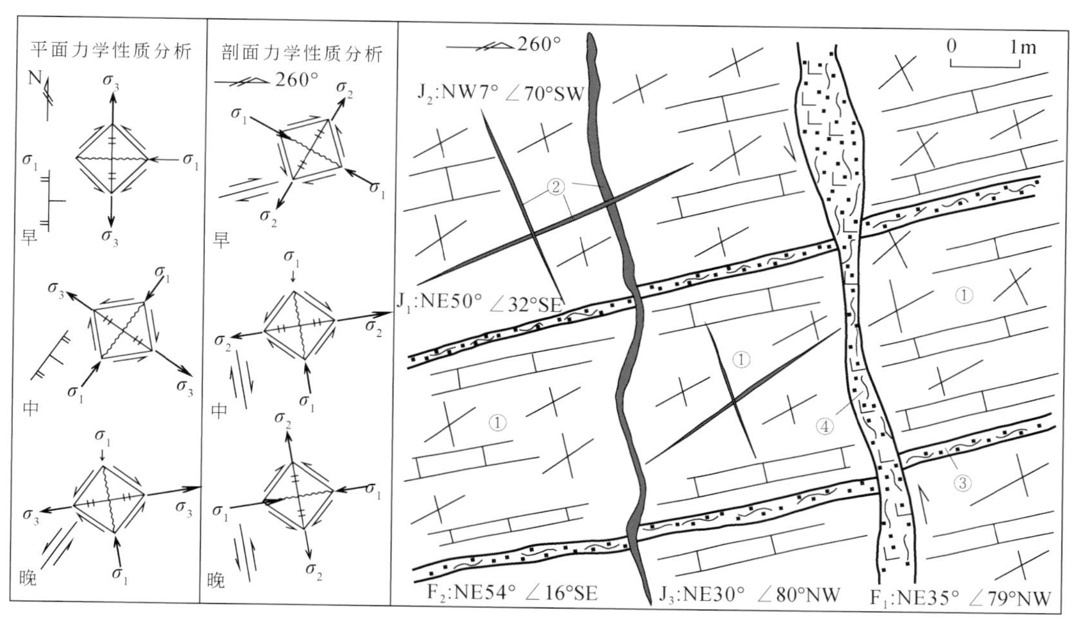

图 10-43 万硐山矿段 CP13 点断裂剖面素描图

①灰黄色、灰褐色褐铁矿化碎裂灰岩；②节理，其内充填磁铁矿脉；③灰黑色磁铁矿脉、方解石脉；④磁铁矿脉、方解石脉、煌斑岩

4. 北西向断裂

北西向断裂在万硐山矿段较为发育，走向为 NW20° ~ NW56°，倾角多为 58° ~ 74°，倾向北东或者南西，断裂内多充填磁铁矿脉、褐铁矿脉，是重要的含矿构造，多为张性、扭压性。

CP33 点处有一组北西向断裂（F_1、F_3：NW35°∠65°SW，F_2、F_4：NW30°∠71°SW，F_5：NW32°∠64°NE）（图 10-44a），F_1裂面呈波状，裂宽 3 ~ 6cm，裂内为灰黑色磁铁矿、褐铁矿梳状构造石英脉（图 10-44b），黄铁矿（呈立方体）及星点状嵌布，张性断裂，为成矿期断裂。F_2上部较平直，下部呈缓波状，裂宽 3 ~ 5cm，裂内为灰黑色磁铁矿、褐铁矿、黄铁矿（立方体）星点状嵌布。F_3呈舒缓波状，较紧闭，裂宽 2 ~ 5cm，裂内为灰黑色、灰白色碎粉岩，具星点状黄铁矿。F_4上部较平直，下部呈缓波状，裂宽 3 ~ 5cm，裂内为灰黑色、灰白色碎粉岩，亦见星点状黄铁矿嵌布。F_5呈舒缓波状，裂宽约 2cm，裂内为灰黑色碎粉岩。通过检测 F_1和 F_2断裂中 Au 品位分别达到 10.15g/t 和 17.70g/t，均达到工业品位。

万硐山矿段断裂构造发育，直接控制脉状、条带状矿体。断裂具多期构造活动的特征，经历了力学性质的转变过程。万硐山最发育的南北向和东西向断裂，其力学性质的转变过程可以反映构造演化过程。南北向断裂多经历了压性→张性→压性或左行扭（压）性的力学性质转变过程；东西向断裂多经历了张性→压性的力学性质转变过程，反映了万硐山矿段主压应力主要经历了近东西向→近南北向→近东西向的转化过程。

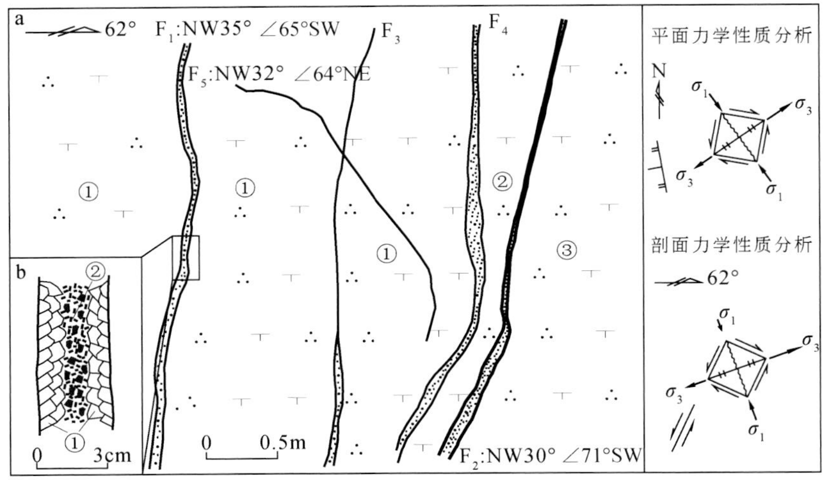

图 10-44　万硐山矿段 CP33 点断裂剖面素描图

a：①灰白色、灰黄色褐铁矿化（沿裂隙）石英正长斑岩，具细脉状石英、细脉浸染状黄铁矿嵌布，具一定风化，②灰白色、灰黄色褐铁矿化石英正长斑岩，③灰白色硅化（细脉状、网脉状）石英正长斑岩；b：①梳状构造石英脉，②黑色磁铁矿、褐铁矿，③灰白色硅化石英正长斑岩

（四）节理裂隙构造

在北衙组灰岩和石英正长斑岩中节理、裂隙构造发育。在岩体与围岩的接触带部位及断裂附近，岩石较破碎，呈碎裂状，形成破碎带或节理裂隙带；在斑岩体内形成原生或次生节理裂隙带。万硐山矿段节理、裂隙走向主要为近南北向，其次为北西向、北东向（图 10-45），是含矿热液运移、充填的有利场所。

万硐山矿段 CP06 点处为灰褐色褐铁矿化灰岩，见两组节理 J_1（NW5°∠59°NE）、J_2（NW44°∠63°SW）（图 10-46），节理宽 0.5～2cm，J_2 节理内充填灰黑色磁铁矿、褐铁矿，为成矿期节理。J_1、J_2 为一组共轭扭节理，通过吴氏网投影分析，得出其形成的主压应力 σ_1 产状为 341°∠58°，揭示了该点经受近南北向的挤压作用。

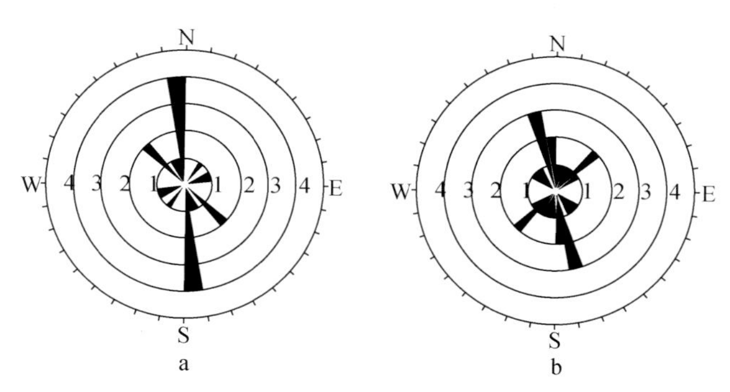

图 10-45　万硐山矿段节理玫瑰花图

a. 北衙组灰岩；b. 石英正长斑岩

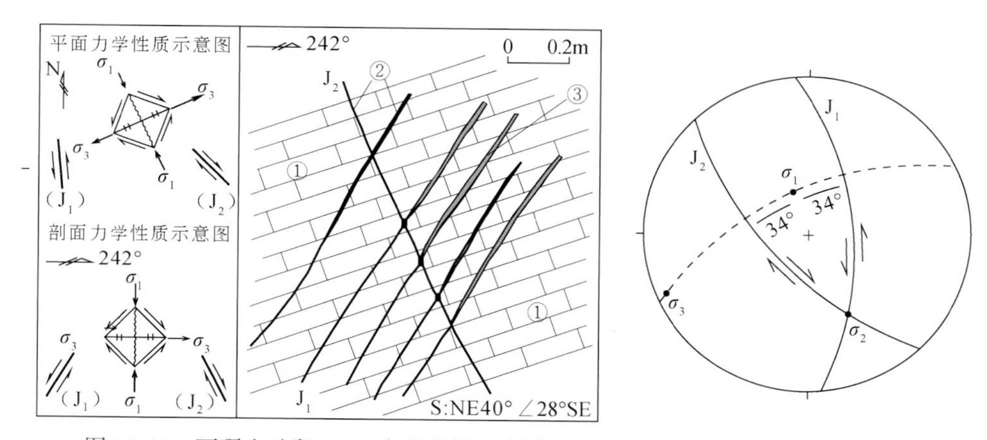

图 10-46　万硐山矿段 CP06 点节理剖面素描图及共轭节理吴氏网下半球投影图

①灰褐色褐铁矿化灰岩；②节理；③黑色磁铁矿脉

万硐山矿段 CP309 点处为灰白色强硅化、强钾化石英正长斑岩，其中节理密集发育（图 10-48），为 10～12 条/m。J_1（NW30°∠75°NE）为张（扭）性节理，其内充填黄铁矿、磁铁矿、褐铁矿，为控矿节理；J_2（NE21°∠84°SE）、J_3（NW42°∠73°NE）为一组共轭节理，充填石英脉，部分含矿；J_4（NW15°∠80°SW）为张扭性节理，充填石英脉，部分含矿；J_5（NE10°∠82°SE）、J_6（NE42°∠65°NW）节理内充填磁铁矿、褐铁矿，均具张性构造特征，为控矿节理。

万硐山矿段石英正长斑岩成岩年龄为 33.3±1.5Ma（徐受民，2007），而此时区域构造应力场主压应力方向为近南北向（侯增谦、王二七，2008），综合侵入体自身的构造作用和侵入时的区域构造应力场（朱志澄，2003），该点处节理构造是岩浆构造作用与区域构造作用复合的结果，形成了不同方向的张性节理和一组共轭扭节理，共轭节理吴氏网下半球投影（图 10-47）显示形成的主压应力 σ_1 产状为 167°∠9°，揭示了该期主压应力方向为近南北向，而且该点节理构造具有显著的大倾角特征。后期，可能受到近东西向主压应力作用，J_2 由左行扭性转变为右行扭性，并错移 J_1。

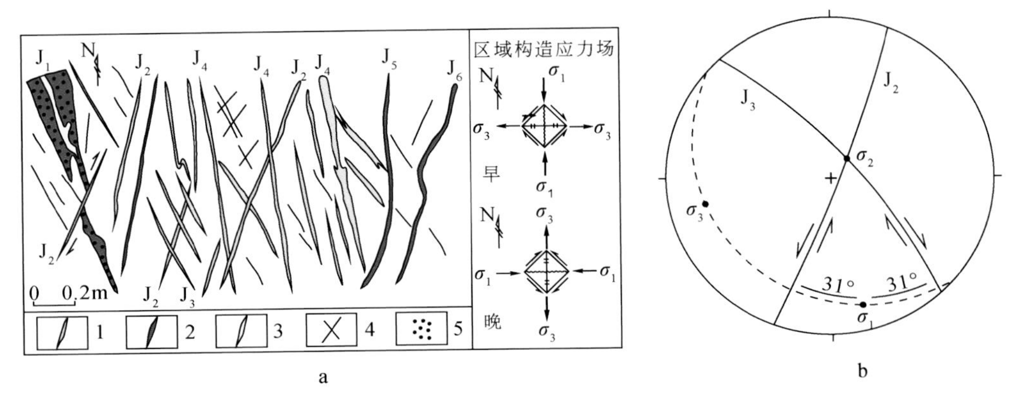

图 10-47　万硐山矿段 CP309 点节理平面素描图及共轭节理吴氏网下半球投影图

1. 石英脉；2. 含金磁铁矿脉；3. 方解石脉；4. 节理；5. 黄铁矿。a. 强硅化、钾化石英正长斑岩；b. 吴氏网下半球投影图

三、矿化蚀变及其分带规律

（一）矿化蚀变特征

剖面 C1：该剖面见北衙组围岩、煌斑岩脉及沿层间断裂破碎带、断裂、节理裂隙产出的热液脉型含金磁铁矿体（脉）、褐铁矿体（脉）。沿剖面前进方向依次为：Ⅰ灰黄色强磁铁矿化碎裂灰岩，磁铁矿、褐铁矿沿层间断裂破碎带充填形成含金磁铁矿脉；Ⅱ灰黄色弱褐铁矿化、磁铁矿化灰岩，矿化强度较Ⅰ弱，沿层间断裂破碎带、节理裂隙少量含金磁铁矿脉；Ⅲ灰色、浅灰色块状灰岩，矿化蚀变弱或无；Ⅳ黄色和灰黄色强磁铁矿化、褐铁矿化碎裂灰岩，含金磁铁矿脉发育，局部构造含金磁铁矿体、褐铁矿体。

磁铁矿化强度由强（Ⅰ）→弱（Ⅱ）→无（Ⅲ）→含金磁铁矿体（Ⅳ）→弱（Ⅱ），而围岩内磁铁矿化的强度与金矿化程度往往呈正相关关系。磁铁矿化较强的灰岩一般为土黄色、灰黄色、黄色碎裂灰岩，硅化较强。含金磁铁矿体、褐铁矿体主要沿层间断裂破碎带、断裂、节理裂隙产出，一般呈黑褐色、灰黑色，矿体内金属矿物主要有磁铁矿、赤铁矿、黄铁矿、黄铜矿、斑铜矿及自然金等。

围岩中的矿化蚀变主要沿层间断裂破碎带、断裂、节理裂隙发育的磁铁矿化、褐铁矿化、硅化、方解石化等蚀变，与构造关系密切。

剖面 C2：该剖面见北衙组围岩、石英正长斑岩、煌斑岩、夕卡岩型金矿体及斑岩型金矿体。沿剖面前进方向依次为：Ⅰ灰黄色褐铁矿化、弱磁铁矿化、碳酸盐化灰岩，层间断裂内见磁铁矿脉充填；Ⅱ浅灰绿色、浅灰色煌斑岩脉；Ⅲ夕卡岩型含金磁铁矿体、褐铁矿体；Ⅳ接触断裂带内夕卡岩；Ⅴ褐黄色高岭石化石英正长斑岩；Ⅵ青磐岩化带；Ⅶ硅化带；Ⅷ钾化带；Ⅸ硅化+钾化带；Ⅹ斑岩型脉状金矿体。

石英正长斑岩中的蚀变主要有钾化、硅化、绿泥石化、绿帘石化、高岭石化、绢云母化，从斑岩体中心至外围具钾化带→硅化带→青磐岩化带（绿泥石化、绿帘石化）的蚀变分带规律；围岩中的蚀变主要为硅化、方解石化、褐铁矿化、磁铁矿化；岩体与围岩接触带内的蚀变主要是夕卡岩化、磁铁矿化、褐铁矿化。该剖面中硅化带与钾化带交替出现，可能与多次热液活动有关。

（二）矿化蚀变分带规律

自富碱斑岩体中心至围岩，万硐山矿段矿化-蚀变分带规律为：【斑岩体】钾化-黄铁矿化-弱硅化带→强硅化-绢云母化-黄铁矿化带→绿泥石化-绿帘石化-黄铁矿化带→高岭石化带→【接触带】夕卡岩化-磁铁矿化-黄铁矿化带→【灰岩（围岩）】磁铁矿化-褐铁矿化-弱硅化带→强硅化-弱方解石化带→方解石化带。矿化分带依次为：【斑岩体】与斑岩型矿床（体）有关的铜、金为主的矿化，如自然金、黄铜矿、辉钼矿、黄铁矿、毒砂等→【接触带】与夕卡岩型矿床（体）有关的金、铁、铜为主的矿化，如自然金、磁铁矿、黄铁矿、菱铁矿、黄铜矿、斑铜矿等→【灰岩（围岩）】与热液脉型矿床（体）有关的金、铁、铅锌、银为主的矿物，如方铅矿、闪锌矿、自然金、自然银、磁铁矿、黄铁矿等，在垂向上由深部向地表，元素组合也表现出 Cu（Au）→Cu-Au→Au-Cu-Fe→Au-Fe-Pb-Ag 的分带规律，揭示了从高温→中高温→低温元素组合的变化规律。

四、构造控岩控矿作用

综合控岩控矿构造地质特征、构造力学性质及矿化-蚀变分带规律的研究，认为万硐山矿床构造控岩控矿作用明显，其过程如下：

燕山晚期—喜马拉雅早期，在印度板块和欧亚板块碰撞的背景下，近南北向的程海断裂发生中-低角度、自西向东的逆冲或逆掩，此期程海断裂区域构造应力场的主压应力方向为近东西向（李光容、金德山，1990）。距离程海断裂约为 40km 的北衙金矿床受到该期构造活动的影响，发生近东西向的挤压作用，形成近南北向的北衙向斜、万硐山次级背斜及与之伴生的断裂构造，构成了北衙金矿床控岩控矿构造格架，为喜马拉雅期富碱斑岩侵位和金成矿作用发生提供了有利成岩成矿构造环境。该期构造活动伴有石英钠长斑岩和煌斑岩的侵位，万硐山深部钻孔中石英钠长斑岩钠长石的年龄为 65.56Ma 以及矿区早期两条煌斑岩脉的年龄分别为 59.4Ma 和 60.9Ma（徐兴旺等，2006），此次构造-岩浆事件可以作为印度板块与欧亚板块开始碰撞的远程响应。

喜马拉雅中期，在印度与亚洲大陆的持续汇聚和南北向挤压背景之下，区域上以沿巨型剪切带的块体间水平相对运动为特征，在高原东缘发育大规模的走滑断裂系统、大规模剪切系统和逆冲推覆构造系统，导致块体大幅旋转和小幅滑移以及区域尺度的地壳缩短，调节和吸纳了印度-亚洲大陆碰撞的应力应变，行使构造转换的功能（侯增谦、王二七，2008），而金矿大规模成矿作用与构造动力体制转换过程中的壳幔物质强烈交换与构造变形密切相关（邓军等，2010），滇西富碱斑岩型金多金属矿床的成矿年龄具有明显一致性，集中分布于 32～36Ma，这表明 34±2Ma 是其主要成岩成矿期（邓军等，2010）。北衙金矿床成岩成矿也主要集中于这个时期（图 10-48），万硐山和笔架山石英正长斑岩锆石 SHRIMP U-Pb 年龄分别为 33.3±1.5Ma 和 34.4±1.4Ma（徐受民，2007），红泥塘矿段夕卡岩型矿体中辉钼矿的 Re-Os 同位素模式年龄为 36.87±0.76Ma（和文言等，2013），显示北衙金矿床与该区斑岩型金多金属矿床的成岩成矿年龄的一致性。此时，北衙金矿区主压应力 σ_1 方向转变为近南北向，形成近南北向的张性构造，而控制矿体的构造在成矿期主要为张性活动（王登红等，

2006)。北衙金矿床该期构造活动伴有石英正长斑岩的超浅成侵位，促使发生大规模斑岩型金成矿作用，在层间断裂破碎带、断裂、节理裂隙构造形成带状、透镜状、似层状和脉状金矿体，在岩体与围岩接触带构造附近形成富厚的接触带夕卡岩型矿体。

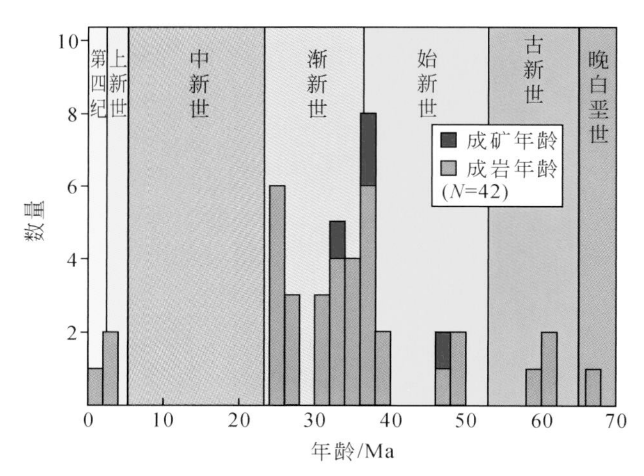

图 10-48　北衙斑岩型金矿床成岩成矿年龄柱状图

数据来源：张玉泉和谢应雯（1997）；邓万明等（1998）；王登红等（2001，2005，2006）；刘红英等（2003）；应汉龙和蔡新平（2004）；郭远生等（2005）；徐兴旺等（2006）；徐受民（2007）；莫宣学等（2009）；肖晓牛等（2009）；和文言等（2012，2013）；刘博等（2012）；地质年代划分据全国地层委员会（2002）

喜马拉雅晚期，本区再次经受近东西向的挤压作用，形成近东西向张性构造和近南北向逆冲推覆构造，主要对早期形成的金矿体和斑岩产生破坏，表现为万硐山、红泥塘一带深部矿体及含矿富碱斑岩和煌斑岩脉多沿近南北向断裂带发生明显的向东逆冲推覆及层间滑动(薛传东等，2008)，为后期破矿构造。在北衙矿区外围炭窑一带见多条黑云母正长斑岩沿近东西向的张性断裂侵入，而黑云母正长斑岩的形成和侵位非常新，黑云母$^{39}Ar/^{40}Ar$坪年龄为3.66～3.78Ma（徐兴旺等，2006），应是喜马拉雅晚期构造-岩浆活动的结果。同时，该期金成矿作用主要表现为氧化淋滤富集型金矿的形成。

五、构造控岩控矿模式

综合矿床成因、构造控矿规律和成矿构造体系，提出北衙金矿区的构造控矿模式是(图 10-49)：滇西北地区构造背景为成矿提供了有利的成矿环境，特别是受自喜马拉雅早期开始的印度板块与欧亚板块碰撞的远程影响，于北衙金矿区形成了有利成岩成矿的褶皱-断裂-节理构造系统；区域性深大断裂带的走滑剪切运动为成岩成矿提供了物源条件，喜马拉雅中期的构造动力体制转换使壳幔物质强烈交换，并沿深大断裂带上侵，于断裂带附近的次级构造内发生大规模成矿作用；矿区早南北构造带构成了北衙金矿区控岩控矿构造格架，东西构造带控制大规模斑岩型-夕卡岩型-热液脉型-隐爆角砾岩型矿床的形成，晚南北构造带对先期形成的金矿体和斑岩产生破坏或改造，并控制氧化淋滤富集型金矿的成矿作用。因此，北衙金矿区多金属矿床的形成和分布严格受构造的控制，构造在北衙金矿区成岩成矿过程中起到了主导性作用，构成了一套褶皱-断裂-节理裂隙成岩成矿构造系统。

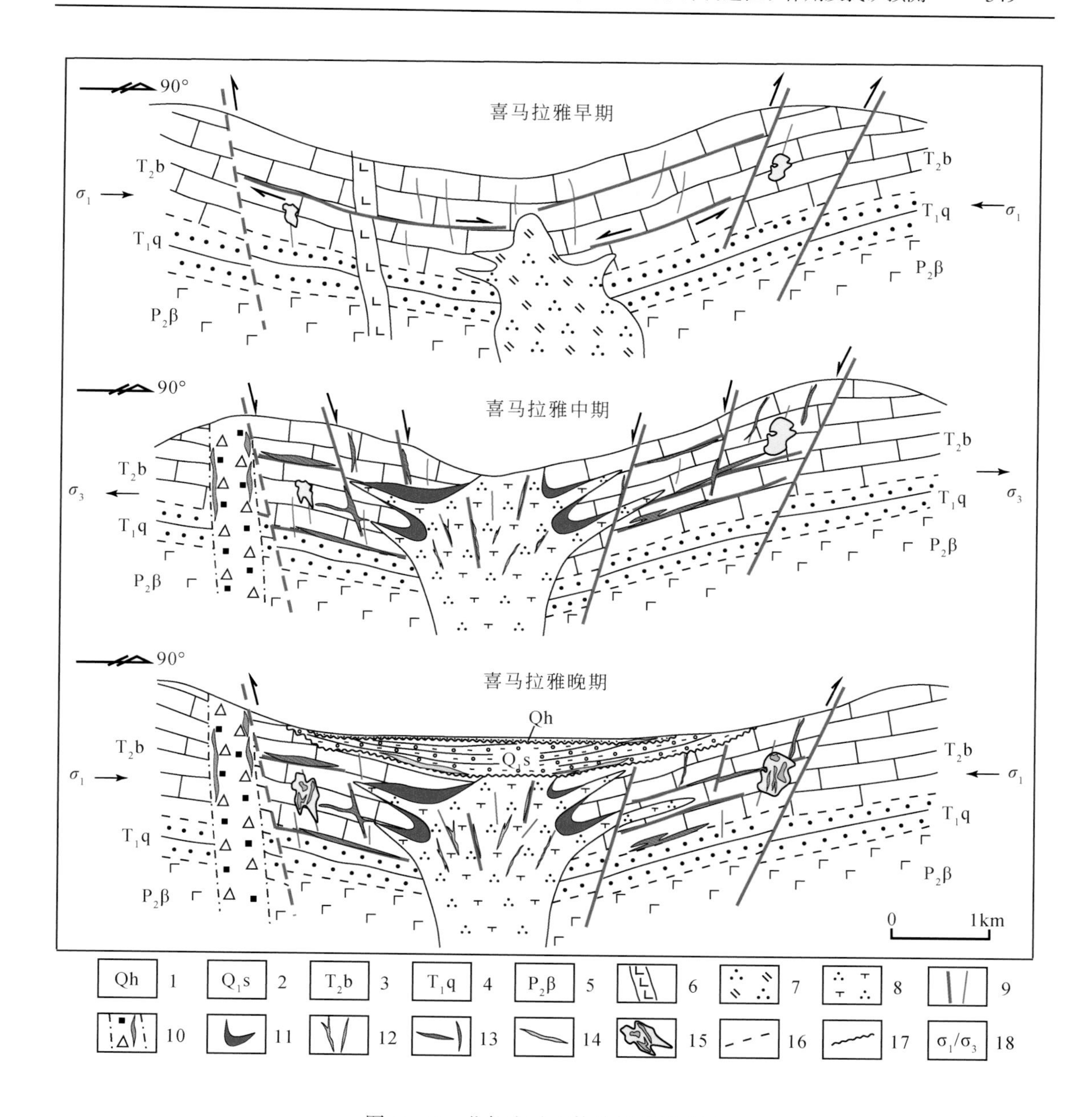

图 10-49　北衙金矿田构造控矿模式图

1. 全新统堆积物；2. 更新统蛇山组；3. 中三叠统北衙组；4. 下三叠统青天堡组；5. 二叠系峨眉山玄武岩；6. 煌斑岩脉；7. 石英钠长斑岩；8. 石英正长斑岩；9. 断裂与节理；10. 爆破角砾岩筒及隐爆角砾岩型金矿体；11. 夕卡岩型金矿体；12. 斑岩型金矿体（脉）；13. 热液脉型金矿体；14. 氧化淋滤型金矿体；15. 岩溶洞穴型金矿体；16. 平行不整合界线；17. 角度不整合界线；18. 主压应力/主张应力

六、结　　论

（1）北衙斑岩型金矿床富碱斑岩的形成和分布及其成矿作用的发生明显受构造控制。

矿区以近南北向北衙向斜为主的褶皱和以近南北向、近东西向为主的断裂为主要控岩控矿构造，节理作为低级别构造常控制矿脉的展布，构成北衙矿区褶皱–断裂–节理控岩控矿构造系统；褶皱翼部的层间断裂破碎带、围岩与岩体接触带构造以及近南北向张性断裂带及节理构造是该矿床有利的找矿部位。

（2）根据典型构造力学性质鉴定和构造控岩控矿作用研究，将该区主要划分为三期构造活动。其构造应力场主压应力 σ_1 方向经历了近东西向→近南北向→近东西向的演化过程，表现出与区域构造应力场的一致性，从而为西南三江地区新生代构造–岩浆–成矿事件提供了充分的矿田（床）构造的力学、运动学和成矿学证据。

（3）伴随构造成岩作用，蚀变具有明显的分带性，从岩体至围岩依次为岩体蚀变（钾化、硅化、绢云母化、绿泥石化、绿帘石化、高岭石化）→接触带蚀变（夕卡岩化、磁铁矿化）→围岩蚀变［硅化、方解石化、磁铁矿化、黄铁矿（已氧化为褐铁矿）化］；矿化依次呈现自然金–黄铜矿–黄铁矿–毒砂–（辉钼矿）组合→自然金–磁铁矿–黄铁矿–黄铜矿–斑铜矿组合→方铅矿–闪锌矿–黄铁矿–（自然金–自然银–磁铁矿）组合的分带规律；在垂向上由深部向地表，元素组合具 Cu-Mo→Cu-Au→Au-Fe-Cu→Au-Fe→Pb-Zn-Au-Ag-Fe 的分带规律。

（4）在北衙超大型斑岩金矿床开展矿田地质力学研究是一项具有重要意义的理论和方法实践，不仅对斑岩型矿床矿田地质力学的研究方法提出了新要求，而且为三江地区斑岩型矿床的研究提出了新思路和新方法，无疑具有重要的理论意义和实际指导意义。

主要参考文献

蔡新平，季成云，应汉龙，刘秉光 . 1993. 滇西北金矿矿床特征、成因及找矿远景预测 . 中国金矿地质地球化学研究 . 北京：科学出版社 .

蔡祖煌，石慧馨 . 1986. 地震流体地质学概论 . 北京：地震出版社 .

陈进 . 1993. 麒麟厂铅锌硫化矿矿床成因及成矿模式探讨 . 有色金属矿床与勘查，2（2）：85-89.

陈理，胡光道，唐晨 . 2011. 遥感技术在鹤庆北衙金矿找矿中的应用 . 东华理工大学学报（自然科学版），34（4）：366-373.

陈士杰 . 1984. 黔西滇东北铅锌矿床的沉积成因探讨 . 贵州地质，8（3）：56-62.

陈衍景，张静，刘丛强等 . 2001. 试论中国陆相油气侧向源——碰撞造山成岩成矿模式的拓展和运用 . 地质论评，47（3）：261-271.

陈衍景，倪培，范洪瑞，Pirajno F，赖勇，苏文超，张辉，2007. 不同类型热液金矿床的流体包裹体特征 . 岩石学报，23（9）：2085-2108.

邓军，杨立强，葛良胜，袁士松，王庆飞，张静，龚庆杰，王长明 . 2010. 滇西富碱斑岩型金成矿系统特征与变化保存 . 岩石学报，26（6）：1633-1645.

邓万明，黄萱，钟大赉 . 1998. 滇西金沙江带北段的富碱斑岩及其与板内变形的关系 . 中国科学（D 辑），27（4）：111-117.

丁原辰 . 2000. 声发射法古应力测量问题讨论 . 地质力学学报，6（2）：45-52.

丁原辰，孙宝珊，汪西海，邵兆刚，周新桂 . 1997. 塔北油田现今地应力的 AE 法测量 . 地球科学——中国地质大学学报，22（2）：215-218.

丁原辰，孙宝珊，邵兆刚，周新桂，任德生 . 1998. AE 法油田最大主应力值的测量及其与油产关系 . 岩石力学与工程学报，17（3）：315-321.

方维萱 . 2014. 论扬子地块西缘元古宙铁氧化物铜金型矿床与大地构造演化 . 大地构造与成矿学，38（4）：733-757.

方维萱，黄转盈 . 2012a. 陕西凤太晚古生代拉分盆地动力学与金多金属成矿 . 沉积学报，30（3）：405-421.

方维萱，黄转盈 . 2012b. 陕西凤太拉分盆地构造变形样式与动力学及金-多金属成矿 . 中国地质，39（5）：1211-1228.

高振敏，李红阳，杨竹森，陶琰，罗泰义，刘显凡，夏勇，饶文波 . 2002. 滇黔地区主要类型金矿的成矿与找矿 . 北京：地质出版社 .

龚琳，何毅特，陈天佑，赵玉山 . 1996. 云南东川元古宙裂谷型铜矿 . 北京：冶金工业出版社 .

郭远生，曾普胜，杨伟光，张文洪 . 2005. 北衙金多金属矿床地质特征与成因 . 中国工程科学，7（增刊）：218-223.

韩润生，孙家骢，李俊，马德云，刘伟 . 1999. 易门铜矿“镜面对称”成矿及其意义 . 地质力学学报，5（2）：77-82

韩润生，陈进，李元，马德云，高德荣，赵德顺 . 2001a. 云南会泽麒麟厂铅锌矿床构造地球化学及定位预测 . 矿物学报，21（4）：667-680.

韩润生，刘丛强，黄智龙，陈进，李元，马德云 . 2001b. 论云南会泽富铅锌矿床成矿模式 . 矿物学报，21（4）：674-680.

韩润生，刘丛强，马德云，王红才，马更生 . 2003a. 易门式大型铜矿床构造成矿动力学模型 . 地质科学，38（2）：200-213.

韩润生，马德云，刘丛强，马更生，刘晓峰，王学焜 . 2003b. 陕西铜厂矿田构造成矿动力学 . 昆明：云南科技出版社.
韩润生，陈进，黄智龙，马德云，薛传东，李元，邹海俊，李勃，胡煜昭，马更生，黄德镛，王学琨. 2006. 构造成矿动力学及隐伏矿定位预测——以云南会泽铅锌（银、锗）矿床为例. 北京：科学出版社.
韩润生，邹海俊，胡彬，胡煜昭，薛传东. 2007. Features of fluid Inclusions and sources of ore-forming fluid in the Maoping carbonate-hosted Zn-Pb-(Ag-Ge) deposit, Yunnan, China. 岩石学报，23（9）：2109-2118.
韩润生，方维萱，王雷. 2009. 隐伏矿预测的刺穿构造岩-岩相学填图——以易门凤山铜矿床为例. 纪念李四光诞辰120周年暨李四光地质科学奖成立20周年学术研讨会论文.
韩润生，王峰，赵高山，王进，周高明，王学琨. 2010a. 滇东北矿集区昭通毛坪铅锌矿床深部找矿新进展. 地学前缘，17（3）：275.
韩润生，邹海俊，吴鹏，方维萱，胡煜昭. 2010b. 楚雄盆地砂岩型铜矿床构造-流体耦合成矿模型. 地质学报，84（10）：1438-1447.
韩润生，王雷，方维萱，黄建国，冯文杰，胡一多. 2011. 初论易门凤山铜矿床刺穿构造岩-岩相分带模式. 地质通报，30（4）：495-504.
韩润生，胡煜昭，王学琨，Hou B H，黄智龙，陈进，王峰，吴鹏，李波，王洪江，董英，雷丽. 2012. 滇东北富锗银铅锌多金属矿集区矿床模型. 地质学报，86（2）：280-294.
韩润生，刘丛强，黄智龙，李元. 2000a. 云南会泽铅锌矿床构造控矿及断裂构造岩稀土元素组成特征. 矿物岩石，20（4）：11-18.
韩润生，刘丛强，孙克祥，马德云，李元. 2000b. 易门式铜矿床的多因复成成因. 大地构造与成矿学，24（2）：146-154.
和文言，喻学惠，莫宣学，和中华，李勇，黄兴凯，苏纲生. 2012. 滇西北衙多金属矿田矿床成因类型及其与富碱斑岩关系初探. 岩石学报，28（5）：1401-1412.
和文言，莫宣学，喻学惠，和中华，董国臣，刘晓波，苏纲生，黄雄飞. 2013. 滇西北衙金多金属矿床锆石U-Pb和辉钼矿Re-Os年龄及其地质意义. 岩石学报，29（4）：1301-1310.
和中华，周云满，和文言，苏纲生，李万华，杨绍文. 2013. 滇西北衙超大型金多金属矿床成因类型及成矿规律. 矿床地质，32（2）：244-258.
侯增谦，李红阳. 1998. 试论幔柱构造与成矿系统——以三江特提斯成矿域为例. 矿床地质，17（2）：97-113.
侯增谦，王二七. 2008. 印度-亚洲大陆碰撞成矿作用主要研究进展. 地球学报，29（3）：275-292.
胡耀国. 2000. 贵州银厂坡银多金属矿床银的赋存状态、成矿物质来源与成矿机制. 贵阳：中国科学院地球化学研究所博士学位论文.
黄瑞华，刘传正. 2013. 野外地质实用手册. 长沙：中南大学出版社.
黄智龙，陈进，韩润生，李文博，刘丛强，张振亮，马德云，高德荣，杨海林. 2004. 云南会泽超大型铅锌矿床地球化学及成因——兼论峨眉山玄武岩与铅锌成矿的关系. 北京：地质出版社.
蒋家申，李天福，陈贤胜. 1996. 滇中元古宙昆阳裂谷系铜矿成矿系列. 云南地质，15（2）：205-207.
金中国. 2008. 黔西北地区铅锌矿控矿因素、成矿规律与找矿预测. 北京：冶金工业出版社.
李东旭，周济元. 1986. 地质力学导论. 北京：地质出版社.
李光容，金德山. 1990. 程海断裂带挽近期活动性研究. 云南地质，9（1）：1-24.
李红阳，阎升好，王金锁，张建珍，王国富. 1996. 试论地幔柱与成矿——以冀西北金银多金属成矿区为例. 矿床地质，15（3）：249-256.
李四光. 1979a. 地质力学概论. 北京：科学出版社.
李四光. 1979b. 地质力学方法. 北京：科学出版社.
李文博，黄智龙，陈进，韩润生，管涛，许成，高德荣，赵德顺. 2002. 云南会泽超大型铅锌矿床成矿物质来源：来自矿区外围地层及玄武岩成矿元素含量的证据. 矿床地质，21（增刊）：413-416.

李文昌，潘桂棠，侯增谦，莫宣学，王立全等. 2010. 西南“三江”多岛弧盆-碰撞造山成矿理论与勘查技术. 北京：地质出版社.
李志伟，钟维敷，田敏. 2002. 滇中昆阳群剌穿构造形成机制研究. 云南地质，21（3）：230～249.
廖文. 1984. 滇东黔西铅锌金属区硫铅同位素组成特征与成矿模式探讨. 地质与勘探，（1）：1-6.
刘博，张长青，黄华，和中华，王从明. 2012. 滇西北衙金多金属矿床辉钼矿 Re-Os 同位素测年及其地质意义. 矿床地质，31（增刊）：575-576.
刘红英，夏斌，张玉泉. 2003. 云南马头湾透辉石花岗斑岩锆石 SHRIMP U-Pb 年龄研究. 地球学报，24（6）：552-554.
刘洪超，侯增谦，杨竹森. 2008. 密西西比河谷型（MVT）铅锌矿床：认识与进展. 矿床地质，27（2）：253-264.
刘福辉. 984. 攀西地区断块构造特征的初步探讨. 成都地质学院学报，3：34–43.
刘肇昌，李凡友，钟康惠，李伟，文绍元. 1996. 扬子地台西缘及邻区地体构造与金属成矿. 北京：电子科技大学出版社.
柳贺昌. 1995. 滇川黔铅锌成矿区的构造控矿. 云南地质，14（3）：173–189.
柳贺昌，林文达. 1999. 滇东北铅锌银矿床规律研究. 昆明：云南大学出版社.
吕古贤，邓军，郭涛等. 1998. 玲珑-焦家式金矿构造变形岩相形迹大比例尺填图与构造成矿研究. 地球学报，19（2）：177-186.
吕古贤，郭涛，舒斌等. 2001. 构造变形岩相形迹的大比例尺填图加强对隐伏矿床地质预测. 中国区域地质，20（3）：313-321.
罗焕炎. 1974. 有限单元法在地质力学中的应用. 地质科学，（1）：81-100.
罗霞. 2000. 会泽铅锌矿深部找矿获重大突破——预测新增铅锌储量近百万吨潜在产值数十亿元. 云南日报，05-12.
罗霞. 2001. 会泽铅锌矿可能是世界级超大型矿床. 云南日报，01-04（A1-1）.
骆耀南. 1985. 中国攀枝花-西昌古裂谷带//张云湘. 中国攀西裂谷文集（1）：北京：地质出版社：1-25.
马德云，韩润生. 2001. 北衙金矿床构造地球化学特征及靶区优选. 地质与勘探，37（2）：64-68.
马德云，高振敏，杨世瑜，韩润生. 2003. 北衙金矿区构造应力场数值模拟. 大地构造与成矿学，27（2）：160-166.
马力，陈焕疆，甘克文，徐克定，许效松，吴根耀，叶舟，梁兴，吴少华，邱蕴玉，张平澜，葛凡凡. 2004. 中国南方大地构造和海相油气地质. 北京：地质出版社.
马杏垣，索书田. 1984. 论滑覆及岩石圈内多层次滑脱构造. 地质学报，03：205–213.
毛景文，李晓峰，李厚民，曲晓明，张长青，薛春纪，王志良，余金杰，张作衡，丰成友，王瑞廷. 2005. 中国造山带内生金属矿床类型、特点和成矿过程探讨. 地质学报，79（3）：342-372.
闵乃本. 1982. 晶体生长的物理基础. 上海：上海科学技术出版社.
莫宣学，赵志丹，喻学惠. 2009. 青藏高原新生代碰撞—后碰撞火成岩. 北京：地质出版社.
牛树银，李红阳，孙爱群，罗殿文，叶东虎，王金锁. 1996. 地幔热柱的多次演化及其成矿作用——以冀北地区为例. 矿床地质，15（4）：298-307.
潘杏南，赵济湘，张选阳，郑海翔，杨暹和，周国富，陶大理. 1987. 康滇构造与裂谷作用. 重庆：重庆出版社.
全国地层委员会. 2002. 中国区域年代地层（地质年代）表说明书. 北京：地质出版社.
冉崇英. 1994. 康滇裂谷旋回与铜矿层楼结构及其地球化学演化. 中国科学，24（3）：325-330.
冉崇英，刘卫华. 1993. 康滇地轴铜矿床地球化学与矿床层楼结构机理. 北京：科学出版社.
冉崇英，庄汉平. 1998. 楚雄盆地铜、盐、有机矿床组合地球化学. 北京：科学出版社.
孙殿卿等. 1956. 柴达木盆地北部第三纪地层及地质构造特征. 北京：地质出版社.

孙家骢 . 1983. 云南主要构造体系的成生发展及某些矿产的分布规律 . 云南地质，2（1）：1-13.
孙家骢 . 1984. 云南大红山铁矿控矿构造型式的分析 . 中国地质科学院地质力学研究所所刊，05：45-55.
孙家骢 . 1986. 滇中峨头厂式层控铁矿的构造控制作用 . 地质学报，（3）：275-285.
孙家骢 . 1988a. 矿田地质力学 . 昆明工学院学报，13（3）：120-126.
孙家骢 . 1988b. 云南主要构造体系的初步划分及其特征 . 昆明工学院学报，13（3）：64-78
孙家骢，江祝伟，雷跃时 . 1987. 个旧矿区马拉格矿田构造-地球化学特征 . 地球化学，（4）：303-311.
孙家骢，江祝伟，雷跃时 . 1988a. 个旧矿区马拉格矿田构造-地球化学特征 . 昆明工学院学报，13（3）：169-176.
孙家骢，江祝伟，周大鹏 . 1988b. 个旧矿区马拉格矿田构造应力场动态演化及其控矿特征 . 昆明工学院学报，13（3）：177-190.
孙家骢，颜以彬，张文源 . 1988c. 滇中地区罗茨–易门断裂带的发生、发展及其对铁矿的控制作用 . 昆明工学院学报，13（3）：79-87.
孙克祥 . 1996. 易门凤山铜矿床成矿地质特征 . 云南地质，15（2）：164-179.
孙克祥，邓永寿 . 1998. 滇中地区昆阳群中的刺穿构造 . 云南地质，17（1）：31-45.
王宝禄，李丽辉，曾普胜 . 2004. 川滇黔菱形地块地球物理基本特征及其与内生成矿作用的关系. 东华理工学院学报，04：301–308.
王登红 . 2001. 地幔柱的概念、分类、演化与大规模成矿：对中国西南部的探讨 . 地学前缘，8（3）：67-72.
王登红，杨建民，薛春纪，闫升好，陈毓川，徐钰 . 2001. 西南三江–大渡河地区喜马拉雅期金成矿作用的同位素年代学依据//陈毓川，王登红 . 喜马拉雅期内生成矿作用研究 . 北京：地震出版社：84-87.
王登红，陈毓川，徐钰 . 2005. 中国新生代成矿作用 . 北京：地质出版社 .
王登红，应汉龙，梁华英，黄智龙，骆耀南 . 2006. 西南三江地区新生代大陆动力学过程与大规模成矿 . 北京：地质出版社 .
王登红，陈郑辉，陈毓川，唐菊兴，李建康，应立娟，王成辉，刘善宝，李立兴，秦燕，李华芹，屈文俊，王彦斌，陈文，张彦 . 2010. 我国重要矿产地成岩成矿年代学研究新数据 . 地质学报，84（7）：1030-1040.
王嘉荫 . 1976. 应力矿物概论 . 北京：地质出版社 .
王奖臻，李朝阳，李泽琴，刘家军 . 2001. 川滇地区密西西比河谷型铅锌矿床成矿地质背景及成因探讨 . 地质地球化学，29（2）：41-45.
王奖臻，李朝阳，李泽琴，刘家军 . 2002. 川、滇、黔交界地区密西西比河谷型铅锌矿床与美国同类矿床的对比 . 矿物岩石地球化学通报，21（2）：127-132.
王雷，韩润生，胡一多，毛建辉，黄建国，唐果 . 2014. 易门凤山铜矿床两类刺穿构造岩石地球化学特征及形成机制 . 大地构造与成矿学，38（4）：822-832.
王林江 . 1994. 黔西北铅锌矿床的地质地球化学特征 . 桂林冶金地质学院学报，14（2）：125-130.
王维贤 . 1983. 滇中马头山组含铜砂岩粒度分布与沉积相 . 地质与勘探，02：18–25.
文德潇，韩润生，吴鹏，贺皎皎 . 2014. 云南会泽 HZT 型铅锌矿床蚀变白云岩特征及岩石–地球化学找矿标志 . 中国地质，41（1）：235-244.
吴懋德，李希勣 . 1981. 云南昆阳群两种底辟构造 . 地质学报，（2）：105-117.
吴越，张长青，毛景文，张旺生 . 2012. 扬子板块西南缘与印支期造山事件有关的 MVT 铅锌矿床 . 矿床地质，31（增刊）：451-452.
肖晓牛，喻学惠，莫宣学，杨贵来，李勇，黄行凯 . 2009. 滇西洱海北部北衙地区富碱斑岩的地球化学、锆石 SHRIMPU-Pb 定年及成因 . 地质通报，12：1786-1803.
熊兴武，侯蜀光，薛顺荣 . 1995. 滇中昆阳群因民角砾岩及其成因 . 地质科技情报，04：43-48.

谢家荣 . 1963. 论矿床的分类. 北京：科学出版社 .

徐浩 . 2007. 云南北衙金矿床构造应力场数值模拟 . 北京：中国地质大学硕士学位论文 .

徐受民 . 2007. 滇西北衙金矿床的成矿模式及与新生代富碱斑岩的关系 . 北京：中国地质大学博士学位论文 .

徐兴旺，蔡新平，宋保昌，张宝林，应汉龙，肖骑彬，王杰 . 2006. 滇西北衙金矿区碱性斑岩岩石学、年代学和地球化学特征及其成因机制 . 岩石学报，22（3）：631-642.

徐兴旺，蔡新平，张宝林，梁光河，杜世俊，王杰 . 2007. 滇西北衙金矿矿床类型与结构模型 . 矿床地质，26（3）：249-264.

薛传东，侯增谦，刘星，杨志明，刘勇强，郝百武 . 2008. 滇西北北衙金多金属矿田的成岩成矿作用：对印–亚碰撞造山过程的响应. 岩石学报，24（3）：457-472.

颜以彬 . 1981. 论云南大红山含矿岩体 . 昆明工学院学报，02：20–28.

晏建国，崔银亮，陈贤胜 . 2003. 云南省北衙金矿床成矿预测和靶区优选 . 地质与勘探，39（1）：10-13.

晏建国，崔银亮，李家盛 . 2010. 云南北衙超大型金矿矿床地质及找矿模式 . 昆明：云南科技出版社 .

杨金永 . 2010. 滇西北衙金矿构造–富碱斑岩–成矿研究 . 北京：中国地质大学博士学位论文 .

杨世瑜，钟昆明 . 2006. 斑岩金矿床快速定位预测研究：北衙斑岩型金矿床影象线环结构：构造地球化学快速定位预测 . 昆明：云南大学出版社 .

杨应选，仇定茂，阚梅英，张立生，万捷 . 1988. 西昌–滇中前寒武系层控铜矿 . 重庆：重庆出版社 .

耶格 J C，康克 N G W. 1979. 岩石力学基础 . 北京：科学出版社 .

冶金工业部西南冶金地质勘探公司 . 1984. 个旧锡矿地质 . 北京：冶金工业出版社 .

叶天竺 . 2010. 流体成矿作用过程、矿物标志、空间特征，全国危机矿山项目办典型矿床研究专项中期成果会的讲话 .

应汉龙，蔡新平 . 2004. 云南北衙矿区富碱斑岩正长石和白云母的^{40}Ar-^{39}Ar 年龄 . 地质科学，39（1）：107-110.

云南省地质矿产局 . 1989. 云南省区域地质志 . 北京：地质出版社 .

曾庆丰 . 1986. 论热液成矿条件 . 北京：科学出版社 .

翟裕生，林新多 . 1993. 矿田构造学概论 . 北京：冶金工业出版社 .

张长青，毛景文，吴锁平，李厚民，刘峰，郭保健，高德荣 . 2005a. 川滇黔地区 MVT 铅锌矿床分布、特征及成因 . 矿床地质，24（3）：336-348.

张长青，毛景文，刘峰，李厚民 . 2005b. 云南会泽铅锌矿床粘土矿物 K- Ar 测年及其地质意义 . 矿床地质，24（3）：317-324.

张立生 . 1998. 康滇地轴东缘以碳酸盐岩为主的铅锌矿床的几个地质问题 . 矿床地质，17（增刊）：135-138.

张位及 . 1984. 试论滇东北铅锌矿床的沉积成因和成矿规律 . 地质与勘探，（7）：11-16.

张玉泉，谢应雯 . 1997. 哀牢山–金沙江富碱侵人岩年代学和 Nd- Sr 同位素特征 . 中国科学（D 辑），27（4）：289-293.

钟昆明，杨世瑜 . 2000. 云南北衙金矿构造地球化学成矿预测标志 . 矿物岩石地球化学通报，19（4）：393-394.

周昌达 . 1984. 云锡松矿矿岩特征的研究 . 昆明工学院学报，（2）：1-13.

周瑞华，刘传正 . 2013. 野外地质工作实用手册 . 长沙：中南大学出版社 .

朱志澄 . 2003. 构造地质学 . 武汉：中国地质大学出版社 .

Bradley D C，Leach D L. 2003. Tectonic controls of Mississippi Valley-type lead-zinc mineralization in orogenic forelands. Mineralium Deposita，38（6）：652-667.

Han R S，Liu C Q，Huang Z L，Ma D Y，Li Y，Hu B. 2004. Sources of ore-forming fluid in Huize Zn-Pb-（Ag-

Ge) district, Yunnan, China. Acta Geologica Sinica, 78 (2): 583-591.

Han R S, Liu C Q, Huang Z L, Chen J, Ma D Y, Lei L, Ma G S. 2007. Geological featares and origin of the Huize carbonate-hosted Zn-Pb-(Ag) district, Yunnan. Ore Geology Reviews, 31: 360-383.

Han R S, Li B, Ni P. 2010a. Genesis of the Huize zinc-lead deposit from an infrared microthermometic study of fluid inchusions insphalerite, Yunnan, China. Geochimicaet Cosmochimica Acta, 74 (12): A377.

Han R S, Wang L, Ma D Y, Fan Z G. 2010b. "Giant pressure shadow" structure and ore-finding method of tectonic stress field in the Tongchang Cu-Au poly-metallic ore-field, Shaanxi, China: Ⅱ. Dynamics of tectonic ore-forming processes and prognosis of concealed ores. Chinese Journal of Geochemistry, 29 (4): 455-463.

Han R S, Liu C Q, Emmanuel J M C, Hou B H, Huang Z L, Wang X K, Hu Y Z, Lei L. 2012. REE geochemistry of altered fault tectonites of Huize-type Zn-Pb-(Ge-Ag) deposit, Yunnan Province, China. Geochemistry: Exploration, Environment, Analysis, 12 (2): 127-146.

Han R S, Li W C, Qiu W L, Ren T, Wang F. 2014a. Typical geological features of rich Zn-Pb-(Ge-Ag) deposits in Northeastern Yunnan, China. Acta Geological Sinica, 88 (Supp. 2): 160-162.

Han R S, Wang F, Qiu W L, Shitu L Y, Wu P. 2014b. Tectono-chemistry for the exploration of concealed ore-bodies of the Zhaotong Maoping Zn-Pb-(Ge-Ag) deposit in Northeastern Yunnan, China. Acta Geological Sinica, 88 (Supp. 2): 1241-1243.

Huang Z L, Li W B, Chen J, Han R S, Liu C Q. 2003. Carbon and Oxygen isotope constraints on the mantle fluids join the mineralization of the Huize super-large Pb-Zn deposits, Yunnan Province, China. Journal of Geochemical Exploration, 78: 637-642.

Leach D L, Sangster D F, Kelley K D, Large P R, Garven G, Allen C R, Gatzmer J, Wallters S. 2005. Sediment-hosted lead-zinc deposit: Aglobal perspective. Economic Geology, 100th Anniversary Volume: 561-607.

Leach D L, Bradley D C, Huston D, Pisarevsky S A, Taylor R D, Gardoll S J. 2010. Sediment-hosted lead-zinc deposits in earth history. Economic Geology, 105 (3): 593-625.

Ramsay T G, Graham R H. 1970. Strain variation in shear belts. Canadian Journal of Earth Sciences, 7 (3): 786-813.

Zhou C, Wei C, Guo J, Li C. 2001. The source of metals in the Qilichang Zn-Pb deposit, northeastern Yunnan, China: Pb-Sr isotope constrains. Economic Geology, 96: 583-598.

Zhu B Q, Hu Y G, Zhang Z W, Cui X J, Dai T M, Chen G H, Peng J H, Sun Y G, Liu D H, Chang X Y. 2007. Geochemistry and geochoronology of native copper mineralization related to the Emeishan flood basalts, Yunnan Province, China. Ore Geology Reviews, 32 (1-2): 366-380.